普通高等教育"十一五"国家级规划教材

大学物理实验

（第二版）

李相银　主　编

徐永祥　王海林　王志兴　副主编

高等教育出版社

内容提要

本书是普通高等教育“十一五”国家级规划教材，是在第一版普通高等教育“十五”国家级规划教材的基础上，按照教育部高等学校物理学与天文学教学指导委员会物理基础课程教学指导分委员会制定的《理工科类大学物理实验课程教学基本要求》(2008 年版)编写的。本书以培养学生自主性学习、研究性学习能力为宗旨，以开放式实验教学为手段，以分层次、递进式教学(基础性实验、提高性实验、研究性实验或创新性实验)为主线，重点突出了学生科学实验素质的培养，将基础性实验、设计性实验与研究或创新性实验有机地结合起来，更具有启发性、研究性和实用性，层次分明，便于学习，适用于不同类型学校和不同层次教学的需要。

全书共分三篇。第一篇:实验基础知识和基础实验;第二篇:提高性实验(综合性实验、设计性实验);第三篇:研究性实验(专题性实验常用仪器介绍、研究与创新性实验)。

本书可作为高等学校理工科专业的教材，也可作为相关专业技术人员和其他人员的参考书。

图书在版编目(CIP)数据

大学物理实验/李相银主编.—2 版.—北京:高等教育出版社,2009.6 (2012.12 重印)
ISBN 978-7-04-026493-7

Ⅰ.大…　Ⅱ.李…　Ⅲ.物理学-实验-高等学校-教材　Ⅳ.04-33

中国版本图书馆 CIP 数据核字 (2009) 第 067730 号

策划编辑　刘　伟　　责任编辑　张海雁　　封面设计　于文燕　　责任绘图　尹　莉
版式设计　余　杨　　责任校对　王　超　　责任印制　田　甜

出版发行　高等教育出版社
社　　址　北京市西城区德外大街 4 号
邮政编码　100120
印　　刷　廊坊市科通印业有限公司
开　　本　787×960　1/16
印　　张　27.75
字　　数　520 000
购书热线　010-58581118
咨询电话　400-810-0598
网　　址　http://www.hep.edu.cn
　　　　　http://www.hep.com.cn
网上订购　http://www.landraco.com
　　　　　http://www.landraco.com.cn
版　　次　2004 年 12 月第 1 版
　　　　　2009 年 6 月第 2 版
印　　次　2012 年 12 月第 4 次印刷
定　　价　37.40 元

物 料 号　26493-00

前　　言

物理实验课程是时代性、社会性十分强的一门课程。许多现代高新技术是随着物理学及物理实验为代表的基础学科的成长而发展起来的，如 20 世纪 60 年代的电子计算机技术，70—90 年代迅速发展的高分子、半导体、激光、光学显微术、高温超导、激光生物医学、纳米等技术。可以说，物理学与物理实验是自然科学的重要基础，是培养高素质人才必须具备的自然科学素养之一。

本书是以教育部高等学校物理学与天文学教学指导委员会物理基础课程教学指导分委员会制定的《理工科类大学物理实验课程教学基本要求》为指导编写的大学物理实验教材，是普通高等教育"十一五"国家级规划教材。教材的编写以培养学生"宽实验基础、获取新技术实验能力基础、具备科技实验创新基础"为目的，以开放式实验教学为手段，以分层次、递进式（基础性实验、提高性实验、研究性实验或创新性实验）为教学体系，将物理实验课程教学融于本科生整个培养过程，层析分明，便于学习，彰显了物理实验课程在人才培养中的作用和地位。

在教材编写过程中，以学生自主性学习、研究性学习是培养学生创新能力的重要基础作为指导思想，凝练了一批实验课程建设和科研成果转化而来的内容，以深化教学内容和技术研究，不仅涉及面广，而且内容新颖，具有启发性、研究性和实践性。不同类型的学校与专业，可根据其特点及实际需要，灵活选择实验内容。针对本科生的学习特点，提出了创新性实验指导思想，即："创新性实验是培养学生实验创新能力的重要基础，激发学生的实验兴趣和拓展学生的实验个性是创新性实验的目的，注重实验过程创新是创新性实验的原则，总结创新性实验成败原因是创新性实验的结果"。

全书共 10 章，分为三篇。第一篇：实验基础知识和基础实验（1—6 章），主要内容有：测量误差、数据处理方法、常用实验方法、基本测量仪器介绍、力学和热学实验、电磁学实验、光学实验。第二篇：提高性实验（7—8 章），主要内容为综合性实验和设计性实验。第三篇：研究性实验（9—10 章），主要内容为专题性实验仪器介绍和研究与创新性实验。

物理实验教学是一项集体事业，从实验仪器的制作、购置到实验的编排和实验内容的撰写，都需要许多教师和实验员同志长期的努力与改进，本书就是南京理工大学物理实验中心集体劳动的成果。

本书由李相银、徐永祥、王海林、王志兴等负责编写。李相银担任主编，统编全稿。书中1—3章由李相银、严伟编写，第4章由李相银、王海林、袁俊编写，5—6章由李相银、王海林、徐永祥、杨庆编写，第7章由李相银、王海林、徐永祥、王晓雄、陈恺、王海燕、蒋剑莉、马春光、王茂香、司嵘嵘编写，第8章由李相银、王海林、徐永祥编写，第9章由徐永祥、王晓雄、陈恺、李相银编写，第10章由李相银、王志兴、王海林、徐永祥、王晓雄、严伟编写。在编写过程中，参阅了一些编著者的著作和文章，在参考文献中未能一一列出，谨在此一并向他们表示诚挚的感谢和敬意。

由于编者水平有限，书中难免还存在缺点和不妥之处，殷切希望广大读者批评指正。

编　者

2008年9月于南京

目　　录

第三篇　研究与创新性实验

绪　论

科学实验是科学理论的源泉，是工程技术及其应用的重要基础. 物理学是以实验为基础的科学，物理规律的发现、理论的建立及物理学自身的不断发展，都离不开物理实验.

纵观历史上各次科学与产业革命，它们的形成都根源于以实验为基础的物理学理论的突破. 经典力学体系的建立与热力学的发展使人类进入了纺织机、蒸汽机时代；电磁学理论的建立使人类迈入了电气化时代；原子物理学与量子力学的发展，又促进了原子核、半导体、激光及计算机技术的迅猛发展. 随着物理新材料理论与实验的研究，纳米材料、光电子学材料的发明及其应用已成为现实. 21 世纪的物理学不仅是自然科学的重要基础，它的发展也必将是高新技术发展的源泉和先导，可以说，以实验为基础的物理科学，是培养高素质人才必须具备的自然科学基础知识之一.

一、大学物理实验课程体系、内容及要求

大学物理实验是高等学校公共基础教学的一个重要组成部分，同时又是培养和训练学生自主性学习和研究性学习的开端. 现代科学技术发展迅猛，要求对学生的培养目标必须与之相适应. 以《理工科类大学物理实验课程教学基本要求》为指导，将物理实验教学融于本科整个培养过程，以分层次、递进式教学（从基础性实验、提高性实验到研究性实验）为课程体系，着重强化实验基本技能、方法与物理实验思想的训练. 实验教学内容以现代培养观点为指导，改变传统的实验教学思想，使实验课程体系与内容体现时代性、特色性和实用性. 在着重培养和训练实验基本技能、方法和物理实验思想的基础上，加强设计性实验和创新性实验能力与素质的培养. 在实施过程中，以五个结合为核心，以全面提升物理实验课程在人才培养中的作用和地位.

1. 基础实验与现代化教学手段相结合

充分利用网络技术、多媒体教学软件等现代化教学手段，不断丰富教学资源，拓宽教学的时间和空间，为满足学生个性化教育、全面提高学生科学实验素质提供良好的教学环境. 例如，在教学过程中，根据实验的内容和性质，配置 CCD 摄像及显示系统、多媒体课件等，增强内容的直观性和实验效果；利用网络教学进行在线答疑等互动，开展仿真实验.

2. 实验技能的训练与实验设计方法及实验技术的进展相结合

作为基础课的物理实验，其目的与作用，并不是粗略地去验证理论，而是在进行实验技能训练的同时，培养科学的实验素质．在实验内容的安排上，注重实验技能训练与实验设计的原理、方法有机结合．例如，三线摆转动惯量与智能化惯量实验仪并存；分立元件组装的低电阻测量与型号产品低值电阻实验仪并存；可拆卸固体激光器与测量参量的固体激光器相并存等．前者突出实验技能训练，后者突出实验仪器整体结构设计的训练，这种方法有利于学生科学实验素质的培养与提高．

基础实验与新技术并存，原则上每个实验大类配置 1～2 台反映现代技术水平和物理实验原理、方法紧密结合的实验仪器，例如：基本长度实验类中配置激光测距仪、数字式水准仪等；光谱和光栅实验中配置光栅光谱仪、全息头盔目镜等；电磁学类实验中配置 B－H 特性测试仪、磁光克尔效应实验仪、电光效应和磁光效应实验仪，等等．通过基础实验的训练与现代技术实验仪器的观摩相结合，有利于学生在基础实验过程中了解现代技术的发展及应用，有利于拓宽学生知识面，引领学生站在新技术实验领域高度来审视实验技术发展的过程，激发学生的实验兴趣．

3．实验教学模式与科学实验素质的培养与提高相结合

以学生为主体，采用启发式、讨论式等教学方式，突出学生学习的自主性，激发学生的实验兴趣与积极性．例如，通过热电偶测量温差实验，引导学生查阅资料，了解其他测温方法，如辐射测温法、声学测温法、核定向测温法、磁学测温法等．又如，示波器实验中，有时会出现示波器扫描基线倾斜，或测得的信号周期与信号发生器输出信号的实际周期不吻合现象．通过教师的启发和引导，可使学生找到排除简单故障的方法．采用分层次、递进式教学模式，有利于提高学生的科学实验素质，促进学生解决新问题的能力．例如，对薄膜厚度的测量，通过基础实验，使同学们掌握了劈尖干涉法；通过提高性实验，又使其学会了基于迈克耳孙干涉仪的白光干涉法；通过创新性实验，又使其进一步领会了椭圆偏振法．再比如，在衍射光栅实验基础上，适时引导学生思考能否用两块光栅常量相同的光栅构成光栅腔，来测定平板玻璃的折射率和光束相干性；在弦驻波实验基础上，适时引导学生思考能否用此原理及方法测定流场的速度．总之，科学的教学方法与循序渐进的教学模式，有利于激发学生的求知热情，提高学生的科学实验素质和创新意识．

4．课程考试（考核）方式与实验综合能力的培养相结合

以学生为本，实施科学、规范的课程考核内容及方法，有利于学生实验综合能力的培养与训练，有利于提高物理实验课程在人才培养中的作用和地位．课程考核内容及实验细则根据学校自身的特点确定．现给出课程考核内容框架，以供参考．

（1）考核分为三部分：基础性实验（60 分）+提高性实验或设计性实验（35 分）+研究性实验或创新性实验（25 分），满分为 120 分（其中附加分为 20 分）.

（2）评定等级：优，90—120 分；良，80—89 分；中，70—79 分；及格，60—69 分；不及格，≤59 分.

（3）凡总分超过 100 分的学生可推荐参加分院、校、省乃至全国各类大学生创新竞赛活动.

5. 研究性实验与课外科技活动相结合

研究性实验是启发学生科学思维和培养创新能力的重要手段之一. 采用课堂教学与课外科技活动相结合的教学模式，有利于激发学生的实验兴趣，拓展学生实验研究的个性，使学生在受到科研基本素质训练的同时，养成刻苦钻研、实事求是的科学作风，为培养高素质并具有创新精神的人才奠定基础.

在基础性实验和提高性实验基础上，为了培养学生研究性学习能力和创新能力，使学生尽早参加科研基础训练. 在教材编写过程中，在参阅许多资料的基础上，介绍了一些专题性实验仪器，并结合本校物理实验中心科研项目及科研成果，安排了研究与创新性实验，给出了创新性实验原理、方法、提示和结果要求等内容，在此基础上，提供了一些创新性实验项目、原理及提示作参考，其涉及面广，内容新颖，尤其是工程技术中的单元技术研究内容，更具有启发性、研究性、实用性.

二、实验物理课程基本训练的有关程序

学生在物理实验课程中通过对实验现象的观察、分析和对物理量的测量，加深了对物理学原理的理解. 实验教学基本思想和程序归结为：实验思想→实验仪器→实验条件→实验方法→实验测量→实验分析→实验结果数据处理. 根据这一教学思想和程序，学生应遵循的基本学习程序可分为以下三个阶段.

1. 实验前预习

由于实验课课内时间有限，课前必须预先熟悉实验内容，否则要在短短的课内时间完成整个实验无疑是困难的. 在实验之前，应对待测物理量、实验原理、期待的结果等做到胸有成竹. 若事先不了解，只是机械地按教材所述步骤看一步动一步，虽然获得了实验数据，但却不了解其含义，收获是不会大的，因此必须做好课前预习. 预习一般以理解本教材所述原理为主，并大致了解实验具体步骤. 为了使测量结果眉目清楚，防止漏测数据，应按实验要求拟好数据草表，注明文字、符号所代表的物理量及单位，并确定测量次数.

预习时，应撰写预习报告. 预习报告内容主要包括：

（1）实验名称；

（2）实验目的；

(3) 仪器设备;

(4) 基本原理,包括重要的计算公式、电路图、光路图及简要的文字说明;

(5) 数据草表.

其中,数据草表是供实验时记录实验数据用的.

2. 课堂实验

实验开始前,首先要熟悉一下将要使用的仪器(设备)的性能以及正确的操作规程,切忌盲目操作;其次是要全面熟悉实验操作步骤,不要急于动手,因误解一步或调错一次,都有可能使整个实验前功尽弃.

实际操作时应注意观察实验现象,尤其对所谓的“反常”现象,更应仔细观察分析,不要单纯追求“顺利”,要学会对观察到的现象随时进行判断,以确定正在进行的实验过程是否正常合理;对实验过程中出现的故障,要学会及时排除.

每次测量时应将数据记录在数据草表内,并注意其有效位数. 若实验结果与实验条件有关,还应记下相应的实验条件,如当时的室温、湿度、大气压等.

实验结束后,要将测得的数据交给指导教师检查签字. 对不合理或错误的实验结果,经分析后必须补做或重做. 离开实验室前,应整理好使用过的仪器,做好清洁工作.

3. 撰写实验报告

实验报告是对当次实验的全面总结. 撰写时,要以简单扼要的形式将实验结果完整而又真实地表达出来. 报告要用统一规格的实验报告纸,要求文字通顺、字迹端正、图表规范、结果正确、讨论认真,并在规定时间内按时上交.

一份完整的实验报告通常包括下述内容:

(1) 实验名称;

(2) 实验目的;

(3) 仪器设备;

(4) 基本原理,包括重要的计算公式、电路图、光路图及简要的文字说明;

(5) 数据表格及处理(包括计算和作图),这里的“数据表格”不同于预习报告中的“数据草表”,应该另行正规画出,并将数据草表中记录的原始数据填入数据表格中;

(6) 实验结果;

(7) 问题讨论;

(8) 预习报告中的“数据草表”,应作为附件,附于实验报告之后. 交实验报告时一并交给指导教师.

以上(1)—(4)部分内容,如无大的变动,就可以使用预习报告中的相应内容代替,而不必重写.

附　实验报告范例

学号××××××××　　　　姓名×××

一、实验名称：衍射光栅.

二、实验目的：测定光栅常量 d；用已知 d 的光栅测量未知谱线的波长.

三、实验仪器：JJY 型分光计（最小读数 1′）、衍射光栅、汞灯（$\lambda_{绿}=546.07\ \text{nm}$）.

四、实验原理：当平行光垂直光栅入射时，满足光栅公式 $d\sin\varphi=k\lambda\ (k=0,\pm1,\pm2,\cdots)$ 的光形成明线.

由上式，如果已知波长 λ 和衍射级次 k，就可根据测得的衍射角 φ 求出光栅常量 d；如果知道光栅常量 d 和衍射级次 k，就可根据测得的衍射角 φ 求出相应光谱线的波长.

为了保证平行光入射与出射，并减小测量误差，在测量前必须将分光计调节到使用状态. 分光计调好的标准为：平行光管能够发出平行光；望远镜能够接收平行光；平行光管光轴、望远镜光轴都要垂直于仪器的旋转主轴.

五、实验步骤

（1）调节分光计.

（2）将光栅放置在载物平台上，并注意让它与平行光管垂直，使光栅条纹垂直于旋转主轴.

（3）测出绿谱线（$\lambda_{绿}=546.07\ \text{nm}$）±1 级和 ±2 级的衍射角，由光栅公式求出光栅常量 d.

（4）测出蓝谱线 ±1 级和 ±2 级衍射角，根据前面测得的 d 和光栅公式，求出蓝谱线的波长 $\lambda_{蓝}$.

六、实验数据

（一）测定光栅常量

亮纹级数	读数			衍射角		$\sin\overline{\varphi}_k$	λ/nm	d/nm	$\overline{d}$/nm
	θ	θ'	平均	φ_k	$\overline{\varphi}_k$				
$k=0$	50°18′	230°17′	140°18′						
$k=+1$	30°5′	210°5′	120°5′	20°13′	19°13′	0.3219	546.07	1.659×10^{3}	1.658×10^{3}
$k=-1$	68°32′	248°32′	158°31′	18°13′					
$k=+2$	6°18′	186°18′	96°18′	44°0′	41′13°	0.6590		1.657×10^{3}	
$k=-2$	88°45′	268°46′	278°46′	38°26′					

(二) 测定光波波长

亮纹级数	读数 θ	读数 θ′	读数 平均	衍射角 φ_k	衍射角 $\overline{\varphi}_k$	$\sin\overline{\varphi}_k$	d/nm	λ/nm	$\overline{\lambda}$/nm
k = 0	50°18′	230°17′	140°18′						
k = +1	34°23′	214°21′	124°22′	15°56′	15°13′	0.2626	1.658×10^3	435.4	435.8
k = −1	64°47′	244°48′	154°48′	14°30′					
k = +2	16°52′	196°54′	106°53′	33°25′	31°45′	0.5262		436.2	
k = −2	80°23′	260°22′	170°23′	30°5′					

计算对于标准值的相对误差:

$$\lambda_0 = 435.8\ \text{nm}$$

$$E = \left|\frac{\overline{\lambda} - \lambda_0}{\lambda_0}\right| \times 100\% = 0.2\%$$

七、问题讨论

(1) 光栅光谱和棱镜光谱有哪些不同之处?在上述两种光谱中,哪种颜色的光偏转最大?

答:光栅光谱和棱镜光谱采用不同的分光器件——衍射光栅和三棱镜得到.前者依据光栅方程$d\sin\varphi = k\lambda$($k = 0, \pm1, \pm2, \cdots$);后者根据不同波长的光在玻璃中的折射率不同——色散.在光栅光谱中,对于同一衍射级次k,λ越大φ也越大,即红光偏转最大;在棱镜光谱中,由于λ越大折射率越小,偏向角也越小,故紫光偏转最大.

(2) 当狭缝太宽或太窄时将会出现什么现象?为什么?

答:狭缝太宽时谱线太亮、太宽,所以会造成较大的测量误差;狭缝太窄时谱线亮度不够,甚至会造成找不到谱线.因此应该使狭缝宽窄合适.

(3) 入射光未垂直照射光栅所造成的后果:

从本次实验数据来看,k为正值时的衍射角均大于k为负值时的衍射角.通过分析可知,这是由于入射光未垂直照射光栅所造成的,由此给实验带来了系统误差.

当光线以θ角入射光栅时,光栅公式变为

$$d(\sin\varphi + \sin\theta) = k\lambda \qquad (k = 0, \pm1, \pm2, \cdots)$$

由于对正、负k级而言,θ值为一正一负,所以造成两边衍射角不相等.如果只取一侧的衍射角,代入$d\sin\varphi = k\lambda$计算,则误差较大.在本实验中,由于把正、负同级衍射角取了平均,部分地消除了由此造成的误差.在测波长时,由于入射角θ不变,所以进一步抵消了由此造成的误差.

但是从操作技能等方面考虑,今后应尽量避免类似情况发生.

附　原始数据草表(略)

点评：这是一份比较好的实验报告.

(1) 在报告首页上方,写明班级、学号、姓名,可以避免与别人的报告搞混,也便于教师登记成绩,发还报告.

(2) 写明实验日期、时间,可供今后查阅. 如能进一步注明环境条件,如气温、天气等,则会有更大的参考价值.

(3) 仪器一栏,写明了仪器型号,往往可以由此知道极限误差以及使用方法.

(4) 用自己的语言对原理作了概述,有主要公式. 如能画上光栅衍射示意图则更佳.

(5) 数据表格清晰. 在记录及处理数据时,遵循了有效数字运算规则. 例如,由于仪器误差约为$1'$,φ 在$15° \sim 42°$范围内,故$\sin\varphi$ 的末位在小数点后第4 位;由于$d = \frac{k\lambda}{\sin\varphi}$,$\lambda$ 为5 位,$\sin\varphi$ 为4 位,故d 也取4 位有效位数,等等.

(6) 发现了实验数据中的问题,并进行了一定的分析. 这是一种值得提倡的科学态度. 千万不能看到数据中的问题后,采用篡改数据的自欺欺人办法.

如果能进一步作定量的分析,收获可能会更大一些.

(7) 报告完整,并把原始数据附在报告最后一起交来,便于核对数据.

三、物理实验规则

为了保证基础实验教学的正常进行,培养同学严肃认真、实事求是的科学态度,培养善于思考、勤于动手的学习作风,特制定以下规则,望大家严格遵照执行.

(1) 实验前要充分做好预习准备工作,必须按要求写好预习报告,否则不得参加实验. 上次实验的报告应在下次实验前交指导老师.

(2) 在实验中,应严格遵守课堂纪律和实验规程,正确操作,认真观测. 要保持室内安静、整洁,严禁喧哗、嬉闹,禁止吸烟,禁止乱涂乱画,禁止随地吐痰,维护良好的实验环境.

(3) 对实验中使用仪器设备及实验结果,要作实事求是的分析,反对掩盖矛盾或弄虚作假的学风. 原始数据应经教师审阅签字,实验结束后应整理好实验仪器,方可离开实验室. 交实验报告时,必须附上原始测量数据.

(4) 要自觉爱护仪器设备,实验过程中应注意安全,未经教师许可不要擅自接通仪器电源等,光学仪器的玻璃加工面不要用手去触摸,不允许擅自擦拭,各组仪器不得擅自调换.

(5) 因故不能准时到课的学生,必须在课前向老师请假,经准许后方可安排补做实验,否则按旷课处理,缺交实验报告者,不得参加实验考试,实验成绩按不及格处理.

第一篇　实验基础知识和基础实验

本篇1—3章为实验基础知识，通过学习掌握测量误差的基本知识，具备正确处理实验数据的基本能力. 这体现在：基本掌握测量误差与不确定度的基本概念，学会用不确定度评定直接测量和间接测量的结果，基本掌握基本物理量的测量方法，如长度、质量、时间、热量、温度、电流、电压、电阻、磁感应强度、折射率等. 了解和基本掌握常用的物理实验方法，逐步学会比较法、转换法、放大法、干涉法及衍射法等测量方法.

本篇4—6章为基础实验（包括基础性实验和综合性实验）. 在基础性实验部分，着重于力学、热学、电磁学、光学等基础性实验. 要求掌握实验室常用仪器的性能并学会正确使用，如长度测量仪器、计时仪器、示波器、直流电桥、分光计、光谱仪、激光器等. 在此基础上，学习并掌握物理实验的基本思想和基本技能（包括实验仪器的调节与使用、测量方法与测量技术，了解这方面的测量和仪器最新进展及应用概况；掌握实验数据处理方法，对实验结果进行补偿和修正；撰写一份合格的实验报告）. 通过综合性实验的学习与训练，学会和基本掌握对多种实验方法和技术的综合运用，开拓知识视野与方法思路，逐步提高对实验方法和实验技术的综合运用能力，培养严肃认真的工作作风，实事求是的科学态度和爱护国家财产、遵守实验室规则等优良的校风和学风.

第1章　测量误差及其数据处理方法

1.1　测量与误差的关系

一、测量

测量(measurement)是人类认识自然、改造自然必不可少的手段. 所谓测量,就是用一定的测量工具或仪器,通过一定的方法,直接或间接地得到所需要的量值. 例如我们要知道某一物体的长度,可借用长度测量工具(米尺、卡尺、千分尺、激光干涉测长仪等)直接对物体测量. 如果要知道一个圆柱体的密度,根据公式:

$$\rho = \frac{m}{V} = \frac{4m}{\pi D^2 H} \tag{1.1.1}$$

可借用长度测量工具测量物体的高度 H 和直径 D,借用天平称量物体的质量 m,然后通过式(1.1.1),可间接得到所需要的量值 ρ. 依照测量方法的不同,可将测量法分为两大类:

(1) 直接测量

直接测量(direct measurement)是将待测量与预先标定好的仪器、量具进行比较,直接从仪器或量具上读出量值大小的测量. 例如,用长度测量工具测长度、宽度、高度、半径、直径等,用电表测量电压、电流,用秒表或数字毫秒计、电子钟等测量时间,用功率计或能量计测量激光输出的功率或能量等.

(2) 间接测量

需先由直接测量获得的数据,利用已知的函数关系经过运算才能得到待测量数值. 例如某一物体面积 $S = ab$,激光测距方程 $L = \frac{1}{2}ct$,那么,面积 S 和距离 L 都是间接测量(indirect measurement)量值,长度 a 宽度 b 和时间 t 都是直接测量量值.

二、误差

1. 误差的定义

测量的误差(error)等于测量结果减去被测量的真值,即

$$测量误差 = 测量值 - 真值$$

或

$$\Delta N = N_{测} - N_{真} \tag{1.1.2}$$

上式所定义的误差反映的是测量值偏离真实值的大小和方向. 所谓 $N_{真}$,对任何一个物理量,在一定条件下都具有一定的大小,这是客观存在的,但实际上 $N_{真}$ 是一个理想的概念,因为在实际测量中不可避免地要存在误差,一切测量结果都含有误差,同一个物理量,即使同一个人,用同一台仪器,在相同的条件下进行多次测量,各次测量结果一般也不完全相同,更不等于被测量的 $N_{真}$ 值,因此测量与误差是形影不离的.

2. 误差来源

(1) 仪器误差

指在测量时由于所使用的测量仪器仪表不准确引起的误差. 误差大小根据仪器本身的灵敏度来确定,但任何仪器都存在误差.

(2) 环境误差

指由于测量仪器偏离了仪器本身规定的使用环境或者测量条件所引起的误差. 例如气流扰动,温度的微小起伏,电源电流、电压、频率、外界电磁场等因素的影响,都会使测量产生误差.

(3) 测量方法误差

这种测量误差是由于测量方法不完善及所依据的理论不严密而产生. 因此,凡是在测量结果的表达式中没有得到反映,而在实际测量中又起作用的一些因素所引起的误差,例如高灵敏度测量仪器规定在洁净室使用却在一般实验室使用,使用的电源设备有绝缘漏电,测量激光脉冲宽度应该要用静电屏蔽而不用寄生电势,接触电阻引起的压降等,都会产生方法(或理论)误差.

(4) 人员误差

这是由于实验者的主观因素和操作技术引起的分辨能力、感觉器官灵敏度的不完善,操作不熟练,估计读数始终偏大或偏小等,可能会造成误判而产生的人员误差.

根据误差产生的原因以及误差的性质和来源,对误差进行分类,大致可以分为三类,即系统误差、随机误差、粗大误差、下面分别介绍.

三、误差的分类

1. 系统误差

系统误差(system error)是指在同一被测量的多次测量过程中,保持恒定或以可预知方式变化的测量误差的分量. 系统误差及其产生的原因可能已知,也可能未知. 系统误差包括已定系统误差和未定系统误差. 已定系统误差是指符号和绝对值已经确定的系统误差;未定系统误差是指符号或绝对值未经确定的系统误差.

系统误差的特征是其确定性(恒定或以可预知的方式变化).系统误差的来源主要有仪器的固有缺陷(例如电表的示值不准、零点未调好、等臂天平的两臂不相等),环境因素(如温度、压强偏离标准条件),实验方法的不完善或这种方法依据的理论本身具有近似性(如伏安法测电阻时没有考虑电表内阻的影响、称质量时未考虑空气浮力的影响),实验者个人的不良习惯或偏向(如有的人习惯于侧坐斜坐读数,使读到的数值总是偏大或总是偏小)以及动态测量的滞后等.

由于系统误差在测量条件不变时有确定的大小和正负号,因此在同一测量条件下多次测量求平均并不能减小或消除它.

对于系统误差,必须找出其产生的原因,针对原因去消除或引入修正值对测量结果进行修正.系统误差的处理是一个比较复杂的问题,没有一个简单的公式可以遵循,需要根据具体情况作出具体的处理.首先要对误差进行判别,然后要将误差尽可能地减小到可以忽略的程度.这需要实验者具有相应的经验、学识与技巧.一般可以从以下几个方面进行处理:

(1) 检验、判别系统误差的存在;

(2) 分析造成误差的原因,并在测量前尽可能消除;

(3) 测量过程中采取一定方法或技术措施,尽量消除或减小系统误差的影响;

(4) 估计残有系统误差的数值范围,对于已定系统误差,可用修正值(包括修正公式和修正曲线)进行修正;对于未定系统误差,尽可能估计出其误差限值,以掌握它对测量结果的影响.

我们将在今后的某些实验中,针对具体情况对系统误差进行分析和讨论.

2. 随机误差

随机误差(random error)是指在同一量的多次测量过程中,以不可预知方式变化的测量误差的分量.

根据随机误差的特点可以知道,随机误差不可能修正.随机误差就个体而言是不确定的,但其总体(大量个体的总和)服从一定的统计规律,因此可以用统计方法估计其对测量结果的影响.

随机误差的特征是其随机性.随机误差的主要来源有测量仪器、环境条件和测量人员.这些因素对测量会产生微小的影响,而这些影响往往都是随机变化的.

大量的随机误差服从正态分布,其分布曲线如图 1.1.1 所示.在图中,纵坐标 P 表示随机误差出现的概率密度,横坐标 δ 表示随机误差,这条连续对称的曲线称为随机误差的正态分布曲线,或称为高斯分布曲线,其方程式为

$$P(\delta)=\frac{1}{\sigma\sqrt{2\pi}}\mathrm{e}^{-\frac{\delta^2}{2\sigma^2}} \tag{1.1.3}$$

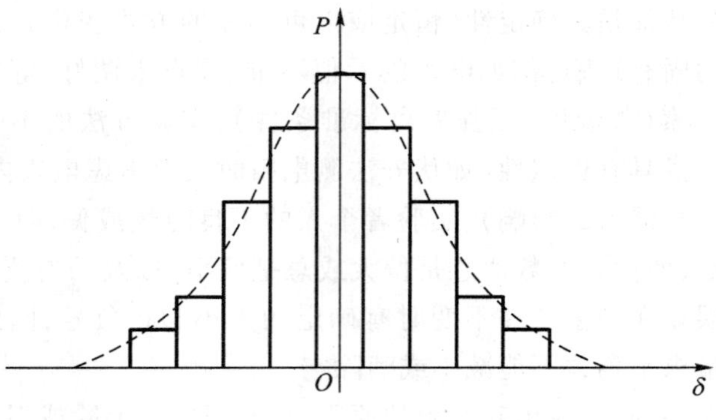

图 1.1.1　正态分布曲线示意图

式中 σ 为标准偏差. 对于如何来理解图 1.1.1 中的正态分布曲线,从而更好地研究随机误差的分布特性,可以作这样的一个实验来说明. 在同一测量条件下,用一级千分尺测量某一工件的内径,重复测量 k 次,获得测量值为 $R_1, R_2, \cdots, R_k$(测量次数 k 足够大),并设被测量的真值为 R_0,那么可得到相应各次测量值的随机误差为

$$\delta_1 = R_1 - R_0,\ \delta_2 = R_2 - R_0,\ \cdots,\ \delta_k = R_k - R_0$$

若将上述得到的随机误差($\delta_1, \delta_2, \cdots, \delta_k$)按它们的大小和符号进行整理后,并将落入某一误差区域(δ_i—δ_{i+1})的次数用长方形面积表示,则可以得到图 1.1.1,若将误差区域定得很小,就可以得到图中虚线所表示的曲线. 服从正态分布的随机误差曲线具有以下属性:

(1) 单峰性:绝对值小的随机误差出现的概率比绝对值大的随机误差出现的概率要大.

(2) 对称性:随机误差绝对值相等的正负误差出现的概率相同.

(3) 有界性:在一定测量条件下,误差的绝对值不超过一定限度. 若随机误差的绝对值超过某一定值后,出现的概率为零,这一定值称为极限误差.

随着测量次数的增加,随机误差的算术平均值趋向于零. 一般说来,适当增加测量次数求平均可以减小随机误差.

3. 粗大误差

粗大误差又称粗差、疏失误差等,是明显超出规定条件下预期的误差. 引起粗大误差的原因有:错误读取示值;使用有缺陷的计量器具;计量器具使用不正确或环境的干扰等.

在测量中,应该避免粗大误差的出现. 在处理测量数据时,应首先检出含有粗大误差的测得值——异常值,并将它剔除.

四、测量结果表示

为了评价一个测量结果的优劣,常用绝对误差和相对误差表示. 绝对误差反映了误差本身的大小,而相对误差反映了误差的严重程度.

1. 绝对误差

绝对误差(absolute error)定义:

$$\text{绝对误差} = \text{测量值} - \text{真值}$$

或

$$\Delta N = N_{测} - N_{真}$$

测量结果

$$N_{真} = N_{测} \pm \Delta N \tag{1.1.4}$$

2. 相对误差

相对误差(relative error)定义:

$$\text{相对误差} = \frac{|\text{绝对误差}|}{\text{真值}}$$

或

$$E = \frac{|N_{测} - N_{真}|}{N_{真}} = \frac{|\Delta N|}{N_{真}} \tag{1.1.5}$$

相对误差也可用百分数表示:

$$E = \frac{|\Delta N|}{N_{真}} \times 100\%$$

故又称百分误差.

必须注意,绝对误差大的,相对误差不一定大.例如:

$$L_1 = 25.00\ \text{mm},\qquad \Delta L_1 = 0.05\ \text{mm}$$

$$L_2 = 2.50\ \text{mm},\qquad \Delta L_2 = 0.01\ \text{mm}$$

$$L_3 = 2.5\ \text{mm},\qquad \Delta L_3 = 0.1\ \text{mm}$$

根据式(1.1.5)可得

$$E_1 = 0.2\%$$

$$E_2 = 0.4\%$$

$$E_3 = 4\%$$

从上述数据可知:$\Delta L_3 > \Delta L_1 > \Delta L_2$,而 $E_3 > E_2 > E_1$.可见绝对误差的大小与相对误差的大小之间没有必然的联系.

五、精密度、正确度与准确度

精密度、正确度和准确度(又称精确度)都是评价测量结果好坏的一个物理量,分别用来反映随机误差、系统误差和综合误差大小.

1. 精密度

精密度表示测量结果中随机误差大小的程度.这种测量是指在同一测量条件下对被测量物体进行多次测量,获得一组测量结果数据的重复性(或离散性)程度.

2. 正确度

正确度表示测量结果中系统误差大小的程度. 这种系统误差是指同一物理量在不同测量中所得各次测量值与真值的接近程度. 它反映了在规定条件下,测量结果中所有系统误差的综合.

3. 准确度

准确度表示测量结果与被测量的(约定)真值之间的一致程度. 它反映了在同一测量条件下系统误差和随机误差综合影响的反映.

在图 1.1.2(a)中的情况属于随机误差小、系统误差大,故可以说成"精密度高、正确度不高";图 1.1.2(b)中的情况属于系统误差小,随机误差大,故可以说成"正确度高、精密度不高";图 1.1.2(c)中的情况属于随机误差与系统误差都小,故可以说成"精密度与正确度都高". 显然,只有在图 1.1.2(c)的情况下,准确度才高,而图 1.1.2(a)、(b)两种情况的准确度都不高.

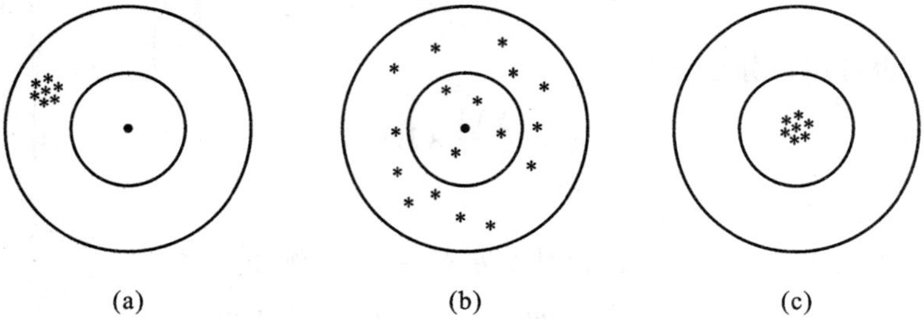

图 1.1.2　关于精密度、正确度、准确度的示意图

1.2　测量结果误差估算及评定方法

测量与误差不可分离,但如何准确估算及评定测量结果,对测量值作出科学的评价,这是误差理论要解决的一个重要问题. 对测量结果评定一般有三种方法,即算术平均偏差、标准偏差(方均根偏差)和不确定度.

一、算术平均偏差和标准偏差

为了减少测量误差,用最佳值代替真值. 统计理论指出,多次测量算术平均值 $\overline{N}$ 是最佳值或称近似值. 因此,在可能情况下,总是采用多次测量的算术平均值 $\overline{N}$ 作为测量结果,它是真值的最好近似. 那么算术平均值 $\overline{N}$ 代替真值 $N_{真}$ 可靠性如何,要对它进行估算和评定(这里约定系统误差和过失误差已消除或修正,只剩下随机误差).

1. 算术平均偏差

如对某一物理量测量 K 次,求得算术平均值为 $\overline{N}$,则算术平均偏差(arithmetic mean deviation)用 $\overline{d}$ 表示:

$$\begin{aligned}\overline{d} &= \frac{1}{K}(|N_1-\overline{N}|+|N_2-\overline{N}|+|N_3-\overline{N}|+\cdots+|N_K-\overline{N}|)\\ &= \frac{1}{K}\sum_{i=1}^{K}|N_i-\overline{N}| \end{aligned} \tag{1.2.1}$$

式中,N_i 为第 i 次测量值.

2. 标准偏差(方均根偏差)

根据统计误差理论及实践,在测量过程中产生的误差是遵循正态分布的.在描述服从正态分布的测量值及随机误差时,采用了数学上数学期望的算术平均值和方差的开方,即方均根偏差(root-mean-square deviation),由于我国常采用方均根偏差作为精密度的评定标准,因此常称为标准偏差(standard deviation),通常用符号 σ 表示.从正态分布曲线图 1.1.1 和方程式(1.1.3)分析,从中可知,对于同一测量值的误差 δ_i,标准偏差 σ 值愈大,则所对应的 $y=P(\delta_i)$ 愈小,曲线陡度小,较平坦,若 σ 值小,则 $y=P(\delta_i)$ 值大,曲线陡度大,因为分布曲线以下与横坐标轴 δ 所围面积表征全部随机事件的概率为 1(满足归一化条件).因此当 δ 表示随机误差,P 为随机误差出现的概率密度时,那么随机误差的正态分布曲线以下的面积,便描述了全部随机误差出现的总概率,因此有

$$\int_{-\infty}^{+\infty}P(\delta)\,\mathrm{d}\delta = 1$$

将式(1.1.3)代入上式,则

$$\int_{-\infty}^{+\infty}\frac{1}{\sigma\sqrt{2\pi}}\mathrm{e}^{-\frac{\delta^2}{2\sigma^2}}\mathrm{d}\delta = 1 \tag{1.2.2}$$

上式表示各种测量值或相应的各种测量误差在区间($-\infty$, $+\infty$)内出现的概率为 100%,其数值等于曲线下的总面积.

对于式(1.2.2)中的概率积分可查阅概率积分函数表,由表可知当随机误差 $\delta=\pm1\sigma$,也就是说在置信区间[$-\sigma$, $+\sigma$]内的置信概率为 68.3%,或者说置信区间[$-\sigma$, $+\sigma$]内包含真值的概率为 68.3%,同理 $\delta=\pm2\sigma$ 时,在置信区间[-2σ, $+2\sigma$]内的置信概率为 95.4%,$\delta=\pm3\sigma$ 时,在置信区间[-3σ, $+3\sigma$]内的置信概率为 99.7%.通常将 $\delta=3\sigma$ 称为随机误差的极限误差,即

$$\delta_{\min} = \pm3\sigma \tag{1.2.3}$$

这就是随机误差的有界性,如图 1.2.1 所示.图中 N 为测量值.通常由于测量次数有限(一般最多在几十次),因此认为出现大于 3σ 误差的概率等于零.

从以上分析可知,标准偏差描述了随机误差概率分布的分散性.若对一个物体进行重复多次测量,对于一组测量值,就可以用其标准偏差来描述测量的精密度.

用标准偏差 σ 来估算 $\overline{N}$ 代替 $N_{真}$ 的可靠性程度有两种形式:

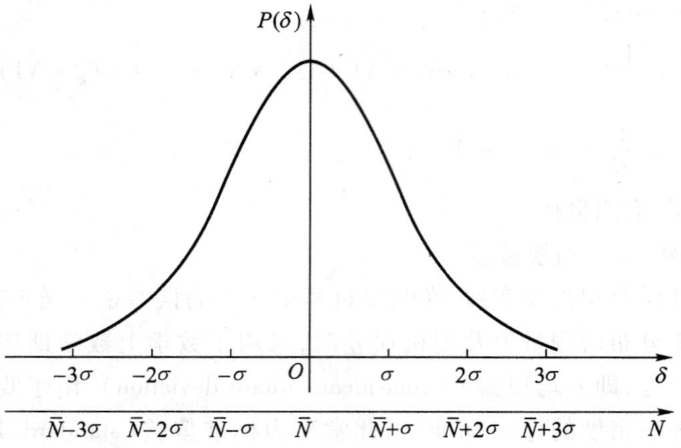

图 1.2.1 正态分布函数图形示意图

（1）测量列的实验标准差

在有限次测量和被测量真值未知情况下，可利用贝塞尔公式：

$$\sigma(N)=\sqrt{\frac{\sum_{i=1}^{K}(N_i-\overline{N})^2}{K-1}} \tag{1.2.4}$$

上式也称测量列的实验标准差，它是用残差来估算测量列中每次测量的标准差，上式中 $N_i-\overline{N}$ 称为第 i 个测量值的残余误差，简称残差. 由式(1.2.1)可知，当测量次数 K 增大时，分母增大，但同时残差的个数也增加，因而分子也相应增大. 统计误差理论证明，K 增大不能减小测量列的标准差. 当 K 小时，$\sigma(N)$ 起伏较大；当 K 大时，$\sigma(N)$ 趋于一个稳定值.

（2）平均值的标准差

在同一条件下对某物理量进行多次测量，其平均值的标准差为

$$\sigma(\overline{N})=\frac{\sigma(N)}{\sqrt{K}}=\sqrt{\frac{\sum_{i=1}^{K}(N_i-\overline{N})^2}{K(K-1)}} \tag{1.2.5}$$

从上式可以进一步看出，标准偏差 σ 是一个描述测量结果的离散程度的统一参量，用它评定测量数据的随机误差有许多优点，例如有相当的稳定性，σ 值随测量次数 K 值变化比较小；它以平方计值，因此与个别误差的符号无关，而且能反映数据的离散程度；它与最小二乘法相吻合等. 对于这方面内容，若需要进一步深入研究或了解，可参阅有关参考文献.

二、不确定度

测量结果不确定度 u 也称实验不确定度，有时简称不确定度（uncertainty），

其基本定义为:对测量结果可信赖程度的评定. 在测量结果中指明不确定度,是对被测量真值所处量值范围的评定(最佳估值). 由于被测量的真值一般不知道,不可能用指出误差的方法去说明可信赖程度,只能用误差的某种可能值去说明可信赖程度. 用不确定度可以对真值以一定概率所处量值范围的评定,也就是说最佳值(一般以多次测量平均值)与真值之差,以一定概率落在($\overline{N}-u$)到($\overline{N}+u$)之间. 不确定度越小,标志着误差的可能值越小,测量的可信赖程度越高;不确定度越大,标志着误差的可能值越大,测量可信赖程度越低. 历史上说明不确定度的方法差别很大,极不统一. 1981 年国际计量局同意并公布了"实验不确定度的表示",以求统一评定测量结果可信赖程度的方法,这是计量学的一个重大发展. 本书由于受物理实验教学大纲及学时的限制,只要求学生了解不确定度的概念,掌握一些常用的估算方法,在今后工作和学习中如需要进一步深入研究或参考,可阅读有关文献.

1. 不确定度的分类和估算

不确定度合成为方和根合成法:

$$u=\sqrt{\sum\sigma^2(N)+\sum u_j^2} \tag{1.2.6}$$

或

$$u=\sqrt{\sum\sigma^2(\overline{N})+\sum u_j^2} \tag{1.2.7}$$

式中,$\sigma(N)$或$\sigma(\overline{N})$为 A 类不确定分量. 求算这类分量的数值时,要对多个测量数值直接进行统计计算求其标准偏差,所得标准偏差$\sigma(N)$或$\sigma(\overline{N})$即为 A 类不确定度分量. 式中 u_j 为 B 类不确定度分量. 求这类分量的数值时,不是对测量数值直接进行统计计算,而是用其他方法先估计(包括查阅资料和手册)极限误差,并确定该项误差服从的分布,然后用下式计算:

$$u_j=\frac{\Delta_{ins}}{k} \tag{1.2.8}$$

式中,Δ_{ins}为仪器的极限误差;k 为置信系数(修正因子),其值因分布不同而异. B 类不确定度在物理实验中一般是使用仪器的极限误差除以相应的置信系数 k. 下面是几种常见的仪器误差分布函数及 k 值:均匀分布,其误差来源主要是量化误差(数字式仪表在正负 1 个单位以内不能分辨的误差,如度盘的刻度误差、仪器传动的空程误差、机械秒表的读数误差、游标卡尺的读数误差、频率的误差、数值凑整误差等),其 $k=1.05$;两点分布(误差来源是电流正反向流动、换向器以及只知道误差的绝对值而不知道正负值),其 $k=1$;还有三角分布和反正弦分布等,如需要进一步深入研究或详细了解请查阅有关参考文献.

2. 测量结果不确定度表示方法

相对不确定度 $$E_u=\frac{u}{\overline{N}} \tag{1.2.9}$$

或
$$E_u = \frac{u}{\overline{N}} \times 100\%$$
测量结果不确定度表示：
$$N_{真} = \overline{N} \pm u(单位) \tag{1.2.10}$$

■ 小结

本节中分析了测量结果误差估算及评定方法，由于测量中真值 $N_{真}$ 是客观存在的，但实际上是不能确切知道的，因此在多次测量中以算术平均值 $\overline{N}$(最佳值)来代替真值 $N_{真}$. $\overline{N}$ 能否代替 $N_{真}$，其可靠性程度如何？本节介绍了三种方法(算术平均偏差、标准偏差、不确定度)，对测量结果进行误差估算和评定. 目前在测量技术中对测量结果误差估算及评定一般是采用标准偏差或不确定度. 在物理实验中，为了计算方便，在 B 类不确定度中($u_j = \frac{\Delta_{ins}}{k}$)，约定其置信系数 $k \approx 1$，即 $u_j = \Delta_{ins}$. 另外，不确定度 u 的有效位数取 1 位，相对不确定度取 1 ~ 2 位，$\overline{N}$ 的有效位数应取得与 u 的位数相应，即
$$N_{真} = \overline{N} \pm u\ (单位)$$
$$N_{真} = (1.06 \pm 0.02)\ \text{mm}$$
式中，$\overline{N} = 1.06$ mm，$u = 0.02$ mm.

1.3　直接测量结果误差估算及评定方法

一、单次测量误差的估算及评定

在物理实验中，往往由于条件不允许或者测量准确度并不高等原因，对一个物理量的测量只进行一次，那么测量结果的误差估算常以测量仪器误差来评定. 例如，用一 50 分度的游标卡尺测量一个工件的长度 L，$L = 10.00$ mm，$\Delta L = 0.02$ mm(50 分度游标卡尺)，则测量误差为 ±0.02 mm.

对于实际使用中的测量仪器，如果该仪器没有标明误差，那么一般用以下方法来确定误差：

(1) 可取仪器及表盘上最小刻度一半作为单次测量值允许的误差.

(2) 电学与电子类仪器的仪器误差主要根据仪器的精度级别来考虑，如电表的仪器误差 ΔN_m 是电表刻度中的最大误差，则
$$\Delta N_m = 量程 \times 仪器准确度等级\%$$
电表的准确度等级级别一般分为七级，即 0.1，0.2，0.5，1.0，1.5，2.5 和 5.0 级等.

例 1　如用一个准确度等级为 0.5 级，量程数为 10 μA 的电流表，单次测量某一电流值为

2.00 μA，试用不确定度表示测量结果.

解：已知测量值 $I_{测}=2.00\ \mu A$，则 ΔI 为

$$\Delta I=10\ \mu A\times 0.5\%=0.05\ \mu A=u_j$$

$$I_{真}=I_{测}\pm u_j=(2.00\pm 0.05)\ \mu A$$

$$E_u=\frac{\Delta I}{I}=0.025\qquad 或\ E_u=2.5\%$$

二、多次测量结果的误差估算及评定

为了减小测量误差，使之用最佳值来代替真值，在可能的情况下，总是采用多次测量，以多次测量的平均值作为测量结果，它是真值的最好近似. 下面举例说明.

例 2　用精度为0.02 mm 的游标卡尺测量某器件长度，共测量 10 次，测量数据为：60.04 mm，60.06 mm，60.00 mm，60.06 mm，60.00 mm，60.04 mm，60.00 mm，60.06 mm，60.00 mm，60.02 mm. 求其 $\overline{N}$，$\overline{d}$，$\sigma(N)$，u 值，并用不确定度表示测量结果.

解：(1) 求多次测量平均值 $\overline{N}$

根据公式 $\overline{N}=\frac{1}{K}(N_1+N_2+\cdots+N_K)$，并代入有关测量值，得到

$$\overline{N}=60.028\ \text{mm}\approx 60.03\ \text{mm}$$

(2) 求算术平均偏差 $\overline{d}$

根据公式(1.2.1)，$\overline{d}=\frac{1}{K}\sum_{i=1}^{K}|N_i-\overline{N}|$，并代入有关数据，得到

$$\overline{d}=0.024\ \text{mm}$$

(3) 求测量列的实验标准差 $\sigma(N)$

根据公式(1.2.4)，$\sigma(N)=\sqrt{\dfrac{\sum_{i=1}^{K}(N_i-\overline{N})^2}{K-1}}$，并代入有关数据，得到

$$\sigma(N)=0.027\ \text{mm}$$

(4) 求测量值的不确定度 u

根据公式(1.2.6)，$u=\sqrt{\sigma^2(N)+u_j^2}$，其中 $u_j=\frac{\Delta_{ins}}{k}$. 已知 $k\approx 1$，则

$$u_j=\Delta_{ins}=0.02\ \text{mm},\quad \sigma(N)=0.027\ \text{mm}$$

$$u=\sqrt{0.027^2+0.02^2}\ \text{mm}=0.034\text{mm}\approx 0.03\ \text{mm}$$

(5) 用 u 表示测量结果

根据公式(1.2.10)有

$$N_{真}=\overline{N}\pm u(单位)$$

$$N_{真}=(60.03\pm 0.03)\ \text{mm}$$

例 3　在同一条件下，用 1 级千分尺测量固体激光器输出光束的光斑直径，共测量 6 次，其测量数据如下：1.002 mm，1.000 mm，1.003 mm，1.002 mm，1.003 mm，1.002 mm. 求 $\overline{N}$，$\overline{d}$，$\sigma(N)$，u，并用不确定度表示测量结果.

解：(1) 求测量算术平均值　$\overline{N}=1.002\ \text{mm}$

(2) 求算术平均偏差　$\overline{d}=0.000\ 666\ \text{mm}\approx 0.000\ 67\ \text{mm}$

(3) 求标准偏差　$\sigma(N)=0.001\ 095\ \text{mm}\approx 0.001\ 1\ \text{mm}$

(4) 求不确定度　$u=\sqrt{\sigma^2(N)+u_j^2}=0.004\ \text{mm}$

其中，$u_j=\Delta_{ins}=0.004\ \text{mm}$(一级千分尺).

(5) 用 u 表示测量结果　$N_{真}=\overline{N}\pm u$(单位)

$$=(1.002\pm 0.004)\ \text{mm}$$

从例 2 和例 3 中看出，对测量结果误差的估算和评定，用不确定度估算误差和对测量结果评定比较科学，它用统计学的方法进行计算，考虑了主要涉及的随机误差，又用非统计学的方法进行评定，考虑了主要涉及的系统误差，最后用方和根合成误差结果. 因此，目前对测量结果的估算和评定建议采用不确定度，还是比较科学和合理的.

1.4　间接测量结果误差估算及评定方法

间接测量值是由直接测量值通过已知的函数关系运算求得，由于直接测量误差必然存在，那么间接测量值受到直接测量影响，其结果也一定会有误差，这就是误差的传递.

一、一般误差的传递公式

设间接测量值 N 与直接测量值 x,y,z 有如下函数关系：

$$N=f(x,y,z) \tag{1.4.1}$$

根据多变量函数的全微分方法，对式(1.4.1)求全微分：

$$\mathrm{d}N=\frac{\partial f}{\partial x}\mathrm{d}x+\frac{\partial f}{\partial y}\mathrm{d}y+\frac{\partial f}{\partial z}\mathrm{d}z \tag{1.4.2}$$

上式表示，当直接测量值 x,y,z(均为独立自变量)有微小变化 $\mathrm{d}x,\mathrm{d}y,\mathrm{d}z$ 时，间接测量值 N 也将改变 $\mathrm{d}N$. 通常误差远小于测量值，故可把 $\mathrm{d}x,\mathrm{d}y,\mathrm{d}z$ 看作误差，并将 $\mathrm{d}x,\mathrm{d}y,\mathrm{d}z$ 改写为 $\Delta x,\Delta y,\Delta z$，在取最大误差的原则下，使各项绝对值相加而得到绝对误差的传递(transmission)公式为(算术合成法)

$$\Delta N=\left|\frac{\partial f}{\partial x}\right|\Delta x+\left|\frac{\partial f}{\partial y}\right|\Delta y+\left|\frac{\partial f}{\partial z}\right|\Delta z \tag{1.4.3}$$

若对式(1.4.1)先取自然对数后再求微分，则

$$\ln N=\ln f(x,y,z) \tag{1.4.4}$$

得到相对误差的传递公式：

$$\frac{\Delta N}{N}=\left|\frac{\partial \ln f}{\partial x}\right|\Delta x+\left|\frac{\partial \ln f}{\partial y}\right|\Delta y+\left|\frac{\partial \ln f}{\partial z}\right|\Delta z \tag{1.4.5}$$

式中，$\left|\frac{\partial f}{\partial x}\right|$，$\left|\frac{\partial f}{\partial y}\right|$，$\left|\frac{\partial f}{\partial z}\right|$为误差的传递系数；$\Delta x,\Delta y,\Delta z$ 为直接测量值的最大误差或者是多次测量的算术平均误差. 当间接测量式为和差形式($N=x+y-z$)时，先计算绝对误差比较方便；如间接测量式为积商形式($N=\frac{xy}{z}$)，先计算相对误差比较方便.

二、标准偏差的传递公式

由于标准偏差能够更好地反映测量结果的离散程度，所以常用标准偏差来估算. 根据误差理论和上述关系式，用标准偏差来代替一般误差，利用式(1.4.1)、(1.4.3)、(1.4.5)等关系，得到标准偏差的传递公式(方和根合成)为

$$\sigma_N=\sqrt{\left(\frac{\partial f}{\partial x}\right)^2\sigma_x^2+\left(\frac{\partial f}{\partial y}\right)^2\sigma_y^2+\left(\frac{\partial f}{\partial z}\right)^2\sigma_z^2} \tag{1.4.6}$$

$$\frac{\sigma_N}{N}=\sqrt{\left(\frac{\partial \ln f}{\partial x}\right)^2\sigma_x^2+\left(\frac{\partial \ln f}{\partial y}\right)^2\sigma_y^2+\left(\frac{\partial \ln f}{\partial z}\right)^2\sigma_z^2} \tag{1.4.7}$$

实际使用上述公式时，σ_N 可用实验标准差 $\sigma(N)$ 也可用平均值的标准差 $\sigma(\overline{N})$.

三、不确定度的传递公式

根据式(1.4.1)、(1.4.6)、(1.4.7)等关系式，得到不确定度的传递公式：

$$u_N=\sqrt{\left(\frac{\partial f}{\partial x}\right)^2u_x^2+\left(\frac{\partial f}{\partial y}\right)^2u_y^2+\left(\frac{\partial f}{\partial z}\right)^2u_z^2} \tag{1.4.8}$$

或

$$\frac{u_N}{N}=\sqrt{\left(\frac{\partial \ln f}{\partial x}\right)^2u_x^2+\left(\frac{\partial \ln f}{\partial y}\right)^2u_y^2+\left(\frac{\partial \ln f}{\partial z}\right)^2u_z^2} \tag{1.4.9}$$

式中，u_x,u_y,u_z 是直接测量值 x,y,z 的合成不确定度. 对于和差形式的函数用式(1.4.8)，对于积商、乘方、开方形式的函数用式(1.4.9)比较方便. 根据式(1.4.8)和(1.4.9)，可推出某些常用函数的不确定度传递公式，见表 1.4.1.

表 1.4.1　某些常用函数的不确定度传递公式

函数形式	不确定度传递公式
$N=x+y$	$u_N=\sqrt{u_x^2+u_y^2}$
$N=x-y$	$u_N=\sqrt{u_x^2+u_y^2}$

续表

函数形式	不确定度传递公式
$N = xy$	$\frac{u_N}{N} = \sqrt{(\frac{u_x}{x})^2 + (\frac{u_y}{y})^2}$
$N = \frac{x}{y}$	$\frac{u_N}{N} = \sqrt{(\frac{u_x}{x})^2 + (\frac{u_y}{y})^2}$
$N = kx$	$u_N = ku_x$　　$\frac{u_N}{N} = \frac{u_x}{x}$
$N = \sin x$	$u_N = \lvert\cos x\rvert u_x$
$N = \ln x$	$u_N = \frac{u_x}{x}$
$N = \frac{x^k y^m}{z^l}$	$\frac{u_N}{N} = \sqrt{k^2(\frac{u_x}{x})^2 + m^2(\frac{u_y}{y})^2 + l^2(\frac{u_z}{z})^2}$

例 4　用 1 级千分尺测量某一圆柱体的直径 D 和高度 H,测量数据见表 1.4.2,求体积 V,$\sigma(N)$,u_V,用不确定度评定测量结果.

表 1.4.2　圆柱体的测量数据

测量次数	D/ mm	H/ mm
1	3.004	4.096
2	3.002	4.094
3	3.006	4.092
4	3.000	4.096
5	3.006	4.096
6	3.000	4.094
7	3.006	4.094
8	3.004	4.098
9	3.000	4.094
10	3.000	4.096

解:(1) 由题意分别估算:

$$u_D = \sqrt{\sigma^2(D) + u_j^2},\qquad u_H = \sqrt{\sigma^2(H) + u_j^2}$$

先确定 A 类不确定度为 $\sigma(D)$ 和 $\sigma(H)$.

最佳值　$\overline{D} = 3.002\ 8\ \text{mm} \approx 3.003\ \text{mm}$,　　$\overline{H} = 4.095\ \text{mm}$

$\sigma(D) = 0.002\ 7\ \text{mm}$,　　$\sigma(H) = 0.001\ 7\ \text{mm}$

再确定 B 类不确定度 u_{j}. 由于一级千分尺出厂时已标定 $\Delta_{\mathrm{ins}} = 0.004$ mm. 所以

$$u_{\mathrm{j}} \approx \Delta_{\mathrm{ins}} = 0.004\ \mathrm{mm}$$

由于使用同一仪器测量 D、H 值,则

$$u_D = \sqrt{0.0027^2 + 0.004^2}\ \mathrm{mm} = 0.0048\ \mathrm{mm} \qquad u_H = \sqrt{0.0017^2 + 0.004^2}\ \mathrm{mm} = 0.0043\ \mathrm{mm}$$

(2) 根据圆柱体体积函数公式

$$V = \frac{\pi}{4} D^2 H$$

代入有关数值

$$V = \frac{\pi}{4} \overline{D}^2 \overline{H} = 29.00\ \mathrm{mm}^3$$

由于 V 是间接测量的,属乘除方运算,则

$$\begin{aligned} E_u &= \frac{u_V}{V} = \sqrt{\left(\frac{\partial \ln V}{\partial D}\right)^2 u_D^2 + \left(\frac{\partial \ln V}{\partial H}\right)^2 u_H^2} \\ &= \sqrt{\left(\frac{2}{D}\right)^2 u_D^2 + \left(\frac{1}{H}\right)^2 u_H^2} \\ &= \sqrt{\left(\frac{2}{3.003}\right)^2 \times 0.0048^2 + \left(\frac{1}{4.095}\right)^2 \times 0.0043^2} \\ &= 0.0034 \end{aligned}$$

$$u_V = VE_u = 29.00 \times 0.0034\ \mathrm{mm}^3 = 0.099\ \mathrm{mm}^3$$

(3) 间接测量结果评定

$$\begin{aligned} V_{\text{真}} &= V \pm u_V \\ &= (29.0 \pm 0.1)\ \mathrm{mm}^3 \end{aligned}$$

例 5 计算间接测量结果的最佳值和不确定度,并用不确定度表示测量结果.

已知 $A = (71.3 \pm 0.5)\ \mathrm{cm}^2$, $B = (6.262 \pm 0.002)\ \mathrm{cm}^2$

$C = (0.753 \pm 0.001)\ \mathrm{cm}^2$, $D = (271 \pm 1)\ \mathrm{cm}^2$

求解下列两种情况:

(1) $N = A + B - C + D$;

(2) $N = \dfrac{A \cdot C}{B \cdot D}$.

解: (1) ①求最佳值(算术平均值 $\overline{N}$)

$\overline{N} = A + B - C + D$,并代入相关数据得

$\overline{N} = 71.3\ \mathrm{cm}^2 + 6.262\ \mathrm{cm}^2 - 0.753\ \mathrm{cm}^2 + 271\ \mathrm{cm}^2 = 347.8\ \mathrm{cm}^2$

② 估算不确定度,根据式(1.4.8),并求解得到

$$\begin{aligned} u &= \sqrt{(1 \cdot u_A)^2 + (1 \cdot u_B)^2 + (1 \cdot u_C)^2 + (1 \cdot u_D)^2} \\ &= \sqrt{(0.5\ \mathrm{cm}^2)^2 + (0.002\ \mathrm{cm}^2)^2 + (0.001\ \mathrm{cm}^2)^2 + (1\ \mathrm{cm}^2)^2} \\ &= 1.11\ \mathrm{cm}^2 \approx 1\ \mathrm{cm}^2 \end{aligned}$$

③ 间接测量结果评定

$$\begin{aligned} N_{\text{真}} &= \overline{N} \pm u(\text{单位}) \\ &= (348 \pm 1)\ \mathrm{cm}^2 \end{aligned}$$

（2）① 求最佳值

$$\overline{N}=\frac{A\cdot C}{B\cdot D}=\frac{71.3\times 0.753}{6.262\times 271}=0.0316$$

② 估算不确定度，利用式（1.4.9），并求解得到

$$E_u=\frac{u}{\overline{N}}=\sqrt{\left(\frac{u_A}{A}\right)^2+\left(\frac{u_B}{B}\right)^2+\left(\frac{u_C}{C}\right)^2+\left(\frac{u_D}{D}\right)^2}$$

$$=\sqrt{\left(\frac{0.5}{71.3}\right)^2+\left(\frac{0.002}{6.262}\right)^2+\left(\frac{0.001}{0.753}\right)^2+\left(\frac{1}{271}\right)^2}$$

$$=0.008$$

利用 $u=E_u\overline{N}$ 关系，并代入相关数据得到

$$u=0.0316\times 0.008\ \text{cm}^2$$

$$=0.00025\ \text{cm}^2\approx 0.0002\ \text{cm}^2\text{（四舍六入五凑偶规则）}$$

③ 间接测量结果评定

$$N_{\text{真}}=\overline{N}\pm u\text{（单位）}$$

$$=(0.0316\pm 0.0002)\ \text{cm}^2$$

例 6　根据测量圆柱体密度的公式 $\rho=\dfrac{4m}{\pi D^2H}$，其中 $m=30$ g，$D=1.6$ cm，$H=3.6$ cm，要求相对不确定度 $E_u=\dfrac{u_\rho}{\rho}<0.5\%$，那么测量 m,D,H 应各选择什么精度的测量仪器？

解：（1）根据题意，利用式（1.4.9）求解得到

$$E_u=\frac{u_\rho}{\rho}=\sqrt{\left(\frac{u_m}{m}\right)^2+4\left(\frac{u_D}{D}\right)^2+\left(\frac{u_H}{H}\right)^2}<0.5\%$$

其中，u_ρ 为合成不确定度，置信概率为三倍标准偏差（其值为 0.997）。u_ρ 为极限误差，则 u_m，u_D，u_H 也是极限误差。

（2）因为 u_ρ 由 u_m,u_D,u_H 三个分量组成，根据误差均分原则，要求

$$\left(\frac{u_m}{m}\right)^2=4\left(\frac{u_D}{D}\right)^2=\left(\frac{u_H}{H}\right)^2$$

并有

$$\sqrt{3\left(\frac{u_m}{m}\right)^2}<0.5\%,\quad \sqrt{3\times 4\left(\frac{u_D}{D}\right)^2}<0.5\%,\quad \sqrt{3\left(\frac{u_H}{H}\right)^2}<0.5\%$$

（3）分别求解 u_m,u_D,u_H，得到

$$u_m<0.086\ \text{g},\qquad u_D<0.023\ \text{mm},\qquad u_H<0.1\ \text{mm}$$

（4）确定测量 m,D,H 各选择如下精度测量仪器：

$u_m<0.086$ g，测量 m 可选择感量为 0.05 g 的物理天平；

$u_D<0.023$ mm，测量 D 可选择 50 分度的游标卡尺；

$u_H<0.1$ mm，测量 H 可选择 20 分度的游标卡尺。

例 7　用单摆测重力加速度的公式为 $g=\dfrac{4\pi^2L}{T^2}$，测得 $T=(2.000\pm 0.002)$ s，$L=(100.0\pm 0.1)$ cm，用不确定度评定测量结果。

解：(1) 利用式(1.4.9)求出

$$E_u=\frac{u_g}{g}=\sqrt{\left(\frac{u_L}{L}\right)^2+\left(\frac{2u_T}{T}\right)^2}=\sqrt{\left(\frac{0.1}{100.0}\right)^2+4\left(\frac{0.002}{2.000}\right)^2}$$
$$=2.24\times10^{-3}\approx0.002$$

(2) 求出 g,并代入有关数据得到

$$g=\frac{4\pi^2L}{T^2}=\frac{4\times3.1416^2\times100.0}{2.000^2}\ \text{cm}\cdot\text{s}^{-2}=987.0\ \text{cm}\cdot\text{s}^{-2}$$

(3) 利用 $E_u=\frac{u_g}{g}=0.002$ 的关系,求出 u_g:

$$u_g=1.97\ \text{cm}\cdot\text{s}^{-2}\approx2\ \text{cm}\cdot\text{s}^{-2}$$

(4) 用不确定度评定测量结果

$$g_{真}=g_{测}\pm u_g=(987\pm2)\ \text{cm}\cdot\text{s}^{-2}$$

■ 小结

间接测量结果的误差估算和评定,通过间接测量函数的误差传递公式估算.在本书中,采用不确定度传递公式(1.4.8)和(1.4.9)估算不确定度 u_N 和相对不确定度$\frac{u_N}{N}$,其基本步骤如下:

(1) 根据间接测量函数 $N=f(x,y,z)$,给出合成不确定度(公式):

$$u_N=\sqrt{\sum\sigma^2(N)+\sum u_j^2}$$

或

$$u_{\overline{N}}=\sqrt{\sum\sigma^2(N)+\sum u_j^2}$$

(2) 估算 A 类不确定度 $\sigma(N)$或 $\sigma(\overline{N})$,并确定间接测量函数形式.如果是和差形式,用式(1.4.8)估算;积商、乘方、开方形式用式(1.4.9)估算.估算时先确定最佳值 $\overline{N}$(算术平均值),然后计算每次测量值与平均值 $\overline{N}$ 之差(残差)再求和(注意取绝对值).

(3) 确定 B 类不确定度 $u_j=\frac{\Delta_{ins}}{k}$,由于本书实验中多数常用测量仪器的 $k=1.05$,为了计算方便,令 $k=1$,因此 $u_j=\Delta_{ins}$.

(4) 估算不确定度 u_N 或$\frac{u_N}{N}$.

(5) 评定测量结果:　$N_{真}=\overline{N}\pm u_N$(单位)

或

$$E_u=\frac{u_N}{\overline{N}}\times100\%$$

并约定 u_N 只能保留一位有效数字,测量值 $N_{测}$ 或 $\overline{N}$ 必须同 u_N 相对应,相对不确定度 E_u 可以保留 1~2 位有效数字.

1.5　有效数字及其运算

任何一个物理量,其测量结果都会有误差,因此测量结果的数字要符合有效数字表示规则. 一般有效数字是由若干位准确数字和一位可疑数字(欠准数字)构成,有效数字中最后一位存在着误差,虽然是可疑的,但它在一定程度上反映了被测量值实际的大小,因此也是有效的. 另外,表示测量结果的数字不宜太多也不宜太少,太多了容易使人误认为测量准确度很高,太少了则会损失准确度.

一、什么叫有效数字

举例说明:1.25(3 位有效数字),1.250(4 位有效数字),0.012 5(3 位有效数字),1.002 5(5 位有效数字).

结论:表示小数点位置的"0"不是有效数字,而数字中间的"0"和数字尾部的有效"0"都是有效数字(significant figure). 关于有效位数,有几个问题需要引起注意:

(1) 有效位数与十进制单位的变换无关. 例如1.35 g有 3 位有效位数. 如果换成千克作单位,则有 $1.35\ \mathrm{g}=1.35\times10^{-3}\ \mathrm{kg}$;如果换成毫克作单位,则有 $1.35\ \mathrm{g}=1.35\times10^{3}\ \mathrm{mg}$. 仍是 3 位有效位数,但不能成为 1.35 g = 1 350 mg,因为在没有说明的情况下,一般都会认为最后的零也是有效数字(变成 4 位有效数字了).

(2) 数据尾部的"0",不能随意舍掉,也不能随意加上. 不能把 200 mm 写成 20 cm,因为这样一来有效位数就少了一位;也不能把 20 cm 写成 200 mm. 正确写法是 200 mm = 20.0 cm 或 20.0 cm = 200 mm.

(3) 推荐使用科学记数法,其形式为 $K\times10^{n}$,其中 $1\leqslant K<10$,n 为整数.

例如 $900\ \mathrm{V}=9.00\times10^{2}\ \mathrm{V}=9.00\times10^{5}\ \mathrm{mV}=9.00\times10^{-1}\ \mathrm{kV}$,在这些变换中,9.00 这几个有效数字始终不变.

二、有效数字运算规则

在有效数字运算过程中,准确数字与准确数字之间进行四则运算,仍为准确数字. 可疑数字与准确数字或可疑数字之间进行运算,结果为可疑数字,但是运算中的进位数可视为准确数字,在四则运算中,一定要服从加减法运算规则和乘除法等运算规则.

1. 有效数字加减法运算规则

多个量相加减时,其运算结果在小数点后所应保留的位数与这些量中小数点后位数最少的一个相同,即称为尾数对齐.

例如:　$32.1+3.276=35.4$,　　$26.65-3.926=22.72$

$$32.1+3.3=35.4,\qquad 26.65-3.93=22.72$$

例 8　已知：$L=L_1+L_2-L_3$，求解 L. 其中：$L_1=125.50\ \mathrm{mm}$，$L_2=20.30\ \mathrm{mm}$，$L_3=2.446\ \mathrm{mm}$.

解：由于 L_1 和 L_2 的末位都在百分位上，因此 L 的末位也保留在百分位.

$$L=(125.50+20.30-2.446)\ \mathrm{mm}=143.354\ \mathrm{mm}=143.35\ \mathrm{mm}$$

2. 有效数字的乘除法运算规则

多个量相乘除运算结果的有效数字位数，一般与这些量中有效数中最少的一个相同，即称为位数取齐.

例 9　已知：$g=4\pi^2\dfrac{L}{T^2}$，求解 g. 其中：$L=130.4\ \mathrm{cm}$，$T=2.291\ \mathrm{s}$.

解：L 和 T 都有 4 位有效数字，故 g 也保留 4 位有效数字，"4"可看作常数或倍数，不作为运算中判断有效位数的依据，π 在运算中可多取一位，在本题中可取 5 位.

$$g=4\times3.1416^2\times\frac{130.4}{2.291^2}\ \mathrm{cm\cdot s^{-2}}=980.8\ \mathrm{cm\cdot s^{-2}}$$

例 10　已知：$L=\dfrac{30.00\times(25.0-17.003)}{(203-3.0)\times(2.00+0.001)}$，求解 L.

解：在求解第一步中，先计算括号中的内容，依据加减运算的规则，分别确定三个值的有效位数. 在第二步中，全部是乘除运算，依据乘除法的规则.

$$L=\frac{30.00\times8.0}{200\times2.00}=0.60$$

3. 某些常见函数运算的有效位数规则

（1）对数函数：　$y=\ln x$

例：

$$y=\ln 1.983=0.684610849\approx0.6846$$

$$y=\ln 1983=7.592366\approx7.592$$

规则：对数函数运算后的尾数取与真数相同的位数.

（2）指数函数：　$y=10^x$

例：

$$10^{6.25}=1778279.41=1.8\times10^6$$

$$10^{0.0035}=1.00809161=1.008$$

规则：指数函数运算后的有效数字可与指数的小数点后的位数相同（包括紧接小数点后的零）.

（3）三角函数：　$y=\sin x,\quad y=\cos x,\ \cdots$

例：

$$y=\sin 30°00'=0.5=0.5000$$

$$y=\cos 20°16'=0.938070461=0.9381$$

规则：三角函数的取位随角度的有效位数而定.

（4）常数和系数在运算中的有效数字规则

对运算中的某些常数或者倍数，如 π，e，$\sqrt{2}$，$\dfrac{1}{3}$等，有效数字可以认为是无限的，但在实际计算中一般应比运算中有效数字位数最多的多取一位.

三、不确定度和测量结果的数字化整规则

1. 不确定度的有效位数

不确定度是与置信概率相联系的，所以不确定度的有效位数不必过多，一般只需保留 1 ~ 2 位，其后数位上数字的舍入，不会对置信概率造成太大的影响. 一般说来，如果不确定度（包括相对不确定度）首位的数字较大，例如大于或等于 5，则保留一位有效位数；如果不确定度首位的数字较小，例如 1 和 2，则保留两位有效位数，首位为 3 或 4 的，可根据具体情况需要留 1 位或 2 位有效位数. 在本书中，采用四舍六入五凑偶原则进行尾数的取舍，例如尾数是 5，尾数前一位是奇数，则进一位，如果尾数前一位是偶数，则将 5 取舍掉.

在本书中，为了数据处理方便，约定不确定度只保留 1 位有效数字，相对不确定度可保留 1 ~ 2 位有效数字. 必须意识到这是一种简化处理方法，尤其是当不确定度的首位数字为 1 或 2 时，这样处理有可能使结果的置信概率有较大的变化.

2. 最佳值或测量值末位与不确定度位数对齐

直接测量最佳值（算术平均值）、测量值以及间接测量值（计算值），它们的有效数字由不确定度（或误差）的首位决定，因此必须先计算或确定误差或不确定度，然后再将最佳值、测量值以及间接测量的计算值的有效数的末位与不确定度（或误差）的首位对齐. 例如：已计算出某物理量不确定度 $u = 0.06$，该物理量的最佳值 $\overline{N} = 9.787$，此时最后的测量结果应表示为

$$N_{真} = \overline{N} \pm u = 9.79 \pm 0.06$$

相对不确定度为

$$E_u = \frac{u}{N} = 0.006 \quad 或 \ E_u = 0.6\%$$

■ 小结

（1）按实验的要求计算结果，运算过程应符合有效数字规则.

在加减法运算中，先找出各数中可疑数字最大的，以此数的最后一位数的位置为标准，对其他数进行取舍（按四舍六入五凑偶规则），但在运算过程中可多保留 1 位；在乘除法运算中，找出所有量中有效位数最少的，以它的有效位数为准并对其他数取舍，运算中可多保留 1 位.

（2）不确定度（或绝对误差）只取 1 位有效数字. 相对不确定度（或相对误差）可以取 1 ~ 2 位；在首位数是 1 和 2 时，可取 2 位.

（3）测量结果的有效位数依据不确定度（或误差）取舍，最后 1 位应和不确

定度(或误差)所在位对齐.

(4) 对于 B 类不确定度(或绝对误差),常用极限误差来表示(如仪器误差或最大误差),如用其他误差表示,一般应说明置信概率.

(5) 有效位数与十进制单位的变换无关.为了避免含混,常采用如下的标准形式:即用 10 的 n 次幂来表示数量级.例如:0.033 5 m 应定成标准形式 3.55×10^{-2} m;38 km = 3.8×10^{4} m;0.602 0 kg = 6.020×10^{2} g;1.252 s = 1.252×10^{3} ms.

1.6　常用数据处理方法

科学实验的目的是为了找出事物的内在规律,或检验某种理论的正确性,或准备作为以后实践工作的依据,因而对实验测量收集的大量数据资料必须进行正确的处理.数据处理是指从获得数据起到得出结论为止的加工过程,包括记录、整理、计算、作图、分析等方面的处理方法.根据不同的需要,可以采取不同的处理方法.本节主要介绍大学物理实验中常用的数据处理方法,包括列表法、图示法和图解法、逐差法、最小二乘法线性拟合等.

一、列表法

列表法是指在记录和处理数据时,常常将数据列成表格.这样做可以简单而明确地表示出有关物理量之间的对应关系,便于随时检查测量结果是否合理,及时发现问题和分析问题,有助于找出有关物理量之间的规律,求出经验公式等.数据列表还可以提高处理数据的效率,减少和避免错误.

通过列表来记录、处理数据是一种良好的科学工作习惯.对初学者来说,要设计出一个栏目清楚合理、行列分明的表格虽不是很难办到的事,但也不是一蹴而就的,需要不断训练,逐渐形成习惯.本书的许多实验中已经设计了数据表格,在使用时应思考为什么将表格如此设计?能否更加合理化?有些实验没有现成的数据表格,希望能根据要求,设计出尽量合理的数据表格.列表的要求如下:

(1) 各栏目(纵及横)均应标明名称和单位.若名称用自定的符号,需加以说明.

(2) 原始数据应列入表中.计算过程中的一些中间结果和最后结果也可列入表中.

(3) 对于栏目的顺序,应充分注意数据间的联系和计算的程序,力求简明、齐全、有条理.

(4) 若是函数关系测量的数据表,应按自变量由小到大的顺序或由大到小的顺序排列.

（5）必要时附加说明.

下面以使用读数显微镜测一圆环直径为例列表记录和处理数据.

测圆环直径 D

仪器：读数显微镜　　$\Delta_{\text{ins}} = 0.004\ \text{mm}$

表 1.6.1

测量次序 i	左读数/ mm	右读数/ mm	直径 D_i/ mm
1	12.764	18.762	5.998
2	10.843	16.838	5.995
3	11.987	17.978	5.996
4	11.588	17.584	5.996
5	12.346	18.338	5.992
6	11.015	17.010	5.994
7	12.341	18.335	5.994
直径平均值 $\overline{D}$/mm			5.995

先将原始数据填入表 1.6.1 中，然后求出各 D_i. 用计算器计算得出：

$$\overline{D} = 5.995\ \text{mm},\qquad \sigma_D = 0.001\ 9\ \text{mm}$$

根据不确定度的合成公式

$$u_D = \sqrt{\sigma_D^2 + \Delta_{\text{ins}}^2} = 0.004\ 4\ \text{mm} \approx 0.004\ \text{mm}$$

最终结果

$$D \pm u_D = (5.995 \pm 0.004)\ \text{mm}$$

二、图示法和图解法

1. 图示法

物理实验中测得的各物理量之间的关系，可以用函数式表示，也可以用各种图线表示. 后者称为实验数据的图线表示法，简称图示法. 工程师和科学家一般对定量的图线很感兴趣，因为定量图线形象直观，一目了然，不仅能简明地显示物理量之间的相互关系、变化趋势，而且能方便地找出函数的极大值、极小值、转折点、周期性和其他奇异性. 特别是对那些尚未找到适当的解析函数表达式的实验结果，可以从图示法所画出的图线中去寻找相应的经验公式，从而探求物理量之间的变化规律.

作图并不复杂,但对于许多初学者来说,却是一种困难的科学技巧.这是由于他们缺乏作图的基本训练,而在思想上对作图又不够重视所致.然而只要认真对待,并遵循作图的一般规则进行一段时间的训练,是能够绘制出相当好的图线的.

制作一幅完整的、正确的图线,其基本步骤包括:图纸的选择,坐标的分度和标记,标出每个实验点,作出一条与许多实验点基本符合的图线,以及注解和说明等.

(1) 图纸的选择

图纸中最常用的是线性直角坐标纸(毫米方格纸),其他还有对数坐标纸、半对数坐标纸、极坐标纸等.应根据具体情况选取合适的坐标纸.

直线是最容易绘制的图线,也便于使用,所以在已知函数关系的情况下,作两个变量之间的关系图线时,最好通过适当的变换将某种函数关系的曲线改为线性函数的直线.

例如:

① $y=a+bx$,y 与 x 为线性函数关系.

② $y=a+b\dfrac{1}{x}$,若令 $u=\dfrac{1}{x}$,则得 $y=a+bu$,y 与 u 为线性函数关系.

③ $y=ax^b$,取对数,则 $\lg y=\lg a+b\lg x$,$\lg y$ 与 $\lg x$ 为线性函数关系.

④ $y=ae^{bx}$,取自然对数,则 $\ln y=\ln a+bx$,$\ln y$ 与 x 为线性函数关系.

对于①,选用线性直角坐标纸就可得直线;对于②,以 y、u 作坐标时,在线性直角坐标纸上也是一条直线;对于③,在选用对数坐标纸后,不必对 x、y 作对数计算,就能得到一条直线;对于④,则应选用半对数坐标纸.如果只有线性直角坐标纸,而要作③、④两类函数关系的直线时,则应将相应的测量值进行对数计算后再作图.

图纸大小的选择,原则上以不损失实验数据的有效位数并能包括所有实验点作为选取图纸大小的最低限度,即图上的最小分格至少应与实验数据中最后一位准确数字相当.

(2) 确定坐标轴和标注坐标分度

习惯上,常将自变量作为横轴,因变量作为纵轴.坐标轴确定后,应在顺轴的方向注明该轴所代表的物理量名称和单位,还要在轴上均匀地标明该物理量的整齐数值.在标注坐标分度时应注意:

① 坐标的分度应以不用计算便能确定各点的坐标为原则,通常只用1,2,5进行分度,禁忌用3,7 等进行分度.

② 坐标分度值不一定从零开始.一般情况可以用低于原始数据最小值的某

一整数作为坐标分度的起点，用高于原始数据最大值的某一整数作为终点. 两轴的比例也可以不同. 这样，图线就能较大程度充满所选用的整个图纸.

(3) 标实验点

要根据所测得的数据，用明确的符号准确地标明实验点，要做到不错不漏. 常用的符号有"+"、"×"、"●"、"○"、"△"、"□"等.

若要在同一张图上画不同的图线，标点时应选用不同的符号，以便区分.

(4) 连接实验图线

连线时必须使用工具，最好用透明的直尺、三角板、曲线板等.

在多数情况下，物理量之间的关系在一定范围内是连续的，因此应根据图上各实验点的分布和趋势，作出一条光滑连续的曲线或直线. 所绘的曲线或直线应光滑匀称，而且要尽可能使所绘的图线通过较多的实验点. 对那些严重偏离图线的个别点，应检查一下标点是否有误，若没有错误，表明这个点对应的测量存在粗大误差，在连线时应将其舍去不作考虑. 其他不在图线上的点，应比较均匀地分布在图线的两侧. 如果连直线，最好通过$(\bar{x},\bar{y})$这一点.

对于仪器仪表的校正曲线，应将相邻两点连成直线段，整个校正曲线图呈折线形式.

(5) 注解和说明

应在图纸的明显位置处写清图的名称. 图名一般可以用文字说明，例如，"电压表的校准曲线 $\delta U-U$ 图"等. 如果在行文或实验报告中已对图有过明确的说明，也可以简单地写成 $y-x$ 图，其中的 y 和 x 分别是纵轴和横轴所代表的物理量. 此外，还可加注必要的简短说明.

2. 图解法

利用已作好的图线，定量地求得待测量或得出经验公式，称为图解法. 例如，可以通过图中直线的斜率或截距求得待测量的值；可以通过内插或外推求得待测量的值；还可以通过图线的渐近线以及通过图线的叠加、相减、相乘、求导、积分、求极值等来得出某些待测量的值. 这里主要介绍直线图解求出斜率和截距，进而得出完整的直线方程，以及插值法求待测量的值.

直线图解法的步骤为：

(1) 选点　为求直线的斜率，一般用两点法而不用一点法，因为直线不一定通过原点. 在直线的两端任取两点 $A(x_1,y_1)$ 和 $B(x_2,y_2)$，一般不用实验点，而是在直线上选取，并用不同于实验点的记号表示，在记号旁注明其坐标值. 这两点应尽量分开些，如图 1.6.1 所示. 如果这两点靠得太近，计算斜率时就会使结果的有效位数减少；但也不能取得超出实验数据的范围，因为选这样的点没有实验依据.

(2) 求斜率　设直线方程为 $y=ax+b$，则斜率为

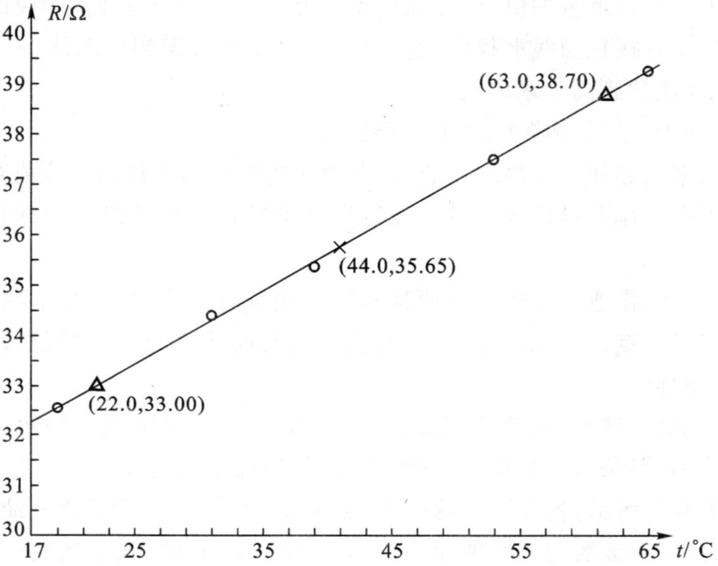

图 1.6.1　用直线图解法求斜率与截距

$$a = \frac{y_2 - y_1}{x_2 - x_1} \tag{1.6.1}$$

(3) 求截距　若坐标起点为零,可将直线用虚线延长,使其与纵坐标轴相交,交点的纵坐标就是截距.

若坐标轴的起点不为零,则计算截距的公式为

$$b = \frac{x_2 y_1 - x_1 y_2}{x_2 - x_1} \tag{1.6.2}$$

由得到的斜率和截距,可以得出待测量的值.

例如,热敏电阻的阻值 R_T 与热力学温度 T 的函数关系为

$$R_T = a\mathrm{e}^{\frac{b}{T}}$$

其中,a、b 为待定常量. 现在测得在一系列 T_i 下的 R_{T_i},要用图解法求 a、b.

先将上式作变换,得

$$\ln R_T = \ln a + \frac{b}{T}$$

令 $y = \ln R_T, x = \frac{1}{T}, a' = b, b' = \ln a$,上式变成 $y = a'x + b'$ 的形式. 由 T_i 和 R_{T_i} 值可得到一系列的 x_i 和 y_i 值. 用这些值作图,所得图线是一条直线. 依照上面介绍的方法求出 a' 和 b',再通过换算就能得出 a、b 的值.

在作出实验图线后,实际上就确定了两个变量之间的函数关系. 因此,如果知道了其中一个物理量的值,就可以从图线上找出另一个物理量相应的值. 如果需要求的值能直接在图线上找到,这就是内插法;如果需要把图线(一般应是直线)延长后才能找到需要求的值,则是外推法.

内插(外推)法的步骤为,作好实验图线后:

(1) 根据已经知道的物理量的值,在相应的坐标轴上找到与该值对应的点;

(2) 用虚线作通过该点而且与该点所在坐标轴垂直的线段,与图线相交于一点;

(3) 用虚线作通过上述交点而且与原虚线垂直的线段,与待求物理量所在的坐标轴交于一点,该点的坐标对应的值就是与前述已知物理量值所对应的另一个物理量的值.

例如:已经通过实验绘制出波长λ 和偏向角θ 的关系图线. 现在用同一装置在相同的条件下测出某条谱线的偏向角为θ_1,要求用图解法求这条谱线的波长.

如图 1. 6. 2 所示,先在图上的θ 轴上找到θ_1 这一点,再用前面介绍的方法作两条虚线,后一条虚线与λ 轴的交点对应的就是λ_1 的值. 在作图时一般应将θ_1 和λ_1 的值用括号标注在相应的点旁. 同理由测量值 θ_2,从图上得出 λ_2.

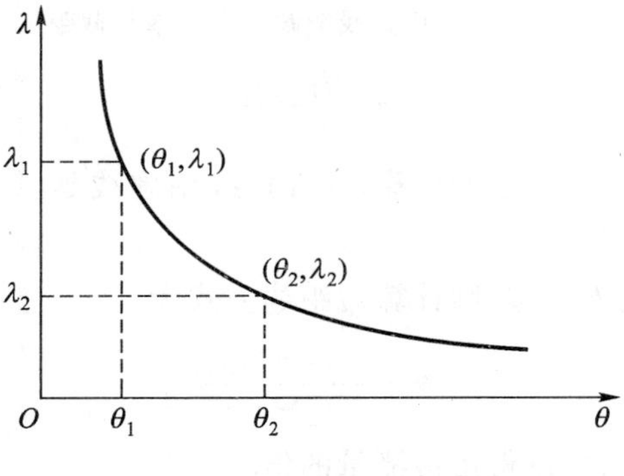

图 1. 6. 2 $\lambda-\theta$ 关系曲线

三、逐差法

逐差法是物理实验中常用的数据处理方法之一. 它适合于两个被测量之间存在多项式函数关系、自变量为等间距变化的情况.

逐差分为逐项逐差和分组逐差. 逐项逐差就是把实验数据进行逐项相减,用这种方法可以验证被测量之间是否存在多项式函数关系. 如果函数关系满足 $y=ax+b$,逐项逐差所得差值应近似为一常数;如果函数关系满足 $y=ax^2+bx+c$ 的形式,则二次逐项逐差所得差值应近似为一常数. 分组逐差是将数据分成高、低两组,实行对应项相减,这样做可以充分利用数据,具有对数据取平均的效果,从而较准确地求得多项式系数的值.

下面通过一个具体的例子来说明如何使用逐差法,以及它的优点.

例如:用伏安法测电阻,得到一组数据如表 1.6.2 所示. 测量时电压每次增加2.00 V. 现在要验证 $U=IR$ 这个关系式,并求出R 值——数学形式上相当于I 的系数.

表 1.6.2

序号 i	电压 u_i/V	电流 I_i/mA	$\delta I_{1,i}=(I_{i+1}-I_i)$/mA	$\delta I_{5,i}=(I_{i+5}-I_i)$/mA
1	0	0	3.95	20.05
2	2.00	3.95	4.05	20.10
3	4.00	8.00	4.05	20.00
4	6.00	12.05	4.05	20.05
5	8.00	16.10	3.95	20.05
6	10.00	20.05	4.00	
7	12.00	24.05	3.95	
8	14.00	28.00	4.10	
9	16.00	32.10	4.05	
10	18.00	36.15		

由表中逐项逐差所得的$\delta I_{1,i}$值可以看出它们基本相等,因此可以说明I 与U 之间存在着一次线性函数关系.

但是,如果要求得电压每升高2.00 V 时电流的平均增加量的话,可以有两种不同的方法. 若用所得到的9 个逐项逐差的值取平均,则

$$\overline{\delta I_1}=\frac{\sum_{i=1}^{9}\delta I_{1,i}}{9}=\frac{(I_2-I_1)+(I_3-I_2)+(I_4-I_3)+(I_5-I_4)+\cdots+(I_{10}-I_9)}{9}$$

$$=\frac{I_{10}-I_1}{9}$$

这样,中间值全部无用,起作用的只是始末两次测量值. 可见这样做是不好的.

若用分组逐差,将数据分成高组(I_6,I_7,I_8,I_9,I_{10})和低组(I_1,I_2,I_3,I_4,I_5)两组,求得各$\delta I_{5,i}$,然后求平均值,得

$$\overline{\delta I_5}=\frac{1}{5}[(x_{10}-x_5)+(x_9-x_4)+(x_8-x_3)+(x_7-x_2)+(x_6-x_1)]$$

再除以5 便得到每升高2.00 V 电压时的电流增量值. 这样做,全部测量数据都得

到了利用.

$$R=\frac{\delta U_1}{\frac{1}{5}\ \overline{\delta I_5}}=\frac{2.00}{\frac{1}{5}\times 20.05}\ \mathrm{k\Omega}=\frac{2.00}{4.01}\ \mathrm{k\Omega}=0.499\ \mathrm{k\Omega}$$

用逐差法处理数据时,需要注意以下几个问题:

(1) 在验证函数表达式的形式时,要用逐项逐差,而不要用分组逐差,这样可以检验每个数据点之间的变化是否符合规律,而不致发生假象,即不规律性被平均效果掩盖起来.

(2) 在用逐差法求多项式的系数值时,不能逐项逐差,必须把数据分成两组,高组和低组的对应项逐差,这样才能充分地利用数据.

(3) 用分组逐差时,应把数据分成两组. 如果数据为 $2l$ 个($l\in\mathbf{Z}$),则低组与高组各为l 个;如果数据为$(2l-1)$个($l\in\mathbf{Z}$),则低组由第一个数据到第$(l-1)$个数据,高组由第$(l+1)$个数据到第$(2l-1)$个数据. 这是常用的分组方法.

四、最小二乘法与直线拟合

用图解法处理数据虽然有许多优点,但这是一种粗略的数据处理方法,因为它不是建立在严格的统计理论基础上的数据处理方法. 在作图纸上人工拟合直线或曲线时有一定的主观随意性. 不同的人用同一组测量数据作图,可以得出不同的结果,因而人工拟合的直线往往不是最佳的. 正因为如此,所以用图解法处理数据时一般是不求误差和不确定度的.

由一组实验数据找出一条最佳的拟合直线或曲线,常用的方法是最小二乘法(least square method),所得到的变量之间的相关函数关系称为回归方程,因此最小二乘线性拟合也称为最小二乘线性回归.

在这里我们仅限于讨论用最小二乘法进行一元线性拟合问题.

最小二乘法原理是:若能找到一条最佳的拟合直线,那么这条拟合直线上各相应点的值与测量值之差的平方和在所有拟合直线中是最小的.

假定变量x 与y 之间存在着线性关系,回归方程的形式为

$$y=a_0+a_1x \tag{1.6.3}$$

这是一条直线. 测得一组数据x_i,y_i($i=1,2,\cdots,k$). 现在的问题是,怎样根据这组数据找出上式中的系数a_0 和 a_1 来.

这里讨论最简单的情况,即每个数据点的测量都是等精度的,且假定 x_i 和y_i 中只有y_i 有明显的随机误差. 如果实际问题中两个变量都有随机误差,可把相对来说误差较小的变量当作x.

由于存在误差,实验点不可能全部落在式(1.6.3)拟合的直线上. 对于与某一个x_i 相对应的y_i,它与用回归法求得的直线式(1.6.3)在y 方向上的残差为v_i,

则

$$v_i = y_i - y = y_i - a_0 - a_1 x_i \tag{1.6.4}$$

按最小二乘法原理,应使下式最小:

$$S = \sum_{i=1}^{k} v_i^2 = \sum_{i=1}^{k} (y_i - a_0 - a_1 x_i)^2 \tag{1.6.5}$$

满足上式的条件为

$$\begin{aligned} \frac{\partial S}{\partial a_0} = 0, \quad \frac{\partial^2 S}{\partial a_0^2} > 0 \\ \frac{\partial S}{\partial a_1} = 0, \quad \frac{\partial^2 S}{\partial a_1^2} > 0 \end{aligned} \tag{1.6.6}$$

即

$$\left.\begin{aligned} -2 \sum_{i=1}^{k} (y_i - a_0 - a_1 x_i) = 0 \\ -2 \sum_{i=1}^{k} (y_i - a_0 - a_1 x_i) x_i = 0 \end{aligned}\right\} \tag{1.6.7}$$

整理后得

$$\left.\begin{aligned} \bar{x} a_1 + a_0 = \bar{y} \\ \overline{x^2} a_1 + \bar{x} a_0 = \overline{xy} \end{aligned}\right\} \tag{1.6.8}$$

式中

$$\left.\begin{aligned} \bar{x} &= \frac{1}{k} \sum_{i=1}^{k} x_i \\ \bar{y} &= \frac{1}{k} \sum_{i=1}^{k} y_i \\ \overline{x^2} &= \frac{1}{k} \sum_{i=1}^{k} x_i^2 \\ \overline{xy} &= \frac{1}{k} \sum_{i=1}^{k} x_i y_i \end{aligned}\right\} \tag{1.6.9}$$

式(1.6.8)的解为

$$a_1 = \frac{\bar{x}\,\bar{y} - \overline{xy}}{\bar{x}^2 - \overline{x^2}} \tag{1.6.10}$$

$$a_0 = \bar{y} - a_1 \bar{x} \tag{1.6.11}$$

式(1.6.7)对a_1,a_0再求一次微商,得到$\sum_{i=1}^{k} v_i^2$的二级微商大于零. 这样,式(1.6.10)和(1.6.11)给出的a_1和a_0对应$\sum_{i=1}^{k} v_i^2$的极小值,于是就得到了直线的回归方程(1.6.3). 式(1.6.11)还告诉我们,回归直线是通过($\bar{x}$,$\bar{y}$)这一点的. 这就是为什么用作图法连直线时,应该使直线通过($\bar{x}$,$\bar{y}$)这一点的原因.

1.7　数据处理在物理实验中的其他应用

数据处理常常是实验方法的一个不可分割的组成部分，它渗透在整个实验的全过程中. 本节将介绍数据处理在实验的设计、安排等方面的应用，主要通过一些实例作出说明.

一、用数据处理方法解决某些不能、不易被直接测定或计算的物理量的测量

1. 测出不能直接测量的物理量

有些物理量是不能被直接测量的，但是通过采用适当的数据处理方法，就可以解决这个问题.

例如测定单摆在摆角为零时的周期. 公式 $T_0 = 2\pi\sqrt{\dfrac{l}{g}}$ 是在摆角为零时才成立的，当摆角不为零时只是近似成立. 但是实际测量时摆角不可能为零，那么怎样才能测出 T_0 呢？

当 θ 不为零时，单摆周期

$$T = T_0\left(1 + \frac{1}{4}\sin^2\frac{\theta}{2}\right) \tag{1.7.1}$$

可以测出不同 θ 值下的 T 值，然后用适当的数据处理方法，例如回归法，就可以求出 T_0 值.

2. 求出物理量的等效值

有些物理量有等效值，可以通过数据处理方法求出其等效值.

例如作简谐振动的弹簧振子，其弹簧在客观上是存在一个确定的等效质量 m_e 的. 但是，如果从等效动能的观点（理论）来看，m_e 在一定假设和条件下为弹簧本身实际质量的 $\dfrac{1}{3}$；如果从等效动量的观点来看，则在一定条件下 m_e 为其本身实际质量的 $\dfrac{1}{2}$. 但是，我们可以通过数据处理的方法，求出在该实验条件下它的等效质量.

3. 准确测量不易测准的物理量

用数据处理方法可以解决某些不易测准的物理量的测量问题.

例如要直接测准一段软弹簧的自然长度是有困难的. 如果把弹簧竖着悬挂起来，则它要受重力的影响而伸长；如果把弹簧放在水平面上，则会因摩擦的影响而造成很大的误差. 但是，采用下述方法就可解决这个问题：测出弹簧在加不同外力时的长度，然后外推到外力为零的情况，就可以测准其自然长度.

4. 绕过不易测定的物理量

用数据处理方法可以绕过某些不易测出或不易测准的量而求出需要求的物理量.

例如用简谐振动测定弹簧振子的劲度系数 k. 弹簧振子振动周期公式为 $T=2\pi\sqrt{\dfrac{m}{k}}$,其中 m 为弹簧振子系统的等效质量,$m=m_1+m_e$,m_e 为弹簧的等效质量,由前所述,它不易确定. 如果我们改变m_1,测出相应条件下的T,然后用作图法或回归法绕过m_e,就能解决这个问题. 例如作T^2-m_1 图,由它的斜率就可求得k.

二、在仪器设计及安排实验时考虑数据处理的特点,减小实验误差

1. 仪器设计的考虑举例

如图 1.7.1 所示,开忒可倒摆的两端各有一个摆锤,它们的密度相差很大,例如一个是铜的,一个是木制的. 这是为什么呢?

利用复摆的共轭性,当复摆的两个共轭点,即重心两侧具有同样周期 T 的两个刀口悬点之间的距离等于其等效摆长 l_0 时,重力加速度

$$g=4\pi^2\frac{l_0}{T^2} \tag{1.7.2}$$

当两个刀口之间的距离 $OO'=h_1+h_2$ 稍稍偏离其等效摆长l_0 时(实际上OO'总是只能接近l_0 而无法与其完全相等),有

$$\frac{4\pi^2}{g}=\frac{T_1^2+T_2^2}{2(h_1+h_2)}+\frac{T_1^2-T_2^2}{2(h_1-h_2)} \tag{1.7.3}$$

式(1.7.3)中 T_1,T_2,h_1,h_2 分别为由两个悬点测得的复摆周期及质心刀口距. 由该式可以看到,在不确定度的传递系数中有 $\dfrac{1}{h_1-h_2}$项出现. 如果要减小不确定度,就要设法增大h_1-h_2. 正由于这个原因,才将仪器设计成那样,使得其重心G 与其几何中心偏离较远,从而使h_1-h_2 较大,见图1.7.1.

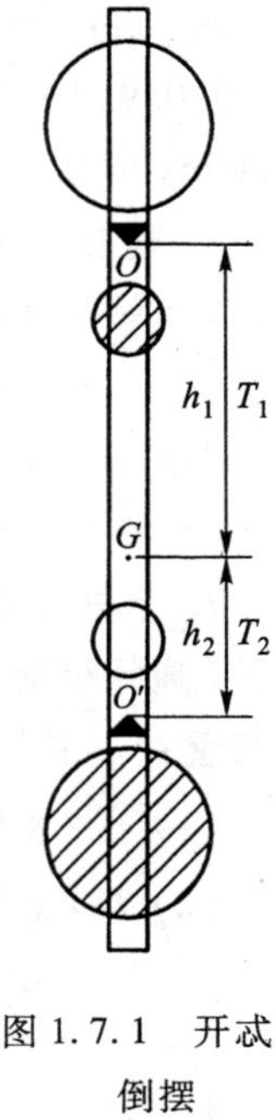

图 1.7.1　开忒可倒摆

2. 实验安排上的考虑举例

测量固体的线膨胀系数时,用下式计算其线膨胀系数 α_l:

$$\alpha_l=\frac{L_2-L_1}{L_0(t_2-t_1)} \tag{1.7.4}$$

式中,L_1,L_2 为热膨胀前后的长度;t_1,t_2 为热膨胀前后的温度. 由不确定度传递公式(1.4.9)可以看到,传递系数中有 $1/(L_2-L_1)$ 和$1/(t_2-t_1)$项的存在. 为了

减小测量的不确定度,就要增大L_2-L_1的值和t_2-t_1的值. 因此在实验安排时就要注意到这个问题,适当地延长加温时间,以使这两个值较大.

通过以上介绍,可以看到数据处理在物理实验中的重要性. 当然,这方面能力的培养不是一朝一夕就能完成的. 但是,我们希望学生对于数据处理的重要性有充分的认识,并且有意识地逐步提高自己数据处理的能力.

■ 练习题

1. 用$\Delta_{ins}=0.02$ mm 的游标卡尺测量某钢珠的直径d,已知A类不确定度可忽略,进行单次测量,测得读数为10.08 mm. 试写出$d\pm u_d$以及相对不确定度E_u. 若已知该钢珠直径d的标准值为10.10 mm,求测量的相对误差.

2. 用最小分度为1 mm 的米尺测一规则铝板长度L,得到读数正好对准10 mm 刻线. 试写出$L\pm u_L$和相对不确定度E_u.

3. 用一最小分度值为0.02 mm 的游标卡尺,测一约为2 mm 的长度,能读出几位有效数字?若用有毫米刻度的米尺去测量,能读到几位有效数字?

4. 用$\Delta_{ins}=0.004$ mm 的千分尺对某钢珠直径d进行10次测量,测得值分别为10.059,10.055,10.056,10.050,10.056,10.058,10.057,10.053,10.054,10.055(单位为 mm). 试求$d\pm u_d$及相对不确定度E_u.

5. 用最小分度为1 mm 的米尺测一木板宽度L,得到读数刚好对准20 cm 刻线,若已知A类不确定度分量为cm量级,试写出测量结果.

6. 用量程为100 μA,准确度1.5级的微安表测量一电流I,指针刚好指在50 μA 刻线处. 已知A类不确定度分量可以忽略,Δ_{ins}=量程×级别/100. 试写出$I\pm u_I$和相对不确定度E_u.

7. 已知函数形式如下,且各分量的不确定度均已知. 求函数的不确定度表达式(选择绝对不确定度和相对不确定度中的一种即可,但要求注意选择运算比较简便的一种).

(1) $N=x+y-2z$;

(2) $G=xy^3/\sqrt{z}$;

(3) $f=\dfrac{ab}{a-b}$.

8. 已知$N=A+2B+C-5D$,其中$A\pm u_A=(38.206\pm0.001)$ cm,$B\pm u_B=(13.2487\pm0.0004)$ cm,$C\pm u_C=(161.25\pm0.01)$ cm,$D\pm u_D=(1.3242\pm0.0004)$ cm. 求$N\pm u_N$.

9. 已知$\rho=\dfrac{4m}{\pi d^2h}$,其中$m\pm u_m=(236.124\pm0.002)$ g,$d\pm u_d=(2.345\pm0.005)$ cm,$h\pm u_h=(8.21\pm0.01)$ cm. 求$\rho\pm u_\rho$.(提示:函数为乘除形式,先求绝

对不确定度方便还是先求相对不确定度方便?).

10. 用光栅公式 $d\sin\varphi = k\lambda$ 求光栅常量 d 和 u_d. 已知 $k=1$, $\lambda \pm u_\lambda = (546.07 \pm 0.02)$ nm, $\varphi = 19°15' \pm 1'$.

11. 已知 $L = L_1 + 2L_2 - L_3$, $L_1 = 5.00$ mm, $L_2 = 1.000$ mm, $L_3 = 1.5$ mm. 求 L.

12. 已知 $R = \dfrac{U}{I}$, $U = 5.00$ V, $I = 100.0$ μA, 求 R.

提示: 以下各题主要涉及有效位数的概念及其运算,做题前请先阅读有关内容.

13. 长度测量的不确定度是 0.05 mm,下列结果中哪些写法是正确的?

(1) (2.230 ±0.05) mm;　　(2) (2.25 ±0.05) mm;

(3) (2.30 ±0.05) mm;　　(4) (2.3 ±0.05) mm.

14. 改正下列各小题中的错误:

(1) $N = (10.080\ 00 \pm 0.2)$ cm;

(2) 有人说 0.278 0 有五位有效位数,又有人说只有三位(因为两个"0"都不算有效位数),请纠正并说明原因;

(3) 28 cm = 280 mm;

(4) $L = (28\ 000 \pm 8\ 000)$ mm;

(5) $0.022\ 1 \times 0.022\ 1 = 0.000\ 488\ 41$;

(6) $\dfrac{400 \times 1\ 500}{16.60 - 11.60} = 600\ 000$.

15. 测量一规则铝板体积("规则"意味着测量中A类不确定度分量可忽略),已知其长约30 cm,宽约5 cm,厚约0.1 cm. 若要求结果有四位有效位数,问应选用哪些长度测量仪器进行测量?

16. 试利用有效位数运算规则计算下列各式的结果:

(1) $98.754 + 1.3 =$　　(2) $107.50 - 2.5 =$

(3) $111 \times 0.100 =$　　(4) $237.5 \div 0.10 =$

(5) $\dfrac{76.000}{40.00 - 2.0} =$　　(6) $\dfrac{50.00 \times (18.30 - 16.3)}{(103 - 3.0) \times (1.00 + 0.001)} =$

(7) $\dfrac{100.0 \times (5.6 + 4.412)}{(78.00 - 77.0) \times 10.000} + 110.0 =$　　(8) $\dfrac{8.042\ 1}{6.038 - 6.018} =$

第2章　常用物理实验方法

物理实验包括在实验室人为再现自然界的物理现象、寻找物理规律和对物理量进行测量三部分. 物理实验和物理测量虽然不完全等同,但却有着紧密的联系. 在任何物理实验中,几乎都要对物理量进行测量,故有时也把物理量测量称为物理实验,把具有共性的测量方法归纳起来,叫做物理实验方法. 下面介绍几种常用的物理实验方法.

2.1　比　较　法

比较法(relative method)是物理量测量中最普遍、最基本的测量方法. 它是将被测量与标准量具进行比较而得到测量值的. 比较法可分为直接比较和间接比较两类. 替代法(substitution method)、置换法实际上也属于比较法,它们的特点是异时比较.

一、直接比较法

直接比较是将被测量与同类物理量的标准量具直接进行比较,因此要求制成相应的供比较用的标准量具,如直尺、砝码等,它们被赋予标准量值,供比较使用.

有些物理量难以制成标准量具,因而先制成与标准量值相关的仪器,再用它们与待测量进行比较. 例如温度计、电表等.

有时,光有标准量具还不够,还必须配置一定的比较系统,才能实现被测量与标准量之间的比较. 例如,光有砝码还不能测质量,要借助于天平;光有标准电池还不能测电压,要由比较电阻等附属装置组成电位差计,这些装置就是比较系统.

这种情况下,常常采用平衡、补偿或零示测量来进行直接比较. 在利用天平称物体质量时,用的是平衡测量. 利用天平这一仪器,使待测量和砝码进行比较,当天平平衡时两者质量相等. 其测量结果的准确度受到天平本身灵敏度的制约,只能接近砝码的精度. 在惠斯通电桥实验中,对测量未知电阻而言用的是平衡测量,而作为表征电桥是否平衡却使用的是检流计零示法. 在电位差计实验中,测量电源电动势的原理是用补偿法测量的典型,将在后文专门介绍,它也是以检流计示零后而获得测量结果的. 零示测量的最突出优点是测量的精度高低与示零仪器的灵敏度密切相关. 对于仪器而言,欲得一高精度的电流计是困难的,但高灵敏度的检流计却容易实现. 故常常利用零示法来实现较高精度的测量.

必须指出,欲有效地运用直接比较法应考虑以下两个问题:

(1) 创造条件使待测量与标准量能直接对比.

(2) 无法直接对比时,则视其能否用零示法予以比较. 此时只要注意选择灵敏度足够高的示零仪器即可.

二、间接比较法

这是在测量中应用得更为普遍的比较法. 因为多数物理量无法通过直接比较而测出,往往需要利用物理量之间的函数关系制成相应的仪器来简化测量过程.

例如电流表,它是利用通电线圈在磁场中受到的电磁力矩与游丝的扭力矩平衡时,电流的大小与电流表指针的偏转量之间有一定的对应关系而制成的,因此可以用电流表指针的偏转量间接比较出电路中的电流.

三、替代法

有时我们利用被测量与标准量对某一物理过程具有等效的作用,而用标准量替代被测量,从而提高测量的准确度.

例如用伏安法测未知电阻阻值,可以先读出未知电阻两端的电压值及流经它的电流值,再用标准电阻箱替代未知电阻,改变电阻箱的阻值,使其两端的电压值及流经它的电流值与前面相同,此时,未知电阻的阻值即与电阻箱所示的值相等.

2.2　放　大　法

在测量中,有时由于被测量过于小,以至无法被实验者或仪表直接感觉和反应,那么可以先通过某种途径将被测量放大,然后再进行测量. 放大被测量所用的原理和方法就称为放大法. 常用的放大法(amplification method)有三种.

一、机械放大

它是利用机械部件之间的几何关系将物理量在测量过程中加以放大,从而提高测量仪器的分辨率的.

例如游标卡尺,利用游标原理进行放大;螺旋测微计、读数显微镜和迈克耳孙干涉仪中都用到了螺旋放大的原理;百分表中则通过齿轮齿条的传动,实现了放大. 以上这些例子都属于机械放大.

二、电磁放大

在电磁学物理量的测量中，如果被测量很小，常常通过电子电路放大后再进行测量. 在非电学量的电测量中，由于转换出来的电学量往往很微弱，这种方法几乎已成为科技人员的惯用方法，并进行深入的研究.

例如对于微弱电流，除了可以用灵敏电流计测量外，也常用微电流放大器将其放大后再测量；光电倍增管利用电场加速电子以及电子的二次发射，实现光电流的放大. 这些方法中都用到了电磁放大.

三、光学放大

光学放大在物理实验中以及许多仪器中都得到了广泛的应用.

例如利用光杠杆测微小的长度变化（详见实验 3）；利用镜尺法测量微小的角度；利用放大镜、望远镜、显微镜等光学仪器放大视角等.

2.3　补　偿　法

补偿法（compensation method）在实验中常被使用，它的定义如下：某系统受某种作用产生效应 A，受另一种作用产生效应 B，如果由于效应 B 的存在而使效应 A 显示不出来，就叫做 B 对 A 进行了补偿. 补偿法大多用在补偿法测量和补偿法消除系统误差两个方面.

一、补偿法测量

设某系统中 A 效应的量值为被测量对象，但由于它不能直接测量或不易测准，就用人为方法制造出一个 B 效应对 A 效应补偿，然后用测量 B 效应量值的方法求出 A 效应的量值. 制造 B 效应的原则是 B 效应的量值应该是已知的或易于测准的.

完整的补偿测量系统由待测装置、补偿装置和指零装置组成. 待测装置产生待测效应，要求待测量尽量稳定，便于补偿；补偿装置产生补偿效应，要求补偿量值准确达到设计的精度，测量装置可将待测量与补偿量联系起来进行比较；指零装置是一个比较系统，它将显示出待测量与补偿量比较的结果. 比较方法除了上面所述的零示法外，还有差示法. 零示法对应于完全补偿，差示法对应于不完全补偿.

电位差计是测量电动势和电位差的主要仪器之一. 由于应用了补偿原理和比较法，测量准确度大为提高. 用电压表无法测量电源的电动势，如图 2.3.1 所示，它测的是电源的端电压 U（$U = \mathscr{E}_x - IR_i$，R_i 为电源的内阻，I 为流过电源的电流. 仅在 $I = 0$ 时,端电压 U 才等于电源电动势 $\mathscr{E}_x$. 但是只要电压表与电源一连接,I 就不可能为零,故 $U \neq \mathscr{E}_x$. 电位差计的基本原理如图 2.3.2 所示. 设 $\mathscr{E}_0$ 为一连续可调的标准电源电动势,而 $\mathscr{E}_x$ 为待测电动势. 若调节 $\mathscr{E}_0$,使检流计 G 指零,此时回路中电流 $I = 0$,则有 $\mathscr{E}_x = \mathscr{E}_0$. $\mathscr{E}_0$ 产生的效应与 $\mathscr{E}_x$ 产生的效应相补偿.

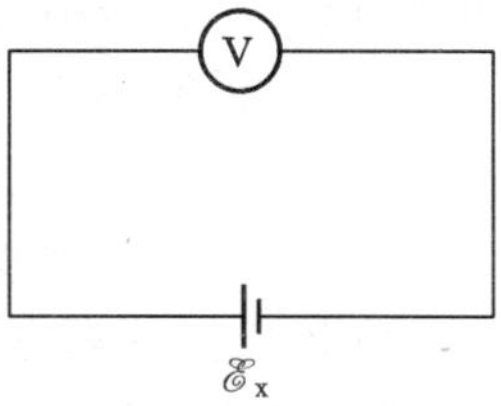

图 2.3.1　用电压表测电源电压

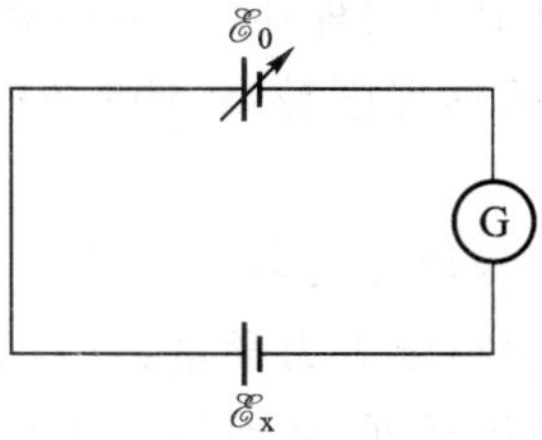

图 2.3.2　电位差计的基本原理图

二、补偿法消除系统误差

用补偿法还可以修正系统误差. 测量中,往往由于存在某些因素导致产生系统误差,而又无法排除,此时可以想办法制造另一种因素去补偿这种因素的影响,使这种因素的影响消失或减弱,这个过程就是用补偿法修正系统误差. 例如在电路里常使用廉价的碳膜电阻和金属膜电阻. 这两种电阻的温度系数都很大,只要环境温度发生变化,它们的阻值就会产生较大的变化,影响电路的稳定性. 但是金属膜电阻的温度系数为正,碳膜电阻的温度系数为负,若适当地将它们搭配串联在电路里,就可以使电路不受温度变化的影响. 又如,在电子电路里常配置各种补偿电路来减小电路的某种浮动;在光学实验中为防止由于光学器件的引入而影响光程差,在光路里常人为地适当配置光学补偿器来抵消这种影响. 迈克耳孙干涉仪中的补偿板即是典型的一例.

2.4　转换法及传感器

很多物理量,由于其属性关系,无法用仪器直接测量,或者测量不很方便、准确性差,常常将这些物理量转换成其他物理量进行测量,之后再反过来求得被测物理量,这种方法叫做转换法(conversion method). 最常见的玻璃液体温度计,就是利用材料在一定范围内热膨胀与温度的线性关系,将温度测量转换为长度测量.

在电磁学测量发展之后,由于它具有方便、迅速、可自动控制等多种优点,人们便想了很多方法将许多物理量测量转换为电学量测量. 这种转换方法常叫做“非电量电测法”. 激光器问世后,由于其单色性好、强度高、稳定性好等因素,人们又将某些需要精确测量的物理量转换为光学量测量，这种转换方法叫做“光测法”. 光测法可以获得非常高的精度.

转换法测量最关键的器件是传感器. 一般传感器都由两个部分组成，一个是敏感元件，另一个是转换元件. 敏感元件的作用是接收被测信号，转换元件的作用是将所接受的信号按一定的物理规律转换为可测信号. 有时，一个器件也可以同时具有上述两种功能. 传感器的性能优劣，由其敏感程度及转换规律是否单一来决定. 敏感程度越高，测量便越精确；转换规律越单一，干扰就越小，测量效果就越好.

传感器种类很多. 从原则上讲，所有物理量，比如尺寸、速度、加速度、振动参量、表面粗糙度等力学量，以及温度、压力、流量、湿度、气体成分等都总能找到与之相应的传感器，从而将这些物理量转换为其他信号进行测量. 下面对电测法和光测法分别作出介绍.

一、非电量电测法

电磁测量速度快，灵敏度高，便于自动控制和遥控，所以电测法具有许多优越性，被广泛地应用. 实际上，传感器的制作就是根据某些物理原理和物理效应找出转换规律的. 以下对几种常用的传感器作一简单的介绍.

1. 电阻式传感器

(1) 应变传感器

某些力学量，如力、速度、加速度等可以转换成某种材料的形变，再由形变引起材料电阻的变化来实现电测法，这种转换装置就叫做电阻应变式传感器，简称应变片.

应变片一般由敏感栅、基底、引线和覆盖层组成. 图 2.4.1 是它的基本结构，其中敏感栅就是将感受到的应变转换成电阻变化的敏感元件，敏感栅的往返折线状布置是为了尽可能加大栅丝的长度，以便增大电阻的实际变化量，容易取得较大的电信号输出. 基底的作用是定位和保护敏感栅，并使敏感栅与弹性体之间绝缘. 若基底的一端固定，当外力施加在基底的另一端时，基底的形变引起敏感材料的形变，从而改变了材料的电阻值. 引出线用于连接测量电路. 覆盖层也是为了保护敏感栅，起防潮和抗腐蚀的作用.

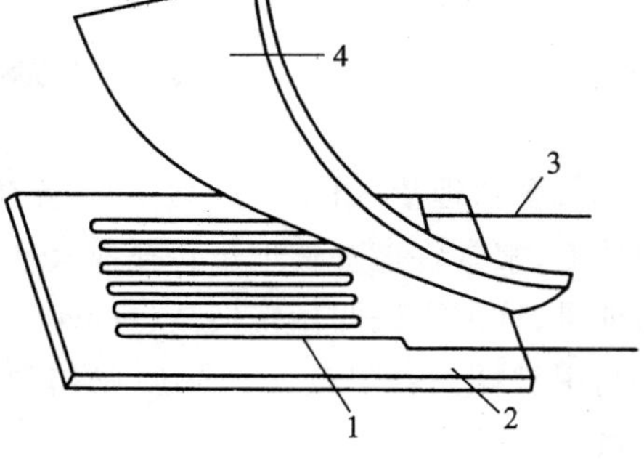

图 2.4.1　电阻应变片的结构

1—敏感栅；2—基底；
3—引线；4—覆盖层

现代电阻应变计已发展成为一个

很大的品种系列，其分类方式多种多样. 按基底材料分有纸基底、胶基底（树脂基底）、玻璃纤维增强基底等；按敏感栅材料分，有康铜、卡玛合金等金属材料，也有各种半导体材料；按结构和加工分，有丝式、箔式、薄膜式等；还有按使用温度范围分类的等等.

为了提高灵敏度，常把四块结构相同的敏感栅一起对称地粘在基底上，从而构成惠斯通电桥. 如图 2.4.2 所示，在 A、C 两端接上电源后，a、b、c、d 四个应变敏感栅在形变前后电阻的变化引起了 B、D 两端电位的变化. 只要提高电桥的灵敏度，就可使应变传感器更加灵敏. 当然，必须注意应变片的粘法才能使灵敏度尽量高.

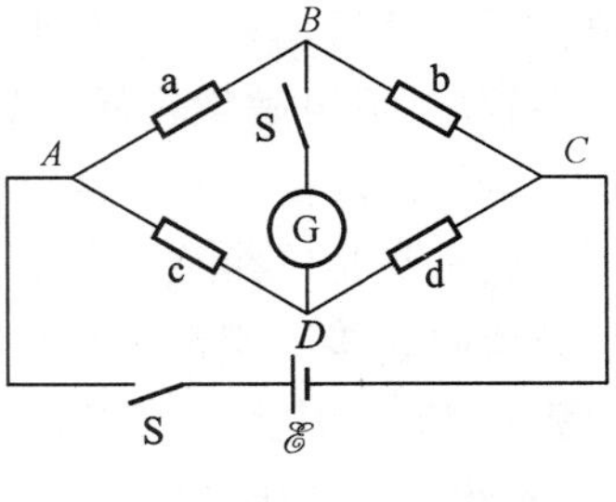

图 2.4.2　惠斯通电桥电路结构

（2）半导体应变计

金属丝式、箔式等应变计性能稳定、可靠，在高准确度的应变式传感器中应用广泛. 半导体应变计的优点是：灵敏度系数可以高出金属应变计 50～80 倍，蠕变和滞后很小，体积也小，适于动态测量.

半导体应变计是利用半导体的压阻效应工作的. 当半导体单晶的某一晶向受到压力作用时，电阻率的变化与应力成正比，其灵敏度系数远大于金属应变计的灵敏度系数. 目前常用的半导体应变材料有锗和硅. 由于硅的灵敏度系数和稳定性较高，使用更广.

（3）热敏、光敏和气敏电阻传感器

① 热敏电阻传感器　电阻率随温度而变化的现象，在许多场合是一个产生误差的因素，是需要人们设法加以补偿和对付的；而这个现象正是金属热电阻和半导体热敏电阻传感器的工作原理.

② 光敏电阻传感器　某些半导体材料在光照射下，由于导带内的电子和价带内的空穴浓度增大，使其电阻率减小，这种现象称为内光电效应. 光敏电阻传感器就是用具有此效应的光导材料制成的，通常也称它们为光导管，其阻值随光照增强而降低.

③ 气敏电阻传感器　某些金属氧化物半导体材料，当其表面吸附到某种气体时，电导率便发生明显变化. 这就是气敏电阻传感器赖以工作的基本原理. 例如：可燃性气体（属还原性气体）的离解能较小，容易失去电子，当这些电子从气体分子向 N 型（或 P 型）半导体移动时，使半导体中的载流子浓度增加（或减小），从而使电阻减小（或增大）. 当吸附氧化性气体时，电阻变化的方向正好相反. 为了提高气敏电阻传感器的灵敏度，应使气敏电阻在 200～400 ℃温度下工作. 因此，应寻找热稳定性良好的金属氧化物及其陶瓷材料.

2. 电感式传感器

电感式传感器是基于电磁感应原理，将被测量转换为自感变化或互感变化的传感器. 通常可分为自感式、差动变压器式、涡流式及压磁式等四种.

(1) 自感式传感器

自感式传感器将被测量转换为线圈自感的变化. 分为改变气隙厚度、改变气隙截面积及可动铁芯三种形式. 第一种灵敏度高，但线性差、示值范围小；后两种线性较好，但灵敏度较低一些.

(2) 差动变压器式传感器

它本身是一个变压器，见图 2.4.3，能将被测量转换成线圈互感的变化. 当初级线圈 5 接入交流电源时，由于互感的作用在次级线圈 6 和 3 中产生输出电动势 e_1 和 e_2，其大小与铁芯 4 在线圈中的位置有关. 由于两个线圈按差动方式串接，故此差动变压器的输出电动势 $e = e_1 - e_2$. 显然，当铁芯处于中间位置时，$e = 0$. 图 2.4.3(a) 中 1 为被测量的工件，2 为测杆，7 为线圈架. 这种传感器的线性比自感式好，测量准确度也高，但应消除零点残余的电动势影响.

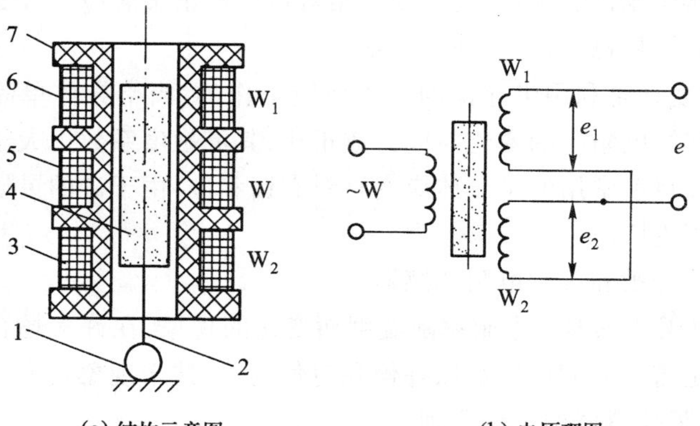

(a) 结构示意图　　(b) 电原理图

图 2.4.3　差动变压器式传感器

(3) 涡流式传感器

根据电磁感应原理，当金属块放在变化的磁场中或在磁场中移动时，金属内会产生闭合的感应电流，这就是涡流. 将被测量的位移、振幅、厚度、热膨胀系数、电导率(非铁磁材料)、转速等量转换为涡流变化的传感器称为涡流传感器，其特点是可以进行非接触式测量，而且灵敏度高，简便可靠.

(4) 压磁式传感器

物体受外力作用时内部会产生应力，对某些铁磁物质还会引起磁导率的变化，从而使磁回路的磁阻和电感发生变化，此即压磁效应. 它的规律是：承受拉力时，顺拉力方向磁导率增大，磁阻减小，垂直于拉力方向的磁导率略有下降，磁阻略增；受压力时情况相反. 压磁式传感器实际上是一种具有可变磁导率的电感式传感器，它利用压磁效应将被测量转换成电信号．它的过载能力强、输出功率大、抗干扰能力强，但线性和稳定性较差，适用于恶劣的环境条件．

3. 电容式传感器

电容式传感器是将被测量转换为电容变化的传感器．当忽略边缘效应时，两块平行金属极板间的电容 C 为

$$C = \frac{\varepsilon S}{d}$$

式中，S 为两极板相互覆盖的面积，d 为两极板间的距离，ε 为两极板间电介质的介电常量．由该式可知，当改变被测量 ε、S、d 之一时，均可引起电容 C 的变化，因此，它们分别是按电介质变化（$\Delta\varepsilon$）、面积变化（ΔS）和极距变化（Δd）的原理来工作的．从这个意义上说，电容传感器就是参量可变的电容器．

这种传感器的特点是灵敏度和分辨力均较高，响应快，耗电小，几乎不存在自热效应；但是易受外界分布电容的干扰及泄漏电容的影响．

4. 压电式传感器

晶体由于受机械力的作用而激发出表面电荷的现象，称为压电效应．这种具有压电效应的晶体，例如石英晶体（SiO_2）和 PZT 压电陶瓷等，是压电式传感器的敏感元件．

利用压电效应制成的压电式传感器具有动态特性好、体积小、质量小、结构坚实、便于安装、使用寿命长以及长期稳定性好等优点，已被广泛用来测量力、压力、加速度以及表面粗糙度等机械量．

目前测量力和压力的石英压电式传感器已经用于测量上升时间为 1 μs 的动态过程，石英振动传感器可以测量的最高机械振动频率达 MHz，而且动态范围也很宽．这些特点都是应变式传感器难以达到的．压电加速度计还有一个特点就是它是自发电的，无需外接电源；而且它的电阻很高，一般为 GΩ 量级，故要求与其匹配的前置放大器也必须有很高的输入阻抗．

5. 磁电传感器——霍耳片

霍耳片如图 2.4.4 所示，是由半导体材料制成的片状物．若在半导体薄片的两端沿 y 方向通以电流 I，在与薄片垂直的 z 方向加上磁场 B，那么在 x 方向上就产生霍耳电势差 U_H：

$$U_H = K_H IB$$

式中，K_H 为霍耳元件的灵敏度．对某一霍耳片来说，K_H 是一个常量，所以可以利用 I、U_H 的测量得到 B 的值．

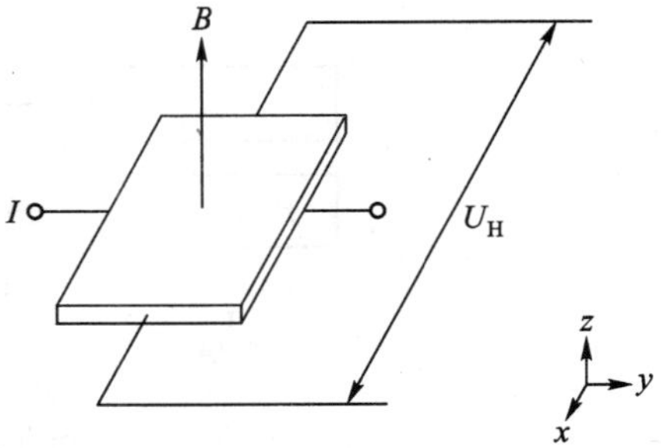

图 2.4.4　霍耳片示意图

6. 光电传感器

将光信号转换成电信号再进行测量. 光探测器都可以看成光电传感器.

二、光测法

将某些物理量转换为光信号的测量,能够获得很高的精度,比如用光的干涉现象来测量物体的长度、微小位移等. 另外人们还利用声 - 光、电 - 光、磁 - 光等效应来进行一些特殊的测量.

近年来利用光导纤维的传输特性和集成光学技术,已经研制成不少光导纤维传感器.

目前,光导纤维传感器可分为两类:一类利用光导纤维本身具有的某种敏感特性或功能,称为功能型(FF:function fiber)传感器;另一类的光导纤维仅仅起传输光波的作用,必须在纤维端面加装其他敏感元件才能构成传感器,称为非功能型(NFF:non function fiber)传感器.

FF 型传感器的基本原理如图 2.4.5 所示. 在这类传感器中,光导纤维不仅起到传光的作用,而且还利用被测外界因素(如温度、压力、力、电场、磁场等)可改变光纤本身特性,即被测物理量、化学量的变化直接影响其传光特性,使传光特性发生变化,来实现传感测量.

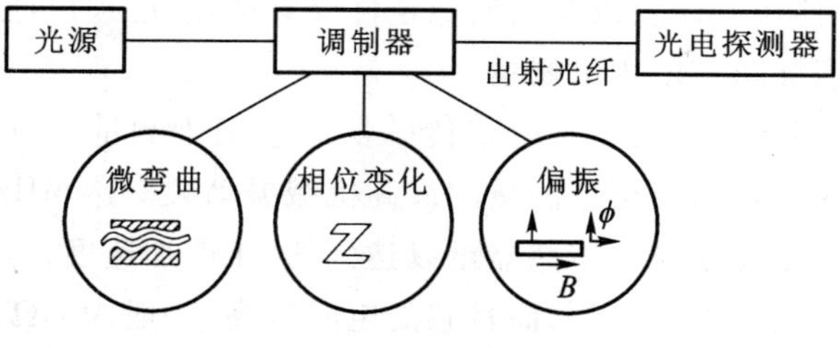

图 2.4.5　FF 型光纤传感器原理框图

NFF 型传感器的基本原理如图 2.4.6 所示.

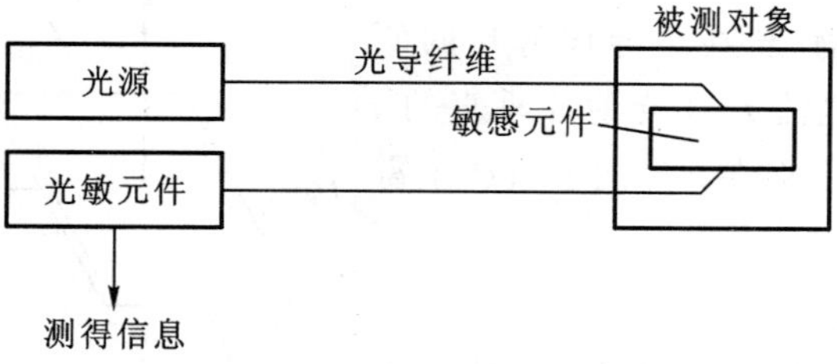

图 2.4.6　NFF 型光导纤维传感器原理框图

用光纤传感器可以解决许多以前认为难以解决,甚至是不能解决的测试技术难题.它具有一些常规传感器无可比拟的优点,除灵敏度高、响应快、动态范围宽等以外,光导纤维中所传输的光不受周围的电磁干扰,可以用它作为传递信息的媒介,还有与电和磁存在的某些相互作用的效应.这样,可以直接用它传递电、磁信号.它没有可动部分,也不含电源,所以过去在测量高电压时常常遇到的绝缘或接地等难题也可以容易地解决.光导纤维抗腐蚀性强,可用于在化学腐蚀溶液中进行测量.由于不含电源,尤为适用于易爆场所.

可用光纤传感器实现传感的物理量很多,如磁、声、力、温度、位移、旋转、加速度、流速、密度、电流、电压等等.

2.5 模拟法

由于某些特殊原因,比如研究对象过于庞大,或者危险,或者变化缓慢等限制,使我们难以对研究对象直接进行测量,于是便制造了与研究对象有一定关系的模型,用对模型的测试代替对原型的测试.这种测试方法称为模拟法(analog method),它可分为两个类型.

一、物理模拟

可以想象,并不是任意一个模型都可以拿来代替原型进行测量的,它还必须具备一定的条件.首先,要求模型的几何尺寸与原型的几何尺寸成比例地缩小或放大,即在形状上模型与原型完全相似,这称为几何相似.除此之外,还要求模型与原型遵从同样的物理规律,只有这样才能用模型代替原型进行这种物理规律范围内的测试,这称为物理相似.值得注意的是,模型和原型不管经过怎样的变换和处理,也只能做到某些方面的物理相似,却不可能使两种型体在所有的物理性质上完全相似.

在风洞里,用大型风扇吹动空气流动,产生具有一定流速的人造风,将飞机模型静止置于其中,调整好模型与原型的尺寸比例以及风的速度,便可用模型的动力学参量的测量,代替原型的动力学参量的测量,这种方法就是物理模拟;在大型水槽中,以一定速度流动的水里放置船舶、桥梁的模型,用模型的动力学参量测量代替原型的动力学参量测量,也是应用极其广泛的物理模拟.

二、数学模拟

数学模拟又称类比,它和几何相似、物理相似都不相同,原型和模型在物理形式上和实质上均毫无共同之处,但它们却遵守着相同的数学规律.例如可以用恒定电流场的等势线来模拟静电场的等势线,虽然恒定电流场与静电场根本不是一回事,但是由电磁场理论可知,这两种场具有相同的数学方程式,两种场的解也自然相同.

2.6 测量宽度展延法

当待测量的数量级与测量仪器的误差较为接近时,其测量结果可信度是很低的. 如何改进测量方法,增加测量值的有效位数,从而提高测量的准确度呢?测量宽度展延法在一定程度上解决了这一问题.

所谓测量宽度展延法,就是在不改变被测物理量性质的情况下,将被测量展延若干倍,从而增加了被测量的有效位数,减小了测量结果的相对不确定度的测量方法. 这种方法在物理实验中得到广泛的应用. 如欲测某均匀细丝直径,可将其并排密绕,例如 100 匝,量出其宽度从而求出细丝的直径;又如在单摆实验和三线摆实验中要测量摆动的周期,可以采用测量例如 50 或 100 个周期的时间,然后求出摆动的周期等等.

测量宽度展延法的优点分析如下:

设用某仪器对某物理量进行单次直接测量,测得值为 x,不确定度为 $\Delta x = \Delta_{\text{ins}}$,则相对不确定度为

$$E = \frac{\Delta_{\text{ins}}}{x}$$

若将该物理量展延 m 倍(m 为大于 1 的整数),仍用该仪器作单次直接测量,其测得值应为 mx,而其不确定度仍为 Δ_{ins},则其相对不确定度为

$$E_m = \frac{\Delta_{\text{ins}}}{mx} = \frac{1}{m}E$$

可见展延后的相对不确定度减小为原先的$\frac{1}{m}$. x 的不确定度 $\Delta' x$ 变为

$$\Delta' x = E_m x = \frac{1}{m}\Delta_{\text{ins}} = \frac{1}{m}\Delta x$$

也减小为原先的$\frac{1}{m}$. 由于测量结果的不确定度减小了,故其有效位数得到了增加.

必须注意:欲使用测量宽度展延法,首先在展延过程中被测量不能有变化,其次在展延过程中应避免引入新的误差因素(例如将细丝并排密绕时应避免出现空隙).

第3章　一般常用基础性物理实验测量仪器介绍

3.1　长度测量仪器

长度是3个力学基本量之一(另外两个是时间和质量). 测量长度的仪器,不仅在生产和科学实验等领域中被广泛地应用,而且这些基本量的测量方法是测量其他物理量的基础. 许多物理量(温度、压力、各种电学量和光强等光学量)的测量,最终都是转换成长度或刻度而进行读数或者计量的,例如各种指针式仪表,实质上是将被测量转换为弧度线长度的测量. 总之,科学实验中的测量大多数归结为长度的测量. 因此,长度的测量是一切测量的基础,是最基本的物理量的测量. 掌握测量长度的基本量具和仪器的性能,并正确使用,正确读数以及了解现代测量技术及基本方法,这是今后科研及实验工作的基础. 按照长度测量方法其量具可以分为接触式和非接触式两种;按测量原理及性质,大致可以分为四类,即基本测量器具、机械式量具、光学测量装置、光电测量装置. 下面简要介绍有关测量类型,如需要了解或知道详细内容,可参阅有关文献及资料.

一、基本测量器具

1. 米尺

常用的米尺(meter rule)量程为 0 ~ 100 cm,分度值为 1 mm. 测量长度时可估计至0.1 mm. 测量过程中,一般不用米尺的端边作为测量的起点,以免由于边缘磨损而引入误差,而可选择某一刻度线(例如 10 cm 刻线)作为起点. 由于米尺具有一定厚度,测量时就必须使其刻度面紧挨着待测物体,否则会由于测量者视线方向的不同(即视差)而引入测量误差,如图 3.1.1 所示.

2. 游标卡尺

游标卡尺(vernier caliper)构造简单,使用方便,测量范围大,常用它来测量工件的外径、内径、长度、宽度、深度、高度、壁厚、孔距等尺寸.

游标卡尺有不同的形式. 除了三用游标卡尺外,还有单面游标卡尺、深度游标卡尺、高度游标卡尺等,如图 3.1.2 所示.

游标原理在其他仪器上也常有应用,例如测高仪、旋光仪、分光计等. 后两者是将游标原理用于角度的测量,但其读数方法和长度测量时是一样的.

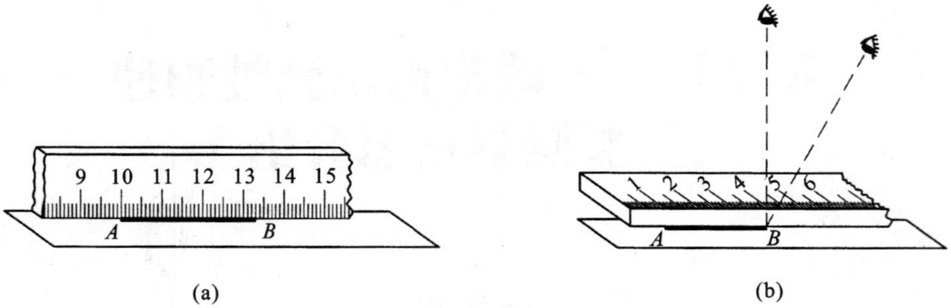

图 3.1.1　直尺读数法

3. 千分尺

千分尺(micrometer caliper)又称螺旋测微器.除了所介绍的外径千分尺外,还有内径千分尺、深度千分尺、杠杆千分尺等,如图 3.1.3 所示.

这些千分尺的读数原理和读数方法,基本上和外径千分尺相同.稍有不同的是:内径千分尺没有测力装置,故测量准确度不如外径千分尺;使用前必须先用校对卡规调整零位;测较大内径时要用接长杆.深度千分尺固定套管上的第

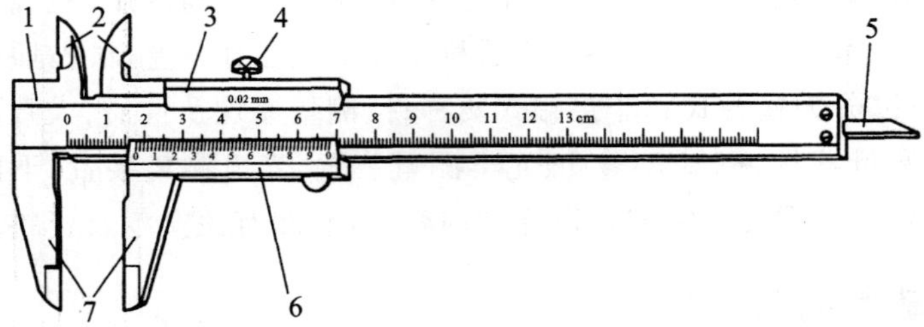

(a) 三用游标卡尺

1—尺身;2—刀口内量爪;3—尺框;4—紧固螺丝;5—深度尺;6—游标;7—外量爪

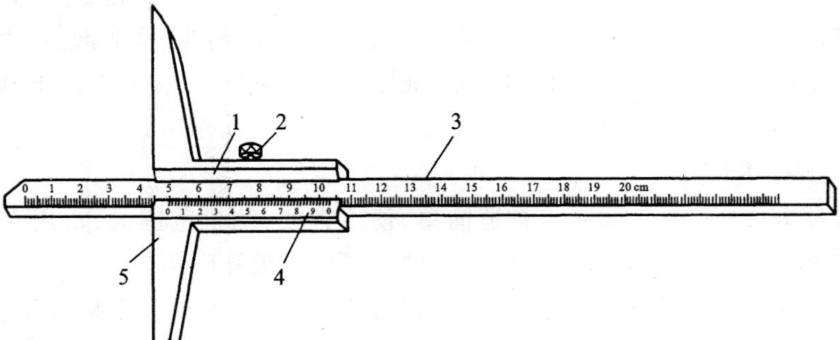

(b) 深度游标卡尺

1—尺框;2—紧固螺丝;3—尺身;4—游标;5—基座测量面

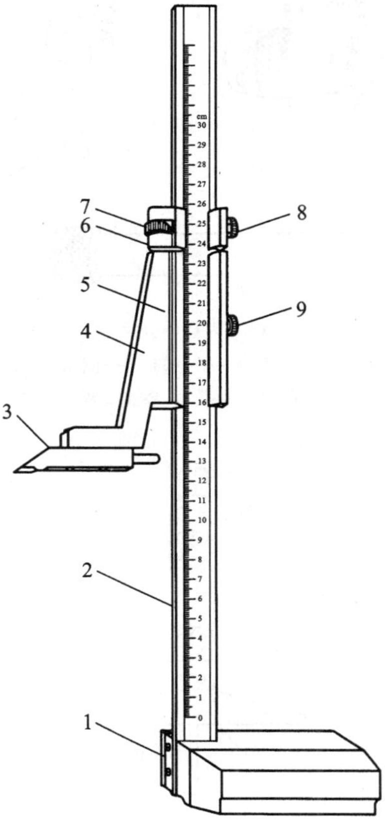

(c) 高度游标卡尺

1—底座；2—尺身；3—测量爪；4—尺框；5—游标；6—微动尺框；7—微动螺母；8—微动尺框紧固螺丝；9—尺框紧固螺丝

图 3.1.2

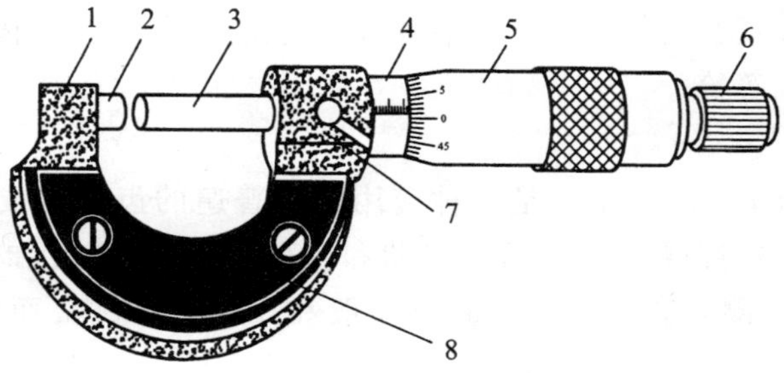

(a) 外径千分尺

1—尺架；2—测砧；3—测微螺杆；4—固定套管；5—微分筒；6—测力装置；7—锁紧装置；8—绝热装置

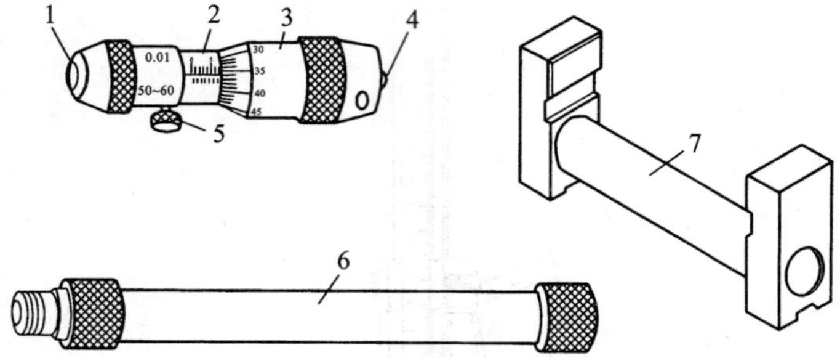

(b) 内径千分尺

1—测量头；2—固定套管；3—微分筒；4—测微头；5—锁紧装置；

6—接长杆；7—校对卡规

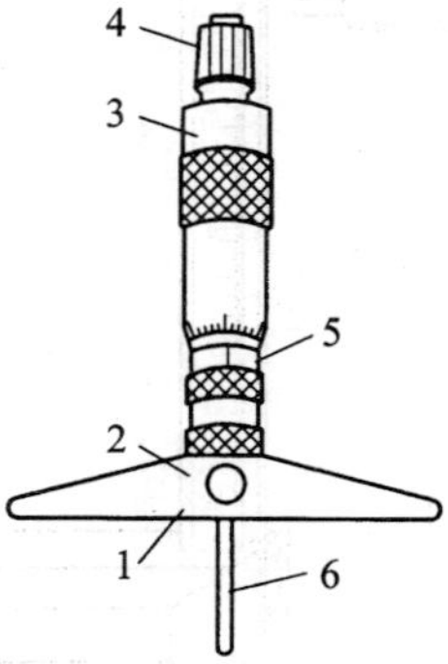

(c) 深度千分尺

1—底板；2—锁紧装置；3—微分筒；

4—测力装置；5—固定套管；6—测量杆

图 3.1.3

一条刻度线不是零而是最大分度值. 杠杆千分尺除了像外径千分尺一样进行读数外,还要加上杠杆指示表的指示值才可得到被测量的实际值.

螺旋测微原理在其他许多仪器中也有广泛使用,如测微目镜、读数显微镜、迈克耳孙干涉仪等等.

4. 百分表

百分表(percentage meter)是一种应用非常普遍的齿轮式或杠杆齿轮式量具. 它可用来测量待测件的各种几何形状和相互位置的正确性和位移量,并可以用比较法测量待测件的长度. 其量程一般在 10 mm 以内,而分度值通常为 0.01 mm.

图 3.1.4 是其外形图,图 3.1.5 是齿轮传动式百分表的内部结构示意图. 当测量杆向上或向下移动 1 mm 时,指针转动一周. 刻度盘上圆周分为 100 等份,因此指针转动一个分度相当于测量杆移动 0.01 mm. 毫米数可以从转数指示盘上读得.

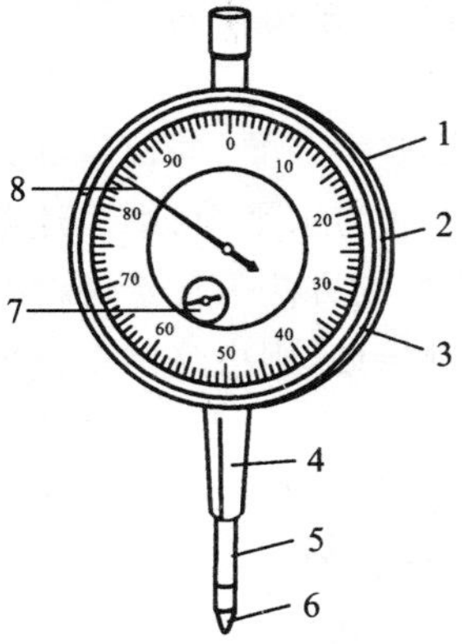

图 3.1.4　百分表外形图

1—表体；2—刻度盘；3—表圈；4—套筒；5—测量杆；6—测量头；7—转数指示盘；8—长指针

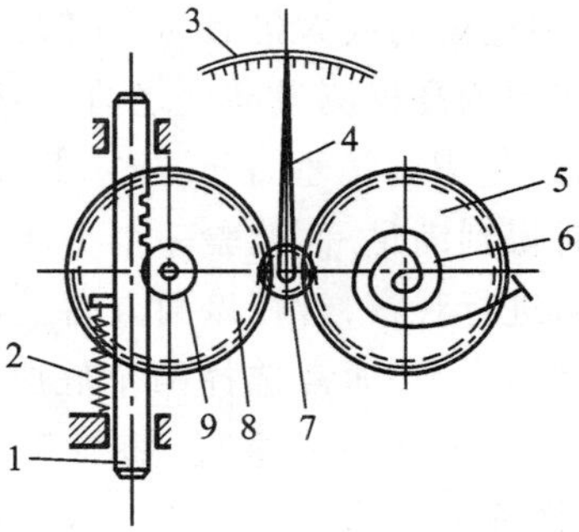

图 3.1.5　齿轮传动式百分表的内部结构

1—测量杆；2—弹簧；3—刻度盘；4—指针；5、8—大齿轮；6—游丝；7—中心齿轮；9—小齿轮

用百分表进行测量时，必须注意不要超出测量杆的移动限度，即必须使指针正反转动均有一定的余量，以免表内机件发生撞击、弹簧过分伸张，损坏百分表.

5. 测高仪

测高仪（height indicator）是主要用于测量空间某两点间竖直距离的仪器.

实验室常用的测高仪有量程为300 mm、分度值为0.05 mm 和量程为1 000 mm、分度值为0.05 mm 两种. 本实验室所用的是后者，其结构如图 3.1.6 所示.

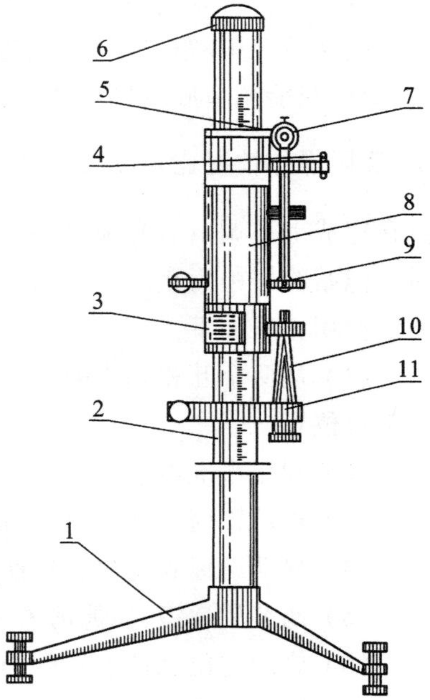

图 3.1.6　测高仪示意图

1—三足座；2—刻度圆柱；3—游标套环；4—水准器；5—望远镜；6—保护螺帽；7—镜筒套环（座架）；8—调节套环；9—水泡调节螺杆；10—游标调节螺杆（微调螺杆）；11—定位套环

测高仪的主体是一根很直的金属立柱，上面有毫米刻度线. 立柱装在三足底座中央，每个足上都有一个可调底脚螺丝，以调整立柱的倾斜度. 立柱上配备了 4 个可沿其表面上下滑动的套环，即定位、镜筒、游标和调节套环. 游标有 20 个分度，总长 19 mm. 望远镜置于镜筒套环的座架上，它可以绕立柱任意旋转，以观测任意方向的被测物. 还平行安装了与其连成一体的一只水准器，调节水泡调节螺杆，可使水准器气泡居中，即望远镜处于水平位置. 望远镜内有十字叉丝，又称观测准

线,其清晰度由镜筒前端的螺旋调节.被测物的清晰度则由镜筒上的另一个螺旋调节.望远镜的放大倍数为 10 倍,有效视程 1 ~4 m.

使用测高仪测量高度之前,必须把立柱调节到竖直位置,并使望远镜处于水平状态.若望远镜垂直于立柱,且绕立柱转动的平面为水平面,则上述两个要求便同时得到满足.而检验一个平面是否水平,最合适的方法是任选两个互相垂直的方向进行观察,若在该两方向上水准器的气泡都居中,则由这两个方向组成的平面必然水平.通常选择两个底脚螺丝的连线方向为第一方向,第二方向与其垂直,如图 3.1.7 所示.这样选择的好处是:调好第一方向水平后,通过调节另一个底脚螺丝 A 使第二方向水平,这时第一方向的水平状态不致被破坏.调节时,先使水准器处于第一方向,调节水泡调节螺杆,使水准器气泡居中.再将水准器旋转 180°,如果气泡偏移 n 个分度,调节水泡调节螺杆,使其偏移减小为 $\frac{n}{2}$ 个分度,再调节第一方向上两个底脚螺丝中的任一个,使气泡居中,此时第一方向调节完毕.第二步,将水准器转至第二方向,采取类似方法调节,但需注意,此时只能调节底脚螺丝 A,至此整个调节便告完成.但上述过程仅是理想情况,实际操作情况比较复杂,特别是不易判断气泡是否真正移动了 $\frac{n}{2}$ 个分度,所以在完成上述调节后尚须多次重复这个步骤,直至望远镜和水准器绕立柱旋转时气泡始终居中为止.

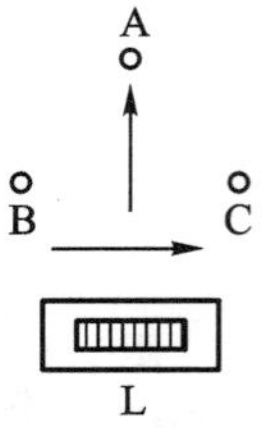

图 3.1.7　三个底脚螺丝与水准泡的相对位置

使用方法如下:

(1) 从两个互相垂直的方向目测,并利用底脚螺丝进行粗调,使立柱大致处于竖直位置.

(2) 利用水准器进行细致调节,方法如前述.

(3) 移动镜筒套环,使望远镜中能观察到被测物.

(4) 移动游标和定位套环使之与调节套环靠紧,且固定住套环.

(5) 调节望远镜,使能清晰看到叉丝和被测物的像.

(6) 旋动定位套环上的微调螺杆,使望远镜中的叉丝对准被测点.

(7) 记下读数 y_1.

(8) 对准另一个被测物,重复步骤(4)—(7),记下读数 y_2.

(9) 两个被测点高度差值即为 $|y_2 - y_1|$.

6. 移测显微镜

移测显微镜(travelling microscope)是将显微镜和螺旋测微装置组合起来,用于测量长度的精密仪器.主要用来测量微小的或不能用夹持仪器(如游标卡尺和千分尺)测量的对象,如毛细管的内径、狭缝、干涉条纹的宽度等.移测显微镜的型号很多,这里以 JCD－Ⅱ型为例,其量程为 50 mm,最小分度 0.01 mm.图 3.1.8 为移测显微镜的外形图.

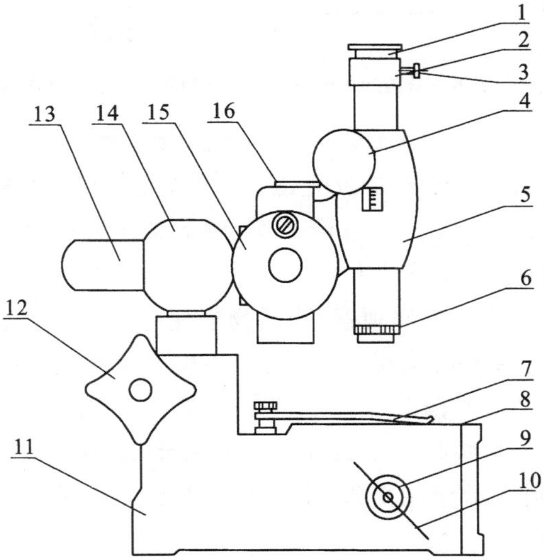

图 3.1.8　JCD－Ⅱ型移测显微镜外形图

1—目镜；2—锁紧圈；3—锁紧螺丝；4—调焦手轮；5—镜筒支架；6—物镜；7—弹簧压片；8—台面玻璃；9—旋转手轮；10—反光镜；11—底座；12—旋手；13—方轴；14—接头轴；15—测微鼓轮；16—标尺

在图 3.1.8 中,目镜 1 用锁紧圈 2 和锁紧螺钉 3 固紧于镜筒内,物镜 6 用丝扣拧入镜筒内,镜筒可用调焦手轮调节,使其上下移动而调焦.测量架上的方轴 13 可插入接头轴 14 的十字孔中,接头轴可在底座 11 内旋转、升降.弹簧压片 7 插入底座孔中,用来固定待测件.反光镜 10 可用旋转手轮 9 转动.

显微镜与测微螺杆上的螺母套管相连,旋转测微鼓轮 15,就转动了测微螺杆,从而带动显微镜左右移动.测微螺杆的螺距为 1 mm,测微鼓轮圆周上刻有 100 个分格,分度值为 0.01 mm.读数方法类似于千分尺,毫米以上的读数从标尺 16 上读取,毫米以下的读数从测微鼓轮上读取.如图 3.1.9 所示,标尺读数为 29 mm,测微鼓轮读数为 0.726 mm,最后读数为 29.726 mm.

由于螺纹配合存在间隙,所以螺杆(由测微鼓轮带动)由正转到反转时必有空转,反之亦然.这种空转会造成读数误差,故测量过程中必须避免空回,应使测微鼓轮始终朝同一方向旋转时读数.

移测显微镜使用方法为:

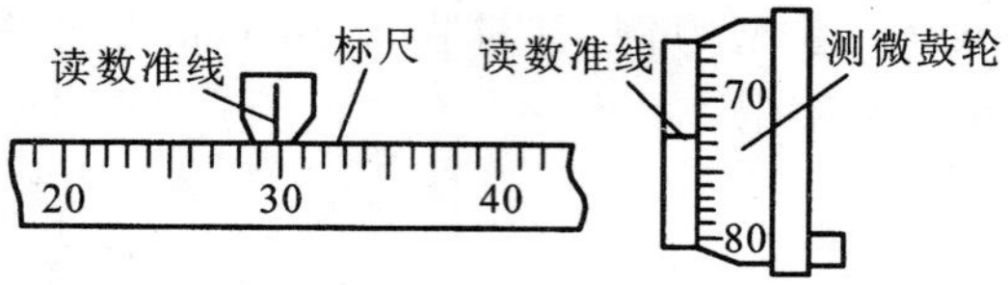

(a) 标尺读数29.000 mm　　(b) 测微鼓轮读数0.726 mm

图 3.1.9　移测显微镜读数装置

(1) 利用工作台下面附有的反光镜,使显微镜有明亮的视场.

(2) 调节目镜　调节目镜,看清叉丝,调节叉丝方向,使其中的横丝平行于读数标尺,亦即平行于镜筒移动方向.

(3) 调节物镜　先从外部观察,降低物镜使待测物处于物镜下方中心,并尽量与物镜靠近.然后通过目镜观察,并通过调焦手轮 4 使镜筒缓慢升高,直至待测物清晰地成像于叉丝平面.

(4) 消除视差　当眼睛上下或左右少许移动时,叉丝和待测物的像之间不应有相对移动,否则表示存在视差,说明它们不在同一平面内.此时要反复调节目镜和物镜,直至视差消除.

(5) 读数　先让叉丝对准待测物上一点(或一条线),记下读数,注意这个读数反映的只是该点的坐标.转动测微鼓轮,使叉丝对准另一个点,记下读数,这两点间的距离就是两次读数之间的差值.读数时一定要防止空回.

说明:做牛顿环实验时,由于用反射光的效果优于用透射光,故在物镜下方装有 45°反射镜,此时不要再用上述第(1)条,不要让反光镜反射的光射入镜筒.

测量显微镜的构造和工作原理与移测显微镜基本相同,但它的载物台除了能作横向移动外,还能作纵向移动以及转动.纵向移动的装置和读数方法与千分尺相同,转动的角度可通过度盘上的刻度(和游标)读出.

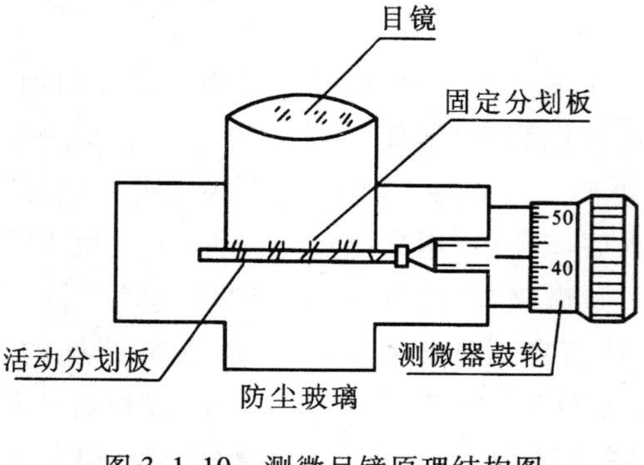

图 3.1.10　测微目镜原理结构图

7. 测微目镜

测微目镜(micrometer eyepiece)通常作为光学精密计量仪器的附件.例如移测显微镜、各种测长仪、测微平行光管等仪器上,都会装有测微目镜.它也可以单独使用,其特点是测量范围小,而仪器误差限值比较小.

测微目镜种类很多,这里主要介绍有螺旋测微装置的 MCU - 15 型测微目镜,其量程为 8 mm,最小分度 0.01 mm,图 3.1.10 为其结构原理图.目镜焦平面上的一块固定分划板上有 9 条刻线，形成 8 格，刻线间距 1 mm，如图 3.1.11(a)所示. 在其前方有一可移动的活动分划板，它可随着鼓轮的转动而左右移动. 活动分划板上刻有斜向交叉的十字叉丝及双线读数标记，如图 3.1.11(b)所示. 鼓轮每转一圈，活动分划板移动 1 mm，鼓轮上有 100 等分的刻线，每格相当于 0.01 mm. 毫米以上的读数在固定分划板上读出，如图 3.1.11(c)所示为 3 mm. 毫米以下读数在鼓轮上读出，如图 3.1.11(c)所示为 0.437 mm. 总读数为3.437 mm.

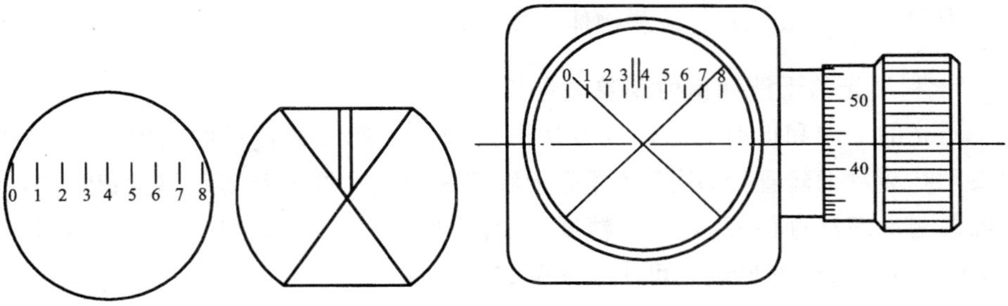

(a) 固定分划板　(b) 活动分划板　(c) 测微目镜读数方法

图 3.1.11　测微目镜分划板与读数法

二、机械式量具

机械式测量用的量具和仪器类型很多，例如米尺、卷尺、游标卡尺、测高仪、钟表式测微仪、杠杆式测微仪等. 根据测量条件、环境、精度等要求可选择不同的量具和仪器. 例如，钟表式测微仪主要技术指标及示值误差，可参阅国家标准 GB1219 – 75；杠杆式测微仪，可参阅机械工业部部颁标准 JB1568 – 75 规定.

三、光学测量装置

光学测量装置大致可以分为两大部分. 一部分是由光杠杆和自准直望远镜等组成的系统(或显微镜系统)，另一部分是利用光的干涉或衍射现象组成的测量系统.

1. 光杠杆测量装置

该装置用来测量物体微小伸长量变化，如固体线膨胀系数测定、杨氏弹性模量测定、微弱电流的测定等. 该系统由望远镜、米尺、反射镜等构成，该系统又可称为光杠杆(optical lever)放大系统.

2. 光学比较仪

该装置由自准直望远镜和正切杠杆机构组成. 例如 12J 型立式光学比较仪(comparative scale)，示值在 ±1 000 μm 范围内其误差为 ±0.25 μm.

3. 测量显微镜或移测显微镜

该测量装置型号比较多，应用范围宽. 例如当环境温度为(20 ± 3)℃时，15J型测量显微镜的示值误差可表示为 $\pm(5 \pm L/15)\ \mu m$，L 表示被测物体长度数值.

4. 阿贝比长仪

阿贝比长仪(Abbe comparator)的测长原理是通过被测长度与光学放大的标尺刻度进行比较，从而确定出被测长度. 测量系统由一个配置标准刻度尺、两台显微镜以及放置被测物的可移动的工作台组成. 其测量范围为 0 ~ 200 mm，示值误差为 $\left(1+\dfrac{L}{100}\right)\ \mu m$，$L$ 为被测物体长度数值.

5. 利用光的干涉和衍射现象测量长度

用光的干涉和衍射的原理及方法测量物体长度或者直径的类型很多，例如劈尖干涉测量细丝直径；用迈克耳孙干涉仪测量光的波长及薄膜厚度；用光的衍射现象测量细丝直径等. 其测量精度比较高，例如激光干涉比长仪的测量精度可达 $10^{-8} \sim 10^{-7}$，即测量误差可小于 $\pm 0.25\ \mu m/m$.

四、激光测距仪(光电测量装置类型)

激光测距仪(laser range finder)的基本原理是利用光在待测距离上往返传播的时间换算出距离. 测距公式为

$$L = \frac{1}{2}ct$$

式中，L 为待测距离，c 是光速，t 是光在待测距离上往返的时间.

采用不同的激光光源组成的测距仪种类很多，按测程区分，大致可以分为三类：

(1) 短程激光测距仪

该激光测距仪测程一般在 5 km 以内，适用于工程方面的测量.

(2) 中长程激光测距仪

中长程激光测程一般在 5 km 到几十千米，适用于通信、遥感、大地控制等方面的距离测量.

(3) 远程激光测距仪

远程激光测程一般在几十千米以上，适用于航空、航天等方面测量. 例如用于测量导弹、人造地球卫星、月球等空间目标的距离.

按照检测时间的不同方法，激光测距又可分为脉冲激光测距和相位激光测距：

(1) 脉冲激光测距

脉冲激光(pulsed laser)测距利用激光测距仪发射一个光脉冲射向待测目

标,经待测目标反射后,其目标反射信号进入激光测距仪接收系统,以测得其发射和接收光脉冲的时差,即光脉冲在待测距离上往返传播的时间. 脉冲法测距仪的测量误差一般在米的量级,广泛用于工程的测量. 另外,对月球、人造地球卫星、远程火箭的跟踪测距都用脉冲激光测距.

(2) 相位激光测距

相位激光(phase laser) 测距通过测量连续调制光波在待测距离上往返传播所发生的相位移 φ,以代替测定时间 t,从而求得光波所走的距离 L. 其测距公式为

$$L = \frac{1}{2}c\left(\frac{\varphi}{2\pi f}\right)$$

式中,f 为调制波的频率. 这种方法测量误差一般在 cm 量级,因而在大地控制测量和工程测量中得到了广泛的应用.

3.2　时间测量仪器

时间是重要的基本物理量之一,许多物理量的测量都归结为时间的测量. 它是一种能用周期性的物理现象来观察和测量的物理量,对周期性信号(谐振器和振荡器)的频率测量与时间测量是等价的. 因此,时间的测量在现代科技、工农业、国防等领域以及物理实验中有着重要的地位. 例如,计量技术、激光测距、测速、制导、卫星的发射或接收等方面都离不开时间的测量. 物理实验中的刚体转动惯量测定、单摆周期的测定、物体运动的速度和加速度的测定、示波器实验等都离不开时间的测量.

常用的计时仪器有秒表(机械式或电子式)、数字毫秒计、原子钟等. 下面简要介绍几种测量时间的仪器类型,有兴趣或在工作学习中需要对之详细了解的读者请参阅有关参考文献.

一、秒表

秒表(stopwatch)有各种规格,它们的构造和使用方法略有不同. 一般的秒表有两个针,长针是秒针,每转一圈是 30 s;短针是分针. 表面上的数字分别是秒和分的数值,如图 3.2.1 所示. 这种秒表的分度值是 0.1 s,还有一圈表示60 s、10 s、3 s 的秒表.

秒表上端有柄头,用于旋紧发条和控制秒表的走动和停止. 使用前先上发条,但不宜上得过紧,以免发条受损. 测量时用手握住秒表,将柄头置于大拇指的关节下,并预先用平稳的力将其稍稍按压住,当计时开始时,突然用力将其按下,秒表便开始走动. 当需要秒表停止时,可依同上方法再按一下. 第三次再按时,秒针和分针都弹回零点. 也有一些秒表用不同的柄头或键纽分别控制走动、停止和

恢复.

如果秒表不准,会给测量带来系统误差.例如秒表太快,测出的周期一定偏大.为了减小系统误差,要对秒表进行校准,例如用数字毫秒计作为标准计时器来校准秒表.如果秒表读数为 t_1,数字毫秒计相应读数为 t_2,则校准系数 $C = \frac{t_2}{t_1}$.当实验测得秒表读数 t' 时,真正的时间应为 $t = Ct'$.秒表不估读.

图 3.2.1　机械秒表

使用秒表时要注意:

(1) 使用前应先检查零点是否准确.若不准确,要记下初读数,并对读数作修正.

(2) 实验中切勿摔碰,以免震坏.

(3) 实验完毕,应让秒表继续走动,使发条完全放松.

二、电子秒表

电子秒表是一种比较精密的电子计时仪器,其机芯全部由电子元件组成,利用石英振荡频率作为时间基准,常用 6 位液晶显示器显示,电源常为纽扣式电池.下面以 SE7－1 型电子秒表为例作一介绍.

石英晶振频率为 32.768 kHz;平均日差 < ±0.5 s;最小测定值 0.01 s;带有计时计历功能,可显示时、分、秒、月、日、星期;当把它作为秒表时,具有秒表基本显示、累加计时、取样和分段计时等功能.其外形如图 3.2.2所示.

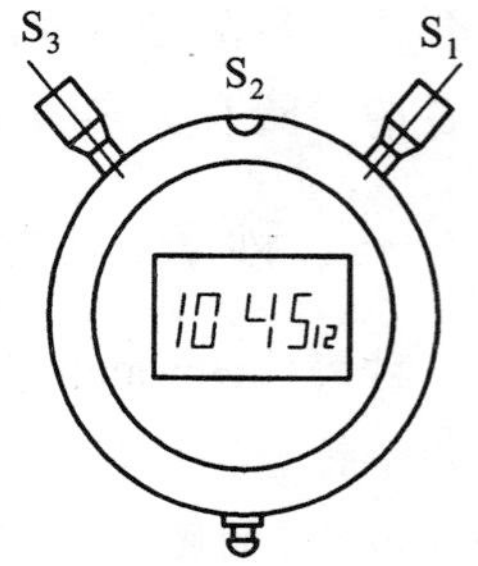

图 3.2.2　SE7－1 型电子秒表外形图

各端钮作用如下:

S_1 钮:启动/停止、调整、计时/计历;

S_2 钮:调整位置;

S_3 钮:状态选择、分段计时/复位.

平时电子秒表处于计时状态,按住 S_1 钮 3 s 则进入秒表功能,若继续按住 S_1 钮 3 s 则又回到计时功能.

电子秒表的几种用途:

(1) 秒表的基本显示　和机械秒表一样,当用 S_1 使其处于秒表状态时,计

秒时应先按 S_1 使其复零,再按 S_1 开始计秒,计秒结束时再按一下 S_1.

(2) 累加计时　按 S_1 开始计秒,再按 S_1 计秒停止,若按一下 S_3 则开始累加计时.如此可以重复累加.

(3) 取样　按 S_1 开始计秒后,若按一下 S_3,显示的数字停住不动,但显示器的"冒号"仍在闪动,表示表仍在计时.这时读出的时间即为取样时间,显示器的右上角有记号标志此状态.若要取消该记号,再按 S_3 即可.若要还原到计时状态,按 S_3 钮 3 s 钟.

(4) 分段计时　可以用一块表同时计两个时间,例如甲乙两人赛跑成绩.按 S_1 开始计秒后,甲到终点时按 S_3,显示情况同前,此即甲成绩.乙到终点时再按 S_1,成绩也记下了,但未显示,按 S_3 可使其显示出来.再按 S_3 可复零.

三、数字毫秒计

数字毫秒计(digital ms-counter)的基本原理是利用一个频率高的石英晶体作时间信号发生器,不断地产生标准的时基信号,并通过光电传感器和一系列电子元件所组成的控制电路来控制时基信号进行计时,并在数码管中显示被测定的时间间隔.

数字毫秒计是一种精确的计时仪器,由于各种型号的仪器性能不同,一般来讲其测量的最小时间间隔分别为 10 ms,1 ms,0.1 ms,0.01 ms.下面列举物理实验中测定刚体转动惯量用的可编程记忆式毫秒计.

可编程记忆式毫秒计　该仪器由测量电路系统、单片机芯片及固有程序等组成.仪器具有记忆功能,最多可存储 64 个时刻的测量值,并且可以根据需要把数据取出来.仪器测时方法还可根据需要进行调整,故称为可编程记忆式毫秒计.

1. 仪器主要技术参量

(1) 输入脉冲宽度:不小于 10 μs;

(2) 计时范围:0 ~ 999.999 s;

(3) 计时误差:0.5 ms;

(4) 计时数组:1 ~ 64 组;

(5) 使用电源:220 V,50 Hz.

2. 面板

(1) 左边——操作键盘;

(2) 中部——2 位脉冲序数显示数码;

(3) 右部——6 位脉冲计时显示数码;

(4) 中下——复位键;

(5) 右下——两个信号输入孔;

(6) 背面有两个 2.2 V 直流电源输出孔.

3. 计时数据输入方法

接通电源,面板显示 88 - 888888.

按“*”或“#”面板显示 P - 0164. 此时表明输入 1 个脉冲为计时 1 次,共可依次存储 64 个触发脉冲出现的时刻(第一个脉冲为计时起点,故其值恒为零).

再按一次“*”或“#”键,面板显示 88 - 888888,此时仪器处于等待计时状态.

依次输入脉冲,够 64 个脉冲后停止计时,并把各个脉冲对应的时刻存储在机内.

4. 计时数据取出方法

按“*”或“#”键,每按一次跳出一个存储时刻. 它们的次序由 1 至 64.

如不需取出全部计时数据时,用键盘操作进行选择. 按 0、1 两键,显示 00.000,即第 1 个脉冲输入时开始计时. 按 0、9 两键,显示 00. * * *,表示第 1 个脉冲到第 9 个脉冲之间的时间间隔. 按 1、5 两键,则显示第 1 个到第 15 个脉冲之间的时间间隔. 依此类推可以把所需要的测量时间值取出来.

按 9 键两次,仪器就又处于准备计时状态,为下次计时作好准备,并把前次所记时间数据清除. 测量中一般不要按复位键,否则计时仪器将回到初始化状态.

四、原子钟

显示时间或者频率准确度最高的是原子钟(atomic clock). 目前,铯原子钟的准确度已达 10^{-14} s 数量级,我国的长波授时台用的氢原子钟其稳定度已接近 10^{-15}/h,相当于 300 万年才差 1 秒,国内商品化的铷原子钟的计时长期稳定度已达 10^{-11}/月. 原子钟的工作原理是利用微观的分子或原子能级之间的跃迁,产生高准确度和高稳定的周期振荡,输出一定的参考频率,控制石英晶体振荡器,使它锁定在一定频率上. 由受控的石英晶体振荡器输出的高稳定频率信号再经放大、分频、门控电路等到数显电路,显示出时间或频率.

3.3 质量测量仪器

物体质量(mass)的测定是科研及实验中一个重要的基本物理量测定. 称量物体质量的仪器种类很多,但大多数测量仪器都是以杠杆定律为基础设计的. 例如,目前常用的仪器类型有双盘式天平、置换式天平、扭力天平、电子天平等. 一般测量微小质量可用扭力天平,其测量灵敏度较高,能在整个测量范围内保持着线性关系. 该天平的称量范围为 0.02 ~ 0.1 g,读数分度值为 10^{-8} ~ 10^{-7} g. 将现代电子技术用于天平上的电子天平，最大称衡量为 1 000 g，其读数精度也可以达到 0.01 g. 读者如在工作和学习中需详细了解，请参阅有关文献及手册.

在物理实验中，常用天平来称量物体的质量. 它是根据杠杆原理制成的仪器，杠杆可分为等臂和不等臂两类，物理实验室中常用的是等臂天平. 天平的精度级别按其名义分度值（即感量）和最大负载（即最大允许称量值）之比共分为 10 级，如表 3.3.1 所示.

表 3.3.1　天平精度级别

精度级别	1	2	3	4	5	6	7	8	9	10
$\frac{\text{名义分度值}}{\text{最大负载}}$	1×10^{-7}	2×10^{-7}	5×10^{-7}	1×10^{-6}	2×10^{-6}	5×10^{-6}	1×10^{-5}	2×10^{-5}	5×10^{-5}	1×10^{-4}

实验室常用的天平分为物理天平、精密天平和分析天平三种，其类别、型号、规格如表 3.3.2 所示.

表 3.3.2　常用天平类别、型号、规格

类别	型号	最大负载 /g	感量 /mg	不等臂偏差 /mg	示值误差 /mg	游码质量误差 /mg
物理天平	WL	500	20	60	20	+20
		1 000	50	100	50	+50
	TW - 02	200	20	<60	<20	
	TW - 05	500	50	<150	<50	
	TW - 1	1 000	100	<300	<100	
精密天平	TG504	1 000	2	≤4	≤2	
	TG604	1 000	5	≤10	≤5	
分析天平	TG628A	200	1	3	1	

由上述两表可以看出 WL 型属 9 级天平，TW 型属 10 级天平，而 TG628A 型属 6 级天平.

下面对物理天平和分析天平分别作介绍.

一、物理天平

物理天平（physical balance）的结构　如图 3.3.1 所示. 天平横梁上有三个刀口，两侧的刀口向上，用以承挂左右秤盘；中间刀口可搁在立柱上部的刀承平面上，称量时全部重量（包括横梁、秤盘、砝码、待测物）都由此刀口承担. 横梁中部装有一根与之垂直的指针. 立柱下部有一标尺，标尺上从左到右刻有等分刻度，通过指针在标尺上所指示的读数，可以了解天平是否达到平衡. 在立柱内部装有制动器，而在底部有一制动旋钮，转动它可使刀承上下升降. 平时应使刀承降下，让横梁搁在两个托承 A、A′上，仅在判断天平是否平衡时才使刀承上升. 天平底座上附有水准器(图中未画出). 托架 Q 的作用是为便利某些实验，例如用阿基米德原理测量非规则物体的体积等. 调节重心螺丝 G 的高低可以改变天平的灵敏度，它的位置越高，灵敏度也越高. 出厂时重心、螺丝已调好，一般情况不宜调节.

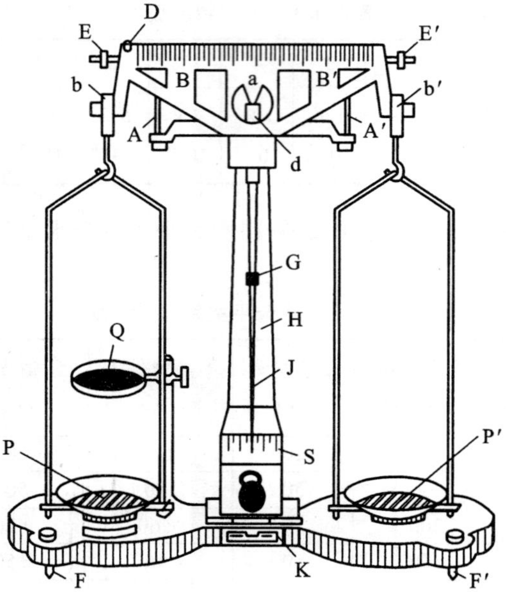

图 3.3.1　物理天平结构图

A,A′—托承；B,B′—横梁；D—游码；E,E′—平衡螺母；a—中间刀口；
b,b′—两端刀口；d—刀承；F,F′—底脚螺丝；G—重心螺丝；
H—立柱；J—读数指针；K—制动旋钮；P,P′—秤盘；
Q—托架；S—标尺

物理天平使用程序如下：

(1) 调水平　通过调节底脚螺丝 F 和 F′，使水准器气泡居中. 此时立柱处于竖直方向，立柱上部的刀承面处于水平面，因此称量时刀口不致滑移.

(2) 调零点　将游码 D 移至零位处，转动制动旋钮，使刀承上升托起刀口，横梁就会摆动. 观察指针尖在标尺上的位置，如果不在标尺零点，应先制动，使刀承下降，然后调节横梁两边的平衡螺母 E、E′的位置. 再启动横梁，观察指针位置……直至指针摆动时其中心位于标尺零点为止. 最后仍须制动，使刀承和横梁下降.

(3) 称量　一般采用直接称量法. 待测物放在左盘，砝码放在右盘. 挪动或放置砝码应使用专用的镊子，不允许直接用手拿．选用砝码的次序应遵循由大到小、逐个试用、逐次逼近的原则，直至最后利用游码使天平平衡．加减砝码和移动游码时，均须先将横梁和刀承降下．

（4）读数　由砝码盒中取出砝码时，须数读一次总值，由秤盘取下砝码放回砝码盒时再数读一次，核对两次读数，以免差错．称衡结束，应降下刀承，使横梁固定不动；将秤盘从两端刀口取下，挂在横梁刀口的边上；砝码要全部归入砝码盒；游码应移至左边零刻线处．

二、分析天平

分析天平（analytical balance）比物理天平更为精密．现以电光分析天平为例作介绍，其结构如图 3.3.2 所示．

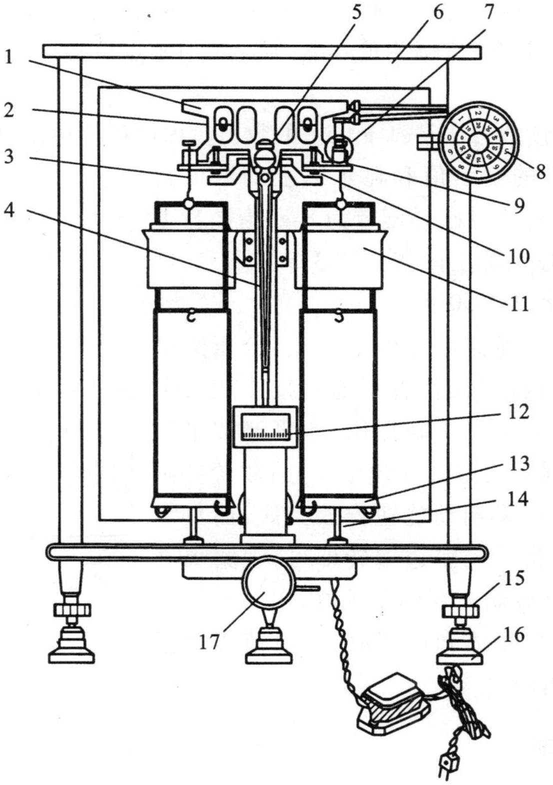

图 3.3.2　电光分析天平结构图

1—横梁；2—平衡砣；3—吊耳；4—指针；5—支点刀；6—框罩；7—圈形砝码；8—指数盘；9—支力销；10—折叶；11—阻尼内筒；12—投影屏；13—秤盘；14—托盘；15—螺旋脚；16—垫脚；17—制动旋钮

电光分析天平在使用 1 g 以下的砝码时，使用圈形砝码和光标. 称量时，只要转动机械加码装置的指示旋钮，就能增减圈形砝码，变化范围为 10 ~ 990 mg. 此外，在天平的指针下部有一透明标尺（在投影屏后面），标尺均匀分成 100 个小格，每一分度代表 0.1 mg，总共代表 10 mg. 为了方便地读出 10 mg 以下的数值，另设有光学投影读数装置，将透明标尺刻线经光学系统放大、反射后，投影在显示屏（亦称投影屏）上. 显示屏中央有一条准线，以指示读数. 光标读数是利用了在很小范围内秤盘中物体质量变化与指针偏转格数成正比的原理，这种测量方法称为偏转法，所以电光分析天平是将零示法与偏转法两者结合起来进行称量的. 阻尼装置的作用是使天平横梁在称衡时的摆动能够很快地停下来.

使用程序如下：

（1）调水平.

（2）调零点.

（3）检查分度值　将圈形砝码增加 10 mg，核对是否与投影屏上光学投影读数值相符. 若相差较多，应调节重心螺母位置，但零点也必须重新调整.

（4）称量.

（5）读数　读数方法是：1 g 以上的数由盘内砝码值决定；1 g 以下的数由指数盘（加码旋钮）的指示值和显示屏上的数值得出. 例如，称量某物体时砝码读数为 8 g，指数盘上数值为0.230 g，显示屏上读数如图 3.3.3 所示，则该物体的质量为8.231 50 g.

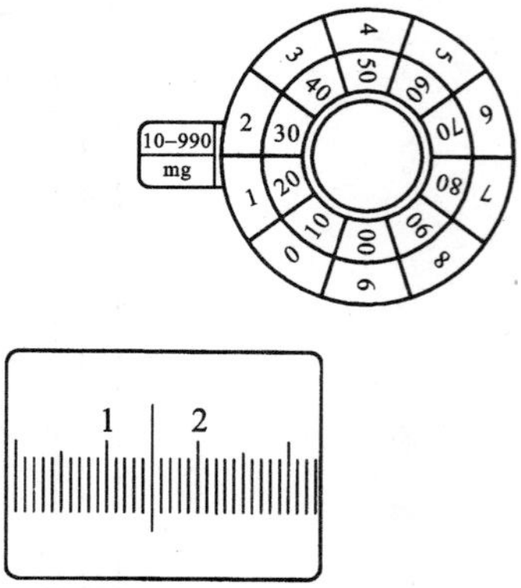

图 3.3.3　分析天平指示盘与显示屏读数

使用分析天平尚需注意以下几点：分析天平是放在玻璃框罩内的，操作者不能直接接触天平装置；如需调零，必须戴手套操作，才可调节平衡螺母等物；旋转制动旋钮必须缓慢小心；放置砝码后启动横梁时不能将制动旋钮拧放到底，而只需拧放到恰能判别指针朝哪边偏转即可；观察天平是否平衡时，应将玻璃框罩的门关好，以防空气对流，影响称量；取放物体和砝码时，一般使用框罩侧门，尽量不使用前门.

三、焦利秤

焦利秤（Jolly balance）如图 3.3.4 所示. 它实际上是一台用于测量微小力的精细弹簧秤. 在直立的可以上下移动的金属杆 A 的横梁上悬挂一个细弹簧 C，弹簧下端挂一面有水平线的小镜 J，小镜下端的小钩可以用来悬挂砝码盘 E 和金属丝等，小镜 J 悬在刻有水平线的玻璃管 D 的中间. 带米尺刻度的金属杆 A 套在金属空管 B 内,空管上附有游标和可以上下调节的平台 H. 转动旋钮 G 可以使金属杆 A 上下移动,从而调节弹簧的升降. 弹簧升降的距离,由主尺(金属杆 A 和游标)读出. 使用焦利秤时,应该调节旋钮 G 始终使弹簧下端小镜上的水平线,玻璃管 D 上的水平线和该水平线在小镜中的像三者重合,简称"三线对齐",以保持弹簧下端在空间的位置恒定不变.

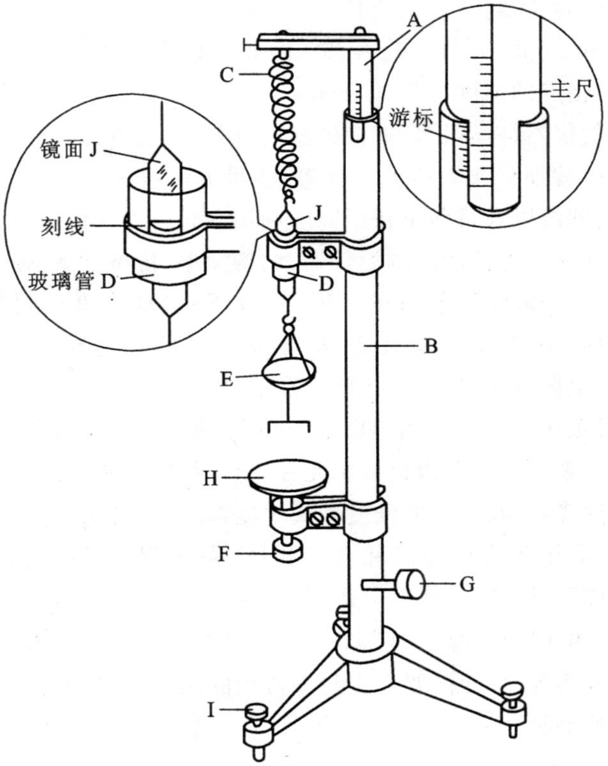

图 3.3.4　焦利秤

根据胡克定律,在弹性限度内弹簧的伸长量 ΔL 与所加的外力 F 成正比,即

$$F = k\Delta L$$

式中,k 是弹簧的劲度系数. 对于某一个弹簧,k 值是一常量. 如果我们将砝码加在砝码盘中,测出弹簧的伸长量,由上式即可计算出该弹簧的 k 值,这一步叫做焦利秤的校准. 焦利秤校准后,只要测出弹簧的伸长量,就可以计算出作用于弹簧上的力 F 了.

3.4　温度测量仪器

温度(temperature)测量是热力学的基本测量之一.它是通过测量物质的某一种随冷热程度而呈单值变化的物理性质来实现的,或者说温度的测量是测温度之差(温度的间隔).热力学温度的单位为开尔文,以符号 K 表示,数值上可用方程 $t = T - T_0$ 定义摄氏温度,单位用 ℃ 表示.式中 T_0 是水的冰点的热力学温度,即 $T_0 = 273.15$ K,它与水三相点(固相、液相、气相)的热力学温度相差 0.01 K,即水三相点的温度为 273.16 K.

测量温度的仪器种类很多,如液体温度计、气体温度计、声学温度计、噪声温度计、磁温度计、穆斯堡尔效应温度计等.测量方法也很多,如热电法测温、电阻法测温、辐射法测温以及目前正在研究的利用激光干涉法测温等.

液体温度计是一种常用的测温仪器,结构简单,价格低廉,使用方便,但其测量准确度不太高,一般测量范围在 -30 ~ 300 ℃;气体温度计测温范围广,准确度高,若用氦(He)作工作气体,在 20 K 下,其准确度可达 0.01 ~ 0.1 K,但使用起来不太方便;电阻温度计常用于测量低温,其测量准确度高,常用的有锗和碳温度计,其测量范围在 1 ~ 20 K;杆式铂电阻温度计,其测量范围在 90 ~ 903 K 等.另外,近些年来发展了由康铜敏感元件、超导材料等制成的温度计.热电法测温目前应用比较普遍,其测量准确度和灵敏度都较高,且又能直接把温度量转换成电学量,尤其适用于自动控制和自动测量.采用两种不同的金属材料(热电偶),其测温范围可从 73 K 到几千开,如铜 - 康铜热电偶,其测温范围为 73 ~ 623 K,铂 - 铑热电偶的测温范围为 273 ~ 1 873 K,在 2 000 K 以上温度测量可采用钨 - 钨铼热电偶等.下面简要介绍几种常用的测温仪器,读者如需进一步了解可查阅有关文献手册.

一、玻璃液体温度计

常用的感温液体材料有水银、酒精、甲苯、煤油等,其中以水银应用最广.水银作为感温材料有许多优点:不浸润玻璃、膨胀系数变化很小、测温范围广(在标准大气压下,水银在 -38.87 ~ 356.58 ℃ 间都保持液态)等.

玻璃水银温度计(thermometer)可分为标准用、实验室用和工业用三种.标准用玻璃水银温度计组总测温范围为 30 ~ 300 ℃,最小分度可做到 0.05 ℃;实验室用玻璃水银温度计组总测温范围也为 -30 ~ 300 ℃,分度值为 0.1 ℃ 和 0.2 ℃;工业用玻璃水银温度计测温范围分 0 ~ 50 ℃、0 ~ 100 ℃、0 ~ 150 ℃ 等多种,分度值一般为1 ℃,物理实验中也常使用这种温度计,读数时一般应估读一位.

二、热电偶温度计

1. 结构原理

热电偶(electric thermo-couple)亦称温差电偶,是由 A、B 两种不同成分的金属或合金彼此紧密接触形成一个闭合回路而组成,如图 3.4.1 所示. 当两个接点处于不同的温度 t 和 t_0 时,在回路中就有直流电动势产生,该电动势称为温差电动势或热电动势. 它的大小与组成热电偶的两种金属(或合金)的材料、热端温度 t 和冷端温度 t_0 这三个因素有关. $(t-t_0)$ 越大,温差电动势也越大. 一般可使 t_0 保持某一恒定值,例如 0 ℃. 这样就可以根据温差电动势的大小来确定热端的温度 t 了. 可以证明,在 A、B 两种金属之间插入第三种金属 C,且它与 A、B 的两连接点处于同一温度 t_0 时(见图 3.4.2),该闭合回路的温差电动势与只有 A、B 组成回路时的数值完全相同. 所以我们把 A、B 两根不同成分的金属丝的一端焊在一起,构成热电偶的热端(工作端);将它们各自的另一端分别与铜引线(金属 C)焊接,构成两个温度相同的冷端,两铜引线的另一端接至测量直流电动势的仪表,这样就组成了一个热电偶温度计,如图 3.4.3(a)所示. 如果 A、B 两种金属中有一种是铜,例如常用的铜-康铜热电偶,则情况可简化成图 3.4.3(b).

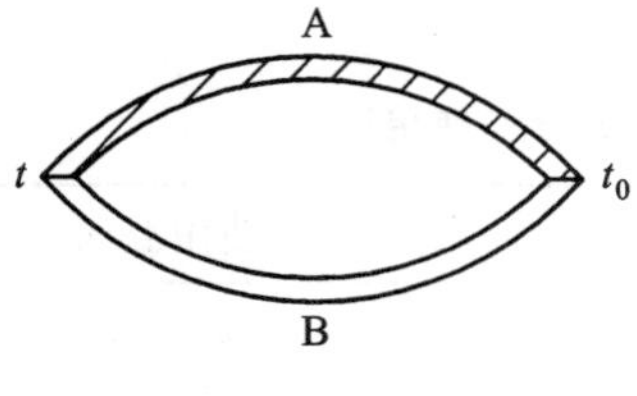

图 3.4.1　热电偶示意图

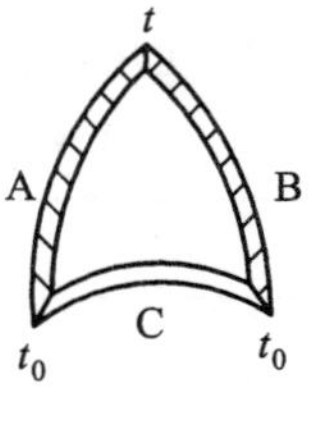

图 3.4.2　存在第三种金属时的热电偶

2. 使用方法

(1) 热电偶的校准　通常用比较法或定点法对热电偶进行校准. 比较法是将待校热电偶的热端与标准温度计同时直接插入恒温槽的恒温区内,改变槽内介质的温度,每隔一定温度观测一次它们的示值,直接用比较方法对热电偶进行校准;定点法是利用某些纯物质相平衡时温度唯一确定的特点(如水的沸点等),测出热电偶在这些固定点的电动势,然后根据温差电动势的表达式

$$\mathscr{E}=a(t-t_0)+b(t-t_0)^2+c(t-t_0)^3 \qquad (3.4.1)$$

解出各常量 a、b、c 之值,然后就能确定温差电动势与温度之间的函数关系. 在要求不高时,可用式(3.4.1)的一级近似式

$$\mathscr{E}=a(t-t_0) \qquad (3.4.2)$$

确定 $\mathscr{E}$ 和 t 之间的函数关系.

(2) 测量温差电动势的仪器　通常需用电位差计来测量温差电动势. 在某

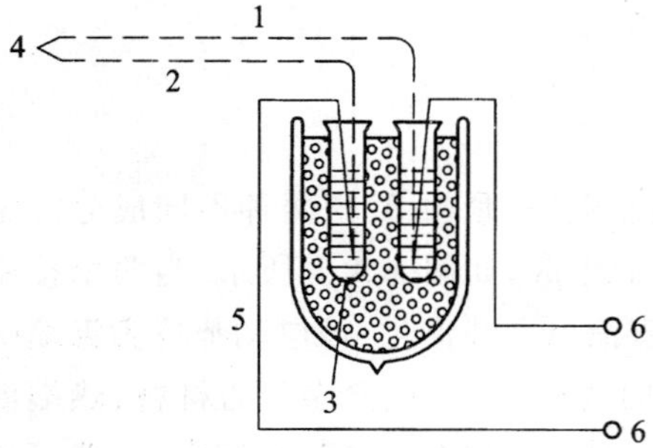

(a) 一般情况

1—金属丝 A；2—金属丝 B；
3—冷端接头；4—被测温度接头；
5—铜引线；6—电位差计或毫伏表接头

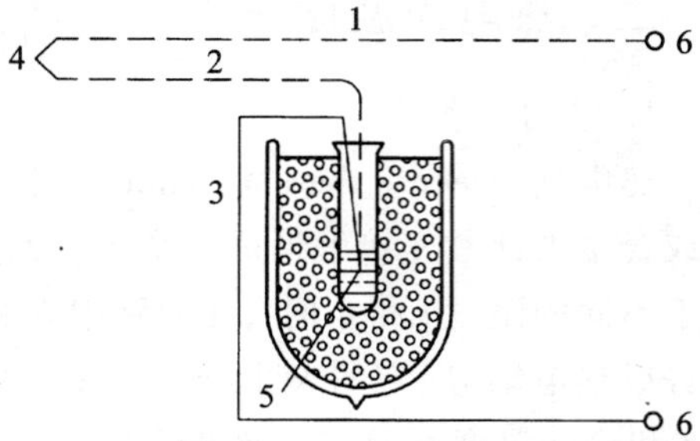

(b) 铜－康铜热电偶温度计

1—铜线；2—康铜线；
3—铜线；4—被测温度接头；
5—冷端接头；6—电位差计接头

图 3.4.3　热电偶温度计

些要求不太高的场合，也可用毫伏表进行测量.

3. 几种常用的热电偶

热电偶种类繁多，具有测温范围宽广（－272～3 000 ℃）、结构简单、体积小、响应快、灵敏度高等优点. 常见的热电偶有 300 多种，标准化的热电偶有七种，其型号、成分、使用温区见表 3.4.1.

表 3.4.1　标准化热电偶的型号、成分和使用温区

类型代号	材　　料	使用温区
T	铜/康铜	－200～350 ℃
E	镍铬/康铜	－250～1 000 ℃
J	铁/康铜	0～750 ℃
K	镍铬/镍铝	70～1 100 ℃
S	铂－10% 铑/铂	0～1 600 ℃
R	铂－13% 铑/铂	0～1 600 ℃
B	铂－30% 铑/铂－6% 铑	500～1 700 ℃

三、电阻温度计

利用纯金属、合金或半导体的电阻随温度变化这一特征来测温的温度计称为电阻（resistance）温度计. 目前，大量使用的电阻温度计的感温元件有铂、铜、镍、铑铁、锗、碳和热敏电阻等.

热敏电阻的温度系数比金属材料大得多，所以提高了测温的灵敏度，同时由于热敏电阻的体积小，探头可以做得很小，热容也很小，使测量精度提高，测量时间缩短，因此其应用越来越广泛，但它的稳定性差些.

3.5　电流测量仪器

在 SI(国际单位制)中,电流(electric current)的单位是安培(ampere),记作 A,它是七个 SI 基本单位之一. 根据定义,若保持在真空中相距 1 m 的两根无限长而圆截面可忽略的平行直导线中通以等量恒定电流时,两导线之间产生的力在每米长度上等于 2×10^{-7} N,则每根导线中的电流为 1 A. 根据此定义,20 世纪 40 年代较先进的国家就研制成了当时安培的最高标准量具——电流天平,其准确度可达 10^{-6}数量级. 目前这种标准量具已经落后,安培的基准是由伏特基准器和欧姆基准器根据欧姆定律方程式间接实现的.

近年来,由于超小型隧道量子器件的研制成功,使得利用单电子隧道效应(即通过数电子)来实现电流的量子计量基准的研究成为可能,并不断取得进展. 目前,美国标准技术研究院(NIST)采用 5 个超小型隧道结组成的电荷泵,传送电子的相对误差约为 10^{-7},并可望进一步降低.

在电磁学实验中,也经常涉及电流的测量. 电流表是一种使用极为广泛的仪表,将它加以适当的改装,还可以用来测量电压、电阻、功率等等. 为此我们先将电表作一简单介绍.

用于测量各种电参数的指示仪表统称电工仪表. 它们能用于测量电压、电流、电阻、功率、相位、频率等.

一、分类

电表种类繁多,分类方法也很多. 常见的有以下几种分类法:

(1) 按结构原理　主要可分为磁电系、电磁系、电动系、整流系、感应系、热电系、静电系和电子系. 大学物理实验中最常用的是磁电系仪表.

(2) 按被测量的单位或名称　主要可分为电流表(包括安培表、毫安表和微安表)、电压表(包括伏特表、毫伏表等)、电阻表(包括欧姆表、兆欧表等)、万用表、功率表、频率表、功率因数表等.

(3) 按使用方式　可分为安装式和可携式. 前者准确度通常在 1.0 级以下,后者通常在 0.5 级以上.

(4) 按工作电流　可分为直流电表、交流电表和交直流两用电表.

(5) 按准确度等级　共分为 0.1,0.2,0.5,1.0,1.5,2.5 和 5.0 等七级.

二、电表表盘上的符号

电表的表盘上画有许多标志符号,它们表示该仪表的各项基本特性. 表 3.5.1 是表盘上的若干符号,详细内容可参阅国家标准 GB776 - 76《电测量指示仪表通用技术条件》.

表 3.5.1　电表表盘上的若干符号

	磁电系仪表		整流系仪表
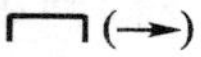	水平放置	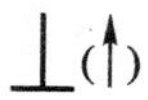	垂直放置
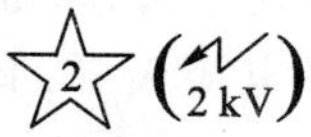	两千伏绝缘试验		二级防外磁场
2.5	量程百分数 表示的等级		指示值百分数 表示的等级
	标度尺长百分数 表示的等级		B 组仪表 -20 ~ +50 ℃工作

三、磁电系仪表

磁电系仪表是应用最广泛的一类电表.它可以直接测量直流电流和电压,如果加上变换器也可以测量交流电流和电压.当采用特殊结构时,还可以构成灵敏度极高的检流计.

1. 结构与工作原理

磁电系仪表的结构如图 3.5.1 所示.永久磁铁 1 两端各有一个半圆形极掌 2,构成两个磁极,在两极掌空腔中有圆柱形铁芯 3,使极掌和圆柱形铁芯间的空气隙产生均匀辐射状的强磁场.矩形铝框上是由细导线绕制的活动线圈 4,动圈两端各连接一个“半轴”5,轴尖支承在宝石轴承里,使动圈可以在空气隙中自由转动.指针 6 固定在上半轴上.游丝 7 产生反作用力矩,高灵敏度的仪表也可以用张丝或吊丝.游丝的内端固定在转轴上,外端固定在仪表内部支架上.一块仪表中通常有两根游丝,其螺旋方向相反.当动圈转动时,游丝被扭转变形.当被测电流增大时,转动力矩增大,指针转角增大,游丝形变增大,产生的反作用力矩也增大.两根游丝还兼作把被测电流引入和引出动圈的引线.机械零点调节器 8,借助于表壳外裸露的螺丝调节机械零点.平衡锤 9 用于调节可动部分的机械平衡.

磁电系仪表的阻尼力矩由闭合的铝框架产生.当动圈运动时,铝框架中产生感生电流,从而产生阻尼力矩,其作用是使动圈和指针尽快地达到平衡位置.

载流线圈在磁场中受力矩 M 的大小与磁感应强度 B、电流 I、线圈面积 A、线圈匝数 N 成正比:

$$M = BNAI$$

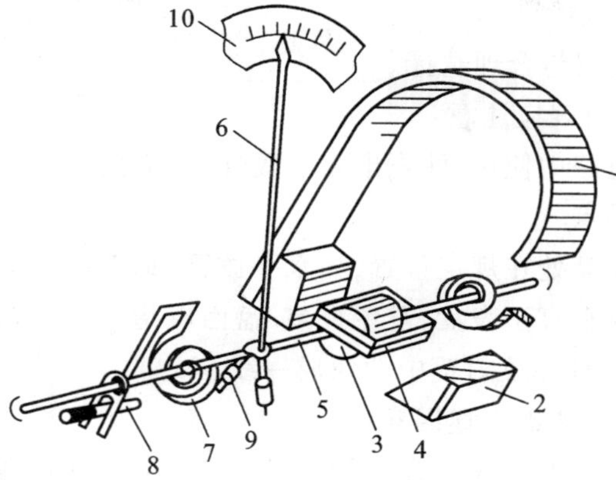

图 3.5.1　磁电系仪表结构示意图

1—永久磁铁；2—极掌；3—圆柱形铁芯；4—动圈；5—半轴；6—指针；7—游丝；8—调零器；9 —平衡锤；10—刻度盘

当指针偏转 α 角时，反作用力矩为

$$M_\alpha = D\alpha$$

式中 D 是游丝的扭转系数. 当两者平衡时

$$D\alpha = BNAI$$

$$\alpha = \frac{BNAI}{D} = S_I I \qquad (3.5.1)$$

可见偏转角度 α 与 I 成正比，故磁电系仪表表盘刻度均匀，其中 $S_I = \frac{BNA}{D}$ 称为电流灵敏度.

如果仪表内阻为 R_g，则仪表指针和动圈的偏转就与加在仪表两端的电压 U 有关. 即

$$\alpha = S_I \frac{U}{R_g} = S_U U \qquad (3.5.2)$$

式中，$S_U = \frac{S_I}{R_g}$，称为电压灵敏度.

根据磁电系仪表的结构和工作原理，可以看出磁电系仪表的主要优点有：准确度高，可以达到 0.1 级甚至更高；灵敏度高；仪表消耗的功率小；刻度均匀. 它的不足之处有：过载能力低；直接测量的只能是直流电；结构比较复杂而且成本较高.

2. 磁电系电流表和电压表

直接使用磁电系测量机构只能做成微安表或毫安表，表头可承受的电压一般也只在毫伏量级. 如果要测量较大的电流，可以采用分流器；如果要测量较大

的电压,可以采用分压器.

3. 仪表的正确使用与合理选择

(1) 使用磁电系仪表应注意:

① 只能在直流电路中使用,注意电表的极性,不能接反.

② 要调好机械零点.

③ 使用仪表应使其处在规定位置,如水平放置、垂直放置等.

④ 读数时视线要垂直于表盘,避免视差.盘面有指针反射镜的仪表,读数时应使刻度线、指针和指针在反射镜中的像成一线.

(2) 选择仪表时应考虑下述因素:

① 要按被测量值的大小选择合适量程的电表.在一般的测量中,应使被测量的值处在仪表测量上限和不低于测量上限 2/3 的范围内.

② 要按被测量实际要求合理选择仪表的准确度级别.在保证测量结果准确度的前提下,不必追求更高准确度的仪表,一般使仪表带入的不确定度等于或小于被测量允许不确定度的 1/3 ~ 1/5 即可.

③ 要根据被测对象内阻的大小来正确选择仪表.电压表的内阻越大,内阻造成的测量误差越小;电流表的内阻越小,内阻造成的测量误差也越小.

3.6 电压测量仪器

电压(voltage)也称电位差、电势差.在 SI 中电压的单位是伏特(volt),记作 V,是电磁学的重要导出单位.它的定义是:在载有 1 A 恒定电流导线的两点间消耗的功率为 1 W 时,这两点间的电压为 1 V.许多实验和工程技术测试中都会遇到电压的测量.

实验中常用电压表来测量电压,电压表可以通过将电流表改装而成.目前还常用数字电压表来测量电压.国内外生产的数字电压表的型号很多,其说明书对数字电压表的操作、调整方法和技术指标都有比较明确的规定,理解了这些规定,才能正确选用数字电压表.

一、数字电压表的主要技术性能

1. 测量范围

指测量能够测到的被测量的范围.一般数字电压表都是多量程,而各量程均有自己的测量范围,从最低量程的零到最高量程的满度值是数字电压表的测量范围.数字电压表还有正负号显示,可以测正或者负的直流电压.不同量程对应的输入阻抗和误差大小也不相同.

2. 量程

是指在不需要改变极性或显示倍乘系数(如小数点位置和单位)的情况下，能够测量输入电压的一个连续范围.各量程有效范围上限的绝对值，也就是某量程上满足额定准确度的最大电压称作某量程的满度值，通常叫满量程.

(1) 基本量程：在数字电压表的输入电路中对被测电压不需要衰减及放大的量程.基本量程的测量误差最小，输入阻抗一般也是最高的.

(2) 非基本量程：除去基本量程以外，所有加放大器和衰减器的量程统称作非基本量程.放大量程的被测电压低于基本量程，它是采用前置放大器将输入的电压信号放大到一定数值再加到 A/D 变换器中；分压量程输入的被测电压高于基本量程，是采用分压器将被测电压分压后得到与基本量程相符的电压后加到 A/D 变换器中.非基本量程的误差包含有基本量程的误差和放大器或分压器的误差.其误差比基本量程大，而输入阻抗比基本量程低.

(3) 超量程：在一个量程从满度值增加到能显示出来的最大值的电压范围.

(4) 自动量程：是指随着输入电压变化不需手动改变量程开关，由仪表内部自动切换的量程.具有自动量程的数字电压表，测量安全迅速，能实现自动化测量.现在生产的数字电压表均具有自动量程.

3. 分辨力

数字电压表能够读取显示值的被测电压的最小变化值，也就是使显示器上末位跳一个字所需的输入电压值称为分辨力.在不同的量程上有不同的分辨力，在最低量程上的分辨力最高，通常把最低量程的分辨力作为数字电压表的分辨力.

4. 灵敏度

显示器的变化量与输入变化量之比称为仪表灵敏度，最低量程的灵敏度最高.

5. 输入阻抗和零电流

输入阻抗是指数字电压表在工作状态下，从输入端看去的输入电路的等效阻抗.它等于输入电压的变化量与相应的输入电流变化量之比.

零电流就是输入偏置电流，它是仪表内部所引起的输入电路中流入或流出的一种电流，该电流值与输入信号电压大小无关，即使输入端短路(输入电压为零)，该电流也同样存在.

6. 显示能力和显示位数

每一位的数码显示能否按照它的字码作连续变化称之为显示能力.能够显示 0 ~ 9 的十个数字的位称为满位，否则称半位或$\frac{1}{2}$位.

7. 测量速度

单位时间内,以规定准确度完成的最大测量次数,也就是仪表每秒钟能显示的次数.

8. 响应时间

从输入电压突变的瞬间到满足准确度的新的稳定显示值之间的时间间隔,一般分为阶跃响应时间、极性响应时间、量程响应时间.

二、数字电压表的误差

用数字电压表测得被测量的大小和该被测量的实际值之间总存在着误差,该误差根据环境条件的不同(如时间、温度、电源变化、湿度等)可分为:

(1) 固有误差 指在基准条件下测量的误差.测定时,仪表需经过预热、校准,并经7小时或24小时的连续工作后(在该时间内,仪表不作任何调整)各量程所规定的误差极限为固有误差.例如规定环境湿度在45% ~75%范围内,标准温度(t_e)是校准室的环境温度,一般为20 ℃,在美国和西欧为23 ℃.

(2) 工作误差 是指仪表在规定校准周期内,在额定工作条件下,各影响量与影响特性任意组合时,如环境温度为 $t_e \pm 5$ ℃,经过预热、预调和一定时间连续工作后,该仪表在各量程的误差极限.

(3) 稳定误差 稳定误差也称稳定度,它指在规定时间内其他条件保持不变,在某一校准点显示值的最大变化量.稳定误差包括波动和漂移两种变动量.根据不同的时间间隔,又有短期稳定误差(如24小时)和长期稳定误差(一个月、三个月和一年)之分.

(4) 附加误差 是指工作时的环境条件(如温度、湿度、电源频率等)偏离标准条件下的值(或范围)时所引起的仪表误差.如温度超出规定的要求,就会产生附加误差.一般数字表还要给出温度系数,即温度变化1 ℃指示值的变化值,其计算公式的形式和数字电压表的误差表示方法相同.

数字电压表的绝对误差 Δ 表示的方式很多,常见的有以下三种表示方法:

$$\Delta = \pm \alpha\% U_x \pm \beta\% U_m \tag{3.6.1}$$

$$\Delta = \pm \alpha\% U_x \pm n \text{ 个字} \tag{3.6.2}$$

$$\Delta = \pm \alpha\% U_x \pm \beta\% U_m \pm n \text{ 个字} \tag{3.6.3}$$

式中,α 是误差的相对项系数,β 是误差的固定项系数,U_m 是满度值,U_x 是指示值(即读数).

从这三种表示公式可见,其误差主要由两部分组成:一部分是与被测显示值 U_x 大小有关的项,即 α 项误差,包括数字电压表标准电压源的误差、输入放大器误差、衰减器误差、刻度系数误差、非线性误差等;另一部分是与 U_x 无关的项,即 β 项误差(包括 n 字),是数字电压表的量子化误差、零点漂移、噪声干扰等因数引起的.因此称 $\pm \alpha\% U_x$ 为读数误差,称 $\pm \beta\% U_m$(包括 n 个字)为固定项误差或满度误差. 一般讲数字电压表的误差(或准确度)是指 ± $\alpha\%$ 这种省略叫法. 数字电压表的实际误差比 ± $\alpha\%$ 偏大,在计算时应是整个误差.

电压表的接入会对电路原先的工作状态带来影响,电位差计采用了补偿原理,可以克服这一缺点. 用电位差计还可以校正电流表、电压表以及测量电阻、电流等.

3.7　电阻、电容和电感测量仪器

一、电阻

在 SI 中电阻(resistance)的单位是欧姆(ohm),记作 Ω. 它也是电磁单位中的一个重要的导出单位,定义为:当在一导体两点间加上 1 V 恒定电压时,若在导体内产生 1 A 电流,则此两点间的电阻为 1 Ω. 它和电压单位类似,各个国家都是用直流标准电阻器来保存各个国家的电阻单位,通过三年一次的国际比对来确定各个国家电阻单位的关系. 量子化霍耳效应的发现和应用,使得电阻基准器用自然基准取代实物基准成为可能. 第 77 届国际计量委员会会议决定,从 1990 年 1 月 1 日起,正式启用冯 · 克里青常量 R_{J-90}·= 25 812. 807 Ω,以此来统一各国电阻单位. 目前复现电阻的精度已提高到 10^{-9}量级.

标准电阻器的量值传递过程中,由 1 Ω 的工作基准标定等电阻时,或者由一等、二等电阻传递 10^6、10^7、10^8 Ω 电阻时,要进行不同标称值电阻的比较,这种比较通常采用过渡的方法. 过渡借助比例量具,它是电阻量值从欧姆单位向两端扩展的一种重要手段.

实验室的电阻标准量具为标准电阻. 标准电阻通常由锰铜丝制成,0. 01 Ω 以下低阻标准电阻是用锰铜带绕制的. 绕好的电阻线圈放入外表镀镍的圆桶形黄铜外壳内,上盖是固定两个电流端钮和两个电位端钮的绝缘胶木,胶木中心圆孔供插温度计之用. 锰铜的电阻率高而温度系数低,并且与铜接触的温差电动势小,稳定性也好.

标准电阻一般都是四端钮接法,如图3. 7. 1所示. C 和 C′是电流端钮,P 和 P′是电位端钮. 这种接法的阻值为

$$R = \frac{U_{PP'}}{I_{CC'}}$$

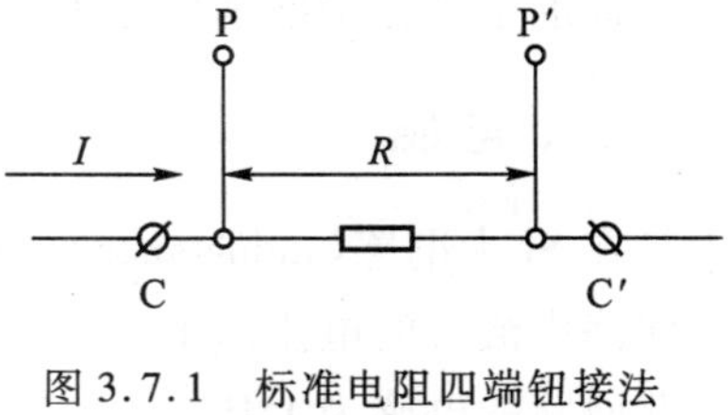

图 3. 7. 1　标准电阻四端钮接法

电流端钮 C、C′两接点接触电阻和引线电阻都未计入 R ,这是四端钮接法最大的优点.

标准电阻分为国家基准和副基准;作为检定标准电阻用的标准电阻分为一等和二等;作

为一般工作用的标准电阻分为 0.005 级、0.01 级和 0.02 级.

一套标准电阻共有 9 个,其阻值在 $10^{-3} \sim 10^{5}\ \Omega$ 之间.

标准电阻使用注意事项:

(1) 标准电阻是再现单位的实物标准,电阻值的稳定性是一项很重要的技术指标.要保证电阻的稳定,应避免碰撞、剧烈震动和温度的剧烈变化,并要求周围环境无腐蚀性气体.

(2) 标准电阻一定要避免过载使用.通过标准电阻的电流在不超过标称电流的前提下,尽量满足测量灵敏度的需要.当灵敏度已满足时,不再增大电流.

(3) 不在 20 ℃下使用标准电阻器时,应进行温度修正.修正公式为

$$R_t = R_{20}[1 + \alpha(t - 20) + \beta(t - 20)^2]$$

式中,R_t 和 R_{20} 分别为 t ℃ 和 20 ℃ 时的电阻值;α 和 β 为一次项和二次项电阻温度系数.

(4) 使用和存放地点的温度要恒定,要避免强光照射,以防止标准电阻器上盖绝缘性能变坏.要经常保持其上盖的清洁,尤其对高值标准电阻,上盖上的脏物会使其绝缘电阻大大下降,从而影响其电阻值.

实验室使用的电阻器有固定电阻器和可变电阻器.常用的可变电阻器有电阻箱和滑线变阻器及电位器.

二、电容

在 SI 中电容(capacitance)的单位是法拉(farad),记作 F.它的定义为:当将一电容器充以 1 C 电荷量时,电容器两极板间产生 1 V 电势差,则此电容器的电容为 1 F.由于法拉是一个很大的电容量单位,因此常用 μF(10^{-6} F)和 pF(10^{-12} F)作为单位.

实验室中电容的标准量具是标准电容器.目前常用的标准电容器主要有石英电容器、空气电容器、云母电容器和组合式大电容器.

为了消除杂散电容的影响,用导体将标准电容器的两极板屏蔽起来,做成三端钮式,如图 3.7.2 所示.图中 1 和 2 端钮是标准电容器两个极板的引出端钮,3 端钮是屏蔽端钮.

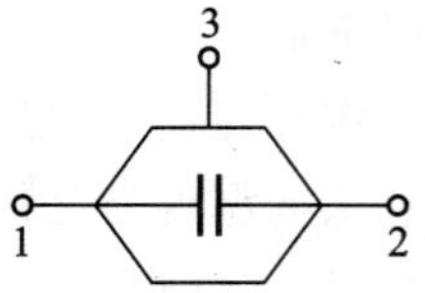

图 3.7.2　三端钮标准电容器

标准电容器按准确度分为 0.01,0.02,0.05,0.1,0.2 等若干等级.

三、电感

在 SI 中电感(inductance)的单位是亨利(henry),记作 H.亨利的定义为:当一回路中流过的电流以 $1\ A \cdot s^{-1}$ 的速率均匀变化时,回路中产生 1 V 的电动势,则此回路的电感为 1 H.

实验室中电感的标准量具是标准电感器. 标准电感器是用铜线绕在圆柱形空心骨架上制成的,它的结构要坚固,电阻值应很低,线圈本身及骨架都应无铁磁物质.

标准电感器标称值的范围是 1 μH ~ 1 H,按准确度分为 0.01,0.02,0.05,0.1,0.2,0.5和 1.0 级共七个级别.

3.8　常用光学仪器

由于人的视力极为有限,若要观察或测量远处或近处细小物体,必须利用助视光学仪器. 在普通物理实验中,常用的光学仪器有测微目镜(eyepiece)、读数显微镜(microscope)和望远镜(telescope),还有用于准确测量角度的光学仪器——分光计,掌握它们的结构、调节和读数方法是光学实验的一项重要任务. 测微目镜、读数显微镜已在 3.1 节介绍过,本节主要介绍望远镜和分光计.

一、望远镜

1. 结构

为了测量较远(0.5m 以上)物体的线度,可使用望远镜(telescope)及附加读数装置. 图 3.8.1 是测量用的开普勒望远镜的光路图. 物镜 L_1 能使无限远的物体成一倒立的实像于像方焦点 F'_1平面上. 对于正常眼,物镜的像方焦面与目镜的物方焦面重合,在这个平面上放置测量标记(分划板);对于近视眼,目镜的距离需稍微短些;对于远视眼,则需稍微加长.

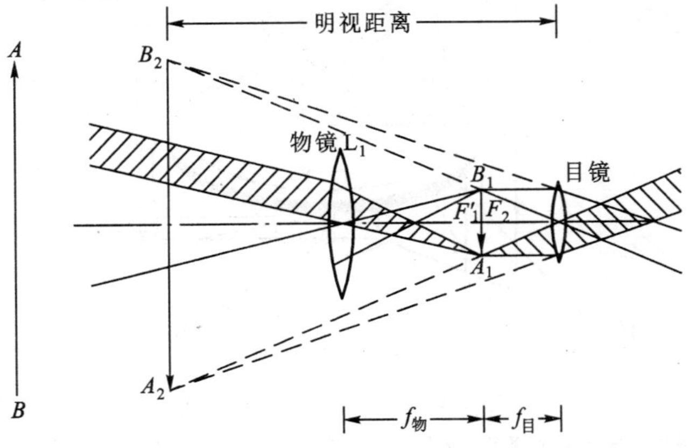

图 3.8.1　开普勒望远镜的光路图

望远镜的放大倍数等于物镜焦距和目镜焦距的比值. 在普通物理实验中遇到的远物,通常处于有限的距离内. 为了看清物体的像,可将目镜镜筒从物镜镜筒中向外伸出,使 F_2 位于 F_1 的外侧.

在测量上用得很多的望远镜是自准直望远镜,如分光计上的望远镜.这种望远镜上,物镜焦平面上放置的标记作为物体,通过在一个平面镜上的反射作用,在标记本身的平面上成像.标记可用任意方法来照明.如果要把自准直望远镜作测微之用,则需在它安放标记的平面上放置一个分划尺.

2. 调节方法

望远镜的调节方法与显微镜相似,先调目镜与分划板之间的距离,然后调节物镜与目镜之间的距离,直至物体的像与准线无视差为止.

二、分光计

1. 结构

分光计(spectrophotometer)又称光学测角仪,是一种精密测量平行光线偏转角的光学仪器.它常被用于测量棱镜顶角、折射率、光栅衍射角、光波波长和观测光谱等.

如图 3.8.2 所示,分光计主要由带十字叉丝的自准直望远镜、平行光管、刻度盘、游标读数装置、小平台及机座等组成.望远镜、平行光管和度盘有共同的转轴,其中平行光管固定,望远镜和度盘可自由转动.现以 JJY－1 型分光计为例介绍如下:

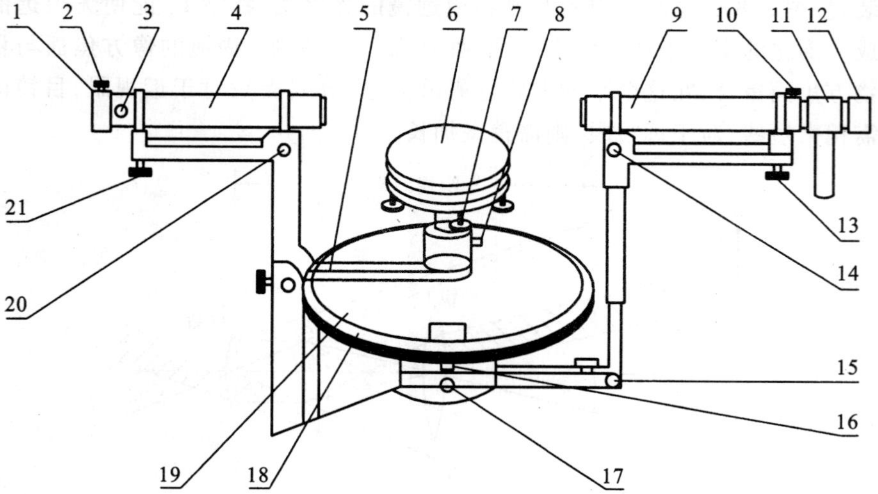

图 3.8.2　分光计结构外形图

1—狭缝装置;2—狭缝宽度调节手轮;3—狭缝装置锁紧螺丝;4—平行光管;5—制动架;6—载物台;7—载物台调平螺丝(3 只);8—载物台锁紧螺丝;9—望远镜;10—目镜筒锁紧螺丝;11—阿贝式自准直目镜;12—目镜视度调节手轮;13—望远镜光轴高低调节螺丝;14—望远镜光轴水平调节螺丝;15—望远镜微调螺丝;16—转座与度盘止动螺丝;17—望远镜止动螺丝;18—度盘;19—游标盘;20—平行光管光轴水平方位调节螺丝;21—平行光管光轴高低调节螺丝

(1) 自准直望远镜(阿贝式)

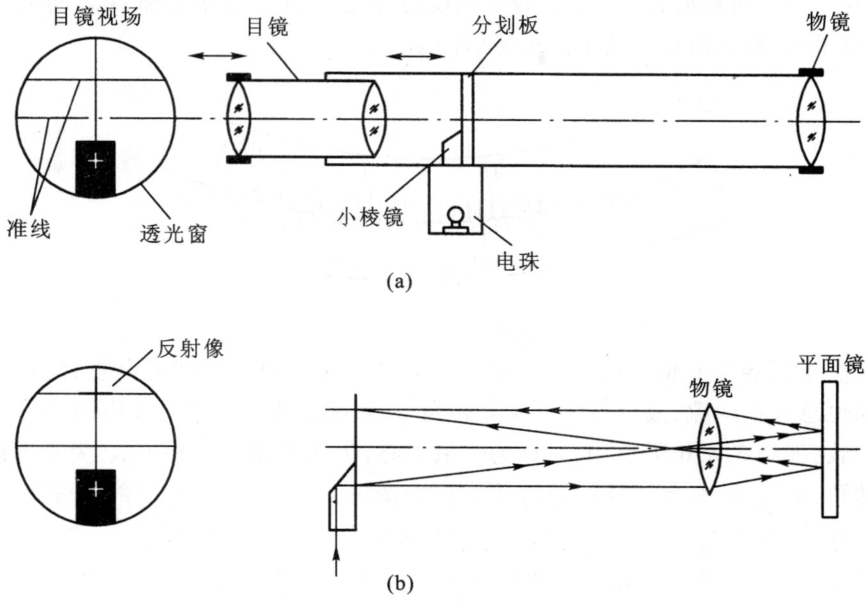

图 3.8.3　自准直望远镜

自准直望远镜由目镜、分划板及物镜组成,见图 3.8.3(a). 分划板刻有如图 3.8.3 所示的两横一竖的叉丝准线,在边上粘有一块 45°全反射小棱镜,其表面涂了不透明薄膜,薄膜上刻了一个空心十字窗口,点亮小电珠,在视场内可看到一个亮的十字. 若在物镜前放一个平面镜,前后调节目镜(连同分划板)与物镜的间距,使分划板位于物镜焦平面上时,小电珠发出透过空心十字窗口的光经物镜后成平行光射于平面镜,反射光经物镜后在分划板上形成十字窗口的像. 若平面镜镜面与望远镜光轴垂直,此像将落在分划板准线上部的交叉点上,如图 3.8.3(b)所示.

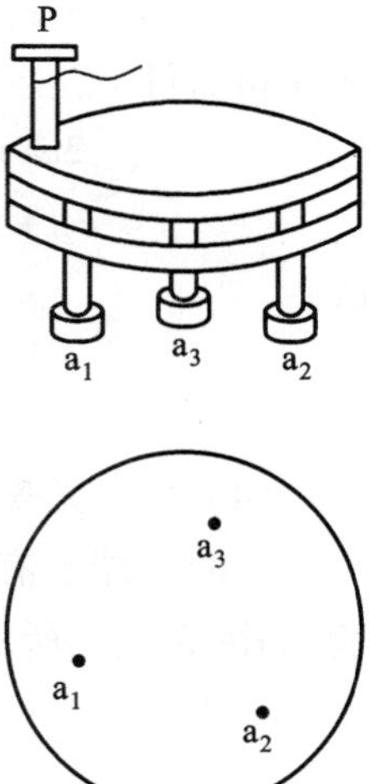

图 3.8.4　载物台

(2) 载物小平台

载物小平台用以放置待测物体,台上有一弹簧压片夹,用以夹紧物体,台下有三个螺丝 a_1、a_2、a_3,可调节平台水平,如图 3.8.4 所示.

(3) 读数装置

读数装置由刻度圆盘和沿圆盘边相隔 180°对称安置的游标组成. 刻度圆盘分成 360°,最小分度为半度(30′),小于半度的读数,利用游标读出,游标上有 30

格,故游标上的读数单位为 1′. 角游标读数方法与一般游标相同,如图 3.8.5 所示. 两个游标对称放置,是为了消除刻度盘中心与分光计中心轴线之间的偏心差. 测量时,要同时记下两个游标所示的刻度.

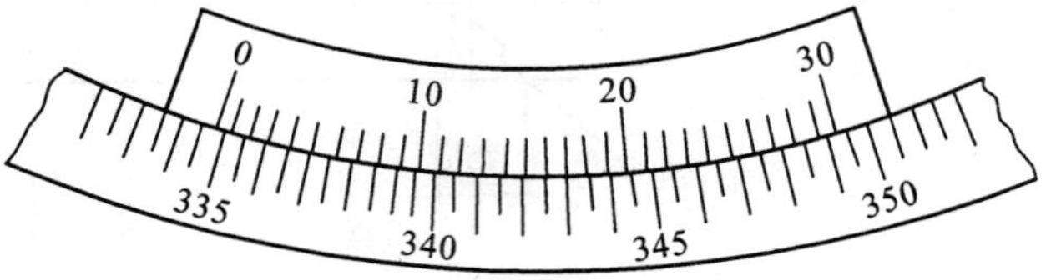

图 3.8.5　读数装置

由于仪器中心轴和度盘刻度中心在制造及装配时不可能完全重合,且轴套之间也总存在间隙,故望远镜的实际转角 φ 与刻度盘读数窗上读得的角度 θ 不尽一致,如图 3.8.6 所示. 图中 O 为转轴中心,O' 为度盘刻度中心,φ 为望远镜实际转角,θ_1 及 θ_2 分别为从两游标读数窗中读出的角度值. 这种测角仪器的"偏心差"是一种系统误差,一般通过安置在转轴直径上的两个对称的游标读数窗来消除. 显然,从图中的几合关系可知

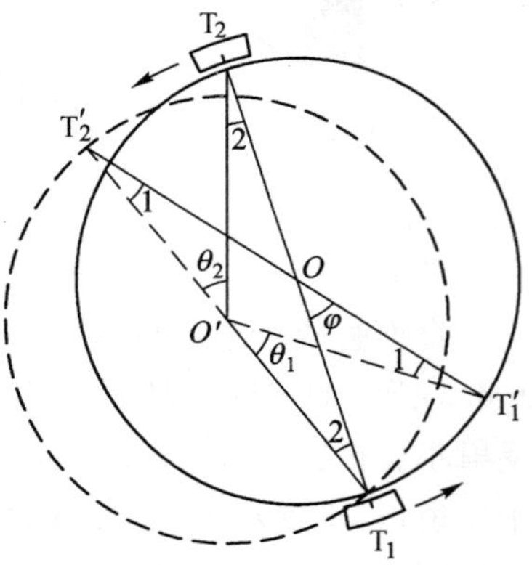

图 3.8.6　偏心差的示意及消除

$$\varphi + \angle 1 = \theta_1 + \angle 2$$
$$\varphi + \angle 2 = \theta_2 + \angle 1$$

两式相加得

$$2\varphi + (\angle 2 + \angle 1) = \theta_2 + \theta_1 + (\angle 1 + \angle 2)$$

故

$$2\varphi = \theta_2 + \theta_1, \quad \varphi = \frac{\theta_2 + \theta_1}{2}$$

(4) 平行光管

管的一端装有会聚透镜,另一端内插入一套筒,其末端为一宽度可调的狭缝,如图 3.8.7 所示. 当狭缝位于透镜的焦平面上时,就能使照在狭缝上的光经

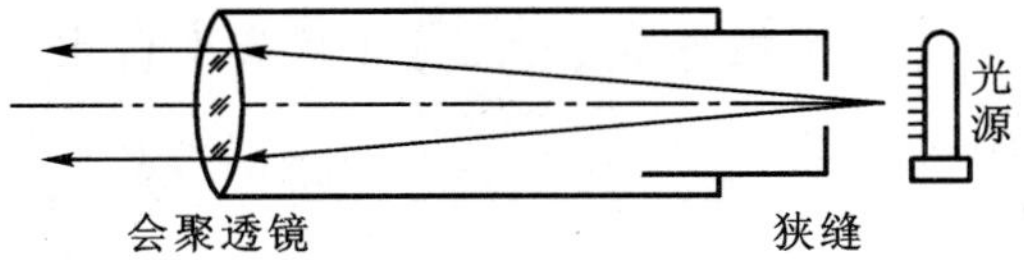

图 3.8.7　平行光管

过透镜后成为平行光.

2. 调整要求和步骤

(1) 调整要求

① 望远镜能接收平行光；

② 平行光管能发出平行光；

③ 望远镜的光轴和平行光管的光轴均垂直于旋转主轴.

(2) 调节步骤

① 目测粗调(凭眼睛观察判断)

用眼睛从仪器侧面观察,使望远镜光轴、平行光管光轴和载物台面均大致垂直于仪器主轴;目镜套筒位置合适.

② 调节望远镜能接受平行光,并准确地与仪器中心轴垂直.

先改变目镜与分划板之间的距离,使目镜视场中能清晰看到分划板叉丝准线,然后调节目镜(连同分划板)与物镜的间距,使分划板位于物镜焦面上(利用自准直法使目镜视场中同时看清分划板准线与"＋"字反射像,且使两者无视差),此时望远镜即已能接收和对准平行光了.

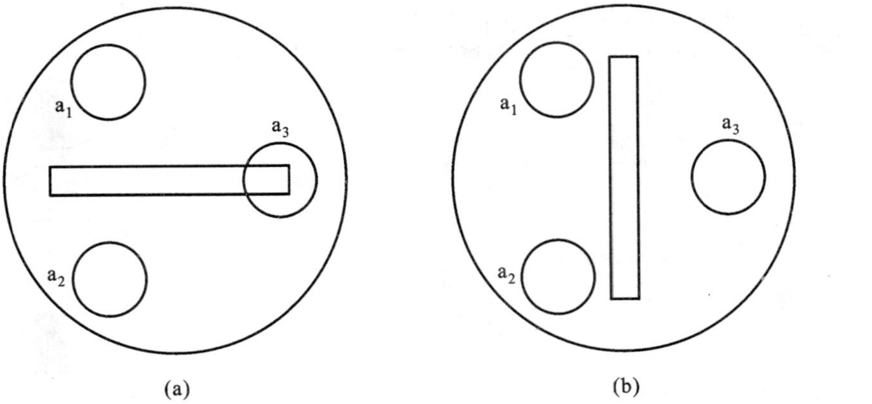

图 3.8.8　反射镜放置位置

在载物台上放置双面反射镜,当反射镜镜面与望远镜光轴垂直时,"＋"字反射像与叉丝的上交点完全重合. 如果任意放置反射镜,反射回来的像始终与叉丝的上交点重合,则说明望远镜的光轴已垂直于分光计主轴了. 为了调节方便,如图 3.8.8(a)所示放置反射镜. 调节时先从望远镜中看到由反射镜反射回来的"＋"字像(此时不一定和叉丝的上交点重合),转动载物台 180°,再找到由反射镜另一面反射回来的"＋"字像,分析两个像的相对位置. 如果同在叉丝的上交点的上侧或下侧,则先调望远镜的调水平螺丝,如两个像分别在叉丝的上交点的两侧,则用各半调节法调节,即先调载物台下的前后螺丝,使"＋"字像与叉丝的上交点之间的距离减小一半，再调节望远镜的水平螺丝，使像重合. 然后转动载物台 180°进行同样调节，反复几次便可很快调好. 再把反射镜转过 90°（如图 3.8.8(b)所示放置)，重复上面操作，使两个面的反射像仍于叉丝的上交点重合，则说明望远镜的光轴垂直于仪器的中心轴了.

(3) 调整平行光管产生平行光，并垂直于仪器中心轴.

以已调好的望远镜为基准，调节平行光管. 打开光源和狭缝，将望远镜对准狭缝像，从望远镜中观察，调节平行光管狭缝套筒，使狭缝像最清晰，此时狭缝位于透镜的焦面上，此时即能产生平行光了. 接着调节望远镜光轴与平行光管共轴，把狭缝调成水平方向，调节平行光管的倾斜度，使狭缝与准线中心重合，这时平行光管与望远镜共轴，并与中心轴垂直.

为了更好地掌握分光计的调节方法，我们把以上调节步骤用图表的形式表现出来，如表 3.8.1 所示.

表 3.8.1　分光计调节步骤

次序	调节内容	调节方法	现象
粗调	使望远镜与载物平台基本水平；目镜套筒位于合适的位置	调节望远镜下的上下调节螺丝及载物平台下的调节螺丝；伸缩目镜筒	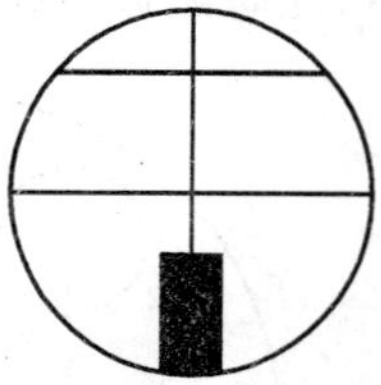
调节望远镜	调节目镜看到清晰的分划板	旋转目镜内筒	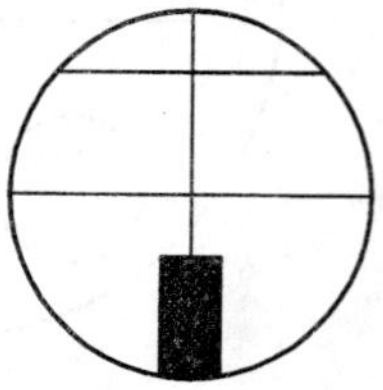
	望远镜的调焦；即在目镜中看到清晰的"＋"字反射像	在载物台上放上反射平镜	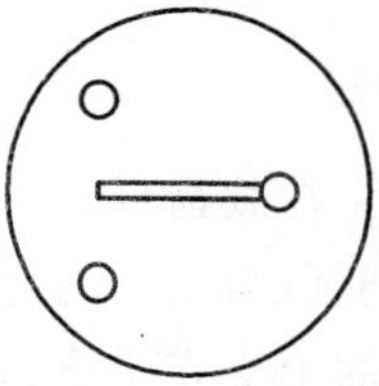
		开启小照明灯；缓慢转动小平台，找到反射像后，伸缩目镜套筒，使之最清晰(如看不到反射像则说明粗调不好，重新粗调)	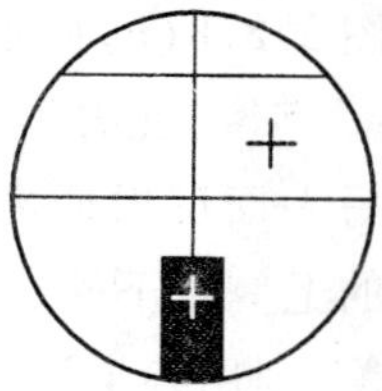

续表

次序	调节内容	调节方法	现象
调节望远镜	调节望远镜光轴垂直于分光计主轴	A. 将小平台旋转 180°,仍能看到反射像	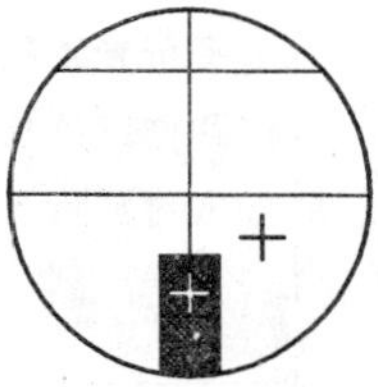
		B. 如果两反射像位于目标位的同一侧,则先调望远镜的高低,把离目标位较近的那个“+”字像先调好	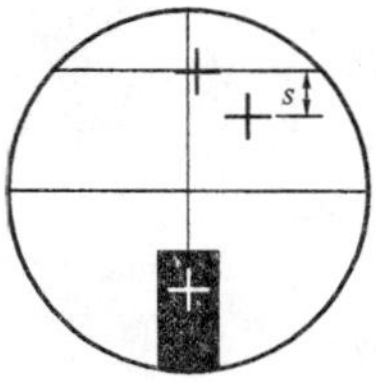
		C. 如果两反射像位于目标位的异侧,则调节小平台前后调节螺丝,使像与目标位的距离减小一半. 再调望远镜,使像与目标位重合. 来回重复多次,直至两反射像都与叉丝的上交点重合,此方法也称各半调节法	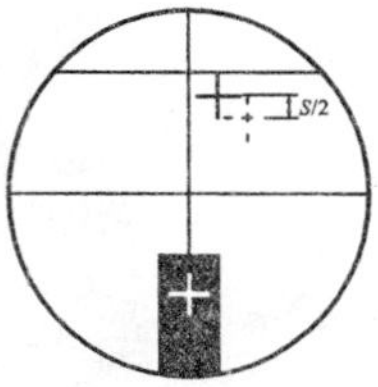 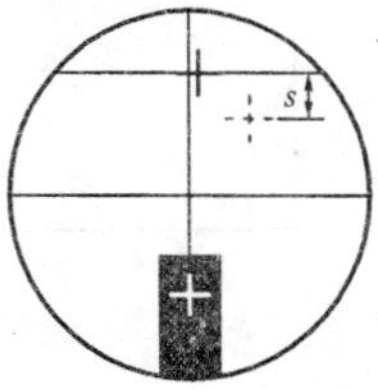
		D. 将反射镜转过 90°,重复 B、C 步骤	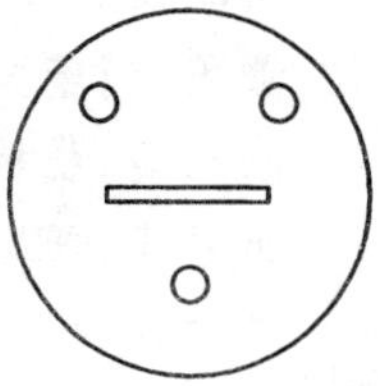

续表

次序	调节内容	调节方法	现象
调节平行光管	平行光管的调焦:把狭缝调整到物镜的焦面上,即平行光管出射平行光	打开光源,伸缩平行光管狭缝套筒,在望远镜中看到清晰的狭缝像	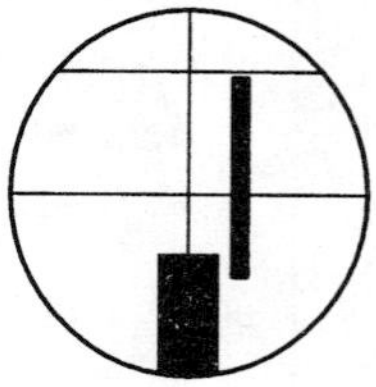
	调整平行光管的光轴垂直于旋转主轴,即望远镜与平行光管共轴	望远镜对准狭缝的像	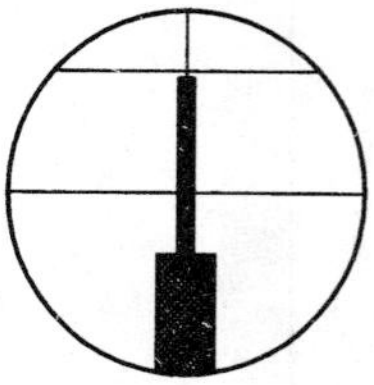
		使狭缝转过 90°,调节平行光管下的倾度调节螺丝,使狭缝像位于分划板中心线上	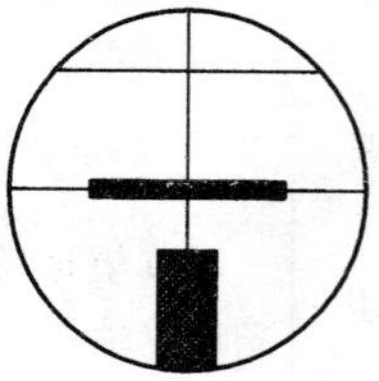
		将平行光管狭缝调成垂直	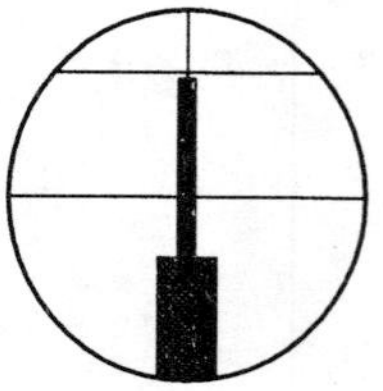

参 考 文 献

[1]　何圣静. 物理实验手册. 北京:机械工业出版社,1989

[2]　潘人培,董宝昌. 物理实验教学参考书. 北京:高等教育出版社,1990

[3]　陆金龄,杜树槐. 大学物理实验. 北京:中国铁道出版社,1993

[4]　王惠棣,任隆良,谷晋骐,等. 物理实验. 天津:天津大学出版社,1997

[5]　吕斯骅,段家忯. 基础物理实验. 北京:北京大学出版社,2002

[6]　丁慎训,张连芳. 物理实验教程. 2 版. 北京:清华大学出版社,2002

第4章　力学和热学实验

实验1　刚体转动惯量的测定

转动惯量(moment of inertia)是刚体转动时惯性大小的量度,是描述刚体特性的一个重要物理量.除了与刚体的质量及质量分布(形状、大小、密度分布等)有关外,它还与转轴轴线的位置和相对于刚体的方位角有关.对于几何形状规则的刚体可用公式计算出它绕通过刚体质心轴的转动惯量,并按平行轴定理,算出刚体绕任一特定轴的转动惯量.对于形状复杂的刚体,用数学方法计算刚体的转动惯量是非常困难的,一般都用实验方法来测定.

实验测定刚体转动惯量有多种方法,如动力法、扭摆法(三线扭摆、单线扭摆)或复摆法.

转动惯量的测定对于研究机械运动的转动定律及转动性能具有重要的理论依据及实际意义(尤其对于某些工程领域的设计工作),如炮弹飞行、飞轮设计、电机及发动机的叶片、人造(地球)卫星外形设计等.

本实验应用刚体转动动力学原理测定刚体的转动惯量,并对刚体平行轴定理进行验证.

一、实验目的

1. 学习使用刚体转动惯量实验仪,测定规则物体的转动惯量,并与理论值进行比较;
2. 用实验方法验证平行轴定理;
3. 学习用作图法处理数据,熟悉并掌握用作图法处理数据的基本要求.

二、仪器设备

刚体转动实验仪及待测刚体模块、电子毫秒计、电子计算器等.

刚体转动惯量实验仪如图4.1.1所示.转动体系由十字形承物台1和塔轮3组成,两根遮光细棒2连着承物台一起转动,依次通过光电门遮断光路,遮断光路时就产生一个计时触发信号.塔轮备有5个不同半径的绕线轮,绕线通过滑轮5连着砝码钩6,砝码钩可以放置不同数量的砝码,以改变转动体系所受的动力矩.在实验仪十字形承物台(图4.1.2)上沿半径方向等距离地排有3个小孔,相邻小孔中间的距离为 d. 实验用小钢柱可以由这些小孔定位,改变小钢柱相对于转动轴的位置可以改变包括小钢柱在内的转动体系的转动惯量.

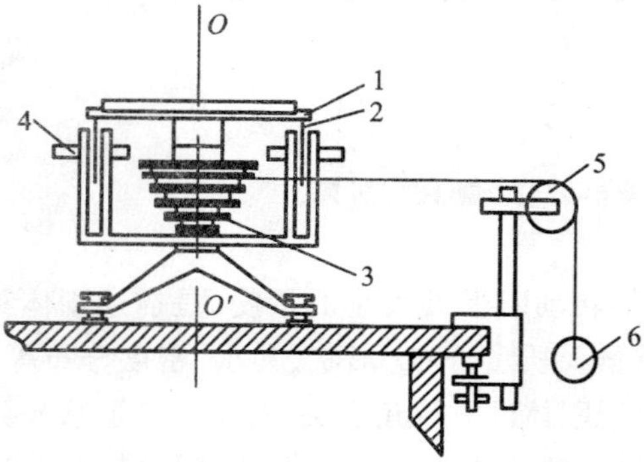

图 4.1.1　刚体转动惯量实验仪

1—承物台；2—遮光细棒；3—绕线轮；4—光电门；5—滑轮；6—砝码

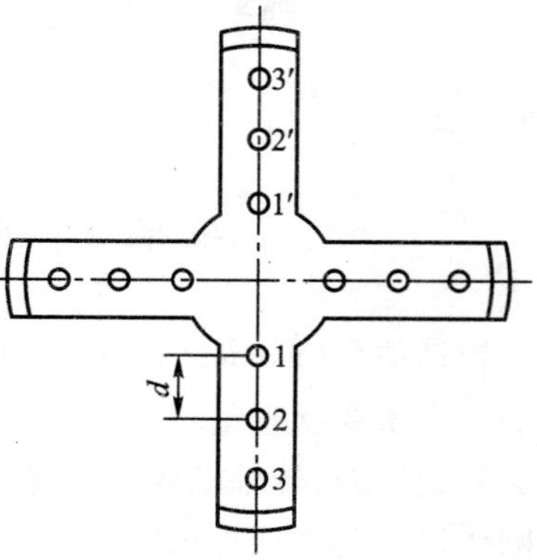

图 4.1.2　承物台俯视图

本实验记时仪用的是可编程记忆式毫秒计,请参阅第 3 章数字毫秒计.

三、实验原理

1. 转动惯量测定

由转动定律可知,绕定轴转动的刚体的角加速度 β 与它所受的合外力矩 M 成正比,与刚体的转动惯量 J 成反比,即

$$M = J\beta \tag{4.1.1}$$

用转动惯量测试仪测定转动惯量的方法,是使刚体同转动体系一起绕特定轴转动,通过测量施加在其上的合外力矩 M 及在 M 的作用下产生的角加速度 β,即可间接测定其转动惯量 J.

若刚体为一复合形体,则空实验台转动时,转动体系由承物台和塔轮组成(图4.1.1),体系对转动轴的转动惯量为 J_0,被测物(铝盘或铝环等)对中心轴的转动惯量为 J_x,则被测物与转动体系一体时(被测物放在承物台上),转动体系的转动惯量为 $J = J_0 + J_x$,分别测出 J_0 和 J 后,便可求出 J_x,即

$$J_x = J - J_0 \tag{4.1.2}$$

刚体转动时,受到两个外力矩作用. 一个是绳子的张力 F 作用的力矩 $M' = Fr$,r 为塔轮上绕线轮的半径.

对于质量为 m_f 的砝码,按牛顿第二定律

$$m_f g - F = m_f a$$

由于实验设计上保证了砝码加速度 $a \ll g$ 的条件,因此上式可近似为 $F = m_f g$,因而

$$M' = m_f g r \tag{4.1.3}$$

另一个力矩是轴承处的摩擦力矩 M_u,由转动定律可知

$$M' + M_u = J\beta \tag{4.1.4}$$

$$m_f g r + M_u = J\beta$$

从上式可以看出,测定 J 的关键是测定 β 和 M_u.

在转动过程中,转动体系所受到的 M_u 基本上是不变的,可以把转动视为匀变速运动.设体系转动的初角速度为 ω_0,转动过 t 时间的角位移为 θ,则有

$$\theta = \omega_0 t + \frac{1}{2}\beta t^2 \tag{4.1.5}$$

实验中,设定在同一次运动中记录两个不同时间的运动参量,时间分别为 t_1 和 t_2,t_1 和 t_2 选择不同的遮光次数预置数 N_1 和 N_2.由于计时的开始时刻一样,则体系的初角速度一样,因此根据式(4.1.5)可写出

$$\theta_1 = \omega_0 t_1 + \frac{1}{2}\beta t_1^2$$

$$\theta_2 = \omega_0 t_2 + \frac{1}{2}\beta t_2^2$$

消去 ω_0,可解得 β 为

$$\beta = \frac{2(\theta_1 t_2 - \theta_2 t_1)}{t_1^2 t_2 - t_2^2 t_1} \tag{4.1.6}$$

上式中 θ_1 和 θ_2 可根据不同的预置数来确定,设 θ_1 和 θ_2 分别设置预置数为 N_1 和 N_2,体系转过 n_1 周和 n_2 周,其中 $n_1 = \frac{1}{2}(N_1 - 1)$, $n_2 = \frac{1}{2}(N_2 - 1)$,而角位移为

$$\theta_1 = 2n_1\pi = (N_1 - 1)\pi$$

$$\theta_2 = 2n_2\pi = (N_2 - 1)\pi$$

将上述结果代入式(4.1.6),并整理后得到

$$\beta = \frac{2\pi(n_1 t_2 - n_2 t_1)}{t_1^2 t_2 - t_2^2 t_1} = \frac{2\pi[(N_1 - 1)t_2 - (N_2 - 1)t_1]}{t_1^2 t_2 - t_2^2 t_1} \tag{4.1.7}$$

当外力矩 $M' = 0$ 时,转动体系只在摩擦力矩 M_u 作用下作匀减速运动,设此时的角加速度为 β_u,根据转动定律,则有

$$M_u = J\beta_u \tag{4.1.8}$$

其中 β_u 可用上面同样的方法求得:

$$\beta_u = \frac{2\pi(n_1 t_{u2} - n_2 t_{u1})}{t_{u1}^2 t_{u2} - t_{u2}^2 t_{u1}} = \frac{2\pi[(N_1 - 1)t_{u2} - (N_2 - 1)t_{u1}]}{t_{u1}^2 t_{u2} - t_{u2}^2 t_{u1}} \tag{4.1.9}$$

将式(4.1.8)代入式(4.1.4)并经整理得到体系的转动惯量：

$$J = \frac{m_f gr}{\beta - \beta_u} \tag{4.1.10}$$

并可求得 M_u 为

$$M_u = \frac{\beta_u}{\beta - \beta_u} m_f gr \tag{4.1.11}$$

只要用实验的方法求得 β 和 β_u，就可得到体系的转动惯量 J 和摩擦力矩 M_u.

2. 验证平行轴定理

如果转轴通过物体的质心，转动惯量用 J_c 表示. 若另有一转轴与这个轴平行，两轴之间距离为 d，绕这个轴转动时转动惯量用 J 表示. J 和 J_c 之间满足下列关系：

$$J = J_c + md^2 \tag{4.1.12}$$

式中，m 是转动体系的质量. 式(4.1.12)就是平行轴定理.

3. 用作图法确定转动惯量

实验中，如果转动体系由静止开始转动并同时计时，则体系的初角速度近似为零($\omega_0 \approx 0$)，则从式(4.1.5)得到

$$\beta = \frac{2\theta}{t^2} \tag{4.1.13}$$

将上式代入式(4.1.4)，得到

$$m_f gr + M_u = 2J\frac{\theta}{t^2}$$

即

$$m_f = \frac{2J\theta}{gr}\frac{1}{t^2} - \frac{M_u}{gr} = K\frac{1}{t^2} - m_u \tag{4.1.14}$$

当体系转动时，记录时间 t，即设置一个预置数 N 后，θ 为定值，r 的大小不变，m_u 为常量. 因此，只要测定不同 m_f 的作用下体系转动的时间 t，即可以用作图法确定转动惯量 J 和摩擦力矩 M_u.

四、实验内容与步骤

1. 根据数字毫秒计使用方法介绍(参见第3章数字毫秒计)，调节好计时仪器工作状态，熟悉挡光板使用方法.

2. 测定承物台的转动惯量 J_0

(1) 选择塔轮上的绕线轮半径 $r = 2.5$ cm，砝码质量 $m_f = 40$ g，设置预置数(挡光板遮光次数)分别为 $N_1 = 3$，$N_2 = 7$，体系在动力矩作用下转动，由毫秒计读出 $t_1(N_1 = 3)$ 和 $t_2(N_2 = 7)$ 值.

(2) 当砝码自身脱落以后外力矩 $M' = 0$,体系仅在摩擦力矩作用下继续转动,迅速按下复位键,毫秒计重新计时,由毫秒计读出 $t_{u1}(N_1 = 3)$ 和 $t_{u2}(N_2 = 7)$ 值.

以上(1)、(2) 两步骤重复测量 3 次.

由式(4.1.7) 和(4.1.9) 分别计算 $\bar{\beta}$ 和 $\bar{\beta}_u$ 值.

由式(4.1.10) 计算 J_0 值. 再按式(4.1.10) 导出间接测量不确定度 u 的表达式. 其中 $u_m = 1$ g,$u_r = 0.05$ mm,$u_g = 0.01\ \text{cm} \cdot \text{s}^{-2}$,$u_t = 0.5$ ms.

3. 测定铝环对中心轴的转动惯量 J_x

测定 J_x 的步骤及方法和测 J_0 步骤及方法完全相同. 根据式(4.1.2) 计算 J_x,得

$$J_x \pm u_{J_x}$$

4. 用理论公式计算出铝环对中心轴的转动惯量 $J_{理}$,并与实验结果比较,再求其相对误差.

$$J_{理} = \frac{1}{2}m_h(R_{内}^2 + R_{外}^2)$$

式中,m_h 是铝环的质量;$R_{内}$ 和 $R_{外}$ 分别是铝环的内半径和外半径.

5. 验证平行轴定理

把两个质量均为 m_z 的小钢柱分别放在承物台上的小孔 2 和 2′ 上(见图 4.1.2),当这两个小钢柱随承物台一起转动时,将其看作一个单独体系,该体系绕通过质心的轴转动,转动惯量为 J_c. 按实验步骤 2 的方法测量出 J_1,并得到 J_c:

$$J_c = J_1 - J_0$$

式中,J_0 为承物台的转动惯量,J_1 为小钢柱在小孔 2 和 2′ 处系统的转动惯量.

再把两个小钢柱放在承物台上的小孔 1 和 3′(或 1′ 和 3) 的位置上. 此时,质心与转轴距离为 d,仍按步骤 2 的方法测量出全系统的转动惯量 J_2, J 为小钢柱在小孔 1 和 3′ 处的转动惯量,并得到

$$J = J_2 - J_0$$

根据平行轴定理 $J = J_c + 2m_z d^2$ 得

$$\Delta J = J - J_c = J_2 - J_1 = 2m_z d^2$$

再从小钢柱上读出 m_z 值,计算出 $2m_z d^2$ 值,根据测试数据计算 $J_2 - J_1$. 如两式计算结果相同,即验证了平行轴定理.

以上步骤重复 3 次,求其平均值.

6. 用作图法确定转动惯量(设计性实验).

五、数据记录与处理

1. 测定铝圆环的转动惯量

m_f = g = r = N_1 = N_2 = m_h =

转动体系	测次量数	M 作用下			M_u 作用下		
		t_1/s	t_2/s	β/s^{-2}	t_1/s	t_2/s	β_u/s^{-2}
承物台（J_0）	1						
	2						
	3						
	平均						
全系统（J）	1						
	2						
	3						
	平均						

计算： J_0 = J = J_x =

u_{J_x} = $J_x \pm u_{J_x}$ =

$R_内$ = $R_外$ = $J_理$ =

$$E=\frac{|J_x-J_理|}{J_理}=$$

2. 验证平行轴定理

m_z = d = $2m_zd^2$ = N_1 = N_2 =

	次数	M 作用下			M_u 作用下		
		t_1/s	t_2/s	β/s^{-2}	t_{u1}/s	t_{u2}/s	β_u/s^{-2}
2 2′（J_1）	1						
	2						
	3						
	平均						
1 3′ 或1′ 3（J_2）	1						
	2						
	3						
	平均						

计算： J_1 = J_2 = $J-J_c$ = J_2-J_1 =

检查 $J-J_c=2m_zd^2$ 关系式是否成立.

六、思考题

1. 本实验中为什么设置 $N_1 = 3$，$N_2 = 7$，预置数设置对其测量结果误差有无影响？
2. 本实验如何检验转动定律和平行轴定理？
3. 用作图法测定转动定律，请写出其实验步骤及方法.

实验 2　金属杨氏模量的测量

杨氏模量（亦称弹性模量），是描述材料形变能力大小的重要物理量，是选定机械构件的依据之一，是工程技术中常用的重要参量.

一、实验目的

1. 学会拉伸法测量金属丝的杨氏模量；
2. 掌握用千分表测量微小长度变化量的方法；
3. 学会用逐差法、作图法处理数据.

二、仪器设备

杨氏模量测定仪、砝码若干、千分表、千分尺、待测金属丝等.

杨氏模量测定装置如图 4.2.1 所示，仪器由 H 形支柱和一个可调底脚螺栓的三脚架组成. 支柱上端有带夹头的横梁，被测金属丝被夹紧在夹头中而固定. 支柱中间有一个上下可调的平台，平台中间开有一圆孔，圆孔中穿有一个可以上下自由移动的夹头，夹头为中间有一小孔的圆柱体，金属丝的下端可以从其中穿入而夹紧，夹头下端悬挂砝码. 千分表按图所示的位置装上，当金属丝受到拉力 F 的作用而伸长时，其伸长量可从千分表上读出.

三、实验原理

任何物体在外力作用下将发生形变，棒状物体受外力作用后的单纯伸长（或缩短）是形变中最简单的一种形变.

设粗细均匀的金属丝长为 L，横截面积为 S，在拉力 F 的作用下，金属丝伸长为 ΔL. 通常我们把单位截面积上所受的力 $\frac{F}{S}$ 叫做应力（又称胁强）；而单位长度的伸长 $\frac{\Delta L}{L}$ 叫做应变（又称胁变）. 根据胡克定律，在弹性限度内，应力和应变成正比. 即

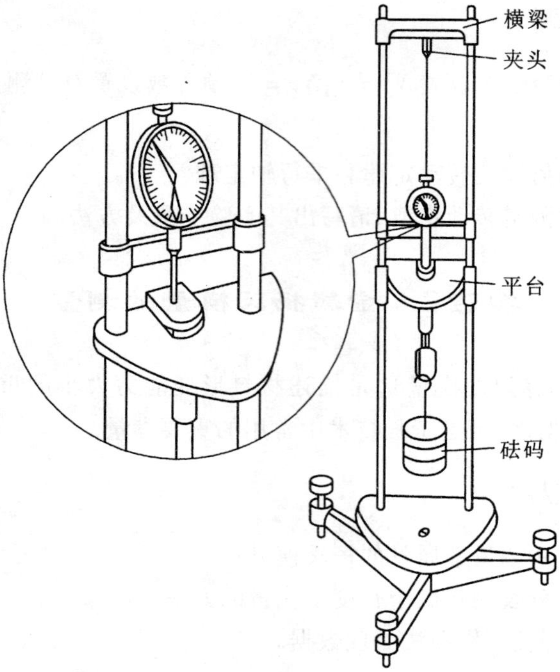

图 4.2.1　杨氏模量测定装置

$$\frac{F}{S}=E\frac{\Delta L}{L}$$

或

$$E=\frac{FL}{S\Delta L} \tag{4.2.1}$$

式中比例系数 E 称为金属的杨氏模量. 它的大小表征金属丝形变能力的强弱,数值上等于产生单位应变的应力.

杨氏模量与所施外力、物体长度、材料截面积的大小无关,是反映金属材料本身性质的一个重要物理量. 在 SI 中,其单位为 Pa(帕).

根据式(4.2.1),若用实验方法测定金属丝的杨氏模量的大小,只要测出 F、L、S、ΔL 的值,便可得到 E 值. F、L、S 各量易用一般的测量仪器测得. 而 ΔL 通常很小,用一般的测量仪器、常用的测量方法测量,不但较为困难,而且测量的准确度也较低. 我们采用千分表(也可采用光杠杆)来测量.

四、实验内容与步骤

1. 调节杨氏模量测定仪底座上的三个螺栓,使支柱处于竖直位置.

2. 将千分表固定在杨氏模量仪的支柱上,并将测量头预压 2 mm 左右,使千分表有 2 mm 左右的预先读数.

3. 每次在砝码盘上增加 1 kg 砝码(注意应交错放置整齐),一直加到 7 kg 为止,与此同时,读出千分表上相应读数 L_0(未加砝码的读数),$L_1, L_2, \cdots, L_7$;然后依次减少砝码并读出千分表上相应读数 $L_7', L_6', \cdots, L_0'$.

4. 用钢卷尺量出金属丝的长度 L;用千分尺量出金属丝的直径 D(不同处测量 8 次).

五、数据记录与处理

$g =$　　　　　　　　　　仪器误差限值

次数	砝码质量 m/kg	拉力 F/N ($F = mg$)	千分表读数/mm						砝码质量相差 4.000 kg 时千分表平均读数差/mm	
			加砝码时		减砝码时		平均值			
1	0.000		L_0		L_0'		$\bar{L}_0$		$\Delta L_1 = \bar{L}_4 - \bar{L}_0$	
2	1.000		L_1		L_1'		$\bar{L}_1$		$\Delta L_2 = \bar{L}_5 - \bar{L}_1$	
3	2.000		L_2		L_2'		$\bar{L}_2$		$\Delta L_3 = \bar{L}_6 - \bar{L}_2$	
4	3.000		L_3		L_3'		$\bar{L}_3$		$\Delta L_4 = \bar{L}_7 - \bar{L}_3$	
5	4.000		L_4		L_4'		$\bar{L}_4$		$\overline{\Delta L} = \dfrac{\Delta L_1 + \Delta L_2 + \Delta L_3 + \Delta L_4}{4}$ =	
6	5.000		L_5		L_5'		$\bar{L}_5$			
7	6.000		L_6		L_6'		$\bar{L}_6$		$\overline{\Delta L} \pm \Delta_{\Delta L} =$	
8	7.000		L_7		L_7'		$\bar{L}_7$			

1. 用逐差法处理加、减砝码千分表相应的读数 L_i、L_i',得到 $\overline{\Delta L}$.

把千分表读数 L_i、L_i' 的误差限值作为 L_i、L_i' 的不确定度,按间接测量的传递合成公式计算 ΔL_i、$\overline{\Delta L}$ 的不确定度.

2. 金属丝直径的测量数据与处理

次数	1	2	3	4	5	6	7	8	$\bar{D}$/mm	S_D/mm	Δ_{ins}/mm	Δ_D/mm
D/mm												

3. 算出截面积 S 及其总不确定度 u_S,表示成 $S \pm u_S$.

4. 金属丝长度 $L = L \pm u_L$(把仪器误差限值 Δ_{ins} 视为 L 的总不确定度 u_L).

5. 把 $\overline{\Delta L}$、S、F 及 L 代入公式(4.2.1)算出杨氏模量 E(单位用 Pa),F 的不确定度忽略不计,利用不确定度的传递合成公式求 u_E. 把结果表示成

$$E \pm u_E \qquad (\text{单位为 Pa})$$

$$E_u(\text{相对不确定度}) = \frac{u_E}{E} \times 100\%$$

$$相对误差 = \frac{|E_{标} - E_{实}|}{E_{标}} \times 100\%$$

(本实验测定的金属丝为一般钢丝,其杨氏模量的标准值 $E_{标} = 2.10 \times 10^{11}$ Pa).

6. 分析哪几个量的不确定度对 u_E 的影响大.要减小测量结果的相对不确定度,使$\frac{u_E}{E} \times 100\% < 2\%$,对各个长度的测量应当选用哪种测量仪器?

六、注意事项

待测钢丝不得弯曲,加挂本底砝码仍不能将其拉直和严重锈蚀的钢丝必须更换.

七、思考题

1. 用拉伸法测定金属丝的杨氏模量,需测量哪几个量?关键是测准哪几个量?
2. 本实验是一个综合性的长度测量实验,对各个不同的长度量,应考虑采用哪一种合适的量具?要求测量结果的相对不确定度小于 2%.
3. 本实验是否可用作图法求解杨氏模量?如果以拉力 F 为横坐标,以 ΔL 为纵坐标作图,其图线应是什么形状?图线是否通过零点?如果不通过零点,说明什么?
4. 如果圆柱形夹具和平台圆孔间有摩擦力存在,对实验结果有何影响?实验中如何减小这种影响?
5. 加挂本底砝码的作用是什么?
6. 有两根截面积相同、长度相同的钢棒和铝棒,已知 $E_{钢} = 2.1 \times 10^{11}$ Pa,$E_{铝} = 7.0 \times 10^{10}$ Pa,当它们受同样的拉力时(在弹性限度内),两者伸长量之比是多少?杨氏模量的大小反映材料的什么性质?
7. 两根材料相同,粗细、长度不同的钢丝在相同的加载条件下,它们的伸长量是否一样?杨氏模量是否相同?
8. 通过计算,指出对测量结果的不确定度影响最大的是哪些因素?

实验 3 固体线膨胀系数的测定

任何物体都具有热胀冷缩的特性,这是由于物体受热后分子间的平均距离增大,冷却后分子间的平均距离缩小.物体热胀冷缩特性的研究在很多工程技术中得到应用,如铁路铁轨的铺设、桥梁和过江电缆工程设计、精密量具的制造、材料的焊接和加工等.

测定固体线膨胀(linear expansion)系数,实际可归结为测量某一温度范围内的微小伸长量，其测量方法通常有光杠杆法（非接触式光放大法）和螺旋测微法及其他微位移测量法.

本实验基本训练的内容是用光杠杆法测定加热后的金属杆线膨胀系数.

一、实验目的

1. 学习测定金属杆线膨胀系数的方法；
2. 学习用光杠杆测量微小伸长量的原理和方法.

二、仪器设备

金属杆线胀仪、光杠杆、温度计、钢卷尺、钢板尺、望远镜、直尺等.

三、实验原理

1. 测量原理

我们把由于热膨胀而发生长度变化的现象叫做固体的线膨胀. 长度变化的大小取决于温度改变的大小、材料的种类和它原来的长度.

设在温度为 0 °C时，物体的长度为 L_0，当温度升高到 t 时，实验指出，物体的伸长量 ΔL 正比于原来的长度和温度差. 即

$$\Delta L = \alpha_l L_0 t \tag{4.3.1}$$

式中，α_l 是物体的线膨胀系数，可以理解为当温度升高 1 °C 时，物体长度的膨胀量和原长度之比. 线胀系数 α_l 本身稍与温度有关，但从实用观点来说，对于大多数物体在不太大的温度范围内可以把它看作常量.

若物体的温度从 t_1 变为 t_2，长度从 L_1 变为 L_2，则由式(4.3.1)，得

$$L_1 = L_0(1 + \alpha_l t_1) \tag{4.3.2}$$

$$L_2 = L_0(1 + \alpha_l t_2) \tag{4.3.3}$$

式(4.3.3) 减式(4.3.2)，得

$$\alpha_l = \frac{L_2 - L_1}{L_0(t_2 - t_1)} \tag{4.3.4}$$

可见，若测得 $L_2 - L_1$ 及 $t_2 - t_1$，已知 L_0，便可算出 α_l.

2. 用光杠杆测量微小伸长量的方法

通常情况下，金属杆受热膨胀而产生的长度增量 ΔL 是很小的. 本实验用光杠杆对它进行测量. 光杠杆是一种应用光放大原理测量被测物微小长度变化的装置，它的特点是直观、简便、精度高. 目前光杠杆原理已被广泛应用于其他测量技术中，光杠杆装置还被许多高灵敏度的测量仪器（如灵敏电流计、冲击电流计和光电检流计等）用来显示小角度的变化.

实验所采用的装置如图 4.3.1 所示. 金属杆 AB 放在电热管中，电热管是外

围缠有加热电阻丝的玻璃管,可通电加热.电热管通过框架 F_1 及 F_2 固定在支架上.金属杆穿过软木塞插入电热管中,下端和底座上的突起 C 接触,上端可自由伸缩.光杠杆镜架的单尖足 K 放在金属杆的上端.温度计也穿过软木塞插入电热管中,其下端放在焊到金属杆上的金属块的圆窝中.

下面着重介绍光杠杆测量微小伸长量的原理和方法.

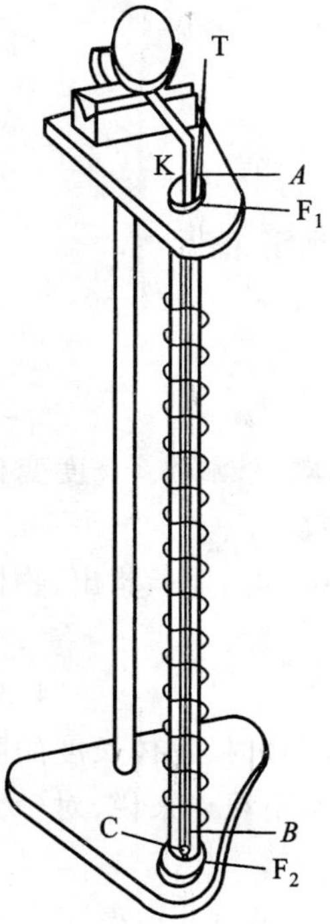

图 4.3.1　线膨胀系数测量仪

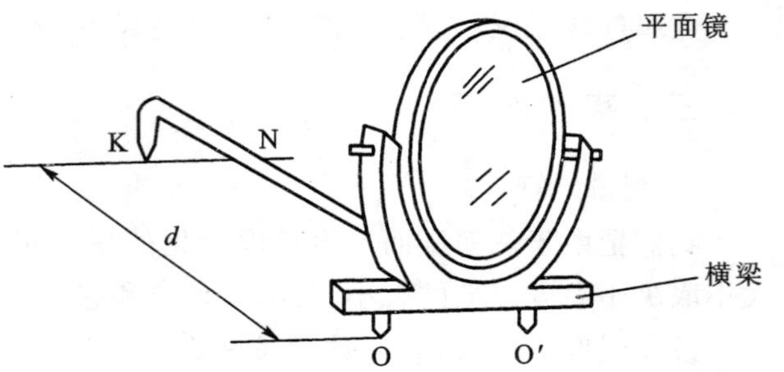

图 4.3.2　光杠杆镜架

光杠杆装置包括两部分:一部分是光杠杆镜架,其结构如图 4.3.2 所示,在 T 形架上垂直放置一个平面镜,T 形架由单尖足 K 和刀口 OO′支撑,单尖足的足尖 K 到刀口 OO′之间的距离 d 可以调节;另一部分是镜、尺装置,由一个与被测长度变化方向平行的标尺与尺旁的测量望远镜组成,如图 4.3.3 所示.望远镜水平地对准光杠杆镜架上的平面镜,标尺到平面镜的距离为 D,调节望远镜可看清平面镜内反射的标尺像,并由望远镜的叉丝横线读出标尺上相应的刻度值.光杠杆镜架如图 4.3.3 所示放置,单尖足足尖 K 放在金属杆的上端面 A 上.当金属杆受热伸长时,上端面 A 上升 ΔL 时,小杆 N 由 B 位置移到 B'位置,同时和杆连接的镜架使平面镜由 M 的位置转到 M'的位置.若转过的角度为 θ,则转角 θ 和伸长量 ΔL 的关系为

$$\tan\theta = \frac{\Delta L}{d} \tag{4.3.5}$$

如果测出 d,并知道 $\tan\theta$ 就可算出 ΔL 了,那么如何得到 $\tan\theta$ 呢?

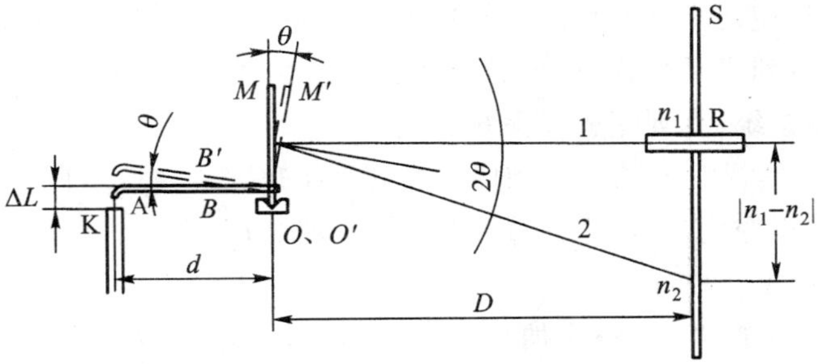

图 4.3.3　光杠杆原理图

由于 ΔL 很小,使得小镜转角 θ 也很小,这样式(4.3.5)近似为 $\theta\approx\frac{\Delta L}{d}$. 而 θ 可通过望远镜 R 和标尺 S 测得相应的读数算出. 如图 4.3.3 所示的几何关系,当小镜在 M 位置时,从望远镜中观察到米尺上的读数为 n_1,这时小镜的入射线和反射线都沿着线 1;当小镜平面转过角度 θ 到 M' 处时,望远镜中观察到的米尺读数为 n_2. 由图可见这时小镜的入射线是线 2,反射线是线 1,光线 2 和光线 1 之间的夹角为 2θ. 由图可知

$$\tan 2\theta = \frac{|n_2 - n_1|}{D} \tag{4.3.6}$$

上面说过 θ 很小,这样 $2\theta\approx\frac{|n_2 - n_1|}{D}$,因此有

$$\Delta L = \frac{d}{2D}|n_2 - n_1| \tag{4.3.7}$$

将式(4.3.7)代入式(4.3.4),就得到实验中用来计算金属杆线胀系数的公式:

$$\alpha_l = \frac{|n_2 - n_1| d}{2DL_0(t_2 - t_1)} \tag{4.3.8}$$

从这里我们体会到:ΔL 很小,测量困难. 采用光杠杆就把测量 ΔL 的困难工作转化为测量 n_2、n_1、d、D 的较为容易的工作. 这就是采用光杠杆的优点.

四、实验内容与步骤

1. 将线胀仪中的被测黄铜杆向下按,以使它与底座上的圆球很好地接触,免得它们之间有空隙.

2. 从与黄铜杆接近的温度计上读下室温 t_1.

3. 把光杠杆镜架放好,刀口放在 V 形槽中;单尖足足尖 K 放在黄铜杆上端面 A 上,尽量使小镜 M 平面、望远镜 R 的镜面和直尺 S 同时垂直于水平面.

4. 移动望远镜、直尺的底座,同时用眼睛从望远镜的上方目镜处的缺口向物镜处上方的准星望去，瞄准光杠杆的小镜 M 平面，直至找到直尺的像. 从望远镜中看，调节物镜使小镜中直尺的像清晰可辨，再调节目镜使望远镜中的叉丝清晰，并将叉丝调到水平位置，再由叉丝在米尺上的位置，读取读数 n_1 . 此后切勿碰动整个仪器系统，直到完成步骤 6.

5. 接通电热管电源，加热黄铜杆，当温度计升到最高点不再上升，望远镜中米尺读数也不再变化时，稳定几分钟后，记下温度 t_2 ，同时，从望远镜中读取 n_2 .

6. 切断电热管电源，停止加热. 用钢卷尺量出小镜到直尺 S 的距离 D .

7. 取下光杠杆镜架，放在纸上轻压一下，得到刀口和单尖足足尖的印记 OO′和 K. 用削尖的铅笔由 K 向刀口印记 OO′(直线)作垂线，如图 4.3.4 所示. 用钢板尺量出长度 d.

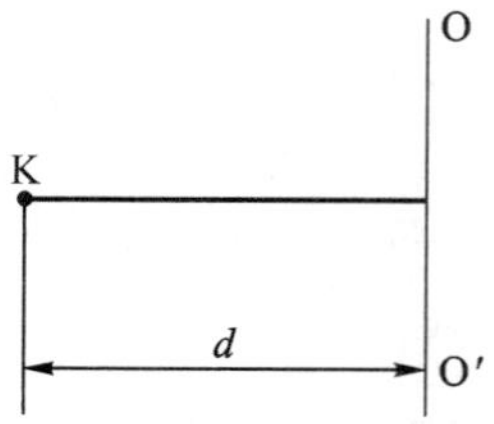

图 4.3.4　光杠杆 d 值示意图

五、数据记录与处理

待测材料:黄铜杆

待测量	结　　果
0 °C 时黄铜杆长 L_0	60.00 cm　(误差忽略)
初　　温 t_1	±　　　°C
终　　温 t_2	±　　　°C
起始读数 n_1	±　　　cm
终了读数 n_2	±　　　cm
距　　离 D	±　　　cm
杆　　长 d	±　　　cm

数据计算:

1. 线胀系数 α_l.

2. 将表中的仪器误差限值视为各量的总不确定度，用公式

$$E_u = \frac{u_{\alpha_l}}{\alpha_l}$$

$$= \sqrt{\left(\frac{\partial \ln f}{\partial n_2}u_{n_2}\right)^2 + \left(\frac{\partial \ln f}{\partial n_1}u_{n_1}\right)^2 + \left(\frac{\partial \ln f}{\partial D}u_D\right)^2 + \left(\frac{\partial \ln f}{\partial d}u_d\right)^2 + \left(\frac{\partial \ln f}{\partial t_2}u_{t_2}\right)^2 + \left(\frac{\partial \ln f}{\partial t_1}u_{t_1}\right)^2}$$

[其中 f 表示 α_l 与 n_2、n_1、D、d、t_2 及 t_1 的函数关系，即 $\alpha_l = f(n_2, n_1, D, d, t_2, t_1)$]算出 α_l 的相对不确定度.

3. α_l 的不确定度 $u_{\alpha_l} = E_u \alpha_l$.

4. 最后结果为 $\alpha_l \pm u_{\alpha_l}$.

5. 算 α_l 的实验值跟公认值($\alpha_{公} = 1.89 \times 10^{-5}/°C$)的相对误差:

$$E = \frac{|\alpha_{l_{公}} - \alpha_l|}{\alpha_{l_{公}}} \times 100\%$$

六、注意事项

从调好仪器并记下 t_1、n_1 之后,直到测出 t_2、n_2、D 之前,测量系统不得有任何移动,否则将出现很大误差,甚至不能再测得读数.

七、思考题

1. 用光杠杆法测量线膨胀量时,改变哪些量可以增加光杠杆的放大倍数?如何计算它的放大倍数?

2. 试分析哪一个量是影响实验结果的主要因素?在操作时应注意什么?

3. 两根材料相同,粗细、长度不同的金属棒,在同样的温度变化范围内,它们的线膨胀系数是否相同?膨胀量是否相同?为什么?

4. 试举出几个在日常生活和工程技术上应用或考虑线膨胀的实例.

5. 试证明体膨胀系数 α_V 是线膨胀系数 α_l 的三倍.

实验 4　高温超导体电阻 - 温度测量的研究

1908 年,荷兰莱顿(Leiden)大学的昂内斯(H. K. Onnes)教授成功地使氦气液化,达到了 4.2 K 的低温. 3 年后即在 1911 年他发现,将水银冷却到 4.15 K 时,其电阻突然下降到人们无法测量的程度,即电阻为零. 他认为,这种电阻突然消失的现象,是由于物质转变到了一种新的状态,并将此以零电阻为特征的金属态,命名为超导态. 具有超导态特性的物体称为超导体. 电阻突然变为零的温度称为超导体转变温度或超导体临界温度,通常用 T_c 表示. 当温度高于 T_c 时超导体有电阻,处于正常态,当温度低于 T_c 时为超导态. 不同的超导体有不同的 T_c.

超导发现后,人们在不断努力,希望发现更多的超导物质,并希望获得较高的 T_c,但经过 70 多年的努力才获得了临界温度为 23 K 的 Nb_3Ge 超导材料.

1986 年 4 月,贝德诺兹(Bednorz)和缪勒(Muller)创造性地提出了在 Ba - La - Cu - O系化合物中存在高 T_c 超导的可能性. 1987 年初,中国科学院物理研究所赵忠贤等在这类氧化物中发现了 T_c =48 K 的超导电性. 同年 2 月份,美籍华裔科学家朱经武在 Y - Ba - Cu - O 系中发现了 T_c =90 K 的超导电性. 这些发现使人们梦寐以求的高温超导体变成了现实的材料,可以说这是科学史上又一次重大的突破. 其后在 1988 年 1 月,日本科学家 Hirashi Maeda 报道研制出临界温度为 106 K 的 Bi－Sr－Ca－Cu－O 系新型高温超导体. 同年 2 月,美国阿肯色大学的 Allen Hermann 和 Z. Z. Sheng 等发现了临界温度为 106 K 的 Tl－Ba－Ca－Cu－O 系超导体. 1 个月后,IBM 的 Almaden 又将这种体系超导体的临界温度提高到了 125 K. 1989 年 5 月,中国科技大学的刘宏宝等通过用 Pb 和 Sb 对 Bi 的部分取代,使 Bi－Sr－Ca－Cu－O 系超导材料的临界温度提高到了 130 K. 图 4.4.1 为(Hg-Pb)－1223 相样品的电阻－温度特性曲线,T_c 为 135 K.

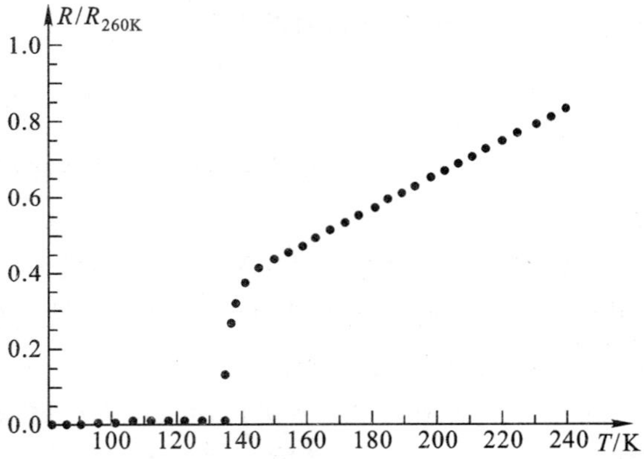

图 4.4.1　(HgPb)－1223 相样品的电阻－温度特性曲线
T_c = 135 K

20 世纪 80 年代出现的超导热,不仅发现了大量高温氧化物超导体,而且在应用方面也做了大量的工作,如超导量子干涉仪(SQUID)、超导磁铁等低温超导材料已商品化,而高温超导的发现,为超导应用带来了新的希望,而我国利用熔融织构法制备的 Bi 系银包套高 T_c 超导线材也已商品化.

一、实验目的

1. 利用动态法测量高临界温度氧化物超导材料的电阻率随温度的变化关系;

2. 通过实验掌握利用液氮容器内的低温空间改变氧化物超导材料温度、测温及控温的原理和方法;

3. 学习利用四端子法测量超导材料电阻和温差电动势的消除等基本实验方法以及实验结果的分析与处理;

4. 选用稳态法测量临界温度氧化物超导材料的电阻率随温度的变化关系并与动态进行比较.

二、仪器设备

低温恒温器、测温仪器、控温仪器、电脑等.

三、实验原理

1. 临界温度 T_c 的定义及其规定

实验表明,超导材料发生正常→超导转变时,电阻的变化是在一定的温度间隔中发生,而不是突然变为零,如图 4.4.2 所示. T_m 为电阻下降至起始温度电阻 R_s 的一半时的温度;零电阻温度 T 为电阻降至零时的温度. 而转变宽度 ΔT 定义为 R_s 下降到 90% 及 10% 所对应的温度间隔. 高 T_c 材料发现之前,对于金属、合金及化合物等超导体,在测试工作中长期以来一般将中点温度定义为 T_c,即 $T_c = T_m$. 对于高 T_c 氧化物超导体,由于其转变宽度 ΔT 较宽,有些新试制的样品 ΔT 可达十几开,再沿用传统规定容易引起混乱. 因此,为了说明样品的性能,目前发表的文章中一般均给出零电阻温度 $T(R=0)$ 的数值,有时甚至同时给出上述的起始温度、中点温度及零电阻温度. 而所谓零电阻在测量中总是与测量仪表的精度、样品的几何形状及尺寸、电极间的距离以及流过样品的电流大小等因素有关,因而零电阻温度也与上述诸因素有关,这是测量时应予注意的.

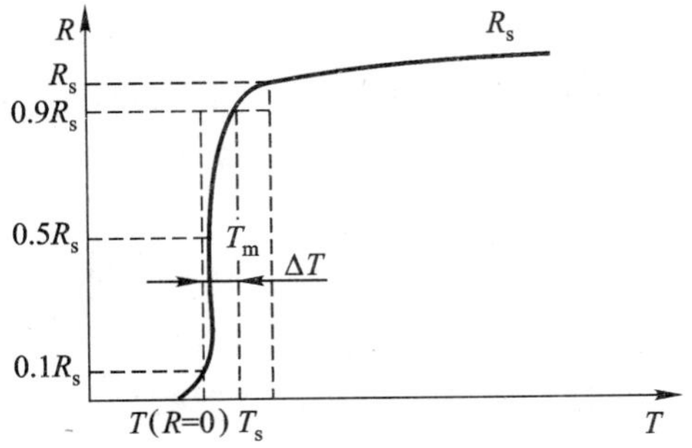

图 4.4.2　超导材料的 $R-T$ 曲线

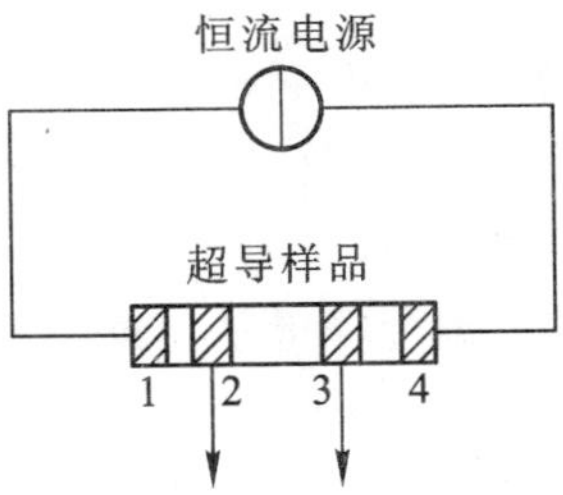

图 4.4.3　四端子接线

2. 样品电极的制作

目前所研制的高 T_c 氧化物超导材料多为质地松脆的陶瓷材料,即使是精心制作的电极,电极与材料间的接触电阻也常达零点几欧姆,这与零电阻的测量要求显然是不符合的. 为消除接触电阻对测量的影响,常采用图 4.4.3 所示的四端子法. 两根电流引线与直流恒流电源相连,两根电压引线连至数字电压表或经数据放大器放大后接至 X－Y 记录仪,用来检测样品的电压. 按此接法,电流引线电阻及电极 1、4 与样品的接触电阻与 2、3 端的电压测量无关. 2、3 两电极与样品间存在接触电阻,通向电压表的引线也存在电阻,但是由于电压测量回路的高输入阻抗特性，吸收电流极小，因此能避免引线和接触电阻给测量带来的影响.

按此法测得电极 2、3 端的电压除以流过样品的电流，即为样品电极 2、3 端间的电阻. 本实验所用超导样品为商品化的银包套铋锶钙铜氧高 T_c 超导样品，四个电极直接用焊锡焊接.

3. 温度控制及测量

临界温度 T_c 的测量工作取决于合理的温度控制及正确的温度测量. 目前高 T_c 氧化物超导材料的临界温度大多在 60 K 以上，因而冷源多用液氮. 纯净液氮在 1 个大气压下的沸点为 77.348 K，三相点为 63.148 K，但在实际使用中由于液氮的不纯，沸点稍高而三相点稍低（严格地说，不纯净的液氮不存在三相点）. 对三相点和沸点之间的温区，只要把样品直接浸入液氮，并对密封的液氮容器抽气降温，一定的蒸气压就对应于一定的温度. 在 77 K 以上直至 300 K，常采用如下两种基本方法.

（1）普通恒温器控温法　低温恒温器通常是指这样的实验装置，它利用低温流体或其他方法，使样品处在恒定的或按所需方式变化的低温温度下，并能对样品进行一种或多种物理量的测量. 这里所称的普通恒温器控温法，指的是利用一般绝热的恒温器内的锰铜线或镍铬线等绕制的电加热器的加热功率来平衡液池冷量，从而控制恒温器的温度稳定在某个所需的中间温度上. 改变加热功率，可使平衡温度升高或降低. 由于样品及温度计都安置在恒温器内并保持良好的热接触，因而样品的温度可以严格控制并被测量. 控温方式的优点是控温精度较高，温度的均匀性较好，温度的稳定时间长. 用于电阻法测量时，可以同时测量多个样品. 由于这种控温法是点控制的，因此普通恒温器控温法应用于测量时又称定点测量法.

（2）温度梯度法　这是指利用储存液氮的杜瓦容器内液面以上空间存在的温度梯度来自然获取中间温度的一种简便易行的控温方法. 样品在液面以上不同位置获得不同温度，为正确反映样品的温度，通常要设计一个紫铜均温块，将温度计和样品与紫铜均温块进行良好的热接触. 紫铜块连接至一根不锈钢管，借助于不锈钢管进行提拉以改变温度.

本实验的恒温器设计综合上述两种基本方法，既能进行动态测量，也能进行定点的稳态测量，以便进行两种测量方法和测量结果的比较.

4. 温差电动势及温差电动势的消除

用四端子法测量样品在低温下的电阻时常会发现，即使没有电流流过样品，电压端也常能测量到几微伏至几十微伏的电压降. 而对于高 T_c 超导样品，能检测到的电阻常在 $10^{-5} \sim 10^{-1}\ \Omega$ 之间，测量电流通常取 1 ~ 100 mA，取更大的电流将对测量结果有影响. 据此换算，由于电流流过样品而在电压引线端产生的电压降只在 $10^{-2} \sim 10^{3}\ \mu V$ 之间，因而温差电动势对测量的影响很大，若不采取有效的测量方法予以消除，有时会将良好的超导样品误作非超导材料，造成错误的判断.

测量中出现的温差电动势主要来源于样品上的温度梯度. 为什么放在恒温器上的样品会出现温度的不均匀分布呢？这取决于样品与均温块热接触的状况. 若样品简单地压在均温块上，样品与均温块之间的接触热阻较大，同时样品本身有一定的热阻也有一定的热容，当均温块温度变化时，样品温度的弛豫时间与上述热阻及热容有关，热阻及热容的乘积越大，弛豫时间越长. 特别在动态测量情形，样品各处的温度弛豫造成的温度分布不均匀不能忽略. 即使在稳态的情形，若样品与均温块之间只是局部热接触（如不平坦的样品面与平坦的均温块接触），由引线的漏热等因素将造成样品内形成一定的温度梯度. 样品上的温差 ΔT 会引起载流子的扩散，产生的温差电动势为

$$\mathscr{E} = S\Delta T \tag{4.4.1}$$

S 是样品的微分温差电动势，其单位是 $\mu\mathrm{V}\cdot\mathrm{K}^{-1}$.

对高 T_c 超导样品温差电动势的讨论比较复杂，它与载流子的性质以及电导率在费米面上的分布有关，利用温差电动势的测量可以获知载流子性质的信息. 对于同时存在两种载流子的情况，它们对温差电动势的贡献要乘一权重，满足所谓 Nordheim – Gorter 法则：

$$S = \frac{\sigma_A}{\sigma}S_A + \frac{\sigma_B}{\sigma}S_B \tag{4.4.2}$$

式中 S_A、S_B 是 A、B 两种载流子本身的热电势，σ_A、σ_B 分别为 A、B 两种载流子相应的电导率，$\sigma = \sigma_A + \sigma_B$. 材料处在超导态时，$S = 0$.

为消除温差电动势对测量电阻率的影响，通常采取下列措施：

（1）对于动态测量　应将样品制得薄而平坦. 样品的电极引线尽量采用直径较细的导线，例如直径小于 0.1 mm 的铜线. 电极引线与均温块之间要建立较好的热接触，以避免外界热量经电极引线流向样品. 同样样品与均温块之间用导热良好的导电银浆粘接，以减少热弛豫带来的误差. 另一方面，温度计的响应时间要尽可能小，与均温块的热接触要良好，测量中温度变化应该相对的较缓慢. 对于动态测量中电阻不能下降到零的样品，不能轻易得出该样品不超导的结论，而应该在液氮温度附近，通过后面所述的电流换向法或通断法检查.

（2）对于稳态测量　当恒温器上的温度计达到平衡值时，应观察样品两侧电压电极间的电压降及叠加的热电势值是否趋向稳定，稳定后可以采用如下方法：

① 电流换向法：将恒流电源的电流 I 反向，分别得到电压测量值 U_A、U_B，则超导材料测电压电极间的电阻为

$$R = \frac{|U_A - U_B|}{2I} \tag{4.4.3}$$

② 电流通断法：切断恒流电源的电流，此时测电压电极间量到的电压即是样品及引线的积分温差电动势，通电流后得到新的测量值，减去温差电动势即是真正的电压降. 若通断电流时测量值无变化，表明样品已经进入超导态.

四、仪器描述

1. 低温恒温器

实验用的恒温器如图 4.4.4 所示，均温块 1 是一块经过加工的紫铜块，利用其良好的导热性能来取得较好的温度均匀区，使固定在均温块上的样品和温度计的温度趋于一致. 铜套 2 的作用是使样品与外部环境隔离，减小样品温度波动. 提拉杆 3 采用低热导的不锈钢管以减少对均温块的漏热，经过定标的铂电阻温度计 4 及加热器 5 与均温块之间既保持良好的热接触又保持可靠的电绝缘. 测试用的液氮杜瓦瓶宜采用漏热小，损耗率低的产品，其温度梯度场的稳定性较好，有利于样品温度的稳定. 为便于样品在液氮容器内的上下移动，附设相应的提拉装置.

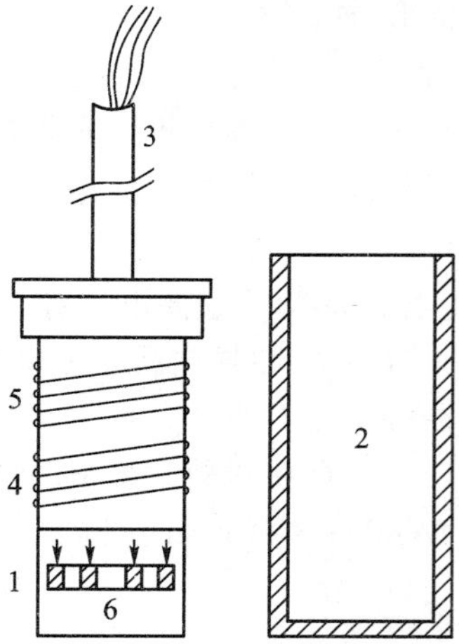

图 4.4.4　低温恒温器

2. 测量仪器

测量仪器如图 4.4.5 所示由安装了样品的低温恒温器，测温、控温仪器，数据采集、传输和处理系统以及电脑组成，既可进行动态法实时测量，也可进行稳态法测量. 动态法测量时可分别进行不同电流方向的升温和降温测量，以观察和检测因样品和温度计之间的动态温差造成的测量误差以及样品及测量回路温差电动势给测量带来的影响. 动态测量数据经测量仪器处理后直接进入电脑 X－Y 记录仪显示、处理或打印输出.

稳态法测量结果经由键盘输入计算机（如 Excel 软件）作出 $R-T$ 特性供分析处理或打印输出.

五、实验内容与步骤

1. 动态测量

（1）打开仪器和超导测量软件.

（2）仪器面板上“测量方式”选择“动态”，“样品电流换向方式”选择“自动”，“温度设定”逆时针旋到底.

（3）在计算机界面启动“数据采集”.

（4）调节“样品电流”至 80 mA.

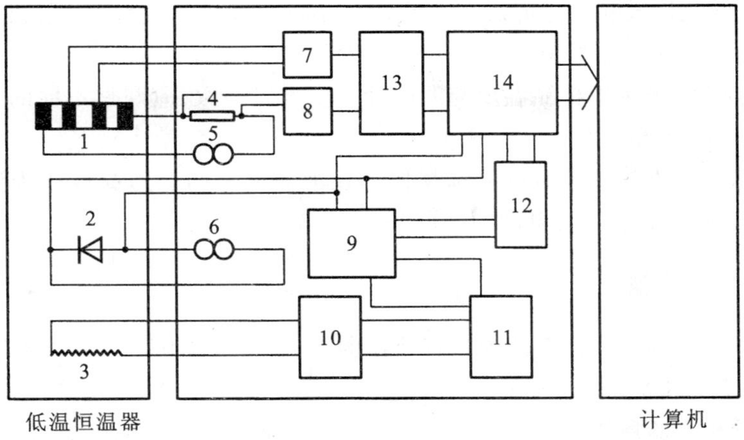

图 4.4.5　高温超导体 $R-T$ 测量仪工作原理示意图

1—超导样品；2—PN 结温度传感器；3—加热器；4—参考电阻；5—恒流源；6—恒流源；7—微伏放大器；8—微伏放大器；9—放大器；10—功率放大器；11—PID；12—温度设定；13—比较器；14—数据采集、处理、传输系统

(5) 将恒温器放入装有液氮的杜瓦瓶内，降温速率由恒温器的位置决定，直至泡在液氮中.

(6) 仪器自动采集数据，画出正反电流所测电压随温度的变化曲线，最低温度到 77 K.

(7) 点击“停止采集”，点击“保存数据”，给出文件名，保存降温方式测量结果.

(8) 重新点击“数据采集”，将样品杆拿出杜瓦瓶，作升温测量，测出升温曲线.

(9) 根据软件界面进行数据处理.

2. 稳态测量(选做)

(1) 将样品杆放入装有液氮的杜瓦瓶中，当温度降为 77.4 K 时，将仪器面板上“测量方式”选择“稳态”，“样品电流换向方式”选择“手动”，分别测出正反向电流时的电压值.

(2) 调节“温度设定”旋钮，设定温度为 80 K，加热器对样品加热，温度控制器工作，加热指示灯亮，直到指示灯闪亮时，温度稳定在一数值(此值与设定温度值不一定相等)，记下实际温度值，测量正反向电流对应的电压值.

(3) 将样品杠往上提一些，重复步骤(2)，设定温度为 82 K 时进行测量.

(4) 在 110 K 以下每 2 ~ 3 K 测一点，在 110 K 以上每 5 ~ 10 K 测一点，直至室温.

(5) 算出不同温度对应的电阻值，画出电阻随温度的变化曲线.

六、注意事项

1. 动态法测量时，热弛豫对测量的影响很大，它对温差电动势的影响随升降温速度变化以及相变点的出现可能产生不同程度的变化. 应善于利用实验条件观察温差电动势的影响.

2. 动态法测量中样品温度与温度计温度难以一致,应观察不同的升降温速度对这种不一致的影响.

3. 进行稳态法测量时可以选择样品在液面以上的合适高度作为温度的粗调,而以电脑给定值作为温度的细调.

七、思考题

1. 本实验的动态法升降温过程获得的 $R-T$ 曲线有哪些具体差异? 为什么会出现这些差异?

2. 给出实验所用样品的超导起始温度、中间温度和零电阻温度. 分析实验的精度.

实验 5　液体表面张力系数的测定

液体表面层内由于分子的作用,有如张紧的弹性薄膜,具有收缩趋势. 这种沿液体表面的、收缩液面的力称为表面张力. 液体表面张力测定的研究在工业上和日常生活中有很多应用价值,如工业技术中的浮选技术和液体输送技术等.

测定流体表面张力(surface tension)系数有多种方法,如拉脱法、毛细管法、耶格法、滴重法、扭力天平法等.

本实验用拉脱法测定液体表面张力系数.

一、实验目的

1. 掌握用焦利秤测量微小力的原理和方法;
2. 了解液体表面的性质,测定表面张力系数,分析测量结果.

二、仪器设备

焦利秤、砝码、烧杯、金属圆环等.

三、实验原理

任何液体的表面都会受到表面张力的作用,如果液面是曲面,则表面张力沿着液面相切的方向. 由于液面上方的气相层的分子数很少(液体表面层厚度约等于 10^{-8} cm),表面层内每一个分子受到的向上的引力比向下的引力小,合力不为零. 这使它们产生一个垂直于液面并指向液体内部的合力,即表面分子有从液面挤入液体内部的倾向,即液体具有尽量缩小其表面的趋势.

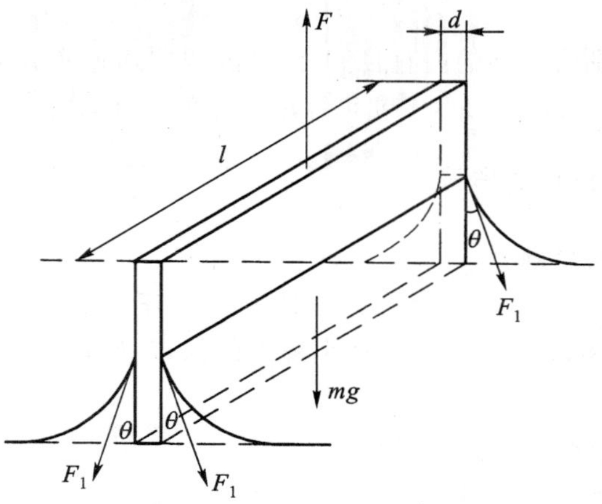

图 4.5.1　液体表面的张力

如果在液体中浸入一块洁净的薄金属片,则其液面附近将呈现图 4.5.1 所示的形状. 由于液面收缩而产生的沿切面方向的力 F_1 称为表面的张力,角 θ 称为接触角. 当缓慢从液体中提起金属片时,接触角 θ 逐渐减小而趋向于零,因此 F_1 的方向垂直向下.

当金属片脱离液体前诸力平衡的条件为

$$F = mg + F_1 \tag{4.5.1}$$

式中,F 是将金属片拉出液面时所施的外力,m 为金属片和它所黏附的液体的总质量. 实践表明,液体表面张力 F_1 与接触面的周界长 $2(l + d)$ 成正比(l、d 见图 4.5.1),即

$$F_1 = 2a(l + d) \tag{4.5.2}$$

式中,a 称为张力系数,其数值表示沿液体表面上单位长度作用力的大小. 将式(4.5.2) 代入式(4.5.1),则有

$$a = \frac{F - mg}{2(l + d)} \tag{4.5.3}$$

式中 a 的单位为 $N \cdot m^{-1}$,它与液体的种类、纯度、温度及它上方的气体成分有关. 实验表明,液体的温度愈高,a 值愈小;液体所含杂质越多,a 值越小. 只要上述条件一定,a 就是一个常量. 例如下面是在 20 °C 时与空气接触的液体的表面张力系数:石油,$a = 3.0 \times 10^{-2}\ N \cdot m^{-1}$;水,$a = 7.275 \times 10^{-2}\ N \cdot m^{-1}$;航空汽油,$a = 2.1 \times 10^{-2}\ N \cdot m^{-1}$;甘油,$a = 6.3 \times 10^{-2}\ N \cdot m^{-1}$. 不同温度下空气接触水的表面张力系数请参阅有关文献及手册.

本实验中我们用一金属丝框来代替金属片,l 为金属丝的长度,d 为金属丝的直径. 如果用金属薄圆环代替金属片,则式(4.5.3) 改写为

$$a = \frac{F - mg}{d_1 + d_2} \tag{4.5.4}$$

式中，d_1 和 d_2 分别为圆环的内直径和外直径. 只要通过实验测出 F、mg、l、d_1、d_2 或 d,用式(4.5.3) 和式(4.5.4) 就可算出液体的表面张力系数 a.

四、实验内容与步骤

1. 焦利秤安装与调节

在焦利秤调节中,转动升降旋钮保持三线对齐,即弹簧下端小镜上的水平线、玻璃管上的水平线和该水平线在小镜中的像三者重合,简称三线对齐,记下初始读数后待用.

2. 用逐差法求弹簧的劲度系数

根据胡克定律,在弹簧限度内,弹簧的伸长量 Δl 与所加的外力 F 成正比,即 $F = k\Delta l$,k 是弹簧的劲度系数.

依次将 1 g,2 g,3 g,…,10 g 的砝码加在弹簧下方的砝码盘内. 注意每加 1 g 砝码时,弹簧伸长,调节旋钮,使三线重新对齐. 加 10 次砝码,就要调节 10 次三线对齐. 分别记下游标零线所指示的米尺上的读数 $l_1, l_2, l_3, \cdots, l_{10}$.

然后依次从砝码盘内每次取下 1 g,直至砝码全部取下. 每取 1 g 仍要调到三线对齐,记下 $l_1', l_2', l_3', \cdots, l_{10}'$,用逐差法处理数据求出$\bar{k}$(数据表格自己设计).

3. 将金属圆环用酒精仔细清洗洁净后,将其挂在砝码盘下端挂钩上. 转动升降旋钮,调节三线对齐,记下初始读数 S_0.

4. 将金属圆环浸入装有液体的烧杯中,然后调节升降旋钮,使平台缓慢下降,因表面张力作用,小镜刻线也随之下降,重新调节升降旋钮,使三线对齐. 再使平台缓慢下降一些,再调节三线对齐,直至圆环脱出液面为止,记下游标零线所指示的米尺刻度 S,可得到弹簧的伸长量 $\Delta l = S - S_0$.

按上面步骤重复测量 3 次,求出平均伸长量$\overline{\Delta l}$.

5. 记下室温,测出金属圆环的内、外直径 d_1 和 d_2. 根据 $F - mg = k\Delta l$,代入式(4.5.4),计算出液体表面张力系数 a.

6. 根据间接测量式 $a = \dfrac{k(S - S_0)}{\pi(d_1 + d_2)}$,求不确定度 u_a,写出测量结果 $a \pm u_a$.

五、思考题

1. 用作图法如何求解弹簧的劲度系数?

2. 为了提高实验测量的准确度,在测量时应注意哪些问题?

实验 6　用稳态法测定橡胶板导热系数

导热系数(thermal conductivity)是表征物质导热能力的物理量,其大小与物质本身的性质有关,同时还取决于物质所处的状态,如温度、湿度、压力和密度等. 导热系数通常需要用实验方法测定,测定的方法一般分为稳态法和动态法两种. 本实验采用稳态法测定橡胶板的导热系数. 热传导研究在工程技术、科研、生产等领域中有着广泛的应用.

一、实验目的

1. 了解热传导的基本原理和规律,掌握用稳态法测定不良导体导热系数的实验方法;

2. 学会用热电偶测量温度的方法;

3. 观察和学习达到稳态导热最佳实验条件的方法.

二、仪器设备

导热系数测定仪(自耦式调压变压器、红外灯、温差热电偶、直流数字电压表等).

三、实验原理

"热传导"也称"导热",它是指物体各部分之间或不同物体直接接触时由于物质分子、原子及自由电子等微观粒子热运动而产生的热量传递现象. 热传导的动力是温差. 纯粹的导热只发生在密实的固体内部或紧密接触的固体之间,气体和液体中虽然也有导热现象,但往往伴随着自然对流,甚至受迫对流.

若热传导过程中,物体各部分的温度不随时间而变化,这样的导热称为"稳态导热". 在稳态导热过程中,对于每一个物质单元,流入和流出的热量均相等,称为"热平衡".

与之对应的另一个概念是不稳定导热. 它发生在"热平衡"建立之前或"热平衡"破坏之后. 不稳定导热过程中,对于每一个物质单元,流入和流出的热量是不相等的,因此,物体各部分的温度是随时间变化而变化的.

图 4.6.1 给出了一种一维稳态导热的示意图. 该系统由三块紧密接触的物体所构成. 其中,上面一块物体的温度高于下面一块物体的温度,因此,热量自上往下进行传导. 由于该物体的横截面积比侧面大得多,可以忽略侧面的热量散失,从而可以认为导热过程仅沿 x 轴方向进行,为一维导热过程. 当达到热平衡状态时,流入截面 $S_{上}$ 的热量等于流出截面 $S_{下}$ 的热量,建立起稳态导热. 此时,

物体各部分的温度不再随时间变化. 比如,中间那块物体的上表面温度恒定为 T_1,下表面温度恒定为 T_2,一维稳态导热过程的导热量可用下式计算:

$$Q = -\lambda S \frac{dT}{dx} \tag{4.6.1}$$

式中,q 为热流量,单位 $J \cdot s^{-1}$ 或 W;S 为沿热流方向的横截面积,单位 m^2;T 为温度,单位 K;x 为热流方向距离的坐标,单位 m;λ 为导热系数,单位 $W \cdot m^{-1} \cdot K^{-1}$. 式(4.6.1)是由法国数学物理学家约瑟夫·傅里叶(Joseph Fourier)研究得出的,为纪念他,该方程称为傅里叶方程. 式中的负号表示热量流向温度降低的方向. 由式(4.6.1)可写出

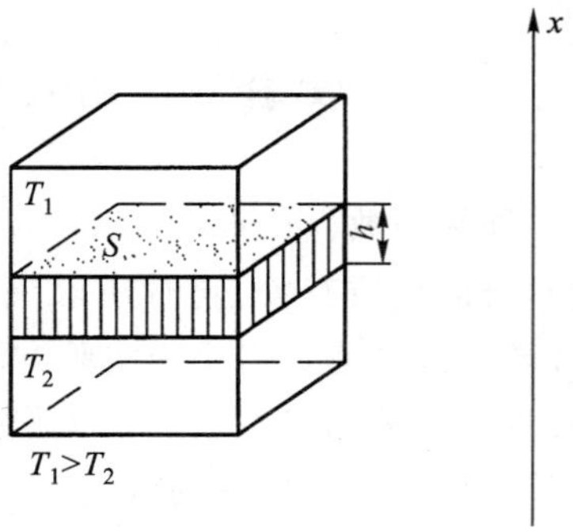

图 4.6.1　热传导示意图

$$\lambda = Q/(-S dT/dx) \tag{4.6.2}$$

式(4.6.2)就是本实验中的导热系数定义式,它表示物体的导热系数就是物体中温度降度为 1 K/m 时通过单位横截面积的热流量. 物质导热系数的大小反映了物质的导热能力,根据导热系数的大小,可以将材料分为三种:①热的良导体;②热的不良导体;③隔热材料.

金属材料属于热的良导体,其导热机理主要是金属材料中自由电子的迁移. 从这个意义上讲,电的良导体也是热的良导体. 纯金属的导热性能较好,纯金属掺入杂质形成合金后,金属晶格的完整性发生了改变,会阻扰自由电子的移动,所以合金的导热系数比纯金属小. 另外,温度升高时,晶格振动的加强也会阻扰自由电子的移动,造成导热系数的下降. 各种金属的导热系数一般在 2.2 ~ 420 $W \cdot m^{-1} \cdot K^{-1}$ 范围内.

不导电的固体材料以晶格振动的方式传递热量,温度升高,晶格振动加快,导热系数增大. 这类材料的导热系数一般小于 3.0 $W \cdot m^{-1} \cdot K^{-1}$,导热系数在 0.2 ~ 3.0 $W \cdot m^{-1} \cdot K^{-1}$ 的材料属热的不良导体.

导热系数在 0.025 ~ 0.2 $W \cdot m^{-1} \cdot K^{-1}$ 范围内的材料,常被用作隔热保温材料,如泡沫塑料等. 保温材料一般密度较低,这是因为这些材料内含有许多小空隙的缘故,空隙内的空气导热系数很小($\lambda = 0.024\ W \cdot m^{-1} \cdot K^{-1}$),大大降低了整体材料的导热系数. 这类材料受空气湿度的影响较大,因为一旦水分渗入空隙,由于水的导热系数($\lambda = 0.556\ W \cdot m^{-1} \cdot K^{-1}$)比空气大得多,导致材料整体导热系数增大.

从以上分析可知,导热系数与材料的性质有关,还和环境的温度、湿度等条件有关. 在工程计算中,当温度变化范围不很大时,比如在常温范围内,常将材料

的导热系数作为常量来处理，由此带来的误差并不大，却大大方便了计算.

当将 λ 视作常量时，式(4.6.1)可写成

$$Q = -\lambda S\frac{T_2 - T_1}{h} = \lambda S\frac{T_1 - T_2}{h} \tag{4.6.3}$$

式中，T_1 为上铜盘的温度，代表了橡胶板上表面的温度；T_2 为下铜盘的温度，代表了橡胶板下表面的温度；h 为中间那块物体的厚度.

本实验装置示意图见图 4.6.2.

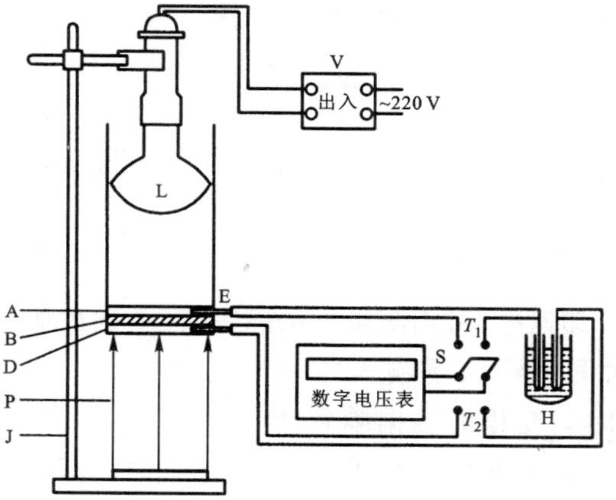

图 4.6.2　导热系数测定仪示意图

A—传热源；B—真空橡皮(样品)；D—黄铜盘；E—热电偶；P—支架；H—保温瓶；S—双刀双向开关；J—铁架；L—红外灯；V—调压器

实验测定对象是橡胶板 B，它属于热的不良导体. 橡胶板夹在铜盘 A 和 D 之间. 紫铜盘 A(也称为上铜盘)固定在传热筒的底部. 传热筒四周充填有隔热材料，一方面防止操作时烫伤操作者，另一方面可使热量集中向下传输. 红外灯的功率由调压器 V 调节. 黄铜盘 D(也称下铜盘)放置在支架 P 的三个螺旋测微头上. 调节测微头，使橡胶板与上下铜盘紧密贴合. 上下铜盘侧面各钻有一个深孔，分别插有两对热电偶的热端，热电偶冷端则浸入在保温瓶 H 的冰水混合物中. 由于上下铜盘是热的良导体，而橡胶板是热的不良导体，两者的导热系数相差很大(约 600 倍)，因此，可以认为上铜盘的温度是均匀一致的，其孔内的热电偶测出的温度 T_1 可代表与其紧密贴合的橡胶板的上表面的温度. 同理，下铜盘测出的温度 T_2 则代表了橡胶板下表面的温度. 热电偶直接测出的是温差电动势，用数字电压表显示. 本实验中采用的是镍铬 - 镍硅热电偶，线性度好，每 100 °C温差对应 4.20 mV 温差电动势. 双刀双向开关 S 用于选择热电偶的回路. 上挡用于测量上铜盘的温度；下挡用于测量下铜盘的温度.

打开红外灯 L，在建立稳态导热过程前，橡胶板和上下铜盘经历的是一个不

稳定导热过程. 由于实验时间有限,希望能尽量缩短不稳定导热的过程,较快达到热平衡状态,这可以通过实验过程合理调控红外灯功率的方法以求达到最佳实验条件的目的.

达到热平衡时,红外灯传递给上铜盘的热量将等于橡胶板的导热量,也等于下铜盘向四周散发的热量.

由于黄铜的导热系数很大,而下铜盘向四周散热的速率则要慢得多,因此,可以认为下铜盘的温度是均匀一致的. 下铜盘每散发一部分热量,其温度就相应地降低一些. 由热学知识可知,下铜盘的散热速率为

$$Q_{\mathrm{D}} = -mc\left.\frac{\mathrm{d}T}{\mathrm{d}t}\right|_{T=T_2} \tag{4.6.4}$$

式中,m 为下铜盘质量,单位 kg;c 为黄铜的比热容,单位 $\mathrm{kJ\cdot kg^{-1}\cdot K^{-1}}$, $c=0.380\ \mathrm{kJ\cdot kg^{-1}\cdot K^{-1}}$;$T$ 为下铜盘温度,单位 K;t 为时间,单位 s. $\left.\frac{\mathrm{d}T}{\mathrm{d}t}\right|_{T=T_2}$ 系下铜盘温度为 T_2 时的冷却速率,可用实验方法测定:把下铜盘加热后,放在支架上自然冷却,每隔 Δt 时间测一次下铜盘的温度,然后将温度随时间变化的数据画到 $T-t$ 图上(见图 4.6.3),并光滑连续成一条曲线,在纵坐标上找到 $\overline{T}_2$ 的位置,在曲线上定出相应的点 P,过 P 点作切线,此切线的斜率为$\frac{T_m-T_n}{t_m-t_n}$,亦即为$\left.\frac{\mathrm{d}T}{\mathrm{d}t}\right|_{T=T_2}$.

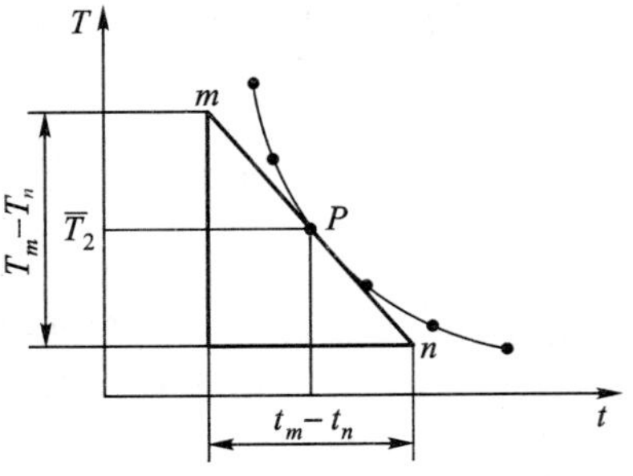

图 4.6.3　铜盘散热曲线

由于在做下铜盘冷却实验时,铜盘上下表面和侧面均向周围空气散热,散热面积为 $2\pi R_{\mathrm{D}}^2+2\pi R_{\mathrm{D}}h_{\mathrm{D}}$,而在做橡胶板导热实验时,下铜盘的散热面积不包括上表面,散热面积仅为:$\pi R_{\mathrm{D}}^2+2\pi R_{\mathrm{D}}h_{\mathrm{D}}$,因此,在进行热平衡计算时要对式(4.6.4)进行修正:

$$Q_{\mathrm{D}} = -mc\left.\frac{\mathrm{d}T}{\mathrm{d}t}\right|_{T=T_2}\frac{\pi R_{\mathrm{D}}^2+2\pi R_{\mathrm{D}}h_{\mathrm{D}}}{2\pi R_{\mathrm{D}}^2+2\pi R_{\mathrm{D}}h_{\mathrm{D}}} \tag{4.6.5}$$

在做橡胶板导热实验的过程中,我们需要定时观察上下铜盘的温度变化,当 T_1、T_2 经过一段剧变后,变化趋于缓和,最后在一个很小的范围内上下波动,此时,可以认为系统达到了热平衡,已建立起稳态导热过程. 每隔一段时间测一次 T_1、T_2,获得一组数据,得出平均温度 $\overline{T}_1$、$\overline{T}_2$,热平衡时,橡胶板的导热量等于下铜盘的散热量,即式(4.6.3)和式(4.6.5)相等,于是求出

$$\lambda = -mc\frac{h_{\mathrm{B}}}{\pi R_{\mathrm{B}}^2}\frac{1}{\overline{T}_1-\overline{T}_2}\left.\frac{\mathrm{d}T}{\mathrm{d}t}\right|_{T=T_2}\frac{R_{\mathrm{D}}+2h_{\mathrm{D}}}{2R_{\mathrm{D}}+2h_{\mathrm{D}}} \tag{4.6.6}$$

这就是本实验的导热系数的测量计算式. 其中 c 为已知值,m、h_B、h_D、R_B、R_D 为质量和长度测量值,本实验需要测量的是达到稳态导热时的 $\bar{T}_1$、$\bar{T}_2$ 和冷却速率 $\left.\frac{dT}{dt}\right|_{T=T_2}$.

由于采用的是线性度好的热电偶,故 $T=k\mathscr{E}$,$\mathscr{E}$ 为热电偶温差电动势值,k 为比例系数,是个常量,$k=(1/0.042)\ \mathrm{K\cdot mV^{-1}}$. 为减少热电偶温差电动势与温度之间转换的麻烦,本实验直接采用温差电动势值替代温度值,式(4.6.6)改为

$$\lambda = -mc\frac{h_B}{\pi R_B^2}\frac{1}{\bar{\mathscr{E}}_1-\bar{\mathscr{E}}_2}\left.\frac{d\mathscr{E}}{dt}\right|_{\mathscr{E}=\mathscr{E}_2}\frac{R_D+2h_D}{2R_D+2h_D} \qquad (4.6.7)$$

四、实验内容与步骤

1. 安装与调试实验装置

(1) 先熟悉实验装置:试操作红外灯的上下左右移动,传热筒的上下移动,做到正确无误掌握要领后才开始正式安装与调试.

(2) 测量黄铜盘 D 和橡胶板 B 的半径和厚度,并称出黄铜盘的质量.

(3) 将黄铜盘 D 和橡胶板 B 置于支架 P 的三个螺旋测微头上,注意使上下两个铜盘的测温孔处于同一侧以方便热电偶连接,上下铜盘和橡胶板应同轴并紧密贴合,若有明显缝隙,可调节螺旋测微头予以消除.

(4) 按图 4.6.2 连接热电偶线路,将两组热电偶的热端分别插入上下铜盘的测温孔中,注意要插到底并与铜盘保持良好的接触,冷端则插入装有硅油的试管内,试管置于保温筒的冰水混合物中,使参考温度保持 0 ℃.

(5) 调节调压器,检查红外灯是否完好,升压,使红外灯保持中等亮度.

(6) 调试数字式电压表:包括选择量程(20 mV),仪器调零,试测热电偶温差电动势值(温度值),电动势值若出现负值,表示极性反了,可通过调换电偶接头加以解决;若开关向上合时电动势值反而比开关向下合时小,说明上下热电偶接反了,也可通过调换相应接头获得解决.

2. 调节调压器,观察不稳定导热演变至稳态导热的过程,测量 $\mathscr{E}_1$(或 T_1)、$\mathscr{E}_2$(或 T_2)值.

由不稳定导热过程至系统达到热平衡,出现稳态导热,需要较长的时间. 因实验时间有限,需要适当调节调压器,尽快达到稳态导热. 建议的做法是:在开始阶段选择较高的电压,比如 190 ~ 220 V,冬天取高值,夏天取低值. 这样可迅速提高系统的整体温度. 当上铜盘电势值达到 3.10 mV 左右时(相当于73.8 ℃),可降低 50 ~ 60 V 供电电压. 以后可视温差电动势(温度)变化再适当调低或调高供电电压 10 ~ 20 V,其间,每隔 5 min 记录一次 $\mathscr{E}_1$(或 T_1)、$\mathscr{E}_2$(或 T_2)值,并以时间 t 为横坐标,温差电动势(温度)为纵坐标画出 $\mathscr{E}$(或 T) $-t$ 曲线图,观察由不

稳定导热到稳态导热过程中温度的变化过程. 初次实验,电压调节次数不宜过频,1 ~ 3 次即可. 当发现连续 10 min,$\mathscr{E}_1$(或 T_1)、$\mathscr{E}_2$(或 T_2)无明显变化或在小范围内上下波动,就可认为系统达到了热平衡,出现稳态导热过程. 此后,每隔 2 min 记录一组 $\mathscr{E}_1$、$\mathscr{E}_2$ 数据,计算出它们的平均值 $\overline{\mathscr{E}}_1$、$\overline{\mathscr{E}}_2$.

3. 测下铜盘冷却曲线及在 $\overline{T}_2$ 温度时的冷却速度 $\Delta\mathscr{E}/\Delta t$(或 $\Delta T/\Delta t$)

将红外灯电压降至零,并轻轻移至一边. 松开螺丝,慢慢抬起传热筒并固定,抽出橡胶板再将传热筒轻轻放下使上铜盘 A 与下筒盘 D 直接接触,升高红外灯供电电压至 210 ~ 220 V,观察下铜盘温差电动势(温度)值,当电动势值超过 $\overline{\mathscr{E}}_2$ 约 0.5 mV(11.9 °C)时,将调压器调至零,移开红外灯和传热筒并固定. 此时,下铜盘作自然冷却,每隔 15 ~ 30 s 记录一次下铜盘温差电动势(温度)值,当读到 $\overline{\mathscr{E}}_2$ 时,再继续读 10 个数据. 以时间 t 为横坐标,以温差电动势(温度)$\mathscr{E}$ 为纵坐标,作冷却曲线,并在 $\overline{\mathscr{E}}_2$ 处作切线求出 $\overline{\mathscr{E}}_2$ 处的 $\Delta\mathscr{E}/\Delta t$.

五、数据记录与处理

橡胶板 B 有关数据

半径 R_B = cm	厚度 h_B = cm

黄铜盘 D 有关数据

质量 m = kg	半径 R_D = cm	厚度 h_D = cm

稳态导热时的 $\mathscr{E}_1$、$\mathscr{E}_2$ 数据

次数	1	2	3	4	5	6	平均值
$\mathscr{E}_1$/mV							
$\mathscr{E}_2$/mV							

黄铜盘冷却曲线数据

t/(15 s)	1	2	3	4	5	6	7	8
$\mathscr{E}$/mV								
t/(15 s)	9	10	11	12	13	14	15	16
$\mathscr{E}$/mV								

1. 以时间 t 为横坐标，以温差热电势 $\mathscr{E}$（或温度 T）为纵坐标，作出散热曲线. 在曲线 $\mathscr{E}=\mathscr{E}_2$ 处作切线，求出切线的斜率，此斜率即为黄铜盘的散热速率 $\left.\dfrac{\Delta\mathscr{E}}{\Delta t}\right|_{\mathscr{E}=\mathscr{E}_2}$.

2. 用式(4.6.6)计算橡胶板的导热系数 λ，并将实验值与参考值作比较，求相对误差. 橡胶板导热系数参考值：在室温 298 K 时，$\lambda=0.16\ \mathrm{W\cdot m^{-1}\cdot K^{-1}}$.

六、思考题

1. 本实验的基本原理是什么？你觉得相应地在测量装置方面以及操作方法上有哪些不足？如何改进？

2. 本实验的系统误差是什么？它将使测量结果偏大还是偏小？

实验 7　气体比热容比的测定

气体的比定压热容 c_p（specific heat capacity at constant pressure）与比定容热容 c_V（specific heat capacity at constant volume）都是热力学过程中的重要参量，其比值 $\dfrac{c_p}{c_V}=\gamma$ 称为气体的比热容比（ratio of the specific heat capacities），也叫泊松比. 测定比热容比在绝热过程的研究中有许多应用，如气体的突然膨胀或压缩以及声音在气体中传播等都与比热容比有关. 目前对比热容比的测定方法有绝热膨胀或压缩法（通过一次绝热膨胀或压缩来测定，其测量准确度不太高）、振动法（通过已知参数的小铜球在盛有被测气体的长玻璃管内作阻尼振动，由衰减周期求出，由于振动频率有限，绝热条件难以实现，测量结果准确度不高）、共振法（在振动法基础上发展起来的，典型的共振法由 Ruchar 设计，其测量准确度较高）、声速法（利用声波在气体中传播，使之发生绝热膨胀和压缩的过程，求出声波在气体中的传播速度，再确定气体比热容比，典型的有 Kundt 管法、Partington 和 Shiling 法、超声波法，其测量准确度高）.

本实验基本训练内容是用共振法测定空气比热容比.

一、实验目的

1. 了解用共振法测量气体比热容比的原理；
2. 掌握比热容比的测量方法；
3. 加深对共振现象的理解；
4. 进一步理解绝热过程的方程（$pV^{\gamma}=\text{const.}$）和比热容比 γ 的含义.

二、仪器设备

气体比热容比 γ 测定仪、游标卡尺、物理天平、气压计.

三、实验原理

比热容比
$$\gamma = \frac{c_p}{c_V} = \frac{C_{p,m}}{C_{V,m}} \tag{4.7.1}$$

式中,$C_{p,m}$ 是摩尔定压热容,$C_{V,m}$ 是摩尔定容热容.

对理想气体有
$$C_{V,m} = \frac{i}{2}R \tag{4.7.2}$$

$$C_{p,m} = C_{V,m} + R = \frac{i+2}{2}R \tag{4.7.3}$$

式中,R 为普适气体常量,$R = 8.31\ \mathrm{J/(mol \cdot K)}$;$i$ 为气体分子的自由度,单原子分子 $i = 3$,双原子分子 $i = 5$,多原子分子 $i = 6$.

将式(4.7.2) 和式(4.7.3) 代入式(4.7.1),得
$$\gamma = \frac{i+2}{i} \tag{4.7.4}$$

由此可见,理想气体的比热容比 γ 仅仅与气体分子的自由度 i 有关. 对单原子分子的气体,$\gamma = 1.67$;对双原子分子的气体,$\gamma = 1.40$;对多原子分子气体,$\gamma = 1.33$.

现在假设有一个容器,内装待测气体,由一质量为 m 的活塞将其与外界隔绝,且与外界处于平衡状态. 外界的压力为 p_0,气柱长为 l_0,活塞截面积为 S,此时气柱的体积为 $V_0 = l_0 S$.

建立坐标,如图 4.7.1 所示,当活塞产生一个小位移 x 时,气柱体积变为
$$V = (l_0 - x)S$$
如果这是一个绝热过程,则有
$$pV^\gamma = \text{const.}$$
即
$$p_0(l_0 S)^\gamma = p(l_0 - x)^\gamma S^\gamma$$
化简得
$$p = p_0\left(1 - \frac{x}{l_0}\right)^{-\gamma}$$

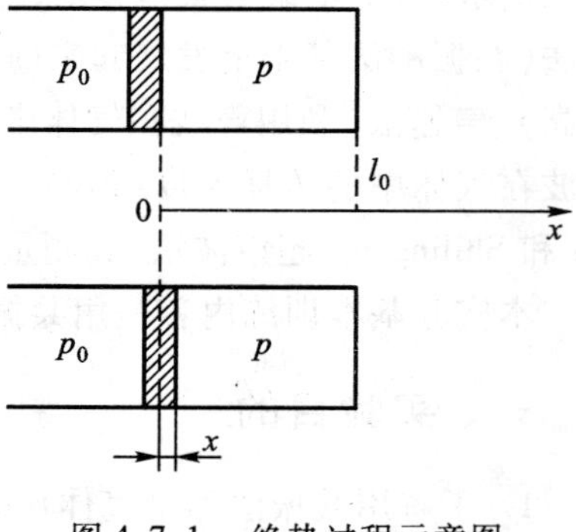

图 4.7.1 绝热过程示意图

由于 x 是小位移,故 $\frac{x}{l_0} << 1$. 取一级近似,有
$$p = p_0\left(1 + \frac{\gamma x}{l_0}\right)$$

这时活塞两边压力不相等，活塞受力

$$F = (p_0 - p)S = -\frac{p_0\gamma xS}{l_0} = -kx \tag{4.7.5}$$

式中，$k = \frac{p_0\gamma S}{l_0}$是一个常量. 式(4.7.5)中$k$前的负号表示$F$指向平衡位置. 通过以上分析可知，活塞受到的是简谐力，它与空气柱组成一个谐振系统，其固有频率为

$$f = \frac{1}{2\pi}\sqrt{\frac{k}{m}} = \frac{1}{2\pi}\sqrt{\frac{p_0\gamma S}{ml_0}} \tag{4.7.6}$$

如果通过实验测出空气谐振子的固有频率f及其他参量，就可求得待测气体的比热容比 γ：

$$\gamma = \frac{4\pi^2 f^2 ml_0}{p_0 S} \tag{4.7.7}$$

若活塞两边的空气柱均密闭，如图 4.7.2 所示，相当于两个空气弹簧的并联，则容易求得该系统的固有频率. 对该系统有

$$k = k_a + k_b = \frac{p_0\gamma S}{l_a} + \frac{p_0\gamma S}{l_b} = p_0\gamma S\frac{l_a + l_b}{l_a l_b}$$

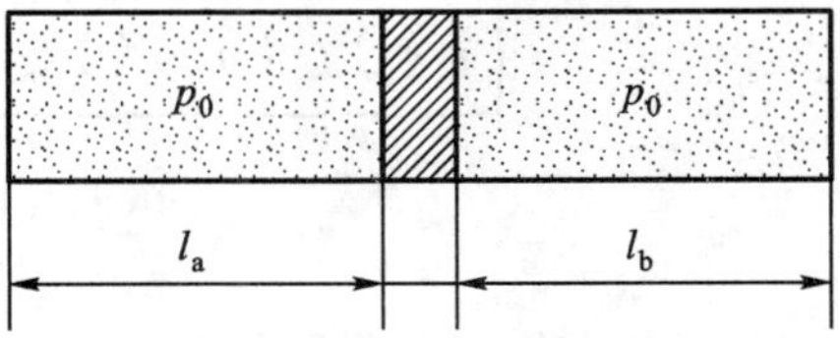

图 4.7.2　空气柱结构示意图

式中，l_a 和 l_b 分别为活塞两边气柱长度. 仿照前面的讨论，测得该系统的固有频率后，可求得 γ：

$$\gamma = \frac{4\pi^2 f^2 ml_a l_b}{p_0 S(l_a + l_b)}$$

当活塞两边气柱长相等，均为 l_0 时，则

$$k = \frac{2p_0\gamma S}{l_0}$$

$$f = \frac{1}{2\pi}\sqrt{\frac{2p_0\gamma S}{ml_0}}$$

$$\gamma = \frac{2\pi^2 f^2 ml_0}{p_0 S} \tag{4.7.8}$$

四、仪器描述

气体比热容比 γ 测定仪由低频信号发生器和空气谐振子组成，下面作简要介绍.

1. 低频信号发生器

低频信号发生器包括主振、频率检测和功率放大三部分，其工作框图如图 4.7.3 所示.

输出信号的频率在 100 Hz 范围内分三挡可调. 第Ⅰ挡 25 Hz 以下，第Ⅱ挡 25 ~ 50 Hz，第Ⅲ挡 50 ~ 100 Hz. 信号幅度 0 ~ 16 V 连续可调. 频率由数字频率计读出，最小读数为0.1 Hz. 每 20 s 完成一次采样和显示. 交流信号的大小由电压表显示. 另外，仪器还提供可调直流信号，与交流信号叠加输出.

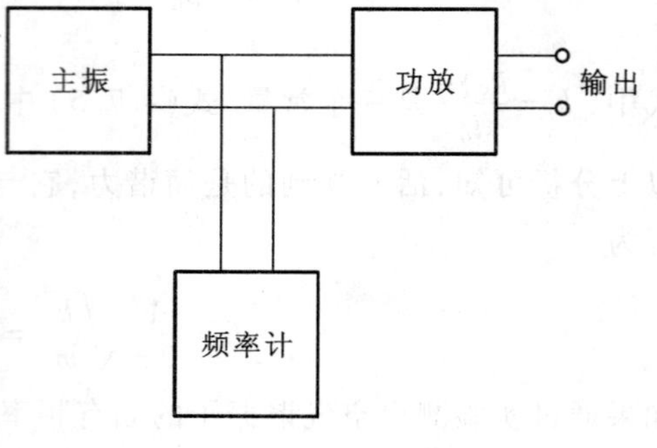

图 4.7.3　低频信号发生器工作框图

图 4.7.4 表示仪器面板.

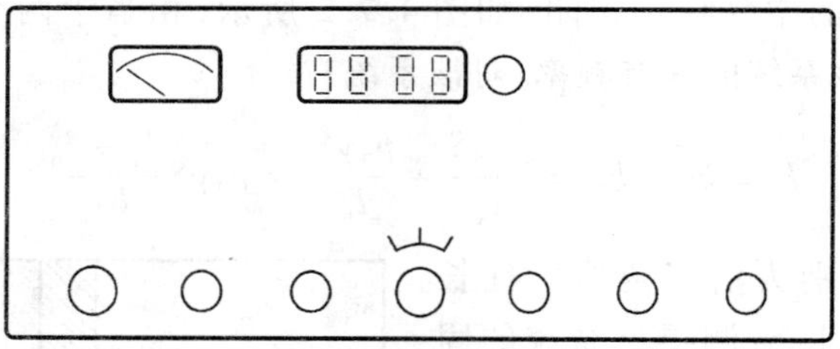
图 4.7.4　仪器面板

2. 空气谐振子及附属部分

空气谐振子由支架固定，外部套有激磁线圈，其结构如图 4.7.5 所示.

空气谐振子的外筒两头为铝筒，中部为玻璃管. 铝筒的长度 $l' = 100.00$ mm，两铝筒间的玻璃管长度约为 70 mm. 铝管端部有盖，拧紧后可将管内空气与外界隔绝. 活塞为中空玻璃质. 空腔内黏结有钕铁硼稀土永磁钢，活塞端面用有机玻璃密封.

为了减小活塞与管壁间的摩擦，空气谐振子使用时处于竖直状态.

激磁线圈内通以交直流电流. 直流电流的作用是产生一个恒定磁场，用它和永磁钢之间的斥力抵消活塞所受的重力，使活塞在竖直状态下不致因重力而下落. 交流电流的作用是对谐振系统施加驱动力，让其作受迫振动. 当驱动力的频率等于系统的固有频率时引起共振，振幅达到最大. 利用它作为判据，可以测得谐振系统的固有频率.

3. 注意事项

(1) 低频信号发生器应先开机，20 min 后投入使用，以避免频率漂移给实验带来误差.

(2) 活塞系玻璃质,要防止破碎. 尤其是其内部的磁钢表面磁感应强度很大,达 0.3 T,因此必须严防其与铁磁性物质相吸而引起碰撞,否则极易损坏活塞. 要防止活塞从筒内落出筒外. 支架底座上应放置泡沫垫片,万一活塞落出,可起缓冲作用.

(3) 为保证活塞两面的空气不连通,要求活塞与外壁配合密切;为使活塞能灵活振动,又要求活塞与外壁间的摩擦尽可能地小. 活塞外壁与玻璃筒内壁是经过精密加工的,操作时不允许将它们弄脏或损伤,否则将会使其不易起振.

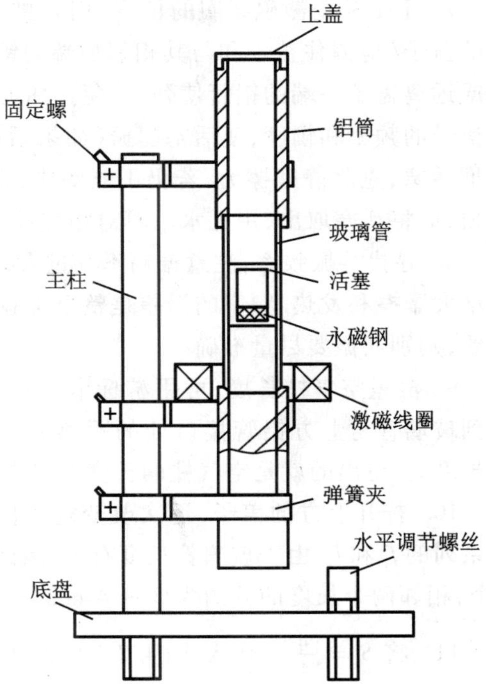

图 4.7.5　空气谐振子

五、实验内容与步骤

1. 熟悉仪器构造,仔细阅读“仪器构造”部分的内容,牢记注意事项.

2. 取出活塞(取出活塞如有困难,可用有机棒将其顶出). 用物理天平称量活塞的质量. 称量时,应将活塞黏结有磁钢的一端朝上,以减小磁钢与天平底座之间的吸引力对质量测量的影响.

3. 用游标卡尺测量活塞的直径 d 和它的长度 l_1,以及铝管的内径 d' 和两铝管间所露出的玻璃管的长度 l_2.

4. 求出铝管的等效长度 l_3. 由于铝管直径 d' 往往略大于活塞直径 d,如果认为铝管的直径也是 d,那么就相当于它的长度(即等效长度 l_3)要比实际长度 l' 长一些,方能维持两种情况下体积相等. 由简单的几何关系可知

$$l_3 = l' \frac{d'^2}{d^2}$$

5. 由气压计读数求出大气压强 p_0.

6. 将活塞装回管内,有磁钢一端位于下方,黏结有机玻璃的一端位于上方. 激磁线圈放在磁钢之下,约留 3 ~ 5 mm 距离. 调节直流电流的大小,使它产生的恒定磁场与活塞中磁钢间的斥力刚好能抵消活塞所受的重力. 此后直流电流的大小不再改变.

7. 上下移动激磁线圈的位置,用它推动活塞到适当位置.然后拧紧上端铝管的盖子(应握住盖子和与其相邻那端的铝管同时使劲,而不可握住盖子和玻璃管或远离盖子一端的铝管使劲,以免拧坏玻璃管),而让下端开口.调节信号源交流信号的频率和幅度,使活塞起振(如果活塞不能推动或起振,可用有机玻璃棒轻推活塞,克服静摩擦力.若仍不能解决,则很可能是活塞表面或玻璃管内表面污损,应将活塞取出,用无水乙醇对相应部位擦洗,晾干,重复上述步骤).

8. 寻找共振频率,注意振幅不宜过大,否则会破坏"小位移"的假设,同时还会增大摩擦和发热.频率的误差是整个实验误差的主要来源,因此操作时要耐心细致,判别共振要尽量准确.

9. 测量空气柱长度.可用游标卡尺量出活塞的上端面到玻璃管与上方铝管接口处的距离 l_4,加上铝管的等效长度 l_3,得出的就是空气柱的长度 l,见图 4.7.6.

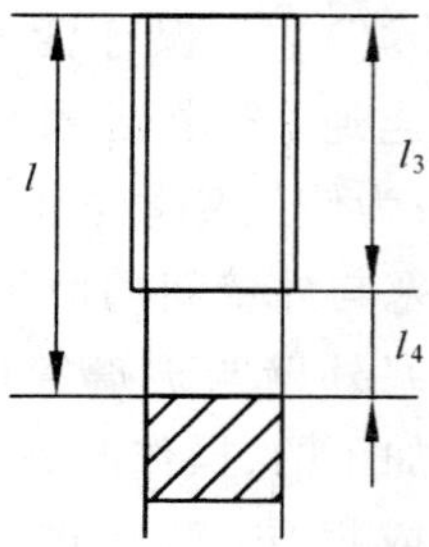

图 4.7.6　空气柱的长度

10. 拧开上方的盖子,逐次改变空气柱的长度,测量一系列的 f_i 和 l_i.由于玻璃管长度有限,因此 i 一般取 5 至 6 个,相邻两个长度的差约为 3 ~ 4 mm.

11. 将 $S=\frac{\pi}{4}d^2$ 代入式(4.7.7),得

$$\gamma=\frac{16\pi f^2 ml}{p_0 d^2}\tag{4.7.9}$$

将相应各 f_i 和 l_i 代入该式,求得 γ_i,然后根据测量的 γ_i 值,求得平均值.

12. 将活塞调到玻璃管中央,缓慢旋紧铝管两端的盖子.依前述的方法测出共振频率 f,并进行多次测量求出 $\bar{f}$.求出两端空气柱的长度 l_0:

$$l_0=l_3+\frac{1}{2}(l_2-l_1)$$

13. 将 $S=\frac{\pi}{4}d^2$ 代入式(4.7.8),得

$$\gamma=\frac{8\pi f^2 ml_0}{p_0 d^2}\tag{4.7.10}$$

将 $\bar{f}$ 和 l_0 代入式(4.7.10),求得 γ 值.

14. 关闭电源,整理好仪器.

六、数据记录与处理

活塞质量	$m=$	±	g =	±	kg
活塞直径	$d=$	±	mm =	±	m
活塞长度	$l_1=$	±	mm =	±	m
铝管直径	$d'=$	±	mm =	±	m

铝管长度　　$l' =\quad \pm \quad mm =\quad \pm \quad m$

铝管等效长度　　$l_3 = \quad l'\dfrac{d'^2}{d^2} = \quad \pm \quad m$

玻璃管长度　　$l_2 = \quad \pm \quad mm = \quad \pm \quad m$

大气压强　　$p_0 = \quad \pm \quad mmHg = \quad \pm \quad Pa$

一端封闭、一端开口时：

i	1	2	3	4	5	6	平均
f_i/Hz							
l_{4i}/m							
l_i/m							
γ_i							

两端封闭时：

i	1	2	3	4	5	6	平均
f_i/Hz							

空气柱长度　　$l_0 = l_3 + \dfrac{1}{2}(l_2 - l_1) = \qquad m$

$$\gamma = \frac{8\pi f^2 m l_0}{p_0 d^2} =$$

注：如果考虑直流磁场的不均匀性，把它对磁钢的作用力与活塞重力之差看成准弹性力，则可先在空气柱两端开口的情况下测定活塞的固有频率 f_0，然后在相应的各式，例如式(4.7.7)、式(4.7.8)中，以 $(f_0^2 - f^2)$ 取代 f^2 即可．

实验 8　用波尔共振仪研究受迫振动

在自然界中，受迫振动现象是很普遍的，由受迫振动引起的共振有些具有破坏作用，有些又具有利用的价值．例如，在道路、桥梁及建筑等设计中，就需要考虑避免因各种原因而可能产生的共振；而在很多电声器件的设计中又需利用共振的原理．广义而言，共振现象所涉及的范畴也有多种，如力学共振、电共振、磁共振、光共振等等．因此，通过力学现象研究受迫振动与共振有着一定的现实意义．

物体（质点）在周期性外力作用下发生的振动叫做受迫振动，这种周期性的外力称为驱动力. 设外力按简谐振动规律变化,则在达到稳定状态后物体的振动也是简谐振动:它的频率与外力的频率相同,振幅则与外力的频率、力的振幅、振动系统的固有频率及阻尼系数有关,它的振动相位则取决于外力的频率、振动系统的固有频率和阻尼系数. 当驱动力频率接近物体振动的固有频率且满足一定条件时,物体将会出现位移共振现象:振幅最大,与外力的相位差接近 90°;而当驱动力等于物体振动的固有频率时将会形成速度共振现象:速度振幅最大,与外力的相位差等于 90°.

本实验通过刚体的运动研究受迫振动的规律.

一、实验目的

1. 观察和测量波尔共振仪中弹性摆轮的自由振动与阻尼振动;
2. 研究波尔共振仪中弹性摆轮作受迫振动的幅频特性和相频特性;
3. 研究不同阻尼力矩对受迫振动的影响,观察共振现象;
4. 学习用频闪法测定运动物体的相位差.

二、实验仪器

波尔共振仪.

三、实验原理

1. 测量原理

实验研究的对象为作定轴转动的弹性摆轮. 由刚体定轴转动的动力学方程得到

$$J\beta = J\frac{\mathrm{d}^2\theta}{\mathrm{d}t^2} = -k\theta - b\frac{\mathrm{d}\theta}{\mathrm{d}t} + M_0\cos\omega t \tag{4.8.1}$$

式中,J、β 分别为摆轮的转动惯量和角加速度,$-k\theta$ 表示弹性恢复力矩,$-b\dfrac{\mathrm{d}\theta}{\mathrm{d}t}$ 为阻尼力矩,$M_0\cos\omega t$ 则表示振幅为 M_0、角频率为 ω 的强迫力矩大小. 令 $\omega_0^2 = k/J$, $2\beta = b/J$, $m = M_0/J$,则得到振动微分方程的标准形式:

$$\frac{\mathrm{d}^2\theta}{\mathrm{d}t^2} + 2\beta\frac{\mathrm{d}\theta}{\mathrm{d}t} + \omega_0^2\theta = m\cos\omega t \tag{4.8.2}$$

若 $m\cos\omega t = 0$,则式(4.8.2)退化为阻尼振动方程,若 β 同时也为 0,则进一步简化为自由振动方程,振动角频率 ω_0 为其固有角频率. 式(4.8.2)的通解为

$$\theta = \theta_1 \mathrm{e}^{-\beta t}\cos(\omega_0 t + \alpha) + \theta_2\cos(\omega t + \varphi) \tag{4.8.3}$$

式(4.8.3)表示的受迫振动包含两部分:第一部分表示阻尼振动,它经一定时间后衰减为零;第二部分为达到稳态后摆轮的振动形式. 其中,角振幅以及摆轮与

外力矩的相位差分别为

$$\begin{cases} \theta_2 = \dfrac{m}{\sqrt{(\omega_0^2 - \omega^2) + 4\beta^2\omega^2}} \\ \varphi = \arctan \dfrac{-2\beta\omega}{\omega_0^2 - \omega^2} = -\arctan \dfrac{\beta T T_0^2}{\pi(T^2 - T_0^2)} \end{cases} \tag{4.8.4}$$

由 $d\theta_2/d\omega = 0$ 得到摆轮产生共振的条件：

$$\omega_r = \sqrt{\omega_0^2 - 2\beta^2} \tag{4.8.5}$$

此时摆轮共振的角位移振幅为

$$\theta_r = \frac{m}{2\beta\sqrt{\omega_0^2 - \beta^2}} \tag{4.8.6}$$

它与外力矩的相位差为

$$\varphi_r = -\arctan(\sqrt{\omega_0^2 - 2\beta^2}/\beta) \tag{4.8.7}$$

从式(4.8.4)可以看出，摆轮的振幅 θ_2 随外力矩角频率 ω 的变化而变化；当 ω 从 0 增大到 ω_r 时，θ_2 随 ω 的增大而增大；$\omega = \omega_r$ 时，增大到最大值，形成位移共振；ω 继续增大时，θ_2 随之减小；ω 增大到很大时，摆轮振幅趋近于 0. 我们把受迫振动的振幅随外力矩频率变化的这种特性叫做幅频特性. 阻尼系数 β 越小，共振振幅就越大，受迫振动曲线也越尖锐，如图 4.8.1 所示. 另一方面，当 $0 \leqslant \omega \leqslant \omega_0$ 时，相位差 $0 \geqslant \varphi \geqslant -\pi/2$（负号表示摆轮振动相位落后于外力矩相位）；而当 $\omega \geqslant \omega_0$ 时，$-\pi/2 \geqslant \varphi \geqslant -\pi$；$\omega$ 很大时，$\varphi \to -\pi$. 我们将受迫振动的相位差随外力矩频率变化的这种特性叫做相频特性. 此外，从式(4.8.5)、(4.8.6)、(4.8.7)可以看出，阻尼系数 β 越小，摆轮系统共振的圆频率 ω_r 就越接近于其固有频率 ω_0，振幅 θ_r 也就越大，相位差 φ_r 也越接近于 $-90°$.

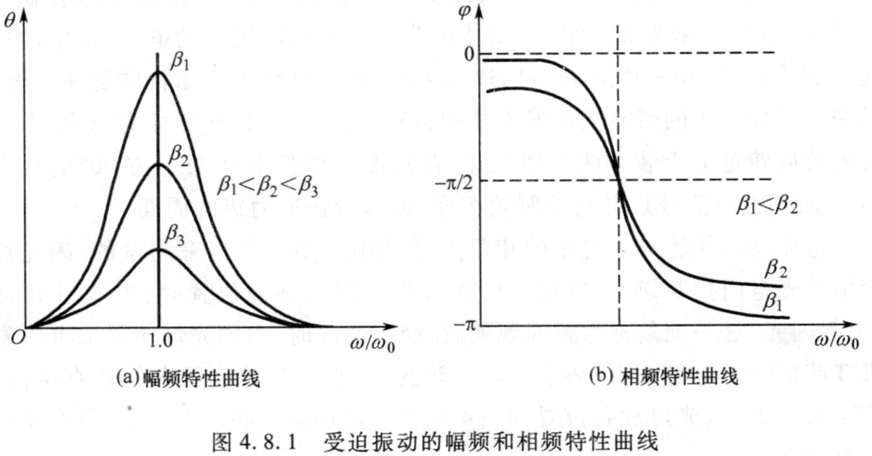

(a) 幅频特性曲线　　(b) 相频特性曲线

图 4.8.1　受迫振动的幅频和相频特性曲线

事实上，上述共振属于位移共振的范畴. 摆轮系统发生位移共振时，它作受

迫振动的能量达到最大值. 除位移共振外,在一定条件下,摆轮还会出现速度共振现象. 因摆轮在任一时刻作受迫振动的角速度为

$$\omega' = \theta_2 \omega \cos(\omega t + \varphi + \pi/2) \tag{4.8.8}$$

将 θ_2 对 t 求导并令其为零,即有

$$\omega_{rv} = \omega_0 \tag{4.8.9}$$

式(4.8.9)即为摆轮出现速度共振的条件. 可见,摆轮发生速度共振的频率严格等于该系统的固有频率. 通过进一步分析还会发现,摆轮发生速度共振时外界(电机)对其做功的功率也达到最大.

从前面分析可以看出,位移共振与速度共振的概念是有所区别的;只是在阻尼系数 β 很小时,两者才可以近似地不加区别.

实验时,根据式(4.8.4),利用同一 β 下的 (θ_2,ω)、(φ,ω) 两组实验数据点,通过描点作图即可分别得到摆轮作受迫振动的幅频特性和相频特性曲线.

2. 实验仪器

ZKY - BG 型波尔共振仪由振动仪与电器控制箱两部分组成,如图 4.8.2 所示. 铜质圆形摆轮 A 安装在机架上,弹簧 B 的一端与摆轮 A 的轴相连,另一端可固定在机架支柱上,在弹簧弹性力的作用下,摆轮可绕轴自由往复摆动. 在摆轮的外围有一卷槽型缺口,其中一个长形凹槽 C 比其他凹槽长出许多. 机架上对准长型缺口处有一个光电门 H,它与电器控制箱相连接,用来测量摆轮的振幅角度值和摆轮的振动周期. 在机架下方有一对带有铁芯的线圈 K,摆轮 A 恰巧嵌在铁芯的空隙,当线圈中通过直流电流后,摆轮受到一个电磁阻尼力的作用. 改变电流的大小即可使阻尼大小相应变化. 为使摆轮 A 作受迫振动,在电动机轴上装有偏心轮,通过连杆机构 E 带动摆轮,在电动机轴上装有带刻线的有机玻璃转盘 F,它随电动机一起转动. 由它可以从角度读数盘 G 读出相位差 φ. 调节控制箱上的 10 圈电动机转速调节旋钮,可以精确改变加于电动机上的电压,使电动机的转速在实验范围(30 ~ 45 r/min)内连续可调,由于电路中采用特殊稳速装置,电动机采用惯性很小的带有测速发电机的特种电动机,所以转速极为稳定. 电动机的有机玻璃转盘 F 上装有两个挡光片. 在角度读数盘 G 中央上方 90°处也有光电门 I(强迫力矩信号),并与控制箱相连,以测量强迫力矩的周期.

受迫振动时摆轮与外力矩的相位差是利用小型闪光灯来测量的. 闪光灯受摆轮信号光电门控制,每当摆轮上长型凹槽 C 通过平衡位置时,光电门 H 接收光,引起闪光,这一现象称为频闪现象. 在稳定情况时,由闪光灯照射下可以看到有机玻璃指针 F 好像一直"停在"某一刻度处,所以此数值可方便地直接读出,误差不大于 2°. 闪光灯放置位置如图 4.8.2 所示搁置在底座上,切勿拿在手中直接照射刻度盘.

摆轮振幅是利用光电门 H 测出摆轮 A 读数处圈上凹型缺口个数,并在控制

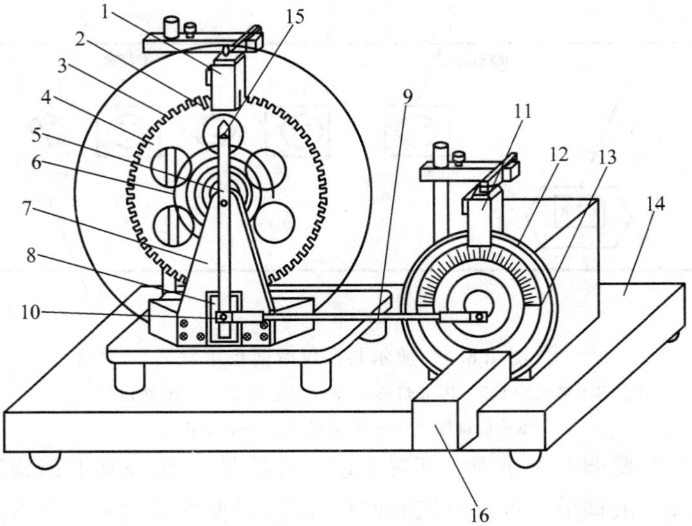

图 4.8.2　波尔共振仪主机

1—光电门 H；2—长凹槽 C；3—短凹槽 D；4—铜质摆轮 A；5—摇杆 M；6—蜗卷弹簧 B；7—支承架；8—阻尼线圈 K；9—连杆 E；10—摇杆调节螺丝；11—光电门 I；12—角度盘 G；13—有机玻璃转盘 F；14—底座；15—弹簧夹持螺钉 L；16—闪光灯

箱液晶显示器上直接显示出此值，精度为 1°.

波尔共振仪电器控制箱的前面板和后面板分别如图 4.8.3 和图 4.8.4 所示.

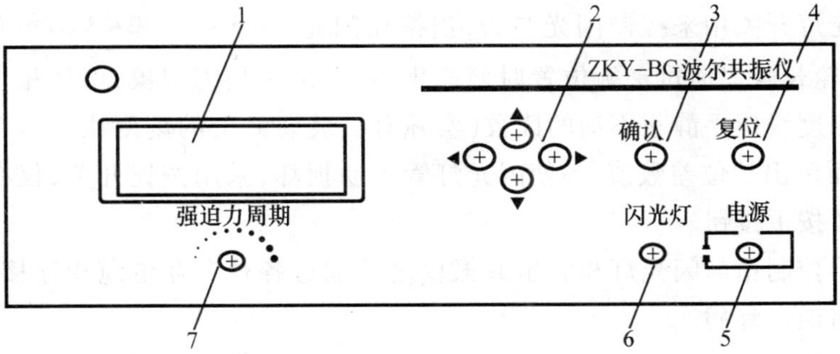

图 4.8.3　波尔共振仪前面板示意图

1—液晶显示屏幕；2—方向控制键；3—确认按键；4—复位按键；5—电源开关；6—闪光灯开关；7—强迫力周期调节电位器

电动机转速调节旋钮，系带有刻度的 10 圈电位器，调节此旋钮时可以精确改变电动机转速，即改变强迫力矩的周期. 锁定开关处于图 4.8.5 的位置时，电

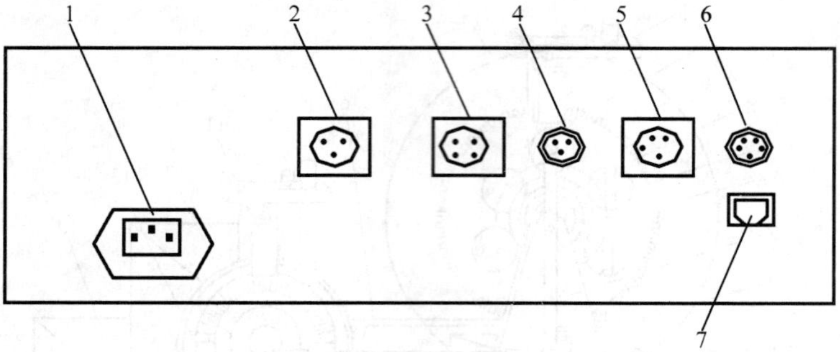

图 4.8.4　波尔共振仪后面板示意图

1—电源插座(带保险);2—闪光灯接口;3—阻尼线圈;4—电动机接口;
5—振幅输入;6—周期输入;7—通信接口

位器刻度锁定,要调节大小须将其置于该位置的另一边. ×0.1 挡旋转一圈, ×1 挡走一个字. 一般调节刻度仅供实验时作参考,以便大致确定强迫力矩周期值在多圈电位器上的相应位置.

可以通过软件控制阻尼线圈内直流电流的大小,达到改变摆轮系统的阻尼系数的目的. 阻尼挡位的选择通过软件控制,共分 3 挡,分别是"阻尼 1"、"阻尼 2"、"阻尼 3". 阻尼电流由恒流源提供,实验时根据不同情况进行选择(可先选择在"阻尼 2"处,若共振时振幅太小则可改用"阻尼 1"),振幅在 150°左右.

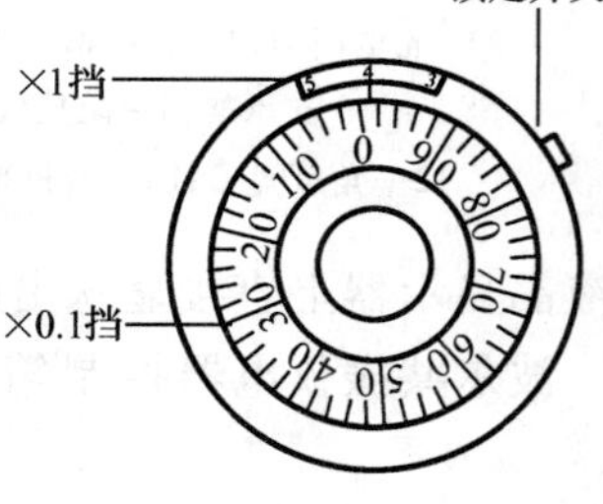

图 4.8.5　电动机转速调节电位

闪光灯开关用来控制闪光与否,当按住闪光按钮、摆轮长缺口通过平衡位置时便产生闪光,由于频闪现象,可从相位差读盘上看到刻度线似乎静止不动的读数(实际有机玻璃 F 上的刻度线一直在匀速转动),从而读出相位差数值. 为使闪光灯管不易损坏,采用按钮开关,仅在测量相位差时才按下按钮.

电器控制箱与闪光灯和波尔共振仪之间通过各种专业电缆相连接. 不会产生接线错误之弊病.

四、实验内容与步骤

1. 实验准备

按下电源开关后,屏幕上出现欢迎界面,其中 NO.0000X 为电器控制箱与电脑主机相连的编号. 过几秒钟后屏幕上显示如图一"按键说明"字样. 符号"◀"为向左移动;"▶"为向右移动;"▲"为向上移动;"▼"为向下移动. 下文中的符号不再重新介绍.

2. 选择实验方式:根据是否连接电脑选择联网模式或单机模式. 这两种方式下的操作完全相同,故不再重复介绍.

3. 自由振荡——摆轮振幅 θ 与系统固有周期 T_0 的对应值的测量

自由振荡实验的目的,是为了测量摆轮的振幅 θ 与系统固有振动周期 T_0 的关系.

在图一状态按确认键,显示图二所示的实验类型,默认选中项为自由振荡,字体反白为选中. 再按确认键显示:如图三.

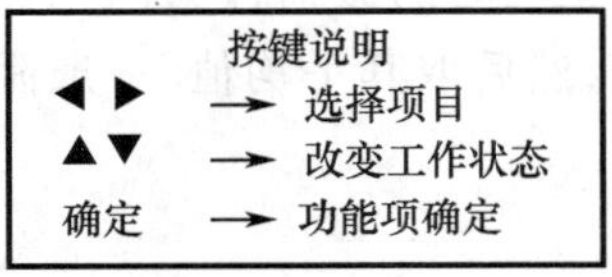

图一

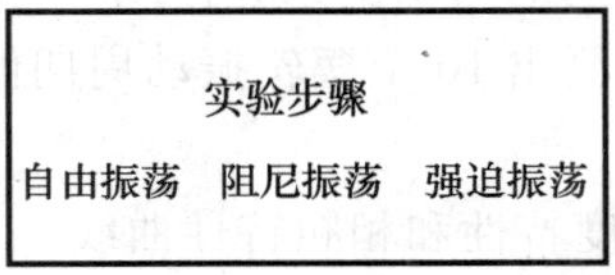

图二

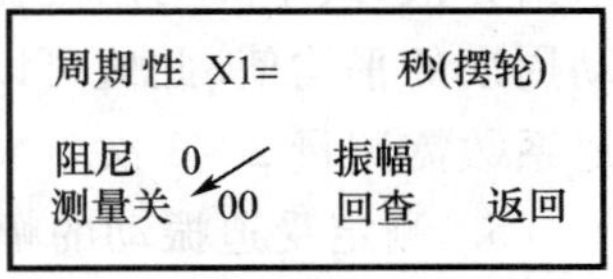

图三

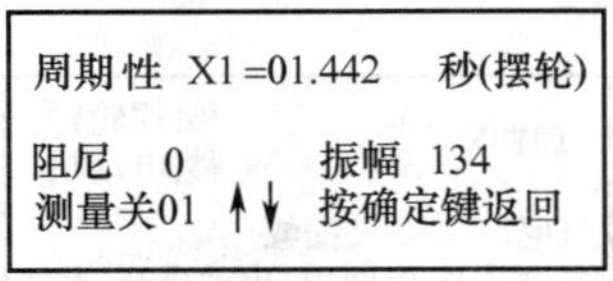

图四

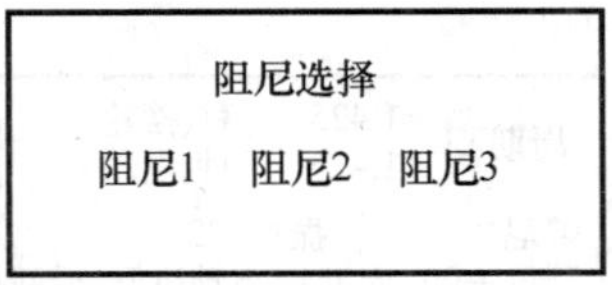

图五

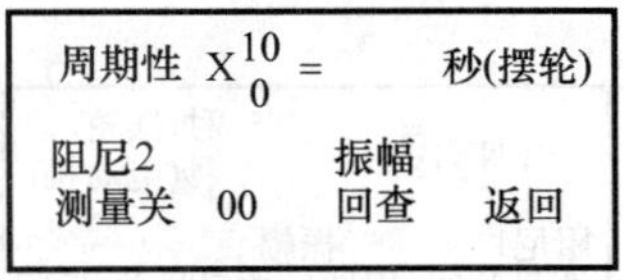

图六

用手转动摆轮 160°左右,放开手后按“▲”或“▼”键,测量状态由“关”变为“开”,控制箱开始记录实验数据,振幅的有效数值范围为:160° ~ 50°(振幅小于 160°测量开,小于 50°测量自动关闭). 测量显示关时,此时数据已保存并发送主机.

查询实验数据,可按“◀”或“▶”键,选中回查,再按确认键如图四所示,表示第一次记录的振幅 $\theta_0 = 134°$,对应的周期 $T = 1.442$ 秒,然后按“▲”或“▼”键查看所有记录的数据,该数据为每次测量振幅相对应的周期数值,回查完毕,按确认键,返回到图三状态. 此法可作出振幅 θ 与 T_0 的对应表. 该对应表将在稍后的“幅频特性和相频特性”数据处理过程中使用.

若进行多次测量可重复操作,自由振荡完成后,选中返回,按确认键回到前面图二进行其他实验.

4. 测定阻尼系数 β

在图二状态下,根据实验要求,按“▶”键,选中阻尼振荡,按确认键显示阻尼:如图五. 阻尼分三个挡次,阻尼 1 最小,根据自己实验要求选择阻尼挡,例如选择阻尼 2 挡,按确认键显示:如图六.

首先将角度盘指针 F 放在 0°位置,用手转动摆轮 160°左右,选取 θ_0 在 150°左右,按“▲”或“▼”键,测量由“关”变为“开”并记录数据,仪器记录 10 组数据后,测量自动关闭,此时振幅大小还在变化,但仪器已经停止记数.

阻尼振荡的回查同自由振荡类似,请参照上面操作. 若改变阻尼挡测量,重复阻尼一的操作步骤即可.

从液显窗口读出摆轮作阻尼振动时的振幅数值 $\theta_1,\theta_2,\theta_3,\cdots,\theta_n$,利用公式

$$\ln\frac{\theta_0 \mathrm{e}^{-\beta t}}{\theta_0 \mathrm{e}^{-\beta(t+nT)}}=n\beta\overline{T}=\ln\frac{\theta_0}{\theta_n} \tag{4.8.10}$$

求出 β 值,式中 n 为阻尼振动的周期次数,θ_n 为第 n 次振动时的振幅,$\overline{T}$为阻尼振动周期的平均值. 此值可以测出 10 个摆轮振动周期值,然后取其平均值. 一般阻尼系数需测量 2 ~ 3 次.

5. 测定受迫振动的幅度特性和相频特性曲线

在进行强迫振荡前必须先做阻尼振荡实验,否则无法进行实验.

仪器在图二状态下,选中强迫振荡,按确认键显示:如图七默认状态选中电动机.

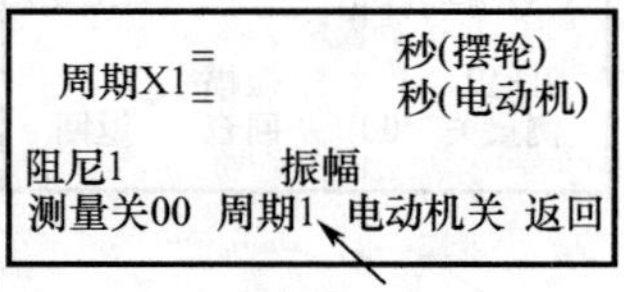

图七

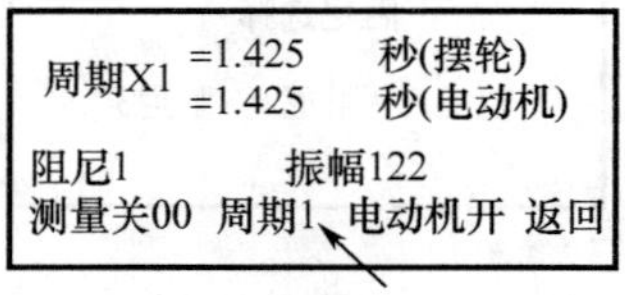

图八

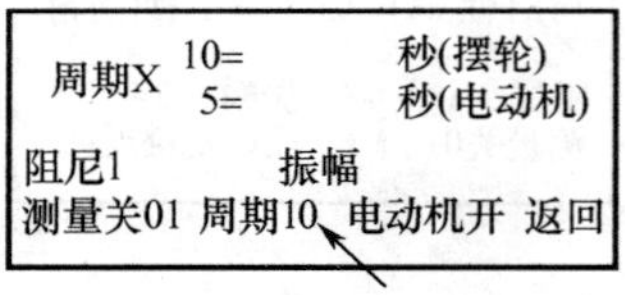

图九

按“▲”或“▼”键,让电动机启动. 此时保持周期为 1,待摆轮和电动机的周期相同,特别是振幅已稳定,变化不大于 1,表明两者已经稳定了(如图八),方可开始测量.

测量前应先选中周期,按“▲”或“▼”键把周期由 1(如图七)改为 10(如图九)(目的是为了减少误差,若不改周期,测量无法打开). 再选中测量,按下“▲”或“▼”键,测量打开并记录数据(如图九).

一次测量完成,显示测量关后,读取摆轮的振幅值,并利用闪光灯测定受迫振动位移与强迫力间的相位差.

调节强迫力矩周期电位器,改变电动机的转速,即改变强迫外力矩频率 ω,从而改变电动机转动周期. 电动机转速的改变可按照 $\Delta\varphi$ 控制在 10°左右来定,可进行多次这样的测量.

每次改变了强迫力矩的周期,都需要等待系统稳定,约需两分钟,即返回到图八状态,等待摆轮和电动机的周期相同,然后再进行测量.

在共振点附近由于曲线变化较大,因此测量数据相对密集些,此时电动机转速

的极小变化会引起很大改变. 电动机转速旋钮上的读数(例如 5.50)是一参考数值,建议在不同 ω 时都记下此值,以便实验中快速寻找,要重新测量时参考.

测量相位时应把闪光灯放在电动机转盘前下方,按下闪光灯按钮,根据频闪现象来测量,仔细观察相位位置.

强迫振荡测量完毕，按"◄"或"►"键,选中返回,按确定键,重新回到图二状态.

6. 关机

在图二状态下,按住复位按钮保持不动,几秒钟后仪器自动复位,此时所做实验数据全部清除,然后按下电源按钮,结束实验.

五、实验数据与处理

1. 摆轮振幅与周期关系

2. 阻尼系数 β 的测量

$10T=$　　　　$T=$

序　号	振幅 θ_i	振幅 θ_{i+5}	$\ln(\theta_i/\theta_{i+5})$	$\overline{\ln(\theta_i/\theta_{i+5})}$
1				
2				
3				
4				
5				

阻尼系数 $\beta=$

3. 受迫振动的幅频特性和相频特性

电动机转速刻度盘值	摆轮振幅 $\theta/(^\circ)$	相位测量值 $\varphi/(^\circ)$	强迫力矩周期 T/s	振动系统的固有周期 T_0/s	频率比例 $\frac{\omega}{\omega_0}=\frac{T_0}{T}$

在数据处理中注意：

(1) 弹簧对应的固有周期应从自由振动数据中找到.

(2) 频率比可用周期比代替.

以 ω/ω_0 为横坐标，振幅 θ 为纵坐标，作幅频曲线.

以 ω/ω_0 为横坐标，相位差 φ 为纵坐标，作相频曲线.

注意：由于实际制造中的工艺及材料性能的影响，弹簧劲度系数 k 会随角度的改变而略有微小的变化，因而造成在不同振幅下系统的固有周期 T_0 略有变化，因此在代入某一振幅 θ 下的固有周期 T_0（或频率 ω_0）时应取对应于该振幅下的实测值，否则会引起较大的测量误差.

六、注意事项

1. 实验前，摆轮长凹槽和指针应正对于光电门中央，指针 F 应拨到“0”位置.

2. 测量受迫振动的幅频及相频特性时，“阻尼选择”开关应与“测定阻尼系数 β”时所选位置一致.

3. 电动机开关仅在测定受迫振动特性时打开.

4. 闪光灯按钮仅在读受迫振动的相位差时按下，且使用时不要拿在手上，而应搁在正对有机玻璃转盘的振动仪底座上.

5. 相位差的读取应待摆轮振动周期与外力矩周期相差极小时进行，否则将引起测量值与理论值产生很大的误差.

七、思考题

1. 波尔共振仪采用了什么原理来改变阻尼力矩的大小？

2. 什么叫频闪法？实验中是怎样利用频闪法来测定相位差 φ 的？

3. 简述波尔共振仪测量振幅和周期的设计思想.

实验 9 声速测定

声波是一种能在气体、液体和固体中传播的弹性机械波. 频率低于 20 Hz 的声波称为次声波，频率在 20 ~ 20 000 Hz 的声波称为可闻波，而超过 20 000 Hz 的声波称为超声波. 超声波比光的波长长，比普通电磁波的波长短，比 X 射线容易在物质内部传播. 超声波的波长短，易于定向发射等特点，使它应用非常广泛，如超声探伤、超声诊断、超声测厚、超声碎石、超声处理等.

在同一介质中，声速基本与频率无关，例如在空气中，频率从 20 Hz 变化到 80 000 Hz，声速变化不到万分之二. 本实验通过测量超声波的速度来确定声速.

一、实验目的

1. 了解超声换能器的工作原理和功能；
2. 学习不同方法测定声速的原理和技术；
3. 熟悉测定仪和示波器的调节和使用；
4. 测定声波在空气及水中的传播速度.

二、仪器设备

ZKY－SS 型声速测定仪、示波器.

三、实验原理

1. 声波在空气中的传播速度

在理想气体中声波的传播速度为

$$v = \sqrt{\frac{\gamma RT}{M}} \tag{4.9.1}$$

式中，γ 为比热容比，$\gamma = \frac{c_p}{c_V}$，即气体比定压热容与比定容热容的比值，M 是气体的摩尔质量，T 是热力学温度，R 是普适气体常量，$R = 8.314\ 472\ \text{J} \cdot \text{mol}^{-1} \cdot \text{K}^{-1}$.

由式(4.9.1)可见，声速和温度有关，又与摩尔质量 M 和比热容比 γ 有关，后两个因素与气体成分有关，因此，测定声速可以推算出气体的一些参量. 利用式(4.9.1)的函数关系还可制成声速温度计.

在正常情况下，干燥空气成分的质量比为氮∶氧∶氩∶二氧化碳 = 78.084∶20.946∶0.934∶0.033，它的平均摩尔质量 $\overline{M} = 28.964 \times 10^{-3}\ \text{kg} \cdot \text{mol}^{-1}$. 在标准状态下，干燥空气中的声速为 $v_0 = 331.45\ \text{m} \cdot \text{s}^{-1}$. 在室温 T 下，干燥空气中的声速为

$$v = v_0 \sqrt{\frac{T}{T_0}} \tag{4.9.2}$$

式中 $T_0 = 273.15$ K. 由于空气实际上并不是干燥的，总含有一些水蒸气，经过对空气平均摩尔质量 $\overline{M}$ 和比热容比 γ 的修正，在温度为 T、相对湿度为 r 的空气中，声速为

$$v = 331.45 \sqrt{\frac{T}{T_0}\left(1 + 0.31\frac{rp_s}{p}\right)} \tag{4.9.3}$$

式中，p_s 是温度为 T 时空气的饱和蒸气压，可从饱和蒸气压和温度的关系表中查

出，p 是大气压，取 $p=1.03\times10^5$ Pa，r 是相对湿度，可从干湿温度计上读出.

由这些气体参量可以计算出声速，故式(4.9.3)可作为空气中声速的理论计算公式. 如果考虑到要简单些，也可用式(4.9.2)来计算声速.

2. 压电陶瓷换能器

压电陶瓷超声换能器将实验仪器输出的正弦振荡电信号转换成超声振动，其结构示意图如图 4.9.1 所示. 压电陶瓷片是换能器的工作物质，它是用多晶体结构的压电材料（如钛酸钡、锆钛酸铅等）在一定的温度下经极化处理制成的. 在压电陶瓷片的前后表面粘贴上两块金属组成的夹心型振子，就构成了换能器. 由于振子是以纵向长度的伸缩直接带动头部金属作同样纵向长度伸缩，这样所发射的声波方向性强，平面性好. 每一只换能器都有其固有的谐振频率，换能器只有在其谐振频率才能有效地发射（或接收）. 实验时用一个换能器作为发射器，另一个作为接收器，两换能器的表面互相平行，且谐振频率匹配.

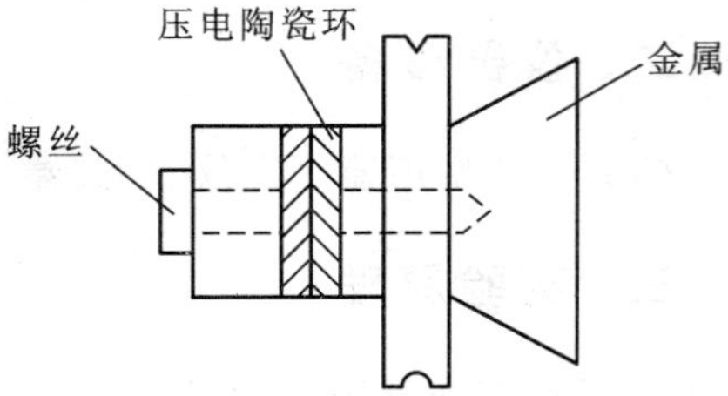

图 4.9.1　压电陶瓷换能器结构示意图

3. 共振干涉（驻波）法测声速

到达接收器的声波，一部分被接收并在接收器电极上有电压输出，一部分被向发射器方向反射. 由波的干涉理论可知，两列反向传播的同频率波干涉将形成驻波，驻波中振幅最大的点称为波腹，振幅最小的点称为波节，任何两个相邻波腹（或两个相邻波节）之间的距离都等于半个波长. 改变两只换能器间的距离，同时用示波器监测接收器上的输出电压幅度变化，可观察到电压幅度随距离周期性的变化. 记录下相邻两次出现最大电压数值时游标尺的读数，两读数之差的绝对值应等于声波波长的 1/2. 已知声波频率并测出波长，即可计算声速. 实际测量中为提高测量精度，可连续多次测量并用逐差法处理数据.

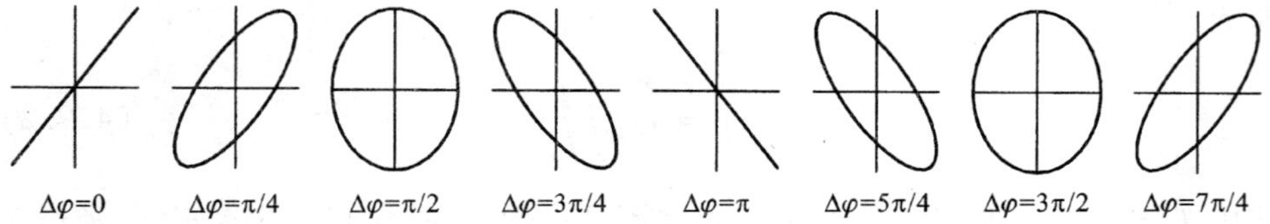

图 4.9.2　相位差不同的李萨如图形

4. 相位比较（行波）法测声速

当发射器与接收器之间距离为 l 时，在发射器驱动正弦信号与接收器接收的正弦信号之间将有相位差 $\varphi=2\pi L/\lambda=2\pi n+\Delta\varphi$.

若将发射器驱动正弦信号与接收器接收到的正弦信号分别接到示波器的 X

及 Y 输入端,则相互垂直的同频率正弦波干涉,其合成轨迹称为李萨如图,如图 4. 9. 2 所示.

当接收器和发射器的距离变化等于一个波长时,则发射与接收信号之间的相位差也正好变化一个周期(即 $\Delta\varphi = 2\pi$),相同的图形就会出现. 反之,准确观测相位差变化一个周期时接收器移动的距离,即可得出其对应声波的波长 λ,再根据声波的频率,即可求出声波的传播速度.

5. 时差法测量声速

若以脉冲调制正弦信号输入到发射器,使其发出脉冲声波,经时间 t 后到达距离 L 处的接收器. 接收器接收到脉冲信号后,能量逐渐积累,振幅逐渐加大,脉冲信号过后,接收器作衰减振荡,如图 4. 9. 3 所示. t 可由测量仪自动测量,也可从示波器上读出. 实验者测出 L 后,即可由 $v = L/t$ 计算声速.

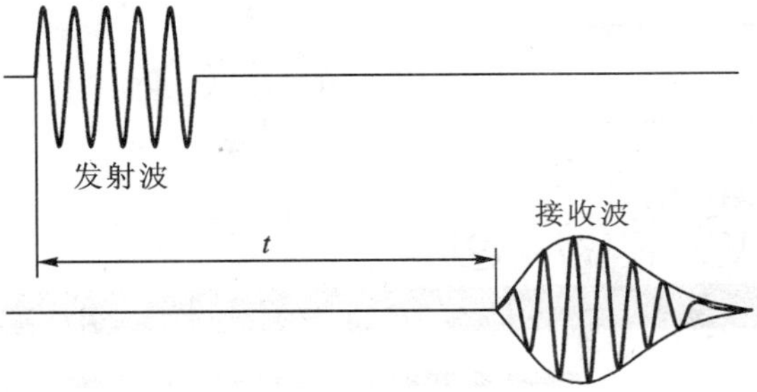

图 4. 9. 3 时差的测量

四、仪器描述

实验仪由超声实验装置和声速测定信号源组成,如图 4. 9. 4 所示. 实验时将实验装置与信号源按图 4. 9. 4 连接,将接收监测端口连接到示波器的 Y 输入端.

超声实验装置中发射器固定,摇动丝杆摇柄可使接收器前后移动,以改变发射器与接收器的距离. 丝杆上方安装有数字游标尺(带机械游标尺),可准确显示位移量. 整个装置可方便地装入或拿出水槽.

声速测定信号源具有选择、调节、输出超声发射器驱动信号;接收处理超声接收器信号;显示相关参数;提供发射监测和接收监测端口连接到示波器等其他仪器等功能.

开机显示欢迎界面后,自动进入按键说明界面. 按确认键后进入模式选择界面,可选择驱动信号为连续正弦波(共振干涉法与相位比较法)或脉冲波(时差法). 若选择连续波,按确认键后进入频率与增益调节界面,若选择脉冲波,按确认键后进入时差显示与增益调节界面. 用频率调节旋钮调节频率,直到在示波器

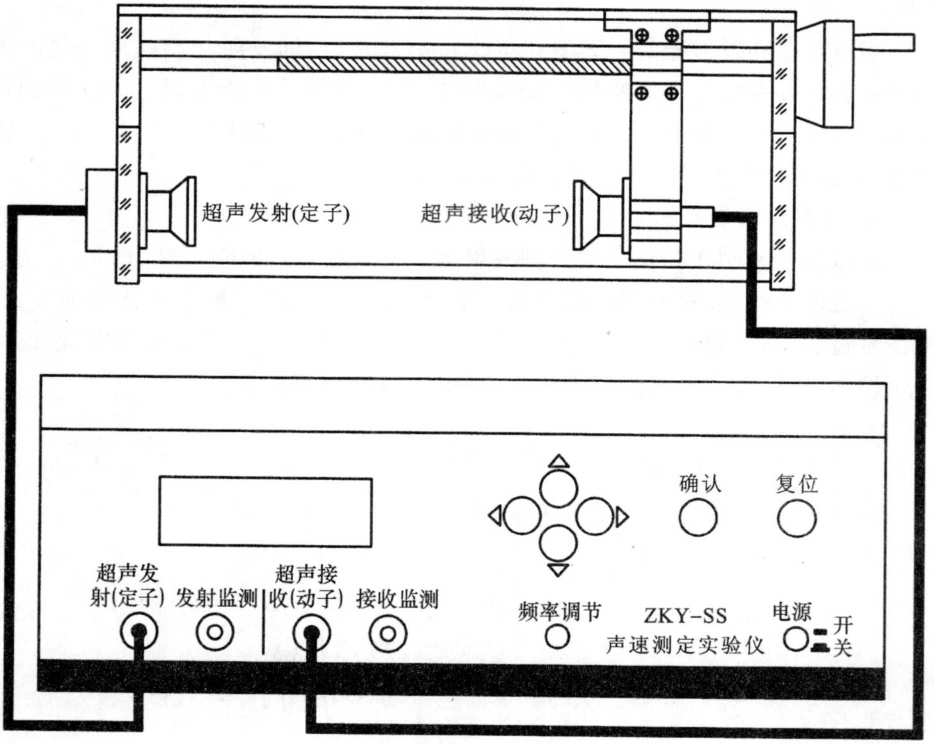

图 4.9.4　ZKY - SS 型声速测定实验仪

上监测到的接收信号振幅最大,在连续波模式下显示屏将显示当前驱动频率.增益可在 0～3 之间调节,初始值为 2,发射增益调节驱动信号的振幅,接收增益将接收器信号放大后由接收监测端口输出.以上调节完成后就可进行测量了.改变测量条件可按确认键,将交替显示模式选择界面或频率(时差显示)与增益调节界面.按复位键将返回欢迎界面.

五、实验内容与步骤

1. 用共振干涉法测量空气中的声速

将实验装置与信号源按图 4.9.4 连接,将接收监测端口连接到示波器的 Y 输入端,开机预热几分钟.

示波器工作在扫描状态,扫描速度约为 10 μs/格(也可切断扫描,此时看到一条竖线),Y 输入调节旋钮约为 1 V/格.

信号源选择连续波模式,发射增益为 2 ,接收增益调节为 0 挡.在换能器谐振频率(约为 36.5 kHz)附近调节信号源频率调节旋钮,当示波器监测到的接收信号振幅最大时换能器谐振，记录下谐振频率 f_0，此后实验中保持频率不变.

摇动超声实验装置丝杆摇柄，在发射器与接收器距离为 5 cm 附近处，找到共振位置(振幅最大)，作为第 1 个测量点. 按数字游标尺的归零键，使该点位置为零(对于机械游标尺而言，以此时的标尺示值作始点). 摇动摇柄使接收器远离发射器，每到共振位置均记录位置读数，共记录 10 组数据.

2. 用相位比较法测量空气中的声速

将信号源的发射监测接到示波器的 X 输入端，使示波器工作在 X - Y 状态. 信号源设置保持不变.

在发射器与接收器距离为 5 cm 附近处，找到 $\Delta\varphi=0$ 的点，作为第 1 个测量点. 按数字游标尺的归零键，使该点位置为零. 摇动摇柄使接收器远离发射器，每到 $\Delta\varphi=0$ 时均记录位置读数，共记录 10 组数据.

3. 用相位比较法测量水中的声速

测量水中的声速时，将实验装置整体放入水槽中，槽中的水高于换能器顶部 1 ~ 2 cm. 接收器移动过程中若接收信号振幅衰减较大影响测量，可调节示波器 Y 衰减旋钮. 由于水中声波波长约为空气中的 5 倍，为缩短行程，可在 $\Delta\varphi=0,\pi$ 处均进行测量，共记录 8 组数据.

4. 用时差法测量水中的声速

信号源选择脉冲波工作模式，发射与接收增益均调节为 3. 将发射器与接收器距离为 5 cm 附近处作为第 1 个测量点. 按数字游标尺的归零键，使该点位置为零，并记录时差. 摇动摇柄使接收器远离发射器，每隔 20 cm 记录位置与时差读数，共记录 10 组数据.

六、数据记录与处理

共振干涉法测量空气中的声速

谐振频率 f_0 =　　kHz　　温度 T =　　K

测量次数 i	1	2	3	4	5	平均值
位置 L_i/mm						
测量次数 i	6	7	8	9	10	
位置 L_i/mm						
波长 λ/mm						

$v_{实验}=f_0\lambda_{平均}=$　　$\mathrm{m\cdot s^{-1}}$

$v_{理论}=[331.45+0.59(T/\mathrm{K}-273.15)]\,\mathrm{m\cdot s^{-1}}=$　　$\mathrm{m\cdot s^{-1}}$

$E=|v_{实验}-v_{理论}|/v_{理论}\times100\%=$

相位比较法测量空气中的声速

谐振频率 f_0 =　　kHz　　温度 T =　　K

测量次数 i	1	2	3	4	5	平均值
位置 L_i/mm						
测量次数 i	6	7	8	9	10	
位置 L_i/mm						
波长 λ/mm						

$v_{实验} = f_0\lambda_{平均} =$　　$\mathrm{m\cdot s^{-1}}$

$v_{理论} = [331.45 + 0.59(T/\mathrm{K} - 273.15)]\ \mathrm{m\cdot s^{-1}} =$　　$\mathrm{m\cdot s^{-1}}$

$E = |v_{实验} - v_{理论}|/v_{理论} \times 100\% =$

相位比较法测量水中的声速

谐振频率 f_0 =　　kHz　　温度 T =　　K

测量次数 i	1	2	3	4	5	平均值
位置 L_i/mm						
测量次数 i	6	7	8	9	10	
位置 L_i/mm						
波长 λ/mm						

$v_{实验} = f_0\lambda_{平均} =$　　$\mathrm{m\cdot s^{-1}}$

$v_{理论} = [331.45 + 0.59(T/\mathrm{K} - 273.15)]\ \mathrm{m\cdot s^{-1}} =$　　$\mathrm{m\cdot s^{-1}}$

$E = |v_{实验} - v_{理论}|/v_{理论} \times 100\% =$

时差法测量水中的声速

谐振频率 f_0 =　　kHz　　温度 T =　　K

测量次数 i	1	2	3	4	5	平均值
位置 L_i/mm						
时差 t_i/μs						
测量次数 i	6	7	8	9	10	
位置 L_i/mm						
时差 t_i/μs						
声速 v/($\mathrm{m\cdot s^{-1}}$)						

参考文献

[1]　陆金龄,杜树槐. 大学物理实验. 北京:中国铁道出版社,1993

[2]　潘人培,董宝昌. 物理实验教学参考书. 北京:高等教育出版社,1990

[3]　李相银,姚安居,杨庆,等. 大学实验物理教程. 南京:东南大学出版社,2000

[4]　姚安居,郭宏志,李广忠,等. 大学实验物理教程. 北京:兵器工业出版社,1996

[5]　张兆奎,等. 大学物理实验. 上海:华东化工学院出版社,1990

[6]　何圣静. 物理实验手册. 北京:机械工业出版社,1989

[7]　梁华翰,朱良铱,张立. 大学物理实验. 上海:上海交通大学出版社,1996

[8]　张礼. 现代物理学进展. 北京:清华大学出版社,1997

[9]　李志超,轩植华,霍剑青. 大学物理实验(第三册). 北京:高等教育出版社,2001

第5章　电磁学实验

19世纪以来，随着法拉第(Faraday)电磁感应定律和麦克斯韦(Maxwell)电磁场理论的建立，人类开始了大规模利用电磁现象的新时代，电磁测量也逐步发展起来. 人们不仅直接测量一系列的电磁量，同时由于电磁信号特别便于处理和传输，还将其他的一些非电学量(如各种光学、力学、热学参量)，借助于各种传感器转换成电磁信号来进行测量.

在电磁学实验中，我们将要学习若干基本电学仪器的原理和使用方法；还要学习若干种测量方法，例如补偿法、比较法、示零法等；要学习电路的设计和分析，能明确电路中各部分的作用，会选用合适的仪器；最终要具备一定的独立实验能力，包括方案设计、仪器选择、步骤安排、参量确定、故障分析、数据处理等等.

进行电磁学实验时，必须遵守如下操作规程：

(1) 连接电路时，应有规整的电路图，应搞清电路各部分的作用并预先定好电路中电源、仪器、电表及其他器具的规格.

(2) 选择合适的仪器及用具，参照电路图将它们安放到实验桌上合适的位置，放置的位置要便于观察和操作.

(3) 对多功能、多量程的仪表，要调节到合适的功能状态和量程. 对灵敏度可以调节的仪器，要先调节到灵敏度最低的状态.

(4) 连线时，应将电路分成主回路和支路，从电源一端开始沿主回路按顺序连线，然后对支路连线. 主回路中必须有开关，开关应先置于断开位置.

(5) 电路连接后，必须认真检查，包括电源和电表的极性、仪器的量程等. 绝不允许未仔细检查就通电.

(6) 实验中途更换仪器、改变量程、改变接线等，都要先切断电源. 实验仪器如有不正常显示，也要立即切断电源.

(7) 实验结束后，应先检查实验记录，确认无误后方可拆除线路. 拆线时要先切断电源，将仪器调节到最安全状态，从电源处开始拆除线路.

(8) 实验完毕，应整理好仪器和导线.

实验 10 弱电流测量及 PN 结物理特性的研究

一、实验目的

1. 学习用运算放大器组成电流 - 电压变换器测量微弱电流;
2. 测量 PN 结电流与电压的关系;
3. 学习求经验公式的方法,证明上述关系符合玻耳兹曼分布律;
4. 在不同温度下进行实验,并测量玻耳兹曼常量.

二、仪器设备

PN 结特性测试仪.

三、实验原理

1. PN 结物理特性及玻耳兹曼常量测量

由半导体物理学可知,PN 结的正向电流 - 电压关系满足

$$I = I_0[\exp(eU/kT) - 1] \tag{5.10.1}$$

式中,I 是通过 PN 结的正向电流,I_0 是不随电压变化的常量,T 是热力学温度,e 是电子电荷,U 为 PN 结正向压降. 由于在常温(约 300 K)时,$kT/e \approx 0.026$ V,而 PN 结正向电势降约为十分之几伏,故 $\exp(eU/kT) \gg 1$,式(5.10.1)括号内第二项完全可以忽略,于是有

$$I = I_0\exp(eU/kT) \tag{5.10.2}$$

即 PN 结正向电流随正向电压按指数规律变化. 若测得 PN 结 $I-U$ 关系,则利用式(5.10.2)可以求出 e/kT. 在测得温度 T 后,就可以得到 e/k 常量,把电子电荷作为已知值代入,即可求得玻耳兹曼常量 k.

在实际测量中,为了减少某些系统误差,我们不采用硅二极管,而是选用性能良好的硅晶体管(TIP31 型),实验线路如图 5.10.1 所示.

2. 弱电流测量

近年来,集成电路与数字化显示技术越来越普及. 高输入阻抗运算放大器性能优越,价格低廉,用它组成电流 - 电压变换器测量弱电流信号,具有输入阻抗低、电流灵敏度高、温漂小、线性好、设计制作简单、结构牢靠等优点,因而被广泛地应用于物理测量中.

LF356 是一个高输入阻抗集成运算放大器,用它组成电流 - 电压变换器(弱电流放大器),如图 5.10.2 所示. 其中虚线框内的电阻 Z_r 为电流 - 电压变换器的等效输入阻抗. 由图 5.10.2 可知,运算放大器的输出电压 U_o 为

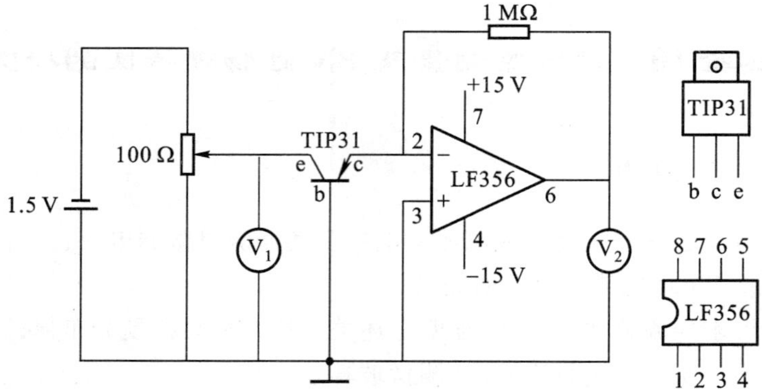

图 5.10.1　实验线路图

$$U_o = -K_0 U_i \tag{5.10.3}$$

式中，U_i 为输入电压，K_0 为运算放大器的开环电压增益，即图 5.10.2 中电阻 $R_f\to\infty$ 时的电压增益，R_f 称为反馈电阻. 因为理想运算放大器的输入阻抗 $R_i\to\infty$，所以信号源输入电流只流经反馈网络构成的通路. 因而有

$$\begin{aligned}I_s &= (U_i - U_o)/R_f\\ &= U_i(1+K_0)/R_f\end{aligned} \tag{5.10.4}$$

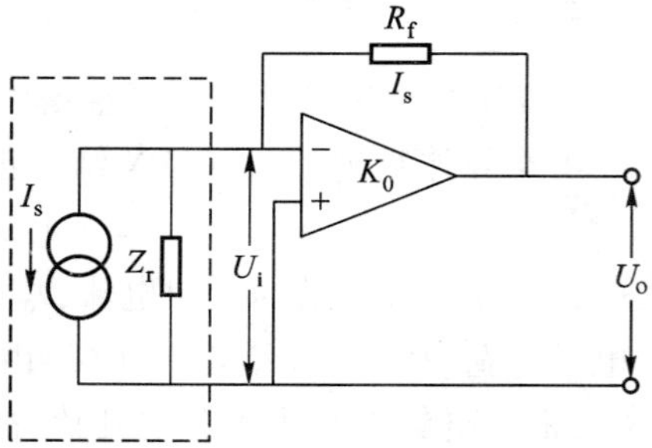

图 5.10.2　电流 - 电压变换器线路图

由式(5.12.4)可得电流 - 电压变换器的等效输入阻抗 Z_r 为

$$Z_r = U_i/I_s = R_f/(1+K_0) \approx R_f/K_0 \tag{5.10.5}$$

由式(5.10.3)和式(5.10.4)可得电流 - 电压变换器输入电流 I_s 与输出电压 U_o 之间的关系式，即

$$\begin{aligned}I_s &= -\frac{U_o}{K_0}(1+K_0)/R_f = -U_o(1+1/K_0)/R_f\\ &\approx -U_o/R_f\end{aligned} \tag{5.10.6}$$

由式(5.10.6)，只要测量输出电压 U_o 和已知 R_f 值，即可求得 I_s 值. 下面以高输入阻抗集成运算放大器 LF356 为例来讨论 Z_r 和 I_s 值的大小. LF356 运放的开环增益 $K_0=2\times10^5$，输入阻抗 $R_i\approx10^{12}\ \Omega$，若 $R_f=1.00\times10^6\ \Omega$，则由式(5.10.5)得

$$Z_r = 1.00\times10^6\ \Omega/(1+2\times10^5) = 5\ \Omega$$

若选用四位半量程 200 mV 数字电压表，它最后一位变化一个数字为 0.01 mV，那么用上述电流 - 电压变换器能显示的最小电流值为

$$(I_s)_{min} = 0.01\times10^{-3}\ \text{V}/(1\times10^6)\ \Omega = 1\times10^{-11}\ \text{A}$$

由此说明，用集成运算放大器组成电流－电压变换器测量弱电流，具有输入阻抗小、灵敏度高的优点.

3. 求经验公式的方法

求经验公式时，通常先作出函数的曲线，根据经验判断它们可能服从什么函数关系. 当然也可以通过其他方法作出此判断. 例如，从本实验中 U_2 与 U_1 的关系曲线来看，它们可能服从幂函数关系，也可能服从指数函数关系. 先假定其服从某函数关系，然后通过适当的变量代换，将其化为直线关系. 再把数据代入，用最小二乘法作直线拟合，得出相关系数. 相关系数的绝对值越接近于1，这个假定就越合理. 本实验可分别假定它们服从直线关系 $U_2 = a_1 U_1 + b_1$，幂函数关系 $U_2 = a_2 U_1^{b_2}$ 和指数函数关系 $U_2 = a_3 \exp(b_3 U_1)$，分别进行变量代换并求出相应的相关系数. 相关系数绝对值大的所对应的就是比较合理的假设.

也可以通过作图来判别，看哪种情况比较符合直线，则相应的假设比较合理. 但用作图法判别时，靠的是主观判断，带有较大的随意性，不如最小二乘拟合法客观准确.

关于最小二乘拟合法的内容，请参阅相关章节. 本实验配有计算机，机内已存入有关变量代换和最小二乘拟合的程序. 只需输入原始数据，便可得出前面所述的三种拟合结果.

四、仪器描述

本仪器由复旦大学生产的 PN 结特性测试仪改装而成，有三个主要组成部分.

1. 直流电源与数字电压表

直流电源包括 ±15 V 直流电源一组（即 +15 V、0 V、－15 V）和 1.5 V 直流电源一组.

数字电压表包括三位半（0～2 V）和四位半（0～20 V）数字电压表各一只.

它们的引出和引入端分别接到电源面板的相应接线柱上，V_{1+} 和 V_{1-} 是三位半数字电压表的引入端，V_{2+} 和 V_{2-} 是四位半数字电压表的引入端.

以上部件统一装在电源中.

2. 实验板

由运算放大器 LF356，反馈电阻、多圈电位器、接线柱组成，并可外接两个 TIP31 型晶体管. 一个晶体管放在置于冰水混合物中的试管内；另一个晶体管放在置于高温水中的试管内；两个试管中都放有硅油. 可用转换开关选择使用哪个晶体管.

实验板面板上绘有图 5.10.1 所示的实验线路图. 图中相应的各印刷实线下都已经有引线连接，虚线下则没有引线连接. 图中相应的部位还接有插座，借助它们可以用导线与电源的相应插座连接.实验板左右两侧各有三个插孔,分别标注“b”、“c”、“e”,用于接插晶体管 TIP31.当转换开关打到相应的晶体管时,该晶体管的“c”、“e”就与实验板上的“c”、“e”点相连接,“e”还与电位器的滑动头相连接,“b”已与地相连接.反馈电阻 $R_f = 1\ \mathrm{M\Omega}$,已经接到运算放大器的“2”、“6”两脚上.运算放大器 LF356 已插在实验板下,它的各脚已分别与实验线路图中相应各插孔连通,并已标上编号.

3. 恒温装置

包括保温杯(保温杯中有搅棒)、玻璃试管(内放硅油,TIP31 型晶体管也插在其中)及温度计(用于读取温度).

五、实验内容与步骤

1. 参照图 5.10.1,用导线将电源上的各接线柱与实验板上的各相应接线柱连接起来.特别注意运算放大器的“7”脚一定要与“+15 V”相连;运算放大器的 4 脚一定要与“-15 V”相连.虚线两边的接线柱也要用导线连接起来.

连线完成后要仔细检查.注意插拔连接线时一定要抓住插头,千万不可抓住连接线,以免把线搞断.

2. 将两个晶体管 TIP31 三个脚的引线分别插到实验板左右两侧的“b”、“c”、“e”三个插孔.“b”、“c”、“e”三个脚引线的颜色分别为红、绿、黄.全部接线完成后,一定要非常仔细地检查,正确无误后方可通电,否则有可能造成仪器损坏.

3. 将转换开关打到室温水一边.

4. 搅棒上下充分搅动,使硅油温度均匀且与保温杯中水温一致,读取温度 t_1.

5. 打开电源开关.调节实验板右下方电位器,改变 U_1.一般从 0.300 V 左右开始,每次增加 0.010 V,直至 U_2 饱和为止.读取各 U_1 值以及与该 U_1 对应的 U_2 值,记入数据表格.

6. 读取温度 t_2.取 t_1 和 t_2 的平均值作为实验时的温度.

7. 将转换开关打到冰水一边,重复步骤 4—6.

8. 用计算机进行最小二乘拟合.

六、数据记录与处理

1. 数据表格

$t_1 =$　　　　℃

$t_2 =$　　　　℃

$T = [(t_1 + t_2)/2℃ + 273.15]\ \mathrm{K} =$　　　　K

次数 i	1	2	3	4	5	6	7	8	9	10	11	12	13	14	15	16	17	18	19	20
U_1/V																				
U_2/V																				
$\ln(U_2/\mathrm{V})$																				

在下面数据处理时，对于 U_1 太小和 U_2 达到饱和的数据，应先行删去，因为这些数据可能偏离公式(5.10.2).

2. 把数据输入计算机，计算机进行如下三种拟合：

(1) 按 $U_2 = a_1 U_1 + b_2$ 拟合；

(2) 按 $U_2 = a_2 U_1^{b_2}$ 拟合；

(3) 按 $U_2 = a_3 \exp(b_3 U_1)$ 拟合.

如数据测量较好，第三种情况的相关系数的绝对值最大，即 U_1 和 U_2 为指数函数关系.

3. 改变温度后，数据表格和处理同上.

4. 作图法处理数据

(1) 用 U_2 和 U_1 作变量作图；

(2) 用 $\ln(U_2/\mathrm{V})$ 和 U_1 作变量作图.

5. 求玻耳兹曼常量 k

由计算机的指数拟合结果或作图法 2，求出直线斜率 b_3，由于 $b_3 = e/kT$，故有

$$k = \frac{e}{b_3 T}$$

式中，e 为电子电荷，T 为热力学温度.

实验 11　直流电桥

电桥是一种比较式仪器，将被测量与已知量进行比较从而获得测量结果，所以测量准确度比较高. 在电测技术中，电桥被广泛地用来测量电阻、电感、电容等参量；在非电量的电测法中，用来测量温度、湿度、压力、重量、微小位移等物理量.

直流电桥可以用来测量电阻. 直流电桥的种类很多，按准确度级别分为：0.005 级、0.01 级、0.02 级、0.05 级、0.1 级、0.2 级、0.5 级、1.0 级和 2.0 级等；按测量范围分为：高阻电桥（一般为 $10^6\ \Omega$ 以上）、中阻电桥（一般为 $10^6 \sim 1\ \Omega$）、低阻电桥（一般为 $1 \sim 10^{-5}\Omega$）；按使用条件分为：实验室型和携带型；按平衡方式分为：平衡电桥和非平衡电桥；按线路结构分为：单臂电桥、双臂电桥、单双臂电

桥等.

本实验只研究单臂电桥和双臂电桥.单臂电桥又称惠斯通电桥(Whealston bridge),双臂电桥又称开尔文电桥(Kelvin bridge).

Ⅰ　惠斯通电桥

一、实验目的

1. 掌握惠斯通电桥的原理和使用方法;
2. 用惠斯通电桥测量电阻 R 和微安表的内阻 R_g.

二、仪器设备

QJ19 型直流单双臂电桥、待测电阻、开关等.

三、实验原理

我们知道,在用伏安法测电阻时,无论是将电流表内接还是外接,都会给测量带来由于电表内阻的引入而引起的接入误差,故无法精确测量电阻值,为精确测量中等阻值电阻,可采用惠斯通电桥.

惠斯通电桥的原理如图 5.11.1 所示,它由电阻 R_1、R_2、R_0 和待测电阻 R_x 组成一个四边形 $ABCD$,在对角线 A、C 上接电源,在对角线 B、D 上接检流计.所谓"桥",是指接入检流计的对角线,它的作用是利用检流计将桥的两个端点的电位直接进行比较,当 B、D 两点电位相等时,检流计中无电流通过,这种状态称为电桥平衡.电桥平衡时

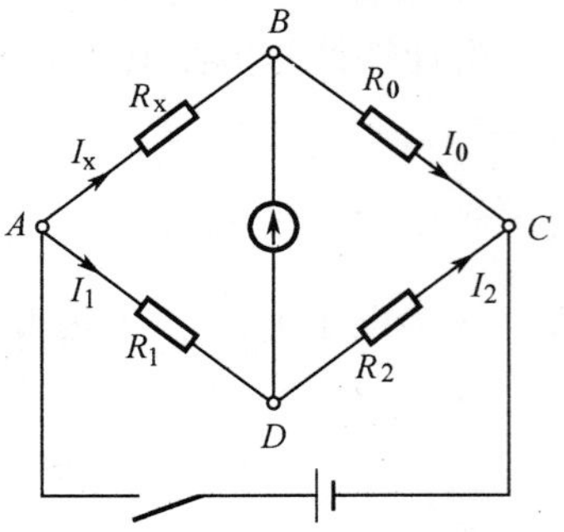

图 5.11.1　惠斯通电桥原理图

$$U_{AD}=U_{AB},\ U_{BC}=U_{DC}$$

即
$$I_1R_1=I_xR_x,\ I_2R_2=I_0R_0$$

因为检流计中无电流,所以 $I_1=I_2$,$I_x=I_0$,上列两式相除,得

$$\frac{R_1}{R_2}=\frac{R_x}{R_0}$$

即
$$R_x=\frac{R_1}{R_2}R_0 \tag{5.11.1}$$

式(5.11.1)即为电桥平衡条件.由式(5.11.1)可知,只要知道比值 R_1/R_2 和 R_0 值,便可求得 R_x.式(5.11.1)中,R_1/R_2 称为比例,R_0 叫比较电阻,四个电阻 R_1,

R_2，R_0，R_x 均为“桥臂”.

实验室常用的惠斯通电桥有板式和箱式两种形式，板式电桥原理如图 5.11.2 所示，R_1 和 R_2 为同一根均匀电阻丝上两段不同部分的电阻. 电阻丝上有一滑键 D 可来回移动，它把电阻丝划分为 L_1 和 L_2 两部分，对于均匀的电阻丝，其电阻是和长度成正比的，因此，移动滑键就能改变 R_1 和 R_2. 它们之间的比值与电阻丝长度之间的比值有如下关系：$R_1/R_2 = L_1/L_2$，代入式(5.11.1)，得

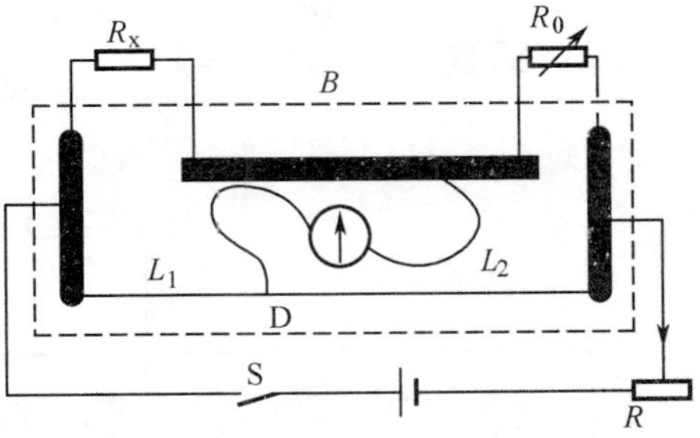

图 5.11.2　板式惠斯通电桥示意图

$$R_x = \frac{L_1}{L_2} R_0 \tag{5.11.2}$$

QJ19 型直流单双臂电桥面板见图 5.11.3，用作单臂电桥时“工作电源”应选择“外接、3 V、6 V、15 V”这四挡，“标准(双)”的两个接线柱必须短接，面板上“R_1”、“R_2”为比例臂电阻旋钮，比值 R_1/R_2 与板式电桥中 L_1/L_2 相当，即 $R_1/R_2 = L_1/L_2$. R_1、R_2 的取值应与待测电阻的大小配合，待测电阻越大，R_1/R_2 也越大，如表 5.11.1 所示. 面板下半部的“Ⅰ”—“Ⅴ”旋钮组成比较臂，用于 R_0 的调节. 中间有一检流计，“检流计灵敏度”选择旋钮用于选择其灵敏度，它的作用如下：一是保护检流计；二是改变电桥的灵敏度. 检流计使用时应先选择数值较高挡，按下“电源(单)”和“粗”，调节“Ⅰ”—“Ⅴ”旋钮至基本平衡，再选择数值低的挡，按下“电源(单)”和“细”，重复调节“Ⅰ”—“Ⅴ”旋钮使电桥平衡. 电桥平衡后，$R_x = \frac{R_1}{R_2} R$.

表 5.11.1　单桥方式下 R_1、R_2 选取与 R_x 的关系对照表

R_x/Ω		桥臂电阻/Ω		电源电压/V
>	≤	R_1	R_2	
10^2	10^3	10^2	10^2	3
10^3	10^4	10^3	10^2	6
10^4	10^5	10^4	10^2	6
10^5	10^6	10^4	10	15

仪器自备电源，工作电压为“3V、6V、15V”. 必要时可外接电源，“电源(单)”接线柱为外接电源接线柱. 外接电源时，“工作电源”旋钮选择“外接”，“检流计”接线柱用于外接检流计. 在搬动仪器时，必须使检流计短路，以免它的动圈剧烈摇晃.

四、实验内容与步骤

1. 按图 5.11.3 连接好线路.

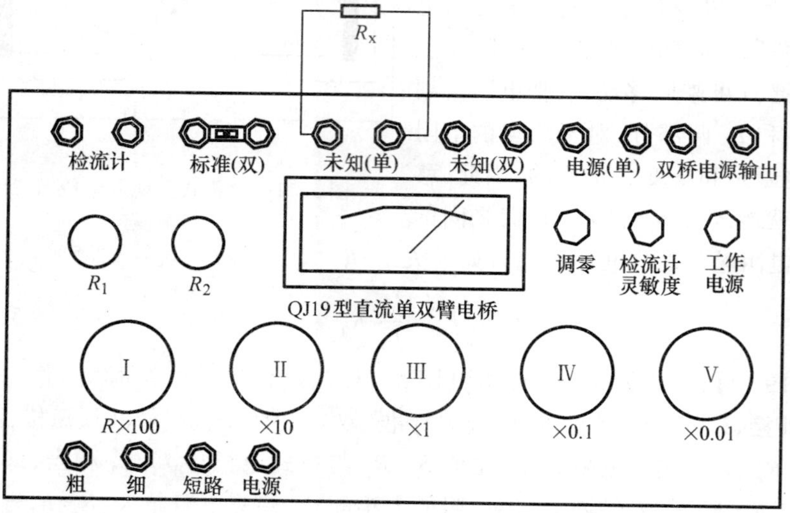

图 5.11.3　单臂电桥测量电阻接线图

2. 根据被测电阻的估计值设定 R_1、R_2 及电源电压的大小，同时将测量盘阻值调节到 R_0 估计值附近，接通电源并将检流计调零.

3. 按灵敏度从低到高和测量由粗到细的顺序依次调节 R_0，逐步使电桥平衡，由此得到 R_0 的一次测量值.

4. 等精度地重复测量 3 次，取平均值作为被测电阻 R_x 的测量结果.

5. 将另一被测电阻接入单桥电路，重复上述测量过程.

五、实验记录与处理

自拟表格，进行数据处理.

Ⅱ　双臂电桥

一、实验目的

1. 了解用双臂电桥测低阻值电阻的原理；

2. 学会用双臂电桥测低阻值电阻的方法.

二、仪器设备

QJ19 型直流单双臂电桥、转换开关、待测金属杆、SR－1 型双臂电桥四端低值电阻测试夹具、标准电阻 0.001 Ω 等.

三、实验原理

通常在用惠斯通电桥测量中等阻值电阻时,电路中的接线电阻和接点的接触电阻(统称附加电阻),可以不加考虑. 但在测量 1 Ω 以下(本仪器为 100 Ω 以下)的电阻时,这些附加电阻的作用就不可忽视了. 为了减小测量误差,应采用双臂电桥来测量低阻值电阻. 双臂电桥又叫开尔文电桥,电路见图 5.11.4. 电桥各臂电阻用 R_1、R_2、R_3、R_4、R_x 和 R_0 表示,各接线电阻和接点的接触电阻用 R_1'、R_2'、R_3'、R_4'、R'和 R'表示.

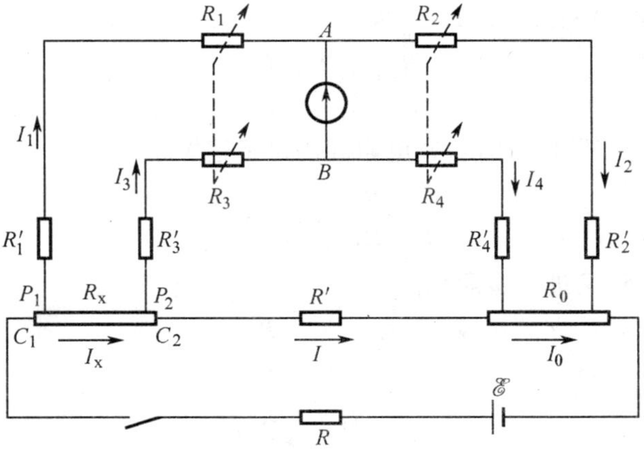

图 5.11.4　双臂电桥原理图

双臂电桥之所以能消除(或减小)附加电阻的影响,是由于在设计上采取了以下措施:

(1) 设计了相对于附加电阻 R_1'、R_2'、R_3'、R_4'大得多的桥臂电阻 R_1、R_2、R_3、R_4. 同时,因待测电阻 R_x、标准电阻 R_0 及 R'也都远小于 R_1、R_2、R_3、R_4,故通过 R_x 和 R_0 的电流远大于通过 R_1、R_2、R_3 和 R_4 的电流. 于是 R_1'、R_2'、R_3'和 R_4'上的电势降不仅远小于 R_1、R_2、R_3 和 R_4 上的电势降,而且还远小于 R_x 和 R_0 上的电势降. 因此,R_1'、R_2'、R_3'和 R_4'上的电势降可以略去不计,亦即这些附加电阻的影响可以忽略. 而由于增加了一对比例臂,绕过了 R',使 R'的影响被消除.

(2) 在连接待测电阻时,采用了四个接头 C_1、P_1、P_2、C_2,电阻的这种接法称为四端(钮)接法. 其中 C_1、C_2 称为电流接头,P_1、P_2 称为电压接头. 这样,P_1 和

P_2 处的接触电阻已分别包含在 R_1' 和 R_3' 中，而 C_1 和 C_2 处的接触电阻已被排除在 R_x 之外，于是，在测量 R_x 时，二者都不需要考虑. 同样，在连接 R_0 时，亦采用上述接法.

适当调节各桥臂电阻，或调节 R_0，使检流计中无电流通过，这时，电桥达到平衡，A 与 B 两点电势相等. 根据图 5.11.4 得到

$$I_1R_1 + I_1R_1' = I_xR_x + I_3R_3 + I_3R_3'$$

和

$$I_2R_2 + I_2R_2' = I_0R_0 + I_4R_4 + I_4R_4'$$

根据上面分析，由于 I_1R_1' 和 I_3R_3' 远小于 I_1R_1、I_3R_3 和 I_xR_x；I_2R_2' 和 I_4R_4' 远小于 I_2R_2、I_4R_4 和 I_0R_0，又因在电桥设计中考虑到足够精度，可以把这些小项略去不计，于是上式简化为

$$I_1R_1 = I_xR_x + I_3R_3 \tag{5.11.3}$$

和

$$I_2R_2 = I_0R_0 + I_4R_4 \tag{5.11.4}$$

由于 $I_x = I_3 + I$，$I_0 = I_4 + I$，当电桥达到平衡时有 $I_1 = I_2$，$I_3 = I_4$，则 $I_x = I_0$.

由式(5.11.3)和式(5.11.4)得

$$\frac{R_x}{R_0} = \frac{I_1R_1 - I_3R_3}{I_1R_2 - I_3R_4} \tag{5.11.5}$$

通常在设计双臂电桥时桥臂电阻间满足下述关系：

$$\frac{R_1}{R_3} = \frac{R_2}{R_4} \quad 或 \frac{R_1}{R_2} = \frac{R_3}{R_4}$$

于是，式(5.11.5)又进一步简化为

$$\frac{R_x}{R_0} = \frac{R_3}{R_4} = \frac{R_1}{R_2}$$

或

$$R_x = \frac{R_1}{R_2}R_0 = \frac{R_3}{R_4}R_0 \tag{5.11.6}$$

式(5.11.6)即为双臂电桥的平衡条件. 可见，只要知道 R_1/R_2（或 R_3/R_4）和标准电阻 R_0，便可求得 R_x.

四、仪器描述

1. SR－1 型双臂电桥四端低值电阻测试夹具

SR－1 型双臂电桥四端低值电阻测试夹具的面板如图 5.11.5 所示. C_1、P_1、C_2、P_2 为接线端钮，①、②、④为被测金属棒的固定柱，③为测试滑动柱. SR－1型测试夹具面板上带有标尺可以读出 P_1 与 P_2 之间的距离. C_1 与①之间、P_1 与②之间、C_2 与④之间、P_2 与③之间有导线相连.

2. 箱式单双臂电桥

QJ19 型直流单双臂电桥的面板参见图 5.11.3，其原理线路图见图 5.11.6.

图 5.11.5　SR－1 型双臂电桥四端低值电阻测试夹具的面板图

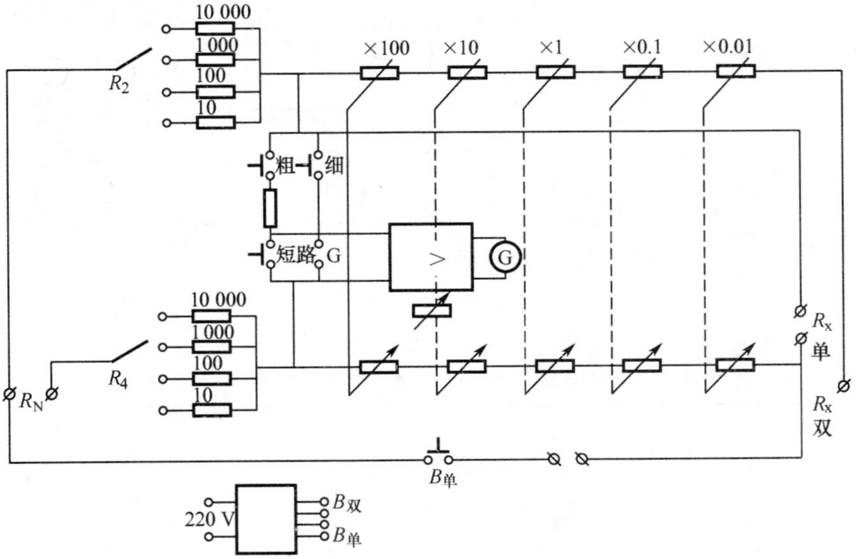

图 5.11.6　QJ19 型直流单双臂电桥线路原理图

本仪器的原理与板式双臂电桥相同. 仪器的面板有一检流计,它带有晶体管放大器,以保证有足够的灵敏度. 检流计灵敏度旋钮用于调节其灵敏度,调零旋钮用于调整检流计的零点,双桥测量用的电源由电桥内部输出. 此时"工作电源"开关先转至"双桥 1.5 V"位置. 电桥内部设计有限流和保护电路,所以省略外接限流电阻. 此外,QJ19 型直流单双臂电桥中 R_1 与 R_3、R_2 与 R_4 联动,保证调节过程中始终满足 $R_1=R_3$,$R_2=R_4$. 测量时按图 5.11.7 连接电路,将检流计灵敏度开关先转至"1×10^{-7}"挡,按表 5.11.2 选取 R_2 和 R_4 的数值,将正反开关合在任意一方接通电路,按下检流计"粗"按钮,调节测量盘(即 R_1 或 R_3)使检流计基本指零,再按下"细"按钮,视灵敏度高低选择合适的灵敏度量程,调节测量盘使电桥平衡. 于是被测电阻 $R_x=\dfrac{R_1}{R_2}R_N=\dfrac{R_1}{R_4}R_N$(式中,$R_N$ 与图 5.11.4 中 R_0 同义;R_2、R_4 与单桥或仪器面板上的 R_1、R_2 对应).

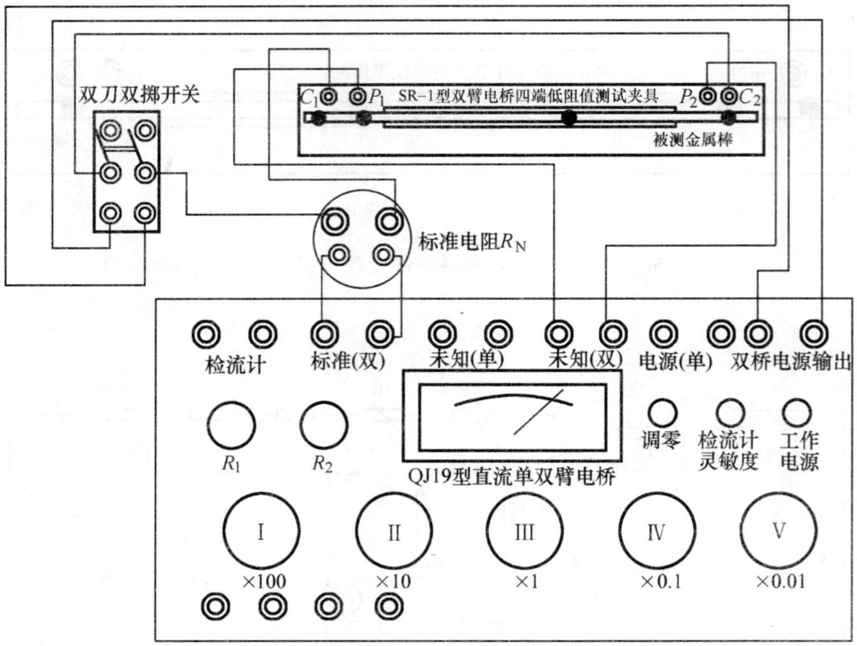

图 5.11.7　金属杆电阻测量电路接线图

表 5.11.2　双桥方式下 R_2、R_4 及 R_N 的选取与 R_x 的关系对照表

R_x/Ω		R_N/Ω	$R_2=R_4$ /Ω	R_x/Ω		R_N/Ω	$R_2=R_4$ /Ω
从	到			从	到		
10	100	10	100	0.001	0.01	0.001	100
1	10	0	100	10^{-4}	10^{-3}	0.001	1 000
0.1	1	0.1	100	10^{-5}	10^{-4}	0.001	10 000
0.01	0.1	0.01	100				

五、实验内容与步骤

1. 按图 5.11.7 接好线路，使待测金属杆（铜杆和铝杆）四个接头接触良好.

2. 选择适当的 R_2、R_4 和 R_N（本实验中，$R_2=R_4=1\ 000\ \Omega$，$R_N=0.001\ \Omega$），接通电桥的电源（在电桥的侧面），调节“调零”旋钮使检流计的指针对零.

3. 将双刀双掷开关合向任意一边，测量此状态下 P_1P_2 段金属杆的电阻.

4. 将双刀双掷开关合向另外一边，测量此状态下 P_1P_2 段金属杆的电阻.

5. 记下待测金属杆在 P_1、P_2 间的距离 L_x. 金属杆的直径 $d_x=4.00$ mm，并计算杆的截面积 S_x.

6. 算出平均电阻$\overline{R_x}$及该材料的电阻率 ρ_x.

7. 改变 P_1、P_2 间的距离，重复步骤 3—5.

8. 改变金属杆材料，重复步骤 1—7.

六、实验记录与处理

测量结果的记录：

材料：　　　　直径 $d_x=4.00$ mm　　　　截面积 $S_x=$　　　　mm^2

L_x/mm					
$R_{x正}=\dfrac{R_1}{R_2}R_N/\Omega$					
$R_{x反}=\dfrac{R_1}{R_2}R_N/\Omega$					
$\overline{R_x}=[(R_{x正}+R_{x反})/2]$ /Ω					
$\rho_x/(\Omega\cdot \mathrm{m})$					

七、注意事项

1. 双臂电桥的工作电流较大，应尽量缩短通电时间.

2. 凡是带锁扣的检流计，用毕都应锁上. 分流器上的按钮开关或其他按钮开关用毕都应松开.

八、思考题

1. 双臂电桥和单臂电桥的用途有何不同？前者是如何消除接线电阻和接头处接触电阻对测量结果的影响的？

2. 分流器起何作用？应如何正确使用它？

3. 本双臂电桥实验中，采用了将双刀双掷开关分别合向两侧测量金属杆电阻率的方法，这是出于什么考虑？

实验 12　半导体热敏电阻特性研究

金属与半导体在温度变化时电阻都会发生变化，但由于两者导电机理不同，其电阻温度特性也大不一样. 热敏电阻是利用半导体的电阻温度特性制成的一种热敏元件，它通常是由某些金属氧化物按不同的配比烧结而成. 由于配比不同，不同的热敏电阻具有不同的电阻温度特性，大致可分为 NTC 热敏电阻、CTR 热敏电阻和 PTC 热敏电阻三类. 热敏电阻主要用作温度测量、温度控制、温度补偿、限流保护等，在工业、农业、医学、通信、家电等众多领域得到了广泛应用.

一、实验目的

1. 研究热敏电阻的电阻与温度的关系，描绘其曲线，测定参量 α 和 β；
2. 了解半导体温度计的原理；
3. 掌握利用线性回归法进行实验数据的线性拟合.

二、仪器设备

半导体热敏电阻、惠斯通电桥、水槽、加热器、电源、滑线变阻器、温度计、温度控制仪等.

三、实验原理

热敏电阻可以把温度的变化转化为电阻的变化，利用这一特性，可以制成温度计. 热敏电阻作为温度传感器具有固态化、性能稳定和性能价格比高等优点，因此研究它的温度特性很有意义. 热敏电阻的电阻 - 温度特性可以分为两大类：

(1) 负电阻温度系数热敏电阻器（简称 NTC），在工作温度范围内，其电阻值随温度增加而显著减小.

(2) 正电阻温度系数热敏电阻器（简称 PTC），当在居里点温度以下时，热敏电阻器的电阻大体不变，当超过居里点温度时，电阻急剧增大，其电阻温度系数很大.

1. 热敏电阻的电阻 - 温度特性

描述热敏电阻有很多特性参量，其中电阻与温度的关系系数（即 α 和 β）是最基本最重要的参量. α 称为电阻温度系数，定义为：当温度变化为 1 K 时，热敏电阻的阻值变化率，记作 α_T，单位是 K^{-1}. 亦可用下式表述：

$$\alpha_T = \frac{dR_T}{dT} \cdot \frac{1}{R_T} \qquad (5.12.1)$$

式中，T 为热力学温度，用 K 作单位，R_T 为温度 T 相对应的阻值.

热敏电阻的电阻温度系数 α_T 不是常量，不同温度时，α_T 值也不同，所以涉及电阻温度系数这个概念时，一定要说明在什么温度下，否则就失去了意义. 通常给出半导体热敏电阻技术指标时，都以确定标称电阻值的那个温度为准，给出该温度下的电阻温度系数. 不同材料、不同工艺的热敏电阻的 α_T 值也不一样，一般半导体热敏电阻的 α_T 值在 $2.4\times10^{-2} \sim 6\times10^{-2}\ K^{-1}$ 范围内. 半导体热敏电阻的电阻温度系数大，则说明它的灵敏度高，这是它的突出优点. 参量 β 可以由实验确定. 研究证明，在不太大的温度变化范围内（低于 450 ℃），负电阻温度系数的半导体热敏电阻的电阻值 R_T 与温度 T 成指数关系，其表达式为

$$R_T = Ae^{\frac{\beta}{T}} \qquad (5.12.2)$$

式中，A 和 β 是取决于半导体材料物理性质的常量，A 还与半导体热敏电阻的几何尺寸有关.

下面就以负电阻温度系数的半导体热敏电阻为例，求解电阻温度系数 α 与常量 β 的关系.

令 $T = T_0$（T_0 即为热敏电阻标称阻值的温度，例如 $T_0 = 293\ \mathrm{K}$），代入式(5.12.2)可得

$$R_0 = A\mathrm{e}^{\frac{\beta}{T_0}} \tag{5.12.3}$$

将式(5.12.2)、(5.12.3)两式相除，整理后得

$$R_T = R_0\mathrm{e}^{\frac{\beta}{T}-\frac{\beta}{T_0}} \tag{5.12.4}$$

再把式(5.12.4)代入前面的式(5.12.1)，得

$$\alpha_T = \frac{\mathrm{d}R_T}{\mathrm{d}T}\cdot\frac{1}{R_T} = \frac{\mathrm{d}\left(R_0\mathrm{e}^{\frac{\beta}{T}-\frac{\beta}{T_0}}\right)}{\mathrm{d}T}\cdot\frac{1}{R_0\mathrm{e}^{\frac{\beta}{T}-\frac{\beta}{T_0}}}$$

整理后得

$$\alpha_T = -\frac{\beta}{T^2} \tag{5.12.5}$$

如果知道了温度 T，β 值也可以用实验的方法求得. 令 $T = T_1$，代入式(5.12.2)得

$$R_{T_1} = A\mathrm{e}^{\frac{\beta}{T_1}}$$

又

$$R_0 = A\mathrm{e}^{\frac{\beta}{T_0}}$$

两式相除得

$$\frac{R_{T_1}}{R_0} = \frac{\mathrm{e}^{\frac{\beta}{T_1}}}{\mathrm{e}^{\frac{\beta}{T_0}}}$$

两边取对数，整理后得

$$\beta = \frac{T_0T_1}{T_0 - T_1}\ln\frac{R_{T_1}}{R_0} \tag{5.12.6}$$

由此可见，只要用实验方法测得 T_1、R_{T_1} 和 T_0、R_0，从式(5.12.5)和式(5.12.6)就可以算出 α 和 β 的值来. 从式(5.12.2)可以看出，热敏电阻的电阻值随着温度的增加呈指数减小. 在不同的温度下，测定了热敏电阻的阻值，就可以得到电阻随温度变化的曲线.

2. 热敏电阻内热效应对实验的影响

用直流电桥或其他方法测量负电阻温度系数热敏电阻阻值时，必须适当限

制通过热敏电阻的电流，否则电流超过限值，由热敏电阻内热效应会引起较大的实验误差. 至于用热敏电阻作探测器的非平衡电桥，也都是在热敏电阻内热影响可以忽略的条件下而设计出来的，因此，在用热敏电阻作传感器的非平衡电桥实验设计中，也应注意内热效应的影响.

四、实验内容与步骤

1. 实验装置如图 5.12.1 所示，热敏电阻与 R_1、R_2、R_3 组成一桥式电路. 热敏电阻、温度计、加热器均插于盛水的水槽中，热敏电阻和温度计的端点位于同一水平面上.

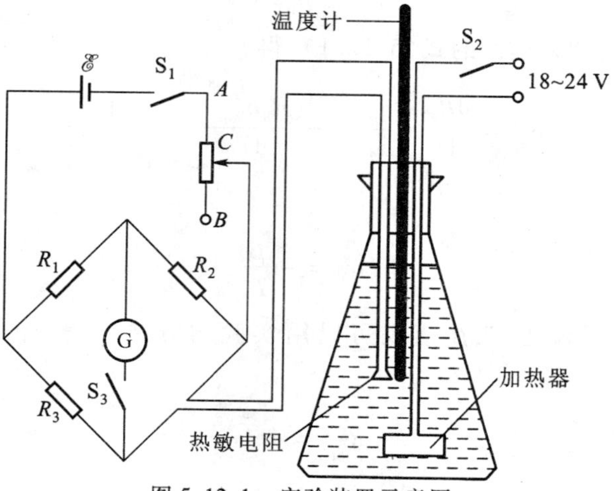

图 5.12.1　实验装置示意图

2. 将温控仪预设温度旋钮（图 5.12.2）旋到小于室温处或直接旋到 0 ℃处，接通电源开关，绿色指示灯亮，读出温度计上的温度，此温度为水温，亦即热敏电阻所处的温度.

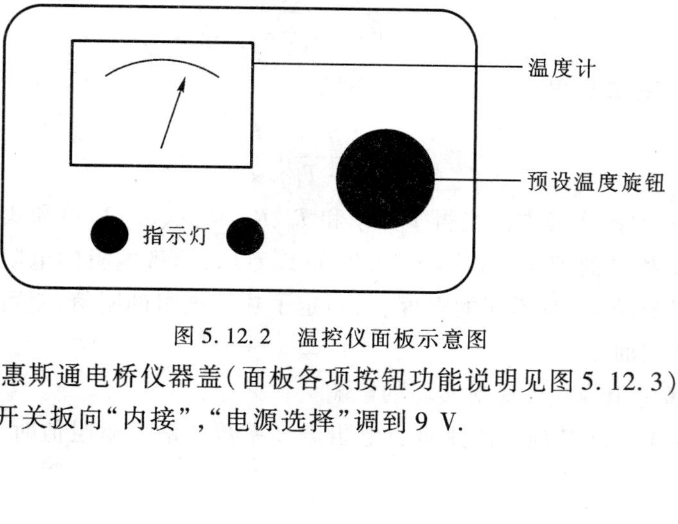

图 5.12.2　温控仪面板示意图

3. 打开惠斯通电桥仪器盖（面板各项按钮功能说明见图 5.12.3），将内外接指零仪转换开关扳向“内接”，“电源选择”调到 9 V.

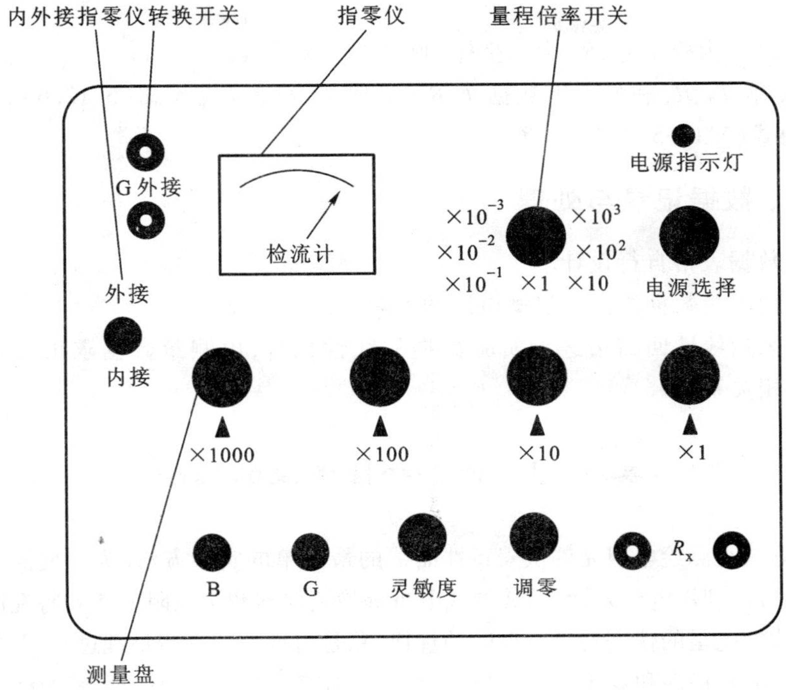

图 5.12.3 惠斯通电桥示意图

4. “灵敏度”旋钮调到适当位置,用“调零”旋钮,使“指零仪”指向零,热敏电阻接于被测电阻接线钮“R_x”处.

5. 根据被测电阻估计值,调节“量程倍率”开关,选择适当的量程倍率,“测量盘”置于合适位置.

6. 按下指零仪按钮 G,随后按下电源按钮 B,观察指零仪偏转方向. 如果指针向“+”方向偏转,表示被测电阻大于估计值,需增大测量盘示值,使指零仪趋向于零位;如果指零仪仍偏向“+”边,则可增大量程倍率,再调节测量盘使指零仪趋向于零位. 反之,如果指针向“-”方向偏转,表示被测电阻小于估计值,需减小测量盘示值,使指零仪趋向于零位;如果指零仪仍偏向“-”边,则可减小量程倍率,再调节测量盘使指零仪趋向于零位.

当指零仪指向零位时,电桥平衡,被测电阻可由下式求得:

被测电阻值 = 量程倍率 × 测量盘示值

7. 调节预设温度旋钮,使温度增加 5 ℃左右(在室温基础上),此时红灯亮,对水开始加温(此时应该轻轻搅拌水),当水温加热到所设温度时,红灯灭,绿灯亮,加热停止. 从温度计上读出此时的温度,按步骤 6 测量与此温度相对应的热敏电阻阻值.

8. 重复步骤 7,每次升高 5 ℃左右,记下 R_T 和 T 的值,一直测到近 100 ℃

为止.

9. 以 T 为横坐标, R_T 为纵坐标, 画出 R_T-T 曲线.

10. 取 T_0、R_0 和另一组数据 T、R_T(T 比 T_0 稍大)代入式(5.12.6), 算出 β 值, 再由式(5.12.5)算出 α 值.

五、数据记录与处理

1. 数据表格自行设计.

2. 由测量数据绘出该热敏电阻的电阻-温度曲线.

3. 采用线性回归法进行实验数据的线性拟合, 由测量数据求出待定系数 R_0、β 及相关系数 r.

实验 13　伏安特性曲线的测绘

伏安法是测绘电阻元件伏安特性曲线的最简单的实验方法. 为了使测量更为精确, 还可以利用电位差计、示波器或电桥等检测仪器测量电阻的伏安特性曲线.

非线性电阻的伏安特性所反映的规律, 总是与特定的一些物理过程相联系的. 对非线性电阻特性和规律的深入分析, 有利于对有关物理过程的理解和认识.

一、实验目的

1. 学会用伏安法测电阻, 并分析线路误差;

2. 测绘伏安特性曲线.

二、仪器设备

滑线变阻器、电压表、电流表、毫安表、待测电阻、待测二极管、电源等.

三、实验原理

1. 电阻元件的伏安特性

在一电阻元件两端加上直流电压, 元件内部有电流通过, 通过元件的电流与端电压之间的关系称为该元件的伏安特性. 习惯上一般以电压为横坐标、电流为纵坐标作出元件的电压-电流关系曲线, 称为该元件的伏安特性曲线(实质上, 这样的曲线称为安伏特性曲线更恰当).

由于导电机理不同, 可将元件分为两类. 元件两端电压与通过它的电流成正比, 伏安特性曲线是一过原点的直线, 这类元件称为线性元件, 其电阻值是常量, 这类电阻叫线性电阻; 反之, 加在其上的电压与通过的电流没有线性关系的元件, 均称为非线性元件, 其电阻值也不是常量, 这类电阻叫非线性电阻. 一般金属导体的电阻是线性电阻(忽略电流热效应对其阻值的影响),它与外加电压的大小和方向无关,其伏安特性曲线是一条直线,如图 5. 13. 1 所示. 从图中看出直线通过Ⅰ、Ⅱ象限,即当调换电阻两端电压的极性时,电流也换向,而电阻始终为一定值,等于直线斜率的倒数,$R=U/I$.

常用的晶体二极管是非线性电阻,其阻值不仅与外加电压的大小有关,而且还与方向有关. 把电压加到二极管上,如在二极管的正端接高电位,负端接低电位(称为加正向电压),则电路中有较大的电流,随着正向电压的增加,电流 I 也增加,但电流 I 的大小并不和电压 U 成正比. 如果在二极管上加反向电压,这时电路中的电流很微弱,其电流和电压也不成正比. 把正向电压和正向电流、反向电压和反向电流对应关系作图,得出如图 5. 13. 2 所示的曲线.

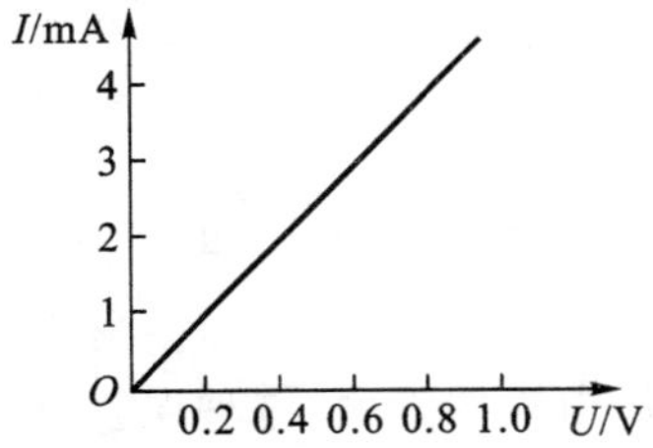

图 5. 13. 1　线性电阻的伏安特性曲线

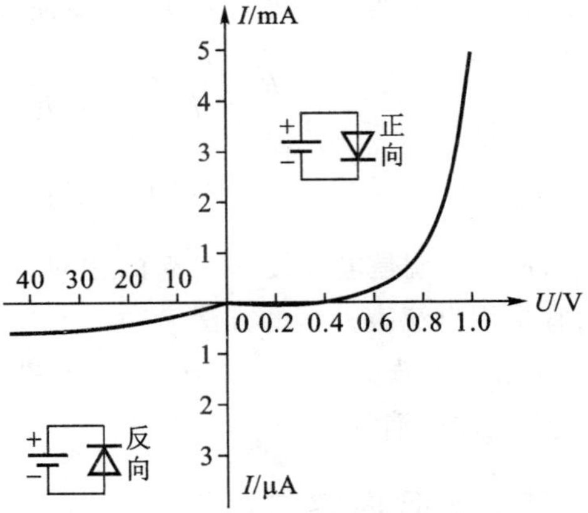

图 5. 13. 2　非线性电阻的伏安特性曲线

2. 电表的连接与接入误差

伏安法要求同时测量流经元件的电流和元件两端的电压,线路接法有两种可能,见图 5. 13. 3 和图 5. 13. 4,前者称为电流表内接,后者称为电流表外接. 由于同时测量电流和电压,无论哪种接法都会产生接入误差.

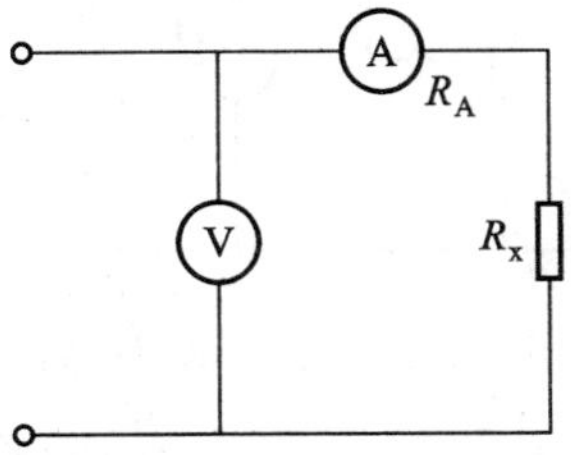

图 5. 13. 3　电流表内接

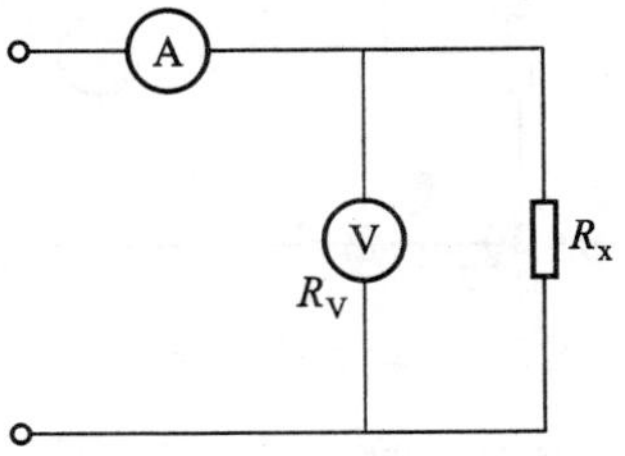

图 5. 13. 4　电流表外接

电流表内接时，电流表测得的是流过电阻 R_x 的电流 I_x，但是电压表测得的 U 并不是 U_x，而是 U_x+U_A，U_A 为电流表两端的电压. 由于电流表的内阻不为零，U_A 也不为零，故测得电压值比 U_x 大，从而使测得的电阻值比 R_x 值偏大：

$$R=\frac{U}{I_x}=\frac{U_x+U_A}{I_x}=R_x+R_A=R_x\left(1+\frac{R_A}{R_x}\right) \tag{5.13.1}$$

式中，R_A 是电流表内阻，R_A/R_x 是电流表内接给测量带来的相对误差.

如果 $R_A \ll R_x$，则该误差可忽略不计，因此测量较大电阻（即 $R_x \gg R_A$）时宜采用电流表内接的方法.

电流表外接时，电压表测得的正是 R_x 两端的电压 U_x，但电流表测得的电流 I 却是 I_x+I_V（I_V 是流过电压表的电流）. 由于电压表的内阻不是无穷大，故 I_V 不为零，这就使测得的 I 比 I_x 偏大，从而使测得的电阻值比 R_x 偏小：

$$R=\frac{U_x}{I}=\frac{U_x}{I_x+I_V}=\frac{U_x}{I_x(1+I_V/I_x)}$$

$$\approx R_x\left(1-\frac{R_x}{R_V}\right) \tag{5.13.2}$$

显然，R_x/R_V 就是电表接入引起的相对误差. 当待测电阻比较小（即 $R_x \ll R_V$）时，宜采用电流表外接的方法.

上述两种误差都属于系统误差. 如果知道相应电表的阻值，这种误差是可以通过修正加以消除的.

四、实验内容与步骤

1. 测量电阻的阻值

（1）选取电路　根据给定的电压表内阻、毫安表内阻及待测电阻的大小，选择图 5.13.5 或图 5.13.6 所示电路，但必须使测得的 R_x 误差较小.

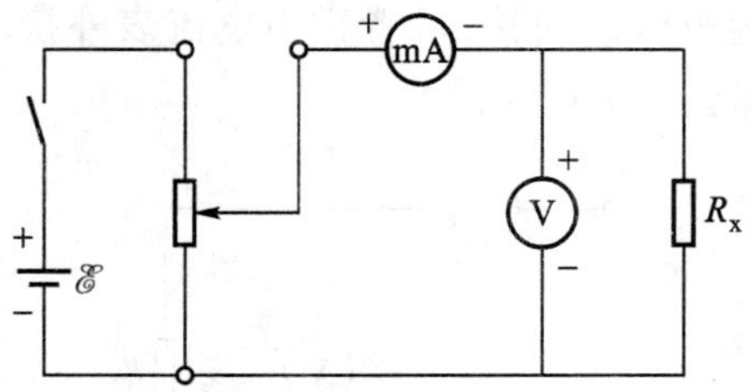

图 5.13.5　测量电阻的阻值

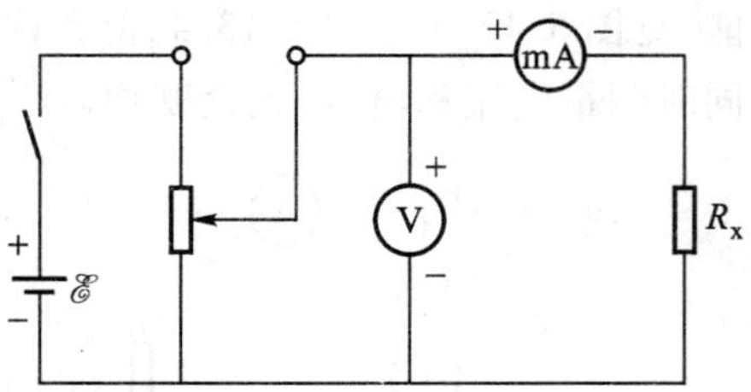

图 5.13.6　测量电阻的阻值

（2）连接电路　首先按图将所使用的仪器摆好，将电源以外的仪器连接起来，对照线路仔细检查后方可接通电源进行测量.

（3）调节分压器　在不同的电压下测量 5 ~ 10 组数据，在坐标纸上作出该电阻的伏安特性曲线,并由曲线斜率求该电阻的阻值 R_x.

2. 测量晶体二极管的伏安特性

测量前,先记录所测晶体管的型号和主要参量(最大正向电流值和最大反向电压值),并判明二极管的正、负极.

由于晶体二极管正反两方向的电阻值差异很大,其正向电阻一般只有几十到几百欧姆,而反向电阻则在 $10^5\ \Omega$ 以上,故测正向伏安特性和反向伏安特性时应分别按图 5.13.7 和图 5.13.8 连接电路. 调节分压器,各测 5 ~ 7 组数据(选不同的电压值测出相应的电流值)并列表.

二极管正、反向伏安特性曲线可在同一坐标纸上作图. 因正反向电流、电压的变化范围不同,可考虑正反向取不同的单位,但必须注明.

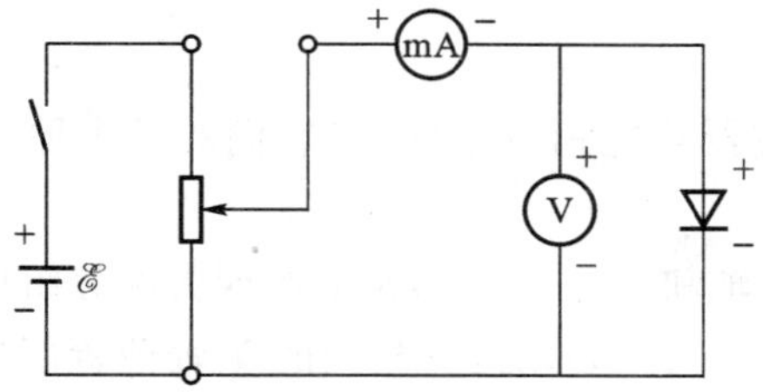

图 5.13.7　测正向伏安特性

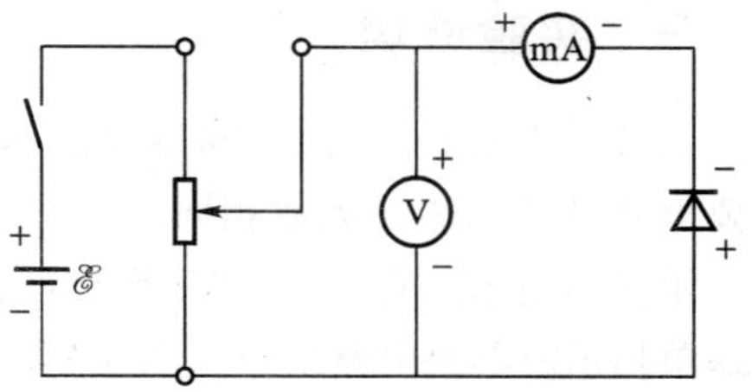

图 5.13.8　测反向伏安特性

五、数据记录与处理

数据表格自拟.

六、注意事项

1. 分压电路接好后,应使初始分压为零,方能接通电源.
2. 合理选择电压表、电流表的量程. 接线时注意其极性.

七、思考题

测量晶体二极管的伏安特性时,为什么测正向和反向伏安特性时要分别选用图 5.13.7 和图 5.13.8 的线路?

实验 14　示波器的使用

1928 年,第一支三极枪式电子射线示波管(CRT)问世,1931 年美国无线电公司(RCA)用这种管子制造了第一台示波器(oscilloscope),它是一种用来观察电压、电流波形并能测量其数值的电子仪器. 凡能变换为电压的其他电学量以及非电学量(如温度、压力等),也都能利用示波器进行观察和测量,通过示波器可把抽象的、肉眼看不见的电过程变换成具体的、看得见的图像，因而它特别有利于研究瞬变、脉冲或变化极其缓慢的过程. 示波器是用途十分广泛的测量仪器.

一、实验目的

1. 了解示波器的基本结构，学习示波器的调节和使用；
2. 用示波器观察电压波形并测量其幅度和周期；
3. 用示波器观察李萨如图形和磁滞回线.

二、仪器设备

6502 示波器、整流电路示教盒、磁滞回线显示盒、低频信号发生器等.

三、实验原理

示波器有各种型号，不同型号的示波器功能稍有不同，但它们的基本原理、主要电路及使用方法大致相同.

示波器由示波管、扫描和整步装置、X 轴和 Y 轴放大器及电源四大部分组成. 单踪单扫示波器的电路组成如图 5. 14. 1 所示；只要用两套相同的 Y 轴前置部分，加上一个电子开关就可用单踪示波管同时观察两个待测信号（电子双踪示波器）.

1. 示波管

（1）基本结构

示波管是呈喇叭形的玻璃真空管，如图 5. 14. 2 所示. 内部装有电子枪和两对相互垂直的偏转板，在喇叭口状的曲面壁上涂有荧光物质，构成荧光显示屏. 当高速电子撞击在荧光屏上时，电子会使荧光物质发光，在屏上就能看到一个亮点. 电子运动随时间而变化的情况，可在荧光屏上显示出来.

（2）聚焦调节

示波管的侧视图如图 5. 14. 2 所示. 电子枪由灯丝 F、阴极 K、控制极 M、第一阳极 A_1 和第二阳极 A_2 组成，K、M、A_1、A_2 都是圆筒状的. 灯丝通电后，使阴极发热而发射电子. 由于阳极电位高于阴极，所以电子被阳极加速. 改变阳极电压，可以使不同发射方向的电子恰好会聚在荧光屏某一点上，这种调节称为聚焦. 示波器面板上“聚焦”旋钮就是用来改变阳极电位实现聚焦的.

（3）辉度调节

控制极 M 的电位较阴极 K 的电位低，它对阴极发射的电子具有抑制作用，改变控制极电压的高低，可以控制电子枪发射电子的多少，甚至完全不使电子通过. 示波器上“辉度”旋钮就是用来调节控制极电压以控制荧光屏上亮点的亮暗程度的，这称为辉度调节.

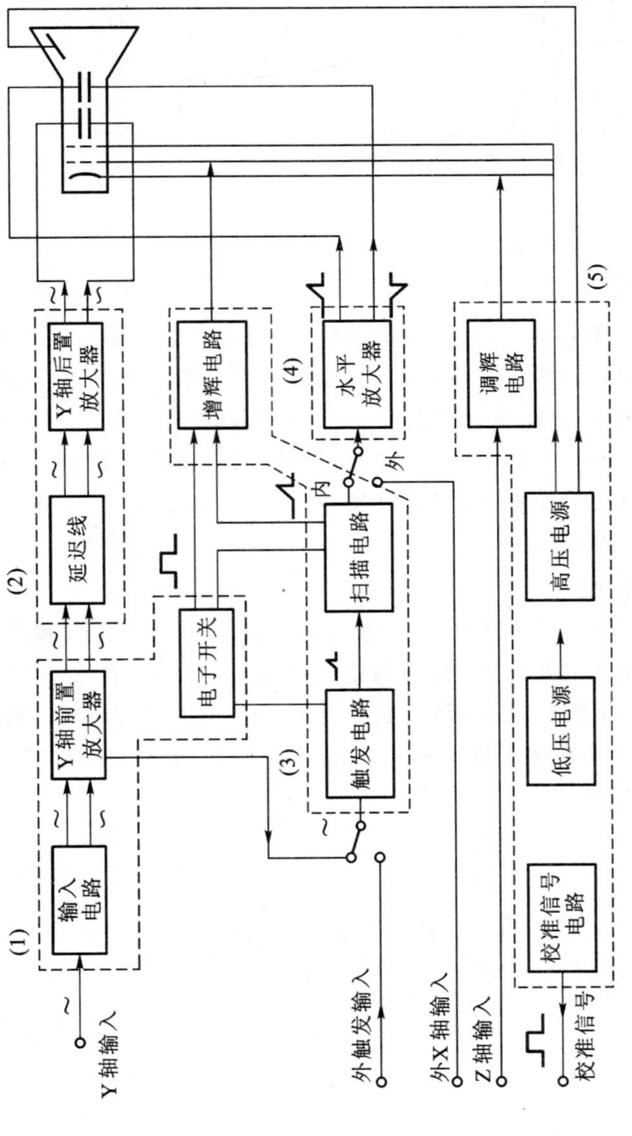

图 5.14.1　单踪单扫示波器原理框图

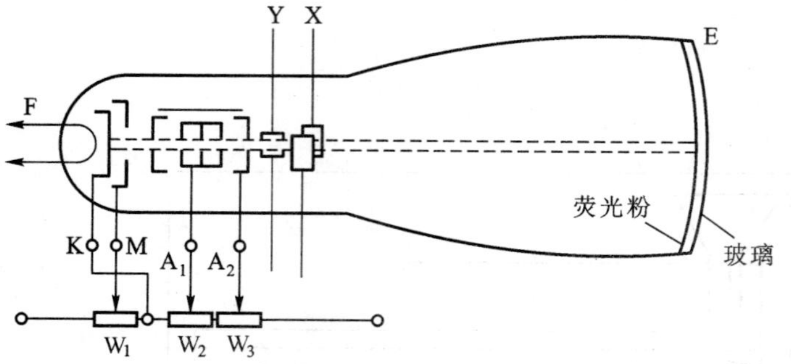

图 5.14.2　示波管示意图

（4）X、Y 位移调节

示波器有一对 X 偏转板（垂直放置的两块电极）和一对 Y 偏转板（水平放置的两块电极）. 当两对偏转板上都没有电势差时，从电子枪射出的电子束将保持原来行进方向而射向荧光屏. 但当偏转板上有电势差时，在板间电场作用下，电子束就偏向一侧，引起屏上光点向一侧移动. 因此，只要调节偏转板上的直流电压，就能改变光点的位置. 面板上的"Y 轴移位"和"X 轴移位"旋钮分别用来调节光迹的上、下和左、右位置.

2. 扫描和整步作用

若在 Y 偏转板上加上被观察的正弦电压信号，$U_Y = U_{Ym}\sin \omega t$，我们在荧光屏上仅能看到一条竖直的亮线，而看不到正弦曲线. 只有同时在 X 偏转板上加入一个锯齿形电压（如图 5.14.3 所示，如果以 $U_X=0, t=0$ 作为起点，则在一个周期内 $U_X = U_{Xm}t$），才能在荧光屏上显示出信号电压 U_Y 和时间 t 的关系曲线，其原理如图 5.14.4 所示.

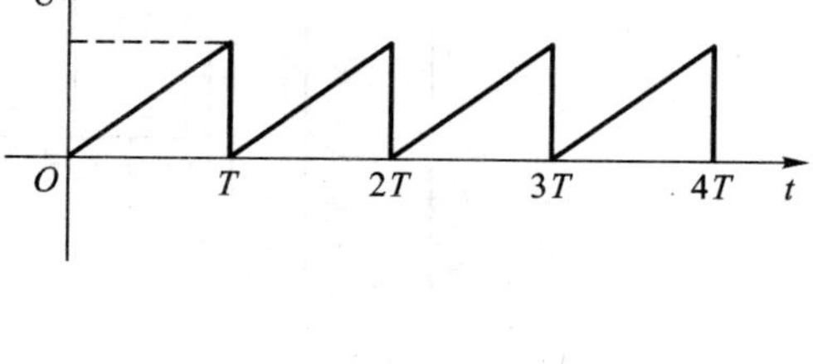

图 5.14.3　锯齿波扫描电压

设在开始时刻 a，电压 U_Y 和 U_X 均为零，荧光屏上亮点在 A 处. 时间由 a 到 b，在只有电压 U_Y 作用时，亮点在竖直方向的位移为 B_Y，屏上亮点在 B_Y 处. 由于同时加 U_X，电子束既受 U_Y 作用而上下偏转，同时又受 U_X 作用而向右偏转（亮

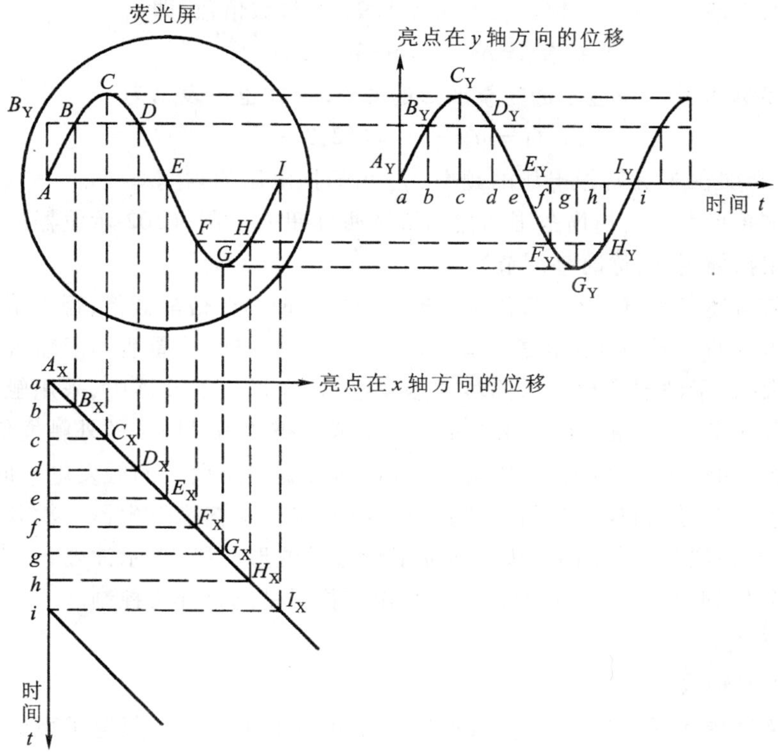

图 5.14.4　扫描原理图

点水平位移为 B_X），因而亮点不在 B_Y 处，而在 B 处. 随着时间推移，依此类推，便可显示出正弦波形来. 所以，在荧光屏上看到的正弦曲线实际上是两个相互垂直的运动（$U_Y = U_{Ym}\sin \omega t$ 和 $U_X = U_{Xm}t$）的合成轨迹.

由上可见，要想观测加在 Y 偏转板上电压 U_Y 的变化规律，必须在 X 偏转板加上锯齿形电压，把 U_Y 产生的垂直亮线"展开". 这个展开过程称为"扫描"，锯齿电压又称为扫描电压.

由图 5.14.4 可见，如果正弦波电压与锯齿形电压的周期相同，正弦波到 I_Y 点时，锯齿波也正好到 I_X 点，从而亮点描完了整个正弦曲线. 由于锯齿波这时马上复原，所以亮点又回到 A 点，开始周期性地在同位置描出同一条曲线，这时我们将看见这条曲线稳定地停在荧光屏上. 如果正弦电压与锯齿电压的周期稍有不同，则第二次所描出的曲线将和第一次曲线的位置不相重合，从而在屏上显示的图形是不稳定的，或者图形较为复杂. 如果扫描电压的周期 T_X 是正弦电压周期 T_Y 的两倍，在荧光屏上就显示出两个完整的正弦波. 同理，$T_X = 3T_Y$，在荧光屏上显示出三个完整波形，依此类推. 如果要示波器显示出完整而稳定的波形，扫描电压的周期 T_X 须为 Y 偏转板电压周期 T_Y 的整数倍数. 即

$$T_X = nT_Y \quad (n = 1, 2, 3, \cdots)$$

式中，n 为荧光屏上所显示的完整波形的数目. 上式也可表示为

$$f_Y = nf_X \quad (n = 1, 2, 3, \cdots)$$

式中，f_Y 为加在 Y 偏转板电压的频率，f_X 为扫描电压的频率.

扫描频率大小由扫描范围和扫描微调两旋钮来控制（6502 示波器的扫描频率调节用扫描周期，称时基调节）.

如前所述，扫描信号周期必须是输入信号周期的严格整数倍，否则示波管荧光屏上出现的信号图像是不断移动的. 为了保证扫描信号周期等于输入信号周期的整数倍，示波器中要加入同步或触发电路. 在现代示波器中，采用触发扫描方式实现同步要求. 触发信号来自垂直信道或与被测信号同步的外触发信号源，当触发源中的信号大小达到由“电平”（LEVEL）旋钮所设定的触发电平时，示波器给出触发信号，扫描发生器开始扫描. 这样，保证了扫描发生器每次开始扫描时，信号的相位都是相同的，从而保证了所显示波形的稳定. 示波器显示波形的过程如图 5.14.5 所示. 扫描时间的长短由扫描时基选择开关控制.

3. 放大系统

（1）Y 轴放大系统

待测信号幅度往往很小，直接加到 Y 偏转板上不足以引起电子束的偏转或偏转太小，故应先经 Y 轴放大器，不失真地放大待测信号，同时保证示波器测量灵敏度这一指标的要求. 示波器灵敏度单位为 V/DIV 或 mV/DIV（DIV 即 division，为荧光屏上一格的长度）. 但须注意，进行定量读数时“垂直灵敏度微调”电位器（图 5.14.8 中的“32”或“26”）应顺时针拧到头，处于校准（CAL）位置.

此外，还要求示波器显示稳定波形，还要求垂直放大电路有一定的频率响应、足够大的增益调整范围和比较高的输入阻抗. 输入阻抗是表示示波器对被测系统影响程度大小的指标，输入阻抗愈高，对被测系统的影响愈小.

Y 轴输入端与垂直放大电路之间有一个衰减器，其作用是使过大的输入信号电压减小，以适应放大器的要求.

（2）X 轴放大系统

扫描发生器产生线性良好、频率连续可调的锯齿波信号，作为波形显示的时间基线. 水平放大电路将上述的锯齿波信号放大，输送到 X 偏转板，以保证扫描基线有足够的宽度. 6502 型示波器“时基选择”的单位为 s/DIV 或 ms/DIV 或 μs/DIV，但须注意进行定量读数时“时基调节”电位器应处于“CAL”位置. 因此观察波形时还可以读出波形的周期.

另外，水平放大电路也可以直接放大外来信号，这样示波器可作为 X－Y 显

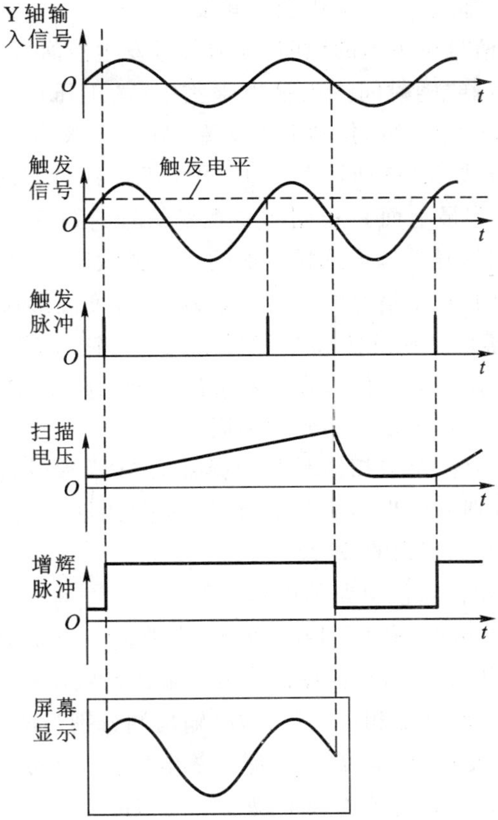

图 5.14.5　示波器显示测量波形过程

示之用.

4. 电源

电源向示波管和示波器各部分电路提供所需的电压.

四、实验内容与步骤

1. 熟悉 6502 型示波器的使用,观察信号发生器输出信号的波形.

(1) 了解示波器的型号,弄清面板上各旋钮和开关的作用后再开始进行实验,6502 型双通道示波器面板如图 5.14.8 所示.

(2) 接通示波器的电源,其余各按键均不要按下."CH1 耦合方式"开关"29"打在中间"GND"挡,"触发方式"开关"16"打在自动扫描"AUTO",熟悉一下"亮度"、"聚焦"、"X 轴位移"和"Y 轴位移"各旋钮的作用,使亮度适中,聚焦清晰.若荧光屏上出现一条水平横线,这是由于开关"29"打在"GND",输入短路,无信号输入,故这条横线是由扫描信号产生的,水平方向的距离与时间成正比,因此是一条时间基线,它可以代表时间轴.

(3) 参看有关信号发生器的说明,弄清信号发生器面板上各旋钮、接线柱的作用后,将信号发生器"随时间按正弦规律变化"的电压用"探头"输入 6502 示波器"CH1 输入"端,开关"29"打到上方交流(AC)挡. X 轴信号采用示波器本身的扫描电压,触发方式用"自动触发"(开关"16"打到最上面),触发源选择"内触发"(开关"18"打到最上面),根据所要观察信号的频率选择适当的扫描时基(time/DIV),并根据信号的幅度选择合适的电压灵敏度(V/DIV),再调节触发电平至信号的幅度范围内,使信号波形能稳定显示,并使波形从合适的位置开始扫描. 将 CH1 垂直灵敏度微调旋钮"32"和时基调节旋钮"12"顺时针拧到头,使它们处于校准位置"CAL". 调节信号发生器输出信号的频率,使得荧光屏上刚好显示一个完整的波形. 测量出信号的幅度和周期.

保持信号频率不变,调节扫描时基选择开关"15"和时基调节旋钮"12",改变扫描电压周期,分别调出当扫描电压周期为信号周期 2 倍和 3 倍时的波形,并在方格纸上定量描出观察到的波形.

2. 观察和测量整流滤波电路的电压图形

晶体管整流滤波电路如图 5. 14. 6 所示,电路装于整流滤波实验盒内. 当整流滤波实验盒接上电源后,将整流滤波实验盒输出端输出信号用探头输入"CH2 输入"端,逐次按下实验盒上相应按钮,这时输出端分别与电路中相应接点连通,从而可以将交流、半波整流、全波整流、滤波等电信号送入示波器观察. 观察整流滤波波形时,因为存在交直流叠加问题,因此,输入耦合方式选用直流耦合"DC". 又由于这些信号总和交流电源同步,触发源选用电源触发"LINE". 观察上述四种波形,测出信号的幅度和周期,并定量地绘下所观察到的上述四种波形示意图.

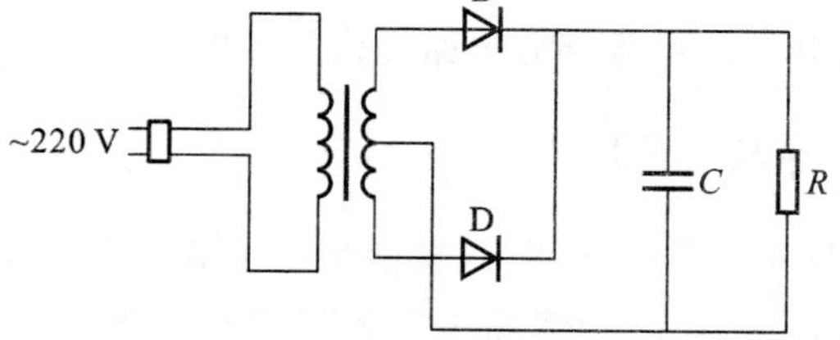

图 5. 14. 6　整流滤波电路图

3. 观察李萨如图形

如果在示波器的 X 和 Y 偏转板上分别输入两个正弦信号,且它们频率的比值为简单整数,这时荧光屏上就显示李萨如图形,它们是两个互相垂直的简谐运动合成的结果. 若 f_X 和 f_Y 分别代表 X 轴与 Y 轴输入信号的频率，则频率比与图形间有一个简单关系：

$$\frac{f_X}{f_Y}=\frac{\text{图形与垂直边框的切点数}}{\text{图形与水平边框的切点数}}$$

利用李萨如图形可以测量信号频率比，如果其中一个信号的频率已知，则可以测量另一个信号的频率. 利用李萨如图形还可以测量两个信号之间的相位关系，在超声波声速测定实验中，会用到这个关系.

实验时，将信号发生器"随时间按正弦规律变化"的电压用探头输入 6502 示波器"CH1 输入"端；将一正弦信号(50 Hz)，例如"2"中整流滤波实验盒中的"交流"信号用探头输入"CH2 输入"端，按下"XY"合成按钮，这时 CH1 的信号转到 X 轴偏转板上. 改变信号发生器频率，分别使 $f_Y:f_X=1:1$，$f_Y:f_X=1:2$，$f_Y:f_X=1:3$，观察并绘下各种情况下的特征示意图.

注意在这种情况下，水平偏转板上不再输入锯齿波扫描信号，因此 X 轴不再代表时间，时基选择开关"15"和时基调节旋钮"12"等不再起作用.

4. 观察磁滞回线

图 5.14.7 为磁滞回线显示盒的电路图，其中变压器的铁芯是被研究的样品. 由电磁理论可以证明，铁芯中磁场强度 H 与电势降 U_X 成正比，磁感应强度 B 与电势降 U_Y 成正比. 实验时将信号发生器产生的约50 Hz的交流信号输入到显示盒的输入端，用探头将 U_X 输入 6502 示波器"CH1 输入"端，U_Y 输入"CH2 输入"端，按下"XY"合成按钮，适当调节信号发生器输出信号的幅度和频率，以及示波器 CH1 和 CH2 的灵敏度，使荧光屏上显示 U_Y-U_X 曲线，亦即 $B-H$ 曲线，观察并绘下所看到的磁滞回线示意图.

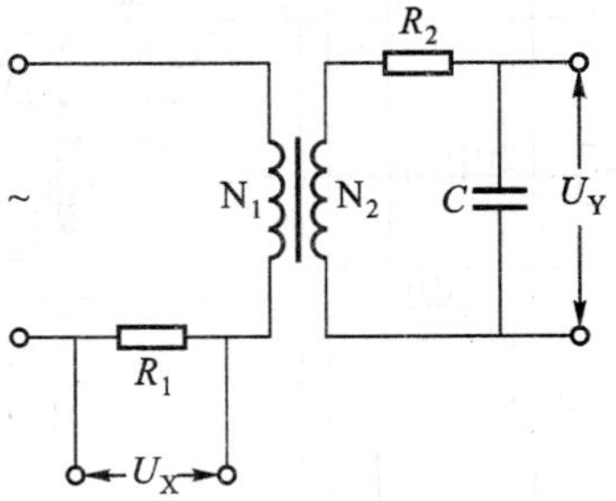

图 5.14.7　磁滞回线显示盒电路图

五、注意事项

1. 必须弄清所使用示波器、信号发生器的型号与面板上各旋钮的作用后再开始实验，图 5.14.8 为 6502 示波器的面板图.

2. 荧光屏上的光点亮度不可调得太强(即"亮度"旋钮应调得适中)，且不可将光点固定在荧光屏上某一点时间过长，以免损坏荧光屏.

3. 示波器上所有开关与旋钮都有一定强度与调节角度，使用时应轻轻地缓慢旋转，不能用力过猛或随意乱旋，也不要无目的地乱按按键.

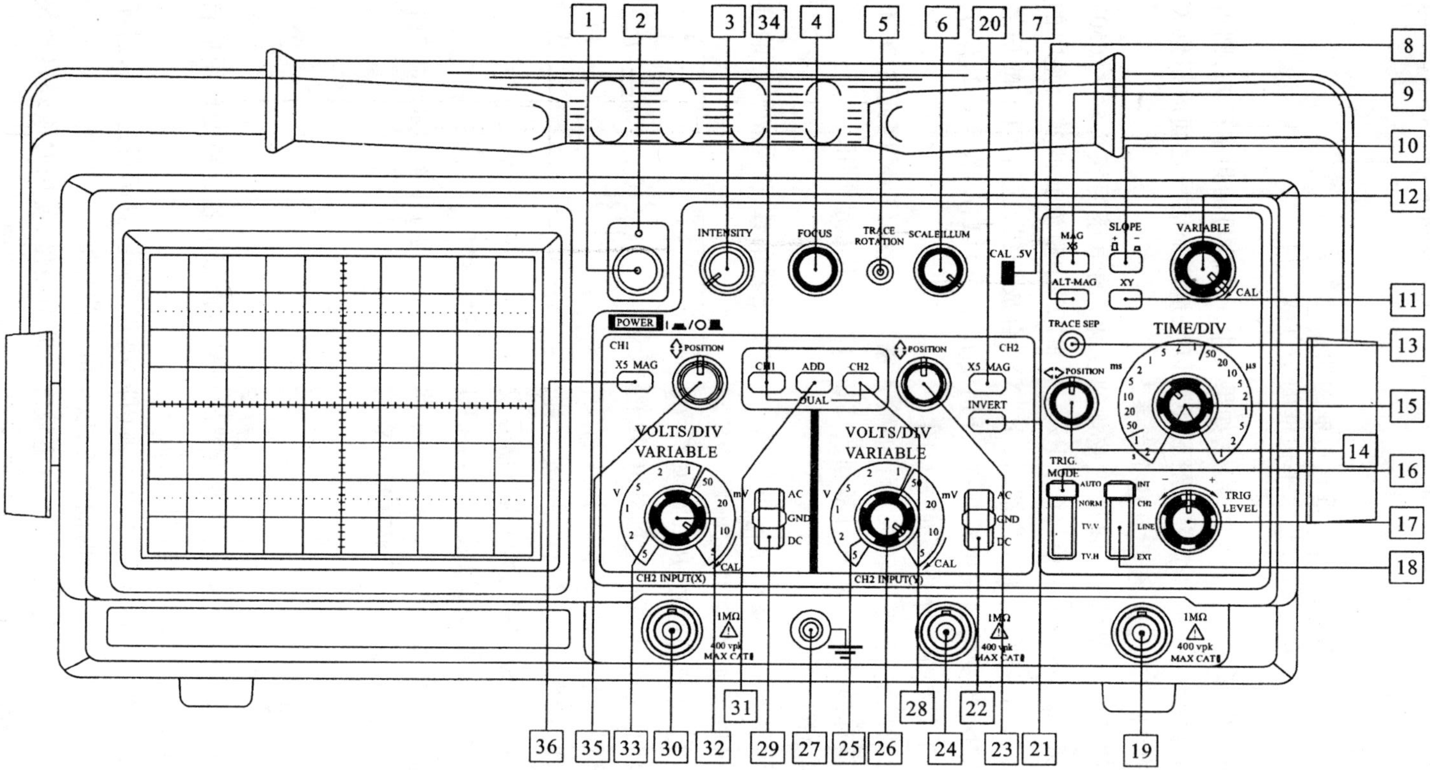

图 5.14.8　6502 双通道示波器面板图

1—电源开关;2—电源指示;3—亮度;4—聚焦;5—扫描旋转;6—标尺亮度调节;7—校准信号 0.5 V;8—扩展扫描;9—时基扩展 ×5;10—触发方式 ±(+上升沿,-下降沿);11—XY 合成;12—时基调节(“CAL”为校准位置);13—扩展扫描调节;14—X 位移;15—时基选择;16—触发方式(Auto 自动扫描;Norm 常规扫描;TV—V 场频触发;TV—H 行频触发);17—触发电平;18—触发源选择(INT:内触发 CH1 或 CH2;CH2:CH2 信号触发;LINE:电源信号触发;EXT 外部信号触发);19—外触发信号输入;20—CH2 信号 Y 轴扩展 ×5;21—CH2 信号反相;22—耦合方式;23—CH2 图像 Y 位移;24—CH2 输入;25—CH2 垂直灵敏度选择;26—CH2 垂直灵敏度微调;27—地;28、31、34—扫描信号选择(CH2;ADD;CH1);29—CH1 信号耦合方式;30—CH1 输入;32—CH1 垂直灵敏度微调;33—CH1 垂直灵敏度选择;35—CH1 图像 Y 位移;36—CH1 图像垂直扩展 ×5

实验 15　霍耳效应法测量磁场

霍耳效应(Hall effect)是由霍耳在 1879 年研究载流导体在磁场中的受力性质时所发现的. 它是磁场电流致横电势效应. 霍耳元件具有频率响应宽、小型、无接触、寿命长、成本低等优点,故已广泛地应用于科研、生产与生活之中. 利用它可以测量磁场;可以研究半导体中载流子的类别和特性等;也可以利用它制作传感器,用于磁读出头、隔离器,转速仪等. 量子霍耳效应更是当代凝聚态物理领域最重要的发现之一,它在建立国际计量的自然基准方面也起了重要的作用.

一、实验目的

1. 了解霍耳效应法测量磁场的原理和方法;
2. 测定所用霍耳片的霍耳灵敏度;
3. 用霍耳效应法测量通电螺线管轴线上的磁场;
4. 用霍耳效应法测量通电线圈和亥姆霍兹线圈轴线上的磁场,验证磁场叠加原理,验证亥姆霍兹线圈中央存在均匀磁场.

二、仪器设备

霍耳效应实验仪.

三、实验原理

霍耳效应法是利用半导体在磁场中的霍耳效应测量磁感应强度的方法. 这种方法应用广泛,各种型号的特斯拉计就是用霍耳效应法测量磁场的仪器.

1. 霍耳效应及其测磁原理

把一块半导体薄片(锗片或硅片等)放在磁感应强度大小为 B 的磁场中(B 的方向沿 z 轴方向),如图 5.15.1 所示. 从薄片的四个侧面 A、A'、D、D'上,分别引出两对电极. 沿纵向(AA'方向,即 x 轴正向)通以电流 I_H,则在薄片的两个横向面 D、D'之间就会产生电势差,这种现象称为“霍耳效应”. 产生的电势差称为霍耳电势差. 根据霍耳效应制成的磁电变换元件称为霍耳元件. 霍耳效应是由洛伦兹力引起的. 当放在垂于磁场方

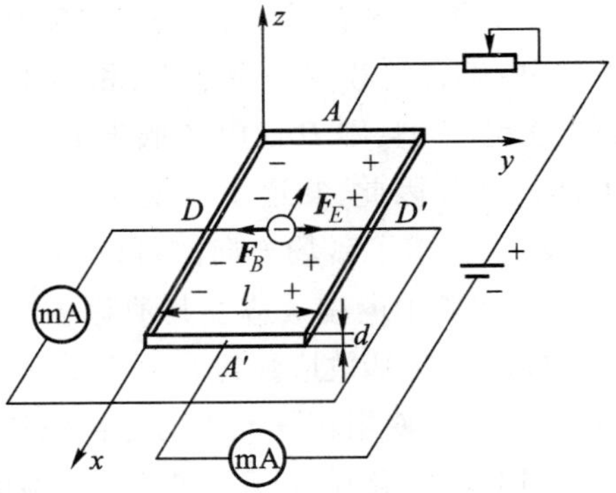

图 5.15.1　霍耳效应原理图

向的半导体薄片通以电流后，薄片内定向移动的载流子受到洛伦兹力 $\boldsymbol{F}_B$：

$$\boldsymbol{F}_B = q\boldsymbol{v} \times \boldsymbol{B}, \quad F_B = qvB \tag{5.15.1}$$

式中，q、v 分别是载流子的电荷和移动速度. 载流子受力偏转的结果使电荷在 D、D'两端面积聚而形成电场（图 5.15.1 中设载流子是负电荷，故 $\boldsymbol{F}_B$ 沿 y 轴负方向），这个电场又给载流子一个与 $\boldsymbol{F}_B$ 反方向的电场力 $\boldsymbol{F}_E$. 设 E 表示电场强度，$U_{DD'}$表示 D、D'间的电势差（即电压），b 表示薄片宽度，则

$$F_E = qE = q\frac{U_{DD'}}{b} \tag{5.15.2}$$

达到稳定状态时，电场力和洛伦兹力平衡，有

$$F_B = F_E$$

即

$$qvB = q\frac{U_{DD'}}{b}$$

载流子的浓度用 n 表示，薄片厚度用 d 表示，则电流 $I_{\mathrm{H}} = nqvbd$，故得

$$U_{DD'} = \frac{I_{\mathrm{H}}B}{nqd} = R_{\mathrm{H}}\frac{I_{\mathrm{H}}B}{d} \tag{5.15.3}$$

式中，$R_{\mathrm{H}} = \dfrac{1}{nq}$称为霍耳系数，它表示材料的霍耳效应的大小.

通常，式(5.15.3)写成如下形式：

$$U_{DD'} = K_{\mathrm{H}}I_{\mathrm{H}}B \tag{5.15.4}$$

比例系数 $K_{\mathrm{H}} = \dfrac{R_{\mathrm{H}}}{d} = \dfrac{1}{nqd}$称为霍耳元件的灵敏度，它的大小与材料的性质及薄片的尺寸有关，对一定的霍耳元件是一个常量，可用实验测定.

由式(5.15.4)可以看出，如果知道了霍耳元件灵敏度 K_{H}，用仪器分别测出流过霍耳片的电流 I_{H} 及相应的霍耳电压 $U_{DD'}$，就可算出磁感强度 B 的大小. 这就是用霍耳效应测量磁场的原理.

半导体材料有 N 型（电子型）和 P 型（空穴型）两种. 前者的载流子为电子，带负电；后者的载流子为空穴，相当于带正电的粒子. 由图 5.15.1 可以看出，若载流子为 N 型，则 D 面电势低于 D'，$U_{DD'} < 0$；若载流子为 P 型，则 D 面电势高于 D'，$U_{DD'} > 0$. 因此，知道了载流子类型，可以根据 $U_{DD'}$的正负确定待测磁场的方向；反之，知道了磁场方向亦可以确定载流子的类型.

2. 实验中的副效应及其消除法

伴随着霍耳效应还经常存在着一些其他的副效应，它们都将带来附加的电势差，所以在使用霍耳元件时还需设法消除这些附加电势差. 这些副效应包括：

(1) 埃廷豪森效应　这是一种温度梯度效应. 由于载流子的速度不相等，它们在磁场作用下，速度大的受到洛伦兹力大，绕大圆轨道运动，速度小的则绕小圆轨道运动. 这样导致霍耳元件的一端（D 端）较另一端（D'端）具有较多的能量

而形成一横向的温度梯度,该温度梯度引进的 D、D' 两端出现温差电动势 U_t,U_t 的正负与电流 I_H 和磁感应强度 B 的方向有关.

(2) 能斯特效应　由于输入电流两端的焊接点处电阻不相等,通电后发热程度不同,并因温度差而产生电流,使 D、D' 两端附加一个电压 U_N,U_N 的正负只与磁感应强度 B 的方向有关,与电流 I_H 的方向无关.

(3) 里纪－勒杜克效应　由能斯特效应产生的电流也有埃廷豪森效应,由此而产生附加电压 U_S,U_S 的正负也只与磁感应强度 B 的方向有关,而与电流 I_H 的方向无关.

(4) 不等势电压　由于材料的不均匀或几何尺寸的不对称使 D 和 D' 两个面上的电极不在同一等势面上,因此而形成电压 U_0. U_0 的正负仅与电流 I_H 的方向有关,与外磁场的方向无关.

综上所述,在确定的电流 I_H 和磁场 B 的条件下,实测的 D、D' 两端的电压并不只是 $U_{DD'}$,还包括以上副效应带来的附加电压,即

$$U = U_{DD'} + U_t + U_N + U_S + U_0$$

这些附加电压会产生系统误差,但它们的正负和电流 I_H 或磁感应强度 B 的方向各有一定的关系,测量时,通过改变 I_H 和 B 的方向,并进行恰当处理,就可以消除这些附加电压的影响. 其方法如下:

$+B$、$+I_H$ 时测量　$U_1 = U_{DD'} + U_t + U_N + U_S + U_0$　(5.15.5)

$+B$、$-I_H$ 时测量　$U_2 = -U_{DD'} - U_t + U_N + U_S - U_0$　(5.15.6)

$-B$、$-I_H$ 时测量　$U_3 = U_{DD'} + U_t - U_N - U_S - U_0$　(5.15.7)

$-B$、$+I_H$ 时测量　$U_4 = -U_{DD'} - U_t - U_N - U_S + U_0$　(5.15.8)

由以上四式中消去 U_0、U_N 和 U_S,得

$$U_1 - U_2 + U_3 - U_4 = 4(U_{DD'} + U_t)$$

一般 U_t 较 $U_{DD'}$ 小得多,在误差允许范围内可以略去,则

$$U_{DD'} = \frac{1}{4}(U_1 - U_2 + U_3 - U_4) \tag{5.15.9}$$

3. 长直螺线管

可以证明无限长的直螺线管内存在着一个均匀磁场,其磁感应强度为

$$B = \mu_0 n I_B \tag{5.15.10}$$

实际上的螺线管长度都是有限的,但当其长度远大于其直径时,就可以近似地认为是“无限长”了. 在其轴线上端部处的磁感应强度为

$$B' = \frac{1}{2}\mu_0 n I_B \tag{5.15.11}$$

式中,I_B 是通过螺线管的电流,单位为 A;n 是螺线管单位长度上的匝数,单位为 m^{-1};μ_0 是真空中的磁导率,$\mu_0 = 4\pi \times 10^{-7}$ T · m · A^{-1};B 的单位为 T(特斯拉).

4. 亥姆霍兹线圈

一对半径为 R，平行地同轴放置且距离也为 R，通以相同大小和相同方向电流的线圈，称为亥姆霍兹线圈，如图 5.15.2 所示. 它产生的磁场是由两个线圈分别产生的磁场叠加而成的，可以证明，在其中心 O 附近存在着一个均匀磁场.

单个线圈轴线上的磁感应强度为

$$B = \frac{\mu_0}{2} \frac{R^2 N I_B}{(R^2 + x^2)^{3/2}} \qquad (5.15.12)$$

式中，N 为线圈的匝数，x 为距圆心的距离，R 为线圈半径.

亥姆霍兹线圈中心处的磁感应强度为

$$B = \frac{8\mu_0 N I_B}{5^{3/2} R} \approx 0.716 \frac{\mu_0 N I_B}{R} \qquad (5.15.13)$$

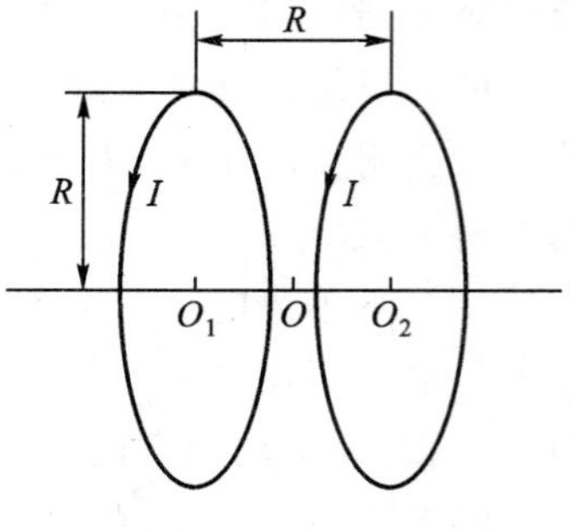

图 5.15.2　亥姆霍兹线圈

四、仪器描述

本实验所用霍耳效应实验仪分为电源和测试台两大部分. 电源为仪器提供励磁电流 I_B 和霍耳片工作电流 I_H，同时检测霍耳片上的电压. 测试台装有同轴的可以通电的螺线管和一对线圈，以及处于螺线管和线圈轴线上，沿轴线方向位置可调的霍耳片，同时还有四个双刀双掷开关，用以控制通电方式. 电源的面板如图 5.15.3 所示. 电流显示转换开关上方为电流表，当该开关打向右边时，电表显示的是霍耳片工作电流 I_H，打向左边时电表显示的为励磁电流 I_B. 励磁电流和霍耳片工作电流均可通过电位器在一定范围内调节，面板右侧的数字表用于显示霍耳片上的电压. CZ_1 和 CZ_2 为两个航空插座. CZ_1 通过电缆将励磁电流导向测试台，CZ_2 通过电缆将霍耳片工作电流导向测试台上的霍耳片，同时将霍耳片上的电压引入电源，通过测量后加以显示.

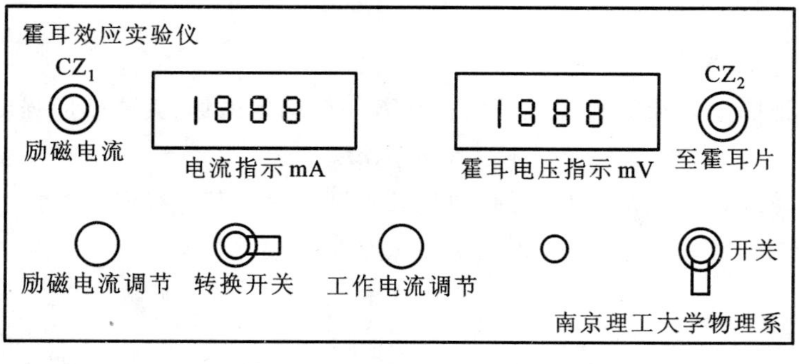

图 5.15.3　霍耳效应实验仪电源面板图

电源的主要技术参量如下：

励磁电流　调节范围 0 ~ 1.2 A（推荐使用值 1 A）；电流稳定度 ±2%.

霍耳片工作电流　调节范围 0 ~ 5 mA（实际使用时不得超过 3.5 mA，否则容易损坏霍耳片），电流稳定度 ±2%.

以上两项电流值均通过三位半数字表显示，单位为 mA，所显示的是电流的绝对值.

霍耳片上的电压 U 通过三位半数字表显示，单位为 mV，在显示其绝对值的同时，还显示其正负符号.

测试台的俯视图如图 5.15.4 所示. CZ_1' 和 CZ_2' 通过电缆分别与电源上 CZ_1 和 CZ_2 相连通. L_3 为螺线管，其直径为 47 mm，单位长度匝数 $n = 1\ 400\ m^{-1}$. L_1 和 L_2 为两个相同的线圈，等效半径 $R = 47$ mm，匝数 $N = 100$，两线圈相距 $d = R$. 如果 L_1 和 L_2 同时通以相同方向、相同大小的电流，就构成了亥姆霍兹线圈. 安装时，L_1、L_2 和 L_3 保持同轴.

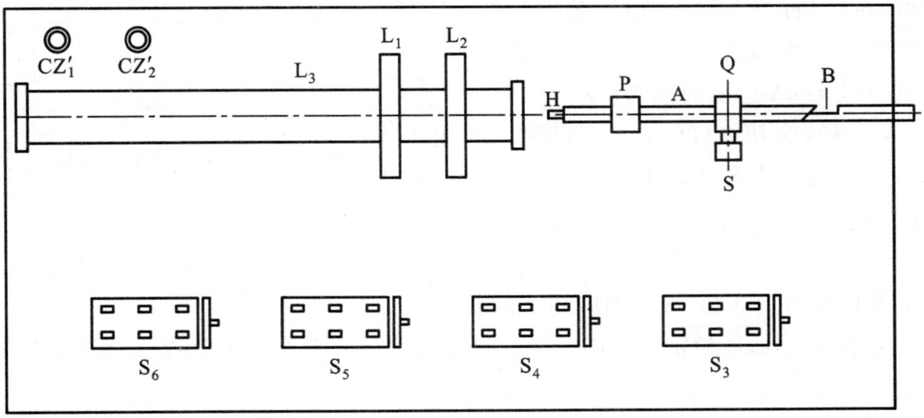

图 5.15.4　霍耳效应实验仪测试台俯视图

S_3、S_4、S_5、S_6 用于控制通电方式. S_3 是霍耳片工作电流换向开关；S_4 是励磁电流换向开关，S_5 是螺线管接通或线圈接通转换开关，打向"螺线管通"一侧，励磁电流只通过螺线管，而不通过线圈；打向"线圈通"一侧，励磁电流不通过螺线管而只通过线圈；至于通过哪个线圈，要由 S_6 控制；S_6 是线圈通电控制开关，仅 S_5 打向"线圈通"一侧时才起作用. 当 S_6 打向左或右时，可分别选择左线圈 L_1 单独通电或右线圈 L_2 单独通电，S_6 处于中间位置，即与闸刀两边都不接触时，L_1 和 L_2 同时通电.

移动尺 A 装于支架 P 与 Q 上，且通过 L_1、L_2、L_3 的轴线. 尺的左端贴有霍耳片 H，尺的侧面贴有标尺 B. 支架 P 上有读数窗，窗下刻线所指示的标尺读数即为霍耳片到螺线管 L_3 右端的距离，H 在 L_3 内部时读数为正，H 在 L_3 外面时读数为负，支架 Q 上装有手轮 S，转动 S 可以调节移动尺沿左右方向移动. 标尺最小分度 1 mm，调节范围为 $-100\sim210$ mm.

霍耳效应实验仪电路原理框图见图 5.15.5.

五、实验内容与步骤

1. 将霍耳效应实验仪的两根电缆分别连接 CZ_1 和 CZ_1'，以及 CZ_2 和 CZ_2'. 一般已经连好，实验完毕后不要拔下，以免多次插拔造成插头损坏.

2. 将 S_3 和 S_4 打向"+"（或"-"），S_5 打向"螺线管通". 打开电源开关，预热 10 分钟.

3. 将电源上的转换开关打向左边，调节"励磁电流调节电位器"，使励磁电流为 $I_B=1\,000$ mA左右. 对于这个电流值，在实验过程中要经常监测，通常不会有大的变化，如果变化量超过 5 mA 应随时调节.

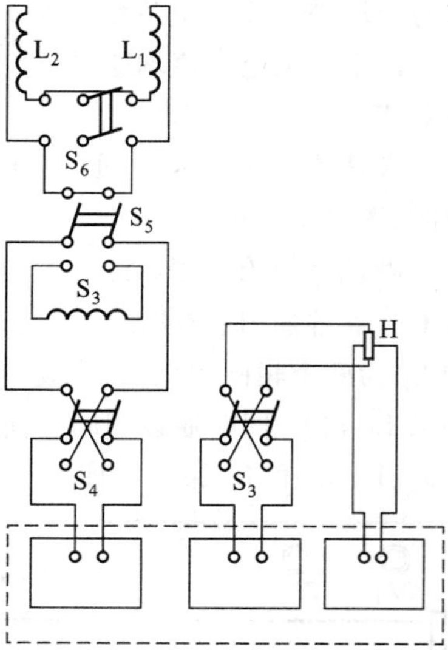

图 5.15.5　霍耳效应实验仪电路原理框图

4. 将转换开关打向右侧，调节"工作电流调节"电位器，使霍耳片工作电流为 $I_H=2.50$ mA 左右（注意区别霍耳片工作电流 I_H 和励磁电流 I_B）. 对于这个电流值，在实验过程中也要经常监测. 通常不会有大的变化，如果变化量超过 0.02 mA，则应随时调节.

5. 测量霍耳片的霍耳灵敏度 K_H. 通过测试台上的手轮 S，调节移动尺，使得读数窗下刻线所指示的标尺读数为 20.0 cm. 此时霍耳片处于螺线管中央，该处的磁感应强度 B 可由式(5.15.10)求得. 改变 S_3 和 S_4 的方向，从电源上"霍耳电压指示"窗读取相应的 4 个电压值，注意它们有正负之分，应连符号一起读取. 由这四个电压值，根据式(5.15.9)计算出相应的霍耳电压（注意，以后测量任一点的霍耳电压都要采用与上面类似的方法，即测得 4 个 U_i 再计算），并结合该处的 B 和 I_H，求出霍耳片的霍耳灵敏度 K_H.

6. 测量通电螺线管轴线上的磁感应强度 B. 改变霍耳片的位置，测出螺线管轴线上一系列位置的霍耳电压，并结合 K_H 和 I_H 求出 B. 在螺线管中部附近，B 随位置变化不明显，相邻测量点间的距离可以适当大些，在螺线管端部附近，B 随位置变化比较明显，相应测量点之间的距离应小一些. 测量范围可从 +20 cm 至 -5 cm；例如，可取测量位置为 20.0 cm，15.0 cm，10.0 cm，5.0 cm，4.0 cm，3.0 cm，2.0 cm，1.0 cm，0.0 cm，-1.0 cm，-2.0 cm，-3.0 cm，-4.0 cm，-5.0 cm 等.

7. 测量左线圈 L_1 单独通电时，其轴线上一系列位置的 B. 此时应将 S_5 打向"线圈通"一侧，S_6 打向"左线圈通"一侧，其余测量方法与前面所述类似. 测量范围可从 0.0 ~ 15.0 cm，每隔 1.0 cm 测一个霍耳电压.

8. 测量右线圈 L_2 单独通电时，其轴线上一系列位置的 B. 此时应将 S_6 打向"右线圈通"一侧，其余测量方法同 7 所述.

9. 测量亥姆霍兹线圈轴线上一系列位置的 B. 此时应将 S_6 打在中间，与左右都不接触，即"左右线圈同时通". 测量方法基本上与 7 所述相同，只是在亥姆霍兹线圈中心附近，测量点可以更密些，例如从 5.0 ~ 9.0 cm 范围内，可以每隔 0.5 cm 测一个 B.

六、数据记录与处理

1. 测量 K_H

$n = 1\ 400\ \mathrm{m}^{-1}$，　　$I_B =$　　　mA，　$I_H =$　　　mA

$B = \mu_0 n I_B =$　　　　T

$+B, +I_H$　　$U_1 =$　　　　mV

$+B, -I_H$　　$U_2 =$　　　　mV

$-B, -I_H$　　$U_3 =$　　　　mV

$-B, +I_H$　　$U_4 =$　　　　mV

$$U_H = \frac{1}{4}(U_1 - U_2 + U_3 - U_4) = \qquad \mathrm{mV}$$

$$K_H = \frac{U_H}{I_H B} = \qquad \mathrm{V \cdot A^{-1} \cdot T^{-1}}$$

2. 测量螺线管轴线上的磁场

$I_B =$　　　　mA，　　　$I_H =$　　　　mA

作 $B - x$ 曲线，并验证 $B = \frac{1}{2}B_0$.

3. 测量左线圈单独通电时，轴线上的磁场 $B_{左}$.

$I_B =$　　　　mA，　　　$I_H =$　　　　mA

4. 测量右线圈单独通电时，轴线上的磁场 $B_{右}$.

数据表格同 3，请实验者自行列表.

5. 测量亥姆霍兹线圈轴线上的磁场，即 $B_{左+右}$.

数据表格同 3，但 x 值增加 5.5 cm、6.5 cm、7.5 cm、8.5 cm 四个点，请实验者自行列表.

用 3、4、5 所测内容在同一图上作①$B_{左} - x$，②$B_{右} - x$，③$(B_{左} + B_{右}) - x$ 和④$B_{左+右} - x$ 四条曲线.

观察曲线(3)和(4)是否基本重合,以验证磁场叠加原理. 从曲线(4)中间部分验证在亥姆霍兹线圈中央存在均匀磁场.

实验 16　磁阻效应

磁阻效应(magnetic resistance effect)虽然发现很早,应用也较早,但是其研究范围、应用领域直到当代才有了很大的发展. 磁场引起的电阻相对改变量,从一般磁阻效应开始,经历巨(giant)磁阻效应和庞(colossal)磁阻效应,得到了很大提高,逐步实现了小型化、微型化和超小型化,最小的器件直径只有几个原子大小,从而大大扩展了它的应用领域,例如导航、电流检测、自旋阀、磁记录头、磁性编码器等,工业、交通、仪器仪表等场合均有大量应用. 磁阻传感器的种类和型号相当多,各有特殊的用途. 锑化铟(InSb)传感器价格低廉,灵敏度高,在自旋阀等场合常常使用. 本实验对其特性进行研究,并利用其特性做电压倍频的实验.

一、实验目的

1. 测量锑化铟传感器的电阻与磁感应强度的关系;
2. 作出锑化铟传感器的电阻变化与磁感应强度的关系曲线;
3. 对此关系曲线的非线性区域和线性区域分别进行曲线和直线拟合.

二、仪器设备

FD-MR-Ⅱ型磁阻效应实验仪.

三、实验原理

一定条件下,导电材料的电阻值 R 随磁感应强度 B 的变化规律称为磁阻效应. 如图 5.16.1 所示,当材料处于磁场中时,导体或半导体的载流子将受洛伦兹力的作用发生偏转,在两端产生积聚电荷并产生霍耳电场. 如果霍耳电场作用和某一速度的载流子的洛伦兹力作用刚好抵消,那么小于或大于该速度的载流子将发生偏转,因而沿外加电场方向运动的载流子数量将减少,电阻增大,表现出横向磁阻效应. 如果将图 a 端和 b 端短路,磁阻效应更明显. 显然可以以电阻率的相对改变量来表示磁阻的大小,即用 $\Delta\rho/\rho(0)$ 表示,其

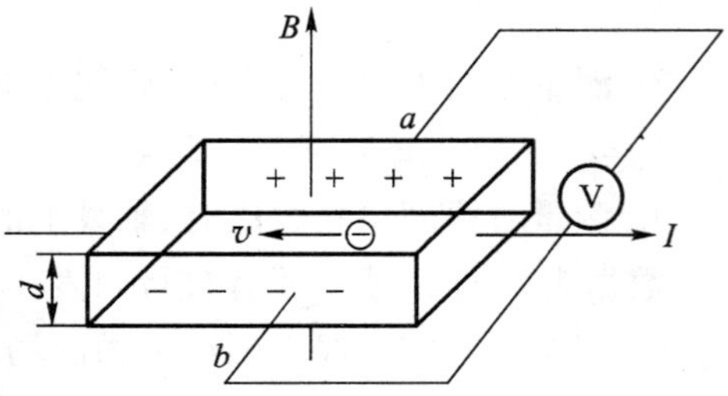

图 5.16.1　磁阻效应

中 $\rho(0)$ 为零磁场时的电阻率，设磁电阻电阻值在磁感应强度为 B 的磁场中电阻率为 $\rho(B)$，则

$$\Delta\rho = \rho(B) - \rho(0) \tag{5.16.1}$$

由于磁阻传感器电阻的相对变化率 $\Delta R/R(0)$ 正比于 $\Delta\rho/\rho(0)$，这里 $\Delta R = R(B) - R(0)$，因此也可以用磁阻传感器电阻的相对改变量 $\Delta R/R(0)$ 来表示磁阻效应的大小.

测量磁电阻电阻值 R 与磁感应强度 B 的关系的实验装置及线路如图 5.16.2 所示. 实验证明，当金属或半导体处于较弱磁场中时，一般磁阻传感器电阻相对变化率 $\Delta R/R(0)$ 正比于磁感应强度 B 的二次方，而在强磁场中 $\Delta R/R(0)$ 与磁感应强度 B 呈线性函数关系. 磁阻传感器的上述特性在物理学和电子学方面有着重要应用.

如果半导体材料磁阻传感器处于频率为 ω 的弱正弦波交流磁场中，由于磁电阻相对变化量 $\Delta R/R(0)$ 正比于 B^2，那么磁阻传感器的电阻 R 将随角频率 2ω 作周期性变化，这就是在弱正弦波交流磁场中磁阻传感器具有交流电倍频性能.

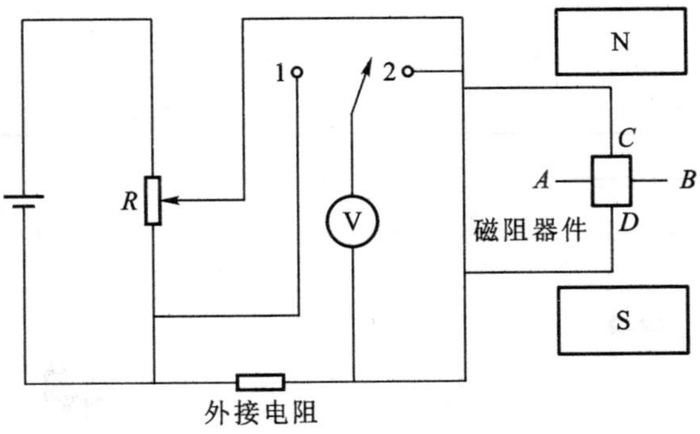

图 5.16.2　测量磁电阻原理示意图

若外界交流磁场的磁感应强度 B 为

$$B = B_0 \cos \omega t \tag{5.16.2}$$

式中，B_0 为磁感应强度的振幅，ω 为角频率，t 为时间.

设在弱磁场中，

$$\Delta R/R(0) = KB^2 \tag{5.16.3}$$

式中，K 为常量. 由式(5.16.2)和式(5.16.3)可得

$$\begin{aligned} R(B) &= R(0) + \Delta R = R(0) + R(0)[\Delta R/R(0)] \\ &= R(0) + R(0)KB_0^2\cos^2 \omega t \end{aligned}$$

$$=R(0)+\frac{1}{2}R(0)KB_0^2+\frac{1}{2}R(0)KB_0^2\cos 2\omega t \qquad (5.16.4)$$

式中，$R(0)+\frac{1}{2}R(0)KB_0^2$ 为不随时间变化的电阻值，而 $\frac{1}{2}R(0)KB_0^2\cos 2\omega t$ 为以角频率 2ω 作余弦变化的电阻值. 因此，磁阻传感器的电阻值在弱正弦波交流磁场中，将产生倍频交流阻值变化.

四、仪器描述

实验采用 FD－MR－Ⅱ型磁阻效应实验仪，图 5.16.3 为该仪器结构示意图.

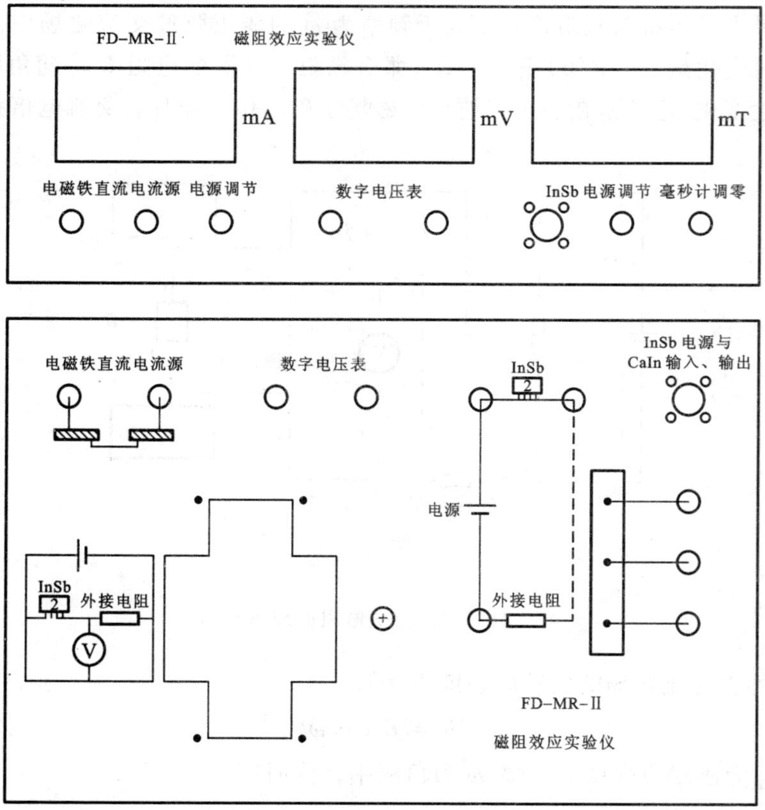

图 5.16.3　FD－MR－Ⅱ磁阻效应实验仪

FD－MR－Ⅱ型磁阻效应验仪包括直流双路恒流电源、0～2 V 直流数字电压表、电磁铁、数字式毫特仪（GaAs 作探测器）、锑化铟（InSb）磁阻传感器、电阻箱、双向单刀开关及导线等组成. 仪器连接如图 5. 16. 3 所示.

磁阻效应测量仪器使用方法：

(1) 直流励磁恒流源与电磁铁输入端相连，通过调节该直流恒流电源控制电位器可改变输入电磁铁电流大小，从而改变电磁铁间隙中磁感应强度的大小.

(2) 按图 5. 16. 2 所示将锑化铟磁阻传感器与电阻箱串联，并与可调直流电源相接，数字电压表的一端连接磁阻传感器电阻箱公共接点，另一端与单刀双掷开关的刀口处相连.

(3) 通过电磁铁的直流电流逐渐增加，分别测量通过锑化铟磁阻传感器的不同电流值及磁阻器件两端的电压值，以求得磁感应强度为 B 时锑化铟磁阻传感器的电阻 R，进而求出 R 与 B 的关系.

五、实验内容与步骤

1. 必做内容

在锑化铟磁阻传感器电流或电压保持不变的条件下，测量锑化铟磁阻传感器的电阻与磁感应强度的关系. 作 $\Delta R/R(0)$ 与 B 的关系曲线，并进行曲线拟合. (实验步骤由学生自己拟定，实验时注意 GaAs 和 InSb 传感器工作电流应小于 3 mA.) $\Delta R/R(0)-B$ 曲线如图 5. 16. 4 所示.

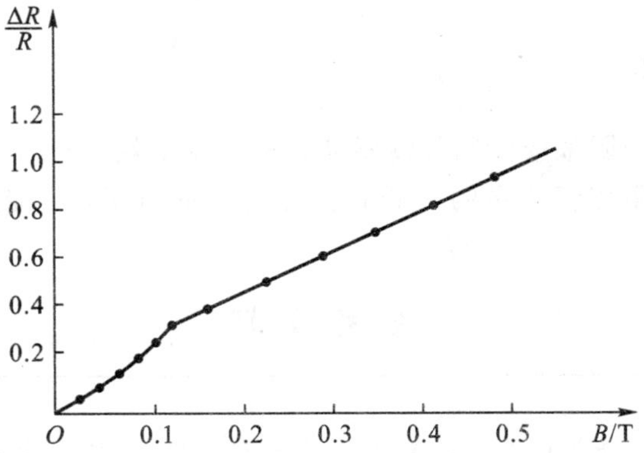

图 5. 16. 4　$\Delta R/R$ 与 B 关系曲线

2. 选做内容

如图 5. 16. 5 所示，将电磁铁的线圈引线与正弦交流低频发生器输出端相接；锑化铟磁阻传感器通以 2. 5 mA 直流电，用示波器测量磁阻传感器两端电压与电磁铁两端电压构成的李萨如图形，证明在弱正弦交流磁场情况下，磁阻传感器的阻值具有交流正弦倍频特性. 李萨如图形如图 5. 16. 6 所示.

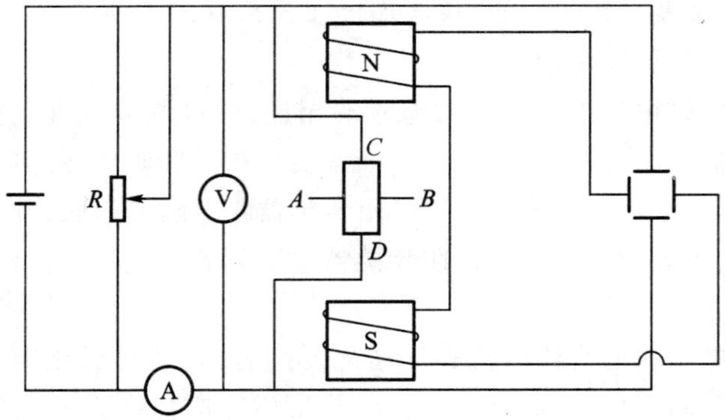

图 5.16.5　观察磁阻传感器倍频效应

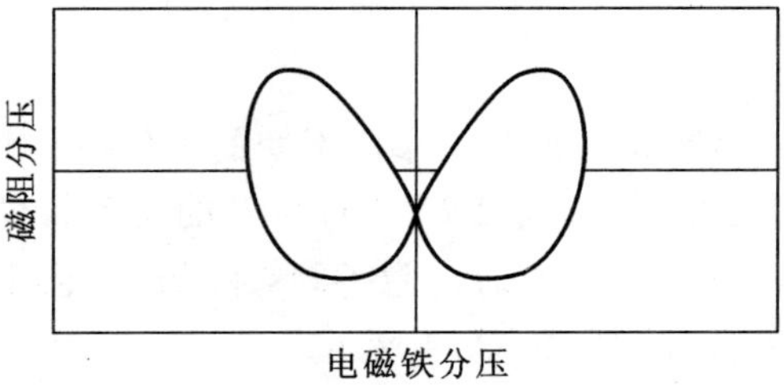

图 5.16.6　李萨如图形

六、思考题

1. 什么叫做磁阻效应？霍耳传感器为何有磁阻效应？

2. 锑化铟磁阻传感器在弱磁场和强磁场时的电阻值与磁感应强度关系有何不同？这两种特性有什么应用？

参 考 文 献

[1]　《实用计量全书》编写组．实用计量全书．武汉:武汉出版社,1990

[2]　王江．现代计量测量试技术．北京:中国计量出版社,1990

[3]　辽宁省计量局．电学计量．北京:中国计量出版社,1988

[4]　韩峰等．测试技术基础．北京:机械工业出版社,1998

[5]　茅中良．常用电子测量仪器使用与维修手册．上海:上海科学技术出版社,1993

[6]　王立吉．计量学基础．2 版．北京:中国计量出版社,1997

[7]　杨述武,杨介信,陈国英．普通物理实验(电磁学部分).2 版．北京:高等教育出版社,1992

[8]　万春华．大学物理实验(第一册)．南京:南京大学出版社,1994
[9]　陈守川．大学物理实验教程．杭州:浙江大学出版社,1995
[10]　谢慧瑗,等．普通物理实验指导(电磁学)．北京:北京大学出版社,1989
[11]　潘人培,董宝昌．物理实验教学参考书．北京:高等教育出版社,1990
[12]　国家技术监督局计量司量传处．中华人民共和国国家计量技术规范汇编(一)．北京:国家技术监督局,1991
[13]　蔡铭生．法定计量单位使用手册．北京:中国计量出版社,1994
[14]　姚安居,郭宏志,李广忠,等．大学物理实验教程．北京:兵器工业出版社,1996
[15]　吴乃爵,等．工科物理实验教程．杭州:浙江大学出版社,1992
[16]　张兆奎,等．大学物理实验．上海:华东化工学院出版社,1990
[17]　徐开先,叶济民．热敏电阻器．北京:机械工业出版社,1981
[18]　严钟豪.非电量电测技术．北京:机械工业出版社,1988

第6章 光学实验

光学实验(optical experiment)是普通物理实验的一个重要组成部分,有着悠久的历史和丰富的内容.早在牛顿时代就已开始光学的实验研究.牛顿做过的光的折射实验、棱镜色散实验、牛顿环实验、光的衍射实验等至今仍是我们光学实验中不可缺少的组成部分,而望远镜、显微镜和透镜的制作与改进给光学奠定了物质基础.光学发展到今天已相继产生了许多分支,如信息光学、统计光学、波导光学、集成光学、空间光学、海洋光学、仿生光学等.20世纪60年代以来,新型光源——激光的出现,给现代光学带来了创新.这主要表现在两个方面:激光与信息、激光与物质的相互作用.前者指激光用于传输、处理或传感信息,如光纤通信、光信息处理、全息术和光盘存储等;后者是指激光与物质相互作用,造成暂时或永久性的变化,例如,在超强光作用下物质离化成为等离子体,用激光进行工业材料的处理、加工等,这些成果已对科学技术和社会生产产生了深刻的影响.现代光学技术的潜力是巨大的,而就光学自身潜力而言尚包含着极为丰富的有待开发的内容.为此,光学实验也将起到越来越重要的作用.

透镜、棱镜等光学元件大多数是用光学玻璃制成的,它们的光学表面都经过仔细的研磨和抛光,有些还镀有一层或多层薄膜.对于这些元件或其材料的光学性质(如折射率、反射率、透射率等)都有一定的要求,而它们的机械性能和化学性能又可能很差,若使用和维护不当,则会降低光学性能甚至损坏报废.造成损坏的原因有许多,如摔坏、磨损、玷污、发霉、腐蚀等.为了安全使用光学元件,必须遵守下列规则:

(1) 轻拿轻放,勿使仪器或光学元件受到冲击和振动,特别要防止摔落.不使用的光学元件应随时装入专用盒内并放在桌子的里侧.

(2) 切忌用手触摸元件的光学表面,拿光学元件时,只能接触其磨砂面、透镜的边缘、棱镜的上下底面等.

(3) 光学表面上如有灰尘,用实验室专备的干燥脱脂棉轻轻揩去或用橡皮球吹去.若有轻微的污痕或指印,应由实验室工作人员进行处理,不允许擅自擦拭.

(4) 防止唾液或其他溶液落在光学表面上.

(5) 在暗室中做实验,应预先熟悉各仪器和元件安放的位置.在黑暗中操作应特别小心,摸索仪器时手要贴着桌面,动作要轻缓,以免碰倒或带落仪器.

使用光学仪器前,必须先了解仪器的使用方法及操作要求,操作时要耐心细致，动作要轻、慢，严禁盲目及粗蛮操作.

实验 17　双　棱　镜

菲涅耳双棱镜(Fresnel biprism)是一种波前分割元件. 1818 年，菲涅耳在他的论文里用双棱镜、双面镜的实验数据，奠定了光的波动性的基础，从而导致人们普遍接受了光的波动理论. 该实验为人们认识光的性质起过重要作用，它也是一种测量光波波长的比较简单的方法.

一、实验目的

1. 验证光的波动性，了解波前分割获得相干光的原理；
2. 学习用双棱镜测量光波波长的方法；
3. 学习光路调节基本知识，培养动手能力.

二、仪器设备

钠光灯、光具座、狭缝、凸透镜、双棱镜、测微目镜.

三、实验原理

如图 6.17.1 所示，钠光灯照射狭缝 S，S 发出的光照射在双棱镜 B 的棱脊上，光被双棱镜折射成两束，犹如从虚光源 S_1 和 S_2 发出的频率相同、振动方向相同的相干光束，这两束光在双棱镜右边的空间部分重叠，从而形成干涉场(如图中斜线较密的区域). 在干涉场中放入观察屏 P，就会看到明暗相间的干涉条纹，由于干涉条纹密，干涉场区域较小，所以要借助于测微目镜来观察干涉条纹.

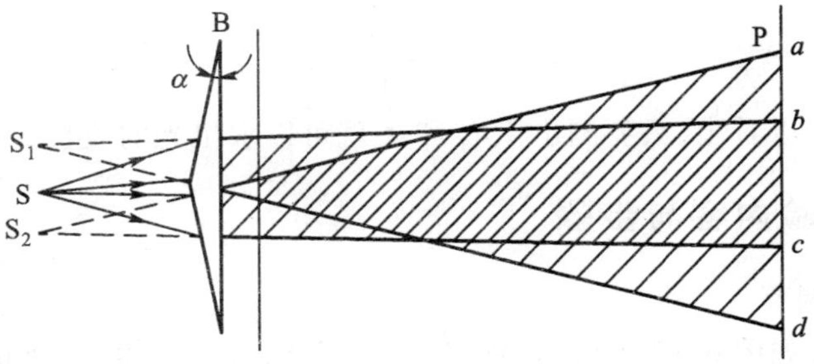

图 6.17.1　双棱镜产生相干光束

如图 6.17.2 所示，虚光源 S_1 和 S_2 的间距为 l，观察屏 P 到 S_1 和 S_2 所在平面的距离为 d_0. 屏上 P_0 点到 S_1 和 S_2 的距离相等，所以 P_0 点处形成的干涉条纹为中央明条纹. 屏上 P_k 点到 S_1 和 S_2 的光程差为 Δ，P_k 点到 P_0 点的距离为 x_k，

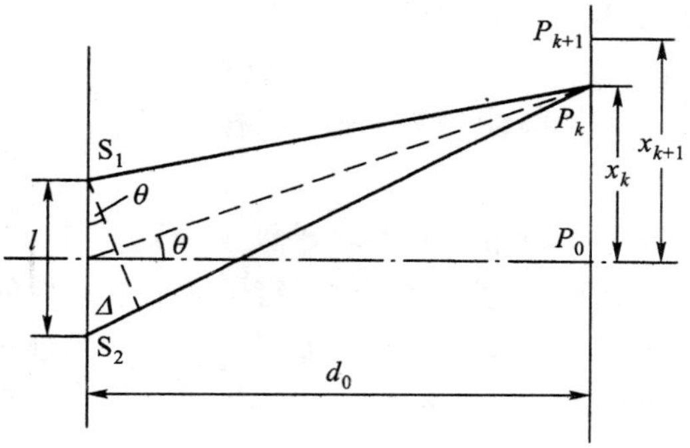

图 6. 17. 2 条纹间距与光程差
及其他几何量之关系

则在 $l \ll d_0, x_k \ll d_0$ 情况下,有

$$\Delta \approx \frac{x_k}{d_0} l \tag{6.17.1}$$

当光程差为半波长的偶数倍时,即

$$\Delta = \pm 2k\frac{\lambda}{2} = \pm k\lambda \quad (k = 0,1,2,\cdots) \tag{6.17.2}$$

形成明条纹,由上面两式得

$$x_k = \pm \frac{k\lambda}{l} d_0 \quad (k = 0,1,2,\cdots) \tag{6.17.3}$$

所以相邻两条明纹的间距为

$$X = x_{k+1} - x_k = \frac{d_0}{l}(k + 1 - k)\lambda = \frac{d_0}{l}\lambda \tag{6.17.4}$$

所以有

$$\lambda = \frac{l}{d_0} X \tag{6.17.5}$$

由上式可以看出,只要测出 l、d_0 和 X 就可以求出光的波长 λ.

四、实验内容与步骤

1. 共轴调节

实验装置如图 6. 17. 3 所示,钠光灯、狭缝 S、双棱镜 B、凸透镜 L、测微目镜 M 都装在光具座上.

(1) 调节光源的位置,使钠光均匀照亮整个狭缝,狭缝与钠光灯中心等高,狭缝方向垂直于光具座导轨.

(2) 加入凸透镜,钠光灯中心和狭缝中心与透镜主光轴共轴,主光轴与导轨平行.

(3) 加入双棱镜 B,B 的棱脊中心点尽可能位于透镜主光轴上. 在透镜右边空间放上观察屏,调节各个元件的位置,直到屏上看到两个平行狭缝像,微旋狭缝方向并调节各个元件的位置,直到屏上看到两个像强度相等且等高,如图 6.17.4所示.

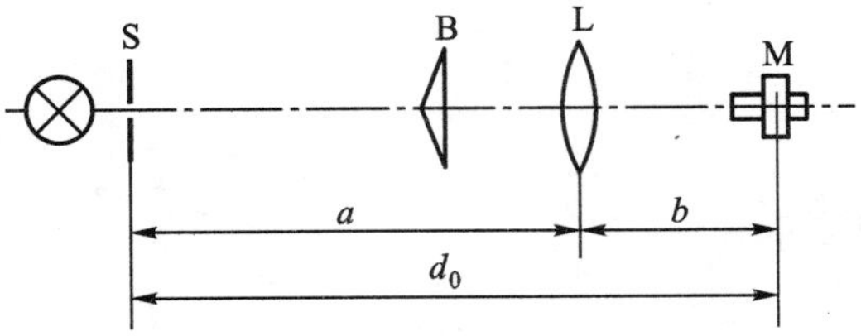

图 6.17.3　双棱镜实验装置示意图

图 6.17.4　两个平行狭缝像

2. 调出清晰干涉条纹

取下透镜和观察屏,装上测微目镜,观看是否能看到干涉条纹,如看不到或不清楚,调节狭缝宽度,看狭缝是否与棱脊平行,直到看到清晰的条纹.

3. 测量数据及处理

(1) 用测微目镜测量 5 条亮纹之间的距离,测量 3 次,计算出 X 的平均值.

(2) 测量两虚光源之间的间距 l. 在双棱镜和测微目镜之间放上凸透镜 L,移动 L 直到测微目镜中能清楚地看到两虚光源的像,用测微目镜测出两虚光源实像的间距 l',测量 S 到 L 的距离 a,L 到测微目镜的距离 b,由公式 $l = \frac{a}{b}l'$,计算出两虚像之间的距离 l. 测量 3 次,算出平均值.

(3) 由公式 $\lambda = \frac{l}{d_0}X$ 计算出钠光的波长,$d_0 = a + b$. 与已知波长值 $\lambda_0 =$ 589.3 nm 比较,求出相对误差.

五、思考题

1. 双棱镜的折射棱角为什么必须做得很小?

2. 条纹间距与哪些因素有关?

3. 在实际情况中,两虚像 S_1 和 S_2 并不位于 S 处,而是在它附近,怎样才能准确测出 d_0?

实验 18　牛　顿　环

牛顿为了研究薄膜颜色,曾经仔细研究过由凸透镜和平面玻璃组成的实验装置,并获得了极大的成功. 19 世纪初,托马斯 · 杨用光干涉原理解释了牛顿环,并参考牛顿的测量,计算了与不同颜色对应的波长和频率. 劈尖和牛顿环干涉都是用分振幅方法产生的干涉，是等厚干涉中两个典型的干涉现象，其原理在科研和工业生产技术上有着广泛的应用. 它们可用于：检测透镜的曲率及其研磨质量；测量光波波长；精确地测量微小长度、厚度和角度；检验物体表面的粗糙度和平整度等.

一、实验目的

1. 观察光的等厚干涉现象；
2. 用牛顿环测定平凸透镜的曲率半径；
3. 熟悉读数显微镜的用法.

二、仪器设备

读数显微镜、钠光灯、牛顿环仪.

三、实验原理

如图 6.18.1 所示，牛顿环仪是由一块曲率半径较大的平凸玻璃透镜，将其凸面放在一块光学平玻璃片（又称平晶）上构成的. 平凸透镜的凸面与玻璃片之间的空气层厚度从中心接触点到边缘逐渐增加，若将单色平行光垂直照射到牛顿环仪上，则经空气层上、下两表面反射的两束光就产生光程差，它们在平凸透镜的凸面处相遇后，将发生干涉. 当我们用显微镜进行观察时，可以清楚地看到一个中心是暗圆斑，而周围是许多明暗相间、间隔逐渐减小的同心环，如图 6.18.2所示. 这称为牛顿环，它属于等厚干涉条纹. 若用CCD 摄像机代替眼睛，则在监视器屏幕上许多同学可同时看到更为清晰的牛顿环图样.

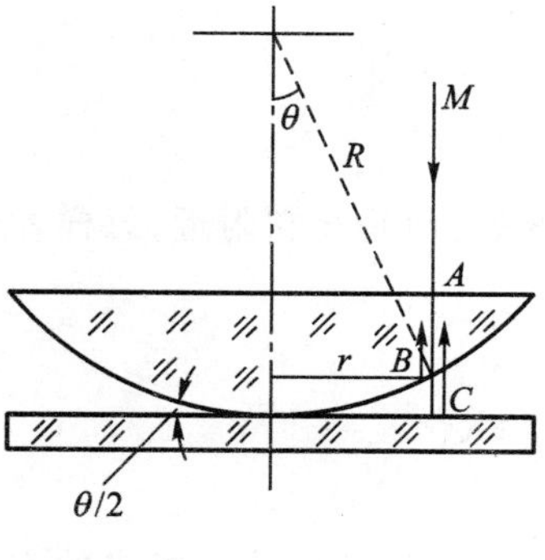

图 6.18.1　牛顿环仪

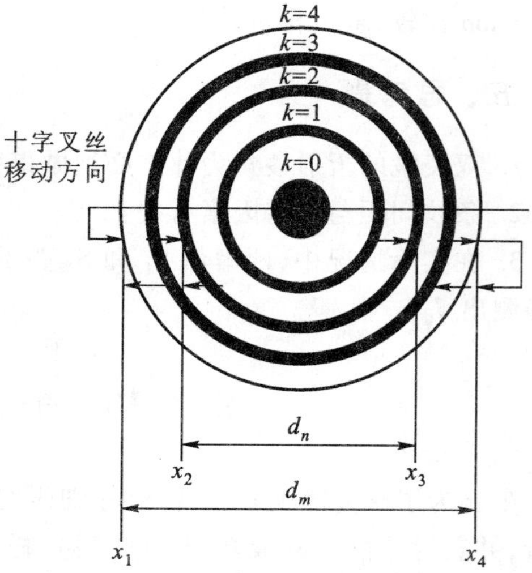

图 6.18.2　牛顿环及其直径的测量方法

考虑垂直照射牛顿环仪上的单色平行光中任一光线 MA，如图 6.18.1 所示. 从 A 射到 B 时被反射了一部分，另一部分穿过空气层射到 C，在 C 点又被部分地反射回来. 从 B 与 C 反射回来的光束之间产生光程差 $2|BC|$，又因光是从光疏介质向光密介质垂直反射的（C 点），要产生半波损失 $\lambda/2$，所以，这两条反射光的总光程差为

$$\Delta = 2n|BC| + \frac{\lambda}{2} \tag{6.18.1}$$

式中，n 为空气的折射率，$n = 1$. 由图中所示的几何关系可知

$$\begin{aligned} |BC| &= R - \sqrt{R^2 - r^2} \\ &= R - R\left[1 - \frac{1}{2}\left(\frac{r}{R}\right)^2 + \frac{1}{8}\left(\frac{r}{R}\right)^4 - \cdots\right] \end{aligned}$$

因 $R >> r$，略去 $\left(\frac{r}{R}\right)^4$ 以上的高阶无穷小量，可得

$$\begin{aligned} |BC| &= R - R\left[1 - \frac{1}{2}\left(\frac{r}{R}\right)^2\right] \\ &= \frac{r^2}{2R} \end{aligned} \tag{6.18.2}$$

根据光的干涉条件，当光程差为半波长 $\lambda/2$ 的偶数倍时，两束光相互加强形成亮条纹；光程差为半波长 $\lambda/2$ 的奇数倍时，两束光相互减弱形成暗条纹. 对于球面透镜同一级干涉条纹是一个圆环. 考虑到亮度最小的地方要比亮度最大的地方容易测得准确，选择暗环中心作为测量基准，则有

$$\Delta = \frac{r^2}{R} + \frac{\lambda}{2} = (2k+1)\frac{\lambda}{2}$$

$$r^2 = k\lambda R \quad (k = 0,1,2,3,\cdots) \tag{6.18.3}$$

式中，k 表示干涉暗纹的级数. 如已知 λ，测出 k 级暗环的半径 r，就可由上式求出平凸透镜的曲率半径 R（或已知 R 求出波长 λ）.

实际上，由于玻璃的弹性形变，平凸透镜的凸面与平晶之间的接触点不可能是一个理想的点，而是一个不甚清晰的暗的或亮的圆斑. 其原因是当透镜接触平晶时，由于接触压力引起的形变，使接触处为一圆面. 此外，镜面上可能存在的小灰尘等会引起一个附加厚度，从而形成附加的光程差. 因此，如直接测量从中心到暗环的半径 r，则误差较大. 为了减小误差，可以测出两个暗环直径，再计算曲率半径. 如测得第 m 个和第 n 个暗环的直径为 d_m 和 d_n，经简单计算得曲率半径为

$$R = \frac{d_m^2 - d_n^2}{4(m-n)\lambda}$$

$$= \frac{(d_m + d_n)(d_m - d_n)}{4(m-n)\lambda} \tag{6.18.4}$$

本实验已知 λ（钠黄光波长为 589.3 nm），故只要测出任一组 d_m 及 d_n，就可求出平凸透镜的曲率半径 R.

四、实验内容与步骤

1. 在显微镜视场中找到牛顿环

读数显微镜装置及光路布置如图 6.18.3 所示. 由于牛顿环的范围较小（一般约几毫米），一般直接从显微镜中寻找牛顿环较困难. 利用显微镜观察物体必须同时满足两个条件："对准"和"调焦"在被观察的物体上. 实验调整、操作可按下列顺序进行：

（1）照明　点亮钠灯，移动读数显微镜装置，使光线射向显微镜物镜下方 45°的反射玻璃片上，在显微镜视场中亮度较大.

（2）调焦　调节目镜，使目镜在镜筒内转动，直至十字叉丝成像清晰.

等厚干涉条纹定域在空气隙上表面附近，故在观察时，显微镜必须对准此面调焦. 旋转调焦手轮，先使显微镜筒接近牛顿环仪，然后自下而上地移动，以免挤破牛顿环仪.

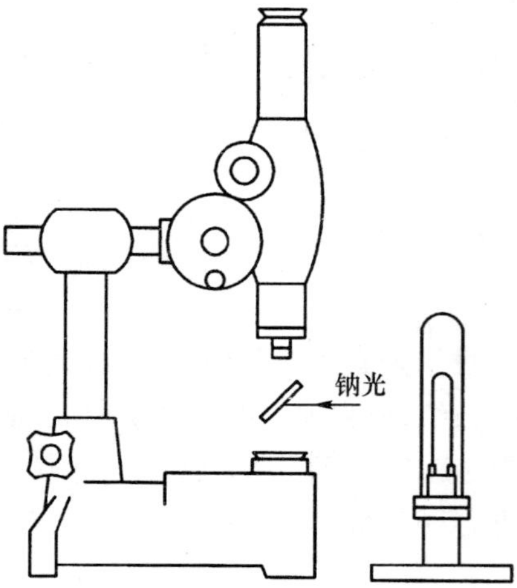

图 6.18.3　读数显微镜装置及光路布置示意图

（3）对准　找到并对准牛顿环中心. 由图 6.18.1 可知，牛顿环的中心暗斑位于凸透镜顶点接触处. 所以，一般只要将显微镜调焦到凸面上后，将显微镜筒对准顶点，牛顿环纹即跃然而出（也可先用肉眼观察牛顿环仪，找到牛顿环，再放在显微镜筒下）. 如不够清楚，则再重新细微调焦，直到条纹最清楚为止.

2. 测定牛顿环直径

（1）调整显微镜的十字叉丝交点与牛顿环中心大致重合.

（2）转动测微鼓轮，使显微镜架移动. 观察十字叉丝是否一条与镜架移动方向垂直，另一条与镜架移动方向平行，如果不符，则适当转动目镜，使之达到上述状态. 再观察显微镜中十字叉丝交点能否超过牛顿环的 13 条暗圈（两边都要超过），以便顺利完成下面的测量任务.

（3）在测量各干涉环的直径时，只可沿同一个方向旋转鼓轮，不能进进退退,以避免测微螺距间隙引起的空回误差. 如实验测量第 4 个到 13 个暗环的 10 个环的直径时,先使显微镜中叉丝交点超过第 13 条暗环,然后再退回到第 13 条暗环,记下数据,再转动鼓轮使叉丝交点依次对准第 12,11,10,…,4,…到另一边的 4,5,6,…,13 条暗环,并记下数据.

五、数据记录与处理

1. 数据表格

环数	显微镜读数/mm		环的直径 d/mm (左方读数 - 右方读数)
	左方	右方	
4			
5			
6			
7			
8			
9			
10			
11			
12			
13			

环数	(d_m+d_n)/mm	(d_m-d_n)/mm	$[(d_m+d_n)(d_m-d_n)]/\text{mm}^2$
9 与 4			
10 与 5			
11 与 6			
12 与 7			
13 与 8			
平　均			

$$R=\frac{(d_m+d_n)(d_m-d_n)}{4(m-n)\lambda}=\qquad \text{mm}$$

2. 数据处理

(1) 利用分组求直径平方差的逐差法,按式(6.18.4)计算 R,并与曲率半径标准值 R_0 比较,计算相对误差:

$$E=\frac{|\Delta R|}{R_0}=\frac{|R_0-R|}{R_0}\times 100\%$$

(2) 另一种实验数据的处理方法,是利用作图外推法. 即根据公式 $r_k^2=k\lambda R$,得到 $d_k^2=4k\lambda R$,令 $d_k^2=y, k=x$,则利用 $y=\alpha x$ 的拟合直线,求出斜率 α,就可以由 $\alpha=4\lambda R$ 算出 R 的实验值.

六、思考题

1. 为什么从投射方向观察到的牛顿环中心是暗斑? 如果对着透过牛顿环仪的方向观察牛顿环时,中心斑纹是暗斑还是亮斑? 为什么? 两种不同情况下观察到的圈纹清晰程度有何不同? 为什么?

2. 用牛顿环测定平凸透镜的曲率半径 R,为什么不用 $R=\frac{r_k^2}{k\lambda}$ 而要用 $R=\frac{d_m^2-d_n^2}{4(m-n)\lambda}$?

3. 反射光干涉的牛顿环中心为亮纹,是由于平凸透镜与平面玻璃没有紧密接触,设其间空气隙厚度为 a,试证明计算平凸透镜曲率半径 R 的公式仍为

$$R=\frac{d_{k+m}^2-d_k^2}{4m\lambda}\quad (R\gg a)$$

实验 19　氢原子光谱

光谱学是光学的一个重要分支. 在 20 世纪初叶原子物理学与量子力学的形成过程中,光谱学作出了它自己的贡献. 从那时起,光谱方法就作为分析研究原子、分子、晶体及有机物质的结构、组分的重要手段,活跃于人类的科研生产活动中. 光谱仪器还是人类了解天体奥秘的重要工具. 在 20 世纪 60 年代激光器件的诞生和发展过程中,它也发挥了不可磨灭的作用.

如果把 20 世纪 60 年代以前的光谱方法称为常规光谱,则 20 世纪 60 年代以来随着激光器的诞生与计算机的普及而发展起来的新的光谱技术称为现代光谱. 氢原子光谱实验等属于常规光谱范围,是光谱技术中的基础部分. 而关于傅里叶变换光谱、阿达玛变换光谱、光声光谱、激光拉曼光谱等则为现代光谱范围,它是现代光学的实验内容.

氢原子是最简单的原子,量子力学对氢原子光谱规律的解释获得了极大的成功. 早年人们根据氢原子质量的测量预言有质量为两个单位的重氢存在. 根据理论上的分析,原子核质量的改变必然使得里德伯(Rydberg)常量发生变化. 因此,如果存在重氢的话,它的光谱线相对于氢的谱线应略有移动. 1932 年尤雷(H. C. Urey)利用光栅光谱仪观察到氢原子光谱线的同位素移位现象,把波长差的测量结果与根据理论计算的数值加以比较,二者符合甚好,从而肯定了重氢的存在. 利用光谱线的同位素移位可以解释某些元素光谱线的细微结构,测量同位素对应谱线的相对强度可以知道同位素的丰度比.

可见,在光谱学史和近代物理学史上,氢原子光谱实验和理论研究占有特别重要的地位. 有人曾评价氢光谱的研究说:“氢的巴耳末光谱的研究,已成为人类文化宝库的重要内容.”指导学生做好氢光谱实验,是物理实验教学工作中的一个不宜缺少的重要环节.

一、实验目的

1. 学习光谱分析的方法;
2. 测量氢原子特征谱线波长,并验算里德伯常量.

二、仪器设备

高压汞灯、氢灯、分光计、棱镜.

三、实验原理

原子由原子核及核外电子组成,核外电子围绕原子核运动,它们可以有许多运动轨迹,不同轨道上的电子具有不同的能量. 在正常状态下,原子的核外电子总是处在最低能量 E_1 的轨道上运动,即原子处于基态. 当用某种手段(电激发、热激发、光激发)对基态原子进行激发,使核外电子在离核较远的轨道上运动,这时电子具有较高的能量 E_i,这样的原子是处在激发态. 处于激发态的原子是不稳定的,它总要向比 E_i 低的能态 E_j(E_j 可以是另一激发态,也可以是基态 E_1)跃迁. 在跃迁的同时,原子将发出能量为 $h\nu_{ij}$的光子. 从能量观点看,显然

$$h\nu_{ij} = E_i - E_j = \frac{hc}{\lambda_{ij}}$$

式中,h 为普朗克(Planck)常量,$h = 6.626\ 068\ 96 \times 10^{-34}$ J · s,ν_{ij}为光子频率,λ_{ij}为光波波长,c 是光速.

旧量子论指出:对任何原子,其核外电子的能量不是任意的,也不是连续的,而只能取由主量子数 n 决定的各个分立的能量值. 分立能量值对应的轨道也是分立的,不同元素的原子有其各自不同的分立轨道,其各轨道对应能量 E_i 的分

布情况也各不相同.所以,不同原子有其特有的激发态分布(能级图),有其特征的光谱系.

对于最简单的氢原子,其发出光波的波数 σ_{ij}(波长 λ_{ij}的倒数,单位是 m^{-1})经理论计算可表示为

$$\sigma_{ij}=\frac{1}{\lambda_{ij}}=\frac{2\pi^2 m_e e^4}{(4\pi\varepsilon_0)^2 h^3 c}\left(\frac{1}{n_j^2}-\frac{1}{n_i^2}\right)$$

$$=R_\infty\left(\frac{1}{n_j^2}-\frac{1}{n_i^2}\right)$$

式中,e 是电子电荷,m_e 是电子质量,R_∞ 为里德伯常量.

$$R_\infty=\frac{2\pi^2 m_e e^4}{(4\pi\varepsilon_0)^2 h^3 c}=1.097\ 373\ 16\times 10^7\ \mathrm{m}^{-1}$$

其意义为被游离的电子($n_i=\infty$)回到基态($n_j=1$)时所发射的光波的波数.当 $n_j=1$,$n_i=2,3,4,\cdots$时,氢原子发出的各条谱线形成一个有规律的光谱系,它落在紫外波段区,称为莱曼(Lyman)线系;当 $n_j=2$,$n_i=3,4,5,\cdots$时,所发出的光谱线系落在可见光和近紫外波段区,称为巴耳末(Balmer)线系;当 $n_j=3$,$n_i=4,5,6,\cdots$时,所发出的光谱线系落在近红外波段区,称为帕邢(Paschen)线系;当 $n_j=4$,$n_i=5,6,\cdots$;$n_j=5$,$n_i=6,7,\cdots$时,尚有其他布拉开(Brackett)线系和普丰德(Pfumd)线系.总之,氢原子光谱是由许多有规律的线系组成的.

因为巴耳末线系的谱线波长在可见光范围内,所以通过棱镜的色散或光栅的衍射等方法就可以观察到这些谱线.本实验将通过对氢原子特征谱线波长的测量,来验算里德伯常量.

氢原子特征谱线波长的测量可作如下考虑:

利用高电压激发的汞灯来获得汞的原子光谱(汞的原子光谱线波长是知道的,如图 6.19.1 所示).利用高电压激发的氢灯来获得氢的原子光谱,用分光计测量光谱线的偏向角.大家知道在光学中,一束平行光经过棱镜之后会发生偏折,偏折后的方向和原来入射方向所夹的角叫偏向角.对于一定的棱镜来说,如果保持光线的入射角 i 不变,则偏向角与入射光线的波长有确定的对应关系.因

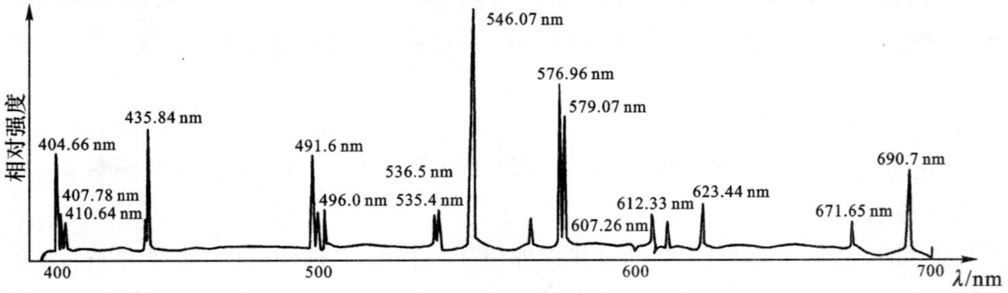

图 6.19.1　汞谱线的波长和强度

此,在保持入射角 i 不变的前提下,用含有各种已知波长的光线入射,用分光计分别测出各波长相应的偏向角 θ,再以 θ 为横坐标,波长 λ 为纵坐标,就可画出一条曲线,即为定标曲线,如图 6.19.2 所示. 若此时仍保持入射角 i 不变,用未知波长的光线入射,测出相应的偏向角 θ',便可从定标曲线上找出它所对应的波长来. 本实验用汞原子光谱作出定标曲线,再测出氢原子三条可观察到的光谱线的偏向角,在定标曲线上求出它们所对应的波长,验算里德伯常量.

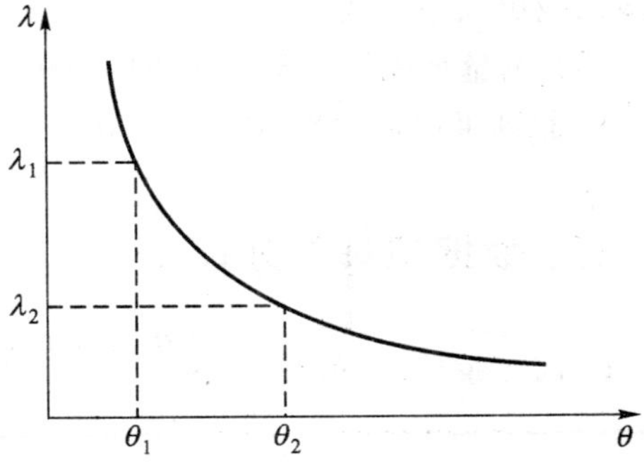

图 6.19.2　定标曲线

为了保证入射角 i 不变,可以采用如下方法:在测定定标曲线时,使汞的青谱线的入射角等于出射角,也就是使青谱线的偏向角刚好等于最小偏向角. 在测氢光谱偏向角时,万一 i 改变,也使氢的青谱线的偏向角等于最小偏向角. 由于这两条谱线的波长很接近,而对于同一棱镜来讲,一定波长的入射光对应的最小偏向角也是固定的. 因此,在这两种情况下,可以认为平行光管和棱镜间的相对位置没有变动.

四、实验内容与步骤

1. 调节分光计

注意:正确地调节分光计对减少测量误差,提高测量准确度是十分重要的. 学生在做实验之前,必须仔细阅读有关分光计的介绍,熟悉其调节和使用方法.

2. 利用高压汞灯的谱线(其波长作为已知),画偏向角 θ 和波长 λ 关系曲线——定标曲线.

(1) 点亮高压汞灯,用分光计的平行光管和望远镜对准光源. 置三棱镜于载物小平台上,并调整到适当位置(谱线折向棱镜底边). 转动望远镜找到汞的光谱(各种彩色的线条),并对其青谱线进行观察,然后将载物台向使青谱线偏向角减小的方向转动(载物台上的三棱镜也随之转动),如果看到青谱线移到某一位置后,突然向相反方向移动时,那么这一情况下棱镜的位置,就是使青谱线转过最小偏向角的位置. 棱镜调到该位置后,拧紧分光计的刻度盘固定手轮,固定刻度盘(即固定棱镜位置)不动.

(2) 测入射光的方向 Φ_0,将望远镜正对平行光管,使入射光线落在望远镜叉丝中央(是一条雪亮的白的谱线),记下分光计上的读数 Φ_0(左右游标都要读出,记为 $\Phi_{0左}$、$\Phi_{0右}$,$\Phi_0=\frac{1}{2}(\Phi_{0左}+\Phi_{0右})$.

(3) 将望远镜转向谱线方向，逐一地使各谱线落在叉丝中央，记下分光计上的读数 Φ_i，则 $|\Phi_i - \Phi_0| = \theta_i$，为各谱线偏向角，再画出汞光谱的 $\lambda - \theta$ 关系曲线——定标曲线.

3. 测量氢谱线波长

(1) 关闭汞灯，点亮氢灯.

(2) 将分光计整体移向氢灯（移动中不要让三棱镜在分光计上有任何相对位移），找出三条谱线.

(3) 测量氢光谱三条谱线的偏向角，并从 $\lambda - \theta$ 曲线上找出其相应的波长.

4. 验算里德伯常量（$R_{\infty标} = 1.097 \times 10^7\ \mathrm{m^{-1}}$）.

五、数据记录与处理

1. 高压汞灯，入射线 $\overline{\Phi}_0 = \dfrac{\Phi_{0左} + \Phi_{0右}}{2}$.

谱线特征	波长/nm	谱线位置			偏向角 $\theta = \lvert\overline{\Phi} - \overline{\Phi}_0\rvert$
		$\Phi_{左}$	$\Phi_{右}$	$\overline{\Phi}$	
红	690.7				
橙	623.4				
黄	579.1				
绿	546.1				
青	491.6				
蓝	435.8				
紫	404.7				

2. 氢灯

特征谱线	谱线位置			偏向角 $\lvert\Phi - \Phi_0\rvert$	从曲线中查出 λ/nm	波数 σ_{ij} /$\mathrm{m^{-1}}$	里德伯常量 R_∞/$\mathrm{m^{-1}}$	里德伯常量平均值 $\overline{R}_\infty$/$\mathrm{m^{-1}}$
	$\Phi_{左}$	$\Phi_{右}$	$\overline{\Phi}$					
红								
青								
蓝								

相对误差：$E = \dfrac{|\overline{R}_\infty - R_{\infty标}|}{R_{\infty标}} \times 100\%$

实验 20　衍射光栅

衍射光栅(diffraction grating)是利用多缝衍射原理使光波发生色散的光学元件,由大量相互平行、等宽、等距的狭缝(或刻痕)所组成. 由于光栅具有较大的色散率和较高的分辨本领,故它已被广泛地装配在各种光谱仪器中. 本实验选用透射式激光全息光栅,利用分光计测量衍射光栅的光栅常量和光波波长.

一、实验目的

1. 观察光的衍射现象;
2. 测定光栅常量及光波波长.

二、仪器设备

全息光栅、分光计、高压汞灯.

三、实验原理

1. 光栅方程

如图 6.20.1 所示当一束平行光垂直照在平面透射光栅上时,相邻两缝在衍射角 φ 方向上的光程差为 $d\sin\varphi$(d 为光栅常量). 而当

$$d\sin\varphi = k\lambda \quad (k = 0, \pm 1, \pm 2, \cdots) \tag{6.20.1}$$

时,在 φ 方向上将得到波长为 λ 的 k 级主极大. 如果将被复色光照明的狭缝置于透镜物方焦平面上,经透镜形成的平行光束垂直照射在光栅上,光栅刻痕和狭缝平行,再用一正透镜将衍射后的平行光会聚在像方焦平面上,就得到各个波长、各个级次的亮线,称为光栅光谱,图 6.20.2 所示的是汞灯光源的光栅光谱. 当 $\varphi = 0, k = 0$ 时,对应于焦平面上的 0 点,任何波长都在这里形成零级主极大,所以没有色散. 对于其他同一个 k 级,不同波长的主极大将有不同的衍射角 φ,因此在焦平面上将出现对称于零级主极大、由近及远、从短波向长波排列的各级彩色谱线.

用分光计测量某一级已知波长的衍射角 φ,就可由式(6.20.1)求得光栅常量 d. 测出某一级待测波长的衍射角,则可由已知的 d 算出 λ.

2. 两个重要参量(供参考用)

除了用光栅常量 d 描述光栅的特性外,分辨本领和色散率也是描述光栅的重要参量.

(1) 分辨本领 R

依照瑞利提出的分辨判据,即波长 λ 的 k 级主极大恰好和 $\lambda - \Delta\lambda$ 的 k 级主

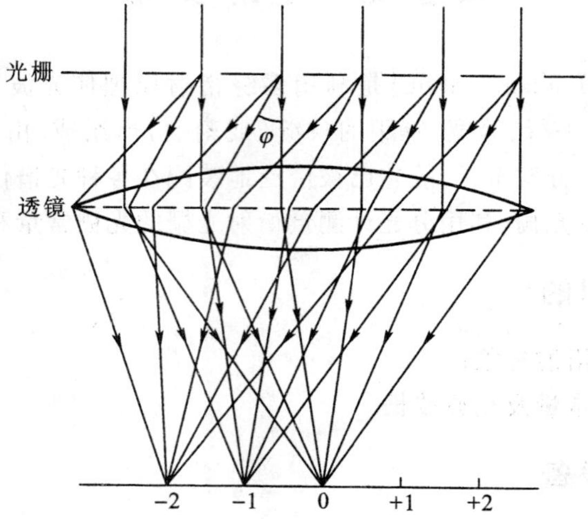

图 6.20.1　光栅的衍射

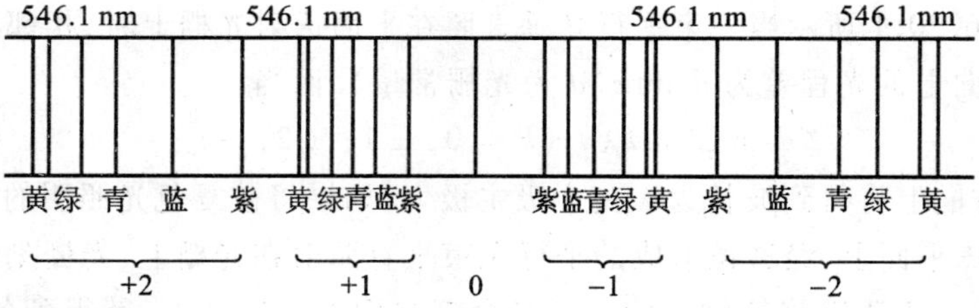

图 6.20.2　汞灯的光栅光谱简图

极大外侧第一个零光强点相重合时，则 λ 和 $\lambda-\Delta\lambda$ 两条谱线恰可分辨，我们定义分辨本领 $R=\dfrac{\lambda}{\Delta\lambda}$，可以推导出光栅分辨本领 R 的表达式：

$$R=\frac{\lambda}{\Delta\lambda}=kN \tag{6.20.2}$$

即实际使用的光栅单位距离刻痕数 N、光谱级次 k 越大，分辨本领 R 就越大，可分辨的 $\Delta\lambda$ 就越小.

(2) 角色散率 D

定义角色散率 D 为同一级次中两谱线主极大衍射角之差 $\Delta\varphi$ 和波长差 $\Delta\lambda$ 的比. 将式(6.20.1) 取微分，得

$$D = \frac{\Delta\varphi}{\Delta\lambda} = \frac{k}{d\cos\varphi} \tag{6.20.3}$$

角色散率描述了分光元件将光谱散开能力的大小. 光栅角色散率正比于 k,即二级光谱比一级光谱散得更开,这在图6.20.2中已经有所表示. 光栅常量 d 越小,光栅越密,散开光谱的能力越强. 若光谱的波长范围不大,则 $\cos\varphi$ 可近似看作常数,这时角色散率 D 就近似是常量,所以我们称光栅光谱为正比光谱. 和非线性色散的棱镜分光元件相比,光栅有它独特的优越性.

四、实验内容与步骤

1. 调节分光计

点燃高压汞灯,调节分光计.

2. 调节光栅方位

放置光栅时要求:①入射光垂直照射光栅表面;②平行光管狭缝与光栅刻痕相平行.

具体调节步骤如下:

(1) 将衍射光栅放到调好的分光计载物小平台上,调节光栅平面使其与分光计的平行光管光轴垂直:先转动望远镜对准平行光管,使狭缝像通过十字线交点(即平行光管与望远镜同轴),然后固定望远镜,转动光栅到某一位置,使由光栅平面反射回来的十字反射像与分划板上方刻线重合,此时光栅平面与望远镜光轴相垂直,当然也与平行光管光轴相垂直了. 注意:由于本实验中所用光栅的装架不够理想,往往前后略有俯仰,致使十字反射像与分划板上方刻线不能完全重合,而有少许错位. 遇到此种情况,可调节载物小平台下的螺丝,使它们完全重合(不可拧动望远镜下的调水平的螺丝!). 固定载物平台和游标盘,放松望远镜的固定螺丝.

(2) 调节光栅条纹,使其与主轴平行. 如果两者不平行,光谱带会斜偏,一边高一边低,在转动望远镜时,叉丝交点就不能通过各条谱线的中央. 此时可以调节载物小平台下的螺丝,使其达到标准.

3. 测定光栅常量

(1) 转动望远镜,看能否在分光计的左右两边都能看到一级和二级的光谱线,谱线宽度是否适宜精确测量(一般谱线宽度 1 mm 左右较为合适). 如果光谱带看不全,可以把分光计作为一个整体稍微移动一下,让狭缝更好地对准汞灯,此时光谱最为丰满;如果谱线宽度不适中,适当调节狭缝宽度.

(2) 转动望远镜,使叉丝依次对准零级亮纹(中央亮纹)和汞灯绿谱线的 $k=\pm1$ 和 $k=\pm2$ 的各级亮纹,并记下相应的读数(要用双游标),算出各级的衍射角 φ_k.

$$\varphi_k = \left| \frac{1}{2}(\theta_0 + \theta_0{}') - \frac{1}{2}(\theta_k + \theta_k{}') \right|$$

式中，θ_0 和 $\theta_0{}'$ 为对准中央亮纹时分光计上的读数，θ_k 和 $\theta_k{}'$ 为对准绿谱线 $k = \pm 1$ 和 $k = \pm 2$ 时分光计上的读数. 将左右同级的 φ_k 角取平均，作为一级和二级的衍射角 $\bar{\varphi}_1$ 和 $\bar{\varphi}_2$. 再将 $\bar{\varphi}_1$ 和 $\bar{\varphi}_2$ 代入公式计算光栅常量 d（绿光波长 $\lambda = 546.07$ nm）.

4. 测定光波（蓝线）的波长

将望远镜依次对准汞灯蓝谱线的 $k = \pm 1$ 和 $k = \pm 2$ 的各级亮纹，并记下相应的读数，测定相应的衍射角. 用前面测得的光栅常量 d 代入公式，求出该谱线的波长. 计算对于标准值的相对误差.

五、数据记录与处理

测定光栅常量

亮纹级数	游标读数			衍射角		$\sin\bar{\varphi}_k$	已知光波波长 λ/nm	d/nm $\left(d = \frac{k\lambda}{\sin\varphi_k}\right)$	$\bar{d}$/nm
	θ	θ'	平均						
$k = 0$				φ_k	平均 φ_k				
$k = +1$									
$k = -1$							546.07		
$k = +2$									
$k = -2$									

测定光波波长

亮纹级数	游标读数			衍射角		$\sin\bar{\varphi}_k$	光栅常量 d/nm	λ/nm $\left(\lambda = \frac{d\sin\varphi_k}{k}\right)$	$\bar{\lambda}$/nm
	θ	θ'	平均						
$k = 0$				φ_k	平均 φ_k				
$k = +1$									
$k = -1$									
$k = +2$									
$k = -2$									

六、思考题

1. 实验中所用的光栅每毫米有多少条刻线？
2. 测量时，平行光管的狭缝宽度要适当，太宽太窄可能会产生什么后果？

实验 21　光的偏振特性实验研究

光和其他所有的电磁波辐射一样,由电场和磁场在真空中的传播来表征,这两个场在空间每一点都垂直于传播方向,而且二者又相互垂直. 因为在大多数情况下,电磁波中起光作用的是电场强度矢量 $\boldsymbol{E}$,而不是磁感强度矢量 $\boldsymbol{B}$,所以电场强度矢量又叫光矢量. 由于光是横波,所以光波中光矢量的振动方向总和光的传播方向相垂直. 在垂直于光传播方向的平面内,光矢量可能有各种不同的振动状态. 根据振动状态不同,光大体上可分为五种:自然光、线偏振光、部分偏振光、椭圆偏振光和圆偏振光.

一、实验目的

1. 观察光的偏振现象,熟悉偏振基本规律;

2. 了解椭圆偏振光、圆偏振光和平面偏振光的产生方法和各种波长片的作用原理;

3. 利用布儒斯特定律测量介质材料的折射率.

二、仪器设备

偏振光实验仪、1/2 波片、1/4 波片、有机玻璃片、激光器等.

三、实验原理

1. 偏振光的基本概念

在研究光现象时,通常将 $\boldsymbol{E}$ 叫做光矢量,$\boldsymbol{E}$ 振动叫做光振动.

在光的传播过程中,如果光矢量 $\boldsymbol{E}$ 始终在一个固定的平面内沿一个固定的方向振动,这种光称为线偏振光或平面偏振光,如图 6. 21. 1(a)所示. 光矢量的振动方向和传播方向所构成的平面称为振动面.

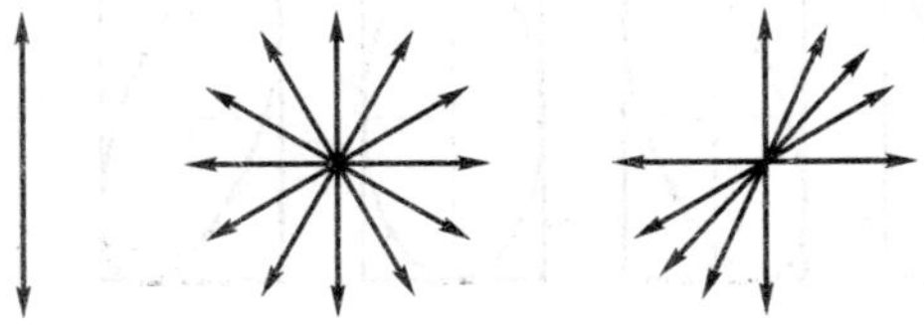

(a)　(b)　(c)

图 6. 21. 1　自然光与偏振光示意图

光源发射的光是由大量原子或分子辐射形成的. 单个原子或分子辐射的光是线偏振的. 由于大量原子或分子的热运动和辐射的随机性,它们所发射的光的电矢量出现在各个方向的概率是相同的. 在宏观上极短而微观上足够长的时间内(如 10^{-6} s),各个电矢量的时间平均值相等,所以这种光源发射的光对外不显现偏振的性质,称为自然光,如图 6.21.1(b)所示. 在发光过程中,有些光的电矢量在某个方向上出现的概率大于其他的方向,即在较长的时间内电矢量在某个方向上较强,这样的光称为部分偏振光,如图 6.21.1(c)所示.

电矢量 $\boldsymbol{E}$ 的末端在和光的传播方向垂直的平面内描绘的轨迹为一椭圆的光,叫椭圆偏振光,椭圆运动也可以看成两个相互垂直的简谐运动的合成,只是它们的振幅不等,或相位差不等于 $\pm\pi/2$,如图 6.21.2所示. 椭圆偏振光两个分量的表达式可写成

$$E_x = A_x\cos\omega t,\quad E_y = A_y\cos(\omega t + \delta)$$

电矢量为

$$\boldsymbol{E} = E_x\boldsymbol{i} + E_y\boldsymbol{j} = A_x\cos\omega t\boldsymbol{i} + A_y\cos(\omega t + \delta)\boldsymbol{j}$$

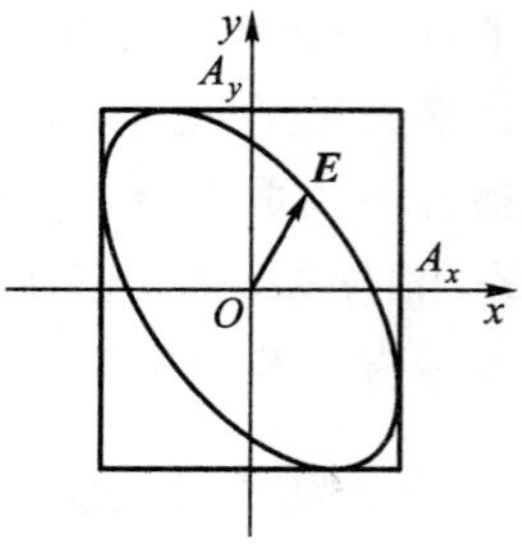

图 6.21.2　电矢量 $\boldsymbol{E}$

椭圆长、短轴的大小和取向与振幅 A_x、A_y 和相位差 δ 都有关系. 图 6.21.3 给出不同 δ 时的椭圆轨迹,可以看出线偏振光和圆偏振光都是椭圆偏振光的特例,椭圆偏振光退化为圆偏振光的条件是 $A_x = A_y$ 和 $\delta = \pm\pi/2$;退化为线偏振光的条件是 $A_x = 0$ 或 $A_y = 0$,或 $\delta = 0, \pm\pi$. 椭圆偏振光也有左、右旋之分,即迎着光的传播方向看去,电矢量 $\boldsymbol{E}$ 逆时针转动的为左旋,电矢量 $\boldsymbol{E}$ 顺时针转动的为右旋.

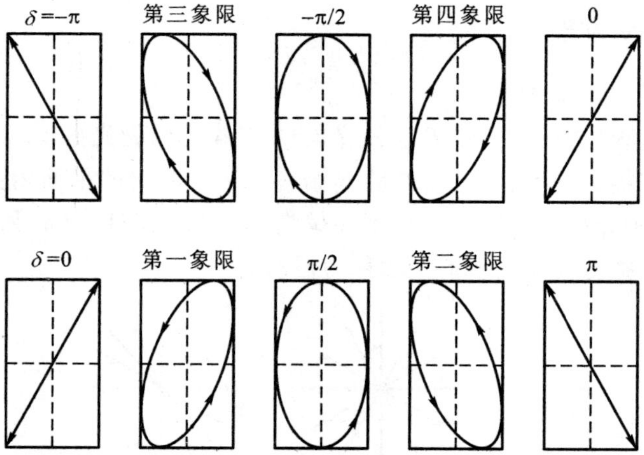

图 6.21.3　不同 δ 时的椭圆轨迹图

2. 线偏振光的获得

(1) 反射起偏和透射起偏

一束单色自然光以布儒斯特(Brewster)角 $i_B = \arctan(n_2/n_1)$,从折射率为 n_1

的非金属均匀介质入射到折射率为 n_2 的非金属均匀介质界面上时，反射的光将是电振动垂直于入射面的完全偏振光，透射的光将是电振动较多地平行于入射面的部分偏振光. i_B 称为起偏角(或称布儒斯特角)，空气相对于折射率为 1.5 的玻璃界面的起偏角 $i_B = \arctan 1.5 = 56.3°$. 若使自然光以布儒斯特角入射，并通过一叠表面平行的玻璃片堆，由于自然光可以被等效为两个振动方向互相垂直，振幅相等且没有固定相位关系的线偏振光，又因为光通过玻璃片堆中的每一个界面，都要反射掉一些振动垂直于入射面的线偏振光，所以经多次反射，透过玻璃片堆的就成为振动平行于入射面的线偏振光了，这就是透射起偏法. 在图 6.21.4 所示的带有布儒斯特窗的激光器中，光波沿着轴线反射镜 2、3 之间来回振荡，每通过激光管一次，就通过两块布儒斯特窗. 振荡多次，就相当于透过玻璃片堆，所以，从输出镜 3 出射的光就是振动面平行于纸面的线偏振光.

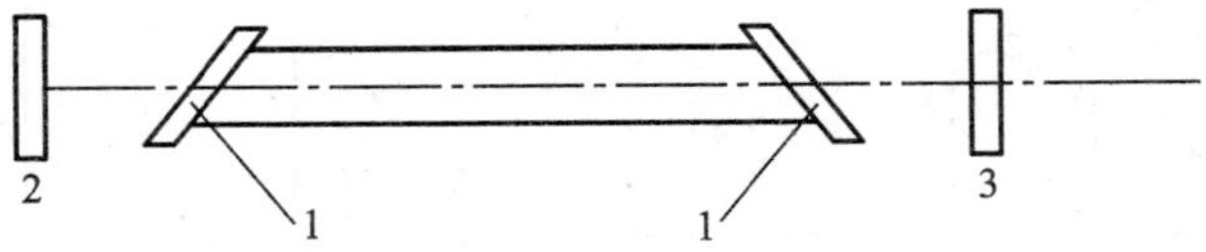

图 6.21.4　带布儒斯特角的激光器

1—布儒斯特窗；2—全反射镜；3—输出镜

(2) 利用偏振片起偏

某些有机化合物晶体具有很强的二向色性，即自然光通过它时，只能有某一确定振动方向(称为透振方向)的光能够通过，而振动方向与此透振方向垂直的光却被吸收掉，从而可获得线偏振光. 利用这类材料制成的偏振片可获得较大截面积的偏振光束，但由于吸收不完全，所得的偏振光只能达到一定的偏振度. 实验室通常用偏振片得到偏振光.

(3) 晶体双折射起偏

由各向异性晶体双折射(birefringence)所产生的寻常光和非寻常光都是线偏振光，将它们单独分离出来，即得到线偏振光. 例如由方解石晶体制成的尼科耳(Nicol)棱镜就可作为起偏镜和检偏镜；由两块方解石直角棱镜组成的沃拉斯顿棱镜可用作线偏振光分束器.

3. 圆偏振光的获得

圆偏振光是指它的电矢量 $\boldsymbol{E}$ 以恒定的大小在垂直于传播方向的平面内旋转. 迎着传播方向观察，如果 $\boldsymbol{E}$ 矢量是按逆时针方向旋转的，这样的光称为左旋圆偏振光；顺时针方向旋转的，称为右旋圆偏振光. 圆偏振光还可以用 $\boldsymbol{E}$ 的 x 和 y 分量来表示，这两个分量有相等的振幅，有 90°的相位差. 若 y 分量比 x 分量的相位滞后 1/4 周期，即为右旋圆偏振光；若 y 分量比 x 分量的相位超前 1/4 周期即为左旋圆偏振光.

利用一种对 $\boldsymbol{E}$ 的两个分量有不同折射率的材料便可以产生圆偏振,例如,切出一片双折射单轴晶体薄片,使薄片前后两表面互相平行,并且晶体光轴与表面平行. 让一线偏振光入射到此薄片上,并使线偏振光的振动方向与光轴成 45°角,如果晶体薄片厚度合适,线偏振光 $\boldsymbol{E}$ 的 x 和 y 分量正好出现 90°相位差,则出射的即为圆偏振光.

4. 马吕斯定律

振幅为 A,光强为 $I_0 = A^2$ 的线偏振光垂直入射到一块理想的偏振片上,如图 6.21.5 所示. 若入射光 $\boldsymbol{E}$ 振动和偏振片的偏振化方向之间夹角为 θ,则自偏振片出射的光强 $I = I_0\cos^2\theta$,这就是振幅投影的马吕斯(Malus) 定律.

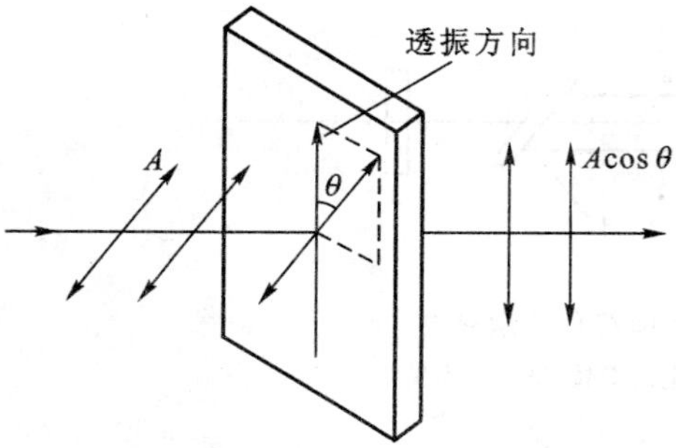

图 6.21.5 马吕斯定律

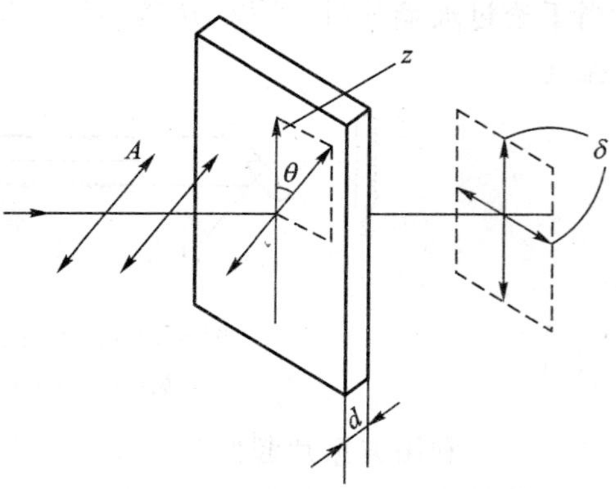

图 6.21.6 线偏振光垂直通过波片

5. 波片

波片(wave plate) 由正晶体或负晶体制成,晶体的光轴平行于波片表面. 波片厚度为 d,晶体对寻常光的折射率为 n_o,对非寻常光的折射率为 n_e. 如图 6.21.6 所示,当振幅为 A,振动方向和波片光轴 z 夹角为 θ 的线偏振光垂直入射于波片时,进入波片后即分解为振幅为 $A_o = A\sin\theta$ 的寻常光和振幅为 $A_e = A\cos\theta$ 的非寻常光. 它们是振动方向互相垂直的两线偏振光,它们间的相位差是

$$\delta = (n_e - n_o)d \cdot \frac{2\pi}{\lambda}$$

当 $\delta = 2k\pi$ 时($k = \pm 1, \pm 2, \cdots$),波片为 λ 片,即波长片,出射光为线偏振光. 当 $\delta = (2k+1)\pi$ 时($k = \pm 1, \pm 2, \cdots$),波片为 $\lambda/2$ 片或 1/2 波片,出射光为线偏振光. 当入射的线偏振光的光振动面与 1/2 波片的光轴成 θ 角时,则透过 1/2 波片的光虽然仍为线偏振光,但其振动已转过了 2θ 角.

当 $\delta = (2k+1)\pi/2$ 时($k = \pm 1, \pm 2, \cdots$),波片为 $\lambda/4$ 片或 1/4 波片,出射光为正椭圆偏振光. 当入射的线偏振光的光振动面与 1/4 波片的光轴成 θ 角时,

则透过 1/4 波片的光,一般来说是椭圆偏振光. 但 $\theta = 0, \pi/2$ 时,得到的是线偏振光;$\theta = \pi/4$ 时,得到的是圆偏振光.

波片的用处很广. 例如,用一个 1/4 波片与一块偏振分光镜可制成光学隔离器;偏振干涉系统中,应用 1/2 波片、偏振分光镜与 1/4 波片,可实现等光强干涉,消除杂散光,提高干涉图像对比度;利用 1/4 波片和偏振分光镜将由磁光或电光效应产生的双频激光在空间分开;利用旋转 1/2 波片可使激光频率产生一个固定偏移. 波片的用处还有很多,在此不一一枚举.

6. 各种偏振光的检验

检验与鉴别光的偏振状态的过程称为"检偏",所使用的器件称为"检偏器"(analyzer). 实验中起偏器和检偏器往往是通用的,例如用于起偏时的偏振片称为起偏器(polarizer),但把它用于检偏时,就称它为检偏器了. 下面介绍偏振光(polarized light)的检验方法.

(1) 线偏振光　强度为 I_0 的线偏振光入射到检偏器上,若光矢量 $\boldsymbol{E}$ 的方向与透光方向(偏振片的偏振化方向)成 θ 角时,由马吕斯定律,从检偏器射出的光强是 $I = I_0\cos^2\theta$. 当旋转检偏器一周时,分别出现两次光强最大和两次消光(光强为零)的情况.

(2) 圆偏振光　只使用一个偏振器,把它旋转一周,透射光强将无变化,这种现象与自然光现象相同,因此还得考虑其他器件才能把它和自然光区别开来. 若让圆偏振光先通过一个 $\theta = 0$ 的 1/4 波片,则出现的是线偏振光,再旋转检偏器,可观察到两次消光现象.

(3) 自然光　在检偏器前加一个 1/4 波片,自然光通过 1/4 波片后还是自然光,若旋转检偏器,则透射光强仍然没有变化,由此,可以把它和圆偏振光区别开来.

(4) 椭圆偏振光　椭圆偏振光通过旋转的检偏器将出现光强度两次极小(不是消光状态)的现象,光强极小时检偏器的偏振化方向(透射方向)就是椭圆的短轴方向. 实验中先让椭圆偏振光通过 1/4 波片的光轴,并使 1/4 波片的光轴处于椭圆偏振光短轴的方位,则从 1/4 波片出射的将是振动方向与椭圆长短轴组成的矩形对角线方向相重合的线偏振光,再把检偏器旋转一周,将会出现两次消光的现象.

(5) 部分偏振光(自然光加椭圆偏振光)　先旋转检偏器找到光强最小的方位,再把 1/4 波片置于检偏器前,并使 1/4 波片的光轴平行于光强最小的方位,旋转检偏器,出射光将会出现两次变暗的现象,但变暗方位与未插入 1/4 波片变暗的方位不同.

将上面用一已知偏振化方向的偏振片和一已知光轴的 1/4 波片来鉴别各种不同偏振态的方法总结于表 6.21.1 中.

表 6.21.1 鉴别各种偏振态的方法和步骤

第一步 旋转检偏器	第二步 在检偏器前 插入 1/4 波片	第三步 再旋转检偏器	结　　论
光强无变化	光轴方位任意	两明两零	圆偏振光
	光轴方位任意	光强无变化	自然光
	光轴方位任意	两明两暗	自然光加圆偏振光
两明两零			线偏振光
两明两暗(使偏振器处于暗方位)	旋转 1/4 波片,使光强最暗,即使其光轴与检偏器透振方向平行或垂直	两明两零	椭圆偏振光
		两明两暗,暗方位同第一步	自然光加线偏振光
		两明两暗 暗方位不同	自然光加椭圆偏振光

7. 退偏振

即把偏振光变成非偏振光的过程,这需要在$\boldsymbol{E}$的 x 和 y 两个分量之间引进无规则的相位差.要做到这一点,只需把一块各向异性的、不均匀的材料放在波振面前面,以产生必需的无规则相移.例如,一张普通蜡纸,就可作为一种有效的退偏振器.

光的偏振现象应用非常之广,例如:一些晶体在外力(机械力、电场、磁场)的作用下,可使原来各向同性的介质产生双折射现象,也可使晶体的各向异性性质发生变化.这种人为的双折射现象非常有用.例如,在外加电场的作用下,某些物质的光学性质发生了变化,由各向同性变成各向异性,或者各向异性的性质发生了变化,这种材料称为电光晶体.利用电光材料做成的电光元件可以改变光的偏振态、强度、相位及光束的方向等.这使得电光效应在现代光学技术特别是激光技术中得到广泛的应用,如电光调制、电光偏制、电光开关等.再如线偏振光在某些物质中沿着磁场传播会发生光的振动面旋转的现象,这一现象称为磁致旋光.磁致旋光的方向与磁场的方向有关,而与光线的传播无关.因此,当光线往返通过介质时,只要磁致方向不变,旋转角都向一个方向增加.据此可制成单向光闸,使光只向一个方向行进.此外,磁致旋光的转角与磁场的大小成正比,改变电流的大小可以用来控制磁场,从而控制光矢量的偏转,实现自动测量.根据此原理可制成光纤安培计,用于高压输电线上,测量范围大、灵敏度高,特别是与高压线不接触,实现了输入端、输出端的电绝缘.

近年来,人们把光波的偏振特性应用于光学测量中获得了很大的成功,出现许多实用的偏光干涉仪,有史密斯干涉仪、横向剪切干涉仪、利用双折射的干涉显微镜等.这种基于光的偏振特性的偏振光分析法是利用检测光波的偏振状态来确定被测试样的相位差,从而求出被测试样的应力、膜层折射率和厚度或波像差等参量.由于偏振光分析方法所使用的设备简单而且精度较高,因此,它将在今后的应用中发挥越来越大的作用.

四、仪器描述

1. 偏振光实验仪的结构

偏振光实验仪结构如图 6.21.7 所示.

偏振光实验仪由激光器、起偏器、检偏器、波片、光电探测器、光电流放大器及光具座等构成.

光源 1 是波长为 632.8 nm 的激光器,功率为 1.5 mW,安装在支架 34 上,激光束的方向可以通过调整支架的上下、左右及托板下方的螺丝 33 来改变.在实验时应调整激光束,使之与分度盘 15 平行.

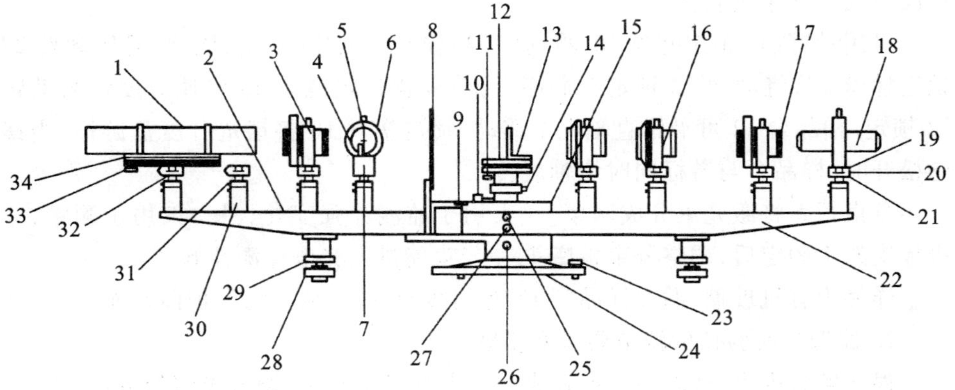

图 6.21.7　偏振光实验仪结构图

1—激光器;2—动臂(1);3—支架;4—分束板座;5—分束板;6—光电探测器(1);7—分束板支架;8—对准板;9—度盘指针;10—游标锁定螺丝;11—样品台调节螺丝;12—样品台;13—样品座;14—样品台锁定螺丝;15—分度盘及游标;16—4 分度盘镜座;17—360°分度盘镜座;18—光电探测器(2);19—燕尾板;20—燕尾板锁定螺丝;21—燕尾槽;22—动臂(2);23—分度盘底脚螺丝;24—分度盘底座;25—分度盘锁定螺丝;26—动臂(1)锁定螺丝;27—动臂(2)锁定螺丝;28—动臂支撑调节螺丝;29—锁紧螺母;30—支杆套;31—限位环及锁定螺丝;32—支杆;33—激光器仰俯调节螺丝;34—激光器支架

起偏器、检偏器均为格兰偏振棱镜,棱镜装在镜座内,其通光孔径为 6 mm.偏振棱镜镜座可以装在 360°分度盘镜座 17 内.偏振棱镜的前表面已调整成与镜座轴线垂直,切勿随意改变.

1/2 波片、1/4 波片的通光孔径为 6 mm,可分别装在 4 分度盘镜座 16 内. 光电探测器 6 与 18 的探测元件是直径 25 mm 的硅光电池,硅光电池前有遮光孔(直径为 8 mm),光电信号经插头分别输入光电流放大器的"输入 1"和"输入 2",经放大后,用微安表表示(电流值未经标定,不可作为计量标准). 光电流放大器放大倍率为 ×1、×5、×10、×100 四挡,两个放大器装在同一盒内,由同一电源供电.

注意:光电流放大器的最大光电流(×1 挡)是设定在两偏振器处于同一偏振方向,若光路中无偏振器将会溢出!

光具座主体为 360°分度盘,有 3 个底角螺丝 23 调整其铅直度. 度盘最小分度值为 0.5°,可借助游标读出. 动臂 2 和 22 可分别绕分度盘垂直轴旋转,最小夹角约为 10°. 动臂的角度可由分度盘 15 上方的指针或游标读出. 动臂上各有 7 个孔供固定光学支杆套 30,可根据实验的要求选定安装位置. 仪器配有 360°分度盘镜座 17 和 4 分度盘镜座 16,镜座内层均可绕轴线旋转,旋转角度可由度盘读出. 分度盘中心平台 12,也称样品台,供放置样品. 调节平台下 3 个螺丝 11,可使样品平面与光束垂直.

可用动臂(1)锁定螺丝 26,将动臂(2)锁定在底座 24 上,同样,可用动臂 22 锁定螺丝 27,将动臂 22 锁定在底座上. 分度盘锁定螺丝 25 将使分度盘与动臂 22 锁定. 样品台 12 可沿铅直轴上下移动. 锁定螺丝 10 将锁定分度盘游标. 当螺丝松开时,样品台与游标同时绕轴旋转.

分束板 5 将激光束分成两束,一束用于监测光强变化,另一束用于测量,分束板支架 7 固定后,调整分束板座 4,使光束能进入光电探测器 6.

样品为有机玻璃,贴在样品座 13 有刻线的一方. 请注意保护前表面.

2. 偏振光实验仪的调节要求及步骤

根据实验内容,选择好应装在光具座上的光学支架,调节步骤如下:

(1) 调整光具座分度盘垂直度及动臂下的支撑调节螺丝 26,并用锁紧螺母 29 锁定,保证动臂转动时分度盘不会晃动.

(2) 将对准板 8 插在动臂 2 上,置两动臂于同一直线上.

(3) 调整激光器支架的高度,左右移动支架及激光器的仰俯来改变激光束的方向,使之通过对准板长缝及对准板之中心.

(4) 旋转动臂 22,使之与激光束平行.

(5) 调整其余光学元件的位置,使激光束通过其中心,可旋转的光学元件端面应与激光束垂直.

五、实验内容与步骤

1. 鉴别自然光和偏振光

(1) 调整偏振光实验仪.

(2) 起偏和检偏:鉴别自然光和偏振光.

① 以单色平行光垂直照射到偏振片 P_1 上,转动 P_1 一周,用光电探测器 D 观察并记录视场中光强的变化情况.

② 在 P_1 后加入偏振片 P_2,固定 P_1 转动 P_2 一周,观察并记录视场中光强的变化情况.

③ 分析上述实验现象.

2. 根据布儒斯特定律测定介质材料的折射率

利用布儒斯特定律时,只有在入射光为振动方向平行于入射面的偏振光,即 P - 分量时,才能得到反射率为零的布儒斯特角,故本实验应分为两步进行.

(1) 确定起偏器的方位

在此方位时,使入射到样品表面的入射光(即起偏后的偏振光)的偏振方向恰好为 P - 分量. 实验方法如下:

① 当 P_1 在某一方位时,转动样品面,使反射光的反射角在 50°~60°之间变化,仔细观察屏上反射光点的强弱变化. 选定反射光点最暗的某一位置作下一步调整.

② 然后再旋转 P_1 的角度,观察屏上反射光点的亮暗变化,找到一个光点最暗的 P_1 方位角.

③ 再次重复①和②的步骤,直到反射光强度近于零,此时 P_1 的方位角恰好使出射平面偏振光与入射平面相重合,即为 P - 分量,图 6.21.8 所示.

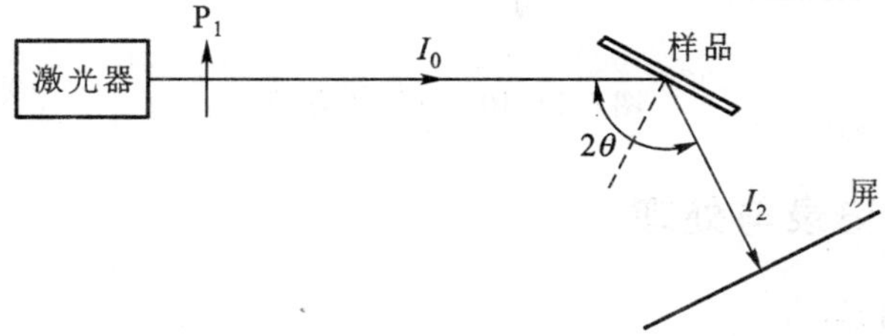

图 6.21.8 P - 分量示意图

(2) 根据布儒斯特定律测定介质材料的折射率

实验光路如图 6.21.9 所示.

① 反射光点最暗对应的入射角 i_B 即为布儒斯特角.

② 由布儒斯特定律计算样品折射率.

3. 观察平面偏振光经过 1/2、1/4 波片的情形

(1) 观察平面偏振光经过 1/4 波片的情形

① 将 P_1、P_2 调整至偏振轴互相正交,在 P_1 和 P_2 之间插入一块 1/4 波片,转

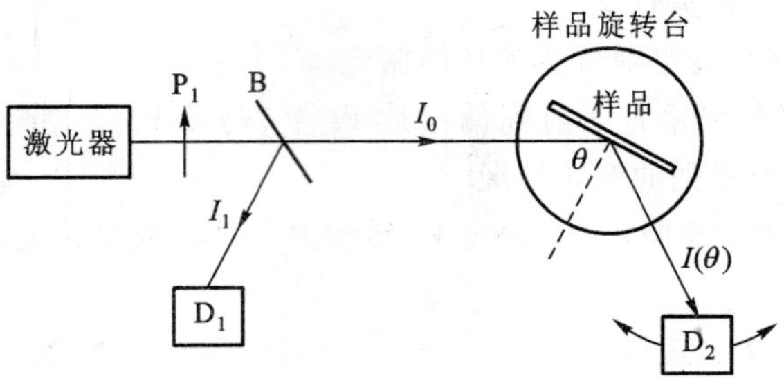

图 6.21.9　实验光路图

动波片至消光,然后转动 P_2 一周,观察到什么现象?说明此时经过 1/4 波片后光的偏振状态.

② 再将波片从消光位置分别转 30°、45°、60°、75°和 90°,将 P_2 转一周观察实验现象,并分析此时经过 1/4 波片后光的偏振状态.

(2) 观察平面偏振光经过 1/2 波片的情形

① 将 P_1、P_2 调整至偏振轴互相正交,在 P_1 和 P_2 之间插入一块 1/2 波片,转动波片一周观察实验现象并解释.

② 转动波片至消光,再将 1/2 波片分别转 30°、45°和 90°,转动 P_2 至消光,记录 P_2 转动的角度,实验光路如图 6.21.10 所示.

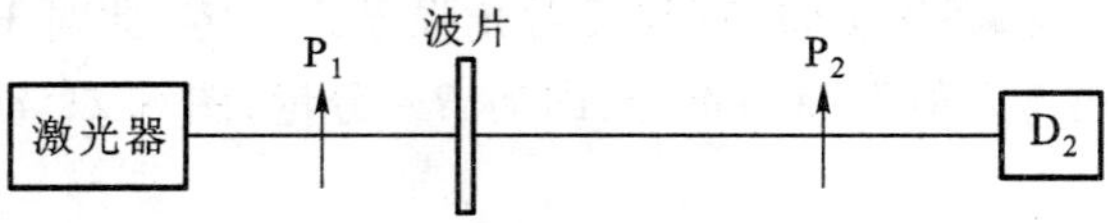

图 6.21.10　实验光路图

六、数据记录与处理

数据表格自拟.

实验 22　迈克耳孙干涉仪

1883 年美国物理学家迈克耳孙和莫雷合作,为证明"以太"是否存在而设计制造了世界上第一台用于精密测量的干涉仪——迈克耳孙干涉仪(Michelson Interferometer),它是在平板或薄膜干涉现象基础上发展起来的.迈克耳孙干涉仪在科学发展史上起了很大作用.迈克耳孙用该干涉仪所做的重要工作有:否定了"以太"的存在;发现了真空中的光速为恒定值,为爱因斯坦的相对论奠定了基础;用镉红光为光源来测量标准米尺的长度,建立了以光波长为基准的绝对长度标准;推断光谱精细结构;迈克耳孙还用该仪器测量出太阳系以外星球的大小.迈克耳孙因"精密光学仪器和用这些仪器进行光谱学的基本量度"研究中的卓著成绩,获得了1907年度诺贝尔物理学奖.

现在,根据迈克耳孙干涉仪的原理研制的各种精密干涉仪已广泛用于近代物理和计量技术中.

一、实验目的

1. 熟悉迈克耳孙干涉仪的结构和工作原理;
2. 掌握迈克耳孙干涉仪的调节方法,观察等倾干涉条纹;
3. 测量半导体激光的波长;
4. 测量钠黄光双谱线波长差;
5. 了解时间相干性.

二、实验仪器

WSM-100型迈克耳孙干涉仪、半导体激光器、钠光灯等.

三、实验原理

WSM-100型迈克耳孙干涉仪的光路示意图如图6.22.1所示.点光源S发出的光射在分光镜G_1上,G_1为平玻璃板,右表面镀有半透半反膜,G_1将入射光分成强度相等的两束,一束反射光(1),另一束透射光(2).光束(1)和(2)分别经全反镜M_1和M_2反射后再回到G_1,再分别经透射和反射后,形成光束(1′)和

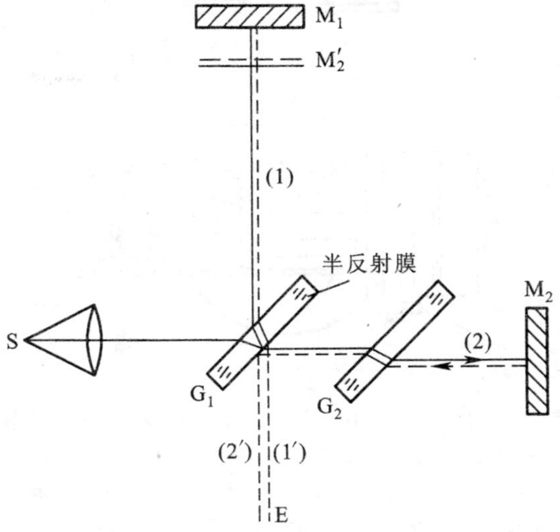

图6.22.1 迈克耳孙干涉仪光路图

(2′).在光程差小于相干长度的情况下,光束(1′)和(2′)在相遇处发生干涉,在相遇处 E 放上毛玻璃,可观察到干涉条纹. G_2 是补偿板,其厚度和材料与 G_1 完全相同,且相互平行,它的作用是使光线(1′)和(2′)在玻璃中经过的次数相同.

WSM－100 型迈克耳孙干涉仪的结构简图如图 6.22.2 所示. 干涉仪座架由 3 只调平螺丝 9 支撑,调平后可以拧紧锁紧圈 10,使座架稳定. 丝杆 6 的螺距为 1 mm,转动粗动手轮 2,经螺母 4,使移动镜 M_1 在导轨上滑动. 粗动手轮刻度盘一圈刻有 100 格,由窗口 3 读出,由于粗动手轮转动一圈 M_1 移动 1 mm,所以每格对应 0.01 mm. 微动手轮 1 上刻有 100 格,转动一圈使粗动手轮旋转 1 格,即使 M_1 移动 0.01 mm,故微动手轮转动 1 格,M_1 移动0.000 1 mm.

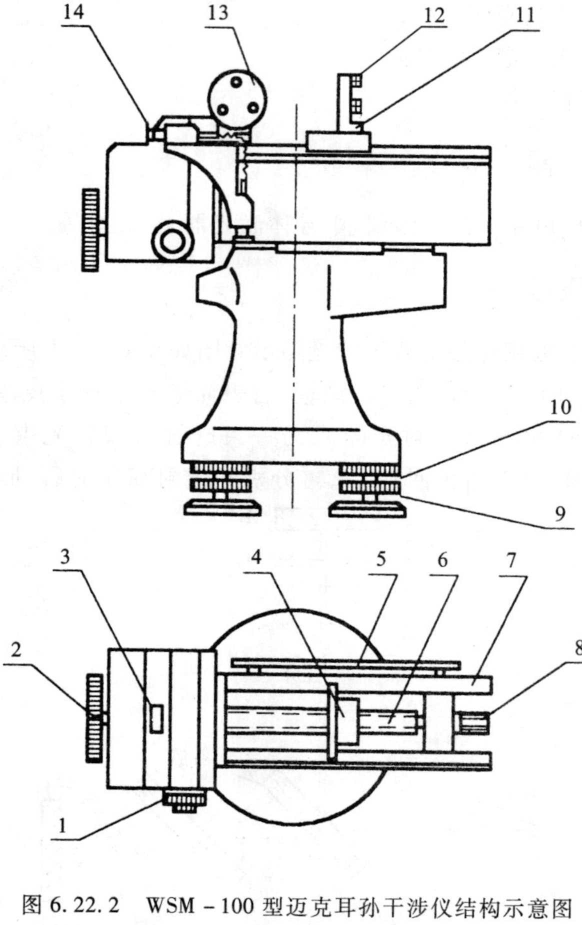

图 6.22.2　WSM－100 型迈克耳孙干涉仪结构示意图

1—微动手轮;2—粗动手轮;3—读数窗口;4—可调螺母;5—毫米刻度尺;6—丝杆;7—导轨;8—滚花螺帽;9—调平螺丝;10—锁紧圈;11—移动镜;12—粗调螺丝;13—固定镜;14—微调螺丝

全反射镜 M_1 和 M_2 的背后各有 3 个螺丝，调节 M_1 和 M_2 的方位，M_2 上还附有相互垂直的两个微调螺丝，以便精确微调 M_2 的方位.

1. 干涉图样的形成和分类

迈克耳孙干涉仪所产生的两相干光束是全反射镜 M_1 和 M_2 反射而来的，研究干涉花样时，可把光路折 90°，即等效于 M_2' 和 M_1.

激光束经凸透镜会聚后形成一个线度小、强度较高的点光源. 点光源经平面反射镜 M_1、M_2 反射后，相当于由两个虚光源 S_1、S_2' 发出的相干光束，如图6.22.3 所示. S_1 和 S_2' 的距离为 M_1 和 M_2' 之间距离 d 的二倍，即 $2d$. 虚光源 S_1、S_2' 发出的相干球面波在它们相遇的空间处处相干，因此出现的干涉花样属于非定域的干涉花样. 在两光束相遇空间放置平面观察屏（如毛玻璃）就可看到干涉花样. 当 M_1 和 M_2' 严格平行，平面屏垂直于 S_1、S_2' 延长线时，干涉花样应为一组同心圆.

对于图 6.22.3 所示的情况，M_1 和 M_2' 平行，观察屏 P 垂直于 S_1S_2' 延长线，干涉花样为一组同心圆，即一组等倾干涉花样，圆心 E 处所对应的干涉级次最高，即 $\delta=0$ 对应的干涉级次最高.

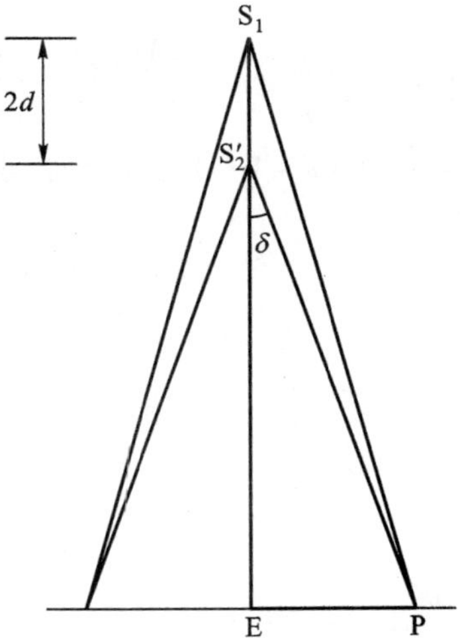

图 6.22.3　等效光路图

当移动平面镜 M_1 即改变光程差时，干涉环中心会冒出或陷入. 中心点的干涉环级次每改变一次，相当于平面镜 M_1 移动了半个波长. 如果使中心干涉条纹级次改变 N 次，测出对应平面镜 M_1 移动的距离为 Δd，则 $\Delta d=\frac{1}{2}N\lambda$，所以

$$\lambda=\frac{2\Delta d}{N} \tag{6.22.1}$$

所以只要读出干涉仪中 M_1 移动的距离 Δd，数出对应冒出或陷入的环数就可求得波长.

2. 时间相干性

时间相干性是光源相干程度的一种描述，由相干长度或相干时间表述，迈克耳孙干涉仪是观察和测量光源时间相干性的仪器之一.

本实验中以入射角 $\delta=0°$ 进行讨论. 此时，两束光的光程差 $\Delta=2d$，当 d 逐渐增大，达到某一数值 d' 时，干涉条纹变成模糊一片，即看不清干涉条纹，这时 $2d'=\Delta L_m$ 就叫做光源的相干长度. 相干长度除以光速 c 为相干时间 Δt_m，即

$$\Delta t_m=\frac{\Delta L_m}{c} \tag{6.22.2}$$

对 ΔL_m 和 Δt_m 的解释有两种：

（1）原子发光是断续的，无规则的. 任何光源发射出的光波都是一系列有限长的波列，这些波列之间没有固定的相位关系. 在迈克耳孙干涉仪中，每个波列经过 G_1 时，由半反膜分成两个波列，当这两个波列到达观察屏处有部分相遇，才能形成干涉，相遇部分越多，干涉条纹清晰度越好，相遇部分越小，干涉条纹越模糊. 如到达观察屏处两列波不相遇，则形成不了干涉. 所以相干长度表征了波列的长度.

（2）光源发射的光波不是绝对的单色光，存在一个中心波长 λ_0 和谱线宽度 $\Delta\lambda$，即有波长从 $\lambda_0-\frac{\Delta\lambda}{2}$ 到 $\lambda_0+\frac{\Delta\lambda}{2}$ 之间的所有光波. 由于不同波长的光之间不能发生干涉，所以每个波长对应一套干涉图样，即观察屏上看到的干涉条纹图样是波长从 $\lambda_0-\frac{\Delta\lambda}{2}$ 到 $\lambda_0+\frac{\Delta\lambda}{2}$ 之间所有波长光的干涉条纹叠加的图样. 在 d 增大时，$\lambda_0-\frac{\Delta\lambda}{2}$ 和 $\lambda_0+\frac{\Delta\lambda}{2}$ 两套干涉条纹逐渐错开. 当 $\lambda_0+\frac{\Delta\lambda}{2}$ 的 k 级亮条纹落在 $\lambda_0-\frac{\Delta\lambda}{2}$ 的 $(k+1)$ 级暗纹上时，观察屏上的干涉图样消失，这时有

$$\Delta L_m = k\left(\lambda_0+\frac{\Delta\lambda}{2}\right) = (k+1)\left(\lambda_0-\frac{\Delta\lambda}{2}\right)$$

得

$$\Delta L_m \approx \frac{\lambda_0^2}{\Delta\lambda} \tag{6.22.3}$$

即

$$\Delta t_m \approx \frac{\lambda_0^2}{c\Delta\lambda} \tag{6.22.4}$$

上式表明，$\Delta\lambda$ 越小，即光源的单色性越小，相干长度越长. 可以证明，以上对相干长度的两种解释是一致的. He－Ne 激光器的 $\Delta\lambda$ 为 $10^{-7}\sim10^{-4}$ nm，相干长度从几米到几千米. 普通的钠光灯和汞灯，$\Delta\lambda$ 为纳米量级，相干长度为厘米量级，白炽灯所发出的光的 $\Delta\lambda$ 为波长数量级，相干长度非常短，只能看到级数很小的彩色条纹.

3. 钠光的双线波长差

钠灯光有 589.0 nm 和 589.6 nm 两条谱线，它们在迈克耳孙干涉仪中各自形成干涉条纹，视场中的干涉图样为两套条纹的叠加图样，如图 6.22.4 所示. 波长不同条纹间距不同，当移动反射镜 M_1 时，可发生干涉图样清晰度的周期性变化.

如视场中某一点，两波长的光对应的干涉级次为 k_1 和 k_2，有 $\Delta=k_1\lambda_1=$

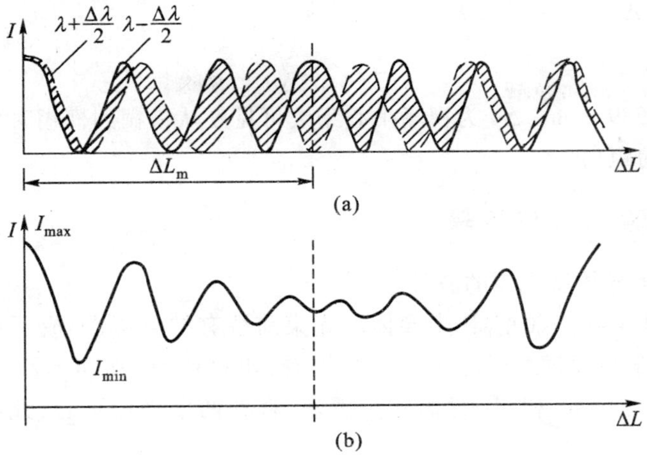

图 6.22.4　含有两种波长的光源的光波叠加时，干涉条纹强度随光程差变化的情形

$k_2\lambda_2$，如 $k_1-k_2=p$，则

$$k_2\lambda_2 = k_2\lambda_1 + p\lambda_1 \tag{6.22.5}$$

$$k_2 = \frac{p\lambda_1}{\lambda_2-\lambda_1} \tag{6.22.6}$$

当 $p=m$，m 为整数时，λ_1 和 λ_2 的干涉条纹重合或靠得很近，干涉图样对比度最好. 反之，当 $p=m+\dfrac{1}{2}$，m 为整数时，一个波的亮纹与另一波长的暗纹重合或靠近，干涉图样对比度最差.

在视场中心光程差 $\Delta=2d_1=k_2\lambda_2$，如干涉条纹对比度最差，即 $p=m+\dfrac{1}{2}$，有

$$d_1 = \frac{1}{2}k_2\lambda_2 = \frac{\left(m+\dfrac{1}{2}\right)\lambda_1\lambda_2}{2(\lambda_2-\lambda_1)} \tag{6.22.7}$$

移动 M_1，使视场中心干涉图样对比度再一次最小，有

$$k_2' = \frac{\left(m+\dfrac{3}{2}\right)\lambda_1}{\lambda_2-\lambda_1} \tag{6.22.8}$$

此时，$\Delta=2d_2=k_2'\lambda_2$，所以

$$d_2 = k_2'\frac{\lambda_2}{2} = \frac{\left(m+\dfrac{3}{2}\right)\lambda_1\lambda_2}{2(\lambda_2-\lambda_1)} \tag{6.22.9}$$

所以

$$d_2-d_1 = \frac{\left(m+\dfrac{3}{2}\right)\lambda_1\lambda_2}{2(\lambda_2-\lambda_1)} - \frac{\left(m+\dfrac{1}{2}\right)\lambda_1\lambda_2}{2(\lambda_2-\lambda_1)} = \frac{\lambda_1\lambda_2}{2(\lambda_2-\lambda_1)} \tag{6.22.10}$$

取 $\lambda_1\lambda_2=\bar{\lambda}^2$，$\Delta d=d_2-d_1$，$\Delta\lambda=\lambda_2-\lambda_1$，则

$$\Delta\lambda\approx\frac{\bar{\lambda}^2}{2\Delta d}\tag{6.22.11}$$

实验中，$\bar{\lambda}$ 取 589.3 nm，Δd 为视场中心条纹可见度从模糊到模糊时(中间出现清晰)M_1 移动的距离.

四、实验内容与步骤

1. 测定半导体激光器的波长

(1) 打开半导体激光器，半导体激光束前装有扩束镜，形成了点光源. 如图6.22.1所示，眼睛通过衰减屏在 E 处朝里看，如看到 M_1 和 M_2 反射镜反射过来的两个光斑，调节 M_1 和 M_2 背面的小螺丝，直到两个光斑重合，此时，M_1 和 M_2 相互垂直.

(2) 在 E 处放上毛玻璃，就能在毛玻璃屏上看到干涉条纹(如看不到干涉条纹，再仔细进行上步的调节). 此时干涉条纹可能是曲线，如果形成的是向左右方向弯曲的弧线，则调节一下 M_2 下面的水平微动螺丝，如果形成的是向上下方向弯曲的弧线，则调节一下 M_2 下面的垂直微动螺丝，使 M_1 和 M_2 严格垂直，在屏上就可以看到实验所需要的圆条纹了(与屏的位置无关).

(3) 移动反射镜 M_1，可以观察到干涉环中心一圈圈冒出或陷入. 此时可进行波长的测量，缓慢调节微动手轮，测定干涉环中心条纹变化(冒出或陷进)100次，M_1 移动的距离 Δd，由公式 $\lambda=\frac{2\Delta d}{100}$计算半导体激光的波长.

(4) 重复测量 3 次，自己列表记录实验数据，取其平均值并与公认值比较，计算其相对误差.

注意：在整个调节过程中要十分细致耐心. 要注意观察每一部件在调节时引起的干涉条纹的变化规律. 必须缓慢地、均匀地转动转盘，并准确的记录 M_1 镜的位置. 为了防止“空回”，每次测量必须沿同一方向转动，不得中途倒退.

2. 测量钠光双线波长差

(1) 转动粗动手轮，使 M_1 朝光程差减小的方向移动，即中心条纹一条条向里陷进去，干涉条纹变粗变疏，当视场中仅能看到 2、3 条条纹时，此时的光束的光程差已很小.

(2) 换上钠光灯，眼睛沿 G_1、M_1 方向望进去，在无穷远处可看到钠光的干涉条纹. 如条纹模糊，转动微调手轮，使条纹变清晰.

(3) 缓慢移动 M_1 镜，观察视场中的干涉条纹清晰度的变化，记下相邻两次干涉条纹清晰度为零时反射镜 M_1 移动的距离，连续测出 3 组数据，求出 $\Delta\bar{d}$，钠灯的双线波长差为 $\Delta\lambda=\frac{\bar{\lambda}^2}{2\Delta\bar{d}}$($\bar{\lambda}$ 取 589.3 nm).

五、注意事项

1. 迈克耳孙干涉仪是精密光学仪器,使用时要十分细致、耐心,不要损坏仪器. 如 M_1、M_2 背面的三个小螺丝,要缓慢地、轻轻地调节,不可拧得过紧,否则容易产生滑丝.
2. 干涉仪上的所有光学面不能用手触摸,更不能随意更换仪器上的元件.
3. 读数时要避免"空回".

六、思考题

1. 迈克耳孙干涉仪是利用什么方法产生两束相干光的?
2. 为什么 M_1 朝光程差减小的方向移动,中心条纹是一条条向里陷进去的?
3. 白炽灯作光源时,如何调出干涉条纹?

实验 23　旋 光 效 应

旋光仪(polarimeter)是利用光的偏振特性来测量旋光物质对振动转过角度的仪器,它在制药、制糖、香料、石油、食品等工业上有广泛应用,另外还可用于临床医学化验.

一、实验目的

1. 了解旋光仪原理并掌握其使用方法;
2. 用旋光仪测糖溶液的旋光率和浓度.

二、仪器设备

旋光仪、糖溶液(包括已知浓度样品三份、未知浓度样品一份).

三、实验原理

自然光不能透过两个偏振化方向正交的偏振片,但在正交的两偏振片之间插入某种透明的具有旋光性的物质,却发现有一部分光能够透过,这是由于旋光物质对从起偏器出来的光具有旋转其振动方向的作用. 当将第二偏振片转过和旋光物质旋光角度相等的角度时,视场又将回到最暗.

旋光物质是一种能使偏振光振动面旋转一个角度的物质. 迎着光看,能使振动面沿顺时针方向旋转的物质叫右旋物质,振动面沿逆时针方向旋转的物质叫左旋物质. 振动面旋转的角度叫旋光度,它决定于旋光物质的性质、厚度以及入射光的波长. 糖溶液对光振动方向转过的角度 Q 和糖溶液在玻璃管里的长度 L,

糖溶液浓度 c 成正比，即

$$Q = \alpha c L$$

式中，浓度 c 的单位是 g/cm^3，α 是比例系数，称为旋光率（或比旋光度），其含义为当 $L = 10\ cm, c = 1\ g\cdot cm^{-3}$ 时光振动方向转过的角度（对糖溶液来说，α 与入射光 λ 和温度 t 有关，对某些物质，α 还与物质的浓度有关）. 实验中玻璃管的长度 L 和转角 Q 是可测的，根据已知浓度 c 可求得 α，再根据已定的旋光率 α，可测定未知浓度 c.

四、仪器描述

旋光仪结构如图 6.23.1 所示，起偏器 4 和检偏器 7 全是透明的尼科耳棱镜，钠黄光经过聚光镜 3 和起偏器 4 就成为振动方向和尼科耳透振方向平行的线偏振光，其振动方向如图 6.23.2(a) 中 P_0 所示.

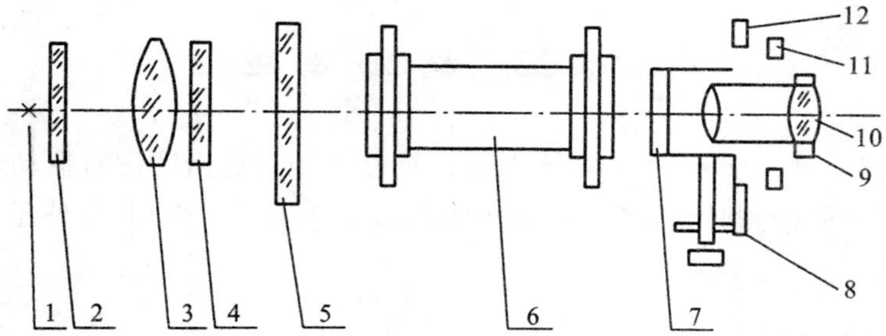

图 6.23.1　旋光仪结构图

1— 钠光灯；2— 毛玻璃；3— 聚光镜；4— 起偏器；5— 半影片；6— 样品管；7— 检偏器；8— 刻度盘转动手轮；9— 目镜调节手轮；10— 目镜；11— 放大镜；12— 刻度盘及游标

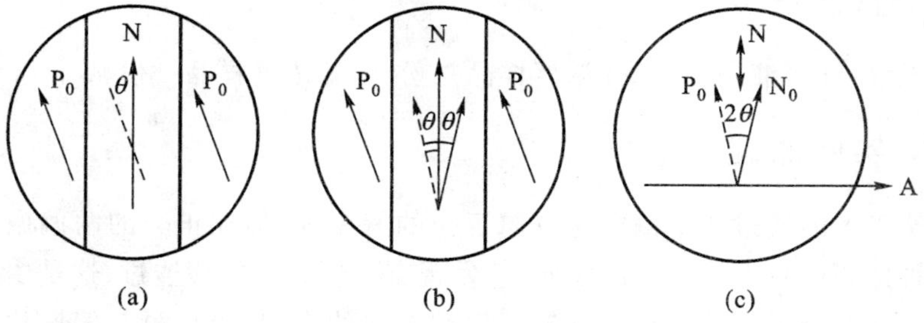

图 6.23.2　半影分析法

图 6.23.1 中，半影片 5 两侧是透明玻璃，中间是由石英制成的对钠黄光的 1/2 波片，三块粘在一起形成平面圆片，以产生三分视场；1/2 波片光轴 N 与起偏器透振方向 P_0 夹一很小的 θ 角（约 5°），见图 6.23.2(b). 线偏振光经 1/2 波片后成为线偏振光 N_0，其振动方向和通过玻璃片的线偏振光振动方向 P_0 夹角为 2θ.

经过图6.23.1中半影片5以后的光分为两个区域,从迎着光的方向看去,两区域的线偏振光振动方向如图6.23.2(b)那样,是对称于1/2波片光轴N、夹角为2θ的线偏振光.

由于人眼对于判断两个区域的暗度是否相同,要比判断亮度是否相同灵敏得多,所以在未放旋光物质时,我们可以旋转刻度盘转动手轮8将检偏器透振方向A非常准确地放置在如图6.23.2(c)所示的方位上.根据马吕斯定律,视场中两部分光(一部分是透过1/2波片的光,另一部分是不透过1/2波片而透过玻璃片的光)的强度同时处于很弱的情况,整个视场一样暗,分界线消失,此时记下标志检偏器方位的游标刻度Q_0,如果检偏器7透振方向A放置在与上述方向相垂直的方向上,视场中两部分光的强度同时处于很强的情况,整个视场一样明亮,分界线消失,如图6.23.3(d)所示;如果检偏器透振方向在其他位置,视场内明暗分明,如图6.23.3(a)、(b)所示利用这种半影分析法可使Q的测量精度大于0.05°.然后放入长度为L的盛有旋光物质的玻璃管,则在检偏器7前的线偏振光P_0和N_0都将沿某一方向转过一个角度Q,这时视场将出现分界线,两个区域的明暗度不同.我们将检偏器7沿该方向也转过一个角度Q,又使视场一样暗,读出此时游标刻度Q',则$Q=|Q'-Q_0|$.

为了消除"偏心差",圆盘上设立了两个游标读数窗,Q_0值应取其平均值.

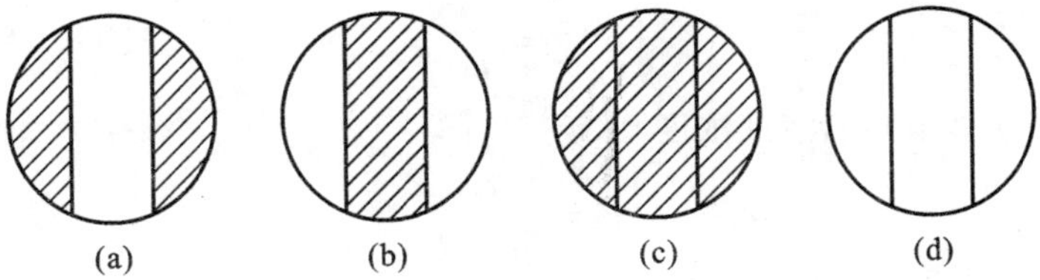

图6.23.3 转动检偏器时,三分视场的几种情况

五、实验内容与步骤

1. 开启电源,使钠光灯正常发光.

2. 对照图6.23.1,检查仪器零位是否准确,即在仪器内未放进试管时,调节度盘转动手轮8,使在目镜10中观察到图6.23.3(c)所示的视场.如果此时从游标和度盘上读得读数Q_0不为零,则说明有零位误差,应在测量实验数据前记下来,并注意其正负号,待数据处理时进行修正.如果视场模糊,应调节调焦手轮9,使视场界线分明.

3. 依次选取三支不同长度的,注满已知浓度的糖溶液试管放入旋光仪内,测定溶液的旋光度,计算比旋光度.每支测量3次,每次都要读取左、右游标数值.

4. 利用测得的比旋光度 α 来测量未知糖溶液浓度 c . 取一支未知糖溶液浓度的试管放入旋光仪中,测旋光度 3 次,取平均值.

5. 关闭电源,整理仪器.

六、数据记录与处理

1. 数据表格

零位误差 Q_0：　左______　右______

试管长度 L/dm	浓度 c/($g\cdot cm^{-3}$)	读数 Q/(°) 1 A	1 B	2 A	2 B	3 A	3 B	平均值 $\overline{Q}'$/(°)	旋光度/(°) $Q=\overline{Q}'-Q_0$	比旋光度 $[\alpha]_\lambda^t$/[(°)·cm^3·dm^{-1}·g^{-1}]	平均值 $[\overline{\alpha}]_\lambda^t$/[(°)·$cm^3$·$dm^{-1}$·$g^{-1}$]
	c									$c=$	$g\cdot cm^{-3}$

2. 按公式计算比旋光度

$$[\alpha]_\lambda^t=\frac{Q}{Lc}=$$

按公式计算未知糖溶液浓度

$$c=\frac{Q}{[\alpha]_\lambda^t L}$$

七、思考题

1. 本实验用的糖溶液是何种旋光物质(指左旋、右旋物质)?

2. 如用视场“一样亮”为标准测量,则 Q 的测量精度是多少(实验课上可以试试)?

实验 24　双光栅实验研究

双光栅衍射是衍射光学中的一个重要现象. 在空间扩展光源照明下,在无穷远处将得到定域的周期性条纹. 若采用白光扩展光源,将得到彩色条纹,称为 Lou′s效应. 双光栅效应可用于测定透明物体折射率、透镜焦距、光源相干性、温度等物理量. 本实验用双光栅实验仪测定平板玻璃折射率.

一、实验目的

1. 基本掌握双光栅衍射效应产生的原理及方法；
2. 学会双光栅实验仪的调整及使用方法；
3. 测定平板玻璃的折射率.

二、实验仪器

实验仪器的基本结构如图 6.24.1 所示.

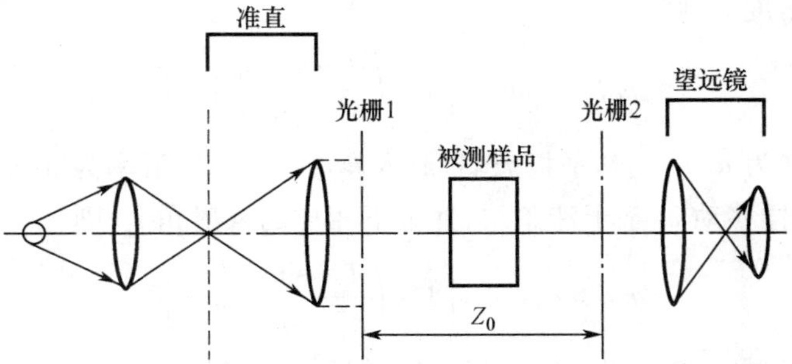

图 6.24.1　双光栅实验仪基本结构

三、实验原理

如图 6.24.1 所示，用扩展光源照明两个光栅常量相同并相隔一定距离的双光栅，在无穷远处得到平行干涉条纹的效应，称为 Lou′s 效应. 其中，Z_0 为两个光栅间的距离. 于是

$$Z_0 = \frac{kd^2}{2\lambda} \qquad (k = 1, 2, \cdots) \tag{6.24.1}$$

式中，λ 为波长，d 为光栅常量.

将一透明的平行平板置于光栅 1 与光栅 2 之间，并绕与光栅刻痕平行的轴转动，当入射角为 i_2 时，出射光线横向位移 D 与入射角 i_2 的关系为

$$D = d\sin i\left[1 - \left(\frac{1 - \sin^2 i_2}{n^2 - \sin^2 i_2}\right)^{1/2}\right] \tag{6.24.2}$$

相当于把光栅 1 平移 D. 根据光栅成像原理的 Lou′s 效应解释，认为干涉条纹是光栅 1 的像，光栅 2 的作用如同透镜. 当然这种作用完全不是几何光学所描述的. 这时条纹分布变为

$$I'\left(\frac{f}{Z_0}x, \frac{f}{Z_0}y,\right) = I\left(\frac{f}{Z_0}(x + D), \frac{f}{Z_0}y\right)$$

式中 I 为光强. 若观察到屏上条纹发生移动，平移距离为 $f/2$，相当于观察屏上某

参考点移动整数倍(即 m)个条纹(距离为 s),则

$$D = \frac{f}{Z_0} ms = md \tag{6.24.3}$$

将式(6.24.3)带入式(6.24.2),则

$$md = d\sin i\left[1 - \left(\frac{1 - \sin^2 i_2}{n^2 - \sin^2 i_2}\right)^{1/2}\right] \tag{6.24.4}$$

这时将厚度为 a_1、折射率为 n_1 的光学平板玻璃放于两光栅间(平板玻璃放在可旋转平台上),旋转平板玻璃,让观察屏上条纹移动 m 条,记下相应的平板玻璃转过的角度 i_1,则

$$md = a_1\sin i_1\left[1 - \left(\frac{1 - \sin^2 i_1}{n_1^2 - \sin^2 i_1}\right)^{1/2}\right] \tag{6.24.5}$$

然后取下厚度为 a_1 的光学平板玻璃,放入厚度为 a_2(折射率为 n_2)平板玻璃,并旋转平台,同样移动 m 条干涉条纹,并记下相应的入射角 i_2,则

$$md = a_2\sin i_2\left[1 - \left(\frac{1 - \sin^2 i_2}{n_1^2 - \sin^2 i_2}\right)^{1/2}\right] \tag{6.24.6}$$

由式(6.24.5)减去式(6.24.6)并经过数学运算,得到

$$n_2 = \sin i_2\left[\frac{a_2^2\cos^2 i_2}{(a_2 - \sin i_2 + a_1 - \sin i_1 K_1)^2} + 1\right]^{1/2} \tag{6.24.7}$$

式中

$$K_1 = \left[\frac{\cos^2 i_1}{(n_1^2 - \sin^2 i_1)^{1/2}}\right] - 1$$

因此,若量值 a_1、a_2、i_1、i_2、n_1 已知,则 n_2 就可求出.

四、实验内容与步骤

1. 光学系统调整

(1) 实验装置采用 1 台普通分光计,用纳光灯作光源,按照分光计调整方法实施.

(2) 把两块光栅分别固定在平行光管和望远镜之间,两个光栅平面与望远镜和平行光管的光轴垂直,且两块光栅的刻痕分别与狭缝平行.

(3) 两块光栅周期相同,均为 20 条/mm,用扩展光源照明两块光栅,并使两光栅相隔一定距离,在无穷远处可以看到清晰条纹.这种现象称为 Lou′s 效应.

2. 平板玻璃折射率测定

(1) 参考样品玻璃折射率测定

选择一块厚度为 a_1 的平板玻璃,用 1 级千分尺测量其厚度,并确定其折射率作为测试参考样品.将参考样品玻璃置于旋转平台上,视场中条纹发生移动,

以移动 10 条为例，记下旋转角度 i_1，并记录相应的入射角 i_2，重复测量 3 次，求平均值.

（2）将参考样品取下，换上待测玻璃（3 块不同厚度的平板玻璃），重复参考样品测试步骤，记下旋转角度 i_1 和入射角 i_2，用 1 级千分尺分别测量待测玻璃的厚度 a_2，代入相关公式，确定其折射率.

（3）自主设计和完成测量数据表格，计算测量结果的不确定度.

五、思考题

1. 折射率测量中的主要误差来源是什么？如何减小测量中的误差，提出自己的看法.

2. 将 CCD 成像系统与望远镜对接，使系统图像从监视屏上输出，能否提高测量的准确度？

第二篇　提高性实验

本篇第 7 章为近代物理技术实验，其特点是同一实验涉及多个知识领域，综合应用了多种实验方法和实验技术. 通过近代物理技术实验的学习与训练，提高对实验方法和实验技术综合运用的能力，逐步学会在实验或工程技术中广泛应用的现代物理技术，如激光技术、传感器技术、磁共振技术、微弱信号检测技术、纳米材料与薄膜制备技术等.

本篇第 8 章为设计性实验，由实验室给出相关的设计性实验题目或由学生自主性选择题目，学生自己确定实验原理和实验方法，自己选择测量条件和配套的相关仪器及元器件，并给出实验数据处理结果，进而完成一篇规范的设计性实验报告. 通过这部分实验的学习与训练，逐步掌握设计性实验的思路和方法，培养独立实验能力和运用所学知识解决给定问题的能力. 设计性实验也可作为课程考核的一部分(参见设计性实验流程).

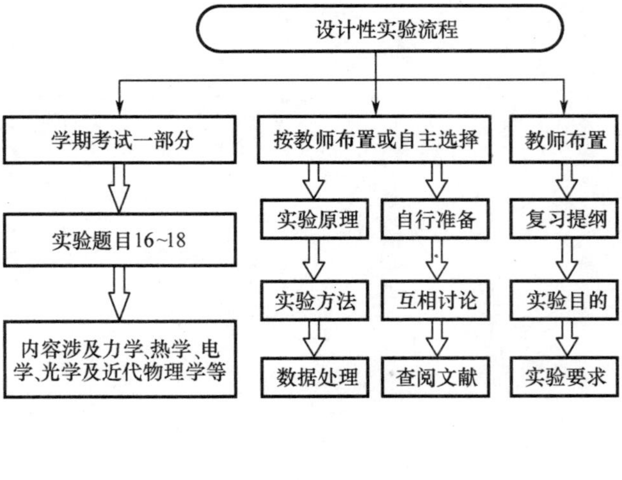

第7章　近代物理和综合性实验

19世纪末和20世纪初，随着X射线、电子和放射性的发现，物理学由宏观研究步入了微观探索．随着爱因斯坦解释光电效应理论的出现和普朗克常量的发现，物理学迈入了微观时代．本章安排了几个近代物理和综合性实验，其目的之一是希望通过它们来提高和加深学生对近代物理中的有关概念的理解，掌握一些近代测量技术．这些实验都是物理学发展过程中由杰出的物理学家所进行的实验的重现，对近代物理和现代科学技术的发展作出了重要贡献．通过这些实验，学生们还能学到科学家从事科学研究的刻苦钻研、勇于探索的精神．

实验25　光电效应和普朗克常量测定

一定频率的光照射到金属或其化合物表面上时，光的能量仅有部分以热的形式被金属吸收，而另一部分则转换为金属中某些电子的能量，使这些电子能从金属表面逃逸出来，这种现象叫做光电效应（photoelectric effect），所逸出的电子称为光电子．在光电效应中，光显示出了粒子性，通过该实验，有助于认识光的本性，对理解光电倍增管、光电二极管、光电池等光检测器件的工作原理也有很大帮助．

1887年赫兹在用两个电极做电磁波的发射和接收实验时，发现当紫外光照射到负电极上有助于负电极放电，此后不久，斯托列托卡对这一现象进行了长时间的研究工作，总结出了一系列实验规律，而经典的电磁理论无法完满解释这些实验规律．1905年，爱因斯坦在普朗克量子假设基础上，给出了光电效应方程，成功地解释了光电效应的全部实验规律．1916年，密立根以精确的光电效应实验证实了光电效应方程，并测定了普朗克常量，测量值与现在的公认值仅相差0.9%．爱因斯坦和密立根都因为在光电效应方面的杰出贡献，分别获得了1921年和1923年的诺贝尔物理学奖．

一、实验目的

1. 了解光电效应的规律，加深对光的量子性的理解；
2. 测量普朗克常量 h.

二、仪器设备

ZKY－GD－3 光电效应实验仪.

三、实验原理

光电效应的实验原理如图 7.25.1 所示. 入射光照射到光电管阴极 K 上，产生的光电子在电场的作用下向阳极 A 迁移构成光电流，改变外加电压 U_{AK}，测量出光电流 I 的大小，即可得出光电管的伏安特性曲线.

光电效应的基本实验事实如下：

(1) 对应于某一频率，光电效应的 $I-U_{AK}$ 关系如图 7.25.2 所示. 从图中可见，对一定的频率，有一电压 U_0，当 $U_{AK} \leqslant U_0$ 时，电流为零，这个相对于阴极为负值的阳极电压 U_0，被称为截止电压.

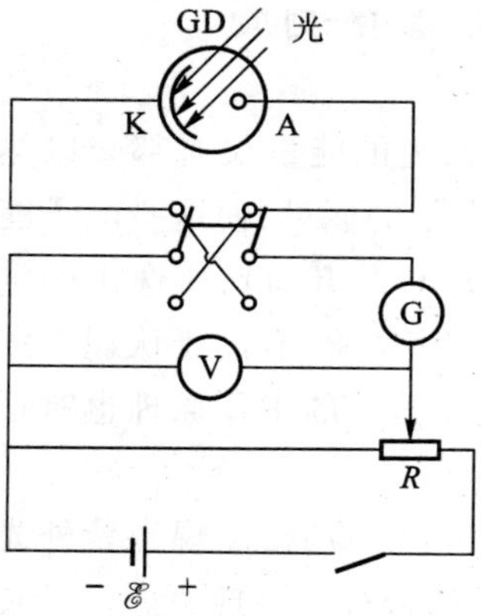

图 7.25.1 实验原理图

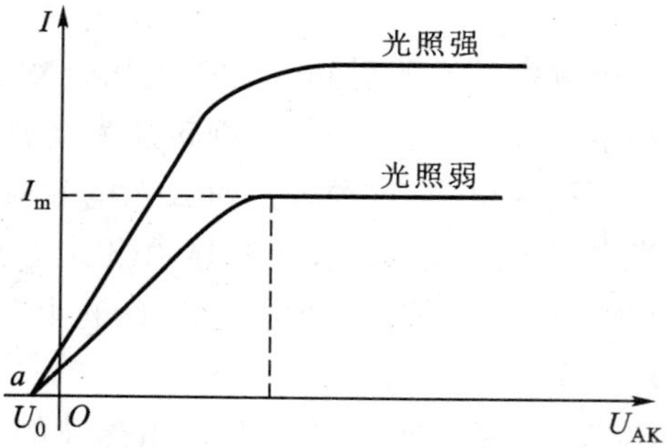

图 7.25.2 同一频率，不同光强时光电管的伏安特性曲线

(2) 当 $U_{AK} \geqslant U_0$ 后，I 迅速增加，然后趋于饱和，饱和光电流 I_m 的大小与入射光的强度成正比.

(3) 对于不同频率的光，其截止电压的值不同，如图 7.25.3 所示.

(4) 作截止电压 U_0 与光频率 ν 的关系如图 7.25.4 所示. U_0 与 ν 成正比关系. 当入射光频率低于某极限值 ν_0（ν_0 值随不同金属而异）时，不论光的强度如何，照射时间多长，都没有光电流产生.

(5) 光电效应是瞬时效应. 即使入射光的强度非常微弱，只要频率大于 ν_0，在开始照射后立即有光电子产生，所经过的时间至多为 10^{-9} s 的数量级.

按照爱因斯坦的光量子理论，光能并不像电磁波理论所想象的那样，分布在波阵面上，而是集中在被称之为光子的微粒上，但这种微粒仍然保持着频率（或

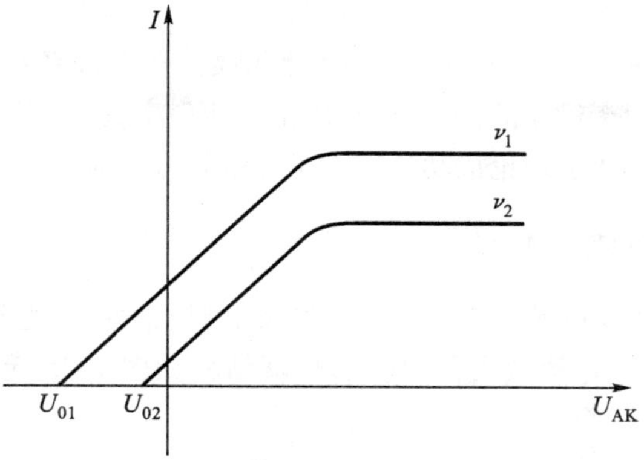

图 7.25.3　不同频率时光电管的伏安特性曲线

波长)的概念,频率为 ν 的光子具有能量 $E=h\nu$,h 为普朗克常量. 当光子照射到金属表面上时,一次性为金属中的电子全部吸收,而无需积累能量的时间. 电子把这能量的一部分用来克服金属表面对它的吸引力,余下的就变为电子离开金属表面后的动能,按照能量守恒定律,爱因斯坦提出了著名的光电效应方程:

$$h\nu=\frac{1}{2}mv_0^2+A \qquad (7.25.1)$$

式中,A 为金属的逸出功,$\frac{1}{2}mv_0^2$ 为光电子获得的初始动能.

由该式可见,入射到金属表面的光频率越高,逸出的电子动能越大,所以即使阳极电压比阴极电压低时也会有电子落入阳极形成光电流,直至阳极电压低于截止电压,光电流才为零,此时有关系

$$eU_0=\frac{1}{2}mv_0^2 \qquad (7.25.2)$$

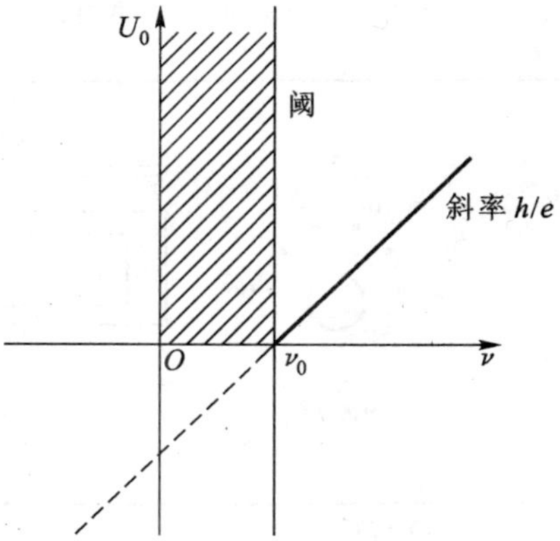

图 7.25.4　截止电压 U_0 与入射光频率 ν 的关系图

阳极电压高于截止电压后,随着阳极电压的升高,阳极对阴极发射的电子的收集作用越强,光电流随之上升;当阳极电压高到一定程度,已把阴极发射的光电子几乎全收集到阳极,再增加 U_{AK} 时 I 不再变化,光电流出现饱和,饱和光电流 I_m 的大小与入射光的强度成正比.

光子的能量 $h\nu_0<A$ 时,电子不能脱离金属,因而没有光电流产生. 产生光电效应的最低频率(截止频率)是 $\nu_0=A/h$.

将式(7.25.2)代入式(7.25.1)可得

$$eU_0 = h\nu - A \tag{7.25.3}$$

此式表明截止电压 U_0 是频率 ν 的线性函数，直线斜率 $k = h/e$，只要用实验方法得出不同的频率对应的截止电压，求出直线斜率，就可算出普朗克常量 h.

爱因斯坦的光量子理论成功地解释了光电效应规律.

四、仪器描述

ZKY－GD－3 光电效应实验仪由汞灯及电源、滤色片、光阑、光电管、测试仪（含光电管电源和微电流放大器）构成，仪器结构如图 7.25.5 所示，测试仪的调节面板如图 7.25.6 所示.

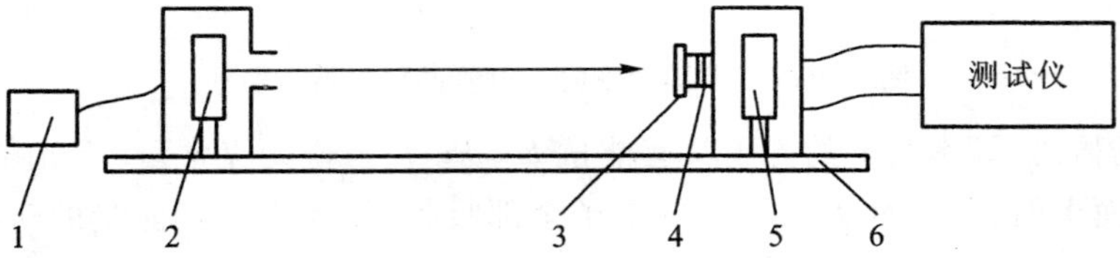

图 7.25.5　仪器结构示意图

1—汞灯电源；2—汞灯；3—滤色片；4—光阑；5—光电管；6—基座

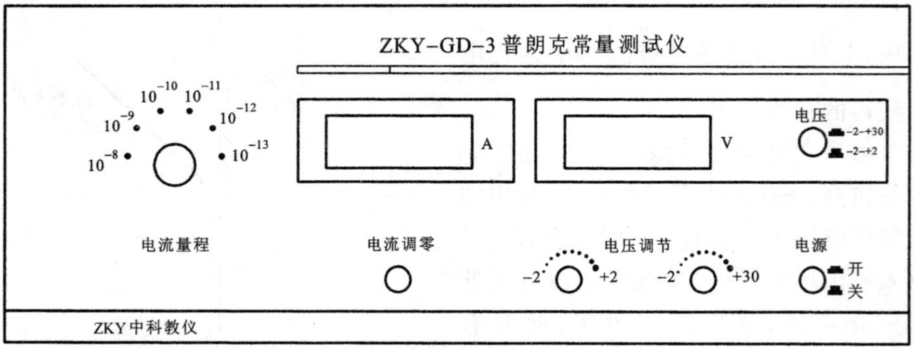

图 7.25.6　仪器面板图

汞灯：可用谱线波长为 365.0 nm、404.7 nm、435.8 nm、546.1 nm、577.0 nm、579.0 nm.

滤色片：5 片，透射波长为 365.0 nm、404.7 nm、435.8 nm、546.1 nm、577.0 nm.

光阑：3 片，直径为 2 mm、4 mm、8 mm.

光电管：光谱响应范围 320 ~ 700 nm，暗电流 $I \leqslant 2\times10^{-12}$ A（$-2\ \text{V} \leqslant U_{AK} \leqslant 0\ \text{V}$）.

光电管电源：2 挡，$-2 \sim +2$ V，$-2 \sim +30$ V，三位半数显，稳定度≤0.1%.

微电流放大器:6 挡,$10^{-13} \sim 10^{-8}$ A,分辨率 10^{-14} A,三位半数显,稳定度 ≤0.2%.

五、实验内容与步骤

1. 测试前准备

将测试仪及汞灯电源接通,预热 20 分钟. 把汞灯及光电管暗箱遮光盖盖上,将汞灯暗箱光输出口对准光电管上光输入口,调整光电管与汞灯距离约为40 cm并保持不变. 用专用连接线将光电管暗箱电压输入端与测试仪电压输出端(在后面板上)连接起来(红-红,蓝-蓝). 将"电流量程"选择开关置于所选挡位,仪器在充分预热后,进行测试前调零,旋转"调零"旋钮使电流指示为 000.0. 用高频匹配电缆将光电管暗箱电流输出端 K 与测试仪微电流输入端(在后面板上)连接起来.

2. 测伏安特性

将电压选择按键置于 -2 ~ +30 V 挡;选择某一光阑(如 2 mm 光阑)和某一滤色片(如 546.1 nm)装在光电管暗箱光输入口上. 从低到高调节电压,测出一系列电压 U 所对应的光电流 I. 换上另一个光阑(如 4 mm 光阑),在滤色片不变的情况下重复上述实验,绘制类似图 7.25.2 的伏安特性曲线.

注意:实验中及时选择合适的"电流量程",在极间电压变化不大而光电流有较大变化时,极间电压每次少增加些,以增加实验点;在极间电压变化很大而光电流变化不大时,极间电压每次可多加一些.

3. 测普朗克常量 h

理论上,测出各频率的光照射下阴极电流为零时对应的 U_{AK},其绝对值即该频率的截止电压,然而实际上由于光电管的阳极反向电流、暗电流、本底电流及极间接触电势差的影响,实测电流并非阴极电流,实测电流为零时对应的 U_{AK} 也并非截止电压.

光电管制作过程中阳极往往被污染,沾上少许阴极材料,入射光照射阳极或入射光从阴极反射到阳极之后都会造成阳极光电子发射,U_{AK} 为负值时,阳极发射的电子向阴极迁移构成了阳极反向电流. 暗电流和本底电流是热激发产生的光电流与杂散光照射光电管产生的光电流,可以在光电管制作或测量过程中采取适当措施以减小或消除他们的影响. 极间接触电势差与入射光频率无关,只影响 U_0 的准确性,不影响 $U_0-\nu$ 直线斜率,对测定 h 无影响. 此外,由于截止电压是光电流为零时对应的电压,若电流放大器灵敏度不够或稳定性不好,都会给测量带来较大误差. 本实验仪器的电流放大器灵敏度高,稳定性好.

本实验仪器采用了新型结构的光电管. 由于其特殊结构使光不能直接照射到阳极,由阴极反射照到阳极的光也很少,加上新型的阴、阳极材料及制造工艺,使得阳极反向电流大大降低，暗电流水平也很低.

由于本仪器的特点，在测量各谱线的截止电压 U_0 时，可不用难以操作的"拐点法"，而用"零电流法"或"补偿法".

零电流法是直接将各谱线照射下测得的电流为零时对应的电压 U_{AK} 的绝对值作为截止电压 U_0. 此法的前提是阳极反向电流、暗电流和本底电流都很小，用零电流法测得的截止电压与真实值相差很小，且各谱线的截止电压都相差 ΔU，对 $U_0-\nu$ 曲线的斜率无大的影响，因此对 h 的测量不会产生大的影响.

补偿法是调节电压 U_{AK} 使电流为零后，保持 U_{AK} 不变，遮挡汞灯光源，此时测得的电流 I_1 为电压接近截止电压时的暗电流和本底电流. 重新让汞灯照射光电管，调节电压 U_{AK} 使电流值至 I_1，将此时对应的电压 U_{AK} 的绝对值作为截止电压 U_0. 此法可补偿暗电流和本底电流对测量结果的影响.

将电压选择按键置于 -2 V ~ $+2$ V 挡；将"电流量程"选择开关置于10^{-13} A 挡，将测试仪电流输入电缆断开，调零后重新接上；将直径 4 mm 的光阑及 365.0 nm 的滤色片装在光电管暗箱光输入口上.

从低到高调节电压，用"零电流法"或"补偿法"测量该波长对应的 U_0，并记录实验数据. 依次换上 404.7 nm、435.8 nm、546.1 nm、577.0 nm 的滤色片，重复以上测量步骤.

六、数据记录与处理

由实验数据得出 $U_0-\nu$ 直线的斜率 k，然后用 $h=ek$ 求出普朗克常量，并与 h 的公认值 h_0 比较，求出相对误差 $E=\dfrac{|h-h_0|}{h_0}\times 100\%$，式中 $e=1.602\times 10^{-19}$ C，$h_0=6.626\times 10^{-34}$ J · S.

实验 26　全息照相

1948 年伽博(D. Gebar)提出用一个合适的相干参考波与一个物体的散射波叠加，则此散射波的振幅和相位的分布就以干涉图样的形式被记录在感光板上，所记录的干涉图称为全息图. 如移出被摄物体，用相干光照射全息图，透射光的一部分就能重新模拟出原物的散射波前，于是重现一个非常逼真的三维图像. 1960 年激光的出现促进了全息照相术的发展，全息技术得到了不断完善，为此他荣获 1971 年的诺贝尔物理学奖.

全息技术现在已成为一门成熟的、得到广泛应用的学科. 全息照相的应用从信息储存到图像识别，从干涉计量到无损检测，从物体表面的研究到振动分析，渗透到军事以及工农业生产的各个领域，甚至进入我们的日常生活，如产品商标,书籍装帧以及小工艺品等.

全息照相的基本原理如图7.26.1(a)所示.从物体上反射的物光和参考光都射到胶片上,胶片把它们干涉所形成的极为复杂的干涉图记录下来,得到了一张物体的全息照片.全息照片上复杂的干涉图样形状记录了物光与参考光的相位关系,而干涉图样明暗对比度记录了物光与参考光的强度(振幅)关系,所以物光波的全部信息都被记录下来,这就是为什么称为“全息”图或“全息”照片.顺便讲一下,普通彩色相片只记录了物光的强度(振幅)和波长,没有记录物光的相位,故图像没有立体感.

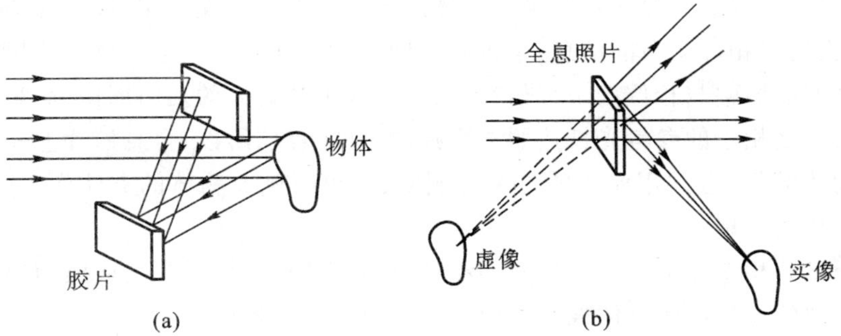

图7.26.1　全息照相基本原理

再现过程如图7.26.1(b)所示,当用与照相时的参考光束一样的光束照射全息照片时,全息照片也放在原照相底片位置上,光束被全息照片上的干涉图样所衍射,在其后出现了一系列衍射波,其中一列和物体在原位置发出的光波完全一样,构成物体的虚像,还有一列形成原物体的实像,可用感光胶片拍下来,这个实像与原物体前后倒置.

全息照相的特点:

(1) 具有十分逼真的立体像,它与观察实物完全一样,具有相同的视觉效果(立体感强);

(2) 把全息片分成若干小块,每一块都可再现原物完整的像;

(3) 同一张底片上,经过多次曝光,可以重叠许多物体的像,每个像能不受干扰地单独显示出来;

(4) 易于复制,仍保持和原来像完全一样.

一、实验目的

1. 了解全息照相的基本原理和实验装置;

2. 初步掌握全息照相的实验技术,拍摄一幅漫反射全息照片和一幅白光再现反射全息照片;

3. 学习全息照片再现和翻拍的方法.

二、仪器设备

全息实验台、He - Ne 激光器及电源、分束镜、全反射镜、扩束镜、全息感光干板、曝光定时计、显影液、定影液等.

三、实验原理

物体发出的光是电磁波,它具有振幅分布(反映光的强弱)及相位分布两个方面的信息.普通的照相只记录了物体成像平面上的光强分布,即振幅的空间分布,而丢失了相位分布的信息;全息照相则利用干涉方法记录物体抵达摄影底片时的光波的振幅与相位的全部信息,它记录的不是物体的几何图像,而是物光与另一束与之相干的参考光抵达照相底片的干涉条纹,所以,全息照片上一般看不到原物体的像,必须用原来的参考光照明,方可得到原物体的立体像,这被称为全息底片的再现.

全息照相怎样记录物光振幅和相位分布的信息? 怎样观察或照相得到全息底片再现的原物体的立体像? 下面用最简单的方式加以说明.

1. 平面全息

如图 7.26.2 所示,设参考光为平面余弦波,垂直照射到全息感光干板上,它在干板上各点的振动的振幅相同,相位也相同,可用三角函数式表示为 $R = A_R\cos(\omega t + \varphi_R)$,也可用复数式表示为

$$R = A_R\exp[\mathrm{i}(\omega t + \varphi_R)]$$
$$= A_R\exp(\mathrm{i}\varphi_R)\exp(\mathrm{i}\omega t) \qquad (7.26.1)$$

式中,$\exp(\mathrm{i}\omega t)$ 对各相干光都是一样的,可以省略不记.令

$$R = A_R\exp(\mathrm{i}\varphi_R) \qquad (7.26.2)$$

为参考光的复数振幅,它同时包含了参考光的振幅信息和相位信息.

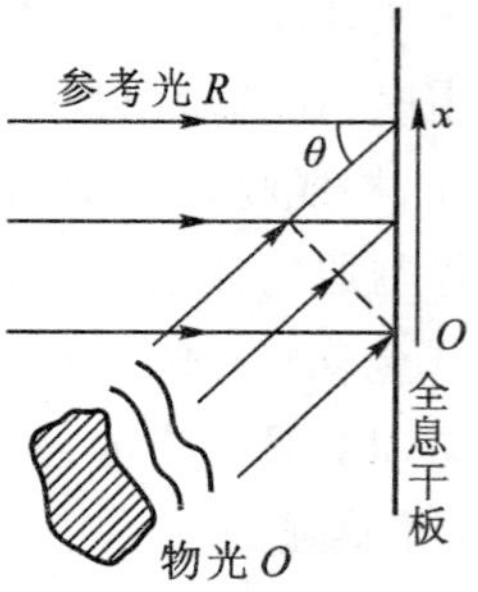

图 7.26.2 全息记录

又设在干板的小区域{x}内所接收到的物光也接近于平行光,它的入射角是 θ,在{x}区域内各点相应的相位差为 $\frac{2\pi}{\lambda}x\sin\theta$.物光的复数式表示为

$$O = A_0(x,y)\exp\left\{\mathrm{i}\left[\omega t + \varphi_0 - \left(\frac{2\pi}{\lambda}\right)x\sin\theta\right]\right\}$$
$$= A_0(x,y)\exp\left\{\mathrm{i}\left[\varphi_0 - \left(\frac{2\pi}{\lambda}\right)x\cdot\sin\theta\right]\right\}\exp(\mathrm{i}\omega t)$$

令

$$O(x,y) = A_0(x,y)\exp\left\{\mathrm{i}\left[\varphi_0 - \left(\frac{2\pi}{\lambda}\right)x\sin\theta\right]\right\} \tag{7.26.3}$$

为物光的复数振幅,它同时包含了物光的振幅信息和相位信息.

物光和参考光在{x}区域叠加,合成光波的光强分布可用合成光波复数振幅的平方表示:

$$\begin{aligned} I(x,y) &= [R + O(x,y)]^2 \\ &= \left\{A_R\exp(\mathrm{i}\varphi_R) + A_0(x,y)\exp\left\{\mathrm{i}\left[\varphi_0 - \left(\frac{2\pi}{\lambda}\right)x\sin\theta\right]\right\}\right\}^2 \\ &= A_R^2 + A_0^2(x,y) + A_RA_0(x,y)\left\{\exp\left\{\mathrm{i}\left[\varphi_R - \varphi_0 + \left(\frac{2\pi}{\lambda}\right)x\sin\theta\right]\right\}\right. \\ &\quad \left. + \exp\left\{-\mathrm{i}\left[\varphi_R - \varphi_0 + \left(\frac{2\pi}{\lambda}\right)x\sin\theta\right]\right\}\right\} \\ &= A_R^2 + A_0^2(x,y) + 2A_RA_0(x,y)\cos\left[\varphi_R - \varphi_0 + \left(\frac{2\pi}{\lambda}\right)x\sin\theta\right] \end{aligned} \tag{7.26.4}$$

由式(7.26.4)可以看出,沿 x 方向合光强在最大值$(A_R + A_0)^2$ 和最小值$(A_R - A_0)^2$ 之间变化,这就形成了明暗相间的干涉条纹. 变化的空间周期可由下式决定:

$$\frac{2\pi}{\lambda}x\sin\theta = 2k\pi \tag{7.26.5}$$

相邻两条纹间的间距为

$$d = \frac{\lambda}{\sin\theta} \tag{7.26.6}$$

这样的光强分布 $I(x,y)$ 在全息干板上记录下来,经过后面还要讲到的显影、定影和冲洗的照相底片的处理过程后,就得到了我们所要的全息底片,它的干涉条纹的明暗分布包含了物光振幅 A_0 和相位 φ_0 的两方面的信息.

2. 全息再现

用光波照明全息底片时,片上各点光振幅的透射率可表示为

$$\tau(x,y) = \frac{透射振幅}{入射振幅} = \tau_0 + \beta I(x,y)$$

如图 7.26.3 所示,若以原参考光垂直照射到全息底片上,那么透过全息底片的透射光波的复数振幅可表示为

$$\begin{aligned} U(x,y) &= \tau A_R\exp(\mathrm{i}\varphi_R) \\ &= [\tau_0 + \beta I(x,y)]A_R\exp(\mathrm{i}\varphi_R) \end{aligned}$$

将式(7.26.4)代入上式得到

$$
\begin{aligned}
U(x,y) &= (\tau_0 + \beta A_R^2 + \beta A_0^2)A_R\exp(\mathrm{i}\varphi_R) \\
&\quad + \beta A_R A_0\left\{\exp\left\{\mathrm{i}\left[\varphi_R - \varphi_0 + \left(\frac{2\pi}{\lambda}\right)x\sin\theta\right]\right\}\right. \\
&\quad \left.+ \exp\left\{-\mathrm{i}\left[\varphi_R - \varphi_0 + \left(\frac{2\pi}{\lambda}\right)x\sin\theta\right]\right\}\right\}A_R\exp(\mathrm{i}\varphi_R) \\
&= (\tau_0 + \beta A_R^2 + \beta A_0^2)A_R\exp(\mathrm{i}\varphi_R) \\
&\quad + \beta A_R^2\exp(\mathrm{i}\varphi_R)A_0\exp\left\{-\mathrm{i}\left[\varphi_0 - \left(\frac{2\pi}{\lambda}\right)x\sin\theta\right]\right\} \\
&\quad + \beta A_R^2 A_0\exp\left\{\mathrm{i}\left[\varphi_0 - \left(\frac{2\pi}{\lambda}\right)x\sin\theta\right]\right\} \qquad (7.26.7)
\end{aligned}
$$

式(7.26.7)中的第一项与原来照明光波仅差一个因子,它是直接透射过全息片的照明光波;式(7.26.7)中的第三项和式(7.26.3)相比,可见它与原物光的复数振幅仅差一个常数因子,因此在视觉效果上两者完全一样,它在 θ 角方向再现原物体的立体像(虚像);式(7.26.7)中的第二项与原物光的复数振幅相比较,其振幅部分差一常数因子,相位部分也差一常数因子,而且符号相反,它在负 θ 角方向形成共轭实像.

这样,我们可以把全息底片的干涉条纹比作一种形状复杂的光栅,照明光波入射时,除了零级透射光波外,其 +1 级衍射波就像是从原来的虚物发出的光波一样,而其 -1 级衍射波则形成原物的共轭实像.

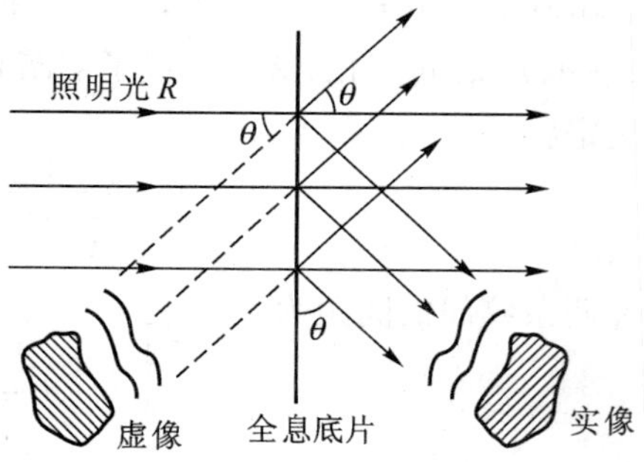

图 7.26.3　全息再现

3. 体积全息

上述的平面全息及其再现,实际上只考虑了二维光波的记录,把记录介质也看作二维的,不考虑厚度的影响,这对常用的较薄介质,如 5 μm 以下的全息乳胶是完全适用的.然而,对 5 ~ 20 μm,甚至更厚的乳胶,沿厚度方向可有数层条纹的分布,则必须看作体积全息.如图 7.26.4 所示,物光和参考光从乳胶两面以接近 180°的交角入射,条纹间距小于 1 μm,故沿厚乳胶层形成多层等间距干涉条纹层,冲洗底片好后,就得到一张体积全息片.当用光照明时,体积全息照片就像一个半波堆叠型的干涉滤波器,对入射光波有较强的选择性,所以,这种体积全息可以用白光来再现.因为只有白光中的某些特定波段的光才能对干涉条纹叠层满足布拉格条件,故再现像为一与条纹间距相应的彩色像.如用 $\lambda = 632.8$ nm 的激光拍摄体积全息照片,用白光再现时,本应看到红色的像,但因在显影、定影时,乳胶产生收缩,使得条纹间距变小,使实际观察到的反射全息像的颜色向短波长方向移动,因此常看到像

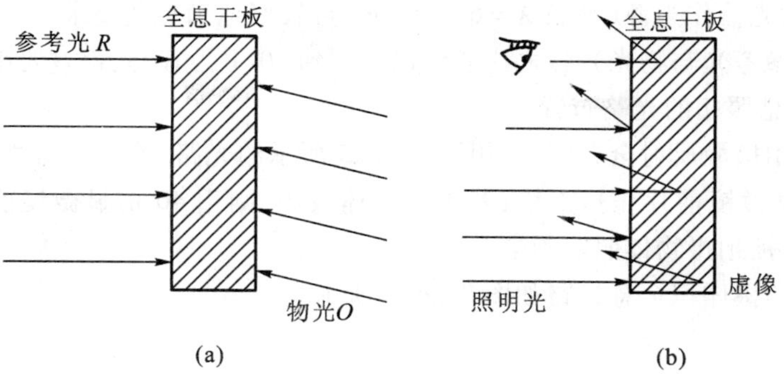

图 7.26.4　体积全息

呈黄绿色.

4. 全息照相系统的要求

(1) 要有足够稳定的系统

因为全息干板上记录的干涉条纹间距很小,如果全息干板在曝光过程中条纹移动超过半个条纹的宽度,就不能形成全息图;条纹移动小于半个条纹宽度,全息图像虽然可以形成,但清晰度会受到影响. 物光与参考光夹角 θ 越大,条纹的间距就越小,曝光过程中所受到的限制也就越大,也就是说,工作系统要求非常的稳定. 通常有以下的原因造成条纹的移动:地面振动引起工作台面的振动;光学元件及物体夹持不够坚固引起振动;周围空气或通风系统中的气流通过光路而引起的扰动;工作系统任何部分的温度变化引起条纹漂移;强声振动引起空气密度变化也会带来条纹漂移或产生附加条纹. 因此,在实验中采用气垫隔振,系统中光学元件和各种支架都用磁钢牢固地吸在钢板上,保证各元件间没有相对移动,使整个系统组成一"刚体". 在曝光过程中不能高声谈话,不能走动,以保证条纹不漂移.

(2) 要有好的相干光源

根据光学知识知道,光源的单色性越好,即谱线越窄,相干长度就越长. 采用

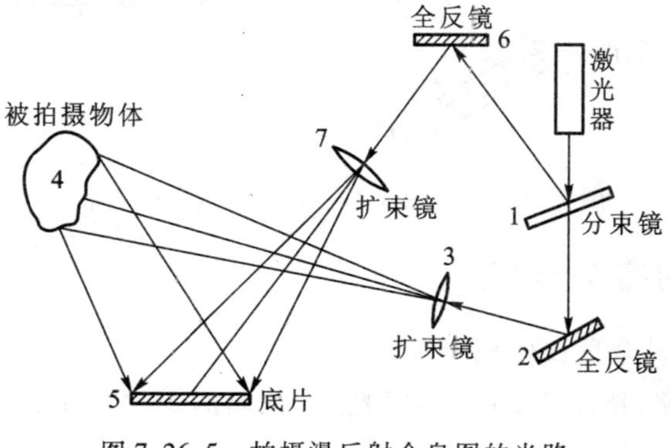

图 7.26.5　拍摄漫反射全息图的光路

He－Ne 激光器作光源（波长 $\lambda=632.8\ \text{nm}$）可较好地满足此要求.

（3）参考光与物光光强之比通常以 4∶1 到 10∶1 为宜，光程差要小.

5. 全息照相的光路布置

（1）拍摄漫反射全息照相，用图 7.26.5 所示的光路. 若被拍摄物体较大，用 100 倍的显微镜前片作扩束镜；若拍摄物体较小，则用 40 倍显微镜前片作扩束镜，使整个被拍摄物体照明均匀.

（2）拍摄体积全息光路如图 7.26.6 所示.

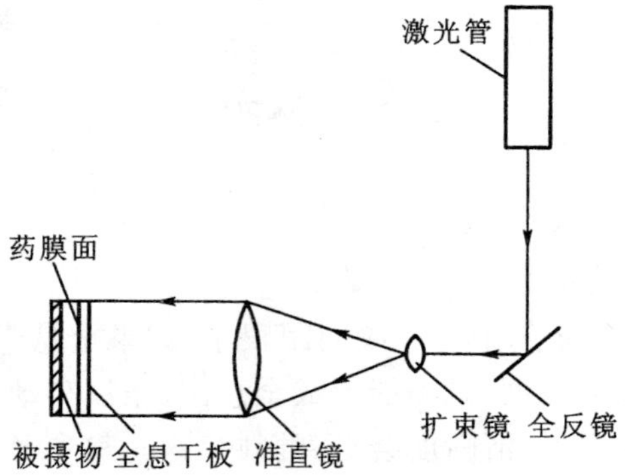

图 7.26.6　拍摄体积全息光路

（3）同时拍摄漫反射全息和体积全息的光路如图 7.26.7 所示.

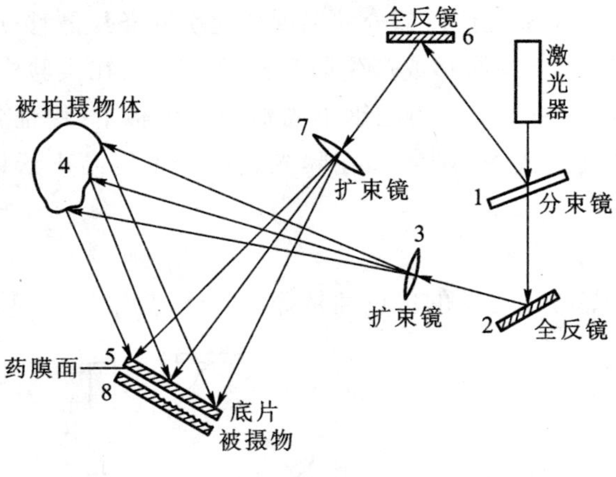

图 7.26.7　拍漫反射全息和体积全息光路

四、实验内容与步骤

1. 拍摄漫反射全息和体积全息照片

（1）调整光路：按图 7.26.7 布置光路（开始时不要加扩束镜），使物光与参考光成 30°～50°的角度.

① 调整物体位置或底片夹位置，保证物光与参考光之间的光程差 $\delta=0$ 或 $\delta=2kL(k=1,2,3,\cdots)$，$L$ 为激光管腔长，量光程时是从分束镜算起的.

② 调节光学元件螺丝，使光束基本等高. 激光束基本照射在被拍摄物体和底片（在底片夹上夹一白纸屏以模拟底片）的中心部位；然后，在参考光光路上加扩束镜，使参考光均匀照射底片；再在物光光路上加扩束镜，使激光均匀照射物体. 这一步要反复几次，直至调到满意为止.

③ 只让物光和参考光照亮底片夹上的白纸屏，防止其余的杂散光对底片的影响.

④ 熟悉曝光定时器的使用，作两次模拟照相.

（2）关闭室内所有光源，安装正式的底片. 等 1 ~ 2 min，让工作台稳定后，打开激光光源进行曝光.

（3）冲洗底片.

① 取下曝光后的底片，用清水打湿，放入显定合一药液中显影 3 ~ 5 min. 取出来在暗绿色灯下观察显影程度，发现显影合适时，取出来在自来水中清洗 1 ~ 2 min，冲去多余的银粒.

② 在白炽灯下观看是否有彩虹，如有彩虹说明拍照成功. 将底片放在空调机旁吹干，即为一张制成的全息图.

2. 观察全息照片的再现

（1）在白炽灯下看体积全息.

（2）把底片放回拍照时的位置上，挡去物光，用参考光照明，按图 7.26.3 所示的方法，透过底片看去，在原来放物体的位置上，出现一个清晰的、立体的被摄物体像，这就是理想的漫反射全息图像.

实验 27　弗兰克－赫兹实验

20 世纪初，人类对原子光谱的研究逐步深入，人们发现卢瑟福于 1911 年提出的原子核结构模型与经典电磁理论存在深刻的矛盾. 按照经典理论，原子应当是一个不稳定的系统，原子光谱应为连续光谱. 但事实上，原子是稳定的，原子光谱是具有一定规律性的分离谱线. 为了解决这一矛盾，丹麦物理学家玻尔（N. Bohr）根据光谱学研究的成就和普朗克、爱因斯坦的量子论思想，在卢瑟福核式模型基础上，把量子概念应用于原子系统，提出了半经典的氢原子理论，指出原子中存在能级. 该模型的预言在氢光谱的观察中取得了显著成功. 根据玻尔理论，原子光谱中的每条谱线表示原子从一个能级跃迁到另一个较低能级时产生的辐射. 为此，1922 年玻尔获得诺贝尔物理学奖.

为了证明原子中电子的运动存在一系列稳定状态——能级，1914 年，德国物理学家弗兰克(J. Franck)和赫兹(G. Hertz)巧妙地改进了勒纳用来测量电离电势的实验装置. 他们同样观察慢电子(几到几十电子伏)与单原子气体碰撞后电子状态的变化(勒纳观察的是离子),测定了汞原子的第一激发电势,后又改进电路测出了汞原子的较高激发电势及电离电势,得到了与原子光谱测量一致的结果,从实验上证实了原子内部能量的分立、不连续性,验证了玻尔理论,为量子理论的创立奠定了实验基础. 这两位物理学家于 1925 年获得诺贝尔物理学奖.

一、实验目的

1. 了解弗兰克 - 赫兹实验的原理和方法;
2. 测定原子第一激发电势,验证原子能级的存在;
3. 测定原子的电离电势.

二、仪器设备

智能弗兰克 - 赫兹实验仪、函数记录仪等.

三、实验原理

根据玻尔理论,原子只能处在某些状态,每一状态对应一定的能量,其数值彼此是分立的,原子在能级间进行跃迁时吸收或发射确定频率的光子,当原子与一定能量的电子发生碰撞时可以使原子从低能级跃迁到高能级(激发),如果是基态和第一激发态之间的跃迁则有

$$eV_1 = \frac{1}{2}m_e v^2 = E_1 - E_0$$

电子在电场中获得的动能和原子碰撞时交给原子,原子从基态跃迁到第一激发态 V_1 称为原子第一激发电势.

进行弗兰克 - 赫兹实验通常使用的碰撞管是充汞的. 这是因为汞是原子分子,能级较为简单,汞是一种易于操纵的物质,常温下是液体,饱和蒸气压很低,

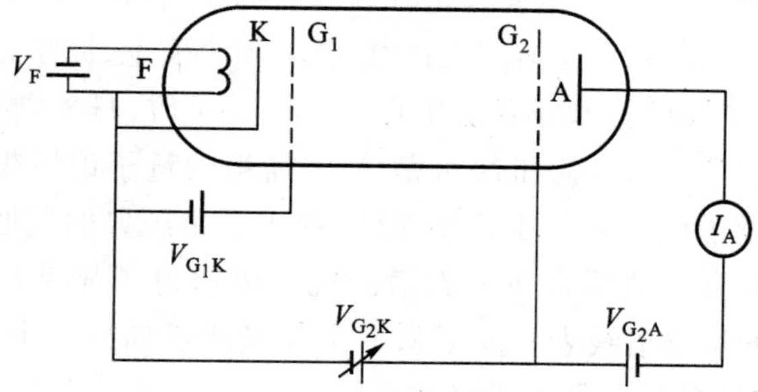

图 7.27.1　实验线路连接图

加热就可改变它的饱和蒸气压,汞的相对原子质量较大,和电子作弹性碰撞几乎不损失动能,汞的第一激发能级较低,为 -4.9 eV,因此只需几十伏电压就能观察到多个峰值. 当然除充汞蒸气以外,还常充惰性气体如氖、氩等,碰撞管的温度对气压影响不大,在常温下就可以进行实验.

对于四极式的弗兰克 - 赫兹碰撞管,实验线路连接如图 7.27.1 所示. V_F 为灯丝加热电压,V_{G_1K}为正向电压,V_{G_2K}为加速电压,V_{G_2A}为减速电压.

弗兰克 - 赫兹管中的电势分布如图 7.27.2 所示.

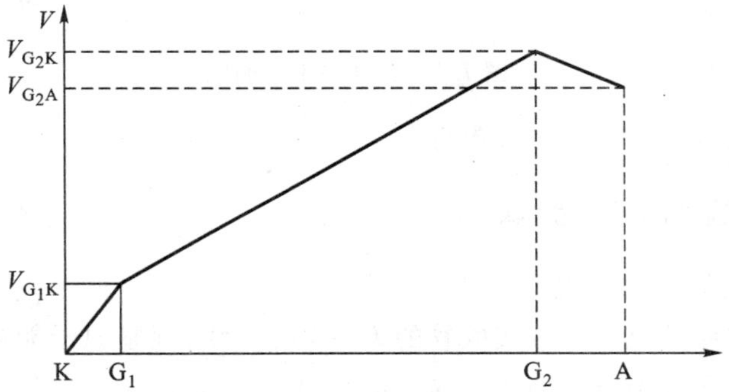

图 7.27.2　弗兰克 - 赫兹管电势分布

电子由阴极发出经电压 V_{G_2K} 加速趋向阳极,只要能量达到克服减速电压 V_{G_2A} 就能穿过栅极 G_2 到达板极 A 形成电子流 I_A. 由于管中充有气体原子,电子前进的途中要与原子发生碰撞. 如果电子能量小于第一激发能 eV_1,它们之间的碰撞是弹性的,根据弹性碰撞前后系统动能守恒不难推得电子损失的能量极小,电子能如期地到达阳极;如果电子能量达到或超过 eV_1,电子与原子将发生非弹性碰撞,电子把能量 eV_1 传给气体原子,要是非弹性碰撞发生在 G_2 栅极附近,损失了能量的电子将无法克服减速电压 V_{G_2A} 到达板极.

这样,随着 V_{G_2K} 从零开始增加. 板极上将有电流出现并增加. 如果加速到 G_2,栅极的电子获得等于或大于 eV_1 的能量,将出现非弹性碰撞而出现 I_A 的第一次下降,随着 V_{G_2K} 增加,电子与原子发生非弹性碰撞的区域向阴极方向移动,经碰撞损失能量的电子在趋向阳极的路途中得到加速又开始有足够的能量克服 V_{G_2A} 减速电压到达阳极,I_A 随 V_{G_2K} 增加又开始增加,而如果 V_{G_2K} 的增加使那些经历过非弹性碰撞的电子能量又达到 eV_1,则电子又将与原子发生非弹性碰撞造成 I_A 的又一次下降. 在 V_{G_2K} 较高的情况下,电子在趋向阳极的路途中将与原子发生多次非弹性碰撞. 每当 V_{G_2K} 造成的最后一次非弹性碰撞区落在 G_2 栅极附近就会使 $I_A - V_{G_2K}$ 曲线出现下降,如此反复将出现如图 7.27.3 所示的曲线.

曲线极大极小的出现呈现明显的规律性,它是能级量子化导致能量被吸收的结果,也是原子能级量子化的体现,就图 7.27.3 的规律来说,每相邻极大或极

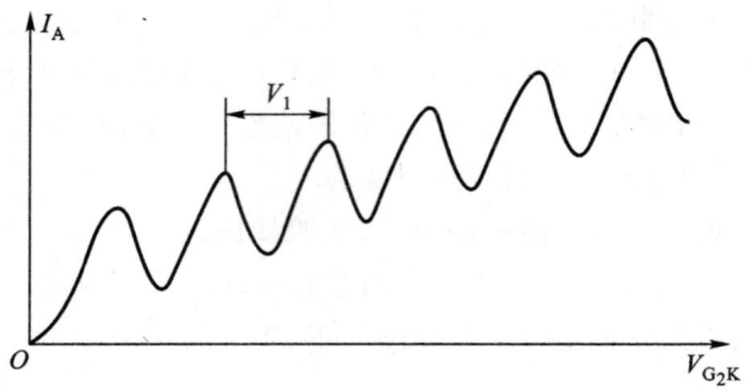

图 7.27.3　$I_A - V_{G_2K}$ 曲线

小值之间的电势差为第一激发电势.

四、实验内容与步骤

1. 原子的第一激发电势的测量

实验测定弗兰克－赫兹实验管的 $I_A - V_{G_2K}$ 曲线，观察原子能量量子化情况，并由此求出充气管中原子的第一激发电势(Hg 或 Ar).

(1) 按图 7.27.1 连接电路.

(2) 开启电炉加热系统使弗兰克－赫兹管置于某一温度(160 ~ 180 °C).(充氩管此步略)

(3) 选择适当的实验条件，如 $V_F \approx 2$ V，$V_{G_1K} \approx 1$ V，$V_{G_2K} \approx 1$ V(充氩管 $V_{G_2K} \approx 8$ V)，用手动方法改变 V_{G_2K} 同时观察微电流计上 I_A 的变化. 如果 V_{G_2K} 增加时电流迅速增加，则表明弗兰克－赫兹管被击穿，则应立即调低 V_{G_2K}. 如果希望有较大的击穿电压，可以用增高气体密度或降低灯丝电压来达到.

(4) 适当调整实验条件使微电流计能出现 10 个峰(Hg)或 5 个峰(Ar)，峰谷明显.

(5) 选取合适的实验点记录数据使能完整真实地绘出 $I_A - V_{G_2K}$ 曲线或用记录仪记下 $I_A - V_{G_2K}$ 曲线.

(6) 处理 $I_A - V_{G_2K}$ 曲线求出汞或氩的第一激发电势.

数据处理方法：

① 用曲线的峰或谷位置电势差求平均值.

② 用最小二乘法处理峰点或谷点位置电势：

$$V_{G_2K} = V + V_1 n$$

式中，n 为峰或谷序数，V 为特征位置电势值，V_1 为拟合的第一激发电势.

(7) 降低炉温(例如 140 °C)观察 $I_A - V_{G_2K}$ 曲线变化，记录第一峰和最末峰位置，与(6)比较，大致推断炉温对曲线的影响.

2. 原子较高激发电势的测量

除了上述内容外,还要求测量汞的较高能级的激发电势. 在测定汞原子第一激发电势的电路中,电子的加速区与碰撞区分用,电子在运动中加速并积累能量,能量低于 4.9 eV 时与汞原子发生弹性碰撞,等于 4.9 eV 时则发生非弹性碰撞. 损失能量的电子又会在继续加速中积累能量,继续与汞原子碰撞,为了有较大的碰撞概率,要求有较高的饱和蒸气压,即要有较高的温度(一般取 180 °C 左右),使汞蒸气原子保持较高的密度. 而在测定汞原子较高激发电势的电路中,把电子的加速区和碰撞区分开,形成加速区($K-G_1$)、碰撞区(G_1-G_2)和收集区(G_2-A)三个部分. 电路中将 G_1、G_2 几乎短接(为了消除浮游于碰撞区的慢电子并将可能存在的离子引走,同时也希望补偿电子"弹性"碰撞中损失的能量,在 G_1、G_2 间附加一个 1 V 左右的加速电压 V_{G_2K}),从而构成一个足够长的准等位碰撞区,使电子在加速区的碰撞概率大为减小,而在碰撞区的碰撞概率大为增加. 而且,由于加速区的缩短,在较低温度(即低饱和蒸气压低原子密度)下,只有一小部分电子有可能和原子的最低激发态在加速区重复交换能量,变成慢电子;另一部分电子在加速区内作弹性碰撞或不发生碰撞径直进入碰撞区,从而激发几种不同能态的原子,并有可能使原子电离(测量电离电势时,管内温度要求更低,并将阻滞电压 V_{G_2A} 的正极直接接到阴极,使电子不能达到阳极).

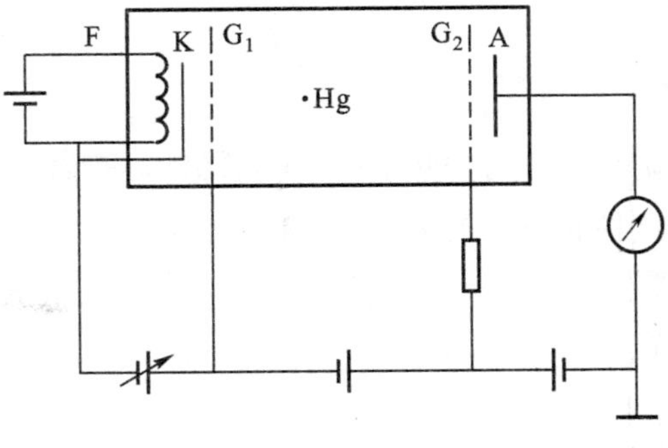

图 7.27.4　汞原子的较高激发电势的测量线路示意图

在设计时,使第一栅极 G_1 与第二栅极 G_2 的间距大于电子的平均自由程;实验时,把它们连接在一起,形成一个等势区. 图 7.27.4 给出了测量线路图,实验时,应改变各参量:汞蒸气的温度(即汞蒸气压的大小)、灯丝电压(阴极温度)、等势区内的电场梯度(碰撞区的补偿电压)与减速电压,以达到最佳工作条件.

3. 汞原子电离电势的测量

如图 7.27.5 所示,G_1 和 G_2 短接,阴极 K 与栅极 G_1 之间有一加速电压,电子在 K、G_1 间加速,在等势空间内碰撞,极板 A 相对阴极是处于负电势,因此电子不能到达极板 A.

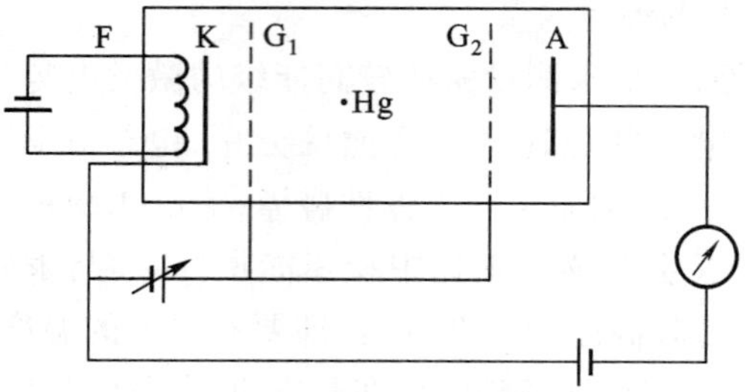

图 7. 27. 5　四极式离子流探测法测量汞电离电势的原理图

假如电子在被加速过程获得的动能足以补偿原子束缚其电子的势能，当这样的电子与原子碰撞时，就能从原子中分离出一个电子，使原子变成离子. 由于极板电势为负，电子在碰撞后到不了极板，而正的离子才能到达极板形成极板电流 I_A 而被电流计检出. 通过测量这个电流的变化即可测出该原子的第一电离电势. 汞的电离电势是 10. 39 V.

测定汞原子的电离电势时，汞蒸气的密度要更低一些. 一般建议温度在 70 ~ 100 °C；加热阴极的灯丝温度要比测量高激发态时的略高一些；加速电压只需十几伏即可，电离一旦发生，应迅速减少加速电压，以免过度电离而导致管子严重受损.

五、注意事项

1. 如用充汞管则应先开启加热电炉至实验值，再开启其他电源.

2. 不同的实验条件有不同的 V_{G_2K} 击穿值，击穿一旦发生应立即调低 V_{G_2K}，以免弗兰克 - 赫兹管受损.

3. 灯丝电压不宜放得过大，宜在 2 ~ 3 V 左右.

六、思考题

1. 用充汞管做弗兰克 - 赫兹实验为何要先开炉子加热？

2. 考察炉温对 I_A 曲线的影响（曲线形状、击穿电压、峰谷数等）.

3. 考察 $I_A - V_{G_2K}$ 周期变化与能级的关系，如果出现差异，估计是什么原因？

4. 第一峰的位置为何与第一激发电势有偏差？

实验 28　微波分光计

微波（microwave）是频率大约在 300 MHz ~ 3 000 GHz 或波长在 1 m ~ 0. 1 mm范围内的电磁波. 微波波段通常简单的划分为：分米波段（频率从 300 ~

3 000 MHz)、厘米波段(频率从 3 ~ 30 GHz)、毫米波段(频率从 30 ~ 300 GHz)、亚毫米波段(频率从 300 ~ 3 000 GHz). 微波是一个非常特殊的电磁波段,尽管它介于无线电波和红外辐射之间,却有着不同于其他波段的重要特点(如波长短、频率高、量子特性、能穿透电离层等等). 微波技术是近代科学的重大成就之一,几十年来,微波已发展成一门比较成熟的学科,在雷达、通信、导航、电子对抗等许多领域得到了广泛的应用.

一、实验目的

1. 用迈克耳孙干涉法测定微波波长,加深对微波具有类似光线直线传播性质的理解;

2. 用模拟晶格观察微波的布拉格衍射,学习 X 射线分析晶体结构的基本知识.

二、仪器设备

微波源(厘米波信号发生器)、微波分光计、立方晶体模型.

三、实验原理

1. 迈克耳孙干涉法测定微波波长

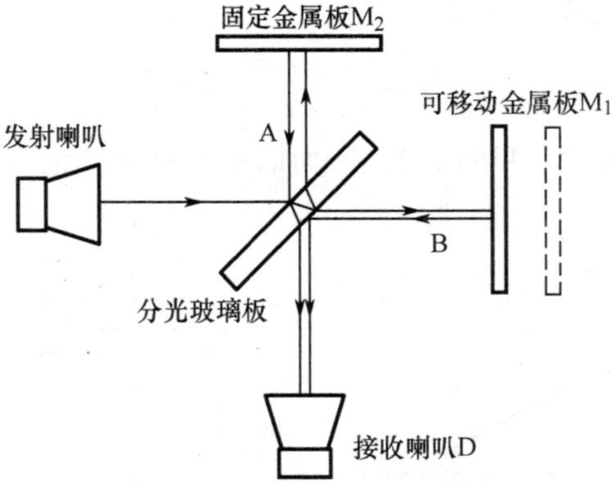

图 7.28.1 迈克耳孙法测微波波长

微波的迈克耳孙干涉和光学迈克耳孙干涉仪的基本原理相同,只是用微波代替光波而已(图 7.28.1). 微波源发射喇叭发出的微波,经过与发射喇叭发射方向成 45°的分光玻璃板,把一束微波等幅地分成两束,一束经分光板发射后向固定金属板 M_2 方向传播,另一束微波通过分光板,向可移动的金属反射板 M_1 方向传播,这样把一列单色的电磁波经过分光板后,分解成频率相同、振动方向一致、而传播方向互相垂直的两列微波.

当第一束微波传到全反射板 M_2 时,沿相反方向被全部反射回来,透过分光板到达接收喇叭,第二束微波经 M_1 板反射后到达分光板,再经反射也到达了接收喇叭. 这样接收喇叭同时接收到两束同频率、振动方向一致的微波. 如果两束波的波程差满足波长整数倍时,是相长干涉. 此时,与接收器连接的指示器将显示电流极大. 即

$$\Delta = k\lambda \quad (k = 0, \pm 1, \pm 2, \cdots)$$

测量 n 次极大值的位置,则微波的波长为

$$\lambda = \frac{2(L_n - L_1)}{n - 1} \tag{7.28.1}$$

2. 晶面的密勒指数标记法

晶格上的格点,按一定的对称规律周期地重复排列在空间的三个方向上. 因此晶体的晶格可以用一系列间距相等的平行晶面族来表示. 布拉格公式中的 d 值就是这样的晶面族中相邻两晶面的间距. 晶格中的平行晶面族有许多种取法,每种取法有着特定的晶面法线方向. 晶面法线方向的矢量代表着晶面的取向. 图 7.28.2 就给出了二维晶格中一些晶面族的取法.

对于特定取向的晶面,我们采用密勒指数 h、k、l(三个互质的整数)来表示,称为晶面的密勒指数,该平面族就称为(hkl)晶面族.

例如,某平面在三个坐标轴上的截距分别为 $x=3, y=4, z=2$[见图 7.28.2(a)],取倒数再化为互质的整数,即

$$\frac{1}{3},\frac{1}{4},\frac{1}{2} \Rightarrow \frac{4}{12},\frac{3}{12},\frac{6}{12} \Rightarrow 4,3,6$$

所以此平面的密勒指数为(436),即此平面的平行晶面族记为(436).

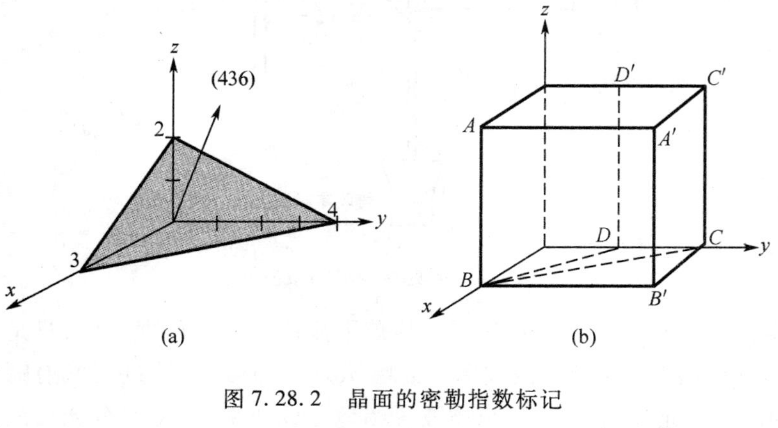

图 7.28.2　晶面的密勒指数标记

又如图 7.28.2(b)所示,平面 $ABB'A'$ 在三个坐标轴上的截距为 $x=1, y=\infty, z=\infty$,所以密勒指数为(100). $ABCC'$ 平面的截距为 $x=1, y=1, z=\infty$ 的,所以密勒指数为(110). 依此类推,平面 $ABDD'$ 的密勒指数为(120).

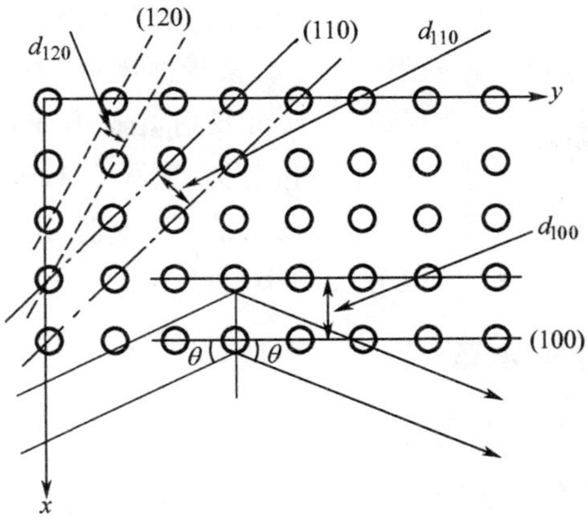

图 7.28.3　二维晶面

3. 布拉格公式

我们略去晶胞的空间结构,俯视图 7.28.2(b)所示的点阵,可得立方晶体在 $x-y$ 平面上的投影如图 7.28.3 所示. 实线表示(100)平面与 $x-y$ 平面的交线,点划线与虚线分别表示(110)面及(120)面与 $x-y$ 平面的交线. 其他晶面族密勒指数记法类推. 对于立方晶系,$d_{100}=d_{010}=d_{001}=d$,可以证明各晶面族的面间距计算公式为

$$d_{hkl}=\frac{1}{\sqrt{h^2+k^2+l^2}} \tag{7.28.2}$$

如图 7.28.3 所示,今有一束平行的微波入射(100)平面族,根据 X 射线的布拉格衍射公式,全部散射线相互干涉加强的条件为

$$2d_{100}\sin\theta=k\lambda \quad (k=1,2,3,\cdots) \tag{7.28.3}$$

若实验测得掠射角 θ,则从已知的微波波长 λ 可求晶面族间距 d_{100}. 反之若知晶面族的间距,可求微波的波长. 对于其他晶面族,全部散射线相互加强的条件依此类推.

4. 微波分光计

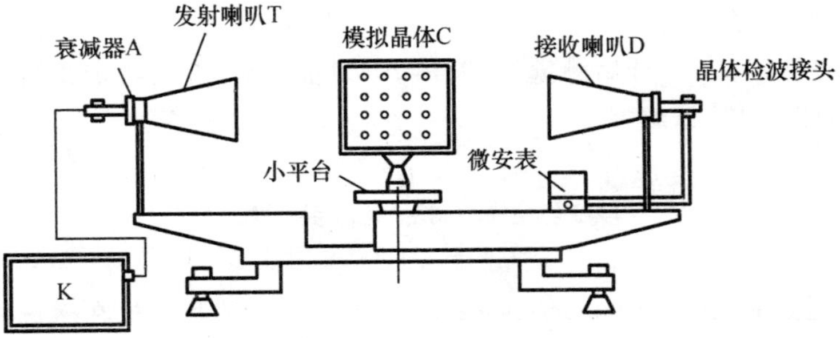

图 7.28.4　微波实验装置

微波实验的装置主要是一个微波分光计，如图 7.28.4 所示. 分光计两臂可以绕主轴转动，其上分别装置发射喇叭(T)及探测喇叭(D). 发射喇叭上附有速调管或体效应振荡器(K)及衰减器(A)，可发射波长为 3 cm 的单色微波，探测喇叭上附有检波器，输出引线连接直流电流表(量程为 100 μA 的微安表)，以显示探测喇叭收到散射波相互干涉后的微波能量. 为防止分光计底座与小平台(S)对微波的反射，两个喇叭等高并位于小平台之上.

四、实验内容与步骤

1. 迈克耳孙干涉法测量微波波长

(1) 调节微波分光计，使两个喇叭同轴等高，且通过分光计中心，各转至 0°与 180°.

(2) 在分光计上将接收喇叭(D)旋转 90°，并装上动反射镜(M_1)和固定反射镜(M_2)，构成微波迈克耳孙干涉仪.

(3) 在小平台上放上分光玻璃板，使之与微波如射方向夹角为 45°. 只要移动(M_1)的位置，就可在检测表头上观察到干涉的结果.

(4) 测定连续 3 个极小或极大变化之间 M_1 移动距离(相邻两个极小值或极大值时 M_1 位移为 1/2 波长)，并计算出微波波长. 重复 5 次，并进行误差分析.

2. 验证布拉格公式

测量立方晶体(100)面衍射一级与二级极大值的掠射角 θ_1 与 θ_2. 掠射角从 20°开始测量，转动两臂每隔 1°记录依次表头读数，找出两侧的一级与二级极大值的掠射角，取平均值并与计算值进行比较. (要求作 $I-\theta$ 图)

3. 已知波长测定模拟立方晶体的晶格常量

用(110)晶面族作为散射点阵面，测出衍射极大值的掠射角，计算 d_{110} 及晶格常量，并与实际值 $d=4$ cm 相比较.

五、思考题

1. 为什么本实验(100)面只有二级极大值，不存在第三级极大值. 面(110)面和(120)面只有一级极大值?

2. 本掠射角从 20°开始测量，如果在 20°以前测试，有时可能出现不符合布拉格公式的极大值，试解释.

实验 29　核磁共振

核磁共振(nuclear magnetic resonance，NMR)是一种利用核在磁场中的能量变化来获得关于核的信息的技术. 其实质是用一定频率的电磁波作用于在外磁场中核能级分裂的自旋磁矩不为零的原子核,分裂后的核能级发生共振跃迁.

1938 年拉比(Rabi)在原子束实验中观察到核磁共振,1946 年布洛赫(Bloch)和珀塞尔(Purcell)领导的两个小组独立地观察到宏观物体的核磁共振而获得 1952 年的诺贝尔物理学奖. 核磁共振应用非常广泛,如物理学、化学、生物学、医学等学科领域. 例如由于磁场可以穿过人体,利用核磁共振成像可以得到人体内各处的核磁共振信号,这些信号经计算机处理可以用二维或三维的图像显示出来. 将病态的图像和正常的图像进行比较可以判断人体的病变,并且这种方法对人体无害. 此外核磁共振也是精确测量磁场的重要方法之一.

一、实验目的

1. 了解核磁共振现象,掌握核磁共振实验的基本原理和方法;

2. 用水作样品,观察 ^{1}H 的核磁共振现象,并利用稳态共振吸收信号测量均匀磁场;

3. 用聚四氟乙烯样品,观察 ^{19}F 的核磁共振现象,并测量旋磁比 γ 和 g 因数.

二、仪器设备

本实验采用 GFC－8010G 型(北京大学物理系)核磁共振实验装置,实验装置如图 7.29.1 所示:含扫场线圈的永久磁铁固定磁场、含水样品的聚四氟乙烯样品的边限振荡器、GFC－8010G 频率计、6502 双通道示波器、自耦变压器和 CT3 型交直流高斯计. 核磁共振要求外磁场 B_0 较大、稳定,在样品所在的范围内均匀,这样分辨率较好. 交流电降压后加至扫场线圈,从而在永久磁铁产生的恒定磁场上叠加一个交变磁场,这个场为扫场. 用另外一路交流电经过移相器后送入示波器,作横轴扫描(亦可用示波器内扫描). 用边限振荡器产生射频场 B_1,并且与恒定磁场 B_0 垂直,边限振荡器又是核磁共振信号的探头,信号经检波放大后送到示波器观察.

三、实验原理

原子核有自旋角动量和自旋磁矩,核自旋角动量为

$$P_I = \sqrt{I(I+1)}\hbar \qquad (7.29.1)$$

I 为核自旋量子数,$\hbar = h/2\pi$(h 为普朗克常量).

原子核是核磁共振研究的对象,如将原子核按自旋特性分类,可分为三类:

(1) 原子核的电荷数(原子序数)与质量数为单数的核,I 为半整数,$I=\frac{1}{2}$(^{1}H、^{13}C、^{15}N、^{19}F 等),$I=3/2$(^{7}Li、^{9}Be、^{11}B 等),$I=5/2$(^{17}O、^{25}Mg、^{27}Al 等).

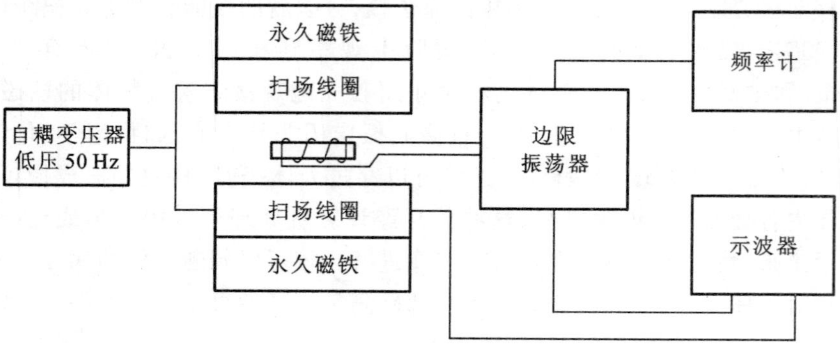

图 7.29.1　实验装置结构方框图

(2) 质量数为双数,但电荷数为单数的核,I 为正整数,$I=1$(^{2}H、^{6}Li 等),$I=2$(^{58}Co 等),$I=3$(^{10}B 等).

(3) 电荷数与质量数都为偶数的核,如^{12}C、^{18}O 等,$I=0$,此类原子核不能用核磁共振法进行测定.

有磁矩的原子核在磁场的作用下原子核的能级会发生分裂,如有适当频率的电磁波作用时,在核能级之间将引起共振跃迁,这就是核磁共振现象.

原子核除有自旋角动量 P_I 外,还应该有自旋磁矩 μ,有

$$\mu = g\mu_N \sqrt{I(I+1)} \tag{7.29.2}$$

式中,g 为原子核的 g 因数,μ_N 为核磁子,是核磁矩的单位,$\mu_N=\dfrac{e\hbar}{2m_p}$($e$、$m_p$ 分别是质子的电荷与质量). 对于质子,$g=5.586$,$\mu_N=5.0509\times10^{-27}\ \mathrm{J\cdot T^{-1}}$,$P_I$ 和 μ 方向互相平行. 核磁矩 μ 和外磁场 B 的相互作用能为

$$E = -\boldsymbol{\mu}\cdot\boldsymbol{B} = -\mu_z B \tag{7.29.3}$$

式中,μ_z 为原子核磁矩在 z 轴上的投影,有

$$\mu = \gamma P_I = \gamma m\hbar \tag{7.29.4}$$

由于核自旋角动量 P_I 的空间取向是量子化的,设 z 轴沿恒定外磁场 B 的方向,P_I 在 I 方向分量只能取

$$P_I = m\hbar \quad (m = I, I-1, \cdots, -I+1, -I) \tag{7.29.5}$$

式中 m 为原子核的磁量子数.

将式(7.29.4)代入式(7.29.3),则有

$$E = -\gamma m\hbar B \tag{7.29.6}$$

式中 $\gamma=\mu/P_I$ 称为旋磁比,是原子核的重要属性.

原子核两个能级之间的能量差为 ΔE,则有

$$\Delta E = \hbar\omega_N = \gamma\hbar B_0 = g\mu_N B_0 \tag{7.29.7}$$

式中 $\omega_N=\gamma B_0$ 称为核自旋磁矩在外磁场中的进动角频率，B_0 为外恒定磁场.

实验中核磁共振要满足式(7.29.7)的条件，则有

$$\gamma = g\frac{\mu_N}{\hbar} \tag{7.29.8}$$

$$\omega_N = \gamma B_0 \tag{7.29.9}$$

这就说明了当激发电磁辐射的角频率 ω_N 与外磁场 B_0 之间满足式(7.29.7)、(7.29.8)、(7.29.9)时，处于低能态的原子核吸收能量跃迁到高能态，即发生核磁共振. 但要注意，外磁场 B_0 必须是一个恒定磁场，而与 B_0 和总磁矩 m 所组成的平面相垂直的旋转磁场 B_1 的角频率等于 ω_N 时，旋转磁场的能量为 $\omega_N\hbar=\Delta E$，则核吸收能量 $\omega_N\hbar$，实现核能级间的跃迁. 例如对于氢核(^{1}H)，$I=1/2$，$m=\pm 1/2$，相邻的两个子能级的能量差 $\Delta E=\gamma_p\hbar B_0$，$\gamma_p$ 为质子的旋磁比，如图 7.29.2 所示.

从图 7.29.2 中可以看出，^{1}H 在恒定磁场作用下，原来简并的能级一分为二. 但是占据低能级的核数和占据高能级的核数相差很小，再加上在 MHz 频率范围内 ^{1}H 从高能级回到低能级的自发辐射概率接近于零，这样如果不能通过其他途径从高能级回到低能级，跃迁过程很快达到饱和，核磁共振谱就无法观察到. 由此看出，若要连续检出核磁共振信号，必须有从高能级返回低能级的过程，幸好这种非自发辐射的途径是客观存在的，这个过程称为弛豫过程，或者这样来理解，对于偏离平衡状态的核系统，当外界的作用停止后，将自动向平衡位置恢复. 这一过程需要时间来恢复，称为弛豫过程，而恢复平衡的时间称为弛豫时间.

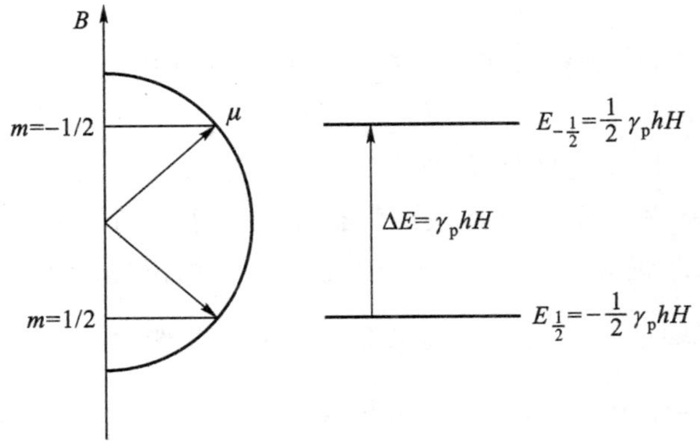

图 7.29.2　^{1}H 在恒定磁场中的能级分裂

观察核磁共振吸收信号有两种方法：扫频法和扫场法.

扫频法是固定磁场 B，让射频频率 ω 连续变化并通过共振区，当 $\omega=\omega_N=\gamma B_0$ 时出现共振峰. 扫场法是固定 ω，让磁场 B 连续变化并通过共振区. 实验中

一般采用扫场法. 因为磁场变化通过共振区所需的时间要远大于弛豫时间,所以可以观察到稳态吸收信号,如图 7. 29. 3 所示. 在实验中,为了保证稳态条件,扫场速度不能太快,如果那样,观察到的将是瞬态现象,在示波器上观察到的是尾波现象,如图 7. 29. 4 所示.

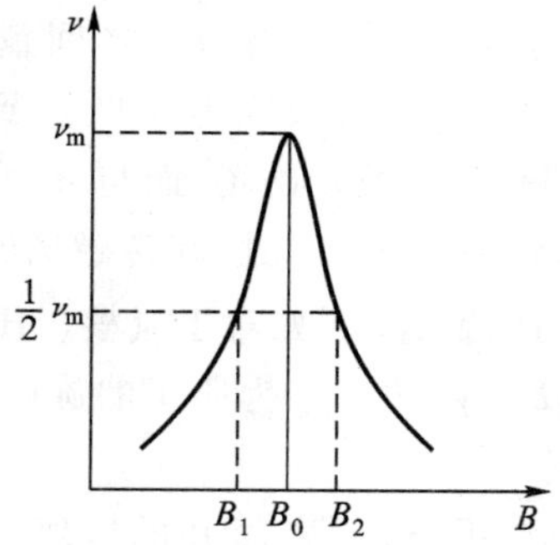

图 7. 29. 3　稳态共振吸收信号

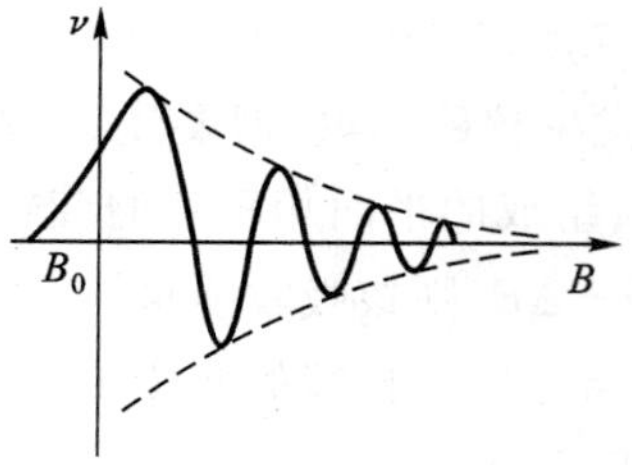

图 7. 29. 4　瞬态共振吸收信号

四、实验内容与步骤

实验仪器调节及要求详见仪器技术说明书.

1. 用高斯计测永久磁铁磁场

先对所用的 CT3 型交直流高斯计进行粗校、调零和校准. 测量时探头垂直于磁场,轻转探头读出最大值,然后转动 180°再读出一个最大值,取其平均值作为测量值.

2. 用水作样品,观察质子的核磁共振现象并利用稳态吸收信号测量均匀磁场

(1) 按图 7. 29. 1 连接装置,自耦变压器调至 30 V 左右.

(2) 根据所测磁场,估计边限振荡器频率的调试范围,将其调至 6 附近,在估计的范围内,缓慢调节频率,观察稳态吸收信号的出现,当吸收信号等间距分布时(因扫场线圈是感生元件,故吸收信号的实际位置差$\frac{\pi}{4}$,装移相器后可消除相位差),在频率计读数稳定后读出共振频率 ν_0.

(3) 用 ν_0 计算磁场 B_0 值,并与高斯计测出的 B_0 值进行比较,计算相对误差 E.

(4) 改变射频场 B_1 的强度,观察共振吸收信号强弱的变化.

(5) 改变扫场振幅,观察共振吸收信号强弱的变化.

(6) 观察吸收信号的形状(尾波).

3. 用聚四氟乙烯样品观察 ^{19}F 的核磁共振现象，并测量旋磁比 γ 和 g 因数

(1) 用聚四氟乙烯样品（和边限振荡器一起）置换水样品（和边限振荡器一起）.

(2) 估计 ^{19}F 的核磁共振的范围，缓慢调节边限振荡器频率，观察稳态吸收信号的出现，当吸收信号等间距分布时，在频率计读数稳定后读出共振频率 ν_0.

(3) 用 ν_0 计算 ^{19}F 的旋磁比.

(4) 计算 g 因数.

五、思考题

1. 实验中为什么要加扫场信号？试解释其原因.
2. 观察核磁共振吸收信号时要有几种磁场？说明其作用和要求.

实验 30　铁磁共振

铁磁共振技术是于 20 世纪 40 年代底发展起来的，它利用的是磁性物质从微波磁场中强烈吸收能量的现象，因此它和核磁共振、顺磁共振一样在磁学和固体物理学研究中占有重要地位，是研究物质宏观性能和微观结构的重要实验手段. 它能测量微波铁氧体的共振线宽、张量磁化率、饱和磁化强度、居里点 T_C 等重要参量，因此该项技术在微波铁氧体器件的制造、设计等方面有着重要的应用价值.

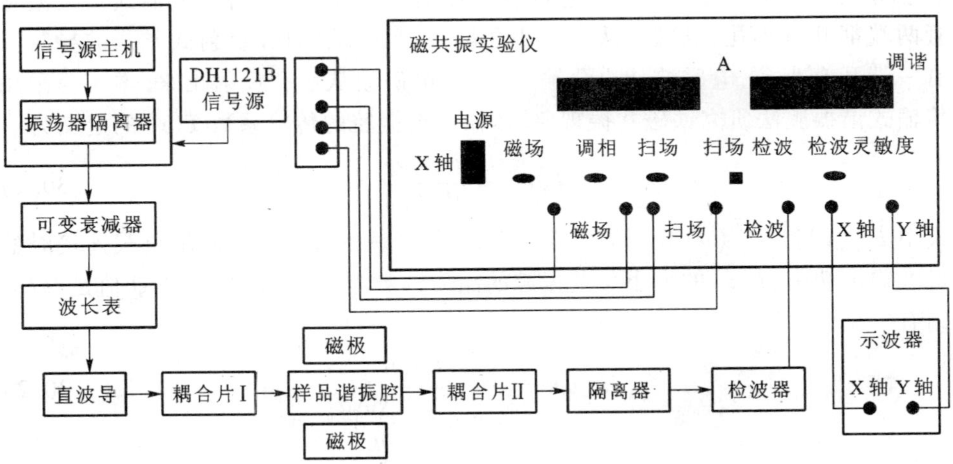

图 7.30.1　微波铁磁共振实验系统框图

一、实验目的

1. 了解铁磁共振的基本原理，观察铁磁共振现象；
2. 测量微波铁氧体的铁磁共振线宽 ΔH；
3. 测量微波铁氧体的 g 因数.

二、仪器设备

本实验使用的是 DH811A 型（大华无线电仪器厂）微波铁磁共振实验装置，其结构如图 7.30.1 所示. 该实验系统是在波长为 3 cm 左右的微波频段做铁磁共振实验，其中包括微波信号源、可变衰减器、波长表、样品谐振腔、电磁铁及电源等. 信号源输出的微波信号要经过振荡器隔离器、衰减器、波长表、直波导、谐振腔、隔离器、检波器、电流显示、示波器等. 微波信号源由微波发生器产生，微波发生器是由反射式速调管，同稳压电源、高频结构一起构成（其基本原理可参阅 DH811 型器件技术说明书），可变衰减器是由一片能吸收微波能量的介质片垂直于矩形波导的宽边，纵向插入波导管组成，用以部分地衰减传输功率，沿着宽边移动吸收片可改变衰减量的大小. 信号源输出的微波信号经隔离器（一种铁氧体器件，对微波具有单向传输的特性）、衰减器、波长表等进入谐振腔. 波长表与波导系统的连接方式为传输型，它具有输入与输出两个窗的谐振腔，当输入的微波与谐振腔频率满足谐振条件时，能量传输最大. 可见谐振腔是一个微波谐振系统，在本实验中是一个关键部件，它由两端带耦合片的一段矩形直波导构成（是一种空心金属管，当电磁波在波导中传输时，其高频电磁场将在波导壁上产生高频感应电流分布于波导表面）. 它可分为传输式和反射式两种. 传输式是指波导管两端都开有小孔，电磁波从一端小孔输入，另一端输出. 反射式是指波导管只有一端开有小孔，电磁波从小孔输入，腔内电磁波从小孔反射出来. 本实验采用传输式谐振腔法研究铁磁共振现象. 传输式谐振腔的传输系数 $T(\nu)$ 的定义为

$$T(\nu) = \frac{P_{出}(\nu)}{P_{入}(\nu)} \tag{7.30.1}$$

式中 $P_{出}(\nu)$ 和 $P_{入}(\nu)$ 分别为负载上的输出功率和信号源与匹配负载连接时的最大输出功率. $T(\nu)$ 的大小与谐振腔的品质因数 Q 有直接关系，若 Q 值足够高，则有

$$T(\nu) = \frac{T(\nu_0)}{1 + 4Q_{\mathrm{L}}^2\left(\frac{\Delta\nu}{\nu}\right)^2} \tag{7.30.2}$$

其中

$$T(\nu_0) = \frac{4Q_L^2}{Q_1 Q_2} \tag{7.30.3}$$

上面两式中 ν_0 为腔的谐振频率，$\Delta\nu=\nu-\nu_0$ 为频谱宽度，Q_L 为腔的有载品质因数，Q_1 和 Q_2 为腔外品质因数. 传输式谐振腔 $T(\nu)$ 与 ν 的关系曲线如图 7.30.2 所示.

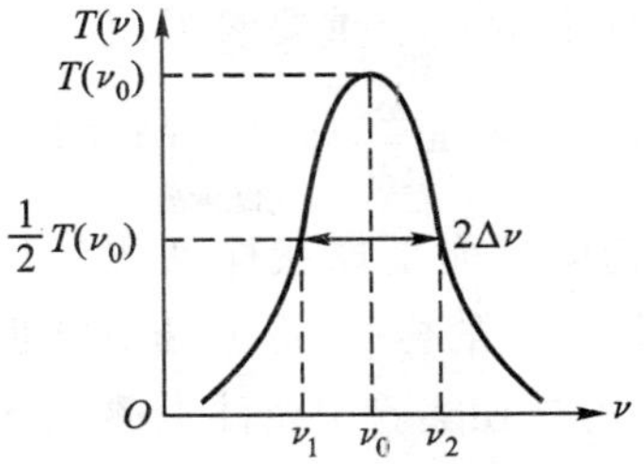

图 7.30.2　传输式谐振腔曲线

晶体检波器的作用是从波导宽壁中点耦合两宽壁间的感应电压，经微波二极管检波（注意调节短路活塞位置），使得检波管处于驻波的波腹点，以获得最佳的检波效果.

三、实验原理

在微波波段，微波的量子化能量约在 $10^{-5}\sim10^{-2}$ eV，当它满足一定共振条件时，具有磁性材料的物质可从微波磁场中产生强烈吸收能量的现象，称为铁磁共振. 它的宏观现象理论解释可以这样来理解，磁性物质的总磁矩 m 在恒定磁场 B 的作用下绕 B 进动（进动角频率 $\omega=\gamma B$，γ 为铁磁物质的旋磁比），由于进动程中存在阻尼作用，进动角会逐渐减小，而且逐渐趋于平衡位置，即在磁场 B 的方向会被磁化，但是当 ω 等于外加微波磁场 B_1 的角频率 ω_1 时，总磁矩 m 吸收微波磁场能量，用以克服阻尼并维持进动.

若将铁磁物质置于微波磁场中，微波磁感应强度 B 可表示为

$$B=\mu_0X_{ij}H \tag{7.30.4}$$

式中，μ_0 为真空磁导率，X_{ij} 为张量磁导率，则有

$$X_{ij}=\begin{vmatrix} X & -\mathrm{i}X_a & 0 \\ \mathrm{i}X_a & X & 0 \\ 0 & 0 & 1 \end{vmatrix} \tag{7.30.5}$$

式中 X 和 X_a 称为张量磁导率的元素，即分别为张量磁导率的对角组元和非对角组元，并有如下关系：

$$\left.\begin{aligned} X&=X'-\mathrm{i}X'' \\ X_a&=X_a'-\mathrm{i}X_a'' \end{aligned}\right\} \tag{7.30.6}$$

当外加恒定磁场 B 时，铁磁物质将产生能级分裂，当外来电磁场量子能量（$h\nu$）等于能级间隔时，将发生对这能量子的共振吸收. X'' 决定铁磁物质磁能的损耗，当 $B=B_0=\dfrac{\omega_0}{\gamma}$（$\omega_0$ 为微波磁场的角频率），磁损耗最大，常用 X'' 的峰值半高度处的磁场间隔 $\Delta B=B_{1/2}-B_{-1/2}$ 定义为共振吸收线宽，如图 7.30.3 所示，它是磁性

材料性能的一个重要参量. 但要注意,铁磁物质在 $B_1=\dfrac{\omega_0}{\gamma}$ 处呈现的共振吸收,其铁磁物质只能是球状样品或者是磁晶各向异性较小的样品,退磁场对共振点没有影响. 另外在实验中要注意磁晶各向异性现象,因此对于单晶铁磁物质样品,要先作晶轴定向,使得易磁化方向转向恒定磁场方向.

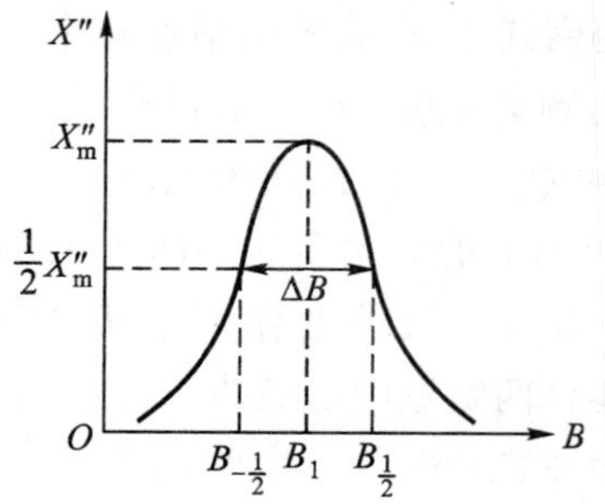

图 7.30.3　共振线宽用 ΔB 表示

四、实验内容与步骤

1. 熟悉各元器件,调节实验装置,使其满足实验条件,请参阅 DH811A 型实验装置技术说明书.

2. 用磁场测量仪(特斯拉计)测量磁场 B 随磁极距 d 的变化曲线.

3. 调节微波发生器,使传输式谐振腔与微波频率调谐,用波长表测出谐振频率.

4. 利用示波器直接观察铁磁共振信号.

5. 测量铁磁共振线宽 ΔB,作 $I-B$ 曲线,测量 ΔB 的基本思路是,对于传输式谐振腔,在谐振腔调谐过程中,根据腔的微扰理论,在输入功率 P 恒定的情况下,由式(7.30.1)和(7.30.3)可知,输出功率 $P_{出}$ 为

$$P_{出}(\omega_0)=\frac{4P_{入}(\omega_0)Q_L^2}{Q_1Q_2} \tag{7.30.7}$$

由上式可以看出 $P_{出}(\omega_0)\propto Q_L^2$,而 Q_L^2 为腔的品质因素,在铁磁物质样品很小,磁导率变化引起系统参量的变化很小时,腔的变化为

$$\begin{cases}\dfrac{\Delta\omega}{\omega_0}=A(X'-1)\\[2ex]\Delta\left(\dfrac{1}{Q_L}\right)=4AX''\end{cases} \tag{7.30.8}$$

式中 A 是一常数,与谐振腔的几何尺寸和样品大小有关. 从式(7.30.8)中可以看出,通过测量 Q_L 的变化来测定 X'',而 Q_L 的变化可以通过测量 $P_{出}$ 来确定. 但值得注意的是,当 B 变化时,磁导率的变化会引起谐振腔的谐振频率发生漂移(频散效应),要得到准确的共振曲线和线宽 ΔB,必须在测量时消除频散效应,使装有样品的谐振腔频率始终与谐振腔的微波频率相同(注意调节),以满足式(7.30.8)的关系,这种测量称逐点调节,可以得到 $B-P$ 的共振吸收曲线,如图

7.30.4 所示. 在图中,对应于 ΔB 的 B_1、B_2 的输出功率为

$$P_{\frac{1}{2}} = 4P_0\left(\sqrt{\frac{P_0}{P_r}} + 1\right)^{-1/2} \tag{7.30.9}$$

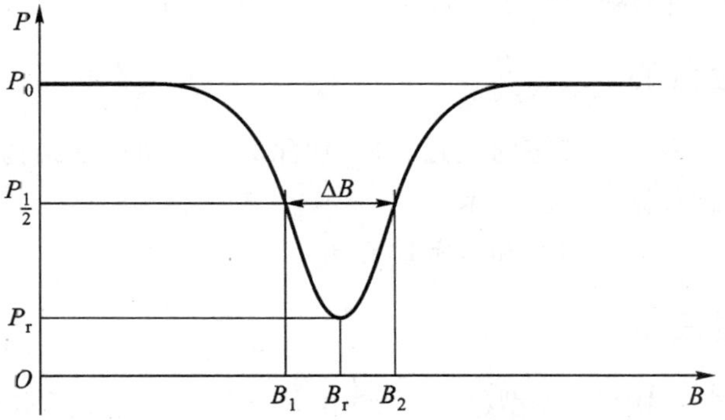

图 7.30.4　B 与 P 的关系曲线

因此根据测得的 B 与 P 的关系曲线,即可求出 ΔB. 有时为了测量简便,先调节微波谐振腔,使之与入射微波磁场频率调谐,避免测量过程中反复调节,即所谓的非逐点调谐(远离共振区),则输出功率可改写成

$$P_{1/2} = \frac{2P_0P_r}{P_0 + P_r} \tag{7.30.10}$$

实验中,测得检波电流 I 与 $P_{出}$ 成正比关系,则有

$$I_{1/2} = \frac{2I_0I_r}{I_0 + I_r} \tag{7.30.11}$$

因此只要测出 $I-B$ 曲线,即可计算得到 ΔB 和 B.

五、思考题

1. 用传输式谐振腔测 ΔB 时,要保证哪些实验条件?
2. 逐点调谐和非逐点调谐有何区别?

实验 31　光磁共振

光磁共振是光抽运(光泵浦)和射频磁共振相结合的一种双共振过程,是用光抽运来研究原子超精细结构塞曼子能级间磁共振现象的双共振技术. 双共振技术是由诺贝尔物理学奖获得者卡斯特勒(A. Kastlor)于 20 世纪 50 年代提出的.

光抽运是用圆偏振光照射后使得激发气态原子形成粒子数反转(集居数

差)，即打破热平衡状态下的玻耳兹曼粒子数正常分布，造成能级间所需要的粒子数差，再通过磁共振，然后采用光探测技术来研究原子精细结构. 由于应用了光探测技术，使得它既保存了磁共振高分辨的特点，同时又将测量灵敏度提高了几个数量级，成为研究原子、分子高激发态的精密测量的有力工具，因此在激光原理、量子频标、弱磁场探测等方面都有重要应用价值.

一、实验目的

1. 通过研究铷原子基态的光磁共振，加深对原子超精细结构的认识；
2. 掌握光磁共振的实验技术；
3. 测定铷原子的 g 因数和测定地磁场.

二、仪器设备

本实验用的是 DH807A 型(大华无线电仪器厂)光磁共振实验装置. 实验系统由主体单元、电源、辅助源、射频信号发生器等组成，如图 7.31.1 所示.

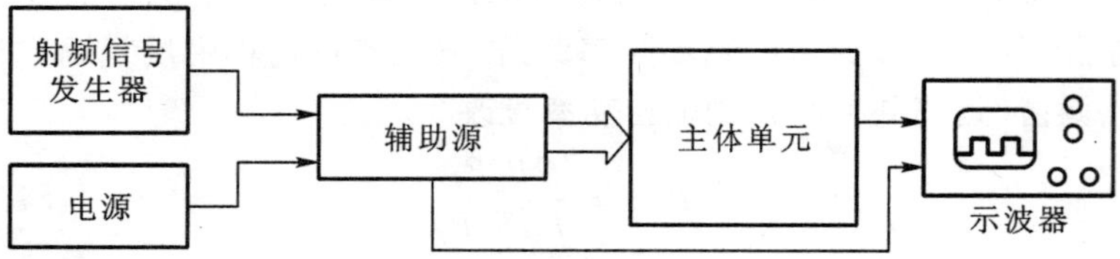

图 7.31.1　光磁共振实验装置方框图

1. 主体单元

主体单元是该实验装置的核心，由铷光谱灯、准直透镜、吸收池、聚光镜、光电探测器及亥姆霍兹线圈组成，如图 7.31.2 所示.

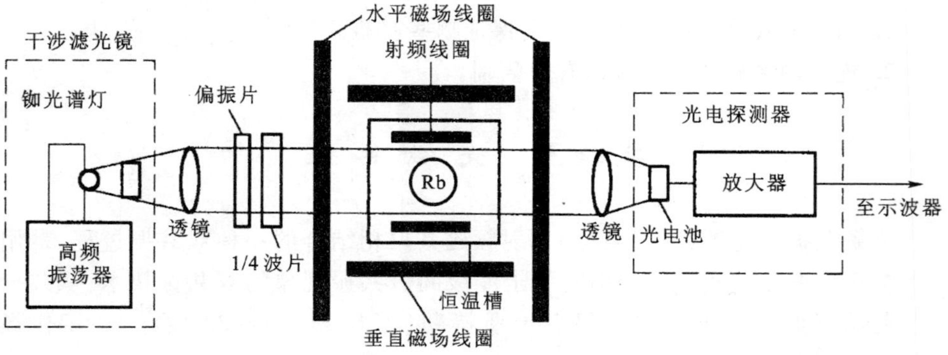

图 7.31.2　主体单元示意图

天然铷和惰性缓冲气体被充在一个直径约 52 mm 的玻璃泡内，该铷泡两侧对称放置着一对小射频线圈，它为铷原子跃迁提供射频磁场. 这个铷吸收泡和射频线圈都置于圆柱形恒温槽内，称为"吸收池"，槽内温度约在 55 °C 左右. 吸收池放置在两对亥姆霍兹线圈的中心，小的一对线圈产生的磁场用来抵消地磁场的垂直分量，大的一对线圈有两个绕组，一组为水平直流磁场线圈，它使铷原子的超精细能级产生塞曼分裂，另一组为扫场线圈，它使直流磁场上叠加一个调制磁场. 铷光谱灯作为抽运光源. 光路上有两个透镜，一个为准直透镜，一个为聚光透镜，两透镜的焦距为 77 mm，它们使铷灯发出的光平行通过吸收泡，然后再会聚到光电池上. 干涉滤光镜（装在铷光谱灯的口上）从铷光谱中选出光（λ = 794. 8 nm），偏振片和 1/4 波片（和准直透镜装在一起）使光成为左旋圆偏振光. 偏振光对基态超精细塞曼能级有不同的跃迁概率，可以在这些能级间造成较大的粒子数差. 当加上某一频率的射频磁场时，将产生"光磁共振"，在共振区的光强由于铷原子的吸收而减弱，通过调场法，可以从终端的光电探测器上得到这个信号，经放大可从示波器上显示出来.

铷光谱灯是一种高频气体放电灯，它由高频振荡器、探温装置和铷灯泡组成. 铷灯泡放置在高频振荡回路的电感线圈中，在高频电磁场的激励下产生无极放电而发光. 整个振荡器连同铷灯泡放在同一恒温槽内，温度控制在 90 °C 左右，高频振荡器频率约为 65 MHz.

光电探测器接收透射光强度变化，并把光信号转换成电信号，接收部分采用硅光电池. 放大器倍数大于 100.

2. 电源

电源为主体单元提供三组直流电源. 第 Ⅰ 路是 0 ~ 1 A 可调稳流电源，为水平磁场提供电流. 第 Ⅱ 路是 0 ~ 0. 5 A 可调稳流电源，为垂直磁场提供电流. 第 Ⅲ 路是 24 V/2 A 稳压电源，为铷光谱灯、控温电路、扫场提供工作电压.

3. 辅助源

辅助源为主体单元提供三角波、方波扫场信号及温度控制电路等，并设有"外接扫描"插座，可接 SBR - 1 型示波器的扫描输出，将其锯齿扫描经电阻分压及电流放大，作为扫场信号源代替机内扫场信号，辅助源与主体单元由 24 线电缆连接.

4. 射频信号发生器

本实验装置中的射频信号发生器为通用仪器，可以选配，频率范围为 100 kHz ~ 1 MHz，输出功率在 50 Ω 负载上不小于 0. 5 W，并且输出幅度要可调节. 射频信号发生器为吸收池中的小射频线圈提供射频电流，使其产生射频磁场，激发铷原子产生共振跃迁.

三、实验原理

1. 铷原子的超精细结构及其塞曼分裂

本实验研究的铷原子(Rb)是一阶碱金属原子,天然铷原子有两个同位素,即^{85}Rb 和^{87}Rb. 根据 LS 耦合产生精细结构,它们的基态是 $5^2s_{1/2}$,即轨道量子数 $L=0$,电子自旋量子数 $S=\frac{1}{2}$,那么轨道角动量和自旋角动量耦合成总的角动量,其量子数为 J. 铷原子最低激发态是 $5^2p_{1/2}$和 $5^2p_{3/2}$的双重态,对^{87}Rb,$5^2p_{1/2}\to 5^2s_{1/2}$为 D_1 线($\lambda_1=794.8$ nm),$5^2p_{3/2}\to 5^2s_{1/2}$为 D_2 线($\lambda_2=720$ nm). 在原子物理学中我们知道铷原子具有核自旋 I,其中^{85}Rb 的 $I=\frac{5}{2}$,^{87}Rb 的 $I=\frac{3}{2}$,相应的核自旋角动量为 P_I,核磁矩为 μ_I. 核自旋 P_I 与电子的总角动量 P_J 耦合成原子的总角动量为 P_F,即 $P_F=P_I+P_J$,上式中下角 F 为总量子数,耦合后 $F=J+I,\cdots,|J-I|$. 因此^{85}Rb 的基态有两个值,即 $F=3$ 和 $F=2$,对于^{87}Rb,$F=2$ 和 $F=1$. 由量子数 F 标定的能级称为超精细结构能级. 当原子处于磁场 B 中,由于原子的总磁矩 μ_F 与磁场的相互作用,将使能级进一步分裂,形成塞曼子能级. 原子的总角动量 P_F 与总磁矩 μ_F 之间的关系为

$$\mu_F = -g_F\frac{e}{2m_N}P_F \qquad (7.31.1)$$

式中,m_N 为原子核质量,g_F 是原子超精细能级的 g 因数,则

$$g_F = g_L\frac{F(F+1)+J(J+1)-I(I+1)}{2F(F+1)} \qquad (7.31.2)$$

上式中 g_L 为

$$g_L = 1+\frac{J(J+1)-L(L+1)+S(S+1)}{2J(J+1)} \qquad (7.31.3)$$

从式(7.31.1)中可以看出,对于原子的超精细能级上的塞曼分裂,相邻两个塞曼子能级的能量差为

$$\Delta E = g_F\mu_B B \qquad (7.31.4)$$

式中 $\mu_B=\frac{e\hbar}{2m_N}$为玻尔磁子.

对某一总量子数 F,磁量子数 $m_F=F,\cdots,-F$,即分裂为 $2F+1$ 个能量间隔的塞曼子能级,如图 7.31.3 所示.

2. 圆偏振光对铷原子的激发与光抽运过程

光抽运是指在磁场中用偏振光照射原子,偏振光只能引起原子某些特定塞曼能级之间的吸收跃迁,这种跃迁(原子吸收偏振光后)不但要满足能量守恒还要满足角动量守恒定律. 对塞曼效应原子能级跃迁,选择定则 $\Delta F=0,\pm1$. 对于

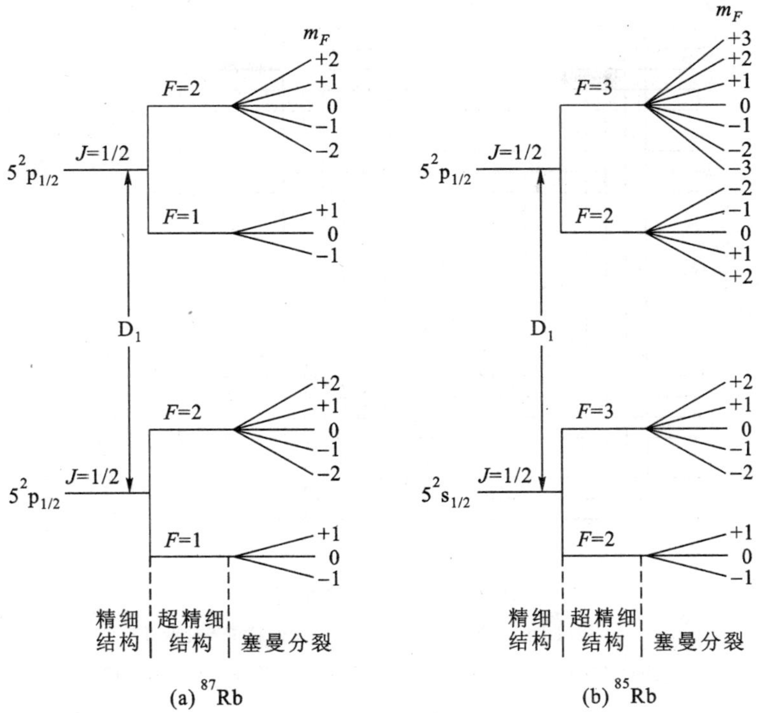

图 7.31.3　铷原子能级示意图

左旋圆偏振光即 σ^+ 的光子与原子相互作用,角动量为 $\hbar$,原子吸收了它角动量就增加了 $\hbar$ 值,因此只有 $\Delta F = +1$ 的跃迁,反之,当原子吸收一个右旋圆偏振光的 σ^- 光子,角动量为 $-\hbar$,则只有 $\Delta F = -1$ 的跃迁,即原子被激发到高能态上量子数减小 1 的能级上去.

如果我们用铷原子 D_1 线左旋圆偏振光照射铷原子,对于 ^{87}Rb 的 $5^2s_{1/2}$ 和 $5^2p_{1/2}$ 态的磁量子数 m_F 最大值都是 +2. 因此,当用 σ^+ 的 D_1 线照射时,由于 ΔF 只能产生 $\Delta F = +1$ 的跃迁,基态 $5^2s_{1/2}$ 中 $m_F = +2$ 子能级的粒子跃迁为零,而粒子从 $5^2p_{1/2}$ 返回 $5^2s_{1/2}$ 的过程,由于是自发跃迁,按选择定则 $\Delta F = 0, \pm 1$ 布居,于是原子几乎以相等的概率回到基态的各塞曼能级上,从而使得磁量子数 $m_F = +2$ 粒子数增加,如图 7.31.4 所示. 也就是说经过若干循环后,基态 $m_F = +2$ 子能级上的原子只进不出,使得粒子数大大增加,形成粒子数反转,这就是光抽运效应. 粒子在各能级间的非平衡分布称为粒子偏极化,这种偏振极化,就可以在特定的子能级间实现磁共振.

3. 弛豫过程

由热力学原理知道,原子系统由非热平衡态分布趋向于热平衡状态分布的

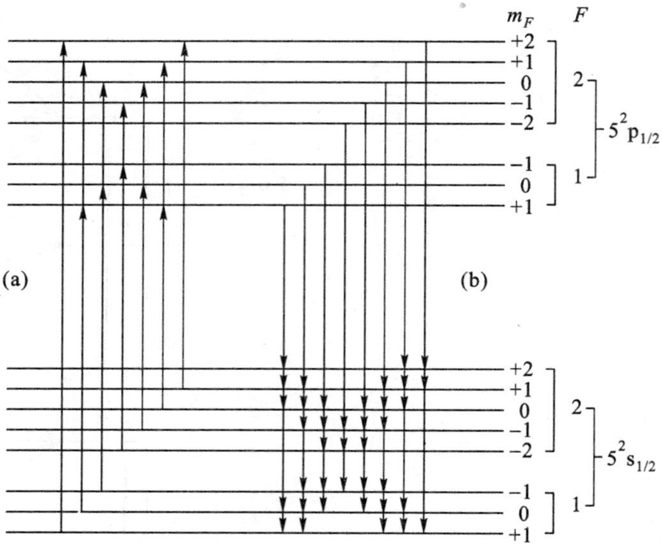

图 7.31.4　^{87}Rb 光泵过程

(a) 吸收 $D_1\sigma^+$ 光的跃迁，基态 $m_F=2$ 的粒子不能跃迁；

(b) 自发辐射回到基态所有子能级，$m_F=2$ 能级上粒子数增加

过程称为弛豫过程，这种弛豫过程主要是由于铷原子与容器壁碰撞和原子之间等的碰撞系统返回到热平衡状态，致使粒子失去偏极化的主要原因. 这样原子系统的偏极化程度取决于光抽运和弛豫过程相互竞争的结果. 为了提高偏极化程度，常采取如在样品泡中充适量的惰性气体（如氮、氖等分子磁矩很小的缓冲气体），加大光强以提高光抽运效率，选择合适的温度以合理控制原子密度等方法.

4. 塞曼能级间的光磁共振和光探测

在磁场 B 中，相邻两个塞曼子能级的能量差由式(7.31.4)给出，这时若加一频率为 ν_1 的圆偏振射频场 B_1，并使 $h\nu_1$ 等于相邻塞曼子能级差，有

$$h\nu_1 = \Delta E = g_F\mu_B B \tag{7.31.5}$$

满足式(7.31.5)，则塞曼子能级之间将产生光磁共振.

若用圆偏振 $D_1\sigma^+$ 照射铷原子样品，一方面起到光抽运的作用，另一方面透过铷原子样品的光可兼作探测光，用光电探测元件来接收透射光光强的变化，即一束光可用作光抽运和光探测两个作用. 例如在入射的 D_1 光的光强恒定时，铷原子样品蒸气吸收的光越多（由于磁共振）时，光电探测器接收到的光就越弱. 在 $D_1\sigma^+$ 光抽运作用下，铷原子绝大部分被抽运到磁量子数 $m_F = +2$ 能级上，该能级上的粒子产生感应诱导跃迁（处在 $m_F = +2$ 能级上的原子没有光抽运效应），从 $m_F = +2$ 依次跃迁到 $m_F = +1, 0, -1, 2$ 等子能级，结果使粒子趋于原来的均衡分布而破坏了偏极化，这时探测器接收到的透射光强最强. 因此通过探测

$D_1\sigma^+$透射光强的变化即可得到光磁共振信号，从而实现光磁共振的探测. 在实际工作中，可以将一个低频（射频，约 1 MHz）量子转换成一个高频（光频，约 10^8 MHz）的光子，这就可使观测信号的功率及灵敏度增强约 8 个数量级.

四、实验内容与步骤

1. 仪器调节

(1) 在实验装置通电之前，进行主体单元光路的机械调整（参见 DH807A 型技术说明书），达到实验要求.

(2) 按下“预热”键，加热铷灯温度达到 90 °C 并控温（约 30 分钟温度稳定），同时加热样品吸收池到约 50 °C 并控温，然后按下“工作键”，此时铷灯应发出玫瑰紫色光信号.

(3) 在主体单元光路的机械调整基础上，检查光源、透镜、吸收池、光电探测器等元器件的位置是否调到准直，调节前后透镜的位置使到达光电池的光量最大.

(4) 调整双踪示波器处于工作状态，建议用一通道观察扫描电压波形，用二通道观察光电探测器的信号.

2. 观察光抽运信号

(1) 观察光抽运信号时，应观察地磁场的影响. 可以先用指南针判断扫场、水平场、垂直场相对于地磁场的方向. 如果水平、垂直磁场为零，扫场与地磁场方向相反（注意不开射频振荡器时，扫场选择方波，将方波加到扫场线圈上，产生 $1\times10^{-4}\sim2\times10^{-4}$ T 磁场）. 当判断某一场时应将另两个场置于零，判断水平磁场和垂直磁场时，注意记下数字电压表对应电压的数字.

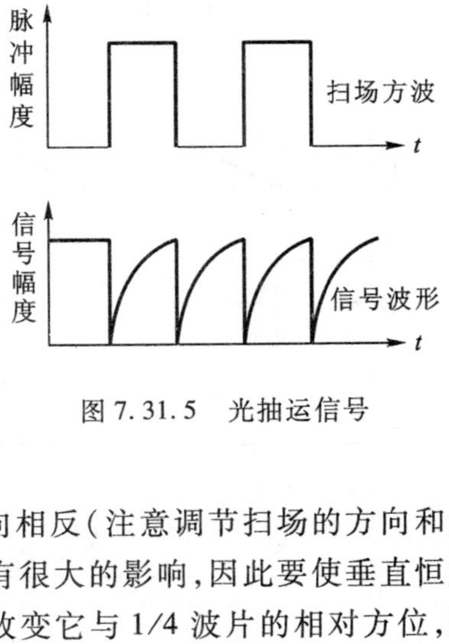

图 7.31.5　光抽运信号

(2) 使扫场方向与地磁场的水平分量方向相反（注意调节扫场的方向和大小），特别是地磁场的垂直分量对光抽运信号有很大的影响，因此要使垂直恒定磁场的方向与其相反并抵消，应旋转偏振片，改变它与 1/4 波片的相对方位，同时改变垂直场的方向和幅度使它抵消地磁场垂直分量，可获得最大光抽运信号，如图 7.31.5 所示. 实验中要注意观察在刚加上磁场瞬间的光强变化，开始时各塞曼能级上的粒子数相等，铷原子样品池对 D_1 线吸收最强，随着粒子被抽运到磁量子数 $m_F=+2$ 上，对 D_1 线光吸收减弱，透射光强逐渐加强. 当 $m_F=+2$ 上的粒子数饱和时，透射光强达到最大值且不再变化. 当磁场降到零后并反向，塞曼能级由分裂到简并到再分裂.

3. 观察光磁共振信号

(1) 测量 g_F 因数

扫场采用三角波,方向置于与地磁场水平分量相同的方位上,并使水平磁场调到某一个确定值. 磁共振条件由式(7.31.5)得到

$$g_F = \frac{h\nu}{\mu_B B} \tag{7.31.6}$$

调节射频频率 ν 产生磁共振,ν 由示波器确定或由频率计给出. 从式(7.31.6)中可以看出,如知 B 便可求出 g_F,B 是使原子塞曼分裂的总磁场(包括水平场、地磁水平分量、扫场直流分量). 实验中,可以这样考虑,先确定 ν_1(ν_1 与 B_1 对应),再拨动水平开关,使其水平磁场方向与地磁场水平分量和扫场方向相反,改变频率 $\nu_1 \to \nu_2$,读出频率 ν_2(ν_2 与 B_2 对应),取共振频率 $\nu = (\nu_1 + \nu_2)/2$,这样可以排除地磁场水平分量及扫场直流分量的影响. 水平磁场的 B 数值由水平亥姆霍兹线圈参量及加其上的电压或电流来确定. 测量 g_F 因数原理图如图 7.31.6 所示. 由于 ^{85}Rb 和 ^{87}Rb 的 g_F 值不同(^{85}Rb 的 $\nu/B = 4.7 \times 10^3$ MHz · T^{-1},^{87}Rb 的 $\nu/B = 7.0 \times 10^3$ MHz · T^{-1}),因此每次固定水平场调节射频频率时,会出现两次图 7.31.6 所示共振波形,要加以区分,当水平场恒定时,频率高的为 ^{87}Rb 共振信号,频率低的为 ^{85}Rb 共振信号.

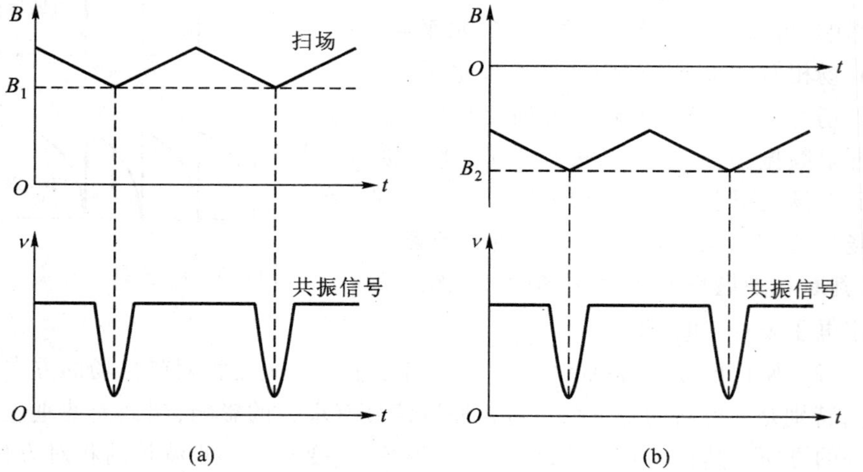

图 7.31.6 g_F 因数测量原理图

(2) 测量地磁场

地磁场测量方法与测 g_F 因数相同,先满足扫场,水平场与地磁场水平分量方向相同测得 ν_1,然后同时改变扫场和水平场方向开关测得 ν_2. 这样得到地磁场水平分量所对应的频率为 $\nu = (\nu_1 - \nu_2)/2$,既排除了扫场和水平场的影响,又

可以得到地磁场水平分量[根据式(7.31.5)] $B_{/\!/}$ 为

$$B_{/\!/} = \frac{h\nu}{\mu_B g_F}$$

而对于地磁场垂直分量 $B_{\perp}$ 已在实现最佳光抽运信号时测得，那么地磁场 $B_{地}$ 的大小和方向由下式求得：

$$B_{地} = \sqrt{B_{/\!/}^2 + B_{\perp}^2} \tag{7.31.7}$$

$$\tan\theta = \frac{B_{\perp}}{B_{/\!/}} \tag{7.31.8}$$

五、注意事项

1. 由于实验是在弱磁场中进行，为了确保测量的准确性，实验装置中的主体单元一定要远离其他带有强电磁场、大功率电源线和带有电磁性的物体. 磁场方向判断后，务必取出指南针. 另外主体单元应罩上黑布，可避免外界杂散光进入光电探测器.

2. 在精密测量的实验中，为避免铷原子吸收池加热丝所产生的剩余磁场影响，可在短时间内关掉吸收池加热电源.

3. 采用光泵技术制成的光泵磁强计测量弱磁场，测量方法同测地磁类似. 由共振条件，对 ^{87}Rb 样品可算得

$$B = 1.427\,3 \times 10^{-4}\nu \quad (单位为\ \mathrm{T})$$

对 ^{85}Rb 样品可算得

$$B = 2.140\,9 \times 10^{-4}\nu \quad (单位为\ \mathrm{T})$$

对于亥姆霍兹轴线中心处的磁场用下式计算：

$$B = \frac{16\pi}{\sqrt{5^3}}\frac{NU}{rR} \times 10^{-7} \quad (单位为\ \mathrm{T})$$

式中，N 为线圈每边匝数，U 为加在线圈上的电压，r 为线圈有效半径，R 为线圈线绕电阻.

六、思考题

1. 线偏振光能否作为抽运光？

2. 为什么用 $\nu = (\nu_1 + \nu_2)/2$ 来测量 g_F 值时，可排除地磁水平分量及扫场直流分量的影响？

3. 如何区分光抽运信号和磁共振信号？

实验 32 顺磁共振

磁矩不为零的微观粒子,在外磁场中发生塞曼能级之间的跃迁称为磁共振现象.物质的顺磁性主要来源于系统中所有电子的自旋磁矩和轨道磁矩的总和不为零,其在外磁场中产生的能级分裂就是电子顺磁共振(electron paramagnetic resonance,EPR)现象.如果忽略电子轨道磁矩的贡献,仅考虑电子的自旋磁矩,就称为电子自旋共振(electron spin resonance,ESR).

EPR 现象首先是由苏联物理学家 E. K. 扎沃伊斯基于 1944 年从 $MnCl_2$、$CuCl_2$ 等顺磁性盐类发现的.通过分析电子顺磁共振波谱,可以得到有关分子、原子或离子中未偶电子的状态及其周围环境的信息.现在 EPR 主要工作在微波波段,能够获得较高的灵敏度和分辨率,并且测量时对样品无破坏作用.EPR 技术至今已在物理学、有机化学、络合物化学、辐射化学、海洋化学、生物学、医学、环境科学等许多领域得到了广泛的应用.

EPR 的研究对象主要是存在未偶电子的顺磁性物质,主要有:

(1) 具有奇数电子的原子.如氢、氮、碱金属原子等.

(2) 过渡金属离子和稀土离子.这类原子除价电子外,内层都有未填满的电子壳层,容易失去价电子成为正离子,如 Ti^{3+}.

(3) 固体中的杂质或缺陷.一个或多个电子或空穴陷落在缺陷中或其附近,形成具有单电子的物质,如面心、体心立方等结构.

(4) 自由基.分子中含有一个未成对电子的基团.如三苯甲基、二苯基苦氨酸联氨(DPPH).

(5) 双基或多基.在一个分子中含有两个或两个以上未成对电子的化合物,但它们的未成对电子相距较远,相互作用较弱.

(6) 三重态分子.化合物的分子轨道中含有两个未成对电子,但与双基不同的是,两个未成对电子相距很近,彼此之间有很强的相互作用,如氧分子,它们可以是基态或激发态.

通过电子自旋共振波谱,可以测量 g 因子、共振线宽、弛豫时间、超精细结构参数等物理量,因此它是探索物质微观结构和运动状态的重要手段.

一、实验目的

1. 熟悉电子顺磁共振的原理和仪器的使用;
2. 观察电子顺磁共振现象;
3. 测量 DPPH 样品的 g 因子及其共振线宽.

二、实验原理

1. 原子的磁矩

原子中的电子既有轨道运动,又有自旋运动. 按经典理论,电子的自旋磁矩 $\boldsymbol{\mu}_S$ 与电子自旋角动量 $\boldsymbol{P}_S$ 之间有如下关系:

$$\boldsymbol{\mu}_S = -\frac{e}{m_e}\boldsymbol{P}_S \tag{7.32.1}$$

其中 $\boldsymbol{P}_S$ 的数值为:$P_S = \sqrt{S(S+1)}\hbar$.

对于电子的轨道运动,相应的轨道磁矩为

$$\boldsymbol{\mu}_L = -\frac{e}{2m_e}\boldsymbol{P}_L \tag{7.32.2}$$

其中 $\boldsymbol{P}_L$ 的数值为:$P_L = \sqrt{L(L+1)}\hbar$.

含有未偶电子的离子或分子,电子的轨道角动量和自旋角动量耦合成总角动量,它们的矢量和就是系统的总磁矩:

$$\boldsymbol{\mu}_J = -g_J\frac{e}{2m_e}\boldsymbol{P}_J \tag{7.32.3}$$

其中 $\boldsymbol{P}_J$ 的数值为:$P_J = \sqrt{J(J+1)}\hbar$.

对含有两个或两个以上电子的系统,其总磁矩与总角动量的数值具有相同的形式. g_J 因子的数值视不同电子间的自旋和轨道运动是按 LS 方式还是 JJ 方式耦合来定.

在外磁场中,角动量和磁矩的空间取向都是量子化的. 设外磁场的方向沿 z 方向,角动量在 z 方向的投影为 $P_z = M_z\hbar$,磁矩在外磁场方向上的分量则为

$$\mu_z = -g\frac{e}{2m_e}M_z\hbar \tag{7.32.4}$$

2. 共振条件

在外磁场 $\boldsymbol{H}$ 中,原子磁矩与 $\boldsymbol{H}$ 相互作用产生能级分裂,能量差为

$$\Delta E = g\mu_B H,\quad \mu_B = \frac{\hbar e}{2m_e} \tag{7.32.5}$$

在与 $\boldsymbol{H}$ 垂直的平面上,再加一个频率为 ν 的微波磁场,当满足

$$h\nu = g\mu_B H \tag{7.32.6}$$

时,微波能量将被强烈吸收,电子在相邻能级之间发生磁偶极共振跃迁,有一部分低能级的电子将会跃迁到高能级中,这就是电子顺磁共振现象.

3. g 因子

对于自旋轨道耦合相互作用:

$$g = 1 + \frac{J(J+1) + S(S+1) - L(L+1)}{2J(J+1)} \tag{7.32.7}$$

g 因子又称为光谱分裂因子，它不仅反映了原子或离子晶体中电子自旋-轨道相互作用的强弱和耦合方式，也反映了塞曼能级分裂的宽度，显示了局部磁场的特征. 如果原子核也有磁矩，则电子自旋磁矩与核磁矩相互作用使 EPR 谱产生许多超精细线，从而反应了原子的超精细结构.

4. 弛豫时间和线宽

实际上样品是一个含有大量不成对的电子所组成的系统，它们在磁场中只分裂为两个塞曼能级. 在热平衡时，分布于各塞曼能级上的粒子数服从玻耳兹曼分布，即低能级上的粒子数总比高能级上的多一些. 因此，即使粒子数因感应辐射由高能级跃迁到低能级的概率和粒子因感应吸收由低能级跃迁到高能级的概率相等，由于低能级的粒子数比高能级的多，也是感应吸收占优势，从而为观测样品的磁共振吸收信号提供可能性. 随着高低能级上粒子差数的减少，以至趋于零，将看不到共振现象，即所谓饱和. 但实际上共振现象仍可继续发生，这是弛豫过程在起作用，弛豫过程使整个系统有恢复到玻耳兹曼分布的趋势. 两种作用的综合效应，使自旋系统达到动态平衡，电子自旋共振现象才能维持下去.

电子自旋共振也有两种弛豫过程：一是电子自旋与晶格交换能量，使得处于高能级的粒子把一部分能量传给晶格，从而返回低能级，这种作用称为自旋-晶格弛豫，弛豫时间为 T_1. 二是自旋粒子相互之间交换能量，使他们的进动相位趋于随机分布，这个效应使共振谱线展宽，弛豫时间 T_2 与谱线的半高宽 $\Delta\omega$ 有如下关系：

$$\Delta\omega \approx 2/T_2 \tag{7.32.8}$$

故测定线宽后便可估算 T_2 的大小.

三、实验仪器

系统的基本构成如图 7.32.1 所示，微波传输部件把 X 波段体效应二极管信号源的微波功率反馈给谐振腔内的样品，样品处于恒定磁场中，磁铁由 50 Hz 交流电对磁场提供扫描，当满足共振条件时输出共振信号，信号由示波器直接检测.

实验装置主要分为三大部分：微波系统、电子顺磁共振谱仪、电磁铁.

1. 微波系统

微波的传导沿着图 7.32.2 中所标数字的顺序进行，微波源的供电电压为 12 V，其发射频率为 9.37 GHz；隔离器具有单向传输功能；而环形器使微波定向无衰减的传播，2—3—4 发射和 4—3—8 反射；扭波导用来改变波导中电磁波的偏振方向，主要是便于机械安装；谐振腔由矩形直波导构成，是微波系统的心脏，它的一端为耦合膜片，另一端为短路膜片即可变短路活塞；短路活塞是接在传输系统终端的单臂微波元件，它接在终端对入射微波功率几乎全部反射而不吸收，

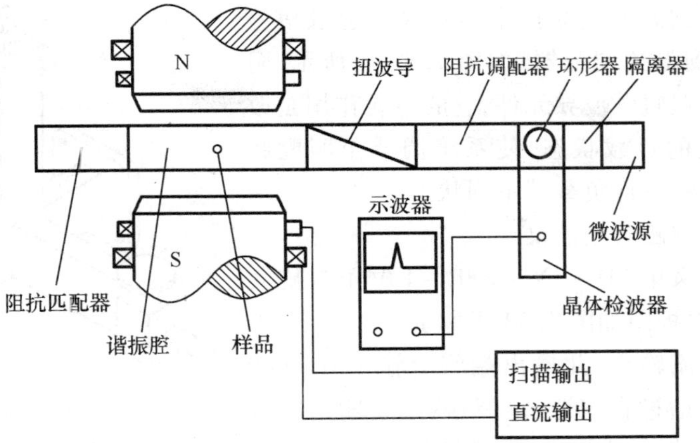

图 7.32.1　系统基本构成图

从而在传输系统中形成纯驻波状态. 其短路面的位置可通过螺旋来调节并可直接读数；晶体检波器用于检测微波信号，由前置的三个螺钉调配器、晶体管座和末端的短路活塞三部分组成. 其核心部分是跨接于矩形波导宽壁中心线上的点接触微波二极管（也叫晶体管检波器），其管轴沿 TE10 波的最大电场方向，它将拾取到的微波信号整流（检波）. 当微波信号是连续波时，整流后的输出为直流. 输出信号由与二极管相连的同轴线中心导体引出，接到相应的指示器，如直流电表、示波器.

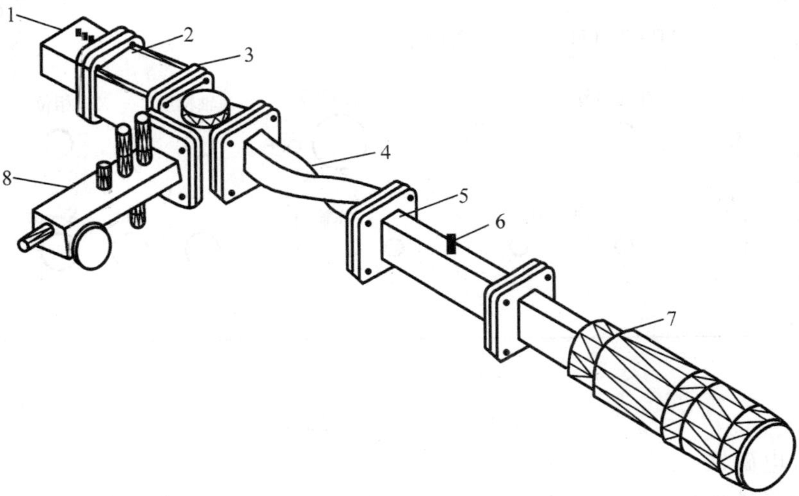

图 7.32.2　微波系统装配示意图

1—微波源；2—隔离器；3—环形器；4—扭波导；5—谐振腔；
6—样品；7—短路活塞；8—检波器

在观察微波顺磁共振中的吸收及色散信号时，需要用到阻抗调配器，如图 7.32.3 所示. 阻抗调配器是双轨臂波导元件，它的主要作用是改变微波系统的负载状态，使系统调节至匹配状态、容性负载、感性负载等不同状态.

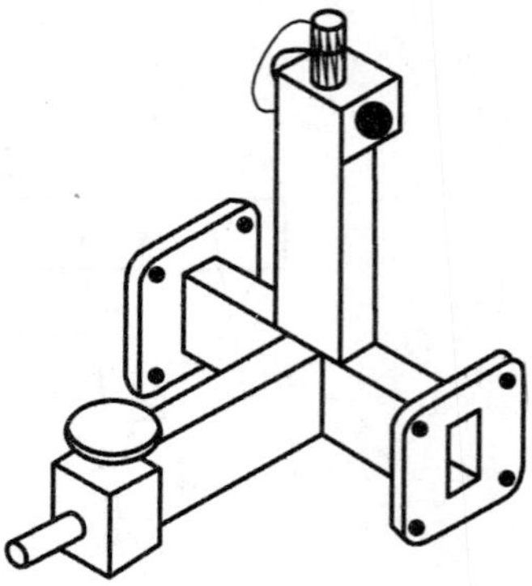

图 7.32.3　阻抗调配器

2. 电子顺磁共振谱仪

本实验采用 FD－TX－ESR－I 电子自旋共振谱仪，其面板图如图 7.32.4 所示.

（1）直流输出：此输出端将会输出 0－600 mA 的电流，通过直流调节电位器改变输出电流的大小，改变恒定磁场进行扫场调节.

（2）扫描输出：此输出端将会输出 0－1 000 mA 的交流电流，其大小由扫描调节电位器来改变.

（3）扫频开关：用来改变扫描信号的频率.

（4）in 与 out：这两个接头是一组放大器的输入和输出端，“in”端为放大器的输入端，“out”端为放大器的输出端.

（5）X－out：此输出端为一组正弦波的输出端，X 轴幅度为正弦波的幅度调节电位器，X 轴相位为正弦波的相位调节电位器.

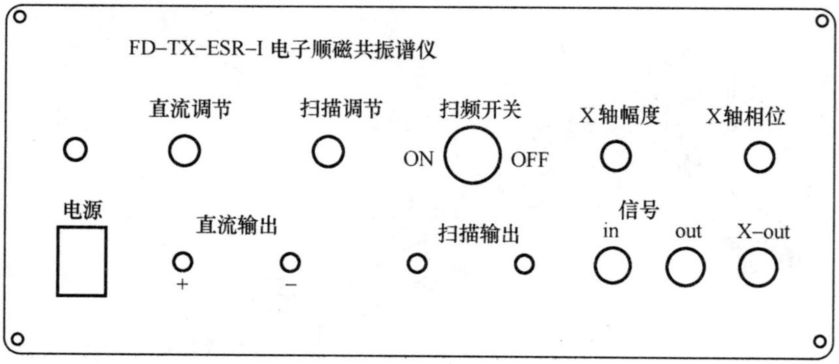

图 7.32.4　电子顺磁共振谱仪面板图

3. 电磁铁

电磁铁由恒磁线圈和调制线圈组成. 恒磁线圈用来产生劈裂电子能级的稳定磁场，大小通过特斯拉计来测量. 为了便于观测共振信号，采用了一个 50 Hz 的调制线圈，使磁场在一定范围内周期性变化，当磁场通过共振点时，就能在示波器上观察到共振波形.

四、实验内容与步骤

本实验的待测样品为 DPPH,化学名称为二苯基苦氨酸联氨,其分子结构如图 7.32.5 所示.它的第二个氮原子存在一个未成对电子,实验观测的就是这类电子的磁共振现象.

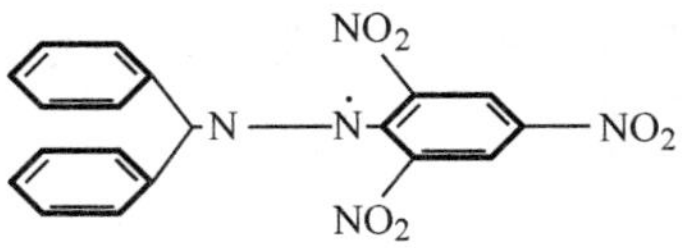

图 7.32.5　DPPH 结构图

1. 观测电子顺磁共振现象

为了观测共振信号,我们采用调场法,即在直流磁场 B_D 上叠加一个交变调场 $B_A\cos\omega t$.这样样品所处的外磁场为 $B=B_D+B_A\cos\omega t$,当磁场扫过共振点时,发生共振,通过示波器显示共振信号.实验步骤如下:

(1) 将 DPPH 样品插在直波导上的小孔中;

(2) 打开电源,将示波器的输入通道置于直流(DC)挡;

(3) 调节检波器中的旋钮,使直流(DC)信号输出最大;

(4) 调节短路活塞,再使直流(DC)信号输出最小;

(5) 将示波器的输入通道置于交流(AC)挡,幅度为 5 mV;

(6) 这时由示波器可观察到共振信号,但此时的信号不一定为最强,可以再小范围地调节短路活塞与检波器,也可以调节样品在磁场中的位置(样品在磁场中心处最佳),使信号达到一个最佳的状态;

(7) 信号调出以后,关机,将阻抗调配器接在环形器与扭波导中间,开机,通过调节阻抗调配器上的旋钮,就可以观察到吸收或色散波形.

2. 计算 g 因子

用特斯拉计可以测定磁感应强度 B,又已知微波频率 ν,根据

$$\begin{cases}\omega=\gamma B\\ \gamma=-g\dfrac{e}{2m_e}\end{cases}\tag{7.32.9}$$

可求出 g 因子:

$$g=-\frac{4\pi m_e\nu}{eB}\tag{7.32.10}$$

3. 测量共振线宽,确定弛豫时间 T_2

测量时将示波器置于"X－Y"挡,用"扫场"信号作为示波器扫描信号,得到满意的信号波形后,根据峰值的幅度,确定半高宽,根据计算公式得弛豫时间 T_2.

五、注意事项

1. 实验中样品用玻璃管封装,故在放置样品的时候,应防止玻璃管折断.

2. 实验过程中,应严格按照说明书中的步骤进行操作,实验中的每一步都要细心地完成.

3. 实验完毕后,应将仪器上所有电位器都旋到零位,以防止下次开机时的冲击电流损坏电位器.

实验 33 表面磁光克尔效应

1845 年法拉第发现当线偏振光透过处于磁场中的玻璃样品时,透射光的偏振面将发生旋转,这种现象称为法拉第磁光效应. 1877 年克尔发现从电磁铁磁极反射回来的线偏振光的偏振面也会发生旋转, 人们称此效应为磁光克尔效应. 1985 年 Moog 和 Bader 利用磁光克尔效应测量了铁磁超薄膜的磁滞回线,并且提出了以 SMOKE 作为表面磁光克尔效应 (surface magneto-optic Kerr effect) 的缩写. 由于此方法的磁性测量灵敏度可以达到一个原子层或亚单层,并且仪器可以配置于超高真空系统上工作,它已成为表面磁学的重要研究手段.

一、实验目的

1. 了解表面磁光克尔效应的原理;

2. 掌握检测克尔旋转角和克尔椭偏率的方法;

3. 掌握利用 SMOKE 系统测量磁性薄膜的磁滞回线的方法.

二、仪器设备

FD - SMOKE - A 型表面磁光克尔效应测量系统、HT - 218 型纳米微粒制备实验仪、纯铁丝、硅片、乙醇、超声清洗机、计算机等. 其中表面磁光克尔效应测量系统是由电磁铁系统、光路系统、主机控制系统、光学实验平台组成的.

三、实验原理

磁光克尔效应的原理如图 7. 33. 1 所示. 当一束线偏振光入射到样品表面上时,由于样品的各向异性将会导致反射光的偏振面发生偏转. 如果此时样品还处于铁磁状态,将会导致反射光的偏振面转过一个附加的角度 θ_k,这个角度称为克尔旋转角. 同时,由于样品对 p 光和 s 光的吸收率的不同会使反射光的椭偏率发生变化,而铁磁性会导致椭偏率有一个附加的变化,这个变化称为克尔椭偏率 ε_k. 由于克尔旋转角 θ_k 克尔椭偏率 ε_k 都是样品磁化强度的函数,因此通过测量

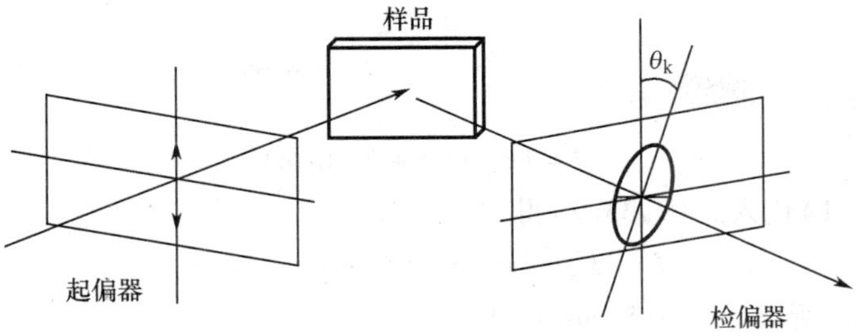

图 7.33.1　表面磁光克尔效应原理

θ_k 或 ε_k 随外磁化场的变化可以推测出样品内磁化强度的变化.

克尔旋转角和克尔椭偏率的测量是通过图 7.33.2 所示的光路实现的. 氦-氖激光器发出的激光束经起偏棱镜 1 极化后成为线偏振光,入射到磁化样品表面并被反射回来,经过检偏棱镜 2 后进入光电探测器. 检偏棱镜 2 的偏振方向与起偏棱镜 1 设置成偏离消光位置一个很小的角度 δ,这样可以根据探测器输出电压的变化判断克尔旋转角的偏转方向. 样品放置在磁场中,当外加磁场改变样品磁化强度时,反射光的偏振面发生旋转,通过检偏棱镜 2 的光强也将发生变化. 在一阶近似下入射到探测器的光强变化与克尔旋转角成正比,因此根据探测器探测到的光强变化可以推测出样品的磁化状态.

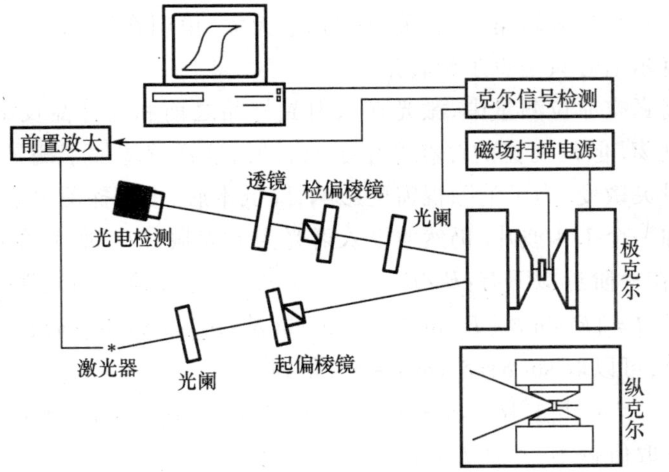

图 7.33.2　SMOKE 系统的光路图

下面从理论上推导克尔旋转角、克尔极化率与入射到光电探测器的光强之间的关系. 在图 7.33.2 的光路中,假设入射光为 p 偏振光,当光线从磁化了的样品表面反射时,由于克尔效应反射光中含有一个很小的垂直于 E_p 的电场分量,通常 $E_s << E_p$. 在一阶近似下有

$$\frac{E_s}{E_p}=\theta_k+i\varepsilon_k \tag{7.33.1}$$

所以通过棱镜 2 的光强为

$$I=|E_p\sin\delta+E_s\cos\delta|^2 \tag{7.33.2}$$

将式(7.33.1)代入式(7.33.2)得到

$$I=|E_p|^2|\sin\delta+(\theta_k+i\varepsilon_k)\cos\delta|^2 \tag{7.33.3}$$

由于 δ 很小,所以 $\sin\delta\approx\delta,\cos\delta\approx1$,得到

$$I=|E_p|^2|\delta+(\theta_k+i\varepsilon_k)|^2 \tag{7.33.4}$$

整理得到

$$I=|E_p|^2(\delta^2+2\delta\theta_k) \tag{7.33.5}$$

无外加磁场条件下

$$I_0=|E_p|^2\delta^2 \tag{7.33.6}$$

上式代入式(7.33.5)有

$$I_0=I_0(1+2\theta_k/\delta) \tag{7.33.7}$$

于是在饱和状态下的克尔旋转角 $\Delta\theta_k$ 为

$$\Delta\theta_k=\frac{\delta}{4}\frac{I(+M_s)-I(-M_s)}{I_0}=\frac{\delta}{4}\frac{\Delta I}{I_0} \tag{7.33.8}$$

$I(+M_s)$和 $I(-M_s)$分别是正负饱和状态下的光强. 从式(7.33.8)可以看出,光强的变化只与克尔旋转角 θ_k 有关,而与 ε_k 无关. 说明在图 7.33.2 这种光路中探测到的克尔信号只是克尔旋转角.

在超高真空原位测量中,激光在入射到样品之前和经样品反射之后都需要经过一个视窗. 但是视窗的存在产生了双折射,这样就增加了测量系统的本底,降低了测量灵敏度. 为了消除视窗的影响,降低本底,提高探测灵敏度,需要在检偏器之前加一个 1/4 波片. 仍然假设入射光为 p 偏振,1/4 波片的主轴平行于入射面,此时在一阶近似下有:$E_s/E_p=-\varepsilon_k+i\theta_k$. 通过棱镜 2 的光强为

$$I=|E_p\sin\delta+E_s\sin\delta|^2=|E_p\sin\delta-\varepsilon_k\cos\delta+i\theta_k\cos\delta|^2 \tag{7.33.9}$$

因为 δ 很小,可以取 $\sin\delta\approx\delta,\cos\delta\approx1$,得到

$$I=|E_p|^2|\delta-\varepsilon_k+i\theta_k|^2=|E_p|^2(\delta^2-2\delta\varepsilon_k+\varepsilon_k^2+\theta_k^2) \tag{7.33.10}$$

因为角度 δ 取值较小,并且 $I_0=|E_p|^2|\delta^2$,所以

$$I\approx|E_p|^2(\delta^2-2\delta\varepsilon_k)=I_0(1-2\varepsilon_k/\delta) \tag{7.33.11}$$

在饱和情况下 $\Delta\varepsilon_k$ 为

$$\Delta\varepsilon_k=\frac{\delta}{4}\frac{I(-M_s)-I(+M_s)}{I_0}=-\frac{\delta}{4}\frac{\Delta I}{I_0} \tag{7.33.12}$$

此时光强变化对克尔椭偏率敏感而对克尔旋转角不敏感. 因此,如果要想在大气中探测磁性薄膜的克尔椭偏率,则需要在图 7.33.2 的光路中的检偏棱镜前

插入一个 1/4 波片.

四、实验内容与步骤

纳米铁薄膜磁性研究

1. 样品制备

利用 HT－218 型纳米微粒制备实验仪在事先用乙醇超声清洗的硅片上沉积一定厚度的纳米铁薄膜作为待测样品.

2. 仪器准备

根据图 7.33.2 的原理图和 FD－SMOKE－A 型磁光克尔效应测量系统的使用说明书,将激光器、光电探测器、电磁铁与主机连接好,并将主机与计算机连接好.

3. 样品放置

将沉积有纳米铁薄膜的硅片用双面胶粘到样品架上,并把样品架安放在磁铁固定架中心的孔内.

4. 光路调整

在入射光光路中,依次放置激光器、可调光阑、起偏棱镜,调节起偏棱镜使其起偏方向与水平方向一致,这样能使入射光为 p 光. 在反射光路中,依次放置可调光阑、检偏棱镜、双凸透镜和光电检测装置. 条件检偏棱镜起偏方向,使反射光与入射光正交,然后转动螺旋测微头,使检偏棱镜偏离消光位置 1°～2°. 调节 SMOKE 光功率计控制主机上的光路增益调节电位器和 SMOKE 克尔信号控制主机上“光路电平”以及“光路幅度”电位器,使输出信号幅度在 1.25 V 左右.

5. 实验操作

将 SMOKE 励磁电源控制主机上的“手动－自动”转换开关指向手动挡,调节“电流调节”电位器,选择合适的最大扫描电流. 选择好合适的最大扫描电流后,将转换开关调至“自动”挡. 打开“表面磁光克尔效应实验软件”,设置扫描参数,进行磁滞回线的测量. 如果需要检测克尔椭偏率,在图 7.33.2 的基础上在检偏棱镜前放置 1/4 波片,并调节 1/4 波片的主轴平行于入射面,调整好光路后进行自动扫描或者手动测量,这样就可以检测克尔椭偏率随磁场变化的曲线.

五、思考题

1. 实验测得的磁滞回线的 x 轴和 y 轴分别代表什么物理量?

2. 如何通过该装置测量磁性薄膜的矫顽力?

3. 比较磁性薄膜的极克尔和纵克尔的测量结果差异,体会材料的磁各向异性特征.

实验 34　脉冲固体激光器的输出特性

激光是 20 世纪 60 年代出现的新型光源，由于其单色亮度比通常的光源高几个数量级，因此，从它诞生开始，就为许多领域（光学、原子分子物理、固体物理、光化学等）提供了重要的研究手段，并逐渐开辟了诸如激光物理、激光光谱、非线性光学、纤维光学、全息学等新的领域. 近些年来，在计量科学、通信、化学、生物、材料加工、军事、医学、农业等方面也得到日益深入和广泛的应用. 可以预料，激光及其应用将会得到越来越广泛深入的发展.

激光技术的飞速发展和广泛应用使得激光已成为与高等学校中越来越多的学科、专业有关的重要课题.

激光器的结构、工作原理，激光的形成条件及其基本性能和基本参量的检验与测定是非常必要的，本实验就是本着此目的而安排的.

一、实验目的

1. 了解脉冲固体激光器的基本结构和工作原理，并练习调整激光器谐振腔，使其输出激光；

2. 测定脉冲固体激光器的输出特性曲线，找出光泵能量阈值，计算出激光器的绝对效率和斜效率；

3. 测定激光器输出光束的发散角.

二、仪器设备

YAG 固体激光器、能量计、He－Ne 激光器、读数显微镜、直流电源等.

三、实验原理

1. 固体激光器的基本结构和工作原理

激光，其英文为 laser，全名为 light amplification by stimulated emission of radiation，译为辐射的受激发射光放大，这很好地概括了激光产生的机制. 激光器就是根据激光产生的机制而设计的，由工作物质、泵浦系统和光学谐振腔等部分组成，如图 7.34.1 所示.

（1）工作物质

要形成激光，首先必须利用激励能源使工作物质激活，即使工作物质内部的电子在某些能级之间实现粒子数的反转分布. 粒子数反转分布的条件是

$$\frac{g_1 N_2}{g_2 N_1} > 1 \tag{7.34.1}$$

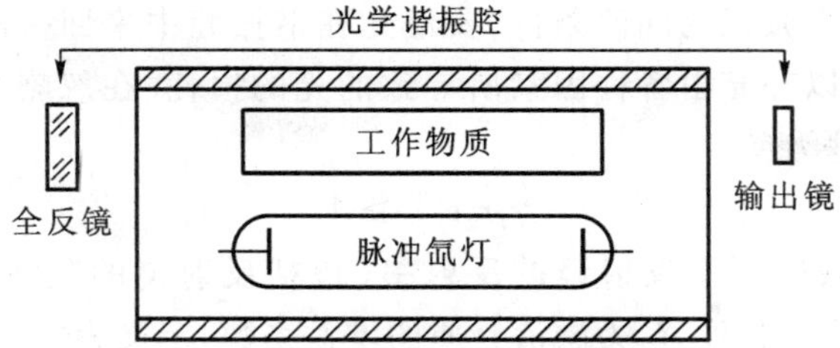

图 7.34.1　Nd:YAG 激光器简图

式中，N_1 为下能级的粒子数密度，N_2 为上能级的粒子数密度，g_1、g_2 为下能级 E_1 和上能级 E_2 的统计权重.

YAG 脉冲固体激光器采用掺钕钇铝石榴石(Nd^{3+} YAG)作为工作物质，它具有四能级系统，其简化能级图如图 7.34.2 所示.

(2) 泵浦系统

本实验中所用 YAG 激光器的光泵系统由聚光腔、脉冲氙灯和它的供电系统以及触发器组成. 直流电源给储能电容充电到数百伏，并加到氙灯的两极，这时氙灯不发光. 触发器接通，立即发出一个 1 万多伏的电脉冲使氙灯导通，这时储能电容通过氙灯放电，氙灯发出强烈的闪光. 此光激活工作物质，处于基态的粒子向高能级跃迁，比如跃迁到 $4F_{\frac{3}{2}}$ 能级上. 在此能级上的粒子寿命较长，故称为亚稳态. 由于光泵系统的不断泵浦，泵浦到一定程度时，激发到高能级上的粒子数比在它下面能级上的粒子数还多，实现了粒子数的反转. 当粒子跳回低能级上时发光，比如在实现 $4F_{\frac{3}{2}} \to 4I_{\frac{9}{2}}$，$4F_{\frac{3}{2}} \to 4I_{\frac{11}{2}}$，$4F_{\frac{3}{2}} \to 4I_{\frac{13}{12}}$ 的能级间的跃迁时，产生中心波长约为 914 nm、1 060 nm 和 1 350 nm 的 3 条荧光谱线. 在通常的条件下，以 1 060 nm 的荧光谱线为主.

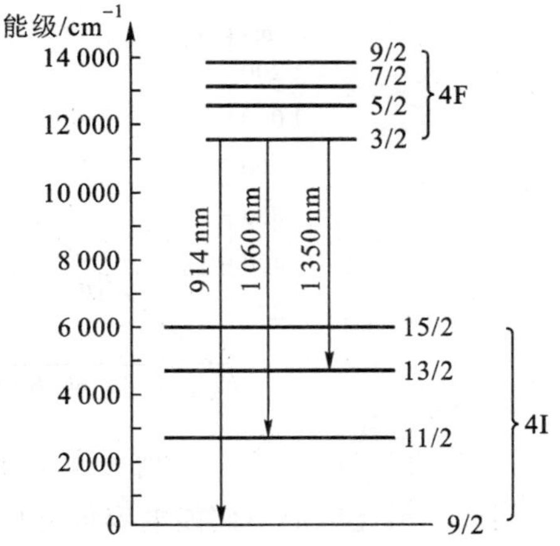

图 7.34.2　Nd:YAG 晶体的能级结构

为了提高氙灯光能的利用率，要把氙灯和工作物质一起装在聚光腔内. 聚光腔一般做成椭圆柱或圆柱形，也有双椭圆或球形的，内表面镀银或镀金，并精密抛光. 为了利于散热和减少有害的紫外线辐射，灯和工作物质通常装在玻璃套管内，套管内充以 0.3% 的重铬酸钾水溶液.

(3) 光学谐振腔

为了满足产生激光的阈值条件，要使光在谐振腔中来回一次在激活介质中所获得的增益足以补充由各种因素所导致的光的损耗. 在忽略介质内部损耗的情况下，阈值条件为

$$r_1 r_2 e^{2Gl} \geqslant 1 \tag{7.34.2}$$

式中，r_1、r_2 为谐振腔两端反射镜的反射率（包括反射镜的吸收、透射和衍射损失），l 为激活介质的长度，G 为激活介质的增益系数，定义为

$$G(\nu) = \frac{\mathrm{d}I_\nu(z)}{I_\nu(z)\,\mathrm{d}z} \tag{7.34.3}$$

即频率为 ν 的单色光在激活介质中传播单位距离所增加的光强的百分比.

谐振腔除了造成高的光子密度，满足激光的阈值条件外，还起到了选择作用，即只有光在垂直腔镜的多次反射下才能得以输出激光，所以激光的方向性好，且腔越长，方向性越好.

2. YAG 激光器输出特性

(1) 输出特性曲线是指激光器的输出能量与输入能量之间的关系曲线（详见图 7.34.3）

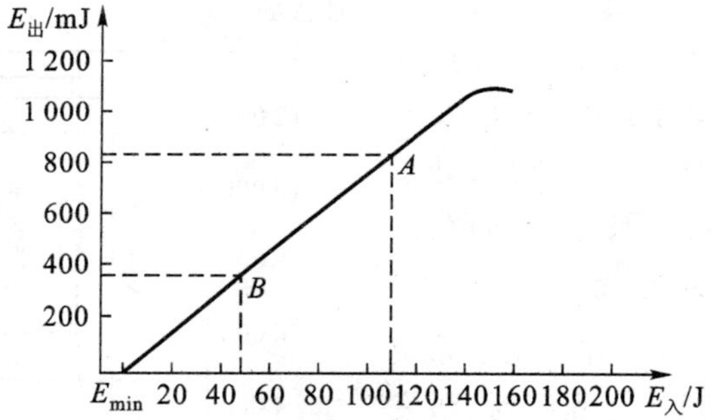

图 7.34.3　输出特性曲线

当改变激光电源中储能电容的充电电压或电容时，就得到了不同的输入能量，其大小由下式计算：

$$E_{入} = \frac{1}{2}C(U_{充}^2 - U_{剩}^2) \tag{7.34.4}$$

式中，C 为储能电容器的电容，单位为 F；$U_{充}$ 为充电电压，单位为 V；$U_{剩}$ 为电容器放电后的剩余电压值；输入能量 $E_{入}$ 的单位是 J.

激光器的输出能量 $E_{出}$ 由能量计读出. 由图 7.34.3 可知，对于每一台激光器，都存在着一个最小能量值 E_{min}，当输入激光器的能量等于或小于 E_{min} 时，激光器停止振荡，E_{min} 叫做激光器的光泵能量阈值. 这是指已调好的激光器能够正常输出激光所需要的最小输入能量值.

对于输出特性曲线上的每一个点，都有一个输出能量 $E_{出}$ 与输入能量 $E_{入}$ 的

比值，用 $\eta_{绝}$ 来表示，叫做激光器的绝对效率，即

$$\eta_{绝}=\frac{E_{出}}{E_{入}}\times 100\% \tag{7.34.5}$$

对于不同的点，$\eta_{绝}$ 的值是不同的.

在输出特性曲线上，有一直线区间，它表示激光器在这一区间工作时，其输出能量与输入能量的变化成比例，通常引入斜效率 $\eta_{斜}$ 来描写这一特性. 即

$$\eta_{斜}=\frac{E_{出A}-E_{出B}}{E_{入A}-E_{入B}} \tag{7.34.6}$$

A、B 为直线部分上的任意两点. $\eta_{绝}$、$\eta_{斜}-E_{\lambda}$ 曲线如图 7.34.4 所示.

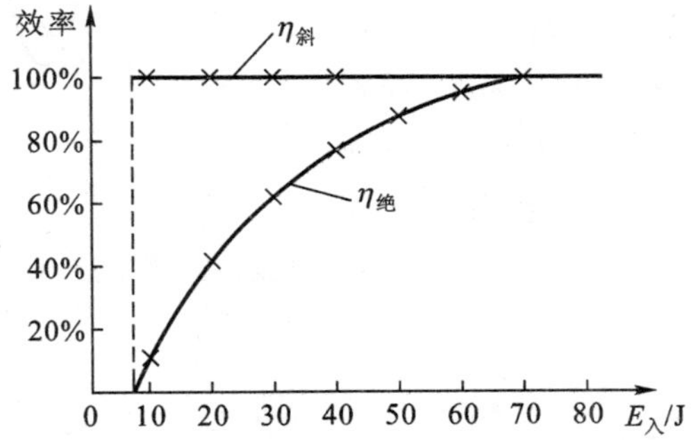

图 7.34.4　η、$\eta_{斜}-E_{\lambda}$ 曲线

测定一台激光器的 E_{min}、η 和 $\eta_{斜}$，对于了解该激光器的性能，掌握它的最佳工作参量，改进激光器的设计，都是有意义的.

(2) 发散角

激光束虽有极好的方向性，但也不是绝对严格的平行，即使是理想的平行平面谐振腔，由于输出的是有限宽度的平面波，也因衍射效应而使光束具有一定的发散性. 因而在光束的传播过程中，光束的横截面将越来越大，其发散度可用图 7.34.5 所示的平面发散角 θ'（或立体发散角 Ω）描述. 激光束发散角的大小是判断光束方向性优劣的一个重要参量.

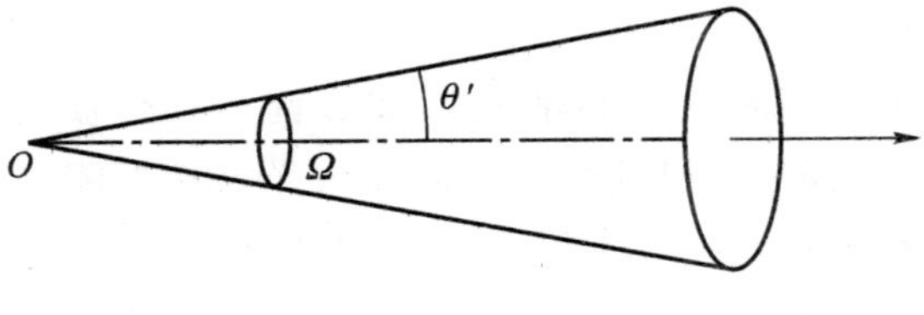

图 7.34.5　发散角

按照几何光学原理，严格的平行光束在消像差透镜 L 的像平面上将形成一

无穷小的像点；然而具有发散角θ'的光束在透镜像平面上则形成一圆形光斑，如图 7.34.6 所示，相应光斑的直径 D 由下式确定：

$$D = f' \cdot 2\theta' \tag{7.34.7}$$

式中 f'为透镜的焦距. 显然，若将照相机物镜先调焦于无穷远，再对欲测定其发散角的激光束拍摄一照片，测出底片上摄得的激光圆斑的直径，即可由式(7.34.7)计算其发散角.

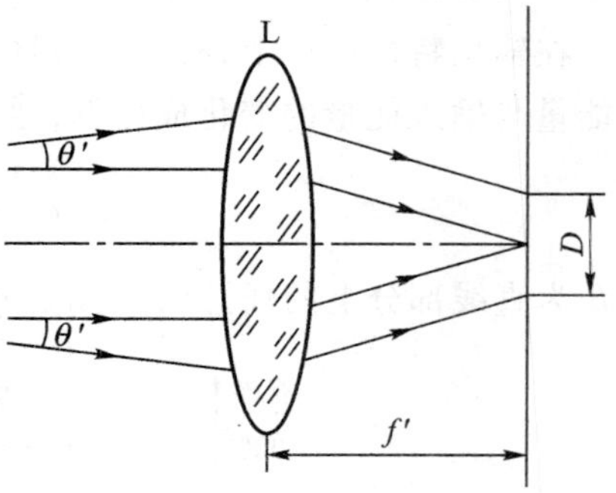

图 7.34.6　圆形光斑

固体激光器的发散角为“毫弧度”数量级. 因为固体激光器的能量较强，上述测发散角方法中的拍摄照片的底板可以改用黑色相纸. 即在激光器前面适当位置放一长焦距透镜($f' > 100$ mm)，而在它的焦平面上放置一张黑色相纸，发射一个激光脉冲，在相纸上就出现一个聚焦后的烧蚀斑点，测出其直径 D，就可算出发射角. 测量发散角装置如图 7.34.7 所示.

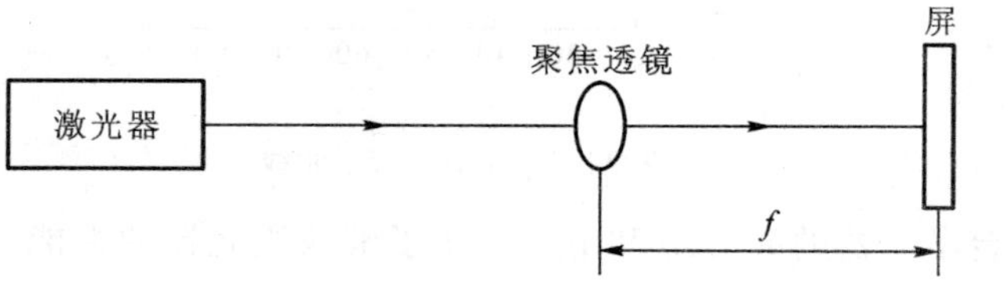

图 7.34.7　测量发散角装置

四、实验内容与步骤

1. 调整激光器的谐振腔

全反镜、输出镜及工作物质棒的两个端面（一共四个平面）要严格保持平行，从而使谐振腔有最佳的品质. 激光器的输出跟谐振腔调整的精度有关，如调整不好，输出显著减少，甚至不输出激光. 因此，这步工作必须仔细做好，才能输出好的激光束.

本实验采用 He - Ne 激光器辅助调节法调整固体激光器. 调节前，须将 He - Ne激光管水平放置，并使其轴线与固体激光器谐振腔的光轴大体一致，两者距离约 1.5 m. 在 He - Ne 管前放一白色小孔屏，让激光束通过小孔射出，作为基准光线. 调整固体激光器的基座，使 He - Ne 激光能穿透两块镜片和工作物质棒，见图 7.34.8.

第一步：将全反镜连同框架一起卸掉或使其明显偏离标准位置，并用纸挡住

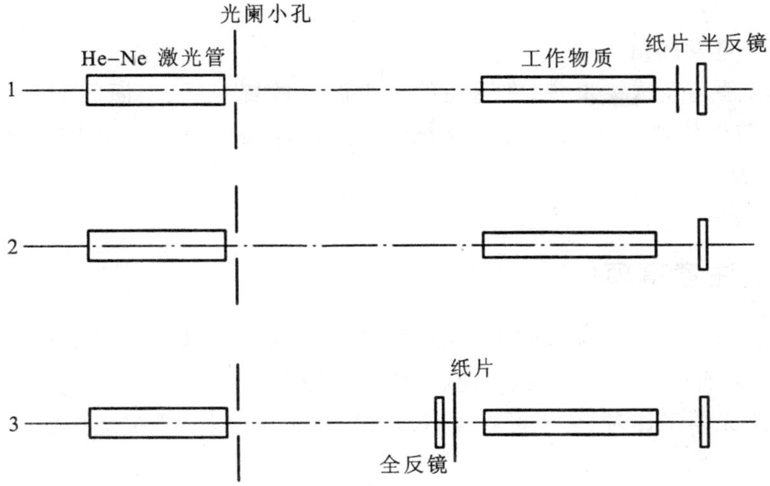

图 7.34.8　用氦氖管调激光器

半反镜. 调节基座,使棒的两个端面反射回来的光斑恰好进入白色小孔屏的小孔,这时棒的端面已经与激光束垂直(因棒的两端面是平行的,所以通常只看到一个反射斑).

第二步:取掉挡住半反镜的纸片,调节半反镜框架上的螺丝,使它反射回来的光斑也进入小孔.

第三步:轻轻装上全反镜,用纸片挡住工作物质,再调节全反镜框架上的螺丝,使它反射回来的光也进入小孔.

这时,激光器已进入工作状态. 将氙灯的电极与激光电源背后的输出接线柱相连,并接通触发高压. 在激光器的输出端放入一张黑色相纸,开启电源,按下"充电"按钮,点亮氙灯,此时在黑色相纸上如能打出一个烧蚀斑,即表示已有激光输出. 如打不出烧蚀斑,则可能是激光太弱,可适当加大输入能量(不能过高)再试. 若仍打不出烧蚀斑,就需要重新检查激光器是否调好. 如果调整比较好,应该打出与棒的直径相仿的均匀的烧蚀斑. 当然,对烧蚀斑的分析是复杂的,它不仅取决于谐振腔调节的精度,还取决于工作物质的光学均匀性及发光离子的分布情况等. 并不是所有激光器总能调成一个圆形的烧蚀斑,因此在实验中,烧蚀斑只要近似圆形就算基本上可以工作了. 而且,在打烧蚀斑过程中,也可以再微调输出镜,使其输出达到最大.

2. 测量输入、输出能量

激光器处于工作状态后,就可以用能量计来测量输出激光能量了. 充电电压可以从 900 V 或 950 V 开始,逐次下降,每隔 50 V 测一个点,直到没有激光输出为止. 分别计算输入能量 $E_{入}$、输出能量 $E_{出}$,以 $E_{入}$ 为横坐标、$E_{出}$ 为纵坐标画出 $E_{出}-E_{入}$ 曲线,从而计算出绝对效率 $\eta_{绝}$ 和斜效率 $\eta_{斜}$,并画出 $\eta_{绝}-E_{入}$ 及

$\eta_{斜}-E_{入}$ 曲线.

3. 测量发散角

输出激光经透镜聚焦,在透镜的焦平面上放置一屏,上面固定一张黑色相纸.在调节好位置后,打出3个聚焦烧蚀斑点,用读数显微镜测出斑点直径 D,用公式 $\theta=\dfrac{D}{2f}$算出发散角.

五、注意事项

1. 电源工作时绝对不能用手触摸储能电容器或氙灯两极,关闭电源后,因电容器中尚有残余电压,手也不能触摸,以防触电!

2. 激光器工作时,切不可将眼睛对着输出镜,否则会严重烧伤眼睛,造成不可挽救的后果.

3. 完成 He - Ne 光辅助调节任务后,即应关闭,然后再试固体激光器的激光输出.

实验 35　多普勒效应

当波源和接收器之间有相对运动时,接收器接收到的波的频率与波源的频率不同的现象称为多普勒效应.多普勒效应在科学研究、工程技术、交通管理、医疗诊断、军事等领域都有十分广泛的应用.例如:原子、分子和离子由于热运动使其发射和吸收的光谱线变宽,称为多普勒增宽;在天体物理和受控热核聚变实验装置中,光谱线的多普勒增宽已成为一种分析恒量大气及等离子体物理状态的重要测量和诊断手段.基于多普勒效应原理的雷达系统已广泛应用于导弹、弹丸、卫星、车辆等运动目标速度的监测.在医学上利用超声波的多普勒效应来检查人体内脏的活动情况,血液的流速等.电磁波(光波)与声波(超声波)的多普勒效应原理是一致的.例如,双频激光干涉测长是光波的多普勒效应应用的典型实例,经细分测长精度达到 1 nm 甚至更高,多普勒效应这一物理现象有着广泛的应用前景.本实验波源采用超声波.

一、实验目的

1. 验证超声波多普勒效应,并由测量数据计算声速;
2. 研究匀变速直线运动,验证牛顿第二定律;
3. 研究自由落体运动,求自由落体加速度;
4. 研究无阻尼简谐运动及阻尼简谐运动;
5. 多普勒效应可以研究任何运动物体的运动特性,本实验有助于全面理解多普勒效应这一物理现象的本质，扩展其应用领域.

二、仪器设备

多普勒效应综合实验仪、超声发射/接收器、运动小车、导轨、支架、光电门、电磁铁、弹簧、砝码.

三、实验原理

根据声波的多普勒效应公式，当声源与接收器之间有相对运动时，接收器接收到的频率 f 为

$$f = \frac{f_0(u + v_1\cos\alpha_1)}{u - v_2\cos\alpha_2} \tag{7.35.1}$$

式中，f_0 为声源发射频率，u 为声速，v_1 为接收器运动速率，α_1 为声源与接收器连线与接收器运动方向之间的夹角，v_2 为声源运动速率，α_2 为声源与接收器连线与声源运动方向之间的夹角.

本实验中声源保持不动，运动物体上的接收器沿声源与接收器连线方向以速度 v 运动，则从式(7.35.1)可得接收器接收到的频率为

$$f = f_0(1 + v/u) \tag{7.35.2}$$

实验中 $\alpha_1 = \alpha_2 = 0$，$v_2 = 0$，v_1 为 v，当接收器向着声源运动时，v 取正，反之取负.

由式(7.35.2)，若 f_0 保持不变，测量出接收器以不同速度 v 运动时接收到的频率，作 $f-v$ 关系图可直观验证多普勒效应，且由实验点作直线，其斜率应为 $k = f_0/u$，由此可计算出声速 $u = f_0/k$.

由式(7.35.2)可解出

$$v = u(f/f_0 - 1) \tag{7.35.3}$$

由式(7.35.3)，已知声速 u 及声源频率 f_0，测量出接收器接收到的频率 f，即可得出接收器运动速度.

四、实验内容与步骤

1. 验证多普勒效应

验证多普勒效应时，在多普勒效应实验仪上，根据仪器菜单及提示，由▲▼◀▶键选择菜单，设置测量次数，按确认后仪器开始执行，使运动小车以不同速度通过光电门. 仪器自动记录小车运动速度与接收频率，仪器完成测量次数后，根据测量数据自动作 $f-v$ 图形，并显示与存储测量数据. 实验者记录测量数据，用线性回归法计算 $f-v$ 关系图的斜率 k，由 k 计算声速 u，并与标准值($u_0 = 331.45\ \mathrm{m \cdot s^{-1}}$)比较，$f-v$ 关系图同时验证了多普勒效应的存在，即小车运动速度与接收频率之间的关系. 小车运动速度愈大，Δf 愈大.

2. 研究匀变速直线运动,验证牛顿第二定律 $F = ma$

导轨水平放置,重力砝码通过细线及滑轮牵引小车,$v-t$ 直线的斜率即为加速度 a,系统质量用天平称量,系统所受合外力为砝码重力与摩擦力之差. 根据测量数据,用线性回归法计算 $v-t$ 直线的斜率.

3. 研究自由落体运动,求自由落体加速度

导轨垂直放置,让接收器自由下落,$v-t$ 直线的斜率即为重力加速度 g.

4. 研究无阻尼简谐振动

导轨垂直放置,接收器一端被弹簧拉住,由 $v-t$ 关系图可研究简谐运动的运动学特征及决定简谐运动的基本参量如 ω、A、m、k 等,其中 ω 为小车的振动角频率,A 为小车的振动位移幅度,m 为小车的质量,k 为弹簧的劲度系数.

简谐运动的速度 v 可以通过位移 x 和时间 t 的关系式

$$x = A\cos(\omega t + \varphi) \quad (\text{其中 } \omega = \frac{2\pi}{T}) \tag{7.35.4}$$

对时间求导数得

$$v = \frac{dx}{dt} = -\omega A\sin(\omega t + \varphi) \tag{7.35.5}$$

上式也可写成

$$v = v_m\cos(\omega t + \varphi + \frac{\pi}{2})$$

式中 $v_m = A\omega$ 是速度的最大值,称为速度振幅,可以看出速度的相位比位移的相位超前$\frac{\pi}{2}$.

将速度对时间求导数,即得作简谐运动的质点(小车)的加速度为

$$a = \frac{dv}{dt} = -\omega^2 A\cos(\omega t + \varphi) \tag{7.35.6}$$

或
$$a = \omega^2 A\cos(\omega t + \varphi \pm \pi) = a_m\cos(\omega t + \varphi \pm \pi)$$

可见加速度的相位比位移的相位超前(或落后)π,也就是说加速度与位移反相. 加速度的振幅 $a_m = \omega^2 A$.

根据胡克定律,物体所受的弹性力 F 与弹簧的伸长即小车对平衡位置的位移 x 的关系为

$$F = -kx \tag{7.35.7}$$

根据牛顿第二定律,小车瞬时加速度为

$$a = \frac{F}{m} = -\frac{k}{m}x \tag{7.35.8}$$

或
$$a = -\omega^2 x \quad \left(\omega^2 = \frac{k}{m}\right) \tag{7.35.9}$$

实验中,根据 $v-t$ 关系曲线图及式(7.35.5)、(7.35.6)、(7.35.7)、(7.35.8)、(7.35.9)得到简谐运动的基本参量 ω、A、m、k.

5. 研究阻尼简谐运动

将导轨水平放置,用两根弹簧拉着小车,用手拉动小车使之有一初始位移,放手后小车即作阻尼简谐运动,得到 $v-t$ 关系曲线图. 实验原理图如图 7.35.1 所示.

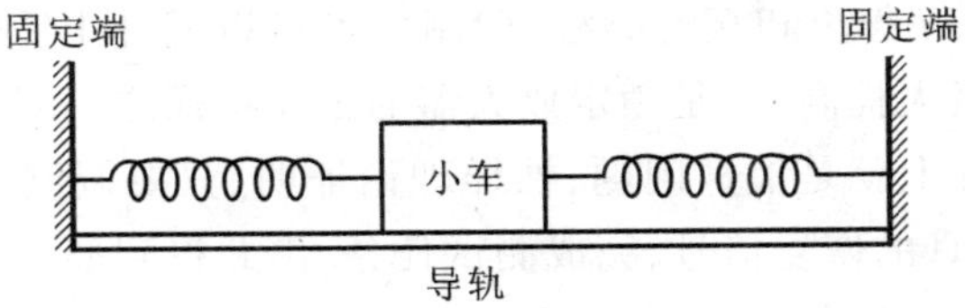

图 7.35.1　阻尼简谐运动实验原理示意图

五、数据记录与处理

数据表格自己设计,必须按照常用数据处理方法,采用列表法和图示图解法及直线拟合法.

六、注意事项

1. 采样数在 8 ~ 150 个之间.
2. 采样间隔为 35 ~ 100 ms.
3. 超声换能器谐振频率为 39 000 ~ 41 000 Hz.
4. 测量精度:自由落体加速度优于 5%,测量声速优于 5%.

七、思考题

1. 本实验系统中,引起误差的原因有哪些?
2. 你能设计一种其他的运动特性加以研究吗?

实验 36　锁定放大器测量微弱信号

锁定放大器是测量微弱信号最有效的途径之一. 在物理学、化学、天文学、地学、生物医学、工业生产等领域中得到广泛应用. 随着科学技术和生产的进一步发展,对微小变化物理量测量的精度要求越来越高,如:微弱电压电流、微弱磁场、微小温度变化、微小电感电容、微小位移、微小振动、微弱光等方面. 微弱信号的测量,成为深化认识自然、开拓新材料、创造新器件的最根本的基础. 因此测量微弱信号研究的更加深入,锁定放大器的合理使用是研究工作的重要环节,正确应用锁定放大器,可得到理想的结果.

锁定放大器相当于 Q 值很高的带通放大器,它的特点是克服了一般带通放大器对 Q 值的限制. 因此在使用锁定放大器进行微弱信号检测时,常采用调制技术(即信号在频率坐标上采用平移技术). 人们研究的绝大部分微弱信号可能是随时间缓慢变化或接近直流,从频域来讲是分布在 0 频附近区域内的信号,对于这样的信号若采用直流放大,再检测,灵敏度很低,原因是直流放大器进行微弱信号检测存在 $1/f$ 噪声和直流漂移. 调制技术可以避开 $1/f$ 噪声和直流漂移,检测灵敏度得到极大提高,这是锁定放大器的工作特征之一.

调制问题实际上就是抽样问题,抽样理论证明,只要调制形式、调制频率选取得当,可以不失真的恢复信号,完成测试任务. 由此得到如下重要结论:

(1) 对信号进行调制,信号频谱在频率轴上平移;

(2) 调制频率大于信号最高频率的 2 倍(并考虑选择在噪声较小的频段范围内,避开 $1/f$ 噪声和其他的频率干扰,如工频及其高次谐波);

(3) 波形采用方波或正弦波;

(4) 在调制频率基频处检测信号;

(5) 恢复信号滤波器的带宽要求信号的最高频率能通过,在锁定放大器中,要正确选择时间常量.

一、实验目的

1. 了解锁定放大器的原理及典型框图;
2. 根据典型框图,连接成锁定放大器;
3. 熟悉锁定放大器的使用方法;
4. 了解双相锁定放大器的原理及典型框图;
5. 根据典型框图,连接成双相锁定放大器,并测试双相锁定放大器的功能.

二、仪器设备

双踪通用示波器,微弱信号检测技术实验综合装置,相关器插件盒,宽带相移器插件盒,选频放大器插件盒,前置放大器插件盒,多功能信号插件盒,相位器插件盒,交流、直流、噪声电压表插件盒,频率器插件盒,实验盒电源及机箱,ND-601 型精密衰减器等.

三、实验原理

1. 锁定放大器

微弱信号往往深深淹没在噪声背景中,微弱信号检测技术最根本的目的是改善信噪比. 当信号频率和相位已知时,可以证明:采用相干检测技术能使信噪比改善最大,并是恢复信号幅度的最佳技术.

锁定放大器是以相干检测技术为基础,其核心部件是相关器,基本原理框图如图 7.36.1 所示. 框图分成三部分:信号通道(相关器前的那一部分)、参考通道、相关器(包括直流放大器).

(1) 信号通道

信号通道包括低噪声前置放大器、各种功能的有源滤波器、主放大器等,作用是把微弱信号放大到足以推动相关器工作的电压,并兼有抑制部分噪声的能力. 低噪声、高增益前置放大器是锁定放大器的第一级.

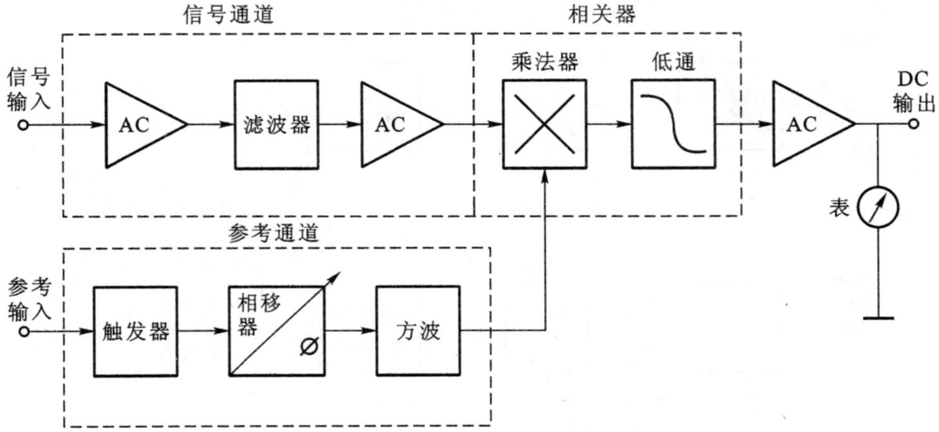

图 7.36.1　锁定放大器基本原理图

(2) 参考通道

相关器除了接收被测信号外,需要有另一个信号(参考信号)送到乘法器中,是锁定放大器不可缺少的一个组成部分. 输出信号是和被测信号同步的对称方波用以驱动相关器的电子开关.

(3) 相关器

相关器是锁定放大器的核心部分,要求相关器具有动态范围大、漂移小、时间常量可调、线性良好等性能.

锁定放大器特点:锁定放大器相当于以 f_R 为中心频率的带通放大器;锁定放大器的等效噪声带宽 Δf_N 由相关器中的低通滤波器的时间常量决定;当方波基频 $f_S = f_R$ 时,锁定放大器的输入信号 $U_S\sin(\omega_S t+\varphi)$ 和输出电压的关系为 $U_0 = U_S K\cos\varphi$,式中 K 为锁定放大器的总放大倍数,φ 为信号与参考信号之间的相位差.

2. 双相锁定放大器

正弦信号的信息包含在振幅和相位中. $U_I = U_S K\cos\varphi$ 包含了被测正弦信号的全部信息,但不能同时对振幅和相位进行动态测量. 而对于双相锁定放大器,它有两个完全相同的信号通道和相关器，分别由两个相互正交的参考对称方波激励，两个相关器的输出分别用 U_I、U_Q 来表示.

$$U_I = KU_S\cos\varphi \tag{7.36.1}$$

$$U_Q = KU_S\sin\varphi \tag{7.36.2}$$

其原理框图如图 7.36.2 所示，这种放大器能同时指示被测信号的直角坐标表示的同相分量和正交分量或极坐标的幅值和相位，能直观动态地测量幅值和相位，改变 φ 并不引起辐出幅值 A 的变化，A 不是相关的. 因此双相锁定放大器具有多种功能.

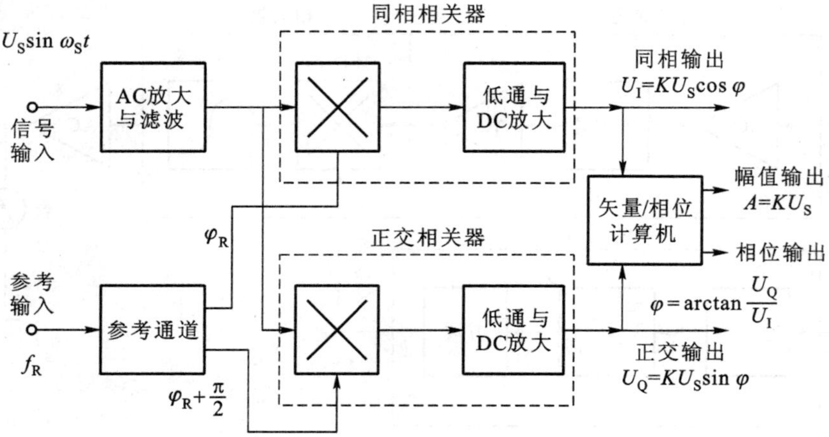

图 7.36.2 双锁定放大器基本原理图

四、实验内容与步骤

1. 锁定放大器实验

(1) 连接方法

连接方法如图 7.36.3 所示. 图中低噪声前置放大器、选频放大器、相关器、宽带相移器四个插件盒构成一个完整的锁定放大器，位于图中虚线所框部分. 其他的插件盒、示波器、衰减器为测试部分，按图 7.36.3 框图连接.

(2) 操作步骤

接通电源，预热 2 分钟，调节多功能信号源，输出正弦波，频率为 1 kHz 左右，电压为 100 mV，调节 ND－601 型精密衰减器，衰减 1 000 倍，输出为 100 μV，输给前置放大器. 前置放大器"增益"开关置 100，"接地/浮地"开关置"浮地"，"测量/短路"开关置"测量"，选频放大器的"增益"开关置 ×10，Q 值置"3"，选频频率置"1 kHz"，相关器"交流放大倍数"置 ×10，"直流放大倍数"置 ×10，"时间常量"置 1 s.

首先用示波器由相关器"加法器输出"观察信号通道放大的波形，调节选频放大器的选频频率，细调 ×0.1 和 ×0.01 挡的波段开关和电位器，使输出信号电压最大，然后改 Q 为"30"，重复调节选频频率，使输出信号电压最大，表明选频放大的谐振频率为信号频率. 然后，改示波器观察"PSD(phase sensitive demodulator，相位灵敏调解器)输出"，调节宽带相移器的相移，使相关器直流输出为 0，再移相 90°，由于示波器观察到"PSD 输出"的波形为同相波形(与全波整流波形相似). 这时相关器输出直流电压最大，即为锁定放大器的电压，根据上述选择的各插件盒的放大倍数，输出电压应为 10 V，但由于放大器倍数不十分准确，输出电压不一定正好为 10 V.

为了进一步了解锁定放大器检测微弱信号的能力，熟悉锁定放大器的性能和使用方法，用上述实验组成的锁定放大器和上述方法，测量更小的信号. 如由精密衰减器给出 10 μV、1 μV 等微弱信号进行测量，或改变频率进行测量. 测量时，注意观察，输出信噪比及时间常量与灵敏度之间的关系，接地对测量微弱信号的影响，并讨论这些影响.

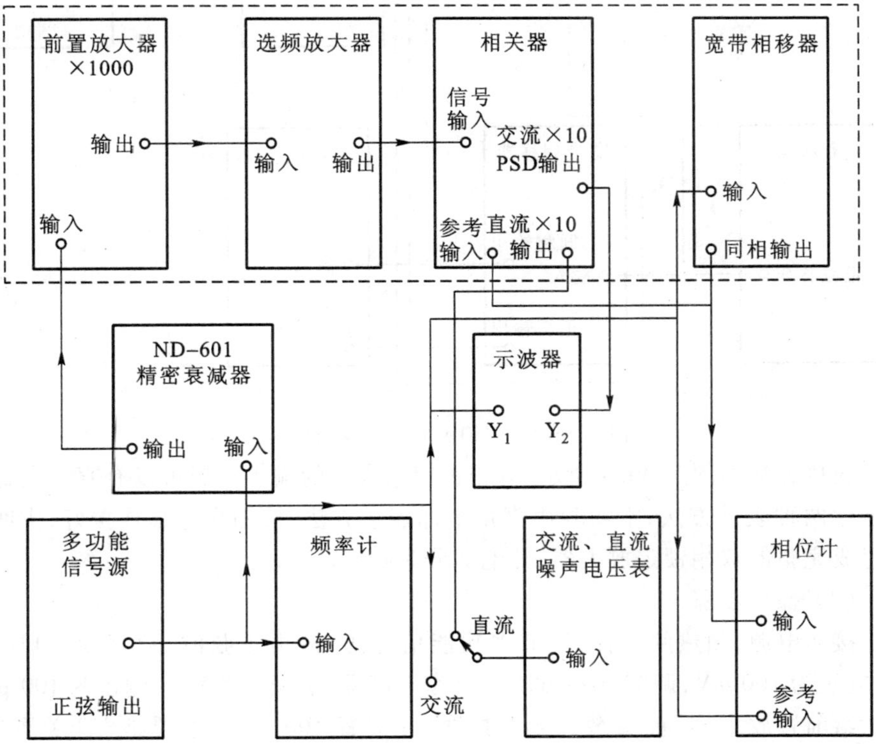

图 7.36.3　锁定放大器及测试框图

2. 双相锁定放大器

(1) 连接方法

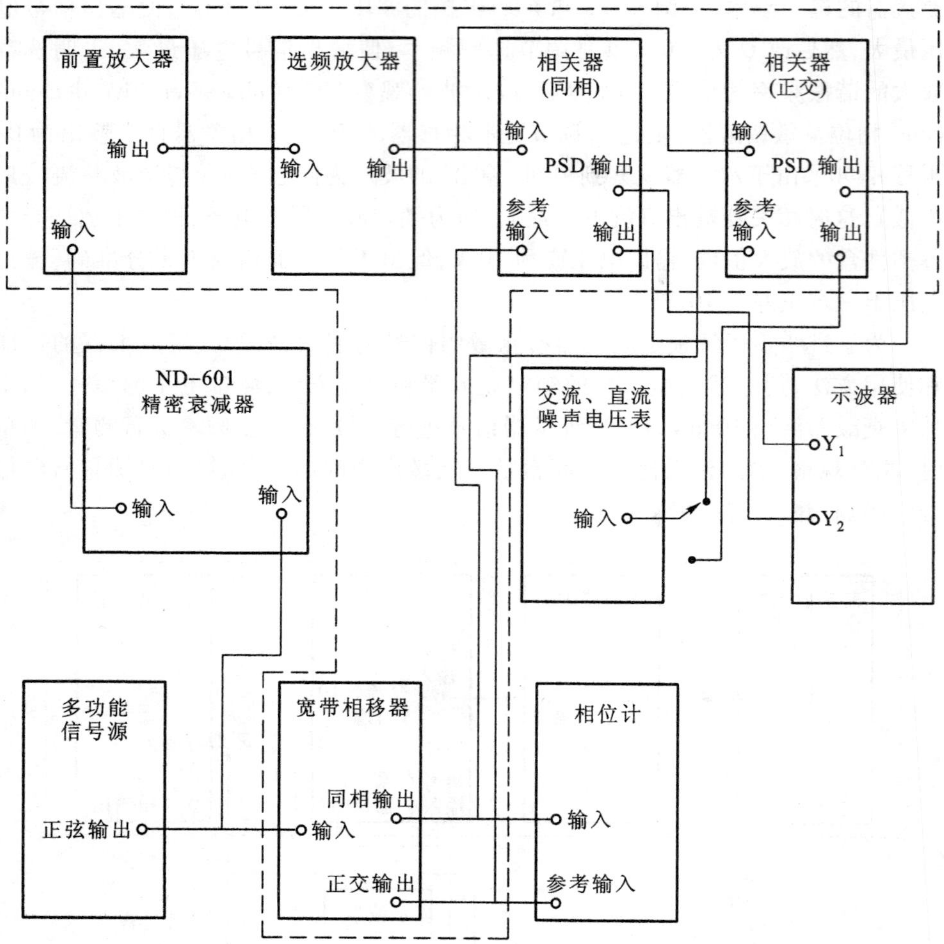

图 7.36.4　双锁定放大器及测试框图

连接方法如图 7.36.4 所示.双相锁定放大器的输出电压可以有直角坐标和极坐标两种表示方法,本实验用直角坐标表示方法,按图用电缆连接好,虚线框内组成完整的双相锁定放大器,其他部分为测试部分.

(2) 操作步骤

接通电源,预热两分钟,调节多功能信号源,输出正弦波,频率为 1 kHz 左右,电压为 100 mV,调节 ND-601 型精密衰减器,衰减 1 000 倍,输出为 100 μV,输送给前置放大器.前置放大器"增益"开关置 100,"接地/浮地"开关置"浮地","测量/短路"开关置"测量",选频放大器的"增益"开关置 ×10,Q 值置"3",选频频率置"1 kHz",相关器"交流放大倍数"置 ×10,"直流放大倍数"置 ×10,"时间常量"置 1 s.

首先用示波器从相关器(任一相关器均可)的"加法器输出"观察信号通道

放大的波形，为正弦波，调节选频放大器的选频频率，细调 ×0.1 和 ×0.01 挡的波段开关和电位器，使输出信号电压最大，然后改 Q 为“30”，重复调节选频频率，使输出信号电压最大，表明选频放大的谐振频率为信号频率. 然后，改示波器两探头分别测量同相相关器和正交相关器的“PSD 输出”. 用相位计测量宽带相移器的“同相”和“正交”之间的相位差为 90°(可能有误差). 调节宽带相移器的相移，使正交相关器直流输出为 0，则同相相关器输出电压为最大(10 V 左右). 改变宽带相移器的相移量 90°，则同相相关器直流输出为 0，使正交相关器输出电压为最大(10 V 左右). 若两相关器的放大倍数相同，则这两次输出的最大电压应相等，并能从示波器观察到信号与参考信号之间相位差为 0°和 90°的“PSD 输出”的波形. 两相关器的输出电压由式(7.36.1)、(7.36.2)决定.

为了进一步了解双锁定放大器的功能，作如下测量. 设同相输出为 U_I，正交输出为 U_Q，用相位计测量相关器输入电压相对于同相相关器的参考方波的相位为 φ，设正交输出为 0 时(同相输出为最大)的相位为 φ_0. 改变宽带相移器的相位.

五、数据记录与处理

锁定放大器

输入电压 $U_S/\mu V$	输出信噪比（接地）	灵敏度（接地）	信噪比（不接地）	灵敏度（不接地）
1				
5				
10				
15				
20				
25				
30				
35				
40				
45				
50				

测量时，注意观察输出信噪比及时间常量与灵敏度之间的关系，接地对测量微弱信号的影响，并讨论这些影响.

双相锁定放大器

测 量 值			计 算 值	
U_I	U_Q	$\varphi-\varphi_0$	$A=\sqrt{U_I^2+U_Q^2}$	$\varphi-\varphi_0=\arctan\dfrac{U_Q}{U_I}$

表中 U_I、U_Q、$\varphi-\varphi_0$ 为测量值,对于不同的 U_I、U_Q 计算的 A 应该相等,计算的相位和测量的相位相同. 如有误差,请讨论误差原因.

实验 37　法拉第－塞曼效应

1845 年,英国物理学家法拉第(Faraday)发现,当线偏振光在介质中传播时,若在平行于光的传播方向上加一磁场,则光的振动方向将发生偏转. 这一现象后来被称为法拉第效应. 继而,法拉第研究了磁场对谱线的影响,但由于当时没有足够强的磁场而未获成功. 1896 年,荷兰实验物理学家塞曼(Zeeman)在洛伦兹学说的影响下,采用了比法拉第实验中更强的磁场,结果发现钠双线 D_1 和 D_2 都有增宽的现象. 这一现象称为塞曼效应. 由于研究这个效应,塞曼和洛伦兹在 1902 年共同获得诺贝尔物理学奖. 它们有力地支持了光的电磁理论,同时塞曼效应还证明了电子自旋假设的正确性.

一、实验目的

1. 了解法拉第－塞曼效应的原理及应用;
2. 测量冕玻璃样品的费尔德常量;
3. 观察塞曼效应的光谱分裂现象,并通过测量干涉环的直径,求出汞 546.1 nm 的塞曼分裂波数差及电子的比荷.

二、仪器设备

法拉第－塞曼效应实验仪. 图 7.37.1 所示为仪器的外观图.

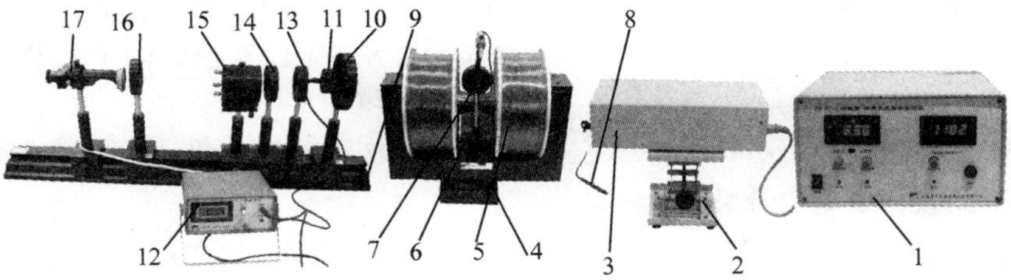

图 7.37.1　法拉第－塞曼效应实验仪外观图

1—控制主机；2—调节支架；3—氦－氖激光器；4—转台；5—电磁铁；6—样品测量台；7—笔型汞灯；8—磁场测量探头；9—导轨；10—刻度盘（内有偏振片）；11—光电转换盒；12—光度计；13—会聚透镜；14—546.1 nm 滤光片；15—法布里－珀罗标准具；6—成像透镜；17—读数目镜

三、实验原理

1. 法拉第效应实验原理

实验现象：带有布儒斯特窗的氦－氖激光器发出的线偏振光，纵向通过电磁铁中心的小孔，并穿过处于磁隙中的冕玻璃样品，进入配有光电转换的检偏装置. 未加磁场时，可利用偏振正交实现消光，此时光度计显示值最小，由此说明光的偏振现象；加磁场后，可以发现光度计显示值增大，说明光的偏振方向发生了改变，通过旋转偏振片再次实现消光，可以测出加磁场后光的偏振面转过的角度 θ，且所加磁场大小不同时，偏转角大小也不一样. 上述现象即为法拉第效应. 设被测样品厚度为 d，于是，按下式即可得到该样品的费尔德常量 V：

$$\theta = VBd \tag{7.37.1}$$

与旋光物质产生的旋光效应不同的是，法拉第磁致旋光引起的偏振面偏转方向与光的传播方向无关，而仅与所加磁场的方向有关.

2. 塞曼效应实验原理

原子中的电子由于作轨道运动产生轨道磁矩，同时，电子还因存在自旋运动而具有自旋磁矩. 根据量子力学理论，电子的轨道角动量 P_L 与轨道磁矩 μ_L 及自旋角动量 P_S 与自旋磁矩 μ_S 之间在量值上具有下述关系：

$$\begin{cases} \mu_L = -\dfrac{e}{2m_e}P_L, & P_L = \sqrt{L(L+1)}\hbar \\ \mu_S = -\dfrac{e}{m_e}P_S, & P_S = \sqrt{S(S+1)}\hbar \end{cases} \tag{7.37.2}$$

式中，e/m_e 为电子的电荷与其质量之比，简称比荷；L、S 分别表示轨道量子数和自旋量子数. 轨道角动量和自旋角动量合成原子的总角动量 P_J，轨道磁矩和自旋磁矩合成原子的总磁矩 μ. 由于 μ 绕 P_J 快速旋进，故只有 μ 沿 P_J 方向的投影

μ_J 对外平均才不为零. 利用矢量的叠加,可以得到 μ_J 与 P_J 的关系如下:

$$\mu_J = -g\frac{e}{2m_e}P_J, \quad g = 1 = \frac{J(J+1)+S(S+1)-L(L+1)}{2J(J+1)} \tag{7.37.3}$$

式中的 g 称为朗德(Lande)因子,它表征原子的总磁矩与总角动量的关系,而且决定了能级在磁场中分裂的大小.

在外磁场 $\boldsymbol{B}$ 中,原子的总磁矩 $\boldsymbol{\mu}$ 会受到一个力矩 $\boldsymbol{M}_\tau$ 的作用:

$$\boldsymbol{M}_\tau = \boldsymbol{\mu} \times \boldsymbol{B} \tag{7.37.4}$$

于是,力矩 $\boldsymbol{M}_\tau$ 使角动量 $\boldsymbol{P}_J$ 绕磁场方向作进动,进动引起的附加能量 ΔE 为

$$\Delta E = -\mu B\cos(\boldsymbol{P}_J \cdot \boldsymbol{B}) = Mg\mu_B B \tag{7.37.5}$$

式中,$\mu_B = eh/4\pi m_e$,称为玻尔磁子;M 为磁量子数,是 P_J 在磁场方向上的量子化投影. J 一定时,M 取值为 $-J, -J+1, \cdots, J-1, J$,共 $2J+1$ 个数值. 于是在外磁场作用下每一个原子能级分裂为$(2J+1)$个等间距的子能级(亦称磁能级),其间距由朗德因子 g 表征.

现分析因磁场引起能级分裂产生的谱线变化. 设频率为 ν 的谱线是由原子的上能级 E_2 跃迁到下能级 E_1 产生的,于是

$$h\nu = E_2 - E_1 \tag{7.37.6}$$

又设能级分裂后产生的新谱线频率为 ν',则

$$h\nu' = (E_2 + \Delta E_2) - (E_1 + \Delta E_1) \tag{7.37.7}$$

于是,由式(7.37.6)、(7.37.7)及(7.37.5)得到分裂前后谱线的频率差:

$$\Delta\nu = \nu' - \nu = \frac{\Delta E_2 - \Delta E_1}{h} = \frac{(M_2 g_2 - M_1 g_1)eB}{4\pi m_e}$$

用波数差表示,则为

$$\Delta\tilde{\sigma} = \left(\frac{1}{\lambda'} - \frac{1}{\lambda}\right)(M_2 g_2 - M_1 g_1)L_z \tag{7.37.8}$$

式中,$L_z = eB/4\pi m_e c = 0.467B$ 称为洛伦兹单位. 计算时 B 的单位用 T(特斯拉),则 L_z 的单位为 1/cm.

跃迁时,M 的选择定则是:$\Delta M = M_2 - M_1 = 0, \pm 1$

当 $\Delta M = 0$ 时,沿垂直于磁场方向观察,得到线偏振光,其振动方向平行于磁场,称为 π 线;平行于磁场方向观察时 π 线不出现.

当 $\Delta M = \pm 1$ 时,沿垂直于磁场方向观察,得到线偏振光,其振动方向垂直于磁场,叫做 σ 线. 平行于磁场方向观察时,得到的是圆偏振光,其旋转方向与 ΔM 的正负、磁场方向及观察者相对于磁场的方向有关. 若 $\Delta M = +1$,偏振转向是沿磁场方向前进的螺旋转动方向,磁场指向观察者时,为左旋圆偏振光,称作 σ^+;若 $\Delta M = -1$,偏振转向是沿磁场方向倒退的螺旋转动方向,磁场指向观察者时,为右旋圆偏振光,称作 σ^-.

本实验研究的汞原子 546.1 nm 的谱线，是由 E_2 态（6s7s，$^3S_1$）跃迁到 E_1 态（6s6p，$^3P_2$）产生的. 在外磁场作用下，其能级分裂情况、谱线分裂相对强度及相应的 M、g、Mg 值如图 7.37.2 所示.

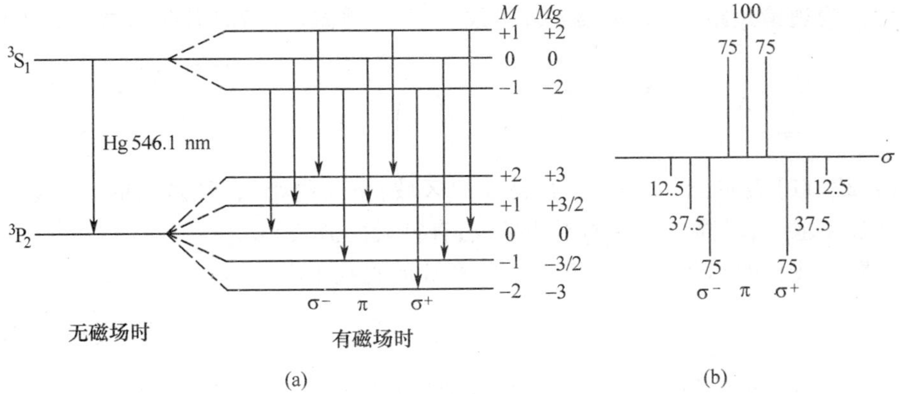

图 7.37.2　汞 546.1 nm 谱线的塞曼分裂及谱线强度

3. F－P 标准具测量波长差

图 7.37.3 为 F－P 标准具的测量原理图. F－P 标准具是由两面严格平行的内表面均镀有高反射膜（反射系数 $R>0.9$）的平面玻璃板组成（玻璃板之间夹

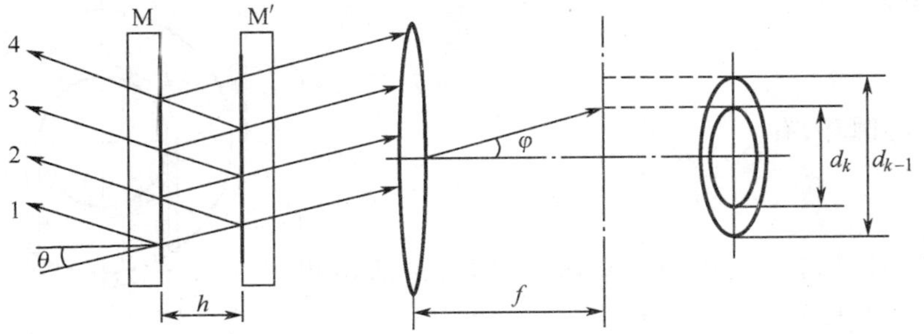

图 7.37.3　F－P 标准具测量原理图

有一个间隔圈），因此多光束干涉可以获得极高的分辨本领. 当一束波长为 λ 的平行光以小角度 θ 照射到间距为 h 的法布里－珀罗标准具上时，相邻两透射光束间的光程差 Δ 为

$$\Delta = 2nh\cos\theta_k = k\lambda \qquad \text{（亮条纹）} \tag{7.37.9}$$

式中：n——两玻璃板内表面间的介质折射率；

θ_k——入射光在 M′面上的入射角；

λ——入射光波长；

h——标准具两内表面间距；

k——条纹的干涉级.

如果在 F－P 标准具前放一凸透镜，则通过标准具的光成像于透镜焦平面上，且光线的入射角 θ_k 与干涉条纹的直径有如下关系：

$$\cos\theta_k = 1 - \frac{d_k^2}{8n^2f^2} \tag{7.37.10}$$

式中，f 为透镜焦距；d_k 表示第 k 级条纹的直径. 将式(7.37.10)代入式(7.37.9)得

$$2nh\left(1 - \frac{d_k^2}{8n^2f^2}\right) = k\lambda \tag{7.37.11}$$

式(7.37.11)表明：干涉条纹直径越大的区域，条纹越密，直径越大的干涉条纹，其序数 k 越小，对同一序数的干涉条纹，直径大的波长小.

同一波长的相邻级（k 与 $k-1$ 级）条纹的直径平方差为

$$d_{k-1}^2 - d_k^2 = \frac{4f^2n\lambda}{h} \tag{7.37.12}$$

对于另一种波长 λ' 的 k 级条纹，相似地有

$$2nh\left(1 - \frac{d_k^2}{8n^2f^2}\right) = k\lambda' \tag{7.37.13}$$

由式(7.37.11)—(7.37.13)得到波长差表式：

$$\Delta\lambda = \lambda_k - \lambda_k' = \frac{h}{4f^2nk}(d_k'^2 - d_k^2) = \frac{\lambda(d_k'^2 - d_k^2)}{k(d_{k-1}^2 - d_k^2)} \tag{7.37.14}$$

对于中心圆环，有

$$k = \frac{2nh}{\lambda} \tag{7.37.15}$$

将式(7.37.15)代入式(7.37.14)即得分裂后两相邻谱线的波长差：

$$\Delta\lambda = \frac{(d_k'^2 - d_k^2)}{(d_{k-1}^2 - d_k^2)}\frac{\lambda^2}{2nh} \tag{7.37.16}$$

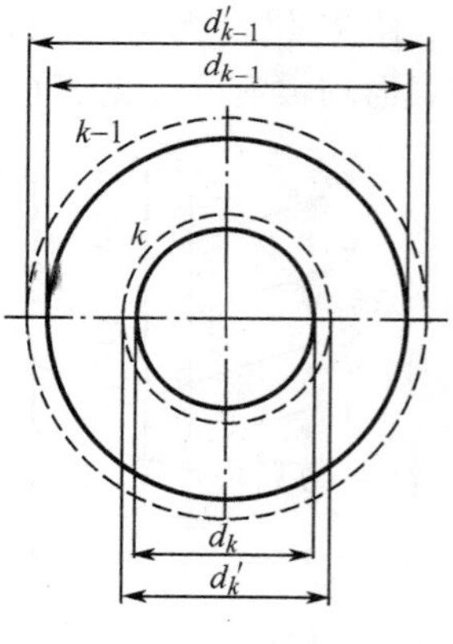

图 7.37.4　F－P 干涉条纹示意图

若用波数差表示，则为

$$\Delta\sigma = \frac{1}{2nh}\frac{d_k'^2 - d_k^2}{d_{k-1}^2 - d_k^2} \tag{7.37.17}$$

式(7.37.16)各量含义如图 7.37.4 所示. 图中实线表示波长为 λ 的干涉条纹，虚线则表示波长为 λ' 的干涉条纹.

4. 电子比荷 e/m_e 的测定

将光源置于磁场中，在磁场作用下，波长为 λ 的谱线产生分裂，根据式(7.37.8)和(7.37.16)，又因 $\Delta\nu = \frac{c}{\lambda^2}\Delta\lambda$，于是

$$(M_2g_2 - M_1g_1)\frac{\lambda^2 eB}{4\pi m_e c} = \frac{\lambda^2}{2nh}\ \frac{(d_k{}'^2 - d_k^2)}{(d_{k-1}^2 - d_k^2)} \tag{7.37.18}$$

令 $n=1$，整理后得

$$\frac{e}{m_e} = \frac{2\pi c}{hB(M_2g_2 - M_1g_1)}\ \frac{(d_k{}'^2 - d_k^2)}{(d_{k-1}^2 - d_k^2)} \tag{7.37.19}$$

由此便可测定电子的比荷 e/m_e.

四、实验内容与步骤

1. 实验前仪器连接及调整

(1) 氦－氖激光器通过底部四个定位孔和调节架相配合，旋动调节架上的调节旋钮，平稳调节激光器的高度.

(2) 将电磁铁放在转台上，通过限位槽和基准线进行定位，以使电磁铁的转动中心正好和磁间隙中心重合.

(3) 将导轨置于电磁铁横向放置时磁芯中心孔的延长线上，注意应离开转台一段距离，以使电磁铁转动时不碰到导轨，调节滑块后部制动旋钮，使滑动均匀、顺利，利用激光的准直性调节各光学元件，使之同轴. 建议按下列顺序安置和调节光学元件：刻度盘—聚光透镜—546.1 nm 滤光片—法布里—珀罗标准具—成像透镜—读数显微镜.

(4) 按面板提示连接好主机各线，光度计通过一话筒线和刻度盘上的光电转换盒相连. 接通电源，分别调节磁感应强度测量和光度计至零点. 注意，调节时应使输入信号为零，即磁感应强度测量应使探头远离磁场，光度计应使光电转换盒通光量为零.

2. 法拉第效应实验

(1) 调节氦－氖激光器底部的调节架，使激光器发出的准直光完全通过电磁铁中心的小孔(完成法拉第效应实验，电磁铁纵向放置).

(2) 调节刻度盘的高度，使激光器光斑正好打在光电转换盒的通光孔上，此时旋动刻度盘上的旋钮，可以发现光度计读数发生变化.

(3) 调节样品测试台，并旋动测试台上的调节旋钮，使冕玻璃样品缓慢转动升起，此时光应完全通过样品.

(4) 旋动刻度盘上的旋钮，使刻度盘内偏振片的检偏方向发生变化. 因氦－氖激光器已装有布儒斯特窗，故不需添加起偏器. 转动刻度盘，找到一个特定的方位角，使光度计示值最小(光度计量程可以调节，以使测量更加精确)，此时检偏方向与线偏振光的振动方向垂直，通过游标盘读出此时的角度 θ_1.

(5) 开启励磁电源，给样品加上稳定磁场，此时可以看到光度计读数增大了，这是法拉第效应作用的结果. 再次转动刻度盘，使光度计读数为最小，读出此

时的角度值 θ_2.

(6) 关闭氦 - 氖激光器电源,旋下玻璃样品,移动样品测试台,使磁场测量探头正好位于磁隙中心,记录下磁感应强度 B. 用游标卡尺测出样品厚度(或由产品说明书查出其厚度值). 利用公式(7.37.1),通过测量上述场强下的偏转角,求出被测样品的费尔德常量.

3. 塞曼效应实验

(1) 转动电磁铁,使之横向放置. 调节测量台,使笔形汞灯竖直放置在磁隙正中. 接通汞灯电源.

(2) 在光学导轨上依次安放聚光透镜、滤光片、法布里 - 珀罗标准具、刻度盘(去下后部光电转换盒,以作偏振片用)、成像透镜、读数显微镜,并作相应调节(借助氦 - 氖激光器).

(3) 点亮笔形汞灯,暂时取下滤光片和刻度盘,调节各滑块位置,通过读数显微镜目镜观察同心环形干涉条纹,调节法布里 - 珀罗标准具下的仰角调节旋钮,使干涉环正好成像在目镜正中心,再调节法布里 - 珀罗标准具上的三个压脚螺丝,使观察者眼睛在作上下左右移动时,干涉圆环的大小不随眼睛的移动而变化,此时标准具内两镜面已严格平行.

(4) 加上滤光片,关闭实验室内照明电源,在暗室内通过目镜可以看到汞 546.1 nm 谱线形成的锐细干涉圆环.

(5) 打开励磁电源,加上磁场,可以看到锐细干涉条纹变粗. 仔细调节读数显微镜位置,并缓慢增大磁场,可以看到干涉圆环逐渐清晰,仔细观察可以看出变粗的条纹由九条细线组成.

(6) 加上偏振片,旋动调节旋钮,鉴别谱线哪些是 π 成分,哪些是 σ 成分. 滤去 σ 成分的 6 条条纹,只让 π 成分的 3 条条纹留下来. 利用读数显微镜测出其中心 3 级条纹(每级条纹共有 3 条)的直径,求出汞 546.1 nm 的塞曼分裂波数差(或波长差)及电子的荷质比 e/m_e.

五、注意事项

1. 电磁铁在完成实验后应及时切断电源,以避免长时间工作使线圈积聚热量过多而破坏稳定性.

2. 汞灯放进磁隙中时,应该注意避免使灯管接触磁头.

3. 测量中心磁场的磁感应强度时,应注意探头在同一实验中作不同次测量时放置于同一位置,以使测量更加准确、稳定.

4. 笔形汞灯工作时会辐射出紫外线,实验时不宜长时间眼睛直视灯光;另外,应经常保持灯管发光区的清洁,发现有污渍应及时用酒精或丙酮擦洗干净.

5. 汞灯工作时需要 1 500 V 电压,所以在打开汞灯电源后,不应接触后面板汞灯接线柱，以免对人造成伤害.

6. 法拉第效应和塞曼效应实验均要求尽可能减小外界光的影响，因此实验最好在暗室内进行，以使实验现象更加明显，实验数据更加准确.

7. 主机正面板上的励磁电源故障灯亮时指示电源过热工作. 此时，最好关掉电源，过一段时间，再开启励磁电源.

8. 在完成法拉第效应实验过程中，不可将眼睛正对激光光源，以免对眼睛造成伤害.

六、思考题

1. 什么叫塞曼效应、正常塞曼效应、反常塞曼效应？
2. 怎样能快速调节好 F－P 标准具？如何判断 F－P 标准具已调好？
3. 垂直于磁场观察时，怎样鉴别分裂谱线中的 π 成分和 σ 成分？
4. 画出观察塞曼效应现象的光路图，叙述各光学器件所起的作用.
5. 叙述测量电子比荷的方法.

实验 38　光纤通信

各种电信号对光波进行调制后，通过光纤进行传输的通信方式称为光纤通信. 在光纤通信系统中，作为载波的光波频率比电波频率高得多，而作为传输介质的光纤又比同轴电缆或波导管的损耗低得多，因此相对于电缆通信或微波通信，光纤通信具有许多独特的优点. ①容许频带很宽，传输容量很大. 光纤工作频率比目前电缆使用的工作频率高出 8 ~ 9 个数量级. ② 损耗很小，中继距离很长. 石英光纤在 1.31 μm 和 1.55 μm 波长传输损耗分别为 0.50 dB/km 和 0.20 dB/km，甚至更低. 因此，用光纤比用同轴电缆或波导管的中继距离长得多. ③体积小，重量轻. ④ 防干扰性能好. 光纤不受强电干扰、电气化铁道干扰和雷电干扰，抗电磁脉冲能力也很强，保密性好. ⑤节约有色金属. 一般通信电缆要耗用大量的铜、铝或铅等有色金属. 光纤本身是非金属，光纤通信的发展将为国家节约大量有色金属. ⑥成本低. 目前市场上各种电缆金属材料价格不断上涨，光纤价格却有所下降. 随着光纤放大器、光波分复用技术、光弧子通信技术、光电集成和光集成等许多新技术不断取得进展，光纤通信将会得到更快的发展. 本实验的目的就是使学生对光纤通信系统方面有一个初步的了解，熟悉光纤、光源和光器件等.

Ⅰ　数字信号电/光、光/电转换传输实验

一、实验目的

1. 了解数字光纤通信的通信原理；

2. 掌握各种数字信号的传输机理；

3. 初步了解完整光纤通信系统的基本组成结构.

二、仪器设备

RC－GT－Ⅱ型光纤通信实验系统、示波器.

三、实验原理

本实验主要完成各种数据速率的光纤传输，其原理如图 7.38.1 和图 7.38.2 所示. 本次实验所用到的数字信号主要有：NRZ、FS、BS、CMI 码.

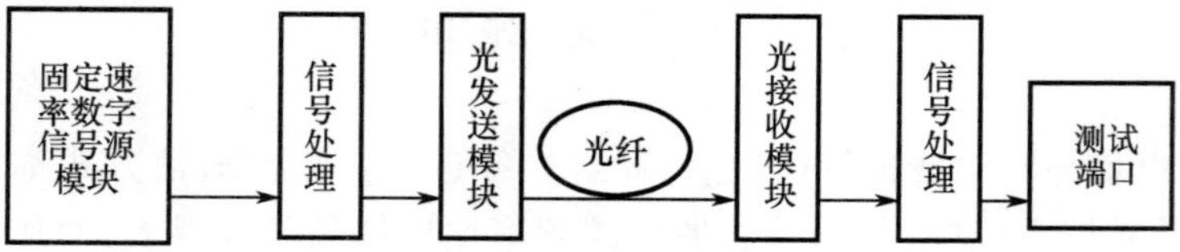

图 7.38.1　数字信号光纤传输框图

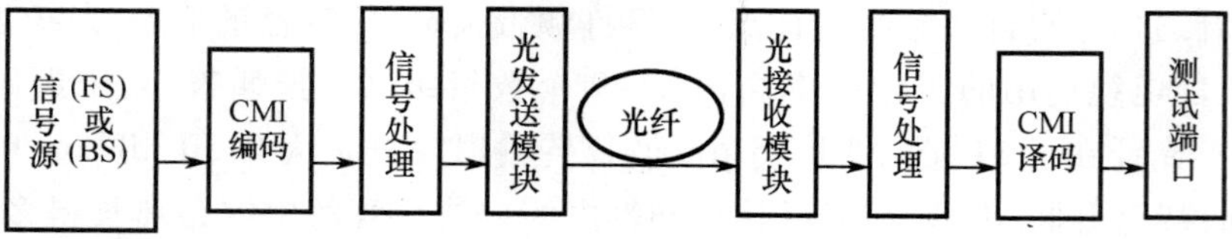

图 7.38.2　CMI 码光纤传输示意图

四、实验内容与步骤

1. 关闭系统电源，把光跳线分别连接到 1310 的 TX 和 RX 端.

2. 将固定速率数字信号源模块的 D1 或 D2、D3、FS、BS 连接到光发送模块的数字信号输入端口（P202）.

3. 把开关 S200 拨到数字传输端.

4. 打开系统电源，用示波器在光接收模块的数字信号输出端口观察输出信号.

5. 通过电位器 R257（调节直流电平）及 R242（增益调节）得到最佳传输的数字信号.

6. 对于 CMI 的接线为：关闭系统电源，选数字信号模块的 D1、D2、D3、FS、BS 任意一个，连接到 CPLD 模块的 DIN1（DIN2），进行 CMI 码的编码. 将光收模块的输出（P201）用导线连接到 CMI 译码输入（CMI IN1）进行译码，还原成原始信号.

7. 将 CMIOUT1 的输出端连接到光发送模块的数字信号输入端口.

8. 打开系统电源，用示波器在光接受模块的数字信号输出端口观察输出信号.

9. 通过电位器 R257 来调节判决直流电平得到最佳传输的数字信号.

10. 用示波器观测编码前后的两波形.

五、实验结果

1. 观察数字信号被 CMI 编码后的波形与原始波形的关系（可观察数字信号上升沿与 CMI 编码后的波形所对应的波形）.

2. 熟悉光纤数字信号传输的编码原则和传输效果的关系.

Ⅱ　图像光传输系统实验

一、实验目的

1. 了解图像信号光纤系统的通信原理；

2. 了解完整的图像信号光纤通信系统的基本结构.

二、仪器设备

GT－RC－Ⅱ型光纤通信实验系统、示波器、摄像头、视频监视器.

三、实验原理

本实验用模拟光发送模块、光接收模块进行图像传输，通过视频信号源（如摄像头、VCD 机、DVD 机等）提供视频信号源，通过视频监视器（如电视机等）来监视传输结果. 其实验框图如图 7.38.3 和图 7.38.4 所示.

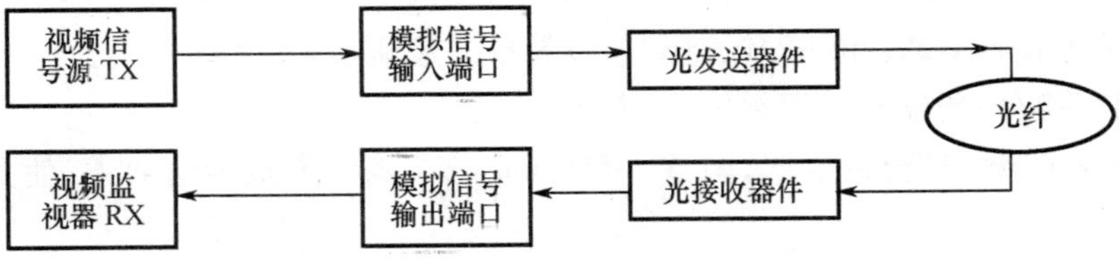

图 7.38.3　视频传输方式一（单路视频信号）

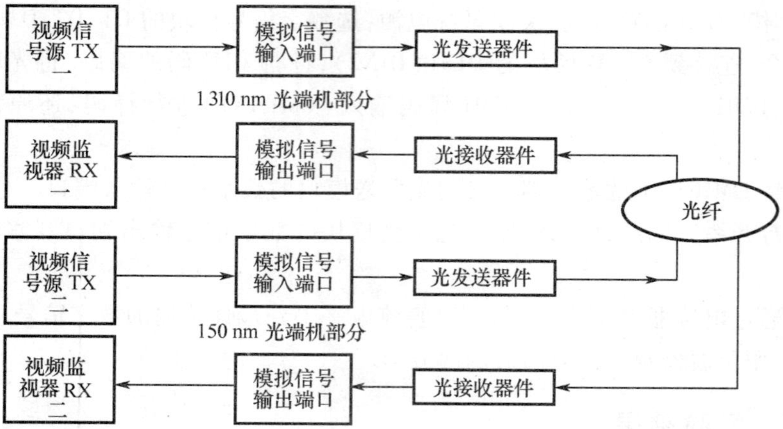

图 7.38.4　视频传输方式二(双路视频信号)

四、实验内容与步骤

(以下实验步骤以 1 310 nm 光端机部分讲解,即实验箱左边的模块. 1 550 nm 光端机部分与其相同)

第一部分:检测模拟传输通道,方法如下:

1. 关闭系统电源,把光跳线分别连接到 1 310 nm 的 TX 和 RX 端.

2. 将模拟信号源模块的正弦波或三角波、方波连接到光发送模块的模拟信号输入端口(P203).

3. 把开关 S200 拨到模拟传输端,短接跳线 J200.

4. 打开系统电源,用示波器在光接收模块的模拟信号输出端口观察输出信号.

5. 通过电位器 R257(调节直流分量电平)及 R242(增益调节)得到最佳传输的模拟信号.

第二部分:传输单路视频信号,方法如下:

1. 闭系统电源,保持第一步的光路连接不变,用视频专用连接线连接视频信号源的视频输出信号到光发端的模拟信号输入端口 P203,用视频专用连接线连接视频监视器的视频输入端到光收端的模拟信号输出端口 P200.

2. 依次打开监视器、实验箱和视频信号源的电源,观察视频监视器的图像显示,调节电位器 R257 和 R242,直到显示效果到最佳状态.

第三部分:传输双路视频信号,方法如下:

1. 参考第一部分的说明,调整 1 550 nm 光端机的模拟传输通道,使其正常工作.

2. 关闭所有电源,连接光路部分:将 1310 的光发送接口(1310nm TX)和

1550 的光接收接口(1 550 nm RX)用光跳线连接;同样连接 1 550 nm TX 和 1 310 nm RX.

3. 用视频专用连接线连接第一路视频信号源的视频输出信号到 1 310 nm 光端机的光发端的模拟信号输入端口 P203;用视频专用连接线连接第一路视频监视器的视频输入端到 1 310 nm 光端机的光收端的模拟信号输出端口 P200.

4. 用视频专用连接线连接第二路视频信号源的视频输出信号到 1 550 nm 光端机的光发端的模拟信号输入端口 P203;用视频专用连接线连接第二路视频监视器的视频输入端到 1 550 nm 光端机的光收端的模拟信号输出端口 P200. 这样,第一路视频监视器上接收的为第二路视频信号源的视频输出信号,而第二路视频监视器上接收的为第一路视频信号源的视频输出信号.

5. 依次打开两个监视器、实验箱和两个视频信号源的电源,观察视频监视器的图像显示,分别调节两个光端机的电位器 R257 和 R242,直到两个视频监视器的显示效果到最佳状态.

6. 实验结束后,关闭所有电源,拆除所有实验连接线,整理实验箱.

五、实验结果

1. 整理记录实验具体连接方法,画出实验组成框图.

2. 思考图像传输是否还有其他的传输方式,若有则画出其传输结构图.

实验 39　纳米微粒材料制备

20 世纪 80 年代末,一项令世人瞩目的"纳米科学技术"开始得到迅速发展. 纳米科学技术是一门包括纳米材料学、纳米物理学、纳米化学、纳米生物学、纳米工程学等多种学科的科学技术,为 21 世纪最重要的高新技术之一,在这个领域世界各国都投入了大量的人力和物力. 该技术已对物理、化学、材料、电子、机械、冶金、军事、能源、医药等众多领域都产生了重大影响,成为推动社会生产力发展的巨大动力.

纳米材料的尺寸范围通常定义为纳米微粒或纳米晶粒的直径在 1 ~ 100 nm 之间. 在该尺寸范围内,纳米材料与宏观材料相比主要具有以下的一些特殊效应.

1. 小尺寸效应

纳米材料的尺度比可见光光波波长还小许多,光在纳米材料中传播没有周期性,而光在普通材料中传播具有周期性,适用于普通材料的边界条件在纳米材料中也不再成立,所以纳米材料在光学方面呈现小尺寸效应. 例如各种金属纳米颗粒几乎都显微黑色,表明光吸收显著增加. 同样,纳米材料的声、电、磁、热、力学等特性也呈现小尺寸效应.

2. 表面效应

以球形颗粒的纳米材料为例,随着纳米颗粒直径的减小,由于单位质量材料的表面积(称为比表面积)反比于该颗粒的半径,因此比表面积将增大,处在表面的原子数将增多.例如将一颗直径 1 μm 的颗粒分散为直径 10 nm 的颗粒,颗粒数变为 100 万颗,总比表面积增大 100 倍.由于处在表面的原子数的比例升高,表面能等也相应地增大,从而表面的活性增高,极易与其他原子结合.这种表面原子的活性不仅引起纳米颗粒表面原子输运和构型的变化,同时也引起表面电子自旋构象和电子能谱的变化.所以洁净的金属纳米颗粒往往容易在室温环境下发生氧化,可设计纳米颗粒材料为优良的催化剂.

3. 量子尺寸效应

传统的电子能带理论表明,金属费米能级附近电子能级是连续的.但是按照著名的久保(Kubo)理论,低温下纳米微粒的能级不连续,相邻电子能级间距 δ 为

$$\delta = \frac{3E_F}{3N} \tag{7.39.1}$$

式中,N 为一个微粒所包含的导电电子数,E_F 为费米能,即

$$E_F = \frac{h}{2m_e}(3\pi^2 n)^{2/3} \tag{7.39.2}$$

式中,h 为普朗克常量,m_e 为电子质量,n 为电子密度.若将微粒简单地看作球形,则有

$$\delta \propto 1/d^3 \tag{7.39.3}$$

式中 d 为直径.由此可见随着微粒直径变小,电子能级间距变大.

这种当大块材料变为纳米微粒时,金属费米能级附近的电子能级由准连续变为离散能级的现象称为量子尺寸效应.当能级间距大于热能、静磁能、静电能、光子能量或超导态的凝聚能时,微粒的磁、电、光、声、热以及超导电性均会与大块材料有显著不同.以 Cu 纳米微粒为例,其导电性能即使在室温下也明显下降.对于半导体微粒,如果存在不连续的最高被占据分子轨道和最低未被占据的分子轨道能级,能隙变宽现象等亦称为量子尺寸效应.

4. 宏观量子隧道效应

量子隧道效应指的是微观粒子具有穿透垫垒的能力(概率).一些宏观尺度的物质在特定的条件下也具有量子隧道效应,称为宏观量子隧道效应.超导体中电子对通过薄绝缘层(约瑟夫森)效应就是宏观量子隧道效应,利用它可制备量子相干器件.宏观量子隧道效应对纳米科技有着重要的价值,它是纳米电子学发

展的重要基础.

近十多年来,"库仑阻塞与量子隧穿"、"介电限域效应"等新效应相继被发现. 上述各种效应使得纳米呈现出与宏观材料显著不同的特性,甚至出现一些反常的现象,更加吸引着人们开拓和探索这一引人入胜的科学领域.

一、实验目的

1. 学习和掌握利用蒸气冷凝法制备金属纳米微粒的基本原理和实验方法,研究微粒尺寸与惰性气体气压之间的关系;

2. 学习利用电子成像法、X 射线衍射峰宽法或其他方法测量微粒的粒径.

二、仪器设备

纳米微粒制备实验仪.

三、实验原理

1. 纳米材料的制备方法

现在已经发展出了多种纳米材料的制备方法,如气相法、液相法、固相法等. 通常有两条路径,一种是由大的宏观材料逐渐变小,形成纳米颗粒,即所谓粉碎法;一种是由小变大,即由原子气通过冷凝、成核、生长过程,形成原子簇进而长大为纳米颗粒,称为聚集法.

(1) 粉碎法

图 7.39.1 示意几种最常见的粉碎法,球磨粉碎是使用较多的一种方法. 1988 年,Shingu 等人首次用球磨法制备纳米颗粒材料. 该方法工艺简单,产率较高,适合的材料也很多. 球磨法利用球磨机的转动或振动,使硬质钢球对原料进行反复猛烈的撞击,使其粉碎,直至达到纳米级尺度.

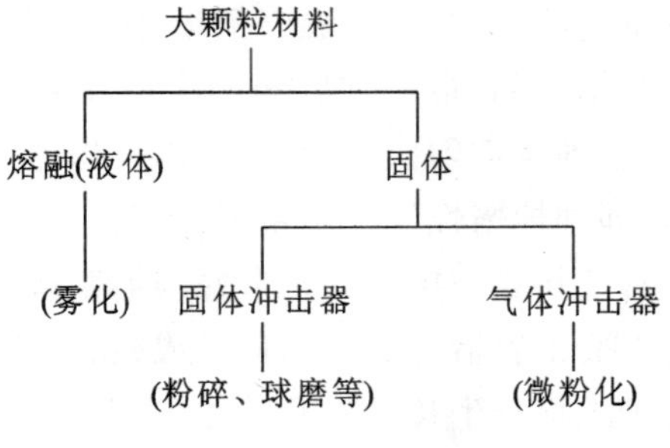

图 7.39.1　几种常见的粉碎法

(2) 化学液相法

化学液相法制备纳米微粒材料已有水热法、冻结干燥法、溶胶－凝胶法等. 利用化学液相法已制备成许多种类的纳米金属、非金属单晶微粒及各种氧化物、非氧化物以及合金(如 $CoFeO_4$, $BaTio_3$)、固溶体(如 $Al_2O_3TiO_2$).

(3) 气相法(聚集法)

20 世纪 30 年代, Rufud 为了研究红外吸收,在空气中制备了 Ni 等 11 种金属的纳米微粒. 1963 年 Kimoto 等在稀薄氩气的保护下利用金属加热蒸发再凝,成功地制备了 20 多种金属材料的纳米微粒. 时至今日, 除了在加热方法上已发展了电阻加热法、等离子喷射法、溅射法、电弧法、激光法、高频感应法及爆炸法等各种方法, 在制备原理上亦已发展了 CVD 法、热解法、有活性氢 - 熔融金属反应法等.

在各类制备方法中, 最早被采用并进行较细致实验研究的是蒸气冷凝法. 图 7.39.2 显示蒸气冷凝法制备纳米微粒的过程. 首先利用抽气泵对系统进行真空抽吸, 并利用惰性气体进行置换. 惰性气体为高纯 Ar、He 等, 有些情形也可以考虑用 N_2 气. 经过几次置换后, 将真空反应室内保护气的气压调节控制至所需的参数范围, 通常约为 0.1 kPa 至 10 kPa 范围, 与所需粒子粒径有关. 当原材料被加热至蒸发温度时(此温度与惰性气体压力有关, 可以从材料的蒸汽压温度相图查得)蒸发成气相. 气相的原材料原子与惰性气体的原子(或分子)碰撞, 迅速降低能量而骤然冷却. 骤冷使得原材料的蒸气中形成很高的局域过饱和, 非常有利于成核. 图 7.39.3 显示成核速率随过饱和度的变化. 成核与生长过程都是在极短的时间内发生的, 图 7.39.4 给出总自由能随核生长的变化, 一开始自由能随着核生长的半径增大而变大, 但是一旦核的尺寸超过临界半径, 它将迅速长大. 首先形成原子簇, 然后继续生长成纳米微晶, 最终在收集器上收集到纳米粒子. 为理解均匀成核过程, 可以设想另一种情形, 即抽掉惰性气体使系统处于高真空状态, 如果此时对原材料加热蒸发, 则材料蒸气在真空中迅速扩散并与器壁碰撞而冷却, 此过程即是典型的非均匀成核, 它主要由容器壁的作用促进成核、生长并淀积成膜. 而在制备纳米微粒的过程中由于成核与生长过程几乎是同时进行的, 微粒的大小与饱和度 P/P_e 有密切关系, 这导致如下几项因素与微粒尺寸有关: (1) 惰性气体的压力越小碰撞概率越低, 原材料原子的能量损失越小, P_e 值降低较慢; (2) 惰性气体的原子量越小, 一次碰撞的能量损失越小; (3) 蒸发速率越快, P/P_e 越大; (4) 收集器离蒸发源越远, 微粒生长时间越长. 实际操作时可根据上述几方面的因素调剂 P/P_e 值, 从而控制微粒的分布尺寸.

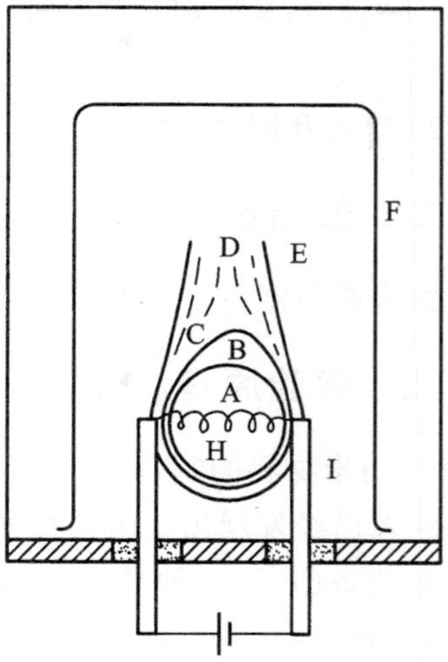

图 7.39.2　蒸气冷凝法制备纳米微粒原理

A—原材料的蒸气; B—初始成核; C—形成纳米微晶; D—长大了的纳米微粒; E—惰性气体, 气压约为 kPa 数量级; F—纳米微粒收集器; G—真空罩; H—加热钨丝; I—电极

2. 微粒尺寸检测

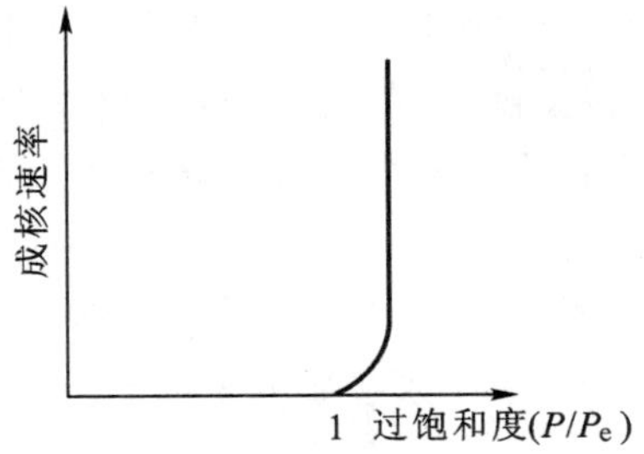

图 7.39.3　成核速率随过饱和度的变化

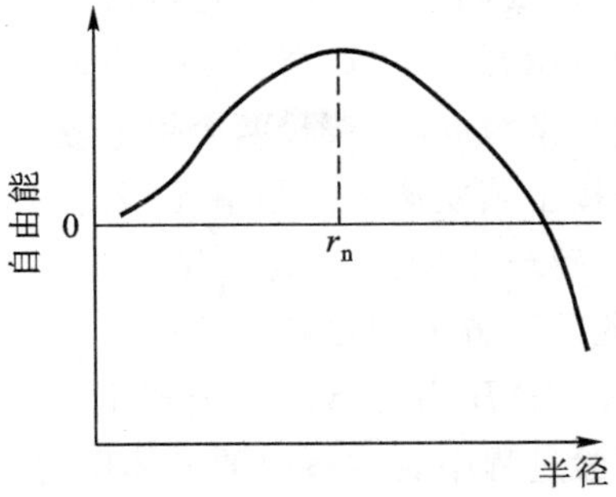

图 7.39.4　总自由能随核生长的变化

有许多物理测量方法可以用于检测微粒的尺寸分布或平均粒径，如表 7.39.1 所示.

表 7.39.1　微粒尺寸的检测方法

测量方法	测量功能	适用的尺寸范围	使用的主要仪器
离心沉降法	等效直径	>25 nm	高速离心机、分光光度计或暗场法光学系统
气体吸附法（容量法或重量法）	比表面积	尺寸：1～10 nm 比表面积：0.1～1 000 $m^2 \cdot g^{-1}$	BET 吸附装置或重量法装置
光散射法	平均直径	>3 nm	拉曼光谱仪
X 射线衍射峰宽法	晶粒平均尺寸	<500 nm 常用于 50 nm 左右	X 射线衍射仪
小角度 X 射线散射线	晶粒平均尺寸	<100 nm	X 射线衍射仪
电子成像法（TEM）	直接观察粒子形貌并测量粒子尺寸	>2 nm	透射电子显微镜
扫描隧穿显微镜法（STM）	形貌与尺寸	宽范围	扫描隧穿显微镜
穆斯堡尔谱法	粒径分布		穆斯堡尔谱仪
光子相关谱法			光子相关谱仪

在表中所列的各种方法中，最常用的是 TEM 法和 X 射线衍射峰宽法. 但是随着 STM 技术的发展，STM 有可能成为更常用的测量手段.

纳米微粒制备实验仪器的原理如图 7.39.5 所示. 玻璃真空罩 G 置于仪器顶部真空橡皮圈的上方，平时真空罩内保持一定程度的低气压，以维护系统的清洁. 当需要制备微粒时，打开阀门 V_2 让空气进入真空室，使得真空室内外气压相近即可掀开真空罩. 真空罩下方真空室底盘 P 的上部倒置了一只玻璃烧杯 F，用作纳米微粒的收集器. 两个铜电极 I 之间可以接上随机附带的螺旋状钨丝 H. 铜电极接至蒸发速率控制单元，若在真空状态下或低气压惰性气体状态下启动该单元，钨丝上即通过电流并可获得 1 000 ℃以上的高温. 真空底盘 P 开有四个孔，孔的下方分别接有气体压力传感器 E，以及联结阀门 V_1、V_2 和电磁阀 V_e 的管道. 气体压力传感器 E 连接至真空度测量单元，并在数字显示表 M_1 上直接显示实验过程中真空室内的气体压力. 阀门 V_1 通过一管道与仪器后侧惰性气体接口连接，实验时可利用 V_1 调整气体压力，亦可借助 V_e 调整压力. 阀门 V_2 的另一端直通大气，主要为打开钟罩而设立. 电磁阀 V_e 的另一端接至抽气单元并由该单元实行抽气的自动控制，以保证抽气的顺利进行并排除真空泵油倒灌进入真空室. 蒸发控制单元的加热功率控制旋钮置于仪器面板上. 调节加热器时数字显示表 M_2 直接显示加热功率.

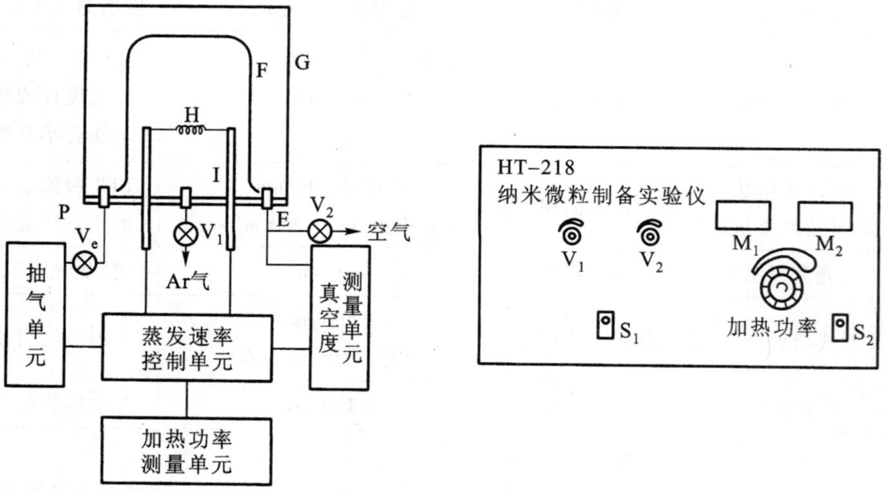

图 7.39.5　纳米微粒材料制备实验仪器的原理及面板图

E—气体压力传感器；F—微粒收集器；G—真空罩；H—钨丝；I—铜电极；

P—真空室底盘；V_1—惰性气体阀门；V_2—空气阀门；V_e—电磁阀；S_1—电源总开关

S_2—抽气单元开关；M_1—气体压力表；M_2—加热功率表

四、实验内容与步骤

1. 准备工作

（1）检查仪器系统的电源接线，惰性气体最好用高纯氩气，亦可考虑使用化学性质不活泼的高纯氮气.

（2）利用脱脂白绸布、分析纯酒精、仔细擦净真空罩以及罩内的底盘、电极和烧杯.

(3) 将螺旋状钨丝接至铜电极.

(4) 从样品盒中取出铜片(用于纳米铜粉制备),在钨丝的每一圈上挂一片,罩上烧杯.

(5) 罩上真空罩,关闭阀门 V_1、V_2,将加热功率旋钮沿逆时针方向旋至最小,合上电源总开关 S_1. 此时真空度显示器显示出与大气压相当的数值,而加热功率显示值为零. 由于 HT - 218 预置了不当操作报警,如果加热功率旋钮未调节至最小,蜂鸣器将持续发出信号直至纠正为止.

(6) 合上开关 S_2,此时抽气单元开始工作,电磁阀 V_e 自动接通,真空室内压力下降. 下降至一定值时关闭 S_2,观察真空度是否基本稳定在该值附近,如果真空度持续变差,表明存在漏气因素,检查 V_1、V_2 是否关闭. 正常情况下不应漏气.

(7) 打开阀门 V_1,此时惰性气体进入真空室,气压随之变大.

(8) 熟练上述抽气与供气的操作过程,直至可以按实验的要求调节气体压力.

(9) 准备好备用的干净毛刷和收集纳米微粉的容器.

2. 制备铜纳米微粒

(1) 关闭 V_1、V_2 阀门,对真空室抽气至 0.05 kPa 附近.

(2) 利用氩气(或氮气)冲洗真空室. 打开阀门 V_1 使氩气(或氮气)进入真空室,边抽气边进气(氩气或氮气)约 5 分钟.

(3) 关闭阀门 V_1,观察真空度至 0.13 kPa 附近时关闭 S_2,停止抽气. 此时真空度应基本稳定在 0.13 kPa 附近.

(4) 沿顺时针方向缓慢旋转加热功率旋钮,观察加热功率显示器,同时关注钨丝. 随着加热功率的逐渐增大,钨丝逐渐发红进而变亮. 当温度达到铜片(或其他材料)的熔点铜片熔化,并由于表面张力的原因,浸润至钨丝上.

(5) 继续加大加热功率时可以见到用作收集器的烧杯表面变黑,表明蒸发已经开始. 随着蒸发过程的进展,钨丝表面的铜液越来越少,最终全部蒸发掉,此时应立即将加热功率调至最小.

(6) 打开阀门 V_2 使空气进入真空室,当压力与大气压最近时,小心移开真空罩,取下作为收集罩的烧杯. 用刷子轻轻地将一层黑色粉末刷至烧杯底部再倒入备好的容器,贴上标签. 收集到的细粉即是纳米铜粉.

(7) 在 2×0.13 kPa,5×0.13 kPa,10×0.13 kPa 及 30×0.13 kPa 处重复上述实验步骤制备,并记录每次蒸发时的加热功率,观察每次制备时蒸发情况有何差异.

3. 纳米微粉粒径检测

(1) 利用 X 射线衍射仪进行物相分析,确定晶格常量并与大晶粒的同种材料进行对比.

(2) 比较纳米粉与大晶粒同种材料的衍射线半高峰宽,判断不同气压下制备的材料的晶粒平均尺寸.给出气压与晶粒尺寸之间的关系.

(3) 有条件的可进行 TEM 观察,选取有代表性的电子显微镜照片作出微粒尺寸与颗粒数分布图.

五、注意事项

1. 为便于教学上的直观观察,真空钟罩为玻璃制品,移动钟罩时应轻拿轻放.

2. 使用阀门 V_1、V_2 时力量应适中,不要用暴力猛拧,但也不要过分谨慎不敢用力以至阀门不能完全关闭.通过实验的实际操作过程,提高基本的实验能力.

3. 蒸发材料时,钨丝将发出强烈耀眼的光,其中的紫外部分已基本被玻璃吸收,在较短的蒸发时间内用肉眼观察未见对眼睛的不良影响,但为安全起见,请尽量带上保护眼镜.

4. 制成的纳米微粉极易弥散到空气中,收集时要尽量保持动作的轻慢.

5. 若需制备其他金属材料的纳米微粒,可参照铜微粒的制备.但熔点太高的金属难以蒸发,而铁、镍与钨丝在高温下易发生合金化反应,只宜闪蒸,即快速完成蒸发.

6. 亦可利用低气压空气中的氧或低气压氧,使钨丝表面在高温下局部氧化并升华制得氧化钨微晶.

六、思考题

1. 为什么实验制得的铜微粒呈现黑色?

2. 实验制得的铜微粒的尺寸与气体压力之间呈何关系?为什么?

3. 实验中在不同气压下蒸发时,加热功率与气压之间呈何关系?为什么?

4. 在不同气压下蒸发时,观察到微粒"黑烟"的形成过程有何不同?为什么?

参考文献

[1] 杨福家.原子物理.2版.北京:高等教育出版社,1990

[2] 戴乐山,戴道宣.近代物理实验.上海:复旦大学出版社,1995

[3] 张三慧.量子物理.2版.北京:清华大学出版社,2002

[4] 李志超,轩植华,霍剑青.大学物理实验(第三册).北京:高等教育出版

社,2001
[5]　沙振舜,黄润生,新编近代物理实验．南京:南京大学出版社,2002
[6]　刘东华,孙朝晖．核磁共振 T_1、T_2 加权成像．物理与工程,2004,3
[7]　上海卓伦微纳米设备有限公司．STM 实验多媒体教学软件,2003
[8]　苏汝铿．量子力学．上海:复旦大学出版社,1996
[9]　中国大百科全书．物理学Ⅰ、Ⅱ．北京:中国大百科全书出版社,1987
[10]　刘书声,王金煜,等．现代光学手册．北京:北京出版社,1993
[11]　张兆奎等．大学物理实验．上海:华东化工学院出版社,1990
[12]　赵梓森等．光纤通信工程．北京:人民邮电出版社,1998
[13]　何圣静．物理实验手册．北京:机械工业出版社,1989
[14]　刘敬海,徐荣甫．激光器件与技术．北京:北京理工大学出版社,1995
[15]　张云电．超声加工及其应用．北京:国防工业出版社,1995
[16]　姜长来等．大学物理实验．北京:机械工业出版社,1994
[17]　赵家凤．大学物理实验．北京:科学出版社,1999
[18]　吴冰华,沙振舜,等．近代物理实验．合肥:安徽教育出版社,1987
[19]　陈泽民．近代物理与高新技术物理基础．北京:清华大学出版社,2001
[20]　张立德,牟季美．纳米材料和纳米结构．北京:科学出版社,2001
[21]　温诗铸．纳米摩擦学．北京:清华大学出版社,1998

第 8 章　设计性实验

设计性实验是在学生完成基础性实验内容后，由实验室给出相关的设计性实验题目，由学生自己来确定实验原理、实验方法；选择测量条件及配套的相关仪器；并对测量结果给出数据处理方法，从而形成一套较为完整的设计方案. 在本课程中，设计性实验作为期终考试的一部分. 在考试前三星期，由老师统一布置设计性实验考试复习提纲及目的和要求，其后让同学们利用课余时间自行准备，互相讨论，基本达到让同学们边动手实践，边开拓思路，边查阅有关方面的科技资料，初步构思设计性实验方案，并熟悉仪器及元器件使用的目的. 考试时可采用抽签方法（设计性实验题目一般为 16 ~ 18 个，涉及力学、热学、电学、光学及近代物理等方面的内容），学生抽到哪道题，就设计哪个实验.

通过设计性实验考试可以活跃学生们的实验物理思想，强化学生思维能力及动手能力的培养，尤其是科学实验素质的培养和提高. 从实践结果来看，其效果是显著的，正如考试后同学们所讲的那样："设计性实验考试方法，促进了我们全面的复习，锻炼了我们的意志，强化了我们的实验技能及实验设计思想的培养和提高，是一次再学习、再深化的过程."

实验 1　用气垫导轨测定物体倾斜时的运动加速度

一、实验目的

1. 学会并掌握气轨的调整、电子计时仪器和天平的使用；
2. 掌握测量物体运动速度和加速度的方法；
3. 深入了解非弹性碰撞和完全非弹性碰撞的特点，验证动量守恒定律.

二、设计要求

1. 利用气垫导轨、电子计时仪器、物理天平等设备及元件，设计测定物体（滑块）速度和加速度的实验方法.
2. 调节导轨时，要求运动物体经过两个光电门的时间差 $\leqslant 0.2$ ms.
3. 验证动量守恒定律，要求相对误差 $E \leqslant 3\%$.
4. 设计物体沿斜面下滑时的加速度测定方法.
5. 写出符合规范要求的设计性实验报告，并对测量结果误差进行分析.

三、思考题

1. 调节导轨时,为什么要控制滑块在导轨上的运动方向和加速度?
2. 测滑块沿倾斜导轨运动的加速度时,为什么两光电门要尽量远离?

实验 2　测量重力加速度

一、实验目的

1. 学会电子毫秒计的使用;
2. 学会竖直杆垂直度的调整;
3. 测量重力加速度,分析测量结果.

二、设计要求

1. 认真仔细调整垂直杆的垂直度. 小球下落孔,光电门 1 和光电门 2 在一条垂线上.

2. 本实验使用毫秒计,学会其使用方法.

3. 设计两种测量重力加速度方法. 用该两种方法分别测量小球下落时的重力加速度,分别对测量结果进行分析.

4. 两种方法有一种方法是使用作图法处理结果.

三、思考题

1. 两光电门之间距离是大好,还是小好?
2. 使用一个光电门能测量吗?

实验 3　弦驻波法测定音叉固有频率

一、实验目的

1. 观察和研究弦线中两列反向传播的横波叠加规律;
2. 研究弦线中张力 F 与横波波长 λ 间的关系;
3. 会利用对数作图法处理数据,并测出电动音叉的固有频率.

二、设计要求

1. 给定低频信号发生器、电动音叉、开关、弦线、滑轮、砝码盘及砝码、劈形块和米尺，自行设计一个弦驻波测量装置.

2. 低频信号发生器输出信号的频率应保证音叉工作在共振状态，信号幅度既要使音叉形成较大振幅又不至于产生噪声.

3. 砝码盘质量为 20.0 g，盘内所加的砝码质量可从 20.0 g 开始，此后按 10.0 g 逐次递增.

4. 每增加一次砝码的质量应使劈形块位置的调节满足弦线上形成稳定且振幅最大的驻波，此时用另一劈形块作标记，测出两劈形块间若干个波节的长度.

5. 根据下述关系并利用对数作图法求出音叉的固有频率 f：

$$\lambda = \frac{1}{f}\sqrt{\frac{F}{\rho_l}} \tag{8.3.1}$$

式中，λ、ρ_l 及 f 分别表示弦线中横波的波长、弦线的线密度及待测音叉的固有频率；

6. 对测量结果进行误差分析，并撰写一篇符合规范的设计性实验报告.

三、思考题

1. 低频信号发生器输出的频率满足什么条件时，音叉将会发生共振？
2. 如果弦线不均匀或有弯曲，对共振频率和驻波有无影响？
3. 通过实验，说明弦线的共振频率和弦线中的波速与哪些因素有关？

实验 4 用弦音仪测定弦上传播的横波波速

一、实验目的

1. 掌握和了解产生驻波的原理和可能采用哪几种方法；
2. 学会用弦音仪（sonometer）测定弦上传播的横波波速的实验方法.

二、设计要求

1. 研究总结驻波的传播及相干特性，调整、熟悉使用弦音仪，并使仪器处于最佳工作状态.

2. 根据实验目的，提出测定横波波速的实验步骤及所需要的实验条件，要求测量误差 $E = \frac{v_{实} - v_{理}}{v_{理}} \leqslant 10\%$.

3. 在弦线上一端挂上一定质量 m 的砝码，使弦线上出现稳定且振幅最大的驻波，测量大于等于 5 个两波节或波腹间距离，最后求平均值.

4. 在维持弦线张力 F_T 不变的情况下，计算横波在弦线上传播的波速：$v_{理}=\sqrt{\frac{F_T}{\rho_l}}$，$v_{实}=2df$，式中，$F_T$ 为弦线的张力；ρ_l 为弦线单位长度的质量，又称线密度；d 为驻波中相邻波节或波腹间距离；f 为音叉共振频率.

5. 比较 $v_{理}$ 和 $v_{实}$ 的测量结果，分析误差原因.

三、思考题

1. 弦线一端砝码质量 m 的改变，对驻波相邻波节或波腹间距离是否有影响？为什么？

2. 弦线上横波波速与弦线一端砝码质量 m 有何关系？如果砝码质量 m 改变时对波速有影响？为什么？

实验 5　组装电阻表

一、实验目的

1. 掌握用 QJ45 型惠斯通电桥测量表头内阻的方法；
2. 了解电阻表的原理，按要求组装电阻表；
3. 用组装成的电阻表测量未知电阻.

二、设计要求

1. 用 QJ45 型惠斯通电桥测量一个 100 μA 表头的内阻.

2. 利用上述表头、二个 ZX21 型电阻箱、一节 1 号干电池、一个 750 Ω 的滑线变阻器、一个开关以及若干导线，组装一个中值电阻为 10 kΩ 的电阻表.

3. 用组装成的电阻表测量一个未知电阻.

三、思考题

1. 惠斯通电桥测量电阻的原理及方法是什么？用它来测量表头的内阻需要注意流过表头的电流不得超过其量程，试设法解决该问题.

2. 电阻表工作的原理是什么？什么是电阻表的中值电阻？如何确定电阻表中值电阻的大小？在确定了电池的电压和表头的内阻以后，如何使中值电阻等于预定值？

3. 如果电池的电压在某一范围（如 1.35 ~ 1.55 V）内变动时，要求电阻表均能工作，则如何设计组装电阻表？

4. 当表头满偏时，对应的待测电阻值是多少？当表头不偏转时，对应的待测电阻值是多少？如何确定流过表头的电流与待测电阻之间的关系？

实验 6　用示波器测量电容

一、实验目的

1. 熟悉示波器的工作原理，掌握其使用方法；

2. 掌握容抗和感抗的计算公式 $Z_C=\dfrac{1}{\omega C}$，$Z_L=\omega L$；掌握 RC 电路放电规律 $u_C=\mathscr{E}(1-e^{-\frac{t}{\tau}})$，$\tau=RC$；掌握 LC 并联电路总阻抗的计算公式 $Z_{LC}=\sqrt{\dfrac{\omega L}{\omega^2 LC-1}}$（假定 L 的损耗电阻 $R_L\approx 0$）；掌握 RLC 串联电路总阻抗的计算公式 $Z_{RLC}=\sqrt{R^2+\left(\omega L-\dfrac{1}{\omega C}\right)^2}$；掌握 RC 串联电路总电压与电容 C 上电压间相位差的计算公式 $\varphi=\arctan(R\omega C)$；

3. 利用示波器测量电容器的电容量 C.

二、设计要求

设计一种或几种方法，利用示波器测量电容器的电容量 C. 可供选择的元器件有：阻值已知的电阻一个、电感量已知的电感一个、信号发生器一台、6502 示波器一台、导线若干.

三、思考题

1. 如何用示波器来测定信号的电压值及周期信号的频率？

2. 在 RC 串联电路中，R 两端电压瞬时值 $u_R=iR$，C 两端电压瞬时值 $u_C=iZ_C$，总电压瞬时值为 u，则 u 是否等于 u_R 加上 u_C？总电压的最大值（或有效值）U 是否等于 R 两端电压的最大值（或有效值）U_R 加上电容两端电压的最大值（或有效值）U_C？

3. 根据 RC 电路充放电规律，当 $t=\tau$ 时，u_C 的值应为 E 的多少倍？根据这个关系是否可测量 τ？如可以，试设计测量线路.

4. 由 LC 并联电路的总阻抗表达式分析，当 ω 满足什么条件时总阻抗达到最大？此时并联电路谐振流过并联电路总电流最小. 能否根据这个关系把谐振时的信号频率 ω_0 测出来？设计测量线路.

5. 由 LC 串联电路总阻抗的表达式分析，当 ω 满足什么条件时总阻抗达到最小？此时串联电路谐振，流过电路的电流最大（在电压不变的前提下）. 能否根据这个关系把谐振时的信号频率 ω_0 测出来？试设计测量线路.

实验 7　用补偿法测量电流

一、实验目的

1. 理解补偿法原理；
2. 用补偿法测量电流值.

二、设计要求

在给定的回路中存在一个约几十微安的电流，请设计一个电路，将该电流测量出来，要求不因电表的接入而改变这一电流. 除原有通电回路外，可供选择的仪器有：1.5 V 电源一个、电阻箱一个、1.5 级 100 μA 表头一个、检流计一个、分流器一个、开关一个、导线若干.

三、思考题

1. 什么是补偿原理？

2. 如果在电流回路中直接串入一个电流表，该回路中的电流值是否要受电表的影响而改变？如何用补偿法消除这一影响？

3. 在所设计的方法中，造成测量误差的主要因素有哪些？

实验 8　用 *RLC* 谐振电路法分析谐振电路的选频特性

一、实验目的

1. 掌握 *RLC* 串联谐振选频电路的原理及方法；
2. 学会用李萨如图形测定各阶次谐波的相位；
3. 用示波器测定不同阶次谐波时电感的损耗电阻.

二、设计要求

1. 设计 *RLC* 串联谐振选频电路.

2. 设计李萨如图形法电路观测各次谐波的相位关系.

3. 选择最佳谐振电路中的频率，用示波器测定 *RLC* 串联选频电路在不同谐振频率下信号发生器的输出电压与电阻两端电压之间的关系.

三、思考题

1. 由谐振电路的性质可知，当电路 Q 值较大时，可以比较容易地将各次谐波选择出来，为什么？

2. 实际测量时，信号发生器内阻和电感的损耗电阻不可忽略，为什么？

实验 9　用激光反射法间接测定光学黑匣子中物体的形状

一、实验目的

1. 学会用光学反射法测定物体形状的原理及方法；

2. 基本掌握几种不同粗糙表面和形状的物体对激光反射的基本特征；

3. 通过作图法间接确定物体形状.

二、设计要求

1. 设计用激光反射法实验装置间接测定几种物体的形状，如多边形、凹形和凸形状等物体.

2. 以半导体激光器为光源，用一定光学系统或光学元器件使激光束质量和光斑尺寸达到实验的要求；

3. 测定物体形状的载物台可在 0～360°调节，设计光学元件置放的支承架.

4. 判断或确定不同物体形状的方法也可自主确定.

5. 写出符合规范要求的设计性实验报告，并对实验结果进行分析.

三、思考题

1. 用作图法确定激光束反射点角度与物体角位移关系时，若反射界面到轴的垂直距离为 d，能否用斜率方法估算 d.

2. 若用光信号探测扫描法间接测定物体形状，则与作图法有何不同，举例说明.

实验 10　用溶胶－凝胶法制备纳米 TiO_2 薄膜

一、实验目的

1. 掌握溶胶－凝胶法制备纳米 TiO_2 薄膜的原理及方法；

2. 学会纳米薄膜的基本表征技术.

二、设计要求

1. 给出实验所需要的化学药品、实验仪器和器材.

2. 根据溶胶－凝胶法制备纳米薄膜的原理,给出制备纳米 TiO_2 薄膜的方法和步骤.

3. 表征纳米 TiO_2 薄膜(双光束紫外可见光光度计、原子力显微镜、椭偏仪等).

三、思考题

1. 提拉法和旋涂法制备 TiO_2 薄膜有什么不同? 它们各自的优缺点是什么?

2. 如何表征纳米 TiO_2 薄膜?

3. 如何实现纳米 TiO_2 薄膜的掺杂?

实验 11　用迈克耳孙干涉仪测量空气折射率

一、实验目的

1. 掌握迈克耳孙干涉仪的工作原理;

2. 设计利用迈克耳孙干涉仪测量空气折射率的原理与方法.

二、设计要求

1. 掌握空气折射率与压强的关系.

2. 进一步熟悉迈克耳孙干涉仪的使用规范.

3. 利用迈克耳孙干涉仪的两束相干光在空间各有一段光路分开,设计空气室,测量空气折射率.

三、原理提示

通常在温度处于 15 ~ 30℃ 范围内,空气折射率年 n 可用下式得到:

$$(n-1)_{t,p}=\frac{2.8793\times p}{1+0.003671\times t}\times 10^{-9}$$

式中,t(℃)为温度,p(Pa)为压强. 在室温下,温度变化不大时,$(n-1)$可以看成是压强的线性函数.

设从压强 p_0 变成真空时,条纹变化数为 N_b;从压强 p_1 变成真空时,条纹变化数为 N_1;从压强 p_2 变成真空时,条纹变化数为 N_2;则有

$$\frac{p_0}{N_0}=\frac{p_1}{N_1}=\frac{p_2}{N_2}$$

根据等比性质，整理得

$$N_0=\frac{N_1-N_2}{p_1-p_2}p_0$$

所以有

$$n-1=\frac{\lambda}{2L}\frac{N_1-N_2}{p_1-p_2}p_0$$

式中，L 为空气室长度，p_0 为标准状况下大气压强（$p_0=1.013\ 25\times10^5\ \text{Pa}$），$\lambda=632.8\ \text{nm}$，将 $p_2\to p_1$ 时，压强变化记为 $\Delta p(=p_1-p_2)$，条纹变化记为 $N=(N_1-N_2)$，则有

$$n-1=1+\frac{\lambda}{2L}\frac{N}{\Delta p}p_0$$

四、思考题

1. 怎样通过迈克耳孙干涉仪观察到等倾干涉条纹（等间距直条纹）？
2. 同一气室在不同温度下，折射率有何变化？

实验 12 测定未知光波长及角色散率

一、实验目的

1. 了解光栅的主要特性，观察光线通过光栅的衍射现象；
2. 测出 $K=\pm1$ 时汞灯两条黄谱线中的一条波长较长的 $\lambda_{黄1}$ 的波长，并求光栅的角色散率 D.（已知绿谱线的波长为 546.07 nm）

二、设计要求

1. 调节分光计使其达到正常工作状态. 写出分光计调节的主要步骤.
2. 正确放置光栅，说明光栅放置要达到什么要求.
3. 利用绿谱线测定光栅常量 d，并测出两条黄谱线中的一条波长较长的 $\lambda_{黄1}$ 的波长（只要求测一级谱线），数据表格自拟.
4. 已知另一条波长较短的黄谱线波长 $\lambda_{黄2}=577.0\ \text{nm}$，计算角色散率 D.
5. 假设光栅常量 d 的相对不确定度为 0.1%，请估算波长的相对不确定度.

三、思考题

1. 用光栅方程进行测量的条件是什么？在实验中如何判断是否已满足条

件?

2. 平行光不垂直于光栅平面,而是成一 θ 角,公式 $d\sin\varphi = K\lambda$ 应作如何修正?

3. 用 He – Ne 激光(波长 $\lambda = 632.8$ nm)垂直入射到 500 条/mm 的平面透射光栅上时,最多可看到几级谱线?

实验 13　用霍耳效应测量通电线圈的匝数

一、实验目的

1. 掌握霍耳效应及其用它来测量磁场的原理;
2. 了解霍耳效应实验仪的构造和使用方法;
3. 利用霍耳效应仪测量通电线圈的匝数.

二、设计要求

1. 利用已知磁场测定霍耳片的霍耳灵敏度 K_H.
2. 测绘通电线圈轴线上的磁感应强度分布曲线.
3. 测出通电线圈的匝数.

三、思考题

1. 霍耳效应存在着多种副效应,它们会造成系统误差. 在实验中应采取什么措施来减小由此造成的误差?

2. 现有一个通以电流 I,单位长度匝数为 n 的长直螺线管,其中的磁感应强度是否可以求出? 试写出计算公式. 对于实验仪中有限长的螺线管,在它的什么部位磁感应强度才可以近似认为是在长直螺线管中的磁感应强度?

3. 知道了霍耳片的工作电流 I_H,霍耳片所在磁场的磁感应强度 B,测出霍耳电势 U_H. 如何由这些数据求出霍耳灵敏度 K_H? 试写出计算公式.

4. 通电线圈轴线上的磁感应强度分布曲线大致上呈什么形态? 如何根据分布曲线确定线圈所在位置以及线圈中心的磁感应强度?

5. 线圈中心的磁感应强度 B 与通过的电流 I、线圈的匝数 N、线圈的半径 R 间存在着下述关系:

$$B = \frac{\mu_0 NI}{2R}$$

式中, $\mu_0 = 4\pi \times 10^{-7}\ \mathrm{H \cdot m^{-1}}$ 为真空中的磁导率. 你能根据这个关系式由已知条件求得匝数 N 吗?

实验 14　液体体膨胀系数测量

一、实验目的

1. 了解液体体膨胀系数测量方法；
2. 学会用膨胀计测量液体(水)体膨胀系数；
3. 会对测量结果进行误差分析.

二、设计要求

1. 测量系统包括盛水杯、恒温水槽、膨胀计、温度计、搅拌器等.

2. 用分析天平测量空膨胀计质量 m.

3. 将膨胀计注满水，揩干外部水，在实验室空气中摆放 10 ~ 15 分钟，测其质量 m_1，测量实验室温度 t_1.

4. 将注满水的膨胀计放入恒温水槽中，搅拌水槽中的水，10 分钟后，测出水槽中水的温度 t_2，取出膨胀计，揩干外部水，测出质量 m_2.

5. 用有关公式计算出水的体膨胀系数并进行误差分析.

三、思考题

1. 水的体膨胀系数是否为一个常量？为什么？
2. 你还能设计一个液体体膨胀系数测量方法吗？

实验 15　用劈尖法测量细丝的直径

一、实验目的

1. 观察劈尖等厚干涉条纹；
2. 测量细丝直径 d.

二、设计要求

1. 利用读数显微镜、两片光学玻璃和一根细丝，调出等厚干涉条纹.

2. 导出计算细丝直径的公式，并解释公式中各量的物理意义.

3. 拟出实验步骤，列出数据表格. 已知钠光波长 $\lambda = 589.3\ \text{nm}$，求细丝直径.(提示：由于条纹数目 N 很多，为了简便，可先测出单位长度的暗条纹数 N_0，再测出两玻璃板交线处到细丝处的距离 L.)

4. 若读数显微镜精度 $\Delta x = 0.004$ mm，求细丝的不确定度 Δd.

三、思考题

1. 牛顿环与劈尖干涉条纹有什么不同之处？

2. 本实验所看到的干涉条纹是位于何处的？该条纹是定域的还是非定域的？

实验 16　用自准直法测凹透镜焦距

一、实验目的

1. 通过测量透镜焦距加深对薄透镜成像规律的认识；
2. 学习光路分析和调节技术；
3. 测量凹透镜的焦距.

二、设计要求

1. 用给定的实验仪器：光具座（或光学导轨）、带遮光罩的光源、箭形孔板、待测透镜、平面反射镜、观察屏等，设计一个用“自准直”原理测量凹透镜焦距的方案并实施之.

2. 画出简单的原理性光路图，并简要说明之.

3. 设计数据表格，正确处理数据并分析误差.

4. 写出完整的实验报告.

三、思考题

1. 在光具座上，如何对光学器件进行同轴等高调节？

2. 在自准直法测焦距的实验中，当透镜从远处移近物屏时，为什么能在物屏上出现两次成像？哪一个才是透镜的自准直像，如何判断它？

3. 自准直法测凹透镜焦距时怎样消除透镜光心偏离支座中心线所带来的误差？

实验 17　用 Lou's 效应测定透镜焦距

一、实验目的

1. 在双光栅实验基础上，学会用 Lou's 效应测定透镜焦距的原理和方法；

2. 掌握用不确定度方法评定测量结果.

二、设计要求

1. 利用双光栅 Lou's 效应,设计测定透镜焦距的实验方案.

2. 选择纳光灯作光源,两个光栅常量相同(15 ~ 20 条线/mm).

3. 用测微目镜测量 Lou's 条纹宽度.

4. 测量结果相对不确定度要求:$E \leqslant 5\%$.

5. 对测量结果进行误差分析,并完成一篇合乎规范的设计性实验报告.

三、思考题

1. 在实验中,待测透镜焦距与两个光栅周期和间距有关,而与透镜主平面位置无关,为什么?

2. 用测微目镜观察条纹时,如何消除视差?

实验 18　混合法测定金属的比热容

一、实验目的

1. 以铝为对象,掌握混合法测量金属比热容的原理;

2. 研究量热器内筒加水多少为适宜及水的质量的测量方法;

3. 研究刚开始混合时低温系统的初温和混合后整个绝热系统达到热平衡时的终温的求取方法;

4. 研究混合过程中由于准绝热系统向外部环境的散热而损失的热量修正方法.

二、设计要求

1. 给定铝块、量热器、电炉、小锅、搅拌器、温度计、物理天平及秒表,自行设计一个铝的比热容测量装置.

2. 按混合法测量要求,应尽可能保证由量热器内筒、搅拌器、温度计、铝块等构成的系统与外界环境无热交换.

3. 按下式计算铝的比热容:

$$c_{铝} = \frac{c_{水} m_{水} + c_{量内} m_{量内} + c_{搅} m_{搅} + C_{温})(T_3 - T_2) + Q_{修}}{m_{铝}(T_1 - T_3)} \qquad (8.18.1)$$

式中,$m_{铝}$、$m_{量内}$、$m_{水}$、$m_{搅}$ 分别为铝块、量热器内筒、内筒内加入的冷水和搅拌器的质量,$c_{铝}$、$c_{量内}$、$c_{水}$ 及 $c_{搅}$ 代表它们相应的比热容,T_1、T_2 分别为混合前铝块、量热器内筒与水等的初始温度，T_3 为两者混合后达热平衡时的终了温度，$C_{温}$ 表示温度计的热容，$Q_{修}$ 是指混合过程中由于系统的散热而损失的热量修正值，其求取方法请参阅文献[1—2]. 此外，温度计热容近似按 $C_{温} = 1.89 \times 10^6 V$ J/K 计算（为什么?），其浸入水中部分的体积 V 可由量筒测出.

4. 自行设计一个测量铝比热容的合理操作步骤.

5. 为减小温度测量误差对实验结果的影响，式（8.18.1）中 T_1 应取铝块加热后沸水所处的大气压强下的值；同理，为合理确定 T_2 和 T_3，应在加入铝块前、后每隔一定时间间隔分别记录相应系统的温度，数据记录的组数以方便求取 T_2 和 T_3 为宜.

6. 要求对测量结果进行不确定度分析，并撰写一篇符合规范的设计性实验报告.

三、思考题

1. 什么叫混合法？在采用混合法做实验时应注意哪些问题？哪些操作不妥会使测量结果偏大，哪些操作不妥又会使测量结果变小？

2. 混合法测量比热容必须保证什么实验条件？本实验中具体如何从实验器材、安排及操作等环节来保证上述条件？

3. 试讨论铝块大小与冷水质量的选配对实验结果的影响.

实验 19　透明薄膜折射率（或厚度）的测量

一、实验目的

1. 学习一种测量折射率（或厚度）的方法；
2. 进一步了解光干涉现象的形成条件；
3. 掌握迈克耳孙干涉仪的调整方法.

二、设计要求

1. 利用 $Ne-He$ 激光，调出等厚干涉条纹，说明当改变两路的光程差，干涉条纹会出现什么变化？

2. 观察白光干涉条纹. 写出调节时的要点.

3. 在迈克耳孙干涉仪的一条光路中放入薄膜，注意分析此时的光程变化. 再次调出白光干涉条纹，测出反射镜所移动的距离. 并导出测量薄膜折射率或厚度的公式.

4. 测量 3 次，每次都必须消除空回误差.

三、思考题

1. 用迈克耳孙干涉仪测薄膜折射率时,为什么用白光而不用单色光?

2. 若将迈克耳孙干涉仪上的补偿板取出,能否得到白光干涉条纹?为什么?

实验 20　薄膜光吸收系数的测量

一、实验目的

1. 研究怎样使用光电效应实验仪测量薄膜光吸收系数;
2. 测量薄膜吸收系数,分析该实验有哪些因素影响测量结果的准确性.

二、设计要求

1. 给出实验所需的实验仪器和器材,画出测量原理图,写出实验原理.
2. 写出实验步骤,设计数据记录表格.
3. 完成测量,给出测量结果.
4. 分析有哪些因素会影响到测量结果的准确性.

三、原理提示

平行光通过均匀的介质传播,经过薄层 dx 后,光强从 I 减小到 $I-dI$,如图 8.20.1 所示.朗伯(*Lambert*)指出:$\frac{dI}{I}$与吸收层的厚度 dx 成正比,即

$$\frac{dI}{I}=-\alpha dx$$

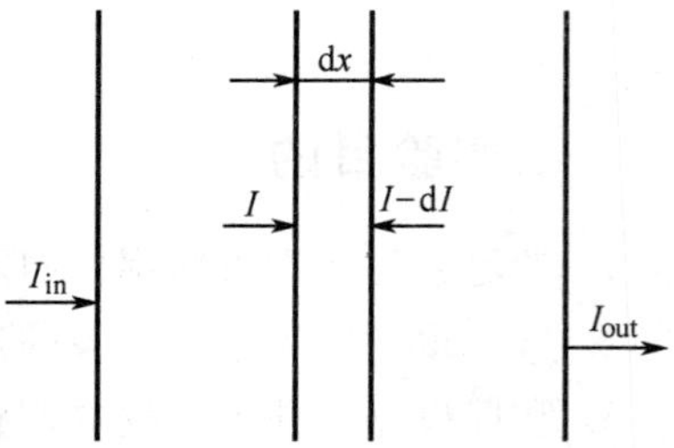

图 8.20.1　实验原理示意图

式中,α 为材料的吸收系数.

如薄膜的厚度为 l,且 α 为一常量,入射光强为 I_{in},出射光强为 I_{out},则有

$$\int_{I_{in}}^{I_{out}}\frac{dI}{I}=-\alpha\int_0^l dx$$

得

$$I_{out}=I_{in}e^{-\alpha l}$$

上式为朗伯定律的数字表达式.

四、思考题

1. 分析一下物质吸收光波的机理.

2. 分析一下该实验中所测量到的薄膜吸收系数比实际数据偏大还是偏小，为什么？

实验 21 使用分光计测量三棱镜材料的折射率

一、实验目的

1. 研究用分光计测量三棱镜材料折射率的方法；
2. 研究用分光计测量三棱镜顶角角度的方法；
3. 测量三棱镜顶角；
4. 选用汞灯的绿谱线测量三棱镜材料的折射率.

二、设计要求

1. 给出实验所需仪器和器材.
2. 写出测量原理与测量公式.
3. 画出测量三棱镜顶角的光路图.
4. 写出实验步骤,列出数据表格.
5. 测量与计算.
6. 给出测量误差,分析产生误差的原因.

三、思考题

1. 分光计调节好的标准有哪些？

2. 选用不同颜色的汞灯谱线测量三棱镜材料的折射率能得到相同的结果吗？为什么？

实验 22 用全息方法制作光栅

一、实验目的

1. 掌握正弦型全息光栅的制作方法；
2. 验证双光束干涉的基本原理,理解双光束干涉的基本理论；
3. 能对制作好的全息光栅进行检测,并总结全息光栅的特点.

二、设计要求

1. 制作空间频率 $\nu=200$ 条/mm 的全息光栅.

2. 设计制作光路，对光路中每个元件进行说明并给出必要的参量，写出实验步骤.

3. 给出拍摄时，两束平行相干光夹角的确定方法.

4. 设计一种方法来测定所制作的全息光栅的空间频率，写出测量方法及测量结果.

5. 将实验测得的空间频率与要求的空间频率相比较，如不相符合，请分析原因.

三、原理提示

根据光的干涉原理，当Ⅰ和Ⅱ两束平行相干光束相互叠加时，会产生等距的明暗相间的直条纹. 当Ⅰ和Ⅱ两束光与P平面的法线交角为 θ_1 和 θ_2 时，如图 8.22.1 所示，条纹间距 d 由下式决定：

$$d = \frac{\lambda}{\sin\theta_1 + \sin\theta_2}$$

可取 $\theta_1 = \theta_2$，则

$$d = \frac{\lambda}{2\sin\frac{\theta}{2}}$$

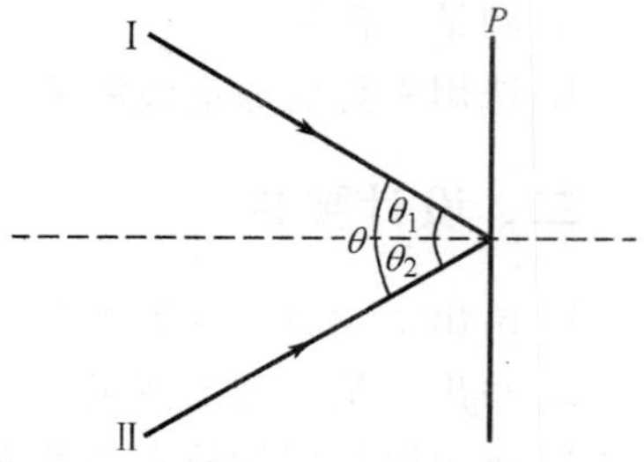

图 8.22.1 相干光束与入射面、入射角度示意图

四、思考题

1. 如何保证所制作的光栅是正弦型的，即其振幅透射率按余弦分布？
2. 为了提高全息光栅的制作质量，可采取哪些措施？

实验 23 测量铜丝的电阻温度系数

一、实验目的

1. 了解金属电阻随温度变化的性质；
2. 测量铜丝的电阻温度系数 α_R；
3. 进一步掌握实验数据的直线拟合（或称一元线性回归）方法.

二、设计要求

1. 写出测量原理.
2. 利用提供的实验器材连接好电阻温度系数测量线路.

3. 测量加热前的水温及铜丝电阻.

4. 列出数据表格,并依据公式 $\alpha_R = \dfrac{R_t - R_0}{R_0 t}$ 进行计算,其中 R_t、R_0 分别是温度为 t、0 ℃时金属的电阻值,α_R 是电阻温度系数,单位是 1/℃.

5. 用直线拟合法求 α_R 和相关系数 r,用作图法求 α_R,并对两种方法结果进行比较.

三、思考题

1. 实验中要求在大致热平衡时(温度计示值基本不变时)开始测量,试问如何控制沿铜丝的温度.

2. 根据本实验方法,试问如何利用金属电阻制成温度计来测量温度.

实验 24　用偏振片设计角位移传感器

一、实验目的

1. 熟悉偏振光的基本概念,熟悉产生和检验偏振光的基本方法;

2. 用两个偏振片、小灯泡、光电管、灵敏电流计、设计角位移传感器;

3. 对该角位移传感器特性进行测量,得出其应用特性.

二、设计要求

1. 熟悉各种偏振光的产生和检测方法、马吕斯定律.

2. 设计角位移传感器,主要使用小灯泡、起偏器、检偏器、光电管、灵敏电流计、透镜等,用此装置证马吕斯定律.

3. 研究该角位移传感器在什么状态最灵敏,测量的角度范围为多大.

4. 研究该角位移传感器的测量精度,设计一些应用方式.

三、思考题

1. 入射光强对该角位移传感器的灵敏度有何影响?

2. 两块偏振片处于消光位置,再在它们之间插入第三块偏振片,会出现什么现象?

实验 25 阻尼对摆轮受迫振动特性影响的测量

一、实验目的

1. 研究不同阻尼系数情况下波尔共振仪中弹性摆轮受迫振动的幅频特性；
2. 研究不同阻尼系数情况下波尔共振仪中弹性摆轮受迫振动的相频特性.

二、实验仪器

ZKY－BG 型波尔共振仪.

三、设计要求

1. 熟悉波尔共振仪中弹性摆轮受迫振动的幅频特性的相频特性关系式：

$$\theta_2 = \frac{m}{\sqrt{(\omega_0^2 - \omega^2)^2 + 4\beta^2\omega^2}}$$

$$\varphi = -\arctan\frac{2\beta\omega}{\omega_0^2 - \omega^2} = -\arctan\frac{\beta T_0^2 T}{\pi(T^2 - T_0^2)}$$

2. 熟悉波尔共振仪中弹性摆轮共振时圆频率和振幅的关系式：

$$\omega_r = \sqrt{\omega_0^2 - 2\beta^2}$$

$$\theta_r = \frac{m}{2\beta\sqrt{\omega_0^2 2\beta^2}}$$

3. 测量三种阻尼状态下的阻尼系数.
4. 测量不同受迫振动的幅频特性和相频特性.

四、思考题

1. 波尔共振仪中的阻尼是怎么实现的？
2. 说明相位差的测量原理及方法.

实验 26 水中声速与温度关系测量

一、实验目的

1. 熟悉驻波法测声速原理；
2. 测量水中声速与温度关系.

二、实验仪器

ZKY－SS 型声速测量仪、示波器、水槽.

三、设计要求

1. 熟悉超声换能器的功能和工作原理.

2. 熟悉声速测量仪和示波器的使用,熟悉驻波法测声速原理.

3. 水槽中加入热水(80 ℃左右),温度稳定后测量出温度,用驻波法测量水中声速(测量 6 个位置).

4. 加自来水,使温度下降 10 ℃左右,测量水中声速.

5. 再加自来水或冰块,使温度下降,每隔 10 ℃左右测量水中声速.

四、讨论题

1. 查资料,讨论水中声速与温度关系特性.

2. 要让声波在两个换能器之间产生共振,必须满足哪些条件?

参考文献

[1] 邓正才,何焰蓝,丁道一. 气垫导轨上运动物体加速度测量方法的改进. 物理实验, 2006,26(6): 39—41

[2] 涂二生. 用气垫导轨测加速度实验的标准不确定度分析及实验改进. 龙岩师专学报, 2004, 22(6): 28—30

[3] 丁慎训,张连芳. 物理实验教程. 北京: 清华大学出版社, 2002

[4] 郑庚兴, 王和平. 大学物理实验. 上海:上海科学技术文献出版社,2004

[5] 朱俊孔,等. 普通物理实验. 济南:山东大学出版社,2001

[6] 龙希现, 戴穗安. 弦线驻波实验的误差分析. 湖南教育学院学报, 1998, 16(5): 149—152

[7] 肖苏. 实验物理教程. 合肥:中国科学技术出版社,1998

[8] 宋如茂. 电容的示波器测量法. 大学物理实验, 2005, 18(2): 56—62

[9] 春宁. 用示波法测量电容器的电容并观察电压和电流的相位差. 赤峰学院学报, 2007, 23(1): 37—38

[10] 王璐,杨百瑞. "*RLC* 串联电路暂态过程的研究"实验中电容系统误差的测量与修正. 大学物理,2008,27(2):48—49, 57

[11] 王筱武. 补偿法原理测电流. 浙江师大学报, 2000,23(4): 388—389

[12] 茅中良. 常用电子测量仪器使用与维护手册. 上海:上海科学技术出版社,

1993
[13] 盛永刚，徐耀，张磊. 溶胶－凝胶法制备高折射率 TiO_2 薄膜. 强激光与粒子束，2008，20(1)：75—78
[14] 李莉，宋俊密，陈强. 纳米 TiO_2 薄膜的制备技术研究进展. 安徽农业科学，2008，36(11)：4643—4644，4649
[15] 胡晓宏，刘艳华，于琳宇，金永飞. 多孔纳米 TiO_2 薄膜的制备及其光催化脱除 NO 的研究. 西安交通大学学报，2008，42(1)：87—90
[16] 陈守川. 大学物理实验教程. 杭州：浙江大学出版社，1995：83—86
[17] 刘继才，李文存. 混合法测金属比热容实验中若干问题的分析与探讨. 菏泽师专学报，1998，20(2)：66—68
[18] 陈东生，周嘉源，钱军，宦强. 混合法测固体比热容仪器的研制. 物理实验，2005，25 (1)：22—24
[19] 刘长虹，姚久民，王玉颖. 混合法测量固体比热容实验的改进. 唐山师范学院学报，2007，29(5)：23—25
[20] 郑新仪，张宁. 测定金属比热容的一种新方法. 实验室研究与探索，1997(6)：64—65
[21] 周炳昆，高以智，陈倜嵘，陈家骅. 激光原理. 北京：国防工业出版社，2004
[22] 李相银. 大学物理实验. 北京：高等教育出版社，2004
[23] 蓝信钜，等. 激光技术. 北京：科学出版社，2001
[24] 林木欣. 近代物理实验教程. 北京：科学出版社，1999
[25] 曹琦，李相银. 温度对纳米 ZnO 膜电学和光学性质影响的研究. 物理学报，2004 (53)：1572—1576
[26] 于美文，等. 光学全息及信息处理. 北京：国防工业出版社，1984
[27] 类成新，李凤灵. 全息光栅实验系统的制作. 济南：山东理工大学学报，2007，21(6)：78—80
[28] 施建花. 全息光栅的制作和应用. 技术物理教学，2007，15(3)：41—43
[29] 游明俊. 信息光学基础实验. 北京：兵器工业出版社，1992
[30] Keiser G. 光纤通信. 北京：电子工业出版社，2002

第三篇　研究与创新性实验

这部分实验内容是在基础性实验和提高性实验基础上,以物理等学科为依托,充分发挥学科技术优势和师资的优势,为着力培养优秀学生的创新精神和创新能力而编写的.各校根据具体情况,也可在必修实验课程之外开设1~2门物理实验选修课程,以满足不同层次学生的需要.本篇第9章为专题性实验一些常用仪器介绍,包括仪器用途、实验内容、主要技术指标、操作步骤和使用注意事项等,为研究或创新性实验的开展提供部分硬件基础.

本篇第10章为研究与创新性实验,其目的是让学生尽早接受科研基础训练.研究与创新性实验是培养学生创新精神、提高学生科研基础能力与实践能力的有效手段,是课堂教学与第二课堂课外科技活动相结合的重要手段,为培养和激发学生的研究兴趣、拓展学生的实验个性提供了主渠道.在教材编写中,针对本科生学习和研究的特点,提出了创新实验的指导思想,即:创新性实验是培养学生实验创新能力的主要基础,激发实验研究兴趣及拓展学生实验个性是创新性实验的目的,注重实验过程创新为创新性实验的原则,总结创新实验成败原因是创新性实验的结果.结合教学与部分科研成果,我们凝练了一批研究与创新性实验项目,其训练流程参见下图.

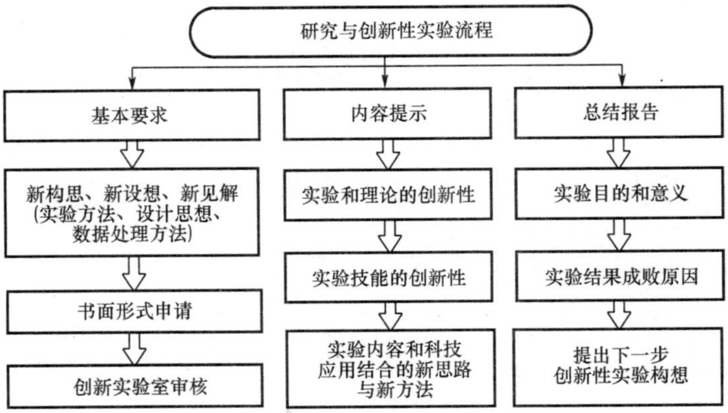

第 9 章　专题性实验常用仪器介绍

9.1　$B-H$ 特性测试仪

磁性材料在生产、生活中有着广泛的应用. 根据矫顽力的大小可以将磁性材料分为高矫顽力的硬磁材料和低矫顽力的软磁材料，在两者之间还有半硬磁材料. 软磁材料由于矫顽力低，在交流工作条件下，反复磁化导致的磁滞损耗小、能量转化效率高，因此在各种变压器的铁芯中得到了大量的使用. 而硬磁材料由于具有很大的矫顽力和最大磁能积，因此通常应用于需要永久磁场的场合，如扬声器的磁芯、发电机和电动机的定子等.

材料磁性测量的一个重要内容是测试磁性材料对外磁场的响应能力，即材料内部磁化强度与外磁场强度之间的关系. 利用 HT600 软磁材料磁性参量测量仪和 HT610 硬磁材料磁性参量测量仪可以分别测量软磁材料和硬磁材料的 $M-H$ 和 $B-H$ 关系曲线，通过对 $M-H$ 和 $B-H$ 曲线的分析可以得到磁导率、饱和磁化强度、剩余磁化强度、矫顽力、最大磁能积等反映磁性材料性能的关键参量.

HT600 软磁材料磁性参量测量仪

一、实验研究内容

1. 铁氧体的磁特性研究.
2. 软磁材料的磁矩 - 温度关系研究.
3. 变压器硅钢片磁性能的研究.

二、仪器结构

HT600 软磁材料磁性参量测量仪系统构成如图 9.1.1 所示. 系统由测量主机、测量软件和计算机系统组成. 其中测量主机又是由励磁电路、磁场定标电路、磁通计和 A/D、D/A 转换电路构成的.

三、工作原理

图 9.1.2 是 HT600 软磁材料磁特性测量仪的原理图. 在测量软件的控制

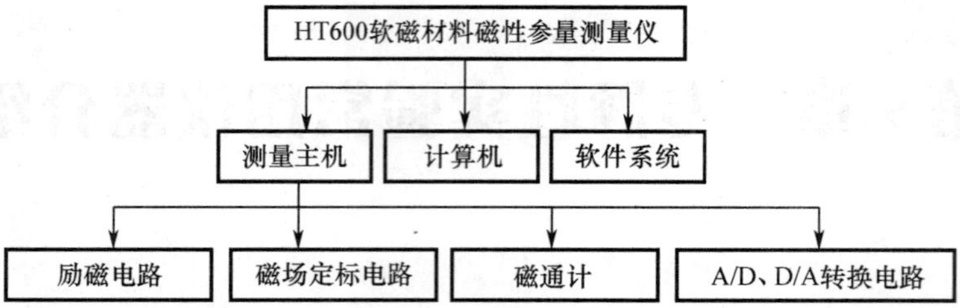

图 9.1.1　HT600 软磁材料磁性参量测量仪系统构成

下,励磁电流经功率放大器放大后输入初级线圈 N_1,对待测样品进行磁化. 样品内由初级线圈产生的磁场强度 H 可由流经初级线圈的电流计算. 设 N_1 为励磁绕组匝数,R_1 为励磁电流分流电阻,同时也是输出 U_1 的取样电阻. 则初级线圈中磁场强度 $H=(N_1/LR_1)U_1$,L 为磁路平均长度.

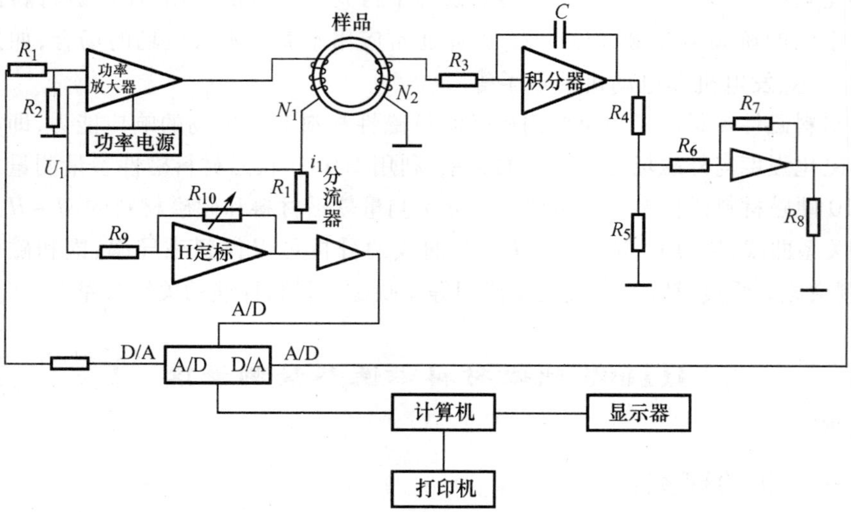

图 9.1.2　HT600 软磁测量系统示意图

磁感应强度的测量是通过电子磁通计实现的. 当样品内部的磁感应强度发生变化时,次级线圈 N_2 内的磁通量也将发生变化,并在线圈两端感应出电动势,由于线圈横截面积 S、匝数 N_2 均为定值,有 $B(t)=\dfrac{RC}{N_2S}e_0$. 通过测量运算放大器输出端的电压 e_0,根据电路参量 R、C、N_2、S 可以确定任意时刻样品内的磁感应强度 B. 根据 B 和 H 可以画出磁化曲线或磁滞回线.

四、仪器主要技术参量

磁化电流最大功率:　　±20 V/2 A, ±8 V/5 A

磁通测量范围:　　1 μWb ~ 1 Wb

磁通测量量程:　　1,10,100,1000(mWb)

磁化电流量程：　　±0.05 A，±0.2 A，±0.5 A，±2 A，±5 A
磁化电流精度：　　±2%(满度)
磁化电流范围：　　±0.001 ~ ±5 A

五、仪器使用操作步骤

1. 将计算机与打印机、显示器、鼠标器、键盘连接好；将数据采集卡的输入端和主机的模拟输出端相连接；将绕有初级线圈和次级线圈的待测样品连接到测试仪主机.

2. 确认功率放大器旋钮置于"准备"(STAND BY)挡，选择励磁电流的量程值及磁通计的磁通量程值.

3. 打开电源开关，磁通计的数字表显示读数，调节积分器漂移，使示数在短时间内保持不变.

4. 打开计算机、显示器、打印机的电源(如不准备打印，则打印机可不接).

5. 确定样品的有关参量，$D_{外}$、$D_{内}$、厚度、线圈匝数 N_1 和 N_2. 运行测量软件，设置测量参量.

6. 根据实验需要，选择合适的测量内容和测试条件进行实验，具体硬件和软件使用请参考仪器说明.

HT610 硬磁材料磁性参量测量仪

一、实验研究内容

1. NdFeB 合金的磁性研究.
2. AlNiCo 合金的磁特性研究.
3. 钐钴合金 $SmCo_5$ 和 $SmCo_{17}$ 的磁性比较研究.

二、仪器结构

HT610 硬磁材料磁性参量测量仪的系统构成如图 9.1.3 所示. 系统由

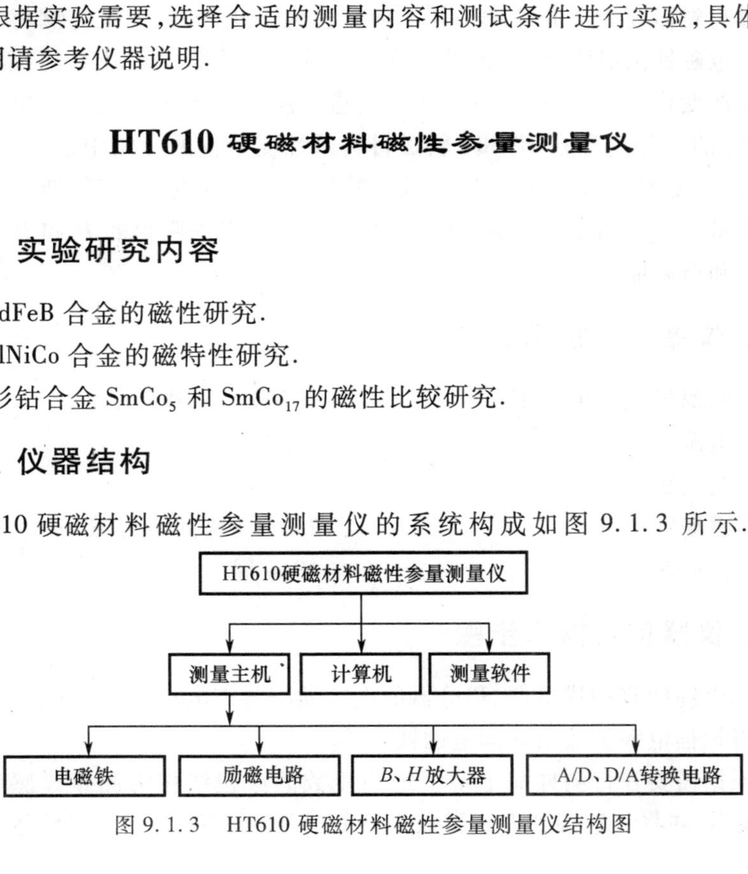

图 9.1.3　HT610 硬磁材料磁性参量测量仪结构图

HT610 硬磁材料测量仪主机、计算机和测量软件组成. 测量主机由电磁铁、励磁电路、B 和 H 放大器、A/D 和 D/A 转换电路组成.

三、工作原理

图 9.1.4 是 HT610 硬磁材料测量仪的原理图,系统由励磁电源、电磁铁、电子积分器、数字特斯拉计、计算机、样品等组成.

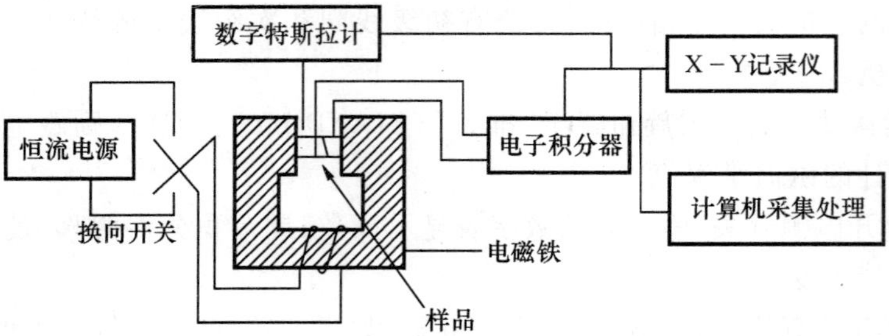

图 9.1.4　HT610 硬磁材料测量仪原理图

HT610 的工作原理与 HT600 的工作原理非常类似,只有一些细微的差别. 由于硬磁材料需要较高的外磁场才能使其达到磁化饱和,因此待测材料被夹持在巨大的电磁铁两极之间,以提供足够大的磁化场强度. 样品上绕有检测待测磁体内部磁通变化的感应线圈. 待测样品磁感应强度 B 的测量是通过电子磁通计实现的,它的工作原理在 HT600 软磁材料磁性测量仪的介绍中已有阐述,不再赘述. 磁场强度 $H(t)$ 的测量是通过数字特斯拉计完成的. 数字特斯拉计的工作原理与测量磁感应强度的磁通计的原理是一样的. 根据测得的 H 和 B 可以绘出磁滞回线和退磁曲线.

四、仪器主要技术参量

磁化电源最大输出电压：	±200 V ±10%
磁化电源最大输出电流：	±50 A
极头截面积：	80 mm^2
中心磁场：	2.0 T (极间距为 10 mm)
自动扫描速率：	10 s/周

五、仪器使用操作步骤

1. 用电缆线将扫描电源、积分器的电源插座与市电相连.

2. 将扫描电源的输出端同电磁铁相连.

3. 根据需要在待测样品上绕上适当匝数的漆包线作为测量磁感应强度 B 的感应线圈,并将其连接到 B 通道放大器的信号输入端口. 将样品放置在电磁铁两极之间，并将其夹紧.

4. 将数字特斯拉计紧贴待测磁体侧面水平放置，特斯拉计的两根连线连接到 H 运算放大器背面的两个输入端钮上.

5. 打开主机和 B、H 放大器的电源开关. 调节 B、H 积分器的零漂移，如使数字表显示的读数变慢则表示漂移调节方向正确，直到数字表显示的读数在短时间内保持不变，则认为漂移基本调节完毕，按“复位”按钮使数字显示为 0.

6. 打开电脑，运行测试软件，并根据测试内容选择适当的测试选项，具体操作请参阅产品说明.

9.2　四探针测试仪

半导体产业的兴起，对半导体晶片电阻率的快速准确测量提出了迫切的要求，为了满足这种需求四探针测试技术应运而生. SDY－4 型四探针测试仪是根据单晶硅物理测试方法国家标准并参考美国 A. S. T. M 标准设计的半导体材料电阻率及方块电阻（薄层电阻）测试专用仪器. 整套仪器体积小、功耗低、测量精度高、测试速度快、稳定性好、易操作. 该仪器可满足半导体材料、器件的研究生产单位对材料（棒材、片材）电阻率及扩散层、离子注入层、异型外延层和导电薄膜方块电阻测量的需要.

一、实验研究内容

1. 本征硅片和掺杂硅片电导率的比较研究.
2. 纳米氧化锌薄膜退火条件对电阻率影响的研究.
3. 镁掺杂纳米氧化锌薄膜电阻特性的研究.

二、仪器结构

SDY－4 型四探针测试仪的结构如图 9.2.1 所示，系统由测量主机和测量探头组成，其中的测量主机又是由恒流源、毫伏表、显示控制电路构成的.

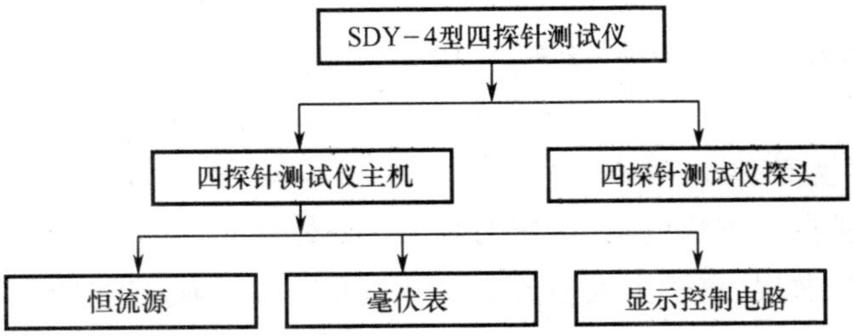

图 9.2.1　SDY－4 型四探针测试仪结构图

三、工作原理

四探针测试仪的原理如图 9.2.2 所示. 将四根排成一条直线的等间距的探针以一定的压力垂直地压在被测样品表面,在 1、4 探针间通以电流 I(mA),2、3 探针间就产生一定的电压 V(mV). 测量此电压并根据测量方式和样品的尺寸不同,分别按以下公式计算样品的电阻率或方块电阻.

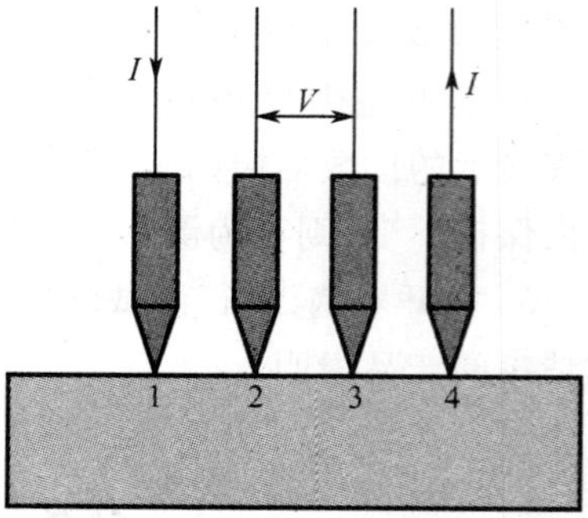

图 9.2.2　直线四探针法测试原理图

A. 薄圆片(厚度≤3 mm)电阻率:

$$\rho=\frac{V}{I}\cdot F_2(D/\overline{S})\cdot W\cdot F(W/\overline{S})\cdot F_{SP} \tag{9.2.1}$$

式中: D——圆片直径;

W——圆片厚度;

$\overline{S}$——探针平均间距;

$F_2(D/\overline{S})$——圆片直径修正因子. 当 $D\to\infty$ 时,$F_2(D/\overline{S})=4.532$,有限直径下的 $F_2(D/\overline{S})$ 可从仪器说明书的附表中查出;

$F(W/\overline{S})$——厚度修正因子. $W/\overline{S}<0.4$ 时,$F(W/\overline{S})=1$;$W/\overline{S}\geqslant 0.4$ 时,$F(W/\overline{S})$ 值可从仪器说明书的附表中查出;

F_{SP}——探针间距修正因子,每一探头均有相对应的 F_{SP};

若选取电流 $I=F_2(D/\overline{S})\cdot[W\cdot F(W/\overline{S})\cdot F_{SP}]\cdot 10^n$(mA)(式中 W 以 mm 为单位;n 为正整数或负整数) 则

$$\rho=V\cdot 10^{-(n+1)}\qquad(\Omega\cdot\text{cm}) \tag{9.2.2}$$

式中 V 以 mV 为单位,n 为正整数或负整数.

B. 薄层方块电阻 R 方块 $R_{方块}$:

$$R_{方块}=\frac{V}{I}\cdot F_2(D/\overline{S})\cdot F_{SP}\qquad(\Omega\cdot\text{cm}) \tag{9.2.3}$$

若选取电流 $I=F_2(D/\overline{S})\cdot F_{SP}\cdot 10^n$(mA),则

$$R_{方块}=V\cdot 10^{-n}\qquad(\Omega\cdot\text{cm}) \tag{9.2.4}$$

式中 V 以 mV 为单位.

① 双面扩散层方块电阻,可按无穷大直径处理,此时 $F_2(D/\overline{S})=4.532$.

② 单面扩散层、离子注入层或反型外延层方块电阻,此时 $F_2(D/\overline{S})$ 可从附表中查出.

C. 厚度大于 3 mm 的厚片电阻率:

当任一探针与被测样品边缘的最近距离不小于 4S 时，测量区的电阻率为

$$\rho = \frac{V}{I} \cdot 2\pi \overline{S} \qquad (\Omega \cdot \text{cm}) \tag{9.2.5}$$

令探针系数 $C = 2\pi \overline{S}$，则 $\rho = \frac{V}{I} \cdot C$，式中

$$\frac{1}{\overline{S}} = \frac{1}{S_1} + \frac{1}{S_2} \quad \frac{1}{S_1 + S_2} - \frac{1}{S_2 + S_3}$$

S_1、S_2、S_3 为 1—2 针、2—3 针、3—4 针的针间距.

若选取电流 $I = C \times 10^n$ mA，则 $\rho = V \cdot 10^{-n}$（Ω· cm）（V 以 mV 为单位）.

四、仪器主要技术参量

测量范围：

电阻率：　0.01～200 Ω·cm

方块电阻：　0.1～2 000 Ω/□

可测晶片直径：　最大 150 mm

恒流源：

电流量程分为 0.1，1，10，100（mA）四挡，各挡电流连续可调，误差 <0.2%.

数字电压表：

量程：　0～199.99 mV；

分辨率：　10 μV

显示：采取四位半红色发光管显示. 自动显示超量程、极性、小数点.

输入阻抗：　>1 000 MΩ

精度：　±0.1%

最大电阻测量误差：0.1 Ω，1 Ω，10 Ω，100 Ω

四探针头：

间距：　1 ±0.01 mm

针尖绝缘电阻：　≥1000 MΩ

机械游移率：　≤0.3%

探针压力：　12～16 N（总力）

五、仪器使用操作步骤

（1）开启电源，预热 5 分钟.

（2）根据所测样品按表 9.2.1 和 9.2.2 选择电流量程，按下相应的电流量程选择键，此时主机显示电流数值. 调节电位器的粗调和细调旋钮，按相应公式选取电流值.

表 9.2.1　方块电阻测量电流量程选择表

方块电阻/(Ω/□)	电流量程/mA
< 2.5	100
2.0 ~ 2.5	10
20 ~ 25	1
> 200	0.1

表 9.2.2　电阻率测量电流量程选择表

电阻率/(Ω · cm)	电流量程/mA
< 0.06	100
0.03 ~ 0.6	10
0.3 ~ 60	1
> 30	0.1

(3)根据需要测试的内容,选择方块电阻或电阻率测量按钮;按下电流设定和测量切换按钮,使“$R_{\square}/\rho$”指示灯亮,进入测量状态.

(4)选用不同的测试台操作方法,使探头与被测样品接触,显示器即可显示被测样品的电阻率或方块电阻.

9.3　单光子计数实验系统

现代光测量技术已步入极微弱光分析时代. 单光子计数器利用极微弱光下光电器件(如光电倍增管)输出电流信号自然离散的特征,采用脉冲高度甄别和数字计数技术,将淹没在背景噪声中的弱光信号提取出来,并借助电子计数的方法检测入射光子数,实现了极弱光强或通量的测量. 目前,这种技术已广泛应用于拉曼散射探测、医学、生物学等许多领域,进行高分辨率光谱测量、非破坏性物质分析、放射探测及生物发光等研究,已成为各发达国家光电子学界重点研究的课题之一.

一、实验研究内容

1. 光电倍增管的光谱响应度、暗电流特性等.
2. 工作温度对暗计数率和有光信号计数率的影响.
3. 拓展性实验(如发光二极管小电流区光功率 – 电流特性的测量).

二、仪器结构

WSZ－5A 单光子计数实验系统由单光子计数器、半导体制冷系统、外光路、计算机及控制软件等部分构成，图 9.3.1 示出了实验系统的外光路结构. 其中，光源、干涉滤光片和衰减片可根据实验需要自行更换和组合.

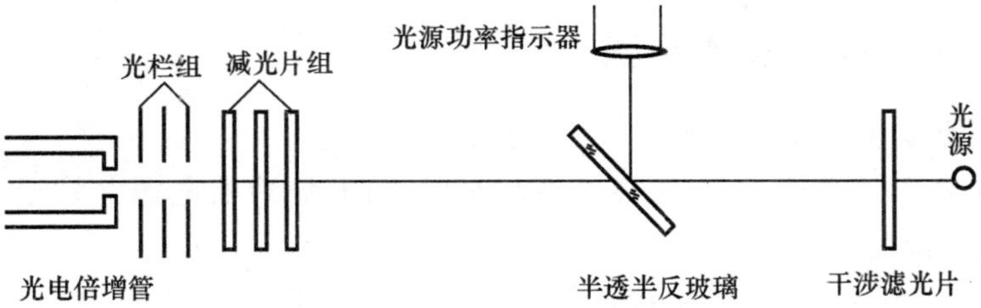

图 9.3.1　WSZ－5A 单光子计数实验系统外光路结构

三、工作原理

光源发出的光经干涉滤光片、半透半反玻璃片、减光片(组)及光栏组后呈极微弱光入射到光电倍增管光阴极表面. 每个入射光子以一定的概率(量子效率)使光阴极发射出一个电子，这个光电子经倍增系统的倍增最后在阳极回路中形成一个电流脉冲，并通过负载电阻转为一个电压脉冲，此即单光子脉冲. 设入射光子流在阳极回路产生的脉冲信号呈分立状，因光阴极和各倍增极的热电子发射也会在阳极输出电脉冲，它们与入射光存在与否无关，故称暗电流脉冲，或倍增管中的热噪声. 其中，光阴极造成的热噪声脉冲幅度与单光子脉冲幅度相当，但各倍增极热发射引起的噪声脉冲幅度一般均低于单光子幅度，由此形成“单光电子峰”，如图 9.3.2 所示. 若脉冲幅度甄别器用甄别电平 V_h 把幅度低于该值的脉冲抑制掉，只让高于 V_h 的脉冲通过，即可实现积分工作方式下的单光子脉冲计数；若甄别器通过设置下甄电平 V_L 和上甄电平 V_h，分别抑制脉冲幅度低的暗噪声和脉冲幅度高的外来干扰噪声，即可实现微分工作方式下的单光子计数.

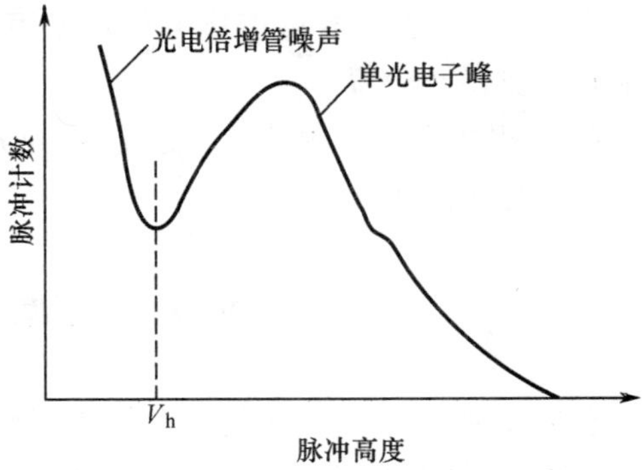

图 9.3.2　脉冲计数率随脉冲幅度大小的分布

四、仪器主要技术参量

光源：　　　　　　　　　　　高亮度 LCD；

干涉滤光片中心波长： 532 nm；
光电倍增管光谱响应范围： 300～650 nm；
高压控制： 数字可调(0～1 200 V)；
暗计数： ≤30CPS(－20 ℃)；
制冷器温控范围： 室温～－25 ℃.

五、仪器使用操作步骤

1. 根据实验需要选择和调节外光路，打开遮光罩.

2. 在要求制冷条件下，先接通冷却水源，打开制冷器电源并将温度控制表调节到所需温度.

3. 约过 20 分钟后，分别接通仪器主机和计算机电源，运行 WSZ－5A 单光子计数中文软件.

4. 调节光源功率旋钮；根据实验需要设置测量参量并作相应测量和记录.

5. 测量结束后，退出应用程序，先后关闭主机电源、计算机电源和制冷器电源.

六、仪器使用注意事项

1. 开机之前检查仪器连接电缆，确保各部件连接正确.

2. 在打开制冷器电源之前应先接通自来水，注意进水及出水的方向，否则仪器不工作，出现报警现象.

3. 仪器使用完毕后，先关掉电源，但不能立即切断水源，待制冷器芯片冷却后再关闭水源(否则有可能影响仪器使用寿命). 同时盖好遮光盖，将光功率调节旋钮拧到最小位置.

4. 不得用手直接触摸干涉滤光片、减光片等光学元件；若元件受灰尘污染，可用吹气球将灰尘吹去.

9.4 色度测量仪

色度学是研究人的颜色视觉规律、颜色测量的理论与技术的科学，是一门 20 世纪发展起来的，以物理光学、视觉生理、视觉心理、心理物理等学科领域为基础的综合性学科. 由于色度学的建立，颜色工作者就能以统一的标准，对颜色作定量的描述和控制. 它广泛应用于工业和生产、科学技术和文化事业等部门，诸如彩色电视、彩色摄影和彩色印刷、染料和涂料、纺织、造纸、交通信号、照明技术等都涉及颜色测量问题.

一、实验研究内容

1. 物体反射和透射的色度测量.
2. 光源的色度特性测量及分析.

二、仪器结构

WSD－1A 型色度测量实验装置由光电色度计、电控箱、计算机、打印机组成. 该系统集光学、精密机械、电子学、色度学、计算机技术于一体,可直接测量光源色或物体色的三刺激值或色度坐标.

三、工作原理

光电色度计是色度测量实验装置的重要组成部分,由光栅单色仪、光源系统、测反射样品机构、测透射样品机构、接收单元等部分组成.

光栅单色仪由正弦机构、双出缝机构及光学系统组成.

a. 正弦机构:仪器采用"正弦机构"进行扫描,光栅置于光栅台上,光栅台与正弦杆连接,光栅台的回转中心通过正弦杆的回转中心,从而带动光栅转动,使不同波长的单色光依次通过出射狭缝而完成"扫描".

b. 双出缝机构:仪器采用双出缝机构,以在作透射测量或反射测量时方便操作. 狭缝为直狭缝,宽度范围 0～2.5 mm 连续可调.

c. 光学系统

光栅单色仪采用光栅分光系统,其光学系统如图 9.4.1 所示.

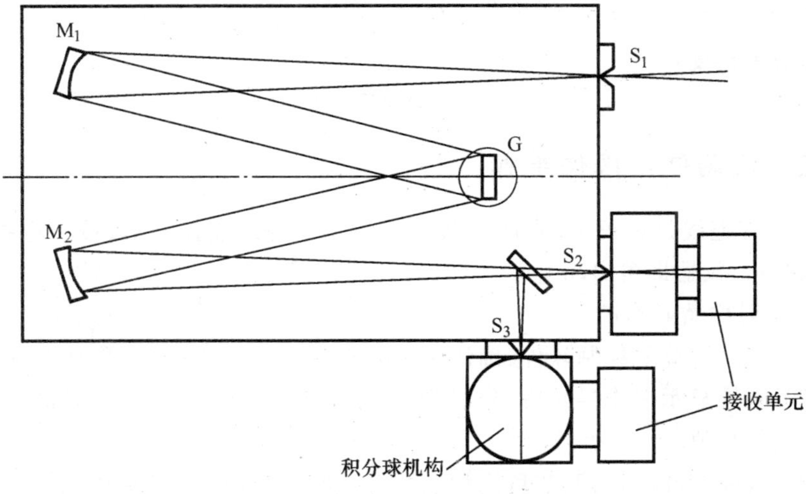

图 9.4.1　光栅分光系统原理图

光源发出的光束射入入射狭缝 S_1,S_1 位于球面反射境 M_1 的焦平面上,通过

S_1 射入的光束经 M_1 反射成平行光束投向平面光栅 G,经 G 衍射后的平行光束经球面反射境 M_2 的反射成像在出射狭缝 S_2 或 S_3 上.(通过转镜调节)

测反射样品机构由积分球机构和反射样品池组成.积分球机构的一端通过连接板与单色仪上的出射狭缝 S_3 连接,另一端连接反射样品池,该结构为 0/d 形式,从狭缝 S_3 射出的光束直接射在样品表面上,用积分球收集反射通量.

测透射样品机构内装有透射压板机构,用于测量固体样品,同时备有液体样品池部件,用于测量液体样品.

接收单元也称探测器.它能对被单色仪色散出来的单色辐射功率加以定量的测量.本系统采用光电倍增管作为探测器.接收单元上装有燕尾导轨滑板,可以方便地作反射样品测量或透射样品测量的切换.

四、仪器主要技术参量

规格参量

波长范围:	380 ~ 780 nm
准直径焦距:	$f = 302.5$ mm
相对孔径:	$D/F = 1/7$
狭缝宽度:	0 ~ 2.5 mm 连续可调
色散元件:	1 200 L/mm　550 nm 闪耀衍射光栅

主要技术指标

波长精度:	±0.4 nm
波长重复性:	0.2 nm
杂散光:	$\leqslant 10^{-3}$
透射率精度:	$\leqslant \pm 1\%$
噪声:	$\leqslant \pm 0.5\%$

五、仪器使用操作步骤

1. 检查连线是否正确,确认各条信号线及电源线连接好后,按下电控箱上的电源按钮,仪器即可启动.

2. 反射样品的测量

(1) 启动计算机控制软件,确认使用出缝 1(S_3)后,点击"反射样品测量".

(2) 系统显示工作界面后,分别输入采集间隔、工作范围、电机延时、采集次数等相应的数值.

(3) 放入标准白板,调节负高压及狭缝,使测量到的反射基线比较大,但信号又没溢出(此步骤可能要反复做几遍,才能得到满意的结果).

(4) 拿掉标准白板,放入样品,测量样品的反射率.(注:拿掉白板前需将负高压调回到 0,放入样品后再将负高压调节到测标准白板时的数值.)

(5) 打开"色度计算"的窗口,计算该样品的色度坐标及其他参量.

3. 透射样品的测量

(1) 启动计算机控制软件,确认使用出缝 2(S_2)后,点击"透射样品测量".

(2) 系统显示工作界面后,分别输入采集间隔、工作范围、电机延时、采集次数等相应的数值.

(3) 将样品池置空(以空气作测量基准),调节负高压及狭缝,使测量到的透射基线比较大,但信号又没溢出(此步骤可能要反复做几遍,才能得到满意的结果).

(4) 放入样品,测量样品的透射率.(注:需将负高压调回到 0,放入样品后再将负高压调节到测空气时的数值.)

(5) 打开"色度计算"的窗口,计算该样品的色度坐标及其他参量.

4. 发光体的测量

(1) 启动计算机控制软件,确认使用出缝 2(S_2)后,点击"发光体测量".

(2) 将光源换成待测发光体.

(3) 在"发光体"模式下测量其相对光谱功率分布.

(4) 打开"色度计算"的窗口,计算该发光体的色度坐标及其他参量.

5. 关闭计算机的控制软件,关闭仪器.

六、仪器使用注意事项

1. 打开及关闭仪器时应确保按规定程序操作.
2. 改变接收单元位置之前,需将负高压调回到 0,以确保实验安全.

9.5　紫外近红外光谱仪

光谱学是研究各种物质光谱的产生及其与物质之间相互作用的科学.通过光谱的研究,可以得到原子、分子等的能级结构、电子组态、化学键的性质、反应动力学等多方面物质结构的知识,而光谱仪是研究光谱的有力工具.它可以测量入射光的频率分布及入射光中不同频率光波的相对强度.安道尔紫外近红外光谱仪可以测量波长在 200 nm 到 1 200 nm 范围内的光谱信号,同时配备具有电子倍增功能的摄像头,可以实现对弱光信号的高灵敏度检测和记录.

一、实验研究内容

1. 氧化锌薄膜光致发光谱的研究.
2. 氧化锌薄膜电致发光谱的研究.

3. 氧化锌薄膜紫外吸收特性研究.

4. 发光二极管光谱特性的研究.

二、仪器结构

安道尔紫外近红外光谱仪由安道尔 SR－303i－A 光谱仪、NewtonEM CCD 摄像头、SOLIS 测量软件和计算机系统组成，如图 9.5.1 所示.

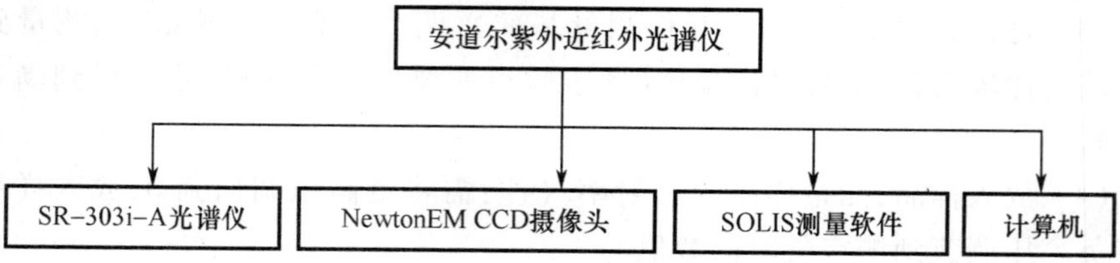

图 9.5.1　安道尔紫外近红外光谱仪结构图

三、工作原理

安道尔紫外近红外光谱仪的基本结构如图 9.5.2 所示. 含有不同波长的复色光从入射狭缝射入光谱仪，经准直镜准直后的平行光入射到光栅上. 根据光栅方程 $d(\sin i+\sin\theta)=k\lambda$ 可知，不同波长光波的衍射角不同，因此不同波长的光在空间上分散开来. 色散后的光入射到聚焦镜，经聚焦后入射到摄像头的 CCD 芯片上，CCD 芯片将光信号转换成电信号送往计算机，并被记录下来. 由于不同波长的光经光栅色散后入射到 CCD 摄像头的不同水平位置的像素点上，因此如果事先利用已知波长的入射光对 CCD 像素点位置和波长之间的对应关系进行定标，则当未知波长的光入射到 CCD 时就可以根据光入射到 CCD 像素点上的位置确定其波长.

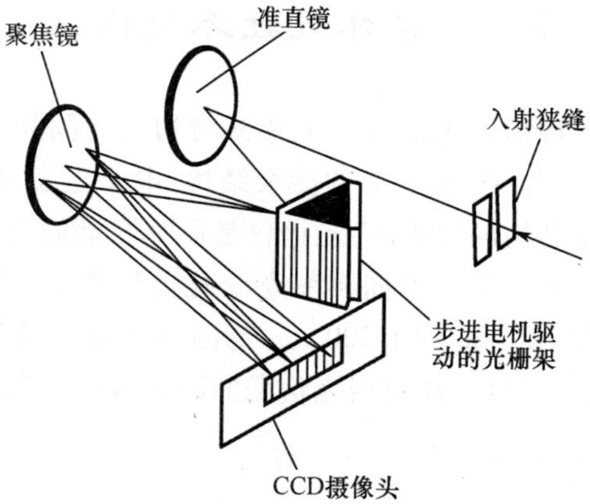

图 9.5.2　安道尔光谱仪结构原理图

四、仪器主要技术参量

光谱仪		摄像头	
焦距(mm)	303	有效像素	1 600 × 200
孔径	*f*/4	像素尺寸（*W* × *H*，μm）	16 × 16
逆色散（nm/mm）	2.6	图像面积（mm）	25.6 × 3.2
波长分辨率(nm)	0.1	活动区域像素井深（典型值）	150 000
波长复现性（nm）	± 0.05	每秒最大谱数 FVB	602

五、仪器使用操作步骤

1. 将光谱仪和摄像头的电源线连接至电源,将摄像头输出的信号线连接至计算机的 USB 接口.

2. 启动计算机,运行 SOLIS 软件,开启光谱仪和摄像头的电源.软件读取存储在光谱仪中的硬件信息,如无异常则进入操作软件的主界面.

3. 进入“硬件”下的“温度”子菜单,设定 CCD 芯片的制冷温度,一般设定为 -40 ℃,最低为 -70 ℃.等制冷器将摄像头 CCD 芯片的温度降到预定温度后可以进一步操作.

4. 仪器初次使用时需要在正式进行数据采集之前对摄像头位置和光栅位置进行校准,也就是对波长进行校正.具体校正步骤请参阅操作手册.

5. 波长校准完毕后,可以进行正式的测量.测量前需要将待测的光源或样品进行合理的放置,以使更多的光谱信号进入光谱仪.测量时需要合理的设置曝光时间、入射狭缝的宽度.

六、仪器使用注意事项

1. 光谱仪是精密仪器,需要放置在干燥清洁的环境中使用.

2. 使用过程中严禁私自拆卸系统的部件;也不允许在未征求教师意见的情况下私自设置仪器的关键参量.

3. 若仪器长期闲置不用或被搬运、移动过,需要对波长重新进行校正.

9.6　双光束紫外可见分光光度计

无机物和有机物在紫外、可见光区都有吸收.物质的吸收光谱本质上就是物质中的分子和原子吸收了入射光中的某些特定波长的光能量,相应地发生了分子振动能级跃迁和电子能级跃迁的结果.由于各种物质具有各自不同的分子、原子和不同的分子空间结构,其吸收光能量的情况也就不会相同,因此,每种物质就有其特有的、固定的吸收光谱曲线,可根据吸收光谱中某些特征波长处的吸光度的高低判别或测定该物质的含量.

紫外可见分光光度法的定量分析基础是朗伯 - 比尔(Lambert - Beer)定律,即:物质在一定波长处的吸光度与它的吸收介质的厚度和吸光物质的浓度成正比.

一、实验研究内容

1. 测定溶液中物质的含量.
2. 用紫外光谱鉴定化合物.

二、仪器结构

WFZ - 26A 型紫外可见分光光度计由光学系统、电子系统、计算机系统及中文操作软件四部分组成,图 9.6.1 示出了仪器系统的结构框架.

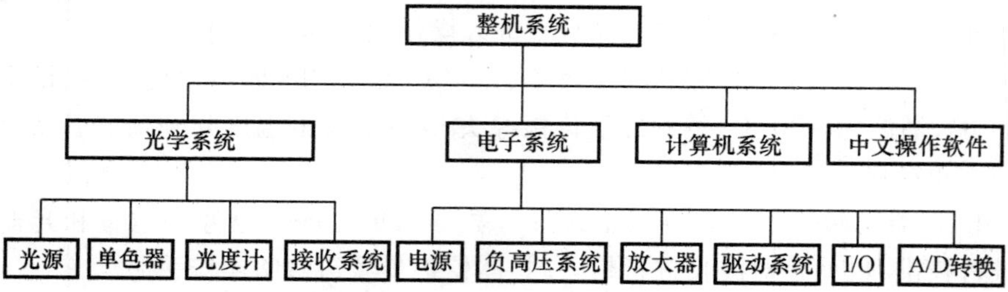

图 9.6.1 WFZ - 26A 型紫外可见分光光度计结构示意图

三、工作原理

如图 9.6.2 所示,由光源 D(氘灯)或 W(钨灯)发出的复色光,经反射镜 M_1 后聚焦在入射狭缝 S_1 处. S_1 置于球面镜 M_2 的前焦点上,故由 M_2 反射后的光束成为平行光并入射到光栅 G 的表面,经衍射后按波长大小依次形成不同方向的衍射光,由与 M_2 完全相同的球面镜 M_3 聚焦在出射狭缝 S_2 处. 改变 S_2 的宽度即可得到不同的光强及光谱宽度. 该“单色光”通过 M_4 准直、M_5 反射及旋转扇形镜 M(1 500 r/min)调制后成为透射光束 S 或参比光束 R,并交替投射在反射镜 M_6 和 M_7 表面,最后分别由 M_8、M_9 交替会聚到光电倍增管(接收器)的光敏面上. 与此同时,旋转扇形镜在 360°范围内,1/4 部分产生反射,1/4 部分引起透射,其余形成既无透射也无反射的背景. 当反射部分转入光路时,参比光束到达接收器;而当透射部分进入光路时,则样品光束到达接收器. 若背景反射不完全为 0,则有一个很低电平的信号输出,于是接收器输出了如图 9.6.3 所示的电信号. 该

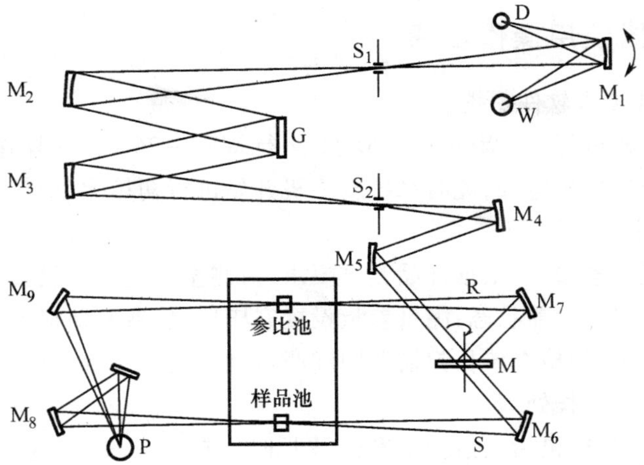

图 9.6.2　WFZ－26A 型紫外可见分光光度计光路原理图

信号经前置放大和 A/D 转换后，送入计算机进行数据处理，并通过终端装置显示或打印出被测样品的谱图.

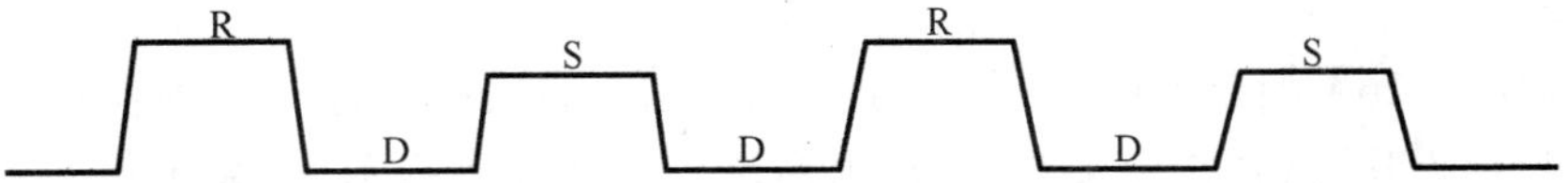

图 9.6.3　电信号波形图

四、仪器主要技术参量

波长范围：	190～900 nm
波长准确度：	±0.5 nm
波长重复性：	0.25 nm
透射比准确度：	±0.3%
透射比重复性：	0.15%
基线直线性：	±1%（换灯时允许有 2% 的跳动）
杂　光：	≤0.3%（200 nm 处）
光谱带宽：	2 nm、1 nm、0.5 nm、0.3 nm、0.15 nm
测量模式：	透射率、吸收比、能量
扫描速度：	快速、中速、慢速、最慢
仪器尺寸：	710 nm×560 nm×240 mm
质　量：	45 kg
电　源：	220 V±22 V　50 Hz±1 Hz
计 算 机：	通用微型计算机

五、仪器使用操作步骤

1. 开机并进入软件系统

打开计算机电源，在 Windows 环境下运行 WFZ－26A 中文操作软件，并按屏幕提示开启紫外主机电源，此时系统对主机开始进行初始化.

2. 测量时的基本操作

（1）设置测量参量：根据样品测试要求，对测量参量进行设置.

（2）检查仪器当前状态：测量参量设置完毕后，仪器立即根据测量参量检查和改变仪器状态，如检查波长扫描范围和测量刻度范围是否符合要求、仪器当前波长是否在起始波长处等.

（3）光谱测量：包括光谱扫描和定波长时间扫描方式. 在进行光谱扫描时，若测量模式为透射率或吸光度，应先进行背景或空白的基线光谱扫描，然后再进行样品的紫外光谱扫描，便于扣除由基线扫描得到的背景光谱. 若测量模式为能量方式，则不需要进行基线光谱扫描，而可直接选择光谱扫描.

3. 关闭系统

WFZ－26A 型紫外可见分光光度计正常关机步骤为：停止紫外仪器正在进行的任何操作，选择文件菜单中“退出系统”，并按屏幕提示，先关闭紫外主机电源，然后关闭计算机电源.

六、仪器使用注意事项

1. 打开及关闭仪器时应确保按规定程序操作.

2. 开机预热 20 分钟后才能进行测定工作.

3. 使用的吸收池必须洁净，并注意配对使用. 量瓶、移液管均应校正、洗净后使用.

4. 取吸收池时，手指应拿毛玻璃面的两侧，装盛样品以池体的 4/5 为度，使用挥发性溶液时应加盖，透光面要用擦镜纸由上而下擦拭干净，检视应无溶剂残留. 吸收池放入样品室时应注意方向相同. 用后用溶剂或水冲洗干净，晾干并防尘保存.

9.7 荧光分光光度计

荧光是一种光致发光的冷发光现象. 当某种常温物质受一定波长的入射光（通常是紫外线或 X 射线）照射时，该物质分子吸收光能后进入激发态，并立即退激发而发出比入射波长更大的出射光（通常在可见光波段）；且一旦停止照射，发光现象也随之立即消失. 具有这种性质的出射光就称为荧光. 荧光分析法具有灵敏度高(比紫外可见分光光度法高 2 ~ 3 个数量级),选择性好,工作曲线线性范围宽的优点,而且能提供激发光谱、发射光谱、发光强度、发光寿命、量子产生率、偏振及各向异性等诸多信息,已成为一种重要的痕量分析技术,在生物、医学、环境、石油工业等诸多领域有着广泛应用. 它不仅能直接、间接地分析众多的有机化合物,利用与有机试剂反应还能进行许多无机元素的测定.

一、实验研究内容

1. 固体和液体的激发光谱、发射光谱和同步荧光光谱.
2. 荧光物质的定量或定性分析.

二、仪器结构

WFY - 28 型荧光分光光度计(fluorescence spectrometer)由光学系统、电子系统、步进电机驱动的机械系统以及控制与处理系统构成. 图 9.7.1 所示为整机构成示意图,其中机械系统的作用是通过步进电机的驱动实现狭缝调整、滤光片切换和波长扫描.

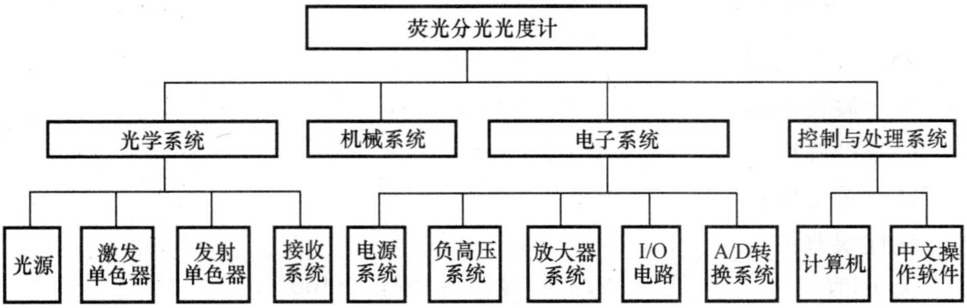

图 9.7.1　WFY - 28 型荧光分光光度计结构示意图

三、工作原理

图 9.7.2 所示为荧光分光光度计光路原理图. 由氙灯发出的光经透镜组 T_1 会聚及平面反射镜 M_1 转向后入射到激发狭缝 S_1 处. S_1 好比狭缝光源,它所发出的光经凹面镜 CM_1 准直后入射到光栅 G_1 上,经衍射后不同波长的光产生的衍射方向也不同. 凹面镜 CM_2 将某一波长的单色光会聚于狭缝 S_2 处. 改变 S_2 的位置或宽度可得到不同的激发波长与激发带宽. 由 S_2 出射的光经样品透镜组 T_3 会聚后照射到被测样品上,样品分子受激发产生的荧光由发射单色器透镜组 T_2 会聚、反射镜反射后经发射狭缝 S_3 后由凹面镜 CM_3 准直并投射到光栅 G_2 上,经 G_2 衍射和凹面镜 CM_4 的会聚,到达接收狭缝 S_4 并由光电倍增管 P 接收,后者产生光电流信号并经放大后通过 A/D 转换输入计算机. 于是,改变 S_4 位置(固定 S_2)即可得到同一激发波长下的发射光谱;反之,固定 S_4(改变 S_2 位置)又可分

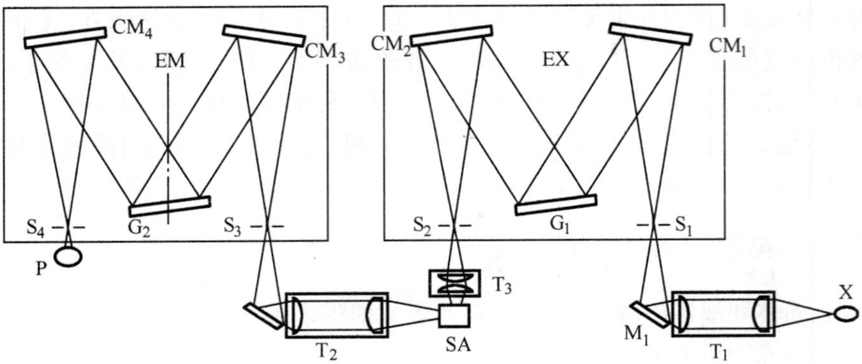

图 9.7.2　系统光路原理图

X—氙灯；T_1—激发单色器透镜组；T_2—发射单色器透镜组；T_3—样品透镜组；S_1—激发狭缝；S_3—发射狭缝；S_4—接收狭缝；P—光电倍增管；EX—激发单色器；EM—发射单色器；SA—样品室

析同一发射波长下的样品激发光谱特性.

四、仪器主要技术参量

激发波长范围：	220 ~ 760 nm
发射波长范围：	220 ~ 760 nm
波长准确度：	±0.5 nm
波长重复性：	0.2 nm
线性误差：	≤ ±1%
灵敏度：	水的拉曼峰，信噪比≥100
激发和发射光谱带宽：	2 nm、4 nm、6 nm、8 nm、10 nm、20 nm
工作方式：	E(能量)
扫描速度：	最快、快速、正常、慢速、最慢
激发滤光片：	黑片(220 ~ 400 nm)，白片(400 ~ 760 nm)
发射滤光片：	共 5 片和 1 空白片
电源：	AC 220 V / 50 Hz
仪器功能：	参量设置、光谱测量、光谱平滑、浓度测量、光谱微分、光谱四则运算、峰值检索.

五、仪器使用操作步骤

1. 开机并进入软件系统

WFY－28 荧光分光光度计正确开机步骤为：首先开启光源电源；然后接通荧光分光光度计主机电源；最后打开计算机电源进入 Windows 操作系统，并从

“开始/程序”中运行荧光中文操作软件. 点击“复位”使系统初始化.

2. 测量发射光谱与激发光谱(以测蒸馏水拉曼峰为例.)

将盛有三次蒸馏水的 10mm 石英比色皿置于样品室中,将激发波长设定为 350 nm(蒸馏水激发波长),发射波长范围可设置为 360 ~ 450 nm,激发和发射带宽均为 10,增益控制设为 200,扫描速度为最快(1 nm/s),滤光片均设为空白. 对发射单色器进行光谱扫描. 扫描完毕后,屏幕将显示出蒸馏水在 350nm 单色光照射下发出的荧光光谱,记录下相应的发射光谱曲线(记录方法:点击“保存当前图谱”,将谱线数据以 . fld 格式保存;通过路径“图谱分析—数据读取—数据列表”记录下发射波长和对应的能量值,便于在非实验时间通过记事本等软件顺利输出目标曲线). 记下峰值波长(约 397 nm),此即蒸馏水峰值发射波长.

再将发射波长设为 397 nm,激发波长范围可设为 220 ~ 390 nm,进行激发单色器光谱扫描,由此得到蒸馏水激发光谱特性.

注意:以上是测量蒸馏水特征谱线的实验参量,若是测量其他物质则需从低到高、选择不同的激发和发射波长反复通过实验测定.

3. 测定未知溶液浓度

根据物质在一定波长、一定浓度范围内,荧光能量与浓度的线性关系,测量 5 种已知浓度的溶液能量,绘制出(标准)浓度能量曲线,再进行未知溶液浓度的测定.

4. 关闭系统

测量完毕后,先退出操作系统,再依次关闭荧光分光光度计主机电源和光源电源,最后关闭计算机电源.

六、仪器使用注意事项

1. 打开及关闭仪器时应确保按规定程序操作.
2. 开机预热 20 分钟后才能进行测定工作.
3. 拿取石英样品池时,应手持其棱角处,不可接触光面,用毕应将其清洗干净.

9.8　激光拉曼光谱仪

当一束单色光入射在固态、液态或气态介质上时,从介质中会有散射光向四面八方射出. 其中,频率为 ν_0(等于激发光频率)的散射称为瑞利散射,它的强度和数量级约为入射光强的 $10^{-4} \sim 10^{-3}$. 除瑞利散射外还有拉曼散射,拉曼散射的散射光频率与入射光频率相比有明显的变化,即瑞利线长波一侧出现的散射线为斯托克斯(Stokes)线,又称红伴线,斯托克斯线的强度仅为瑞利线强度的几百分之一至上万分之一;短波一侧出现的散射线称为反斯托克斯(anti-Stokes)线,又称紫伴线. 反斯托克斯线的强度比斯托克斯线的强度又要弱得多,因此并不容易观察到反斯托克斯线的出现,但反斯托克斯线的强度随着温度升高而迅速增大. 瑞利散射与拉曼散射的强度都与入射光的频率的四次方成正比. 拉曼散射是入射光子与物质分子非弹性碰撞的结果,利用拉曼光谱可以获得分子振动能级与转动能级结构的信息. 由此拉曼光谱仪在物理学、化学、生物学、医学等领域得到了重要的应用.

一、实验研究内容

1. 物质成分及含量的识别和分析.
2. 物质结构与特性分析.

二、仪器结构

LR－2 型激光拉曼光谱仪由光源(Ⅰ)、外光路系统(Ⅱ)、色散系统(Ⅲ)、接收系统(Ⅵ)及信息处理与显示系统(Ⅴ)五部分构成,图 9.8.1 示出了仪器及各系统组成结构.

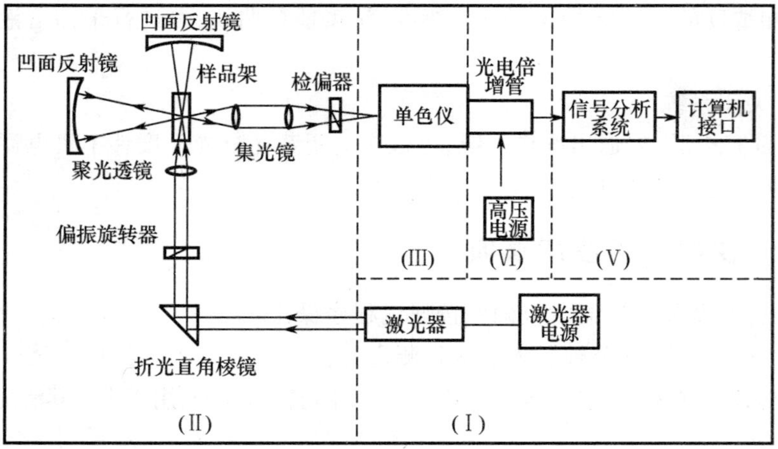

图 9.8.1　LR－2 型激光拉曼光谱仪结构原理图

三、工作原理

如图 9.8.1 所示,半导体激光器发出的激光经聚光透镜聚焦于被测样品的腰部. 凹面反射镜的使用增大了入射光强度. 集光镜将样品散射光聚集在单色仪(图9.8.2)入射狭缝处,入射狭缝位于离轴抛物镜的焦面上. 于是,抛物镜将散射光准直后投射到光栅上,经光栅衍射到达第二离轴抛物镜,再经过反光镜会

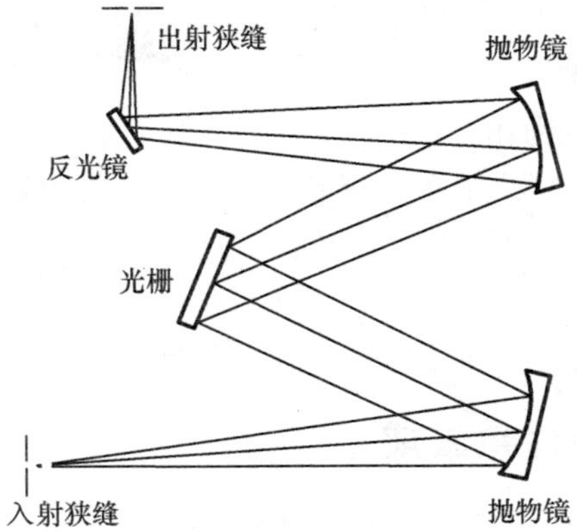

图 9.8.2　单色仪光学系统

聚到出射狭缝上,最后由光电倍增管接收. 由于光栅的分光作用,从出射狭缝出射的光为单色光. 光栅转动时,单色光波长将按从小到大顺序依次出现. 在系统中,旋转起偏器和检偏器的作用分别是改变入射光和散射光的偏振方向.

四、仪器主要技术参量

1. 半导体激光器

波长:532 nm;功率≥40 mw;LD 导通电压:1.8 V;一般工作电流:1 A.

2. 外光路系统

入射光到达样品时的利用率≥80%;样品台:五维精密可调;入射光聚焦镜:焦距 60 mm,ϕ15 mm;散射光聚光镜:焦距 50 mm,$F/1.8$.

3. 单色仪

光栅:1 200 条/mm; 光谱范围:200 ~ 800 nm; 闪耀波长:500 nm; 单色仪焦距:302.5 mm; 相对孔径:$D/f = 1/7$; 分辨率:0.1 nm; 杂散光≤10^{-3}; 波长精度: ±0.1 nm; 波长重复性: 0.1 nm; 波长扫描速度 1、3、6、15、30、60、600 nm/min; 狭缝宽度:0 ~ 2 mm 连续可变; 精度: 0.01mm/格; 高度: 20 mm; 谱线半宽度≤0.2 nm(波长在 589 nm 处,狭缝高 3 mm、宽 0.2 mm).

4. 信号采集系统(单光子计数系统)

光电倍增管: 光谱响应范围 185 ~ 900 nm, 峰值波长(400 ± 30) nm; 脉冲放大幅度分析器: 增益 100 倍; 高压稳压电源输出:0 ~ 1 500 V.

五、仪器使用操作步骤

1. 根据被测样品特点及照明要求,选择所需样品架置于样品台上,调节样品台上的微调螺钉,使聚焦后的激光束位于样品管的中心.

2. 开机并进入软件系统

分别打开主机电源开关和计算机开关,运行 LR－2 拉曼光谱仪中文软件并进入主菜单.

3. 测量时的基本操作

利用“测量条件输入”、“单色仪转动”、“单色仪步进步退”等对话框设置测量参量,进行波长扫描和图谱分析,并将结果保存.

4. 关闭系统

测量结束后,先后关闭应用程序、主机电源和计算机电源.

六、仪器使用注意事项

1. 开机预热 20 分钟后才能进行测定工作.

2. 半导体激光可对人眼造成严重伤害,因此在操作过程中严禁激光直接照射人体.

3. 若被测样品为有毒性化学物质,严禁开启样品池盖,严禁液体与人体接触.

4. 不得用手接触所有光学面. 若光学零件表面粘有灰尘,可用干净的洗耳球小心吹去;狭缝出现脏污时应用脱脂毛笔除掉. 测量过程中应防止振动.

9.9 椭偏仪

椭圆偏振法是一种先进的测量薄膜纳米级厚度、研究介质表面界面现象的重要方法. 自椭偏法问世以来,已从最初的手动测量发展到全自动、变入射角、变波长和实时检测,极大地促进了纳米技术的发展. 椭偏法测量精度比普通干涉法高 1～2 个数量级,测量的灵敏度也很高,能探测出生长中的薄膜小于 0.1 nm的变化. 此外,由于测量非接触,因而对被测样品无破坏作用. 目前,椭偏测量法已在半导体学、光学、生物学、医学等诸多领域得到广泛的应用.

一、实验研究内容

1. 测量固体表面薄膜的厚度和折射率.

2. 测量金属薄膜的复折射率.

二、仪器结构

TPY－2 型自动椭圆偏振测厚仪是集光、机、电于一体化的精密测量仪器,主要由光源机构、起偏机构、检偏机构、接收机构、主机机构和装卡机构共六部分组成. 图 9.9.1所示为仪器的外观图.

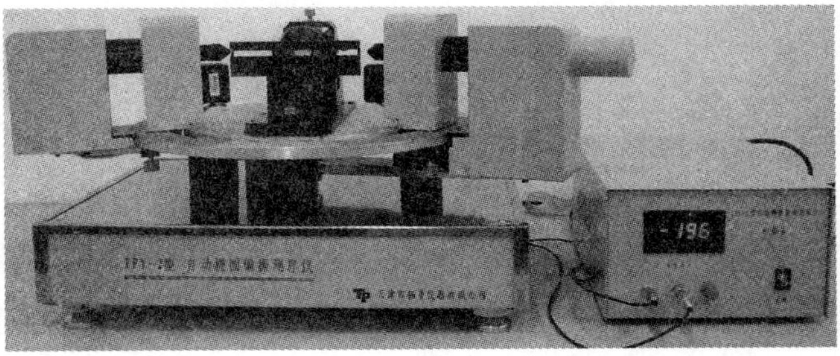

图 9.9.1　TPY－2 型自动椭圆偏振测厚仪

三、工作原理

如图 9.9.2 所示,氦－氖激光器发出的单色自然光经起偏器后成为线偏振光,入射到快轴方向一定的 1/4 波片上,通过波片后变为椭圆偏振光. 椭偏光经过被测薄膜样品的反射再次成为线偏振光,并由检偏器检偏后到达光电倍增管. 于是,只要测出出射偏振光相对于入射偏振光偏振状态(包括振幅和相位)的变化,就可确定被测样品的厚度及其光学特性.

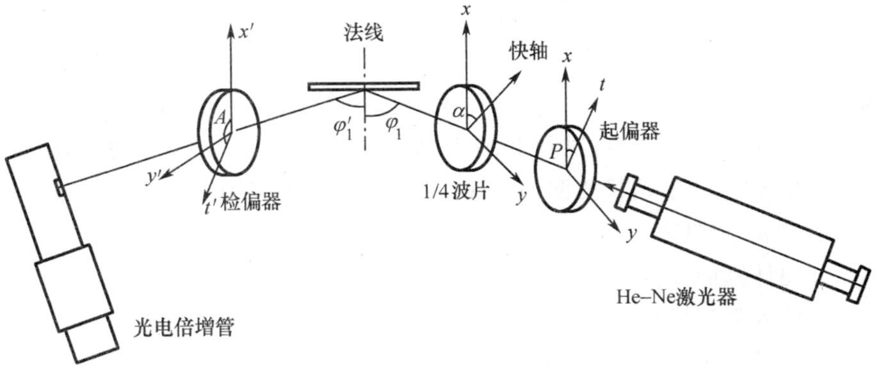

图 9.9.2　椭偏仪光学原理图

设样品为均匀涂镀在衬底上的各向同性薄膜,其折射率与厚度分别为 n_2、d,环境介质(通常为空气)和衬底的折射率分别为 n_1 和 n_3,如图 9.9.3 所示. 当入射光入射到膜面上时,在界面 1、2 间形成多次反射和折射,并且各反射光和折射光分别产生多光束干涉. 将入射光电矢量分解为位于入射面内的 p 分量和垂直于入射面的 s 分量,并设入射角为 φ_1、在薄膜和衬底中的折射角分别为 φ_2 和 φ_3,反射光 s 分量与 p 分量的复振幅总反射系数分别为 r_s 和 r_p,于是,利用菲涅尔反射系数公式和多光束干涉理论可以得到

$$r_p = \frac{r_{1p} + r_{2p} e^{-i2\delta}}{1 + r_{1p} r_{2p} e^{-i2\delta}}, \quad r_s = \frac{r_{1s} + r_{2s} e^{-i2\delta}}{1 + r_{1s} r_{2s} e^{-i2\delta}} \tag{9.9.1}$$

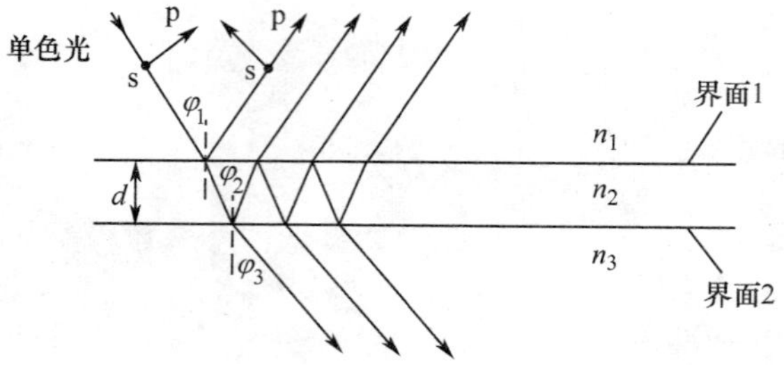

图 9.9.3　入射光束在待测样品上的反射与折射

式中的下标“1”、“2”分别表示上、下界面，2δ 为从薄膜表面出射的相邻两束反射光的位相差，它满足

$$\delta = \frac{2\pi}{\lambda} n_2 d\cos\varphi_2 = \frac{2\pi}{\lambda} d\sqrt{n_2^2 - n_1^2 \sin\varphi_1} \tag{9.9.2}$$

式中，λ 为真空中的波长.

光束在反射前后偏振状态的变化可以用总反射系数比来表征. 在椭偏术中，通常引入椭偏参量 ψ 和 Δ 来描述总反射系数比，其定义为

$$\tan\psi \cdot e^{i\Delta} = r_p/r_s = \frac{E_{rp}/E_{ip}}{E_{rs}/E_{is}} = \frac{(r_{1p} + r_{2p}e^{-i2\delta})(1 + r_{1s}r_{2s}e^{-i2\delta})}{(1 + r_{1p}r_{2p}e^{-i2\delta})(r_{1s} + r_{2s}e^{-i2\delta})} \tag{9.9.3}$$

上式一般称为椭偏方程. 式中，E_{ip}、E_{is} 和 E_{rp}、E_{rs} 分别表示入射光和反射光中 p 分量与 s 分量的复振幅. 可以看出，ψ 和 Δ 是 n_1、n_2、n_3、φ_1、λ 及 d 的函数，而 n_1、n_3、λ、φ_1 为已知量，于是只要测出 ψ 和 Δ，并利用计算机作数值计算，即可得到薄膜折射率 n_2 和厚度 d.

为方便计算椭偏参量 ψ 和 Δ，设计时通常满足下述两个条件：

（1）使入射到样品上的椭偏光的 p 分量和 s 分量的振幅相等；

（2）使经样品反射后的光成为完全线偏振光，也即使反射光两分量的相位差为 0 或 π.

理论分析结果表明[4,19—22]，当 1/4 波片的快轴与入射面夹角为 45°时，即可满足上述第一条件. 于是对于某一被测样品，转动起偏器改变由样品表面反射的两个分量的相位差，即可找到反射光为线偏振光时的起偏器方位角 P；此时，转动检偏器，得到处于消光状态下的检偏器方位角 A；测得检偏器和起偏器的方位角 A、P 后，再由椭偏参量 ψ、Δ 与 A、P 的关系，利用式(9.9.3)即可算出薄膜的折射率 n_2 与薄膜厚度 d.

值得说明的是，由上述方法测得的 d 仅是薄膜在一个周期厚度内的值. 要得到薄膜的真实厚度，需改变入射角 φ_1 再次进行测量并联立求解，方可得到薄膜的真实厚度[22].

关于金属复折射率的测量方法，请参阅参考文献[3—4].

四、仪器主要技术参量

薄膜厚度测量范围：	1 nm ~ 4 μm；
折射率测量范围：	1.05 ~ 2.50；
测量厚度的最小值：	≤1 nm；
偏振器方位角范围：	0° ~ 180°；
偏振器步进角：	0.014°/步；
测量膜厚和折射率重复性精度分别为：	±0.5nm，±0.005；
入射角连续调节范围：	30° ~ 90°，精度为 0.05°；
入射光波长：	632.8 nm；
允许样品尺寸：	φ10 ~ φ140 mm，厚度≤13 mm.

五、仪器使用操作步骤

1. 开启主机电源，点亮氦氖激光器. 将电控箱调节旋钮逆时针旋到头，连接好主机与电控箱间的各种数据线，再开启电控箱电源，打开计算机.

2. 仪器预热 30 分钟后，双击桌面的快捷方式，运行程序.

3. 选定入射角和反射角 φ_1（如 70°）. 装卡被测样品，同时调节起偏机构悬臂和检偏机构悬臂，使经样品表面反射后的激光束刚好通过检偏器入光口.

4. 顺时针旋转电控箱调节旋钮，将读数调到 150 V 左右.

5. 程序运行后，点击“进入”按钮，填入相应参量，按界面提示进行测量软件的操作.

6. 实验完毕后，退出程序，依次关闭椭偏仪电源、电控箱电源和计算机电源.

六、仪器使用注意事项

1. 激光光源点亮后，禁止直视光源，否则对人眼会造成伤害.

2. 测量过程中应避免振动.

9.10　1.5 GHz 矢量网络分析仪

矢量网络分析仪可在 1.5 GHz 以下测量材料的复介电常量与复磁导率，可分别表示成 $\varepsilon=\varepsilon'+\varepsilon''$；$\mu=\mu'+\mu''$，其中虚部表示材料对电磁波的损耗能力. 材料的复介电常量与复磁导率的测定对于研究材料的光学及电磁特性有着非常重要的理论价值及实际意义（尤其对于某些工程领域的设计工作），如武器隐身材料设计、电磁兼容设计、人体安全防护设计等. 实验测定材料的复介电常量与复磁导率有多种方法,如双端口网络法、单端口平板反射法.

一、实验研究内容

1. 学会使用矢量网络分析仪,掌握双端口网络测量 S 散射矩阵参量的方法.

2. 学会使用安捷伦 85071E 材料测量软件对材料电磁参量(复介电常量与复磁导率)进行自动化测量.

二、仪器结构

安捷伦 E5061A 矢量网络分析仪、安捷伦 85071E 材料测量软件、待测样品、同轴模块夹具、双端口网络校准

三、工作原理

测定材料的电磁参量通常使用双端口网络模型,通常使用 S 参量来表征其反射行波和传输行波与信号电磁波之间的比值. 填充均匀各向同性的微波介质的一段波导(同轴线),构成一有耗二端口网络,如图 9.10.1 所示. 可以证明

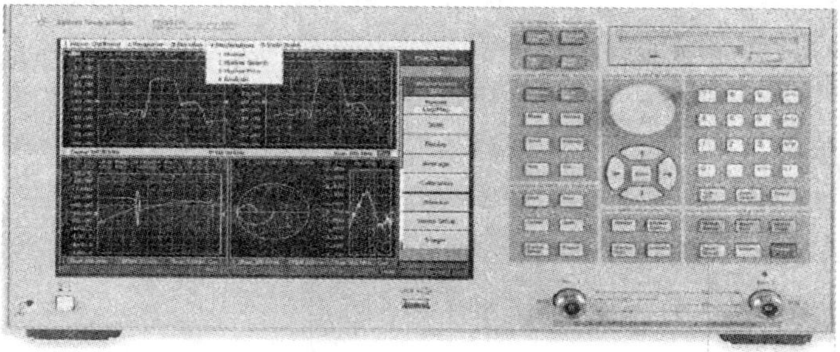

图 9.10.1　安捷伦 E5061A 矢量网络分析仪

$$S_{11}(w)=(1-T^2)\Gamma/(1-T^2\Gamma^2) \tag{9.10.1}$$

$$S_{21}(w)=(1-\Gamma^2)T/(1-T^2\Gamma^2) \tag{9.10.2}$$

式中:Γ 为试样长度为无限长时,介质表面的反射系数,

$$\Gamma=(\sqrt{\mu_r/\varepsilon_r}-1)/(\sqrt{\mu_r/\varepsilon_r}+1) \tag{9.10.3}$$

T 为电磁波在长度为 d 的试样段中的传输系数,$T=e^{-j\gamma_1 d}$,式中:γ_1 为传播常量,$\gamma_1=\dfrac{2\pi}{\lambda}\sqrt{\mu_r\varepsilon_r}$由式(9.10.1)和(9.10.2)可得

$$T=K\pm\sqrt{K^2-1}$$

式中

$$K=\frac{[S_{11}^2(w)-S_{21}^2(w)]+1}{2S_{11}(w)} \tag{9.10.4}$$

$$T=\frac{[S_{11}(w)-S_{21}(w)]-\Gamma}{1-[S_{11}(w)-S_{21}(w)]-\Gamma} \tag{9.10.5}$$

由式(9.10.4)和(9.10.5)可得

$$\frac{\mu_r}{\varepsilon_r}=\left(\frac{1+\Gamma}{1-\Gamma}\right)^2 \tag{9.10.6}$$

$$\mu_r\varepsilon_r=-\left[\frac{\lambda}{2\pi}\ln\left(\frac{1}{T}\right)\right]^2 \tag{9.10.7}$$

当波导中置入材料时,如果材料是均匀的,试样与波导壁之间无间隙. 试样端面与波导中波的传播方向垂直,在此理想模型中,由于横向边界条件的一致性,在空波导和填充材料部分,均不存在高次模. 唯一可能存在的模式为 TE 模. 通过以上分析,可以认为测量微波吸收材料电磁参量的实质就是测量一对复数散射参量 $S_{11}(w)$、$S_{21}(w)$,通过中间变量 $\Gamma(w)$、$T(w)$,最后求得材料的扫频复介电常量 $\varepsilon_r(w)$和复磁导率 $\mu_r(w)$.

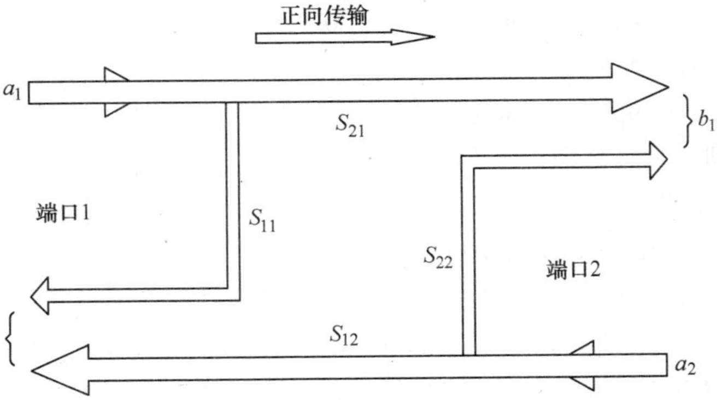

图 9.10.2　双端口 S 参量模型

四、仪器主要技术参量

测试端口阻抗:　50 或 75 Ω;

测量范围:　120 dB, 平方根噪声值:0.05 dB

测量频率:　300 kHz ~ 1.5 GHz

五、仪器使用操作步骤

实验内容

1. 打开安捷伦 E5061A 矢量网络分析仪,对网络分析仪进行初始相关参量设置,同时采用双端口网络校准件进行测试校准.

2. 将测试样品放入同轴测试夹具,再将同轴测试夹具通过同轴电缆与网络分析仪相连.选择测试项目 S_{11},设定电磁波的起始测试频率为 0 GHz,采样间隔 0.1 GHz,截至测试频率为 1.5 GHz,点击测试按钮.将测试结果记于表格中.

3. 重复步骤 1 和 2,测试 S_{21} 散射参量.

4. 打开安捷伦 85071E 材料测量软件,设定样本几何参量与测试频率范围,点击测试按钮进行材料的复介电常量与复磁导率的自动化测量.

操作步骤

步骤 1. 初始化

- [Preset] - OK

步骤 2. 设置 S21 测试

- [Meas] - S21

步骤 3. 设置测试频率范围,如中心频率 947.5 MHz, 带宽 200 MHz

- [Center] - [9][4][7][.][5][M/μ]
- [Span] - [2][0][0][M/μ]

步骤 4. 扫描点数,依测试需要定

- [Sweep Setup] - Points - [4][0][1][x1]

步骤 5. 功率电平,如 -10 dB

- [Sweep Setup] - Power - [+/-][1][0][x1]

接下来进行校准

步骤 6. 选择校准件

- [Cal] - Cal Kit - 85033E

步骤 7. 执行校准,2 端口校准

- [Cal] - Calibration - 2-Port Cal - Select Ports - 1-2

依照仪器分别连接标准件到仪器端口,比如, 连接 open 到网络仪端口 1,如图 9.10.3 所示.当测试完,会有符号"✓"显示在 port 1 open 的左边.同样的连接其他 short, load 校准件

- [Cal] - Calibration - 2-Port Cal - Reflection - Port1 Open

步骤 8. 分别做完两个端口的 reflection, 如图 9.10.4 所示连接直通,即将两端口用电缆接通,按 thru, 符号会显示在字母的左边

- [Cal] - Calibration - 2-Port Cal - Transmission - Port 1-2 Thru

步骤 9. 做完之后,一定要按 DONE

- [Cal] - Calibration - 2-Port Cal - Done

步骤 10. 可以连接被测件,如图 9.10.5 所示

步骤 11. 利用 marker 获得辐频值, 也可在 Meas 里设置不同的测试参量

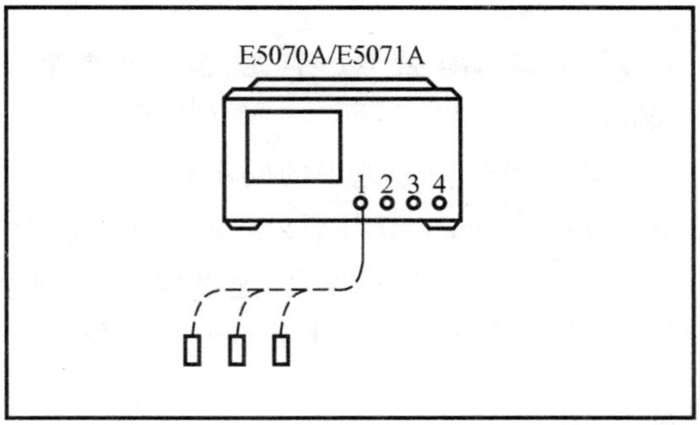

图 9.10.3

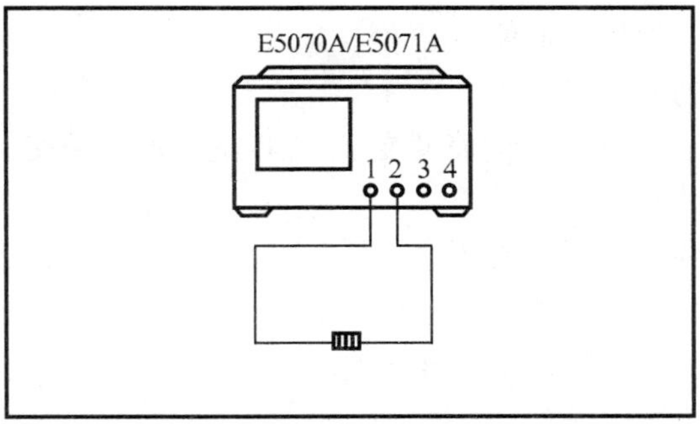

图 9.10.4

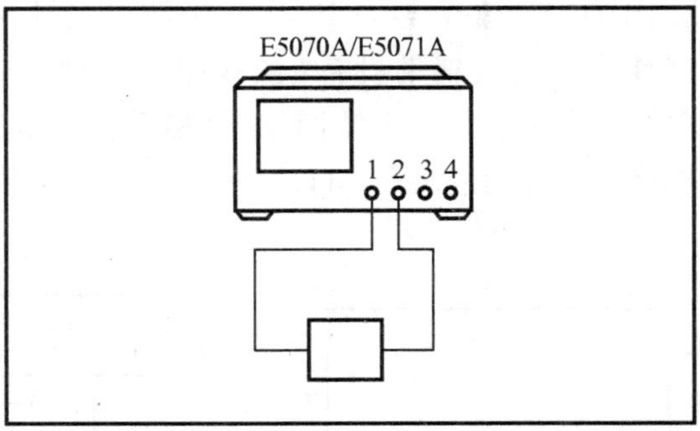

图 9.10.5

六、仪器使用注意事项

1. 注意轻触仪器按键.
2. 严格按操作步骤使用仪器.

9.11　移相式数字波面干涉仪

自 1974 年 Burning 等人将通信理论中的同步相位探测技术引入到移相干涉测试技术(phase shifting interferometry)以来，移相干涉术已取得长足的发展.该技术集光、机、电、算于一体,具有测试精度高、速度快、能实现动态测试和实时处理等突出特点,在高精度光学检测中占有十分重要的地位.

一、实验研究内容

1. 球面光学元件的面形偏差.
2. 平面光学元件的面形偏差.
3. 光学系统的波像差.
4. 光学(或晶体)的透射波面畸变、激光棒透射波前畸变.
5. 光学平板的平行差.
6. 光学平晶的折射率均匀性.
7. 光学棱镜的角度偏差.
8. 角锥棱镜的单角偏差及综合误差.

二、仪器结构

移相式数字波面干涉仪由激光器及其电源、干涉仪主机、移相系统、图像采集与分析系统、微型计算机及其辅助设备(如打印机、视频监视器)等组成.其中,干涉仪主机的作用是产生双光束干涉图像,移相系统则由 PZT 控制卡、驱动电源、移相器及移相控制软件构成.图 9.11.1 示出了斐索型数字波面干涉仪的结构框图.

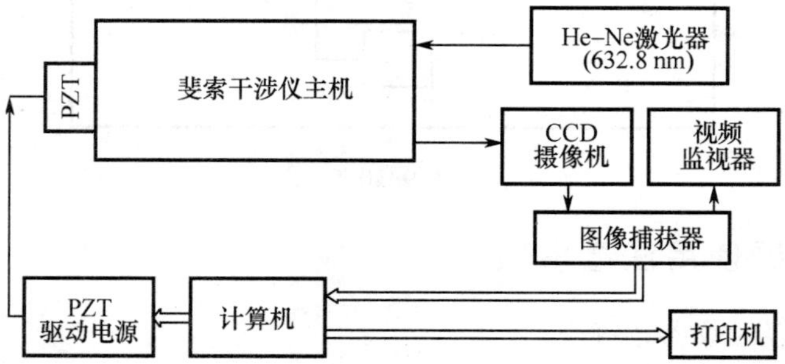

图 9.11.1　斐索型数字波面干涉仪结构框图

三、工作原理

图 9.11.2 为斐索型干涉仪主机的光路原理图. 激光器发出的激光经渐变滤光片、扩束镜后会聚于光阑 1 处,再经分光镜 1 和分光镜 2 的反射后由准直物镜准直为平行光,平行入射光中的一小部分经参考镜后表面(标准面)的反射成为参考光,大部分则经参考镜透射后由被测件前表面反射为物光. 参考光与物光相遇时产生干涉并通过分光镜 2 的反射和分光镜 1 的透射进入接收系统. 接收系统中成像镜的作用是将干涉图像通过变焦物镜的放大投射于 CCD 靶面. CMOS 的作用则是便于参考光路与测试光路(尤其是被测件)的调整.

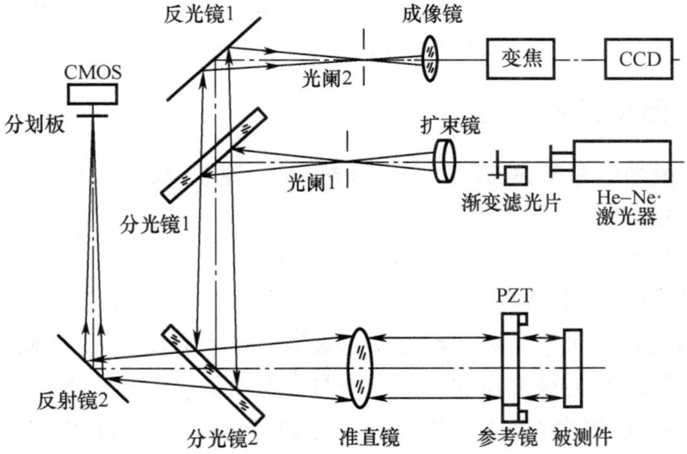

图 9.11.2　斐索干涉仪主机光路原理图

测量时,计算机按图像采集与分析系统软件由图像捕获器将 CCD 摄取的模拟干涉图转化为数字图像,并存储在图像捕获器的帧存体内;另一方面,控制压电传感器(PZT)驱动电源,使 PZT 推动参考镜作等间隔位移,每产生一次位移使参考波面与测试波面的相位差变化(或称移相)π/2,同时采集一幅干涉图. 设 PZT 作 11 步移相,则按四次重叠四步平均算法[24]得到被测波面相位分布的主值(包裹相位):

$$\psi(x,y) = \frac{1}{8}\sum_{k=1}^{8}\arctan\frac{I_{k+3}(x,y) - I_{k+1}(x,y)}{I_k(x,y) - I_{k+2}(x,y)} \qquad (9.11.1)$$

式中,(x, y) 表示干涉场点的空间坐标,$I_m(x,y)$为第 m($m=1\sim11$) 幅干涉图在该点处的光强值. 在此基础上,对上述求得的包裹相位作解包运算,就得到被测波面的面形分布. 进一步地,需要进行哪一种参量测量,只需执行相应的算法程序即可.

四、仪器主要技术参量

工作波长：	632.8 nm
孔径：	ϕ100 mm
空间分辨率：	256×256
灰度分辨率：	256 灰度等级
波面拟合不确定度：	λ/100（峰谷值）
重复性：PV（峰谷值）：	λ/100；RMS（方均根值）：λ/500
平面光学质量：	λ/20
标准球面透镜：	光学质量 λ/20，相对孔径：F/0.77，F/1.5，F/3.3，F/5，F/7，F/11

五、仪器使用操作步骤

1. 打开激光电源开关，开启微机. 预热 15 分钟后，双击桌面“psi”图标，进入移相干涉测试软件.

2. 点击“参量设置”，输入必要的测量参量.

3. 光路粗调：点击软件面板上的“调整/测试”按键，将仪器切换到调整状态，此时在监视器上可看到标准参考面和被测面产生的反射光斑. 调节承物台的两个支撑粗调旋钮，使被测面的反射光斑与参考面的反射光斑重合.

4. 光路精调：再次点击“调整/测试”键，监视器上将呈现密集的干涉条纹. 观察干涉条纹是否充满全口径，如有切割，则移动承物台，使被测件全孔径出现在监视器上. 然后微调两个调整螺杆，使视场中看到的干涉条纹数最少.

5. 测量：点击软件面板上的“干涉图采样”，此时 PZT 推动参考镜实现移相，并按上述算法公式由 11 幅干涉图复原出待测波面的三维面形分布.

6. 实验结束后，关闭激光光源，退出移相干涉测试软件，关闭计算机.

六、仪器使用注意事项

1. 不得用手接触任何光学表面. 若玻璃表面粘有灰尘，应用脱脂棉掺入乙醚轻轻擦去.

2. 由于干涉条纹对振动、气流非常敏感，测量过程中应尽量避免上述情况出现.

9.12　扫描探针显微镜

扫描探针显微镜是扫描隧穿显微镜和原子力显微镜的集成.

扫描隧穿显微镜(scanning tunneling microscope,简称 STM)能够实时地观察单个原子在物质表面的排列状态,研究与表面电子行为有关的物理和化学性质,在表面科学、材料科学等领域的研究中具有广阔的应用前景.

原子力显微镜(atomic force microscope,简称 AFM)可以克服 STM 只能测量导体的缺点,广泛应用于导体、半导体和绝缘体样品的表面结构形貌观测,还可以测量表面的力学性能.

一、实验研究内容

1. 学习和了解扫描探针显微镜的结构和原理.
2. 观测和验证量子力学中的隧道效应.
3. 掌握扫描探针显微镜的 STM 和 AFM 接触模式的操作和调试过程,并以之来观测样品的表面形貌.
4. 学习用计算机软件处理原始图像数据.

二、仪器结构

CSPM4000 扫描探针显微镜系统由 3 部分组成:SPM(包括 SPM 探头、SPM 底座、扫描器、探针架和探针)、控制机箱、计算机控制系统(图 9.12.1).

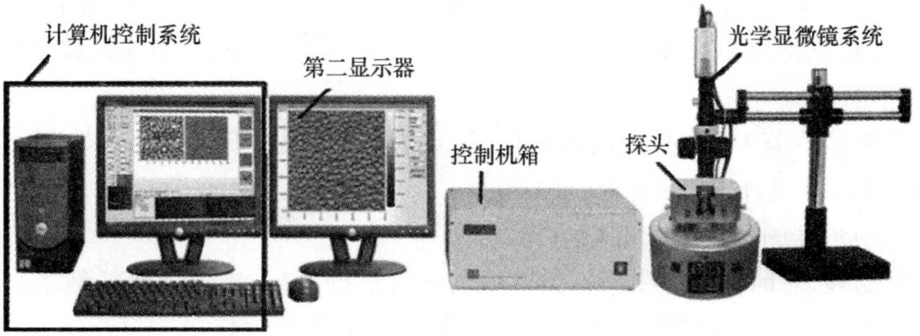

图 9.12.1　CSPM4000 结构图

三、工作原理

1. STM 模式

STM 模式是利用量子隧道效应工作的.若以金属针尖为一电极,被测固体样品为另一电极,当他们之间的距离小到 1 nm 左右时,就会出现隧道效应,电子一个电极穿过空间势垒到达另一电极形成电流.隧道电流与针尖样品间距成负指数关系.因此,当针尖在被测样品表面作平面扫描时,即使表面仅有原子尺度的起伏,也会导致隧道电流的非常显著的、甚至接近量级的变化.这样就可以通过测量电流的变化来测量样品的表面形貌.这就是 STM 的基本工作原理,这种运行模式称为恒高模式(保持针尖高度恒定). STM 还有另外一种工作模式,称为恒流模式. 此时,针尖扫描过程中,通过电子反馈回路保持隧道电流不变. 为维持恒定的电流,针尖随样品表面的起伏上下移动,从而记录下针尖上下运动的轨迹,即可给出样品表面的形貌. 恒流模式是 STM 常用的工作模式,而恒高模式仅适于对表面起伏不大的样品进行成像. 当样品表面起伏较大时,由于针尖离样品表面非常近,采用恒高模式扫描容易造成针尖与样品表面相撞,导致针尖与样品表面的破坏.

2. AFM 接触模式

工作原理是基于探针原子和试样原子之间的相互作用力来实现表面成像的. 将一根十分尖锐的微探针(一般探针半径在 20 ~ 50 nm)沿纵向逐渐逼近试样表面,当两者间距缩小至数纳米甚至更小间距时,微探针尖端的原子和样品表面的原子之间将产生相互作用的原子力(该力一般为 $10^{-9} \sim 10^{-7}$ N). 该原子力的大小与间距之间满足一定的曲线关系. AFM 正是利用原子力与间距之间的关系,通过检测原子间的作用力而获得样品表面的微观形貌的.

四、仪器主要技术参量

扫描范围——扫描的正方形区域的边长;如果扫描的范围不是正方形(扫描比例不为 1:1),则扫描范围为扫描区域的长边的边长,单位为 nm(纳米).

注:扫描范围由扫描器的 X 快扫、Y 快扫、X 慢扫、Y 慢扫伸缩系数中的最小一个决定.

比例(高:宽)——扫描区域的形状. 正方形:扫描比例为 1:1;长方形:扫描比例为 1:2,1:4,1:8,1:16.

扫描角度——当前扫描的方向.

X 偏移、Y 偏移——当前扫描区域的中心点的坐标,单位为 nm(纳米).

分辨率——扫描图像每行的像素数和每个图像的行数.

扫描频率——扫描的速度的快慢,定义为一秒内快扫方向(即扫描图像窗口的水平方向)扫描的行数.

积分增益、比例增益、参考增益——反馈回路的灵敏度.

伸缩范围——通过设定加在扫描器 Z 方向的电压范围,限定扫描器在 Z 方向的可伸缩长度.

五、仪器使用注意事项

1. 接地

务必保证仪器接地良好,这是电器安全的基本要求;同时,也是仪器抗干扰的重要保证!

2. 激光

本仪器采用的激光器属于国际上规定的二级激光产品(class 2 laser product),为了确保仪器使用者的安全,在激光开启后不可用眼睛直视光束!

3. 安全

任何连线及配件的插拔和更换都必须在关闭电子控制机箱的电源后方可进行!

4. 系统工作时禁止移动探头

系统在探针与样品逼近后,不能移动探头,或者调节探头上的任何旋钮,否则会导致探针损坏!

9.13　超声探伤仪

超声探伤是一种常见的无损探伤方式,是在不损坏工件或原材料工作状态的前提下,对被检验部件的表面和内部质量进行检查的一种测试手段. 超声探伤的原理是:超声波在被检测材料中传播时,材料的声学特性和内部组织的变化对超声波的传播产生一定的影响,通过对超声波受影响状况的探测,由此获得材料性能和结构的变化. 目前,超声检测方法已在航空航天、石油化工、冶金、军工、船舶制造、汽车、机械制造、金属加工业、铁路交通等诸多领域得到广泛的应用.

一、实验研究内容

1. 了解超声探伤的原理.
2. 了解超声探伤的方法及应用.
3. 测量待测样品的超声波形并分析测定缺陷.

二、仪器结构

图 9.13.1 所示为 CTS－22 型超声探伤仪的(面板)外观图. 图 9.13.2 为常用超声波探头.

三、仪器主要技术参量

工作频率范围:	0.5～10 MHz
衰减器:	80 dB,每 2 dB ±0.1 dB
垂直线性误差:	≤5 %
动态范围:	≥30 dB
扫描范围(钢纵波):	10～5 000 mm
水平线性误差:	≤1 %

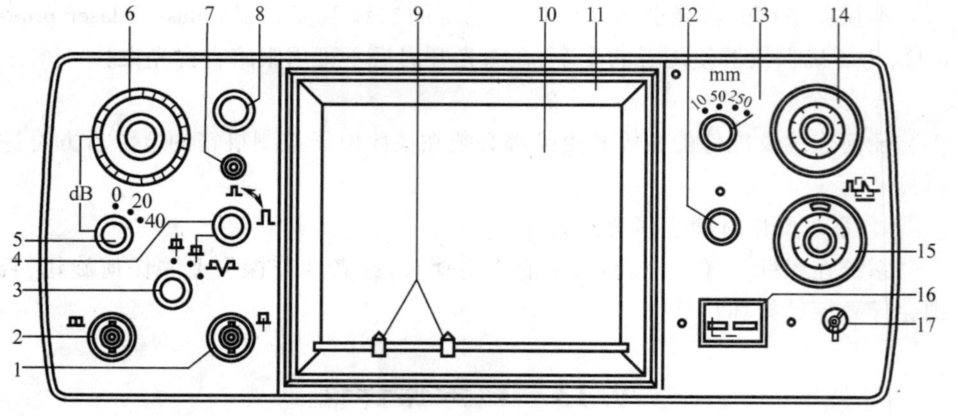

图 9.13.1　CTS－22 型超声探伤仪的(面板)外观图

1—“发”插座;2—“收”插座;3—工作方式选择;4—发射强度;5—粗调衰减器;6—细调衰减器
7—抑制;8—增益;9—定位游标;10—示波管;11—遮光罩;12—聚焦;13—深度范围;
14—深度微调;15—脉冲移位;16—电源电压指示;17—电源开关

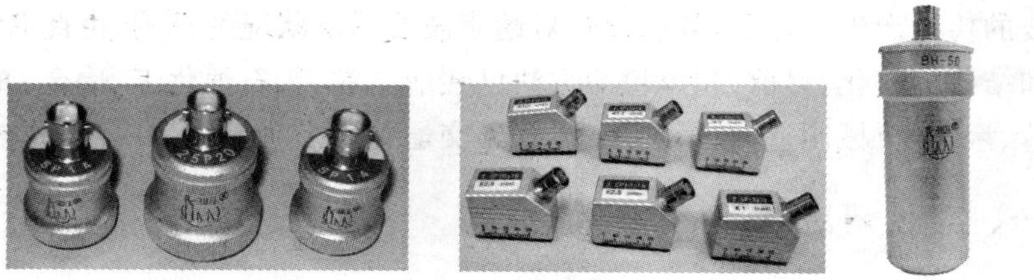

直探头　　　　斜探头　　　　标准探头

图 9.13.2　常用超声波探头

最小探测距离:	≤3 mm(配用 5N14 窄脉冲探头)
远场分辨率:	≥30 dB(配用 2.5P20－D 探头)
脉冲移位范围(钢纵波):	0～400 mm
灵敏度余量:	≥46 dB(2.5P20－D 直探头发现 200 mm－ϕ2 平底孔)

四、工作原理

超声检测方法通常有穿透法、脉冲反射法、共振法等.目前用得最多的是脉冲反射法.按脉冲反射法探伤波型来分大致可分为直射探伤法(纵波探伤法)、斜射探伤法(横波探伤法)、表面波探伤法等.超声波检测的频率范围为 0.4～25 MHz,其中用得最多的是 1～5 MHz.

超声波探伤仪的种类繁多,实际以脉冲反射式超声波探伤仪的应用最为广泛.一般在均匀的材料中,缺陷的存在将造成材料的不连续,这种不连续往往又造成声阻抗的不一致，由反射定理我们知道，超声波在两种不同声阻抗的介质的交界面上将会发生反射，反射回来的能量的大小与交界面两边介质声阻抗的差异和交界面的取向、大小有关. 脉冲反射式超声波探伤仪就是根据这个原理设计的. 目前便携式的脉冲反射式超声波探伤仪大部分采用的是 A 扫描方式，所谓 A 扫描方式是指显示器的横坐标为超声波在被检测材料中的传播时间或者传播距离，纵坐标为超声波反射波的幅值. 譬如，在一个钢工件中存在一个缺陷，由于这个缺陷的存在，造成了缺陷和钢材料之间形成了一个不同介质之间的交界面，交界面之间的声阻抗不同，当发射的超声波遇到这个界面之后，就会发生反射(见图 9. 13. 4)，反射回来的能量又被探头接收到，在显示屏幕中横坐标的一定的位置就会显示出一个反射波的波形，横坐标的这个位置就是缺陷在被检测材料中的深度. 这个反射波的高度和形状因不同的缺陷而不同，它反映了缺陷的性质.

1. 垂直探伤法

把脉冲振荡器发生的电压加到晶片上时，晶片振动，产生超声波脉冲. 超声碰到缺陷时，一部分从缺陷反射回到晶片. 而另一部分未碰到缺陷的超声波继续前进，直到被检物底面才反射回来. 因此，缺陷处反射的超声波先回到晶片. 回到晶片的超声波又反过来被转换成高频电压，通过接收、放大进入示波器，示波器将缺陷回波和底面回波显示在荧光屏，测出发射时间 t_1 和接收时间 t_2，根据超声波在此介质中的波速 c，即可计算出缺陷点位置 $H_C = \dfrac{c(t_2 - t_2)}{2}$，如图 9. 13. 4 所示.

图 9. 13. 3 试块

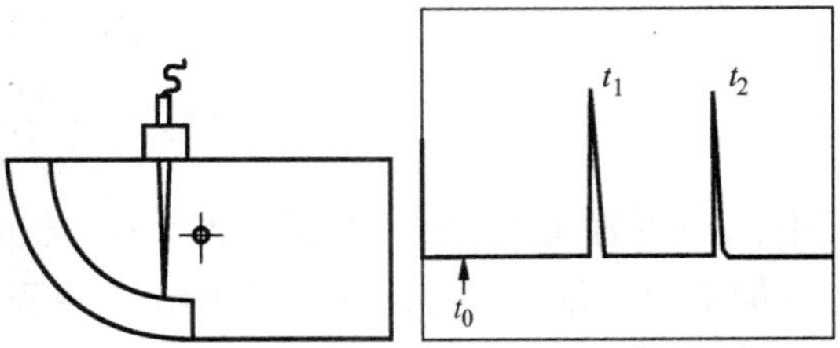

图 9. 13. 4 垂直探伤法

2. 斜入射探伤法

斜探头探伤能够发现某些直探头难以发现的缺陷，如裂纹等，故常用于对焊缝、曲轴、弧形工件等的探伤. 选择合适的斜探头以一定的角度入射工件，并在其中以横波声速传播，如图 9. 13. 4 所示. 斜探头的入射角和折射角的关系按式(9. 13. 1)计算：

$$\beta = \arcsin\left(\frac{v_2}{v_1}\sin\alpha\right) \tag{9.13.1}$$

式中：β——折射角；

α——入射角；

v_1——斜探头中有机玻璃斜块的纵波声速（约 2 700 m/s）；

v_2——工件材料中的横波声速（如钢中横波声速约 3 230 m/s）.

为方便在探伤中定位，本仪器配套的探头的折射角，均采用其钢中折射角的正切值 K 表示. K 值与折射角 β 的关系式如式（9. 13. 2）所示：

$$K = \tan\beta = \frac{x}{y} \tag{9.13.2}$$

式中：K——钢中折射角的正切值；

x——探头入射点至缺陷点的水平距离；

y——探头面到缺陷点的垂直距离.

根据式（9. 13. 1）和式（9. 13. 2）可以算出探头值和入射角及钢中折射角，它们的对应值如表 9. 13. 1 所示.

表 9. 13. 1

K	0.8	1.0	1.5	2.0	2.5	3.0
α	31°29′	36°14′	44°4′	48°23′	50°54′	52°28′
β	38°39′	45°0′	56°9′	63°26′	68°12′	71°34′

根据三角函数关系，缺陷到探测面的垂直距离 y 和缺陷到探头入射点的水平距离 x 可以由式（9. 13. 3）和式（9. 13. 4）计算：

$$x = \frac{S}{\sqrt{K^2+1}} \tag{9.13.3}$$

$$y = Ky = \frac{KS}{\sqrt{K^2+1}} \tag{9.13.4}$$

式中：S——探头入射点至缺陷点的声程，单位为 mm.

缺陷的定位：根据斜入射探头测出的声程 S、探头入射点至缺陷点的水平距离 x、探头面到缺陷点的垂直距离 y，即可快速定位缺陷位置.

五、仪器使用操作步骤

1. 仪器的校准

使用标准回波探头对仪器进行校准，标准回波探头本身带有反射体，与仪器连接后即可取得固定距离的多次无干扰回波，利用此多次回波，可以方便地对深度、仪器灵敏度、水平线性、垂直线性、抑制和脉冲移位距离等多项探伤以主要指标进行检查和校准.

2. 使用试块测量

根据需要选择合适的测量方法和合适的探头，在探头和试样之间加适当的耦合剂以保持稳定的声耦合，调整仪器的增益并左右移动探头，观察返回超声波信号，根据返回信号的时间，计算缺陷点的位置并和标准值比较.

常用试块如图 9.13.5、图 9.13.6 所示.

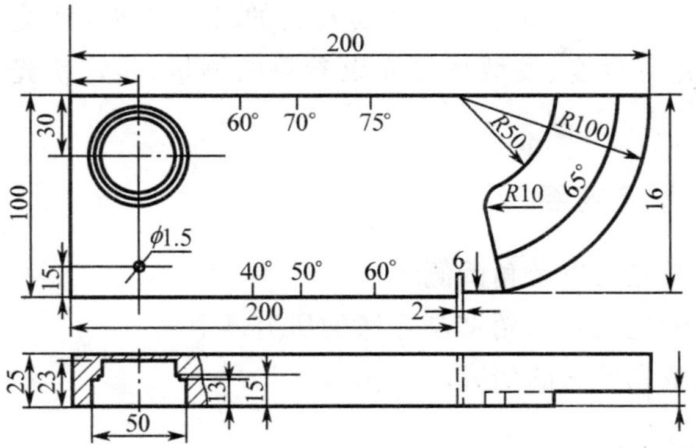

图 9.13.5　CSK－1B 试块

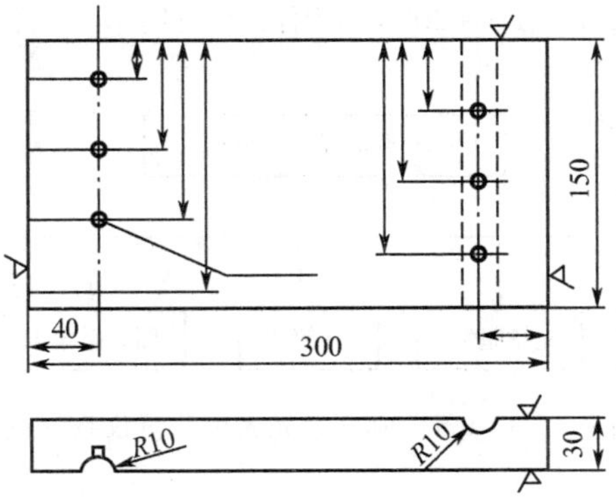

图 9.13.6　CSK－3A 试块

六、仪器使用注意事项

1. 仪器操作不宜用力过猛，避免损坏仪器调节旋钮及接头.

2. 被测试件表面光洁度尽可能高，不允许有锈蚀、斑点、氧化层、油漆等存在.

3. 仪器内有高压，禁止非专业人员擅自打开仪器内部.

9.14　激光光束分析仪

各种类型的激光器已在测距、制导、加工 、医疗等领域获得了广泛应用.

在这些应用中,激光束的光束参数(如光强分布、光束宽度、发散角等)是影响应用效果的重要因素.如材料的激光加工、激光功率空间输运等应用中,激光的作用效果主要取决于传输到目标上的激光功率密度,而目标上功率密度不仅与激光源输出功率有关,而且在很大程度上取决于激光束的发散角等因素,因此对激光光束的参数进行测量分析是具有现实意义的.LS-2000 激光光束分析仪能实现对光强分布、光束宽度、发散角等光束参数的测量,是评价光束质量的有力工具.

一、实验研究内容

1. He-Ne 激光束发散角的测量.
2. He-Ne 激光束发散角抑制方法的研究.
3. He-Ne 激光模式的研究.

二、仪器结构

LS-2000 光束分析仪的组成如图 9.14.1 所示,包括图像探测器、光学暗箱、电脑及打印机(选件)、LS-2000 专用图像采集卡、软件系统.

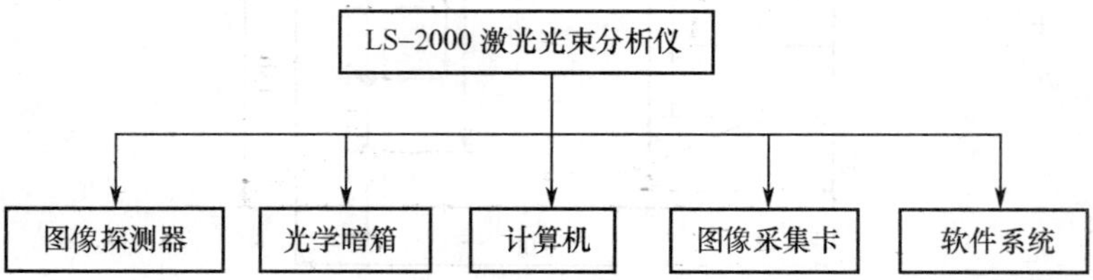

图 9.14.1　LS-2000 激光光束分析仪系统组成

三、工作原理

LS-2000 激光光束分析仪的结构原理如图 9.14.2 所示.激光器发射的激光经过衰减片的衰减后入射到摄像机的 CCD 芯片上.由于 CCD 芯片是由许多规则排列的类似于光电二极管的像素点组成的,像素点受到光的照射后产生电信号,每个像素上产生的电信号强度与该像素受到光辐射的强度成正比(在没有达到饱和的前提下),因此二维的像素点阵列形成一幅与入射光的光强分布对应的电荷像.软件驱动图像采集卡按一定的顺序读取 CCD 芯片上每个像素点的电信号输入计算机内存.程序对读取到的数据按照从 CCD 芯片中读出时一样的顺序对图像进行重建,X、Y 轴分别是 CCD 芯片对应的横坐标和纵坐标,Z 轴表示该像素点上电荷量的多少,与照射到该像素点上的光强成正比.为了更直观的反应激光光强的二维空间分布,软件利用伪彩色代表光场强度,即红色越深的地方

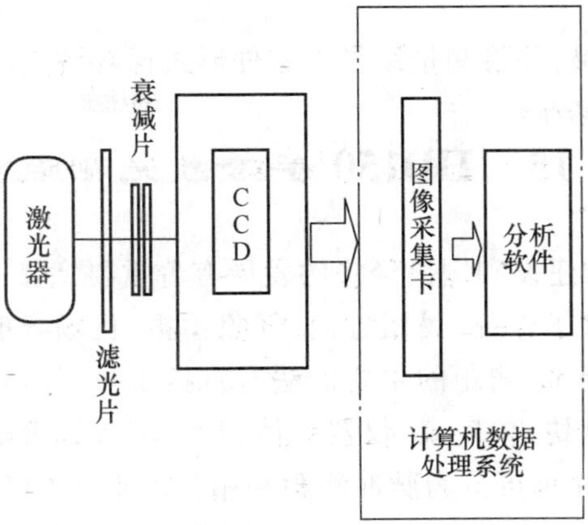

图 9.14.2　LS－2000 激光光束分析仪的结构原理图

光功率密度越大,蓝色越深的地方光功率密度越小.利用计算机程序可以计算出光束质心,沿任意 XY 截面的能量分布曲线.并可以利用数据拟合技术对截面曲线进行高斯拟合,判断光束的质量和模式.

四、仪器主要技术参量

软件平台:	Win2000/XP 平台
图像采集卡:	1/2 寸的 PCI 卡
图像分辨率:	640×480 或 320×240,256 色
图像探测器的输出接口:	RS－170(NTSC)CCIR(PAL)

软件功能

◇ 图像获取功能

◇ 分析测量功能

五、仪器使用操作步骤

1. 给 He－Ne 激光器加上电源,使其能稳定的输出激光束.

2. 取下光学暗箱的入射光孔盖,令被测光束通过入射孔径中心水平入射,并调整入射方向,令从石英光楔出射的第 0 级光束射到光陷阱口径中心.

3. 让从石英光楔出射的第 1 级光束入射在光学反射镜中心,微调光学反射镜的二维调节架,令反射光束射在 CCD 光敏面中心.

4. 调节激光衰减倍率.为调节方便,开始可选用衰减倍率最小的衰减片,根据获取图像的具体情况(是否饱和)改变衰减倍率.

5. 取下 CCD 摄像头的镜头盖,让 He－Ne 激光束射入摄像机.

6. 运行测量软件,抓取来自摄像机的图像,利用程序提供的各种功能对图像进行分析操作.

7. 分析测量结果,并将测量结果以文件形式保存备用.

9.15　HD150 手持激光测距仪

距离测量对国防建设和国民经济的发展有着重要意义. 在军事上,测距系统为有效打击目标提供了保证. 民用方面,气象预报、机场导航、大地丈量、工程建筑等都离不开距离测量. 测距的主要方法有直接丈量、超声测距和激光测距,其中激光测距由于速度快、精度高、仪器的体积小、测程远等优点而得到了广泛的应用. 激光测距按其原理可分为脉冲测距和相位测距. HD150 手持激光测距仪是根据脉冲测距原理研制而成的测距仪器,能适用于各种场合的短距离测量.

一、实验研究内容

1. 不同大气条件下 HD150 测距仪测量精度的研究.
2. 不同目标物条件下 HD150 测距仪测量精度研究.
3. 测量距离对 HD150 测距仪测量精度影响的研究.

二、仪器结构

HD150 手持激光测距仪结构如图 9.15.1 所示. 该仪器由五部分组成:半导体激光器用于发射探测激光束;发射、接收光学系统,用于发射脉冲激光信号,并将反射回的信号进行会聚和滤波;信号接收放大电路用于将光信号转换为电信号,并进行放大处理;时间测量模块用于测量脉冲输出与信号返回之间的时间差;显示和测量控制电路用于显示测量结果,控制各部分的工作.

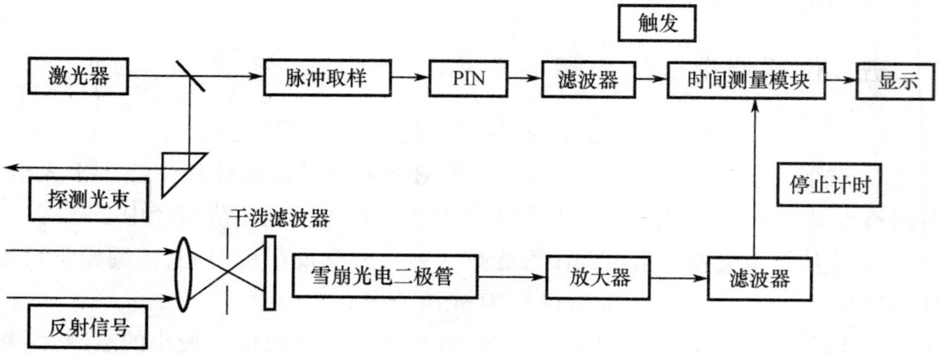

图 9.15.1　HD150 手持激光测距仪结构示意图

三、工作原理

激光测距是光波测距的一种.假设光以速度 c 在空气中传播,在 A、B 两点间往返一次所用时间为 t,则 A、B 两点间距离 D 可表示为

$$D=\frac{ct}{2} \tag{9.15.1}$$

式中:D——A、B 两点间的距离;

c——光在大气中传播的速度;

t——光往返 A、B 之间一次所需的时间.

所以只要测出激光在 A、B 点往返一次所用的时间 t 即可知道 A、B 两点之间的距离.

根据测量 t 所用方式的不同可以将激光测距细分为脉冲测距和相位测距.

脉冲测距的原理比较简单,即在测点向目标发出一激光脉冲,并通过检测系统检测目标反射回来的信号,根据发射信号和接收到信号的时间差确定目标的距离.通常时间测量是利用 CPLD 芯片实现的.为了进一步提高电路的时间分辨能力和测量精度,可以引入时间比例放大的方法.

相位式激光测距仪是用无线电波段频率对激光束进行幅度调制并测定调制光往返测点与目标之间一次所产生的相位延迟,再根据调制光的波长,换算该相位延迟所代表的距离来实现测距的.假设调制波的角频率为 ω,在待测距离 D 上往返一次产生的相位延迟为 φ,则对应时间 t 可表示为

$$t=\frac{\varphi}{\omega} \tag{9.15.2}$$

将此关系代式入式(9.15.1),距离 D 可表示为

$$D=\frac{1}{2}ct=\frac{1}{2}c\frac{\varphi}{\omega}=c\frac{N\pi+\Delta\varphi}{4\pi f}=c\frac{N+\Delta N}{4f}=U(N+\Delta N) \tag{9.15.3}$$

式中:φ——信号往返于测点和目标之间一次所产生的相位延迟.

ω——调制信号的角频率,$\omega=2\pi f$.

U——单位长度,等于 1/4 调制波长.

N——测线所包含调制半波长个数.

$\Delta\varphi$——信号往返测线一次产生相位延迟不足 π 部分.

ΔN——测线所包含调制波不足半波长的小数部分,$\Delta N=\frac{\Delta\varphi}{\omega}$.

由于在给定调制和标准大气条件下$\frac{c}{4\pi f}$是常量,此时距离的测量变成了测线所包含半波长个数 N 的测量和不足半波长的小数部分 ΔN 的测量.其中 $\Delta\varphi$ 可通过数字检相电路确定,而 N 则需要通过引入一组调制频率多次测量加以确

定.

四、仪器主要技术参量

操作范围：	0.3 ~ 150 m
测量精度	
标准(0.3 ~ 30 m)：	±2 mm
最大：	±3 mm
测量时间	
标准：	<0.5 s
最大：	4 s
最小显示单位：	1 mm
操作温度：	−10 ~ +50 ℃
存储温度：	−20 ~ +70 ℃
激光二极管：	635 nm，<1 mW
激光级别：	2
激光束直径(在 25 ℃)	
在 10 m 处：	~6 mm
在 50 m 处：	~30 mm
在 100 m 处：	~60 mm
在 150 m 处：	~90 mm
电池：	4 ×1.5 V LR6(AA)

五、仪器使用操作步骤

开机：

完全按下“On/Off”开关按钮或测量按钮.

关机：

按住“On/Off”开关按钮.

长度测量：

按下“长度测量”按钮，长度测量标志就会显示在显示屏的顶端. 测量时完全按下测量按钮，测量值即会显示在显示屏下端.

面积测量：

按下“面积测量”按钮，面积测量标志就会显示在显示屏的顶端. 按照长度测量模式先后测量长度和宽度，测量结束后，面积就会自动计算出并显示出来.

体积测量：

按下“体积测量”按钮，体积测量标志就会显示在显示屏的顶端. 按照长度测量模式先后测量长度、宽度、高度，三次测量结束后，体积值就会自动计算出并显示出来.

持续测量：

持续测量功能主要用于室内测量.在持续测量模式下，测距仪可以相对被测目标移动，测量值每隔0.5秒自动更新一次.

最大/最小测量：

最大/最小测量主要用于测定到固定参考点的最小或最大距离.

间接测量：

有些情况下障碍物会阻挡激光束或者无法利用目标表面作为激光束反射面，在这种无法进行直接测量的情况下可以采用间接测量功能.按下间接测量按钮切换到间接测量模式.进行长度测量，测定距离“A”，然后测量“B”值.完成第二次测量后，长度值“C”会被自动根据勾股定理计算出来并显示在显示屏下端.

六、仪器使用注意事项

1. 由于采用激光进行距离测量，而激光束是能量非常集中的单色光源，所以在使用时不要用眼对准发射口直视，以免眼睛受到伤害.

2. 一定要按仪器说明书中安全操作规范进行测量.

3. 野外测量时不可将仪器发射口直接对准太阳以免烧坏仪器光敏元件.

4. 长期闲置不用请将电池取出，以免造成电池液泄漏损害仪器.

9.16　自动粉末压片机

在许多材料的测试场合需要将材料预先加工成一定的形状，如薄片、管状等.红外傅里叶变换光谱、拉曼光谱测试中，需要样品是片状的固体，但是很多材料由于受到制备手段的限制通常是粉末状的.为了使这类粉末状的样品能进行红外或拉曼光谱的测量，需要事先将粉末通过高压挤压成片状.而用同轴电缆法测量材料的电磁参量时需要将粉末状的材料压制成特定尺寸的管状.ZYP-400型自动粉末压片机就是能实现将粉末通过高压的方法压制成特定形状的仪器.

一、实验研究内容

1. 铁氧体吸波材料样品的制备.

2. 碳纳米管薄膜的制备.

3. 材料抗压强度测试.

二、仪器结构

ZYP－400 自动粉末压片机由液压机、液压泵、模具三部分组成(图 9.16.1).

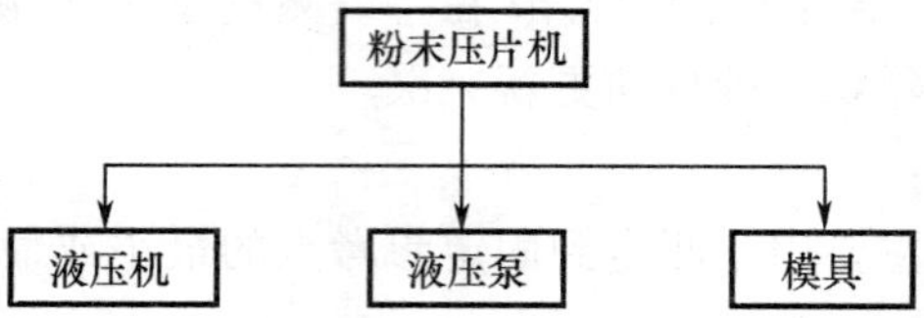

图 9.16.1　ZYP－400 自动粉末压片机构成图

三、工作原理

压片机的原理如图 9.16.2 所示. 工作时将已装好待压片材料的模具置于活塞和砧板之间,然后启动液压泵,将液压油注入液压机的油缸中. 油缸中液压油的液面逐步上升,随着液压油液面的上升,活塞被向上抬升,对放在上砧板和活塞之间的模具施加很大的压力,使模具内的材料由粉末状被挤压成模具设定的形状.

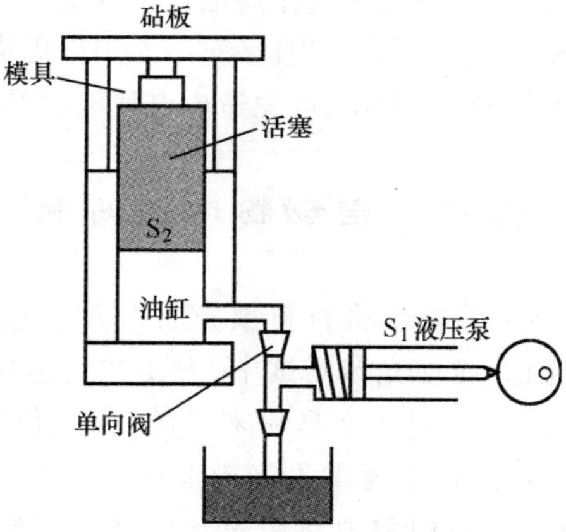

图 9.16.2　压片机原理图

四、仪器主要技术参量

压力范围:	5～40 t
电源:	交流 380 V
功率:	2.2 kW
油缸直径:	140 mm
活塞直径:	80 mm

活塞升程：　50 mm
工作空间：　140 mm × 180 mm
外形尺寸：　540 mm × 500 mm × 1 300 mm

五、仪器使用操作步骤

1. 开机

机器采用 380 V 交流电压，消耗功率 2.2 kW. 接通电源后，控制面板上电源指示灯(红色)变亮，即可进行待机操作. 将所要成型物品均匀、对称地放入操作空间，将物体压制成型；然后按动下降按钮，活塞自动复位，旋开丝杠，将成型工件取出. 加压中途需要紧急停止，立即按动停止按钮，待将工件调整后，重新操作相应按钮.

2. 压力调整

机器出厂时，最大压力设定为 40 t. 压力设定阀为右侧门内下方黑色旋钮. 正常情况下使用者无需再对此阀进行调整. 当使用者需要对压力进行调整时，取出随机携带的专用扳手对压力调整钮进行调整，顺时针方向旋转压力加大，逆时针方向旋转压力减小. 调整压力时每次所旋转角度尽量小，不要一次调整压力变化过大，调整后开机运行显示压力值. 如未达到使用要求，可重复上述步骤，直到达到理想状态，压力调整范围应控制在 5 ~ 40 t 之间.

表 9.16.1　压力换算表

压力值/MPa	6.5	9.7	13	16.2	19.5	23	26
实际压力吨位/t	10	15	20	25	30	35	40

9.17　可拆卸装调方便小型 TEA CO_2 激光实验仪

横向激励大气压(简称 TEA)CO_2 激光器是 20 世纪 70 年代发展起来的一种气体激光器，这种高强度的激光脉冲应用广泛，如激光加工、光化学、光谱学、大气环境监测、激光核聚变等. 本实验仪是一台可拆卸、装调方便的 TEA CO_2 激光器，器件设计采用激光管内部整体结构，紧配合滑动连接，拆装方便，可以用于在谐振腔型、总气压、气体组分、电压等参量变化下的实验研究.

一、实验研究内容

1. 气体激光辉光放电和弧光放电现象研究.
2. 工作气压及气体组分配比研究.
3. 不同谐振腔型与激光输出能量关系的研究.

4. 激光输出基横模选择研究.

二、仪器结构

激光器基本结构如图 9.17.1 所示. 图中 A 为阳极, K 为阴极, P 为预电离电极, M_1 为输出反射镜, M_2 为全反射镜. 激光管外壳由外经 10.5 mm 、壁厚为 7 mm的有机玻璃管,两端为有机玻璃法兰盘. 两面反射镜安装在法兰盘上,组成光学谐振腔,然后与有机玻璃圆筒经封闭连接. 激光管阳极、阴极和预电离电极用有机玻璃框架组成整体. 两电极板背面中心部位装有电极引线用的凸槽,装入激光管后,可以任意装配和拆卸. 预电离电极为 5 根外径为 2.5 mm 左右的硬质玻璃管,置于阴极表面的凹槽内.

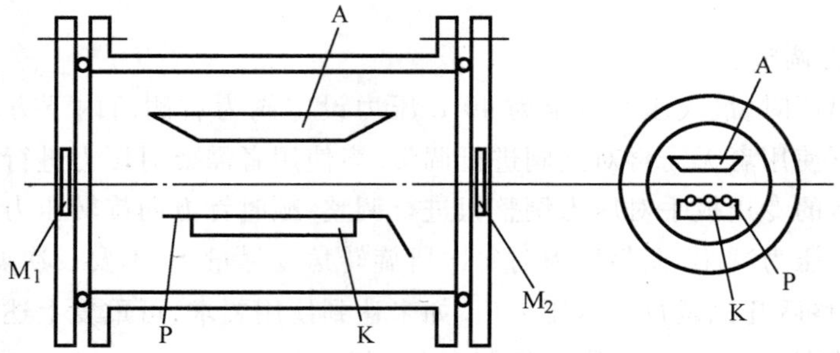

图 9.17.1　激光管内部结构示意图

三、工作原理

TEA CO_2 激光器工作气体是 CO_2 和 N_2,也可以是 CO_2、N_2、He 等混合气体. CO_2 是产生激光跃迁的工作气体,一般总希望 CO_2 分压强提高,以便有更多的 CO_2 分子参加粒子数反转,提供激光输出能量. 但增大到一定数值时,再继续增大 CO_2 分压,输出能量反而减小,并出现局部的弧光放电,原因是由于气体温度升高,谱线加宽的放大系数降低. 另外 CO_2 分解成 CO 和 O,使 CO_2 浓度减小. 因此合理选择 CO_2 分压,有利于提高激光输出能量.

N_2 在 CO_2 激光管中是一种重要的辅助气体,合理选择 CO_2 和 N_2 分压比例,使激光输出能量有很大的提高. N_2 的作用是其 $\nu=1$ 的振动态与 CO_2 分子激光上能级十分接近,与 CO_2 分子碰撞后,使基态 CO_2 分子激发到上能级速率增加,从而使输出能量增加. 但 N_2 的比例受到两个因素限制:首先是 N_2 的比例增加降低了 CO_2 分子密度,使受激发的 CO_2 分子数仍不断增加而减少,其次是 N_2 和气体放电中产生的氧原子发生化学反应生成 NO、NO_2 等杂质气体,它们不仅触灭了 CO_2 激发态(00°1)分子,而且改变了混合气体的放电特性. 因此要合理选择 N_2 气体的分压比例.

四、仪器主要技术参量

1. 腔长 40 cm,放电区体积为 35 cm×2 cm×2 cm.

2. 谐振腔型结构为平－凹腔,全反镜曲率半径 $R=200$ cm,输出反射镜为锗平面镜.

3. 工作电压 18～21 kV,最高输出能量 880 mJ,脉冲宽度为 40～60 ns.

4. 工作气体为 CO_2 和 N_2,比例为 1∶1,总工作气压为 39.9 kPa.

五、仪器使用操作步骤

1. 真空度

TEA CO_2 激光器真空度要求不高,一般在 1～2 Pa 左右,只要用机械泵抽运 15 分钟左右.

2. 光学谐振腔调整

用 He－Ne 激光通过小孔光阑射入全反镜中心位置,反射回来的光在小孔上重合,如不重合,可微调全反镜. 全反射镜调整好后,再调输出激光镜,方法同样.

3. 操作充气系统,充入 CO_2 和 N_2,总气压为 38～40 kPa 左右,CO_2 和 N_2 分压为 1∶1 左右,按步骤 2 微调光学谐振腔.

4. 开启供电电源,充电电压 14～20 kV,启动触发开关,观察激光光斑和输出能量变化情况.

5. 用 P 型锗光子牵引探测器,光线输入宽带脉冲示波器显示其激光脉冲波形,测量脉冲半功率点的宽度.

六、仪器使用注意事项

1. 实验操作要规范,防止高压对人体伤害.

2. 实验完毕,将机械泵关掉,并将充气活塞置于大气相通位置,关掉电源.

参考文献

[1]　上海亨通科技有限公司. HT600、HT610 软、硬磁材料磁性参数测试仪说明书

[2]　吕斯骅,朱印康. 近代物理实验技术(I). 北京:高等教育出版社, 1991

[3]　天津拓普仪器有限公司. WSZ－5A 型单光子计数实验系统等说明书. http://www.tjtp.net

[4]　林木欣. 近代物理实验教程. 北京:科学出版社,1999

[5]　张雪皎,万钧力．单光子探测器件的发展与应用．激光杂志，2007，28(5)
[6]　张鹏飞,周金运．单光子探测器及其发展．传感器世界，2003,10
[7]　滕秀金，邱迦易，曾晓栋．颜色测量技术．北京:中国计量出版社,2007
[8]　金伟其，胡威捷．辐射度、光度与色度及其测量．北京:北京理工大学出版社,2006
[9]　Wendy Davis. Measuring color quality of light sources. Proc. of SPIE, 2006, 6337:1—10
[10]　王翠花,领录有．色度学实验研究．大学物理实验,2007,20(1):15—23
[11]　鲍烈,陈艳山．反射光色度实验的研究．化工与材料，2007,102(5):38—39
[12]　安道尔技术有限公司．紫外近红外光谱仪使用说明书
[13]　蒋剑莉,李江,曹琦,李相银．纳米 ZnO 的量子限域效应和激光散射特性研究．物理实验，2004 (24):20—23
[14]　曹琦,李相银．温度对纳米 ZnO 膜电学和光学性质影响的研究．物理学报，2004 (53):1572—1576
[15]　张萍．荧光光谱法测定阿米卡星含量．化学工程师，2007，136(1)
[16]　张延会,吴良平,孙真荣．拉曼光谱技术应用进展．化学教学，2006 (4)
[17]　吴征铠．拉曼光谱的发现和最近的发展．光谱学与光谱分析，1983 (2)
[18]　官衍香,吕刚,马传涛．拉曼光谱及其在现代科技中的应用．现代物理知识，2006(1)
[19]　吴永汉，窦菊芳．椭偏法测膜厚的直接计算方法．物理实验，1998，18 (1) : 11—13
[20]　张孔时，丁慎训．物理实验教程(近代物理实验部分)．北京：清华大学出版社，1991:259—267
[21]　陈篮，周岩．膜厚度测量的椭偏仪法原理分析．大学物理实验，1999 (3)
[22]　张俊莲,黄佐华,朱映彬．椭偏测厚仪确定薄膜真实厚度的分析．大学物理,2008,27 (1)
[23]　苏大图．光学测试技术．北京:北京理工大学出版社．1996:144—150.
[24]　朱日宏，陈进榜，王青，等．移相干涉术的一种新方法:重叠四步平均法．光学学报．1994，14 (12)：355—366
[25]　朱日宏,王青,陈磊,陈进榜．移相干涉技术中移相器的自校正方法．光学学报．1998，18(7)：932—937
[26]　吴栋,朱日宏,陈磊,等．抗振型移相干涉仪中 PZT 移相器的改进．光学精密工程．2003，11 (6)：567—571

[27] 何勇，姬会东，徐永祥，等．基于单管法探测相位的自适应抗振干涉技术．红外与激光工程，2004，33（4）:409—413

[28] 广东汕头超声电子股份有限公司超声仪器分公司．CTS－22型超声探伤仪使用说明书

[29] A型脉冲反射式超声探伤系统工作性能测试方法．中华人民共和国专业标准 ZB J04001－87

[30] A型脉冲反射式超声探伤仪通用技术条件．中华人民共和国国家标准 JB/T 10061－1999

[31] 超声探伤仪中华人民共和国国家计量检定规程．JJG 746－91

[32] 无缝钢管超声波探伤检验方法．中华人民共和国国家标准 GBT5777－1996

[33] 钢结构工程施工质量验收规范．中华人民共和国国家标准 GB50205－2001

[34] 罗敏慧，余学才，黄宇红．激光光束质量分析与参数测量实验．实验科学与技术，2007(5):24—26

[35] 张宪亮，严高师，曹远生．He－Ne激光束远场发散角的精确测量及误差分析．光电子技术，2007（27）:66—70

[36] 高卫，乔广林．激光光束质量的评价参数及其特性分析．飞行器测控学报，2002（21）:17—21

[37] 天津科器高新技术公司．ZYP400自动粉末压片机说明书

[38] SDY－4型四探针测试仪说明书

[39] 孙以材．半导体测试技术．北京：冶金工业出版社，1984

[40] 刘新福，孙以材，刘东升．四探针技术测量薄层电阻的原理．半导体技术，2004（29）:48—52

[41] 宿昌厚，鲁效明．论四探针法测试半导体电阻率时的厚度修正，计量技术，2005（8）:5—8

第10章 研究与创新性实验

研究与创新性实验是激发学生创新意识、培养学生科研基础能力的重要手段,它有利于学生在受到科研工作能力基本训练的同时,养成严肃认真、实事求是的科学作风,从而为培养高素质并具有创新意识的人才奠定基础。

有关本章实验的训练流程,请参阅“研究与创新性实验流程”图.

一、研究与创新性实验基本要求

1. 在做完某个实验或完成某个规定的基本实验训练项目后,若对实验原理、测量方法、测量装置、测量数据或结果评定等方面产生新构思、新设想或新见解,均可构造研究或创新性实验项目.

2. 对新见解、新构思、新设想等方面的内容必须以书面形式提出申请,送创新实验室审定或完善,并约定实验的时间.

3. 研究与创新性实验书面申请内容:

(1) 实验项目名称;

(2) 要完成构思或设想等所需的实验条件、仪器设备及元器件;

(3) 实验基本原理与方法;

(4) 重点要解决的问题,突出新构思及创新点.

二、研究与创新性实验内容提示

1. 实验原理及理论方面的创意性

(1) 实验结果评定方法等方面的新见解;

(2) 利用实验原理、实验方法等构思的新实验、新方法;

(3) 对改进和提高实验测量原理、测量装置、测量条件、测量方法等方面的新见解.

2. 对提高或改进实验技能训练等方面的创意性

(1) 利用实验技巧和方法提高实验测量准确度和精确度等方面的新见解与新构思;

(2) 对改进实验装置和提高技术水准等方面的新构思;

(3) 通过改进实验方法、实验条件等,能够测量其他的物理量;

(4) 对实验数据的测量,采用最优化组合的理论及实践方法;

(5) 在规定的实验课时内,提出强化三基本训练方法,提高实验效率及有利于人才素质培养的新构思及新方法；

(6) 对物理实验内容、实验基本训练等方面改革的新见解.

3. 基本实验内容与小科技作品相结合的新思路及新方法

(1) 将实验原理思想及实验方法用于生产、科技等方面的新思路及新方法；

(2) 能够提高产品质量及经济效益的科技作品及小产品；

(3) 用于基础物理实验内容改革的新实验、新方法；

(4) 在基础实验内容中,引入现代化教学手段的新方法；

(5) 能够提高自身实验素质,自拟的小科技作品.

三、研究与创新性实验结果总结报告

1. 研究或创新性实验的目的和意义.

2. 总结创新性实验结果成败原因,并对实验结果作量化分析,提出下一步的打算和设想.

3. 通过研究与创新性实验,如何进一步提高自己分析问题和解决问题的能力.

4. 今后的设想与打算,包括在后续课程的学习和实践中如何突出自我创新意识,如何提高自身素质和学习效率.

下面列举一些研究与创新性实验项目,供同学们参考.

实验 1　Co 掺杂 ZnO 薄膜的磁光克尔效应研究

一、实验研究背景

新一轮科技浪潮对于信息的获取、处理加工、存储的速度、容量提出了更高的要求. 此前,我们的信息处理电路是基于电子的电荷属性的,即通过电路的通断来表示二进制的“1”和“0”. 但是,基于电荷效应的电子元件工作电流大、耗电量高,违背了我们提倡的绿色环保的理念,因此研究更低功耗更快响应速度的信息处理元件成了广大科学家面临的共同课题. 我们知道,电子除了电荷这一物理属性外还有自旋特性,综合利用电荷和自旋特性的自旋电子学器件将可以获得更快的处理速度、更高的存储密度、更低的能量消耗. 稀磁半导体作为制作自旋电子学器件的原材料,近 20 年来得到了重点的研究. 为了得到更好的性能,人们做了许多实验和理论上的工作,发现过渡金属掺杂的宽禁带半导体非常有希望成为能在室温下工作的稀磁半导体,Co 掺杂的 ZnO 就是其中之一. 然而稀磁半导体的磁性状态对于掺杂的元素种类、掺杂的浓度、缺陷的浓度和类型都具有非常大的敏感性. 本实验尝试通过磁光克尔效应研究 Co 掺杂 ZnO 薄膜铁磁性能与掺杂浓度、退火条件之间的关系，为制备居里温度高于室温的 Co 掺杂 ZnO 提供参考.

二、建议研究内容

1. Co 掺杂浓度对 ZnO 薄膜磁性能的影响

2. 退火温度和时间对 Co 掺杂 ZnO 薄膜磁性能的影响

3. Al、Co 共掺杂 ZnO 薄膜磁性能的影响.

三、实验基本要求

1. 测出不同 Co 掺杂浓度下 ZnO 薄膜的磁滞回线.

2. 测出不同退火工艺条件下 Co 掺杂 ZnO 薄膜的磁滞回线.

3. 测出 Al、Co 共掺杂条件下 Co:ZnO 薄膜的磁滞回线，分析 Al 掺杂对薄膜磁性的影响.

四、提示

1. 实验基本原理

(1) 稀磁半导体

稀磁半导体(dilute magnetic semiconductor, DMS)是用部分磁性离子替代半导体晶体中的非磁性离子而使半导体皆有半导体性和磁性的新型材料. 由于磁性离子的掺入，使半导体的电学、磁学、光学性质都发生了深刻的变化，表现出优异的磁、磁光、电磁性能，在存储器、光隔离器、集成电路、自旋电子器件等领域具有广泛的应用前景，因此吸引了广泛的研究兴趣. 理论研究表明，ZnO、GaN 等宽带隙半导体 Co 掺杂后最有希望得到居里温度在室温之上的稀磁半导体，因此这类半导体的过渡族金属掺杂受到了特别的关注. 已有的实验研究表明，稀磁半导体的磁性行为与制备样品的工艺有很密切的关系，即便是同一种掺杂元素，由于掺杂浓度的不同、退火条件的不一样、可能引入的杂质种类(导电类型)的不同都会影响磁性表现，甚至出现铁磁和非铁磁性这样截然不同的结果，因此通过改变样品的制备条件制备出一系列的样品并进行测量，根据测量结果总结各种实验因素与磁性之间的相关性是非常有意义的，可以为最终制备我们所需要的室温稀磁半导体材料提供有价值的参考.

(2) 磁光克尔效应

当光束与磁性物质发生作用时会导致光束的偏振状态发生变化，使透射光偏振面发生旋转的效应称为法拉第磁光效应，而反射光偏振面的旋转则称为磁光克尔效应. 磁光克尔效应是约翰 · 克尔在 1877 年首先发现的. 磁光克尔效应用来测量磁性材料的磁滞回线的原理如下：当一束线偏振光入射到样品表面上时，由于样品的各向异性，将会导致反射光的偏振面发生偏转. 如果此时样品还处在铁磁状态，那么由于铁磁性，还会导致反射光的偏振面转过一个克尔旋转角. 同时，由于样品对 p 光和 s 光的吸收率是不一样的，即使样品处于非磁化状态，反射光的椭偏率也会发生变化，而铁磁性会导致椭偏率有一个附加的变化，这个变化称为克尔椭偏率 ε_k. 由于克尔旋转角 θ_k 和克尔椭偏率 ε_k 都是磁化强度 M 的函数，因此通过测量 θ_k 或 ε_k 的变化可以推测出样品磁化强度 M 的变化，从而测得样品的磁滞回线. 由于磁光克尔效应的磁性测量灵敏度可以达到一个原子层或亚单层，并且仪器可以配置于超高真空系统上工作，它已成为表面磁学的重要研究方法，非常适合用来作为磁性薄膜的研究.

2. 实验方法

(1) 根据溶胶－凝胶法制备薄膜的实验要求，准备好实验器材和化学药品.

(2) 按照预先的实验设计计算好各种化学药品的使用量，并称量好备用.

(3) 遵循溶胶－凝胶法制备氧化锌薄膜的步骤配制好溶胶样品，旋涂成膜，通过加热炉加热晶化，完成样品制备.

(4) 连接好仪器各部分之间的电缆，调节好 FD－SMOKE－A 仪器的光路. 将不同样品放置在样品台上进行测量.

(5) 根据测量结果分析掺杂浓度、退火工艺、导电类型与薄膜磁性能之间的关系.

3. 实验仪器和材料

制备：二水醋酸锌（$Zn(CH_3COO)_2 \cdot 2H_2O$）、硝酸铝、醋酸钴、乙二醇、乙醇胺、石英基底、超声清洗机、丙酮、乙醇、烧杯、磁力搅拌机、红外灯、程控箱式炉、旋涂仪.

测量：FD－SMOKE－A 型磁光克尔效应测量仪、计算机.

■ 参考文献

[1] 赵建华，邓加军，郑厚植. 稀磁半导体的研究进展. 物理学进展，2007(27)：109—150

[2] 黄剑锋. 溶胶－凝胶原理与技术. 北京：化学工业出版社，2005

[3] FD－SMOKE－A 型磁光克尔效应测量仪使用说明书

[4] 刘学超，施尔畏，张华伟，宋力昕，陈之战. 氧化锌基稀磁半导体研究进展. 无机材料学报，2006(21)：513—520

[5] 蔡淑珍，秦向东，段平光，李霞，张玉梅. 氧化锌基稀磁半导体的研究进展. 河北大学学报（自然科学版），2007(27)：332—336

实验2 Mg掺杂ZnO薄膜的光谱研究

一、实验研究背景

纤锌矿结构的氧化锌(ZnO)晶体在室温下具有宽度为3.37 eV的直接带隙,同时具有异常高的激子束缚能(60 meV),是室温条件下理想的紫外激光工作材料.ZnO的发光特性研究是ZnO材料在光电器件中进行应用的基础,人们已经开展了大量这方面的工作.研究结果表明ZnO的光学特性受到许多因素的影响,比如其他元素的掺杂将会导致带隙的变化从而改变发光的波长;不同的退火条件将会影响ZnO纳米晶粒的尺寸,从而改变体系的量子限域作用,最终也会影响体系的带隙宽度和发光特性.

由于ZnO的性能优异、应用广泛,各种各样的制备手段也不断涌现.目前制备ZnO薄膜的方法有等离子体辅助分子束外延、热蒸发、溶胶-凝胶法、金属有机物化学气相沉积、脉冲激光沉积、电化学沉积等,其中溶胶-凝胶方法由于制备条件要求低,成膜均匀、厚度可控,能在原子级实现掺杂等优势而得到了广泛的使用.本实验利用发光光谱和吸收光谱技术研究用溶胶-凝胶方法制备的Mg掺杂ZnO薄膜的光谱特性,探索其中的规律,为这个体系的工程应用积累科学依据.

二、建议研究内容

1. Mg掺杂浓度对ZnO光吸收特性的影响.
2. Mg掺杂对ZnO发光特性的影响.
3. 退火工艺对Mg掺杂ZnO光吸收特性的影响.

三、实验基本要求

1. 通过测量不同浓度Mg掺杂的ZnO薄膜的光吸收谱确定Mg掺杂对ZnO带隙的影响.

2. 制备不同退火条件的Mg:ZnO样品并测量其吸收光谱,确定退火条件对薄膜吸光特性的作用.

3. 测定不同镁掺杂浓度下ZnO薄膜的发光特性,总结Mg掺杂对ZnO薄膜发光特性的影响.

四、提示

1. 实验原理

吸收光谱和发射光谱

当光束入射到样品上时,样品将会与光子发生作用,使部分的光子被吸收,这样透过样品的能量就被衰减.出射能量流密度和入射能量流密度之间的关系可以表示为 $I = I_0 e^{-\alpha x}$,其中 I 为距离样品光入射表面 x 处的能量流密度,I_0 为 $x = 0$处的能量流密度,也即入射表面处的能量流密度,α 为吸收系数,表征光通过单位长度的样品后能量流的衰减程度.由于样品对不同波长的光子的吸收能力不一样,样品对不同能量的光子的吸收能力与其内部电子所处的能量状态有关,因此可以通过测量吸收光谱来研究电子的能量状态.对于晶体而言,电子填充的最高能带为价带,没被占据的最低能带为导带,当入射光子的能量大于导带和价带之间的能量差值时,处于价带的电子将吸收光子能量而跃迁到导带上,在吸收谱上表现为当光子能量接近或高于带隙宽度时,吸收系数陡然增大,存在明显的吸收边,我们可以通过吸收边的测量来确定晶体的带隙宽度.带隙宽度对于半导体而言是一个非常重要的物理量.吸收边部分的吸收系数和光子能量之间的关系可以用一定的函数关系加以描述,而具体的函数形式取决于半导体的类型.对于直接带隙半导体,也就是电子从价带跃迁到导带的过程中电子的动量保持恒定,如 ZnO,吸收系数可表示为 $\alpha(\hbar\omega) \approx 2 \times 10^4 (\hbar\omega - E_g)^{1/2} \mathrm{cm}^{-1}$.通过测量吸收边,并利用前式进行拟合可以获得光学带隙 E_g.光学带隙 E_g 与实际带隙可能存在数值的差别,因为光吸收跃迁同时受到跃迁选择定则的限制.但是吸收光谱确定带隙法不失为一种便捷有效的方法.对于间接带隙半导体,由于电子跃迁过程中动量不守恒,需要有声子的辅助才能发生跃迁,所以声子的能量也必须考虑在内.根据跃迁过程中吸收声子还是发射声子,可以分为

当 $\hbar\omega > E_g - E_p$,伴随声子吸收过程,$\alpha_a(\omega) = \dfrac{C(\hbar\omega - E_g + E_p)^2}{\exp(E_p/kT) - 1}$;

当 $\hbar\omega > E_g + E_p$,伴随声子的发射,$\alpha_e(\omega) = \dfrac{C(\hbar\omega - E_g - E_p)^2}{1 - \exp(-E_p/kT)}$.

通过吸收边的测量,不仅可以确定带隙,而且还可以根据吸收边遵循的函数规律判别半导体的带隙类型.

当电子吸收光子从价带跃迁到导带后,处于能量较高、不稳定的激发态,很快电子就会通过各种方式释放能量从导带跃迁回价带,退激发的途径有非辐射方式和辐射方式.辐射退激发就是在电子从导带跃迁回价带的过程中释放一个光子,光子能量等于带隙的宽度,因此通过发射光谱的测量也可以确定带隙宽度.带隙宽度并非是固定不变的,温度、掺杂等因素都可以调节带隙的大小.工程上就是通过掺杂改变半导体的带隙大小,从而改变其光电性质的.如镁原子取代 ZnO 中的部分锌原子后可以使体系的带隙增大,从而使发光的波长蓝移,达到调制辐射波长的目的.

2. 实验方法

(1) 根据溶胶－凝胶法制备薄膜的实验要求,准备好实验器材和化学药品.

(2) 按照预先的实验设计计算好各种化学药品的使用量,并称量好备用.

(3) 遵循溶胶－凝胶法制膜的步骤配制好溶胶样品,旋涂成膜,通过加热炉加热晶化,完成样品制备.

(4) 调节好光谱仪,对每个样品的吸收光谱和发光光谱进行测量.

(5) 根据测量结果和每个样品的制备条件,总结制备条件、材料组分与光谱性质之间的内在联系.

3. 实验仪器和材料

制备:二水醋酸锌($Zn(CH_3COO)_2 \cdot 2H_2O$)、硝酸镁、乙二醇、乙醇胺、石英基底、超声清洗机、丙酮、乙醇、烧杯、磁力搅拌机、红外灯、程控箱式炉、旋涂仪.

测量:Andor 紫外近红外光谱仪、氙灯、汞灯、计算机.

■ 参考文献

[1] 徐自强,邓宏,谢娟,李燕,陈航,祖小涛,薛书文. 退火对氧化锌:Al 薄膜光致发光性能的影响. 强激光与粒子束, 2006 (18):169—172

[2] 徐自强,邓宏,谢娟,李燕. 掺 Al 对氧化锌薄膜发光性能的调控作用. 光电子·激光, 2006 (17): 257—260

[3] 方容川. 固体光谱学. 合肥:中国科学技术大学出版社. 2001

[4] 宋永梁, 季振国, 王泉香, 向因, 叶志镇. 溶胶－凝胶提拉法制备氧化锌薄膜及其性能研究. 材料科学与工程学报, 2004(22): 9—11

[5] 张兰,马会中,张兵临. 氧化锌纳米材料制备及其应用研究进展. 中国材料科技与设备, 2006 (4): 1—4

[6] 傅竹西,林碧霞,何一平,廖桂红. ZnO 薄膜的反射、透射光谱及能带结构测量. 发光学报,2002 (23):559—563

[7] 薛忠营, 张德恒,王卿璞. 氧化锌薄膜材料的发光谱. 功能材料, 2003 (34):17—19

实验 3　双电极对间距及放电脉冲时间选择研究

一、实验研究背景

脉冲时间间隔短的高强度激光脉冲有许多应用,如全息照相、瞬态流场测试、光化学、生物学或激光聚变等. 但是,对于单电极对横向激励大气压(TEA) CO_2 激光器而言,产生 200 ~ 1 000 kW 峰值功率及 100 μs 的脉冲间隔,可能需用超声流，对系统效率方面不仅是浪费，而且引起湍流，干扰激光束的质量. 为解决存在的问题，可用两个电极均分同一光学谐振腔，有序对两组电极脉冲点火，可产生微秒量级脉冲的输出. 为获得稳定双光脉对输出，要合理选择双电极对间距及放电脉冲时间.

二、建议研究内容

1. 脉冲放电过程中，气体介质热膨胀造成介质紊乱而引起介质不均匀分布的物理模型.

2. 介质增益系数与激光脉冲形成的时间分布特性.

3. 在理论分析基础上，研究两组电极对间距和脉冲放电时间隔的优化选择.

三、实验基本要求

1. 了解和基本掌握双电极对脉冲 TEA CO_2 激光器基本结构和工作特性.

2. 在同一光学谐振腔内设计双电极对置放时，考虑前一组电极对脉冲放电后，激光感生介质 N_2O 和 NO 对后一组放电区的影响的实验现象和基本规律.

3. 着重研究腔长为 100 cm，两放电区体积均为 35cm × 2cm × 2cm 的双电极对脉冲 CO_2 激光器，以放电后的 N_2O 和 NO 为基础，从理论模型上讨论这些介质的扩散系数、传播速率以及感生介质密度等，并进行数值计算.

4. 通过理论及实验研究，获得双光脉冲对稳定输出时电极对的间距及脉冲放电时间的最佳选择.

四、提示

1. 对于 TEA CO_2 激光器来说，光脉冲输出一般发生在增益的上升时间，在增益的上升时间，在增益不出现饱和的条件下，可得到增益峰值发生的时间为

$$t_{max} = t_n(\tau_2/\tau_3)(\tau_3^{-1} - \tau_2^{-1})$$

$$\Delta t \geqslant \Delta t_0 + t_{max}$$

其中相关的能级寿命由下式决定：

$$\tau_2 = (5.0\times10^{-15}N_{CO_2} + 1.6\times10^{-15}N_{N_2} + 1.1\times10^{-15}N_{He})^{-1}$$

$$\tau_3 = (6.0\times10^{-13}N_{N_2})^{-1}$$

式中，N_X 为每立方厘米的 X 组分的分子数目，但在常温和常压下分子的总密度是 $N = 2.687\times10^{-19}\ cm^{-3}$. TEA CO_2 激光器中，根据混合气体的组分比，根据方程可得到 τ_2 和 τ_3 值，再给出增益系数和光脉冲的波形关系曲线.

2. 对于双放电预电离结构的双电极对脉冲 TEA CO_2 激光器来说，一般预放电和主放电的时间差 Δt_0 是 1 ~ 3 μs，那么两级电极对放电脉冲时间差 Δt 和 Δt_0 和增益峰值发生的时间 t_{max} 关系为

$$\Delta t = \Delta t_0 + t_{max}$$

建议根据上式,从理论上可以确定获得稳定双光脉冲输出的依据.

3. 根据气体分子输运过程分子动理论基础,求解扩散方程,计算扩散系数、平均自由程和平均速度等参量,研究两个放电区中心感生介质 $n(x,t)$ 随轴向扩散变化情况等为基础,研究双电极间距和脉冲放电时间隔优化选择.

■ 参考文献

[1] 周世勋,徐正惠,龚少明,译. 伯克利物理学教程(第五卷):统计物理学. 北京:科学出版社,1979.

[2] Jay A, Fox A. double - electrode - pair - pulsed laser. Appl. Phys. Lett., 1980, 37 (7): 590—591

[3] Li Xiangying, Sun Ning, Shi Zhengbang, Configuration analysis of the resonator in a double - pulsed TEA CO_2 Laser. Opt. comm., 1992,90 (4—6):37—40.

[4] 李相银,施振邦,鲍戎. 在双电极对激光器中激光感生介质扩散的影响. 光学学报,1996. 16 (1). 37—40

实验 4　多电极对脉冲放电同步触发时的能量增强效应研究

一、实验研究背景

在同一光学谐振腔内设置多电极对,多电极对脉冲放电时间隔对其输出能量的影响已成为关注的问题,但对多电极对脉冲放电同步触发时有脉冲能量增强,需要从理论及实验上进一步研究并提供理论或实验依据. 该内容研究具有重要的理论及应用价值.

二、建议研究内容

1. 对同一光学谐振腔内设置多电极对和单电极对比较,研究其光学谐振腔效率.

2. 从激光振荡阈值条件分析,研究多电极对和单电极对腔内光子数密度,光子衰变率等参量.

3. 腔内设置双电极时,从实验上已证实了靠近全反镜的电极对或放电区比另一个靠近输出镜的电极对输出能量高,从理论上给予证明.

三、实验基本要求

1. 掌握产生激光的物理过程的原理及方法.

2. 学会用典型的激光速率方程表征激光器腔内光子数和工作物质各有关能级上的原子数随时间变化的微分方程组.

3. 学会和应用迭代法求解腔内自再现模形成的原理及方法.

4. 在理论及实验研究基础上,给出在同一光腔内设置多电极对有脉冲能量增强的理论依据.

5. 总结本实验研究结果的特色或不足之处.

6. 完成一篇符合规范要求的实验研究论文或研究报告.

四、提示

1. 对于高气压下工作的 TEA CO_2 激光器,输出的能量与激光脉冲宽度有关,例如对于 CO_2+N_2 混合气体系统,一个激光脉冲得到的能量是

$$\varepsilon=(e_1+x_{N_2}e_2)\frac{hcpV}{\lambda kT} \qquad (10.4.1)$$

式中, p 为总气压, T 为气体温度, V 为工作气体体积, e_1 和 e_2 为 CO_2 分子 ν_3 振动模和 N_2 分子振动能级的激光速率, x_{N_2} 为混合气体中组分比例. 设 $e_1=e_2=0.4$, $p=37.3$ kPa, $T=300$ K, $CO_5:N_2=1:1$, $V=1$ L,得到 $\varepsilon\approx135.3$ J · L · kPa. 实际激光输出能量要低得多,可能的原因是个放电体积内未能获得均匀放电, e_1 和 e_2 没达到理论预期的数值.

2. 以激光振荡阈值条件为基础,研究非均匀加宽工作物质中,强光的增益系数、弱光的增益系数等与频率之间关系.

3. 利用迭代法分析和求解光腔中自再现模形成的条件,以及振幅分布、相位分布等特性.

4. 以谐振腔内光子寿命、光子数密度等分析为基础,研究光子衰变率、谐振腔损耗、谐振腔效率等与腔内设置多电极对和单电极对之间的关系.

■ 参考文献

[1] 周炳昆,高以智,陈倜嵘,陈家骅. 激光原理. 北京:国防工业出版社,2004

[2] Li Xiangyin, Cao Qi. The structure of multi - electrode pair pulse and discharge pulse time selection. Opt. Laser Technology. ,2004,36:497—498

[3] Ye Lihua, Li Xiangyin, He Anzhi. A triple electrode pair TEA CO_2 laser. Microwave and Optical Technology Letter. ,2000,24 (5): 265—298.

[4] 叶莉华,李相银,贺安之. 同步触发对多电极激光器输出特性影响. 光学学报,2001,21(6):716—719.

实验 5　纳米 ZnO 薄膜的反射和偏振特性研究

一、实验研究背景

纳米 ZnO 薄膜是一种重要的Ⅱ－Ⅵ族半导体氧化物，属于宽能带隙材料. ZnO 晶体为六角纤锌矿结构，晶格常量 $a=0.325$ nm，$c=0.521$ nm. 它能有效工作于室温及更高的温度，而且还具有光增益系数高等特点，在光电子材料、短波半导体材料、电磁屏蔽及隐身材料等领域有着广泛的应用前景.

二、建议研究内容

1. 纳米 ZnO 薄膜反射及偏振特性测量.
2. 纳米 ZnO 薄膜的反射功率与入射角之间的关系.
3. 纳米 ZnO 薄膜反射光的偏振度与入射角之间的关系.
4. 反射光的振动面旋转的角度与入射角间的关系.

三、实验基本要求

1. 用溶胶－凝胶法或电子束蒸发镀膜法制备纳米 ZnO 薄膜.
2. 自行设计并搭建测定薄膜反射及偏振特性的实验台.
3. 通过实验及理论研究分析薄膜厚度、粒径与光学特性关系.
4. 给出测量数据(包括图标与曲线)，并对结果进行分析.
5. 总结本实验研究结果的特色或不足之处.
6. 完成一篇符合规范要求的实验研究论文或研究报告.

四、提示

1. 薄膜的结晶特性研究采用 X 射线衍射谱分析，利用 Scherrer 公式可以计算出 ZnO 薄膜的颗粒尺寸 d：

$$d=\frac{k\lambda}{\beta\cos\theta} \tag{10.5.1}$$

式中，k 为常量(长度量纲)，代表晶粒形状因子，λ、β、θ 分别表示 X 射线波长、衍射峰的半高宽和布拉格衍射角.

2. 实验测量装置用 2～3 种不同波长的半导体激光器为光源，由起偏器产生线偏振光，由光电探测器阵列测量反射光功率，由偏振系统检测反射光的偏振特性. 载物台可旋转 360°(实验样品).

3. 测量反射光偏振面旋转的角度与入射角关系时，不同 p 光和 s 光有着不同的偏振特性.

■ 参考文献

[1] Chen Yefan, Tuan N T, Segawa Y, et al. Stimulated emission and optical gain in ZnO epilayers Grow by plasma assisted molecular – beam epitaxy with buffers. Appl. Phys. Lett., 2001, 78 (11): 1469—1474

[2] 宋国利,梁红,孙凯霞. 纳米 ZnO 薄膜的光致发光性质. 光子学报, 2005, 34 (4): 590—593

[3] 曹琦,李相银. 温度对纳米 ZnO 薄膜电光性质影响. 物理学报,2004, 53 (5): 1572—1575

实验 6　毫米量级口径的球面曲率半径的测量

一、实验研究背景

毫米量级及更小口径的光学元器件,因体积小,已广泛应用于军事侦察、情报收集、通信、激光技术、信息光学、显微光学、日常生活等领域,而曲率半径则是决定含球形表面的光学元器件性能的一项重要参量.

二、建议研究内容

若采用多幅干涉图法测量:

1. 基本四步移相算法(参阅参考文献[1]—[3]).
2. 数字图像的读取与编程计算方法.
3. 像素间隔与物面尺度间关系的定标技术.

若采用单幅干涉图(牛顿环)法测量:

1. 数字图像的读取与编程计算方法.
2. 干涉条纹的细化技术(参阅参考文献[4]—[5]).
3. 像素间隔与物面尺度间关系的定标技术.

三、实验基本要求

1. 任选一种测量方案,掌握相应方案下曲率半径的基本测量原理与技术.
2. 自行设计并组建显微干涉测量装置.
3. 给出测量数据(包括图、表),并对结果进行分析.
4. 总结本实验研究结果的特色或不足之处.
5. 完成一篇符合规范的实验研究论文或研究报告.

四、提示

1. 四步移相算法的相位求解公式：

$$\varphi(x,y)=\arctan\frac{I_4(x,y)-I_2(x,y)}{I_1(x,y)-I_3(x,y)} \tag{10.6.1}$$

式中，$\varphi(x,y)$为对应于被测表面上某一点(x,y)处的复原相位，I_1、I_2、I_3及I_4分别代表该点在四幅移相干涉图中干涉强度的灰度值.

2. 实验测量装置采用移相型干涉显微镜，利用 CCD 接收干涉图和显微图像，经 A/D 转换后由计算机进行程序处理.

3. 像素间隔与物面尺度间关系的标定可采用光栅刻尺，即：在记录完单幅或多幅干涉图后，在原被测球面位置用光栅刻尺替换被测样品，并记录光栅刻尺的显微图像. 光栅刻尺参量：0.01mm/线对.

■ 参考文献

[1] Yongxiang Xu, Lei Chen, Rihong Zhu, Guowen Yao. Algorithm Study of the Measurement of the radius of Curvature of the Fiber Optic Connector Endfaces. Proc. of SPIE, Photonics Asia 2004, 5638: 444—450

[2] 徐永祥，陈磊，朱日宏，李新华. 微小球面曲率半径的测量研究. 仪器仪表学报. 2006,27(9): 1159—1162

[3] 徐永祥，陈磊，朱日宏. 用重叠四步平均算法测量光纤连接器端面的曲率半径. 光学技术，2005,31(3): 360—363

[4] 陈磊. 干涉图自动分析与波面复原. 硕士学位论文. 南京：华东工学院，1990

[5] 吴东楼，叶莉华，卞保民，贺安之. 干涉条纹的处理方法研究. 光学学报，1999, 19(1): 45—49

实验 7　用牛顿环法测量光纤连接器端面的顶点偏移

一、实验研究背景

光纤连接器是光纤通信中使用量最大的光无源器件，而顶点偏移又是影响光纤连接器插入损耗和回波损耗的端面最重要的三个几何参量之一，在商用连接器端面检测中属必测项目. 按 IEC（国际电工委员会）标准，顶点偏移的合格指标范围为：≤50 μm. 对该物理参量的测量，科研中通常采用移相技术；作为创新性实验基础训练项目，采用基于牛顿环的测量手段，其特点是方法较为简明，同时又具有一定的测量精度.

二、建议研究内容

1. 顶点偏移的基本概念及其测量方法(参阅参考文献[1]—[2]).

2. 纤芯图像的中心及干涉条纹中心点的求取方法(分别参阅参考文献[1]—[2]及[3]—[4]).

3. 数字图像的读取及编程计算方法.

4. 像素间隔与物面尺度间关系的定标技术.

三、实验基本要求

1. 掌握干涉条纹中心和纤芯图像中心的测量方法.

2. 自行设计、组建和调试显微干涉测量装置.

3. 给出测量数据(包括图、表),并对测得的结果进行分析.

4. 总结本实验研究结果的特色或不足之处.

5. 完成一篇合乎规范的实验研究论文或研究报告.

四、提示

1. 连接器端面的顶点坐标通过求取干涉条纹的中心得到;端面纤芯的中心对应于纤芯图像的中心点坐标,后者的计算公式为

$$\begin{cases} x_c = \sum_{i=1}^{N} x_i/N \\ y_c = \sum_{i=1}^{N} y_i/N \end{cases}$$

式中,N 表示纤芯圆面内所包含的像素点数目,(x_c, y_c)代表该范围内任一像素点的坐标.

2. 实验测量装置采用干涉显微镜,利用 CCD 接收显微干涉图或显微图像;经 A/D 转换后由计算机进行程序处理.

3. 测量时要求连接器轴线与测试臂物镜的光轴严格平行,因两轴线的平行差对测量结果影响非常显著. 为此,连接器支架可考虑采用五维调整架,调节方法参阅参考文献[1]—[2].

4. 图像中像素间隔与物面尺度间关系的标定可采用光栅刻尺,刻尺参量为 0.01mm/线对. 图像记录顺序:首先,记录端面单幅干涉图;其次,关闭干涉显微镜参考臂光路,利用测试臂记录连接器端面含纤芯的显微图像;继而在原连接器端面位置用光栅刻尺替换被测样品,并记录光栅刻尺的显微图像.

■ 参考文献

[1] Xu Yongxiang, Zhu Rihong, Chen Lei. Measurement of Apex Offsets for Fiber Connector End Faces. 半导体光子学与技术(英文),2006,46(4):270—275

[2] 徐永祥,徐永安,陈磊,朱日宏. 光纤连接器端面顶点偏移的测量研究. Natural Science Research(中文版),2007,9(1):43—49

[3] 陈磊. 干涉图自动分析与波面复原. 硕士学位论文. 南京:华东工学院,1990.

[4] 吴东楼,叶莉华,卞保民,贺安之. 干涉条纹的处理方法研究. 光学学报,1999,19(1):45—49

实验 8　光纤弯曲损耗实验研究

一、实验研究背景

光纤通信领域、光纤传感领域普遍存在着光纤弯曲的现象,弯曲损耗的研究已经引起了越来越多的重视. 例如在光纤传感应用中,可以利用光纤弯曲损耗与某些物理量之间的对应关系设计光纤传感器. 又如在光纤制导应用中,光纤从卷轴上剥离时剥离点附近放线光纤的强弯曲状态可能引发断纤故障,因此有必要对光纤强弯曲损耗与弯曲参量之间的关系进行实验研究.

二、建议研究内容

1. 光纤弯曲损耗产生原理.

2. 弯曲半径为毫米至厘米量级的单模光纤弯曲损耗的测量并与理论计算结果比较.

3. 针对同一弯曲半径改变弯曲弧长,察看弯曲损耗随弯曲弧长的变化.

4. 不同波长光波(1 310 nm 和 1 550 nm)在弯曲光纤中传播时的损耗比较.

5. 光纤弯曲损耗特性的传感应用.

三、实验基本要求

1. 了解光纤的基础知识,掌握光纤耦合器、光纤光源及探测器等光纤器件的原理和使用方法.

2. 学习光纤熔接机的使用方法,能够独立进行光纤的熔接操作.

3. 搭建实验测量装置并尝试设计可方便调节弯曲半径和弯曲弧长的弯曲装置.

4. 自行设计数据记录和处理表格,完成符合规范要求的实验报告或研究论文.

四、提示

1. 通过参考文献学习理解光纤弯曲损耗的产生机理.

2. 由于当光纤弯曲到弯曲半径为毫米量级时难以控制其精确的弯曲状态,所以在实验前需要设计研制光纤强弯曲损耗实验测试装置,目的是对弯曲状态能够更方便和更精确地控制. 研究的重点是弯曲损耗与弯曲半径以及弯曲弧长的关系. 图 10.8.1 为我们设计制作的四种光纤弯曲装置的示意图.

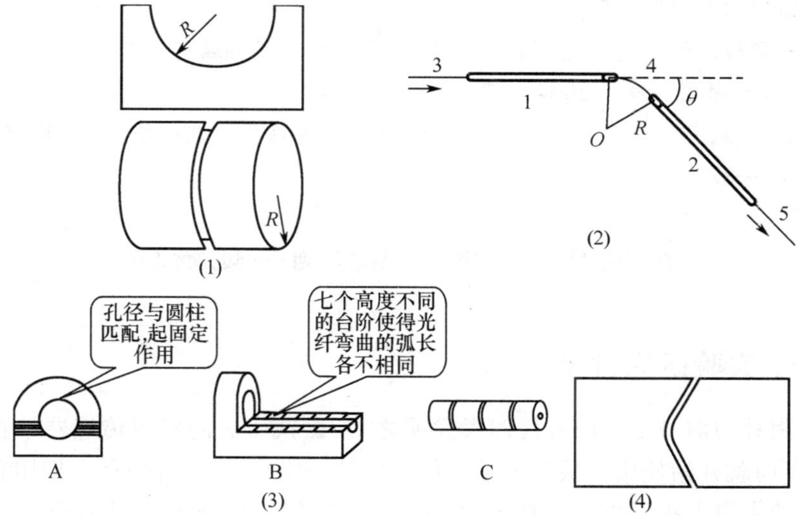

图 10.8.1　光纤弯曲损耗装置

3. 光纤弯曲损耗测试系统构成框图如图 10.8.2 所示. 系统中光探测器接收光信号并将其转换为电信号后由示波器进行观察和进行数据采集.

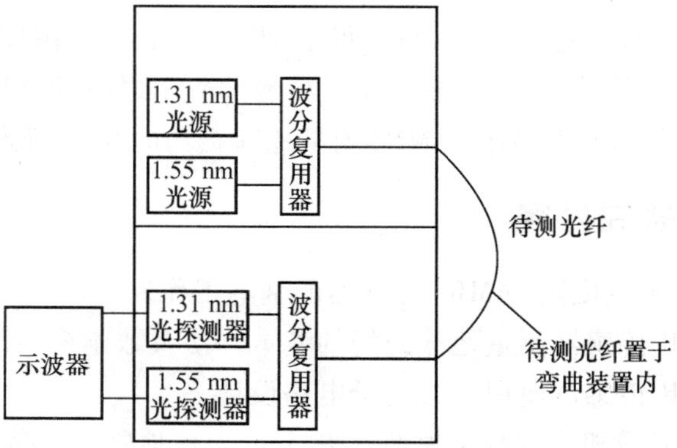

图 10.8.2　光纤弯曲损耗测量示意图

■ 参考文献

[1] 吴重庆. 光波导理论. 北京:清华大学出版社,2000

[2] 曾甫泉. 光纤理论与技术. 西安:西安交通大学出版社,1990

[3] Wang Xuezhen, et al. Experimental research of relationship between macro - bending losses and bending length of mono - mode fibers. Proc. of SPIE, Vol. 6019

[4] 郝素君,等. 单模光纤弯曲损耗的测量与分析. 光纤与电缆及其应用技术, 2003(1): 12—15

[5] 王雪珍. 单模光纤强弯曲损耗的理论模型及测试装置研究. 硕士学位论文(南京理工大学). 2004 年 7 月

[6] 王雪珍,等. 单模光纤弯曲损耗理论模型的修正. 光子学报,2006,35(6): 819—823.

实验 9 磁阻传感器测量地磁场

一、实验研究背景

指南针的前身是中国古代四大发明之一,磁铁做成的磁阻传感器早在大约 2 000 年前就开始使用. 最早的磁阻传感器是一块有磁极的磁石,人们用它来在无航道的大海上指示方向. 直到 20 世纪,磁阻传感器技术就具有更高的灵敏度、小尺寸和电子系统具有优良的兼容性,但仍然主要使用于航海中. 随着现代科学技术的发展,各种各样的磁阻传感器不仅可以测量来自地球磁场的存在、强弱和方向,而且可以测量来自永磁体、软磁体、车辆移动、脑电波的活动以及电流所产生的磁场. 巨磁阻效应(GMR)是由法国的 M. N. Baibich 等人在 1988 年发现的,已成为重大的研究成果,他们获得了 2007 年诺贝尔物理学奖. 可以制造出高灵敏度的小型传感器、硬盘磁头是最典型的应用之一,取得了巨大的经济效益. 本实验采用各向异性磁阻(AMR)测量地球磁场的存在、强弱和方向.

二、建议研究内容

1. 掌握各向异性磁阻(AMR)传感器的基本工作原理.
2. 掌握 AMR 传感器测量地球磁场的基本方法及数学模型.
3. 掌握 AMR 传感器使用及其电子电路设计.
4. 熟练应用计算机实现数学模型算法,研究当地地磁场的存在、强弱和方向.

三、实验基本要求

1. 采用霍尼韦尔公司 AMR 传感器(HMC1051,有 1 个敏感轴;HMC1052,有 2 个相互垂直的敏感轴)和相关电子电路设计地磁场测量装置.

2. 在空间坐标系中建立地磁场矢量 $\boldsymbol{M}$ 在 3 个 AMR 传感器敏感轴单位矢量 $\boldsymbol{e}_1$、$\boldsymbol{e}_2$、$\boldsymbol{e}_3$ 的表达形式,推导出地磁场强度的模值 m 的数学表达式和地磁场矢量 $\boldsymbol{M}$ 和传感器敏感轴之间的夹角的数学表达式.

3. 组装地磁场测量装置,并具有测量结果数据通信接口和编写相关算法软件.

4. 设计相关实验,处理数据结果.

5. 总结实验研究结论,完成一篇符合规范要求的研究论文或实验研究报告,并对实验进行展望讨论.

四、提示

1. AMR 传感器基本工作原理参考

各向异性磁阻发生在某些含铁材料中,该材料可以薄带形成使用而成为电阻元件. 霍尼韦尔公司采用了一种被称为坡莫合金的含铁材料,将其制成了四个电阻元件构成一个惠斯通电桥传感器. 每个带状磁阻元件都具有以 $\cos^2\theta$ 关系改变电阻的能力,其中 θ 是地磁场矢量 $\boldsymbol{M}$ 和电流 I 间的夹角. 图 10.9.1 中示出了有外加磁场和电流情况的坡莫合金元件.

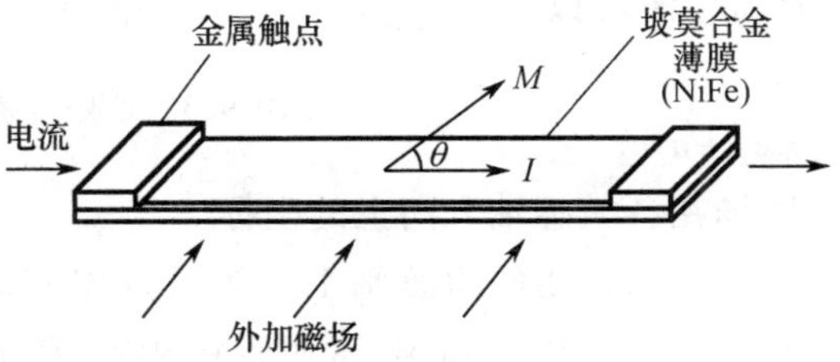

图 10.9.1　磁阻传感器(AMR 元件)

为了用 AMR 元件构建传感器,须将四个元件布置成金刚石形状,并通过金属化将它们的端部彼此连接在一起,以形成惠斯通电桥. 对四个首尾连接的相同元件施加 V_s 的直流电压源,剩余的两个节点用于测量(节点任意选取). 在不提供任何磁场的情况下,除了因 AMR 元件的制造公差而引起的少量补偿电压外,各个测量节点都应具有相同的电压. 在用这种方式连接 AMR 元件形成惠斯通电桥时,这些节点将产生一个由供电电压、磁阻比率(MR)和 θ 角构成的函数的差分电压(ΔV);θ 角是元件上的电流(I)和地磁场矢量(M)之间的夹角. 图 10.9.2 描述了这种传感器电桥.

电桥输出为 $\Delta V=(\Delta R/R)V_s$，V_s 为供电电压. 作为施加磁场函数的电桥输出 ΔV 被称为传感器的传递函数. 在线性区内，输出与施加的磁场成正比（$\Delta V=SV_s$），灵敏度 S 和传递函数的线性范围对于传感器来说是两个重要特征. 传递函数的线性范围与灵敏度成反比.

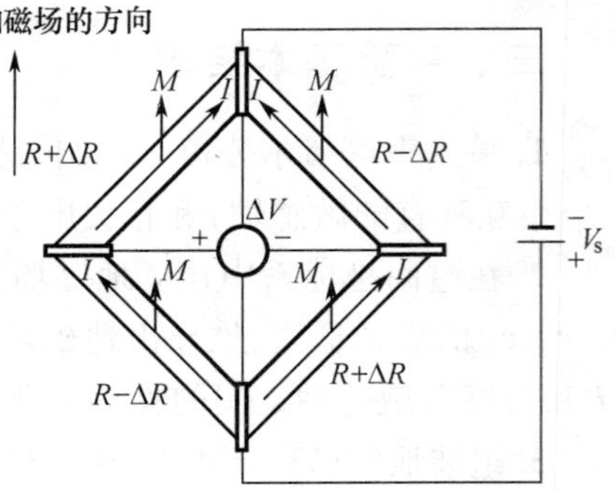

图 10.9.2　AMR 形成的惠斯通电桥

HMC1051 传感器有 1 个惠斯通电桥，HMC1052 传感器有 2 个惠斯通电桥.

2. 基本分析方法提示

地磁传感器的工作原理如 10.9.3 所示. 在空间坐标系 $Oxyz$ 中，地磁场矢量可以表示为 $\boldsymbol{M}=(m_1,m_2,m_3,)$；3 个地磁传感器敏感轴单位矢量为 e_1、e_2、e_3，分别写出在 $Oxyz$ 中的表达式；地磁传感器的敏感轴可以不安放在欧氏空间坐标系中的同一平面内，则 e_1、e_2、e_3 线性无关，于是由矢量相关性可知，空间中的任何一个矢量可以由 e_1、e_2、e_3 线性表示，即地磁场矢量 $\boldsymbol{M}$ 可以表示为

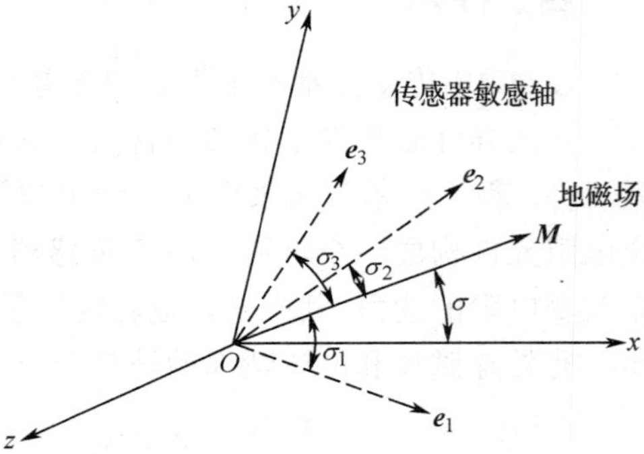

图 10.9.3　地磁传感器的工作原理

$$\boldsymbol{M}=a_1e_1+a_2e_2+a_3e_3$$

式中，a_1、a_2、a_3 为地磁场在各敏感轴方向上的坐标.

将地磁场矢量 $\boldsymbol{M}$ 向地磁场在各敏感轴上投影可以得到地磁场强度在各传感器敏感轴上的分量，通过线性代数知识，求出投影矩阵 $\boldsymbol{\Phi}$，得到地磁场和各传感器敏感轴分量的测量值之间的矩阵表达式，通过模值运算，得到地磁场矢量 $\boldsymbol{M}$ 的模. 其模值为

$$m=(\boldsymbol{M}^{\mathrm{T}},\boldsymbol{M})^{1/2}=\left([m_1,m_2,m_3]\ \boldsymbol{\Phi}^{-1}\begin{bmatrix}m_1\\m_2\\m_3\end{bmatrix}\right)^{1/2}$$

地磁场矢量 $\boldsymbol{M}$ 与地磁传感器敏感轴矢量 e_i 之间的夹角为

$$\sigma_i=\arccos(m_i/m)$$

即由各地磁传感器的输出，通过上式可以确定出当地的地磁场强度和方向.

3. 实验设备及实验步骤参考

地磁传感器型号 HMC1051、HMC1052 各一片，仪表放大器 INA122UA 三片，

单片机 STM32 一片,计算机及开发工具一套.

设计地磁场测量装置,画出原理框图. 设计原理图(SCH)及印刷版(PCB)并外加工,焊接调试,组成地磁场测量装置,根据数学模型设计有关应用软件,进入实验调试,装置调试完成后,进行定量实验测试,记录实验数据,对实验数据进行处理并讨论,得到当地地磁场实测结果. 总结实验研究结论,完成一篇符合规范要求的研究论文或实验研究报告,并对实验进行展望讨论.

■ 参考文献

[1] 王志兴,等. 基于地磁原理的计转数传感器技术研究. 兵工学报,2003,24(3):313—315

[2] 王志兴,等. 基于地磁方位传感器的 TSP 关键参数测试技术. 弹道学报,1998,10(2):58—63

[3] 楼朝飞,张锐. 地磁传感器在自旋导弹惯测组合中的应用研究. 航天控制,2008,26(2):41—45

实验 10　亥姆霍兹线圈扩展应用研究

一、实验研究背景

在基础实验“霍耳效应法测量磁场”的训练中,用霍耳效应法测量通电线圈轴线上的磁场,验证磁场叠加原理,并得到亥姆霍兹线圈中央存在均匀磁场的结论. 在某些工程运用中,往往需要较大范围的均匀磁场环境. 本实验研究的内容是利用亥姆霍兹线圈中央存在均匀磁场这一特性,并进行深入研究,对亥姆霍兹线圈进行改进,得到更大范围的均匀磁场.

二、建议研究内容

1. 根据单个线圈轴线上的磁感应强度 B 的计算公式:$B=\dfrac{\mu_0}{2}\dfrac{R^2NI}{(R^2+x^2)^{3/2}}$和磁场叠加原理及亥姆霍兹线圈的基本特性,用数学的方法改良姆霍兹线圈的绕线结构,得到更大范围的均匀磁场.

2. 在理论计算的基础上,给出具体的实验设计方案及测量检验装置(尽可能使用霍耳效应仪).

3. 用霍耳效应法测量改良型亥姆霍兹线圈轴线上磁场,验证设计结果.

三、实验基本要求

1. 线圈半径 R 不变(与霍耳效应仪中亥姆霍兹线圈相同),线圈长度尽可能短,不大于 $3R$,均匀磁场的宽度大于 $1.2R$(磁场变化控制在 2.0% 以内).

2. 给出理论计算模型及计算结果(包括图表和曲线).

3. 设计改良型亥姆霍兹线圈,并安装在霍耳效应仪上,得到实验装置.

4. 用实验的方法,给出测量数据(包括图表和曲线),并对测量结果作误差分析.

5. 总结本实验研究结论,有何特点或创新点,如果理论结果和实验结果不吻合,说明理由.

6. 完成一篇符合规范要求的实验研究论文或实验研究报告.

四、提示

1. 理论研究中根据单个线圈轴线上的磁感应强度 B 的计算公式和磁场叠加原理,建议采用工程计算及数据分析软件 MATLAB 作为工具.

2. 实验原理:可以进一步参考"霍耳效应法测量磁场".

3. 实验方法:可以根据实验原理、线圈个数和线圈之间的间隔距离,再根据设计参量在半径为 R 的非金属圆管上绕制对应线圈,然后想办法固定在霍耳效应仪上,用霍耳效应法测量磁场的方法,测量新制线圈轴线上的磁场分布.

4. 实验思考:如何计算线圈内任一点的磁场强度,均匀性如何?实验如何验证?

■ 参考文献

[1] 丁慎训,张连芳. 物理实验教程. 2 版. 北京:清华大学出版社,2002

[2] 曾晓英. 亥姆霍兹线圈磁场的均匀分析及误差估算. 物理实验学报,2000,20(5):38—39

[3] 王晓云,陈庆琥. 亥姆霍兹线圈设计中的几个问题. 教学仪器与实验,1991,7(6):1—5

实验 11　条码定位测长技术应用研究

一、实验研究背景

在基础实验中测长训练是最基本的,使用的是常规仪器. 随着高新技术的不断发展,数字图像处理技术与传统的测量技术手段相结合,来实现测量的自动化及数字化，是测量技术发展的一个非常重要的方向.与传统的测量方法相比，它有测量精度高，测量速度快，自动化程度高等许多明显的优点.目前，数字图像处理已在测量领域得到广泛应用，如在工业自动化检测领域里，人们使用图像定位技术来进行外观检查与筛选.在科研和工程应用中，常要求对物体表面的三维形貌、透明物体厚度、微小的位移和变形等物理量作精密测量.

本实验应用基于正弦型条码的图像定位技术来实现高精度测长.

二、建议研究内容

1. 对数字图像的边缘检测技术，特别是数字图像的亚像素边缘检测技术进行深入的研究.在经典边缘检测算法的基础上，结合正弦条码标尺图像的特点，提出一些新的改进算法来提高边缘检测算法的精度.

2. 研究有限长离散正弦序列的相位提取理论.

3. 研究双正弦型条码相位差的定位机理.

4. 用软件编制相应的计算机软件.

5. 用一维 CCD 图像摄像机与计算机自制实验仪器，进行原理验证实验.

三、实验基本要求

1. 实现数字图像的边缘检测技术，达到亚像素边缘检测精度.

2. 给出数字图像的边缘检测计算方法及数学模型.

3. 根据图像宽度，完成有限长离散正弦序列的相位提取技术.

4. 用实验的方法，给出测量数据（包括图表和曲线），并对测量结果作误差分析（实验标准偏差 $\sigma<0.01$ mm）.

5. 总结本实验研究结论，有何特点或创新点，完成一篇符合规范要求的实验研究论文或实验研究报告.

四、提示

1. 基本原理

如图 10.11.1 所示，曲线 A 为一正弦曲线，其方程由 $y_1=A_1\sin\left(\omega_1 t+\dfrac{\pi}{2}\right)$ 给出，曲线 B 也是一正弦曲线，其方程为 $y_2=A_2\sin(\omega_2 t)$.

设 $\omega_1>\omega_2$，则曲线 A 与曲线 B 在任一点 t 处的相位差为

$$\theta_{AB}=(\omega_1-\omega_2)t+\frac{\pi}{2}-2k\pi \tag{10.11.1}$$

其中 $k\geqslant 0$，是某个合适的整数，以保证 $\theta_{AB}\in[0,2\pi]$.

因此，只要我们选择合适的 ω_1 及 ω_2，曲线 A、B 的相位差 θ_{AB} 就可以在一定

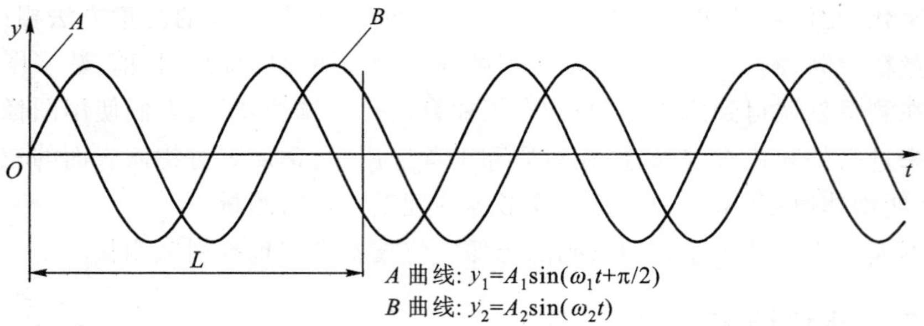

图 10.11.1　正弦曲线定位示意图

的范围内保持唯一性. 比如说,如设曲线 A、B 的周期分别为 570 和 600,根据式(10.11.1),容易求得在 $t\in[0,11\ 400]$处曲线 A、B 的相位差为

$$\theta_{AB}=\begin{cases}\left(\dfrac{1}{570}-\dfrac{1}{600}\right)2\pi t+\dfrac{\pi}{2} & (0\leqslant t<8\ 550)\\ \left(\dfrac{1}{570}-\dfrac{1}{600}\right)2\pi t+\dfrac{\pi}{2}-2\pi & (8\ 550\leqslant t\leqslant 11\ 400)\end{cases}\tag{10.11.2}$$

因此,在 $0\leqslant t\leqslant 8\ 550$ 时,曲线 A、B 的相位差由$\dfrac{\pi}{2}$线性单调地上升到 2π,而在 $8\ 550\leqslant t<11\ 400$时,曲线 A、B 的相位差由零线性单调地上升到$\dfrac{\pi}{2}$. 因此在 $0<t\leqslant 11\ 400$ 的范围内,曲线 A、B 的相位差是唯一的. 并且如果知道了在此范围内某一点的 A、B 的相位差,那么根据式(10.11.2)是可以计算出这点所处的位置的.

因此,正弦型条码定位技术的基本原理,就是利用以上正弦函数的性质,根据在某个位置上的相位差,来求取该点的准确位置.

2. 正弦型条码标尺的设计

根据以上原理的讨论,我们可对 A、B 两正弦曲线按一定的间隔进行取样,并在取样点上用一个条码的宽度来标志取样点上的样值(加一直流分量). 因为正弦信号是一带限信号,根据采样理论,只要采样频率大于 2 倍的正弦信号的频率,那么根据采样数据是可以完整地恢复出原连续正弦信号的. 因此,由采样所获得的正弦型条码与原正弦曲线是完全可以互相表征的. 这样我们就可以得到一些其宽度按正弦规律变化的一系列条码,再加上区分码,我们可以得到如图 10.11.2 所示的正弦型条码标尺.

标尺中有三种条码:参考码、A 码、B 码. 其中 A 码与 B 码的宽度是以曲线 A、B 进行取样的样值,作为相位差的探测码而存在,A 码、B 码的宽度按正弦规律变化，其中 A 码的周期可以设计为 570 mm，初相位为$\frac{\pi}{2}$，B 码的周期可设计为 600 mm，初相位为零. 参考码是作为 A 码与 B 码的区分标志而存在. 每个参考码由三条线码组成，设每个线码宽度为 2 mm，线码之间的间隔为 1 mm，每个参考码占 8 mm. 设 A 码、B 码的中心与参考码的中心的距离均为 10 mm. 于是，A 码的采样周期为 30 mm，B 码的采样周期也为 30 mm，于是 A 码、B 码的采样频率均为 $f_S=\frac{1}{30}$，而曲线 A 的频率为 $f_A=\frac{1}{570}$，曲线 B 的频率为 $f_B=\frac{1}{600}$. 于是，$f_S>2f_A$，$f_S>2f_B$. 由采样定理可知，如此设计的条码标尺与原正弦曲线是完全可以互相表征的.

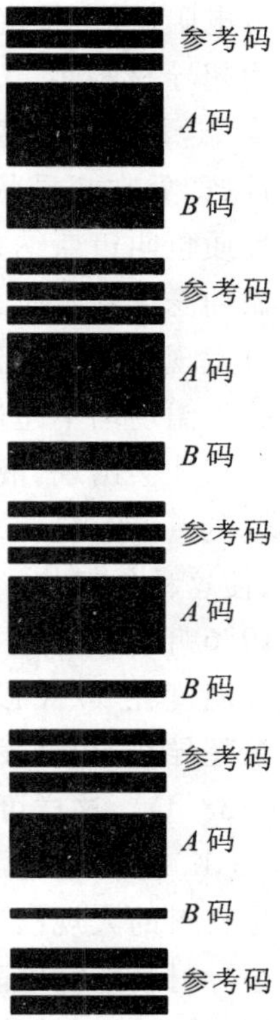

图 10.11.2　标尺图像

我们知道，只要标尺的长度小于 11 400 mm，则在标尺任一位置上，A 码与 B 码的相位差是唯一的，从而可以由 A 码与 B 码在某一点的相位差来准确地确定该点的位置. 当然，A 码与 B 码的周期也可以取另外一组值，如 300 mm 和 330 mm.

3. 根据离散时间信号处理理论，采用离散傅里叶变换及其计算，用傅里叶变换法或曲线拟合法提取相位差.

■ 参考文献

[1] 王弘钰. 亚像元边缘检测方法的研究. 长春光学精密机械学院学报，1996，19(1):68—70

[2] 姚新陈，等. 一种实现 CCD 亚像元位移分辨率的新方法. 仪器仪表学报，2003，23(1):60—63

[3] 叶湘. 基于正弦条码的图像定位技术及其在水准测量中的应用. 南京理工大学 2004 年硕士学位论文

实验 12　超导磁悬浮力测量研究

一、实验研究背景

1911 年，荷兰低温物理学家昂内斯发现，有些导体在特定的极低温度下完全没有电阻,这个特定的极低温度称为转变温度或临界温度,具有这种性质的材料称为超导材料或超导体,昂内斯因此贡献获得了诺贝尔物理学奖.后来在1931年,迈斯纳和奥森菲尔德发现,这种超导材料处于超导状态时还具有完全抗磁性,即处在超导状态的物体完全排斥磁场,磁感线不能穿过超导体内部,通常该性质也叫迈斯纳效应.1962年约瑟夫森理论上预言了超导体的隧道效应,也叫做约瑟夫森效应,他的预言不久就被证实了.

自发现超导现象到1986年为止的几十年中,虽已发现了大量的超导材料,但其临界温度均不超过23.2 K(约 -250 ℃).所以超导材料的超导现象必须用液氦冷却才会出现,液氦是一种温度最低的液体,在一个标准大气压时沸点为4.2 K(约 -269 ℃).但由于氦为稀有元素,价格贵,以及液化和冷却效率低等原因,使这种低温超导材料的应用受到了限制.

1986年发现某些稀土元素的氧化物,也就是一些陶瓷材料具有超导性质,其临界温度在30 K以上,称为高温超导体.高温超导材料的发现引起了全球性的高温超导热,相继发现了一系列的高温超导材料,其临界温度提高到135 K(约 -138 ℃),这样可用廉价的液氮来冷却,在一个标准大气压下,液氮的沸点为77.3 K.从而避免了低温超导的技术复杂、设备庞大、制冷费用过高等缺点,使超导材料的大规模研究和应用成为可能.

超导材料的零电阻性、抗磁性和约瑟夫森效应已使许多超导材料得到了成功应用,如临床医学的超导磁共振成像(磁共振 CT)、SQUID磁强计、超导电压基准、超导计算机、超导发电机、超导磁悬浮等.

不管是低温超导还是高温超导,我国的研制水平都一直处于世界领先.比如我国是最早发现液氮温区超导体的国家之一,超导材料实用化的主要参量之一的临界电流密度研究现在仍处于世界先进水平.由于超导材料及相关技术的应用具有战略意义,所以一直被列入国家级重点科研攻关计划.

所谓超导列车,就是在列车上安装强大的超导磁体,地上的轨道为永久磁体,当车辆行进在轨道上方时,车上的超导磁体排斥轨道上的永久磁体,两者的斥力将车悬浮在轨道上方,车辆在电机牵引下前进,时速可达500 $km \cdot h^{-1}$.现在我国已成为除日本和德国之后第三个掌握磁悬浮列车技术的国家.

本实验研究超导材料的基本性质,测量超导磁悬浮力.

二、建议研究内容

1. 熟悉超导材料的基本特性及发展应用状况.
2. 测量超导磁悬浮力与距离之间的关系,基本掌握超导磁悬浮的原理.
3. 从理论及实验上理解超导材料的零电阻特性.

三、实验基本要求

1. 熟悉并掌握超导磁悬浮力测量示意图,测量超导磁悬浮力.
2. 给出金属和超导体的电阻－温度关系曲线.
3. 总结本实验研究结论,有何特色或存在的不足之处,提出改进方案或建议.
4. 完成符合规范要求的实验研究报告或一篇学术论文.

四、提示

1911 年,超导之父昂内斯用当时最纯的金属水银作低温下的导电性测量,结果发现,水银的电阻在温度降到 4.2 K 附近突然消失了,如图 10.12.1 所示.他称这种零电阻状态为超导态.对于水银 4.2 K 是其正常态和超导态之间的转变温度,常用 T_c 表示,也称为临界温度.

为理解超导体电阻失踪的原因,首先看一下正常金属的导电性是怎样的.按导电能力来分,世界上的所有物质可以分为导体和绝缘体.常见的导电能力较强的良导体有金、银、铜、铁等,图 10.12.2 是典型的正常金属和超导体的电阻与温度关系.温度较高时(如室温)金属的电阻随温度降低而下降,当温度很低时,电阻就几乎不随温度降低而变化,与温度无关的这一部分电阻称为“剩余电阻”.

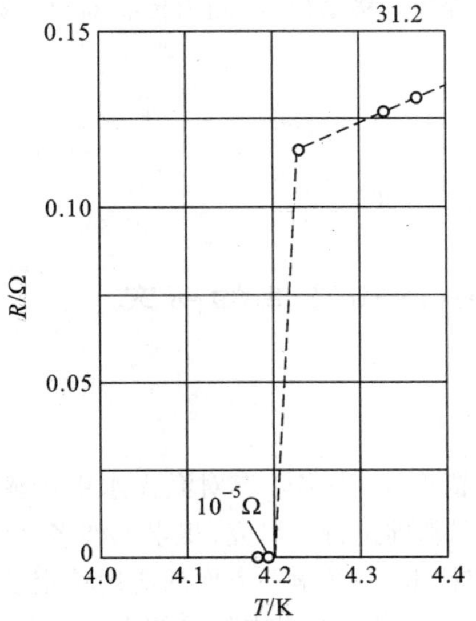

图 10.12.1　水银的零电阻现象

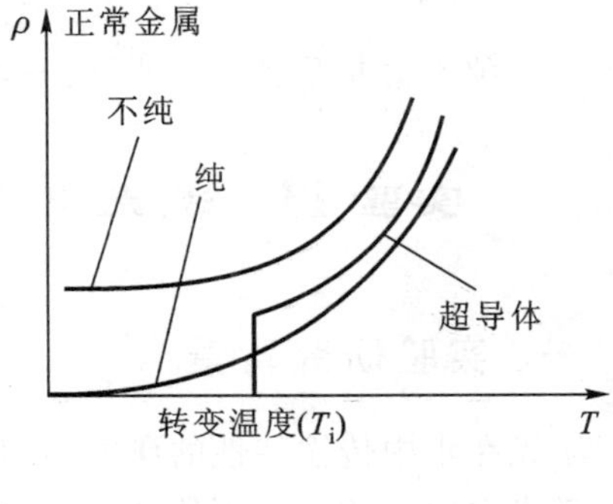

图 10.12.2　正常金属和超导体的电阻与温度关系

图 10.12.3 示意出了超导体是如何排斥磁感线的,图 10.12.4 为迈斯纳效应的示意,上面的圆环是永久磁铁,下面放在容器中的就是超导体,容器里注入

冷剂,超导体就具有超导态,即具有迈斯纳效应,出现抗磁性,它和永久磁铁之间的排斥力使永久磁铁悬浮.

高温超导磁悬浮的原理可以简单地比喻为两个极性相同的常规永久磁体的排斥.当处于超导态的高温超导体放入永久磁铁的磁场中时,永久磁铁的磁场会在高温超导体中引起屏蔽电流而实现磁悬浮,这相当于高温超导体的背面有一个与永久磁体极性相反的镜像磁体.常规磁体之间的排斥是不可能实现稳定悬浮的.在高温超导磁浮中,由高温超导体内部独特的钉扎中心对永久磁铁磁感线的钉扎作用,使得高温超导体将永久磁铁的磁场牢牢抓住,以此实现稳定磁悬浮.

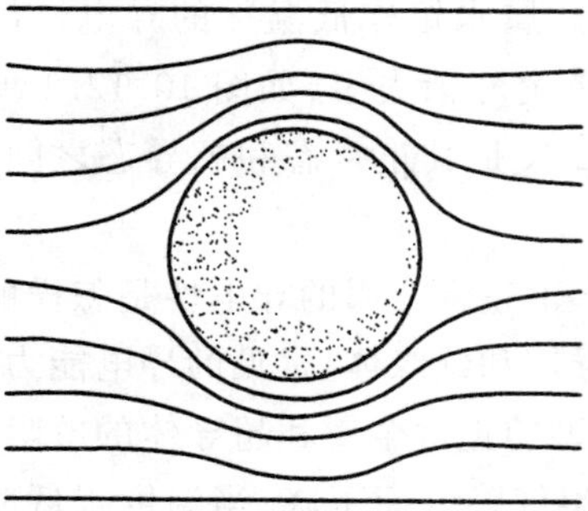

图 10.12.3　超导体排斥磁感线示意图

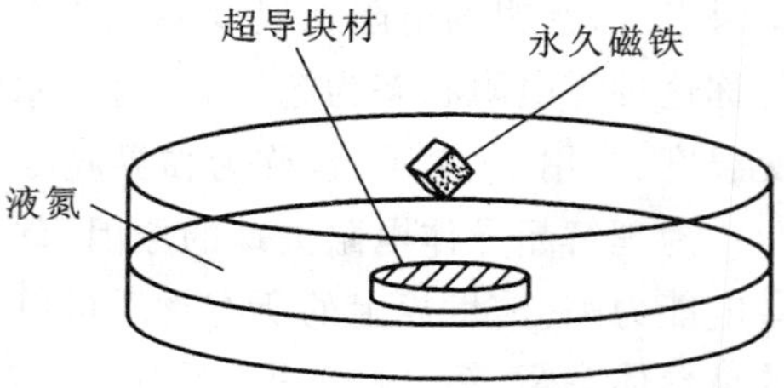

图 10.12.4　迈斯纳效应

超导体悬浮力测量装置由超导体、低温容器、移动机构、测力传感器、位移传感器等装置构成.

■ 参考文献

丁世英.神奇的超导材料.北京:科学出版社,2003

实验 13　激光束在水中传输特性的研究

一、实验研究背景

激光在水中传输特性的研究显得越来越重要,许多学者对激光水中传输特性及激光水中通信等方面的理论基础及应用基础进行了研究,积累了许多经验,形成了许多相关理论,为激光水中传输通信技术、海洋学等方面的应用奠定了重要的理论及实验基础.本实验着重研究不同波段激光在水中传输的光学特性.

二、建议研究内容

1. 测定“水下窗口”的蓝绿光波段激光束在不同水质情况下的衰减系数和有效作用距离.

2. 由于激光在水中传输,水体的吸收和散射影响了激光传输特性,在实验基础上研究与之相关的理论模型.

三、实验基本要求

1. 要测量水体对激光的吸收和散射,就要根据不同的实验目的,确定相应的实验装置.

2. 根据激光在水中传输时的不同距离、水质和探测情况,给出相应的理论模型.

3. 给出在不同波段、不同水质情况下,水体对激光吸收、散射等相关的测量数据(包括图表和曲线),并对测量结果进行分析.

4. 总结本实验研究结论,有何特色或创新点,尤其是理论模型中的实验测量方法.

5. 完成一篇符合规范要求的学术论文或实验研究报告.

四、提示

1. 采用激光源,应考虑选择输出功率或能量大的激光器.

2. 水质的选取可考虑按以下程序进行:①用标准水(净水);②配制具有一定杂质的浊水;③按一定比例配制的海水.

3. 激光在水中传输时,散射现象是非常严重的(视不同水质和不同波段的光源),其结果除光束的空间扩散外,还要引起激光脉冲展宽,这方面的知识可参阅文献[2].

■ 参考文献

[1] 蓝信钜,等. 激光技术. 北京:科学出版社,2001

[2] 章正宇,周寿桓,旺晓林. 激光脉冲水中传输时域展宽特性的分析计算. 光学学报,2003,23(7):850—854

[3] Mooradian G C, Kervern G, Gall A L. Blue - green pulsed propagation through fog. J. Phys. Ocean, 1980, 10(4): 2093—2101

实验 14　生物组织光学特性测试方法研究

一、实验研究背景

生物组织光学是一门新兴学科分支,是物理技术与生命科学相互交叉、相互渗透的一门边缘学科,是光与生物组织相互作用的问题,其原理及技术内涵丰富,如激光在生物组织中的运动学问题(如传播)和动力学等问题(如探测)是研究的主要内容,其研究成果将直接服务于人类健康.目前这方面的应用及研究报道的信息及资料很多,有兴趣或需深入了解的读者可阅读有关方面的参考文献.本实验主要研究生物组织光学特性的测试方法.

二、建议研究内容

1. 激光通过生物组织样品时的散射、吸收等参量的测量方法.

2. 根据不同生物组织样品(可选择两种或三种生物组织样品),设计一种实验测量装置.

3. 在实验测量基础上,给出在不同波长情况下激光通过生物组织样品时,确定出最佳波长范围用于实验测量的装置.

三、实验基本要求

1. 查阅有关方面资料,从基本原理上掌握激光与生物组织相互作用时的三个特征参量,即吸收系数、散射系数和散射各向异性因子.

2. 选择 2 ~ 3 种生物组织样品,根据生物组织的基本特性,设计实验测量方法、测量装置.

3. 在实验基础上,给出激光通过生物软组织时有关物理参量及数据图表.

4. 根据理论及实验研究,总结和分析自己工作中的研究特色或存在的不足之处,并提出改进方案或建议.

5. 完成符合规范要求的实验研究报告或一篇学术论文.

四、提示

1. 激光成像系统诊断与以往的放射技术相比具有许多优势,如激光成像诊断不会对病人造成伤害,有利于区分软组织,因为软组织对于近红外光具有不同的散射和吸收,可以获得生物组织体的功能信息等.

2. 当脉冲时间间隔短的激光脉冲进入高散射软组织介质时(简称介质),透过介质的光大致可以分为三部分.

(1) 弹道分量(相干分量)

弹道光作用于介质时没有经过散射,沿入射光方向直线透过散射介质.

(2) 蛇行分量(部分相干分量)

蛇行光作用于介质时经过较少的散射.

(3) 弥散分量(非相干分量)

弥散光作用于介质时经过严重散射.

3. 目前激光通过生物软组织时的测量方法(成像法)大致可以分为两种.

(1) 直接成像法

直接成像法实验思想是若有一短脉冲激光通过取样的软组织介质，假定在介质中近似直接传播的光有弹道光和蛇行光，把近似直线传播的光称为早期到达光（没有经过散射和经过较少散射的光），由于在介质中近似直线传播，因此它携带了较好的空间分辨率和对比度的信息，利用空间滤波法和超快门法技术把早期到达光与大多数多重散射光区分开来，这样就可以利用已经发展成熟的 X 射线 CT 技术中的算法对图像进行重建，可以获得软组织功能的信息.

直接成像法以探测早期到达光的特点为出发点，因此又可分为空间法、相干法和超快门法，下面作简要介绍.

① 空间法（准直探测法）

经过准直的入射光通过样品中的介质（要求介质对光的散射不是太大），通过同轴探测可有效地分离出非散射光子. 该方法对生物软组织可探测的极限深度约为几毫米. 缺点是空间分辨率差.

② 相干门限法

该方法需要通过散射介质的光束和参考光束在时间和空间上进行相关，因此又可分为全息门法、外差测量法等.

全息门法用分束器将激光短脉冲分成两束光，一束为物光（通过样品介质），另一束为参考光. 记录下来的早期光与参考光的干涉全息图像反映生物组织体的功能信息.

外差测量法是让光束在空间及时间上与一频率调制的参考光相结合产生拍频，因为只有光束中的相干部分才能参与参考光的相互作用，因此分离出的拍频的幅度正比于相干光的幅度，也正比于相干光的强度，并可用计算机系统得到生物软组织的功能信息.

③ 超快速门

当入射光进入软组织样品介质，要求从大量的传输光束中分离出早期到达光所需要的时间是亚纳秒，如果用一般的机械快门显然是不行的，那么可以利用非线性光学现象来实现快门及进行取样. 取样的过程是通过介质的光强进行调制，还可利用光学双折射的克尔效应对不需要的光进行衰减，对需要的信号光还可以进行非线性放大等.

直接成像法比较简单、直观，但由于它建立在早期到达光测量基础上，因此分辨率受散射程度限制，对于一般的人体软组织，在安全曝光下可探测的厚度只有几毫米.

(2) 间接成像法

近年来，间接成像法的研究越来越受到重视，发表研究的论文很多. 间接成像法是利用全部可探测的光能，因此是有望实现临床光学医学成像的方法. 在间接成像法中探测器沿软组织体圆周安放,测量源沿着同样的圆周连续运动,测量源光纤在每一点时探测光纤处的时间点的扩展函数(皮秒量级短光脉冲通过高散射介质后得到的光子瞬时分布称为时间点扩展函数).对于厚度为几厘米以上的软组织介质,时间点扩展函数将扩展到纳秒,其时间分辨的测量方法主要有同步扫描相机法、扫描示波器法等.由于间接成像法目前还处于探索性研究阶段,因此只能简要介绍一些基本思路及实验方法,如需详细了解请参阅有关文献.

■ 参考文献

[1] 赵会娟,高峰,牛憨笨.光学医学成像实验技术综述.激光与光电学进展,1999(10):1—10

[2] 应金品,包正康,陆祖康.生物组织传播的时域特征分析.光学学报,1997(12):167—175

[3] 朱建东,丁海曙,王培勇,等.人体脂肪近红外无损检测方法.北京生物医学工程,1996(1):1—5

[4] 薛玲玲,张春平,张建东,等.生物组织光学及其进展.激光与光电子学进展,1999(7):36—41

[5] Patteron M S , Chance B, Wilson B C. Time rosolved reflectance and transmittance for the noninvasive measurement of tissue optical properties. Appl. Opt. , 1989(12):2331—2336

实验 15　声波在水中的传播特性和水中目标探测的研究

一、实验研究背景

超声技术是近些年来发展最迅速、应用最广泛的现代声光技术,在许多高新技术领域中有着重要的应用,如超声成像、激光超声、超声马达、超声显微镜、超声化学、超声治疗等.本实验主要研究超声在水中的传播特性和如何探测水中目标的研究.

二、建议研究内容

1. 声波在水中(净水、混浊水、海水等)的传播特性.
2. 声波在水中传递信息的光学相关处理.
3. 如何利用水中目标返回的声波信号探测水下目标.

三、实验基本要求

1. 从理论及实验上给出声波在水中的传播速度、声波在水中的吸收系数等参量.

2. 熟悉和基本掌握光学相关器技术的原理及方法.

3. 掌握如何利用脉冲光学相关器探测水下目标.

四、提示

1. 液体中的声速一般与液体的成分、液体的温度及大气压强等有关，例如水中的理论声速可由经验公式求得(标准大气压情况下)：

$$v = 1\ 402.336 + 5.033\ 58t - 5.790\ 6\times10^{-2}t^2 + 3.316\times10^{-4}t^3 - 1.452\ 62\times10^{-6}t^4 + 3.044\ 9\times10^{-9}t^5$$

式中，t 是水的温度，单位为℃，v 的单位为 $\mathrm{m\cdot s^{-1}}$.

当声波在水中入射到固体介质中，固体介质中的折射纵波和折射横波的声压(超声场中某点在某时刻所有的压力 p 与没有超声时的静压力 p_0 之差称为声压)透射系数分别为

$$\tau_{pl} = \frac{\rho_1}{\rho_2}\frac{2Z_{21}\cos 2\beta_t}{Z_{21}\cos^2 2\beta_l + Z_{2t}\sin^2 2\beta_t + Z_1} \tag{10.15.1}$$

$$\tau_{pt} = \frac{\rho_1}{\rho_2}\frac{2Z_{2t}\sin 2\beta_t}{Z_{21}\cos^2 2\beta_l + Z_{2t}\sin^2 2\beta_t + Z_1} \tag{10.15.2}$$

式中，ρ_1 为液体的密度，ρ_2 为固体的密度，声阻抗(声压与振速之比)$Z_{21}=\rho_2c_{21}/\cos\beta_l$($c_{21}$为固体中的纵波声速，$\beta_l$ 为固体中的纵波折射角)，$Z_{2t}=\rho_2c_{2t}/\cos\beta_t$，($c_{2t}$为固体中的横波声速，$\beta_t$ 为固体中横波折射角)，$Z_1=\rho_1c_2/\cos\alpha_i$($c_1$ 为液体中的声速，α_i 为纵波的入射角).

当声波垂直入射时，即 $\alpha_i=0$，在固体中不产生波型转换，也不产生声波传播方向的改变，但仍有声能量的再分配，这时声压的反射系数为

$$\gamma_p = \frac{Z_{21}-Z_1}{Z_{21}+Z_1} = \frac{\rho_2c_{21}-\rho_1c_1}{\rho_2c_{21}+\rho_1c_1} \tag{10.15.3}$$

声压的透射系数为

$$\tau_p = \frac{2\rho_2c_{21}}{\rho_2c_{21}+\rho_1c_1} \tag{10.15.4}$$

以水/钢界面为例，平面声纵波从水垂直($\alpha_i=0$)入射到交界面上，水的声阻抗 $Z_1=1.5\times10^6\ \mathrm{kg\cdot m^{-2}\cdot s^{-1}}$，钢的声阻抗 $Z_{21}=4.4\times10^7\ \mathrm{kg\cdot m^{-2}\cdot s^{-1}}$，这时声压的反射系数 $\gamma_p=0.934$，透射系数 $\tau_p=1.934$，声强(垂直于行进波的传播方向上单位面积每秒所传播的能量)反射系数 $\gamma_I=\gamma_p^2=0.87$，声强透射系数 $\tau_I=1-$

$\gamma_l = 0.13$.

声波在液体介质中引起的吸收系数为

$$a = a_\eta + a_k \tag{10.15.5}$$

式中，a_η 为由于内摩擦或黏性引起的吸收系数，a_k 为由热传导引起的吸收系数，分别为

$$a_\eta = \frac{8\pi^2 \eta f^2}{2c^2 \rho}$$

式中，η 是介质的黏性系数，f 为声波频率，c 为介质声速，ρ 为介质的密度；

$$a_k = \frac{2\pi^2 f^2 (\gamma - 1) k}{c^3 \rho c_p}$$

式中，γ 是比热比，k 是介质的导热系数，c_p 是比定压热容.

2. 声呐是一种水下雷达(声呐是以声频为雷达频率，属于低频雷达). 由于在水中电磁波吸收很强，而声波在水中传播是很容易的，其吸收很小，所以用声波作为传递信息的工具，在水下发射声波脉冲并接收从目标返回的声波信号，从而可以探测水下目标. 为了获得大能量和高的速度分辨能力，要求发射长的声呐脉冲信号，另外为了得到高的距离分辨能力，就要求发射短的声脉冲信号. 然而如果用简单的发射脉冲方法是不能够同时满足这两个相互矛盾的要求，为了解决这一矛盾，可采用调制脉冲信号，并经过接收后的匹配相关处理得到高的测距和高的测速分辨力.

利用光学相关器的二维处理技术，能够实现声呐信号的多通道匹配相关处理，这方面的技术、原理及方法内容不作详细介绍，请参阅有关文献.

■ 参考文献

[1] 韩昌源. 信息光学基础理论及其应用. 长春:长春出版社,1989

[2] 陈泽民. 近代物理与高新技术物理基础. 北京:清华大学出版社,2001

[3] 丁慎训,张连芳. 物理实验教程. 2版. 北京:清华大学出版社,2002

[4] 宋菲君. 近代光学信息处理. 北京:北京大学出版社. 1999

实验 16 激光束发散角在空间的传输特性研究

一、实验研究背景

在完成脉冲固体激光器输出特性实验的基础上，进一步研究激光束发散角在空间的传输特性. 激光束发散角在空间的传输特性研究，在许多高科技领域中

应用有着重要的理论及实验价值，如激光测距、激光制导、激光射击仪等.

二、建议研究内容

1. 高斯光束通过透镜变换和高斯光束准直的基本原理及方法.

2. 激光光斑形状及均匀性（激光振荡横模）和发散角、传输距离、光斑尺寸大小等之间的关系.

3. 设计当激光束传输到 50 m 时，其光斑尺寸 ≤10 mm 的光学系统.

4. 实验验证.

三、实验基本要求

1. 给出压缩激光束发散角及光斑尺寸的原理及方案.

2. 激光束发散角压缩光学系统设计要考虑应用价值，因此要求整体结构尽量小，便于在工程技术中应用.

3. 当激光束传输 50 m 时（或者 100 m），光斑尺寸 ≤10 mm 时的误差为 ±0.02 mm.

4. 要给出测量数据、图表和曲线，并对测量结果误差进行分析.

5. 总结本实验研究结论（成功和失败的原因），有何特色或创新点.

6. 完成一篇符合规范要求的实验研究论文或实验研究报告.

四、提示

1. 采用何种激光器原则上可以自己选择，但从应用角度考虑，建议使用半导体激光器.

2. 激光束发散角 θ 与空间传输距离 L 和光束光斑尺寸 D 之间有如下的近似关系：

$$D = L\theta \tag{10.16.1}$$

3. 激光发散角 θ 的压缩可参照高斯光束准直的原理及方法. 可将短焦距透镜 L_1 和长焦距透镜 L_2 按照图 10.16.1 组合起来，构成一个望远镜系统，采用倒装式更可压缩高斯光束的发散角. 在图 10.16.1 中，f_1 为短焦距透镜（称为副镜）的焦距，当满足条件 $Z_1 >> f_1$ 时，高斯光束聚焦于透镜 L_1 后焦面上，得到的一个极小光斑尺寸半径为

$$\omega_{20} = \frac{\lambda f_1}{\pi\omega_1} = \frac{\lambda f_1}{\pi\omega_2} \tag{10.16.2}$$

式中 ω_1 为入射在副镜表面上的光斑半径. 由于 ω_{20} 恰好落在长焦距透镜 L_2（称为主镜）的前焦面上，所以腰斑为 ω_{20} 的高斯光束将被物镜 L_2 很好地准直，于是可计算整个系统对高斯光束准直倍率. 同样对于焦距为 f_2 的透镜有如下关系：

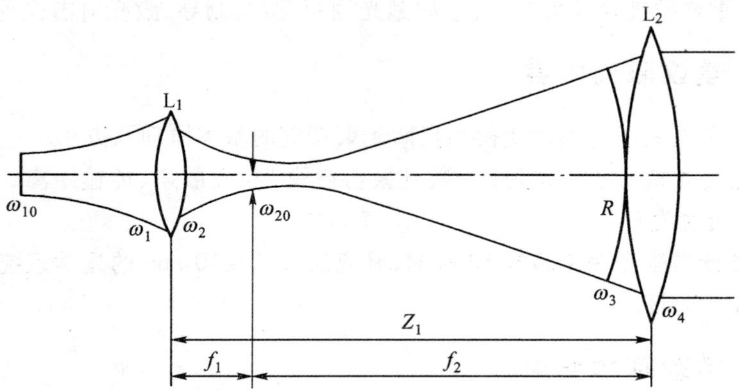

图 10.16.1　高斯光束准直

$$\omega_{20} = \frac{\lambda f_2}{\pi \omega_3} \tag{10.16.3}$$

或

$$\omega_3 = \frac{\lambda f_2}{\pi \omega_{20}} \tag{10.16.4}$$

将式(10.16.2)代入式(10.16.4)得

$$\omega_3 = \frac{f_2}{f_1}\omega_1 \tag{10.16.5}$$

根据高斯光束原理,在透镜 L_2 处入射光束波阵面的曲率半径为 R,并设 $R \approx f_2$. 那么从透镜 L_2 出射的高斯光束波阵面的曲率半径为 R',则 R' 由下式求得:

$$\frac{1}{R'} = \frac{1}{f_2} - \frac{1}{R} \approx 0 \tag{10.16.6}$$

那么 $R' \to \infty$.

由以上分析可看出,高斯光束经过一个准直后,从透镜 L_2 出射光束的波阵面曲率半径 $R' \to \infty$,即出射光在透镜 L_2 处为一平面波,出射光的束腰位于透镜 L_2 处,束腰尺寸为

$$\omega_{40} = \omega_4 = \omega_3 = \frac{f_2}{f_1}\omega_1 \tag{10.16.7}$$

根据高斯光束原理,设入射(激光)高斯光束的发散角为 θ,即

$$\theta = \frac{\lambda}{\pi \omega_{10}} \tag{10.16.8}$$

经过准直后的出射光的发散角为 θ',则

$$\theta' = \frac{\lambda}{\pi \omega_{40}} = \frac{\lambda}{\pi \omega_3} = \frac{\lambda}{\pi \omega_1}\frac{f_2}{f_1} \tag{10.16.9}$$

所以可求得望远镜对高斯光束的准直倍率(发散角的压缩比)为

$$M' = \frac{\theta}{\theta'} = \frac{f_2}{f_1}\frac{\omega_1}{\omega_{10}} = M\frac{\omega_1}{\omega_{10}} \tag{10.16.10}$$

式中 $M = \frac{f_2}{f_1}$ 为望远镜的放大倍率.

■ 参考文献

[1] 李相银,姚敏玉,李卓,等. 激光原理技术及应用. 哈尔滨:哈尔滨工业大学出版社,2004

[2] 孙长库,叶声华. 激光测量技术. 天津:天津大学出版社,2001

[3] 陈钰清,王静环. 激光原理. 杭州:浙江大学出版社,2001

实验 17 气体组分对 TEA CO_2 激光器输出特性影响的研究

一、实验研究背景

在激光应用实验的基础上,研究横向激励大气压(简称 TEA) CO_2 激光器的输出特性. 该激光器应用广泛,如可用在激光化学、激光光谱、激光测距、激光制导等. 为了增加激光器的能量输出,提高转换效率和输出稳定性,许多科学工作者在多方面进行了研究,并取得显著成果. 除了在激励方式,电极构造和改进放电性能等方面的研究外,还发现工作气体组分配比对输出能量有很大的影响. 本实验研究在纯 CO_2 和 N_2 工作混合气体中用不同配比及选取不同曲率半径的反射镜,以研究激光器的输出特性.

二、建议研究内容

1. 激光工作气体 CO_2、N_2 等气体和气体组分配比对激光输出能量的影响.
2. 不同曲率半径全反射镜对激光输出能量的影响.
3. 测量激光束发射角.

三、实验基本要求

1. 熟悉掌握可拆卸装调方便的 TD－x 型 TEA CO_2 激光器使用方法.
2. 要给出在不同气体组分情况下的激光输出特性曲线、测量数据等.
3. 给出不同曲率半径全反射镜对激光输出特性影响特性曲线和有关数据.
4. 根据理论和实验分析,总结自己工作中的研究特色或创新点.

5. 完成一篇符合规范要求的研究论文或实验研究报告.

四、提示

1. 对于不同曲率半径全反射镜,建议采用 $R=1$ m,2 m,5 m,10 m,20 m 和 $R\to\infty$.

2. TEA CO_2 激光工作气体可以是 CO_2 和 N_2,也可以是 CO_2,N_2 和 He 等.这些混合气体在放电过程中也要生成一些新气体,如 CO、O_2、NO、NO_2 等,它们对 CO_2 分子的能级弛豫过程、放电稳定性、激发速率等方面都要产生影响.下面就这些问题作简要说明.

(1) CO_2 分压强对输出能量影响

CO_2 是产生激光跃迁的工作气体.一般总希望 CO_2 的分压强提高,以便有更多的 CO_2 分子参加粒子数反转.但一些理论和实验证明,随着 CO_2 分压强的逐渐增大,输出能量也逐渐增大,但增大到某一数值时,再继续增加 CO_2 分压,输出能量反而减小,并出现局部的弧光放电.其原因是由于气体的温度升高,谱线加宽放大系数降低.另外 CO_2 分解成 CO 和 O_2,使 CO_2 分子浓度减小,所以必须合理选择 CO_2 的分压,使其具有较高的能量输出.

(2) N_2 分压强对输出能量的影响

N_2 在 CO_2 激光器中是一种重要的辅助气体,合理选择 CO_2 和 N_2 分压强 p_{CO_2}和 p_{N_2}的比例,能使激光器辅助能量增加.其作用原理是 N_2 的 $\nu=1$ 的振动态与 CO_2 分子上能级十分靠近,它与 CO_2 分子碰撞,将使基态 CO_2 分子激发到上能级的概率增加,从而使输出能量增加.

但 N_2 的比例受到两个因素限制,首先是 N_2 比例增加,降低了 CO_2 分子浓度,使受激发的 CO_2 分子数仍不能增加多少.其次是 N_2 和气体放电中产生的氧原子发生化学反应生成 NO_2、NO 等杂质气体,它们不仅猝灭了 CO_2 激发态分子,而且改变了混合气体的放电特性.因此要合理选择 p_{N_2}的比值.

(3) 不同曲率半径全反射镜对激光输出能量的影响

由一个平面镜和一个凹面镜组成的平凹型光学谐振腔,具有结构简单,易于调整等优点,但不同曲率半径全反镜其激光输出能量差异明显,激光束的发散角也略有不同.

■ 参考文献

[1] Fox Jay A. A double - electrode - pair - pulsed laser. Appl. phys. Lett., 1980,37(7): 590—592

[2] 李相银,包戎. 气体组分配比对平——凹腔结构的 TEA CO_2 激光器输出能量影响的研究. 物理实验,1992,12(4):196—198

[3]　李相银，施振邦，孙宁．双电极对双脉冲激光器结构分析．光学学报，1991,11(6):531—535
[4]　孙宁，李相银，施振邦．简明激光工程．北京：兵器工业出版社，1992

实验 18　非金属材料线膨胀系数精密测量研究

一、实验研究背景

光杠杆法通常用来测量金属杆的线膨胀系数，但对非金属材料线膨胀系数测量不宜采用，原因是非金属线膨胀系数很小，又不易加工成很长的细杆．

本实验研究用激光干涉原理方法设计一台非金属线膨胀系数测量仪，用于测量玻璃、陶瓷、混凝土等建筑材料．

二、建议研究内容

1. 熟悉并掌握干涉条纹、计数器原理及条纹运动判向原理．
2. 设计迈克耳孙非金属材料线膨胀系数测量系统和干涉条纹计数判向系统．
3. 用该系统测量研究非金属建筑材料线膨胀系数．

三、实验基本要求

1. 熟悉光的干涉原理，各种干涉仪（迈克耳孙干涉仪、泰曼－格林干涉仪等）的结构特点和应用情况．
2. 建议用迈克耳孙干涉仪原理设计非金属材料线膨胀系数测量装置．
3. 给出有关测量数据，并对测量结果作误差分析．
4. 完成符合规范要求的实验设计报告或实验研究论文．

四、提示

1. 激光干涉测量系统

迈克耳孙干涉仪所使用的光源为点光源，如设为平面波照射，如图 10.18.1 所示，则为泰曼－格林干涉仪．He－Ne 激光束经扩束镜 L_1 和透镜 L_2 后形成平面波（平行光束）．该光束经分光镜 B 分成两束，经全反镜 M_1 和 M_2 后沿原路返回，再经分光镜，最后相遇，相遇域里放一张观察屏 P 就可看到干涉条纹．

图中 M_2' 为 M_2 的等效像，调节 M_1 或 M_2，使 M_1 与 M_2'（M_2）有一微小倾角，则屏 P 上可看到平行等间距的等厚干涉条纹．当 M_2 移动 $\lambda/2$ 时（λ 为光波波长），

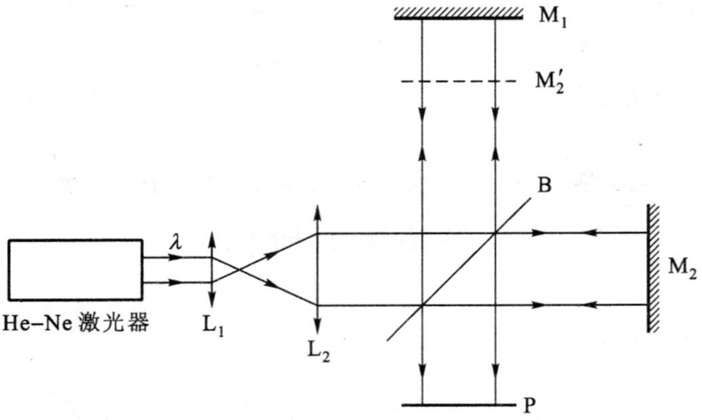

图 10.18.1　泰曼–格林干涉仪

干涉条纹移动一个条纹周期. 在实际应用中 M_2 安装在直线导轨上，由于导轨的机械误差，M_2 在移动时会发生角度变化，最后导致干涉条纹方向和间距的变化，影响干涉条纹的电子判读. 解决这一问题的办法是 M_2 使用角锥棱镜反射器，如图 10.18.2 所示.

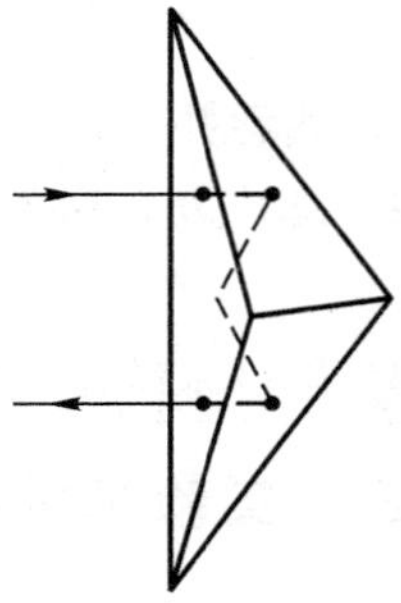

图 10.18.2　角锥棱镜反射器

2. 干涉条纹计数及判向

待测材料的热胀冷缩推动 M_2 向正反两方向的移动，或由于在实际测量中的外界振动或其他干扰使 M_2 在向一个方向移动的过程中，向反方向移动，所以干涉仪中的条纹电子计数需要设计方向判别部分，将计数脉冲分为加和减两个脉冲，如 M_1 向右移动为正脉冲，向左移为负脉冲. 这两种脉冲送入可逆计数器进行处理就可获得真正的位移值. 图 10.18.3 为判向计数原理. 两路相差 $\pi/2$ 的干涉条纹光强信号，分别由两个光电管接收，获得两种相差为 $\pi/2$ 的电信号，一路为正弦信号，一路为余弦信号. 经放大、整形、倒向和微分处理后，获得四个相位依次相差 $\pi/2$ 的脉冲信号. 逻辑电路根据所接受的 4 个脉冲的顺序就可判断干涉条纹的移动方向.

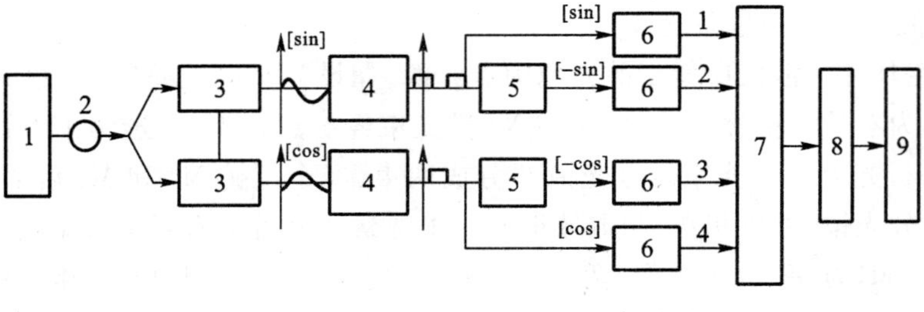

图 10.18.3　判向计数原理示意图

■ 参考文献

孙长库，叶声华．激光测量技术．天津：天津大学出版社，2001

郑 重 声 明